BREVE HISTÓRIA DE QUASE TUDO

BILL BRYSON

Breve história de quase tudo

Tradução
Ivo Korytowski

24ª reimpressão

Copyright © 2003 by Bill Bryson
Ilustrações de Neil Gower

Grafia atualizada segundo o Acordo Ortográfico da Língua Portuguesa de 1990, que entrou em vigor no Brasil em 2009.

Título original
A short history of nearly everything

Capa
Kiko Farkas/Máquina Estúdio
Elisa Cardoso/Máquina Estúdio

Índice remissivo
Luciano Marchiori

Preparação
Otacílio Nunes

Revisão
Claudia Cantarin
Roberta Vaiano

Atualização ortográfica
Verba Editorial

Dados Internacionais de Catalogação na Publicação (CIP)
(Câmara Brasileira do Livro, SP, Brasil)

Bryson, Bill
  Breve história de quase tudo / Bill Bryson ; [ilustrações de Neil Gower] ; tradução Ivo Korytowski. — 1ª edição — São Paulo : Companhia das Letras, 2005.

  Título original: A short history of nearly everything.
  Bibliografia.
  ISBN 978-85-359-0724-7

  1. Ciência 2. Ciência — Obras de divulgação I. Gower, Neil. II. Título.

05-6836   CDD-500

Índice para catálogo sistemático:
1. Ciência : Obras de divulgação   500

Todos os direitos desta edição reservados à
EDITORA SCHWARCZ S.A.
Rua Bandeira Paulista, 702, cj. 32
04532-002 — São Paulo — SP
Telefone: (11) 3707-3500
www.companhiadasletras.com.br
www.blogdacompanhia.com.br
facebook.com/companhiadasletras
instagram.com/companhiadasletras
twitter.com/cialetras

Para Meghan e Chris. Bem-vindos.

O físico Leo Szilard certa vez anunciou ao amigo Hans Bethe que estava pensando em escrever um diário: "Não pretendo publicar. Só vou registrar os fatos para a informação de Deus". "Você não acha que Deus sabe dos fatos?", Bethe perguntou. "Sim", respondeu Szilard. "Ele sabe dos fatos, mas não <u>desta</u> versão dos fatos."
Hans Christian von Baeyer,
Taming the atom [Domando o átomo]

Sumário

Introdução 11

PARTE I — Perdidos no cosmo
1. Como construir um universo 21
2. Bem-vindo ao sistema solar 31
3. O universo do reverendo Evans 41

PARTE II — O tamanho da Terra
4. A medida das coisas 55
5. Os quebradores de pedra 74
6. Ciência vermelha nos dentes e garras 89
7. Questões elementais 106

PARTE III — O despontar de uma nova era
8. O universo de Einstein 125
9. O átomo poderoso 143
10. A ameaça do chumbo 159
11. Física das partículas 170
12. A Terra irrequieta 182

PARTE IV — Planeta perigoso
13. Bang! 197
14. O fogo embaixo 215
15. Beleza perigosa 232

PARTE V — A vida propriamente dita
16. O planeta solitário 247
17. Troposfera adentro 262
18. Nas profundezas do mar 276
19. A origem da vida 293
20. Mundo pequeno 308
21. A vida continua 327
22. Adeus a tudo aquilo 342
23. A riqueza do ser 357
24. Células 378
25. A ideia singular de Darwin 388
26. A matéria da vida 403

PARTE VI — A estrada até nós
27. Tempo gelado 425
28. O bípede misterioso 440
29. O macaco incansável 459
30. Adeus 475

Notas 485
Bibliografia 513
Agradecimentos 525
Índice remissivo 527

Introdução

Bem-vindo. E parabéns. Estou encantado com seu sucesso. Chegar aqui não foi fácil, eu sei. Na verdade, suspeito que foi um pouco mais difícil do que você imagina.

Para início de conversa, para você estar aqui agora, trilhões de átomos agitados tiveram de se reunir de uma maneira intricada e intrigantemente providencial a fim de criá-lo. É uma organização tão especializada e particular que nunca antes foi tentada e só existirá desta vez. Nos próximos anos (esperamos), essas partículas minúsculas se dedicarão totalmente aos bilhões de esforços jeitosos e cooperativos necessários para mantê-lo intacto e deixá-lo experimentar o estado agradabilíssimo, mas ao qual não damos o devido valor, conhecido como existência.

Por que os átomos se dão esse trabalho é um enigma. Ser você não é uma experiência gratificante no nível atômico. Apesar de toda a atenção dedicada, seus átomos na verdade nem ligam para você — eles nem sequer sabem que você existe. Não sabem nem que *eles* existem. São partículas insensíveis, afinal, e nem estão vivas. (A ideia de que se você se desintegrasse, arrancando com uma pinça um átomo de cada vez, produziria um montículo de poeira atômica fina, sem nenhum sinal de vida, mas que constituiria você, é meio sinistra.) No entanto, durante sua existência, eles responderão a um só impulso dominante: fazer com que você seja você.

A má notícia é que os átomos são volúveis e seu tempo de dedicação é bem passageiro. Mesmo uma vida humana longa dura apenas cerca de 650 mil horas. E quando esse marco modesto é atingido, ou algum outro ponto próximo, por motivos desconhecidos, os seus átomos vão "desligar" você, silenciosamente se separarão e passarão a ser outras coisas. Aí você já era.

Mesmo assim, você pode se dar por satisfeito de que isso chegue a acontecer. No universo em geral, ao que sabemos, não acontece. É um fato estranho, porque os átomos que tão liberal e amigavelmente se reúnem para formar os seres vivos na Terra são exatamente os mesmos átomos que se recusam a fazê-lo em outras partes. Por mais complexa que seja, no nível químico a vida é curiosamente trivial: carbono, hidrogênio, oxigênio e nitrogênio, um pouco de cálcio, uma pitada de enxofre, umas partículas de outros elementos bem comuns — nada que você não encontre na farmácia próxima —, e isso é tudo de que você precisa. A única coisa especial nos átomos que o constituem é constituírem você. É o milagre da vida.

Quer constituam ou não vida em outros cantos do universo, os átomos fazem muitas outras coisas. Na verdade, fazem todas as outras coisas. Sem eles, não haveria água, ar ou rochas, nem estrelas e planetas, nuvens gasosas de nebulosas rodopiantes ou qualquer das outras coisas que tornam o universo tão proveitosamente substancial. Os átomos são tão numerosos e necessários que nos esquecemos facilmente de que eles nem precisariam existir. Nenhuma lei exige que o universo se encha de partículas pequenas de matéria ou produza luz e gravidade e as outras propriedades físicas das quais depende nossa existência. Na verdade, nem precisaria haver um universo. Durante a maior parte do tempo, não existia. Não existiam átomos, nem um universo pelo qual flutuassem. Não existia nada — absolutamente nada, por toda parte.

Portanto, ainda bem que existem os átomos. Mas o fato de que você possui átomos e de que eles se agrupam de maneira tão prestativa é apenas parte do que fez com que você existisse. Para estar aqui agora, vivo no século XXI e suficientemente inteligente para saber disso, você também teve de ser o beneficiário de uma cadeia extraordinária de boa sorte biológica. A sobrevivência na Terra é um negócio surpreendentemente difícil. Dos bilhões e bilhões de espécies de seres vivos que existiram desde a aurora do tempo, a maioria — 99,99% — não está mais aqui. A vida na Terra, veja bem, além de breve, é desanimadoramente frágil. Um aspecto curioso de nossa existência é provirmos de um planeta exímio em promover a vida, mas ainda mais exímio em extingui-la.

A espécie típica na Terra dura apenas uns 4 milhões de anos. Desse modo, se quiser permanecer aqui por bilhões de anos, você precisa ser tão volúvel quanto os átomos que o constituem. Precisa estar preparado para mudar tudo em você — forma, tamanho, cor, espécie a que pertence, tudo —, e fazê-lo vezes sem conta. Isso é mais fácil de falar que de fazer, porque o processo de mudança é aleatório. Passar do "glóbulo atômico primordial protoplásmico" (como diz a canção de Gilbert e Sullivan) para um ser humano moderno, ereto e consciente exigiu uma série de mutações, criadoras de novos traços, nos momentos certos, por um período longuíssimo. Portanto, em diferentes épocas nos últimos 3,8 bilhões de anos, você teve aversão ao oxigênio e depois passou a adorá-lo, desenvolveu membros e barbatanas dorsais ágeis, pôs ovos, fustigou o ar com uma língua bifurcada, foi luzidio, foi peludo, viveu sob a terra, viveu nas árvores, foi grande como um veado e pequeno como um camundongo, e milhões de outras coisas. Se você se desviasse o mínimo que fosse de qualquer dessas mudanças evolucionárias, poderia estar agora lambendo algas em paredes de cavernas, espreguiçando-se como uma morsa em alguma praia pedregosa ou lançando ar por um orifício no alto da cabeça antes de mergulhar vinte metros para se deliciar com uns suculentos vermes.

Além da sorte de ater-se, desde tempos imemoriais, a uma linha evolucionária privilegiada, você foi extremamente — ou melhor, milagrosamente — afortunado em sua ancestralidade pessoal. Considere o fato de que, por 3,8 bilhões de anos, um período maior que a idade das montanhas, rios e oceanos da Terra, cada um dos seus ancestrais por parte de pai e mãe foi suficientemente atraente para encontrar um parceiro, suficientemente saudável para se reproduzir e suficientemente abençoado pelo destino e pelas circunstâncias para viver o tempo necessário para isso. Nenhum de seus ancestrais foi esmagado, devorado, afogado, morto de fome, encalhado, aprisionado, ferido ou desviado de qualquer outra maneira da missão de fornecer uma carga minúscula de material genético ao parceiro certo, no momento certo, a fim de perpetuar a única sequência possível de combinações hereditárias capaz de resultar — enfim, espantosamente e por um breve tempo — em você.

Este é um livro sobre como isso aconteceu — em particular, sobre como passamos da total inexistência de tudo até a existência de algo e, depois, como um pouco daquele algo transformou-se em nós, e também sobre parte do que aconteceu naquele intervalo e desde então. É muita coisa a ser coberta, com certeza, daí o livro chamar-se *Breve história de quase tudo*, embora não o seja de fato. Nem poderia ser. Mas, com sorte, no final, teremos a impressão de que foi.

Meu ponto de partida, por insignificante que pareça, foi um livro de ciência ilustrado usado numa aula da quarta ou quinta série. Era um livro escolar convencional da década de 1950 — surrado, odiado, assustadoramente volumoso —, mas quase no início tinha uma figura que me cativou: um diagrama mostrando o interior da Terra como se você cortasse o planeta com uma faca gigante e retirasse cuidadosamente uma fatia representando cerca de um quarto de seu volume.

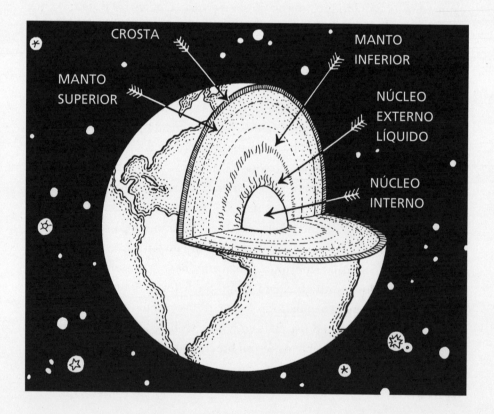

É difícil acreditar que houve uma época em que eu não tivesse visto esta figura, mas evidentemente havia, pois me lembro claramente de ter ficado atônito. Suspeito, com toda a franqueza, que meu interesse inicial foi despertado por uma imagem íntima de filas de motoristas, apanhados de surpresa ao viajarem para leste nos estados das planícies norte-americanos, mergulhando num súbito precipício de 6 440 quilômetros de altura estendendo-se entre a América Central e o polo Norte, mas gradualmente minha atenção voltou-se, de maneira mais escolar, para a importância científica do desenho e a percepção de que a Terra consistia em camadas separadas, terminando num centro com uma esfera ardente de ferro e níquel, tão quente como a superfície do Sol, de acordo com a legenda. E lembro de ter pensado com verdadeiro assombro: "Como é que eles sabem disso?".

Em momento algum duvidei da correção da informação — eu ainda tendo a confiar nas declarações dos cientistas, assim como confio nas dos cirurgiões, encanadores e outros detentores de informações privilegiadas —, mas eu não conseguia conceber como uma mente humana poderia saber o aspecto e a constituição de espaços que estavam a milhares de quilômetros sob a superfície, que nenhum olho humano jamais divisara e nenhum raio X conseguiria penetrar. Para mim, aquilo era simplesmente um milagre. Esta tem sido minha posição em relação à ciência desde então.

Empolgado, levei o livro para casa naquela noite e o abri antes do jantar — uma ação que espero tenha feito minha mãe medir a temperatura da minha testa e perguntar se eu estava bem. Comecei a ler da primeira página.

E agora vem a surpresa. O livro não era nem um pouco empolgante. Nem sequer era totalmente compreensível. O pior era que nem respondia às perguntas que a figura provocava em uma mente curiosa normal: como um Sol foi parar no meio do nosso planeta? E se ele está queimando lá em baixo, por que o solo não é quente? E por que o resto do interior não está derretendo (será que está?)? E quando o núcleo terminar de queimar, parte da Terra desmoronará naquele vazio, abrindo um enorme buraco na superfície? E como se *sabem* essas coisas? *Como elas são descobertas?*

Mas o autor mantinha um estranho silêncio sobre tais detalhes — na verdade, um silêncio sobre tudo exceto anticlinais, sinclinais, falhas axiais e coisas do gênero. Era como se ele quisesse manter a parte agradável em segredo, tornando tudo aquilo tremendamente imperscrutável. Com o passar dos anos, comecei a suspeitar que aquele não era um caso isolado. Parecia haver uma conspiração universal entre os autores de livros escolares para assegurar que o material com que lidavam jamais se aproximasse do domínio do ligeiramente interessante e estivesse a léguas de distância do francamente interessante.

Agora sei que felizmente existe uma série de escritores de ciência que escrevem textos lúcidos e emocionantes — Timothy Ferris, Richard Fortey e Tim Flannery são três que me vêm à mente só na letra F (e nem mencionei o falecido, mas magistral, Richard Feynman) —, só que infelizmente nenhum deles escreveu nenhum livro didático que eu chegasse a usar. Todos os meus foram escritos por homens (eram sempre homens) que achavam que tudo se tornava claro quando expressado por uma fórmula e acreditavam equivocadamente que as crianças dos Estados Unidos adorariam que os capítulos terminassem com perguntas para elas responderem nas horas vagas. Assim, cresci convencido de que a ciência era o suprassumo do maçante, mas suspeitando de que não precisava ser, e sem realmente pensar nela na medida do possível. Essa também se tornou minha posição por um longo tempo.

Depois, bem mais tarde — uns quatro ou cinco anos atrás —, durante um longo voo sobre o Pacífico, contemplando pela janela o oceano iluminado pela Lua, ocorreu-me, com certa intensidade desagradável, que eu nada sabia sobre o único planeta que eu chegaria a habitar. Eu ignorava, por exemplo, por que os oceanos eram salgados, mas os Grandes Lagos não eram. Não tinha a mínima ideia. Eu não sabia se, com o tempo, os oceanos ficariam mais ou menos salgados, e se o nível de salinidade deles era algo com que eu devesse me preocupar. (Fico satisfeito em contar que, até o final da década de 1970, os cientistas também ignoravam as respostas a essas perguntas. Eles simplesmente não falavam a respeito de forma muito audível.)

Claro que a salinidade do oceano representava apenas uma ínfima parte de minha ignorância. Eu não sabia o que era um próton, ou uma proteína, ignorava a diferença entre um *quark* e um quasar, não entendia como os geólogos conseguiam olhar para uma camada de rocha no paredão de um cânion e dizer sua idade — em suma, eu nada sabia. Fui dominado por uma ânsia secreta e incomum de saber um pouco sobre essas questões e entender como as pessoas descobriram aquelas coisas. Este para mim continuava sendo o maior dos mistérios: como os cientistas descobrem os fatos. Como alguém *sabe* o peso da Terra, ou a idade das rochas, ou o que existe no centro do planeta? Como conseguem saber de que maneira e quando o universo começou e qual era seu aspecto? Como sabem o que ocorre dentro de um átomo? E por que cargas-d'água os cientistas parecem saber quase tudo, mas não conseguem prever um terremoto ou mesmo informar se devemos levar o guarda-chuva às corridas de cavalos na próxima quarta-feira?

Portanto, decidi que dedicaria parte de minha vida — foram três anos — à leitura de livros e revistas e à procura de especialistas bonzinhos e pacientes dispostos a responder a um monte de perguntas cretinas. A ideia era ver se seria possível entender e apreciar as maravilhas e realizações da ciência — surpreender-se com elas, até curti-las —, num nível nem técnico ou difícil demais, nem muito superficial.

Essa era minha ideia e minha esperança, e é o que este livro pretende ser. De qualquer modo, temos um vasto terreno por percorrer e bem menos de 650 mil horas para fazê-lo. Comecemos, pois!

PARTE I

Perdidos no cosmo

Estão todos no mesmo plano. Estão todos girando na mesma direção... É perfeito, veja bem. É deslumbrante. É quase misterioso.
Geoffrey Marcy, astrônomo, descrevendo o sistema solar

1. Como construir um universo

Por mais que você se esforce, jamais conseguirá captar quão minúsculo, quão espacialmente modesto é um próton.

Um próton é uma parte infinitesimal de um átomo, que por sua vez é uma coisa insubstancial. Os prótons são tão pequenos que um tiquinho de tinta, como o pingo neste *i*, pode conter algo em torno de 500 bilhões deles, mais do que o número de segundos contidos em meio milhão de anos.[1] Portanto, os prótons são exageradamente microscópicos, para dizer o mínimo.

Agora imagine que você possa (claro que isto é pura imaginação) encolher um desses prótons até um bilionésimo de seu tamanho normal, num espaço tão pequeno que, em comparação, um próton pareceria enorme. Agora compacte nesse espaço minúsculo uns trinta gramas de matéria.[2] Ótimo. Você está pronto para iniciar um universo.

Estou pressupondo que você deseja construir um universo inflacionário. Se você prefere construir um universo mais convencional, do tipo *big-bang* comum, precisará de materiais adicionais. Na verdade, terá que reunir tudo que existe — cada partícula de matéria daqui até o limite do universo — e comprimir num ponto tão infinitesimalmente compacto que não terá nenhuma dimensão. Trata-se de uma singularidade.

Em ambos os casos, prepare-se para um verdadeiro *big-bang*. Naturalmente, você vai querer se retirar para um local seguro a fim de contemplar o espetáculo. Infelizmente, não há local para onde se retirar, porque fora da singularidade não existe *local*. Quando o universo começar a se expandir, não estará se espalhando para preencher um vazio maior. O único espaço que existe é o espaço que ele cria ao se expandir.

É natural, mas errado, visualizar a singularidade como uma espécie de ponto grávido solto num vácuo escuro e ilimitado. Não há espaço, nem escuridão. A singularidade não tem nada ao seu redor. Não há espaço para ela ocupar, nem lugar para ela estar. Nem sequer podemos perguntar há quanto tempo ela está ali — se acabou de surgir, como uma boa ideia, ou se estava ali eternamente, aguardando com calma o momento certo. O tempo não existe. Não há passado do qual ela possa emergir.

E assim, do nada, o nosso universo começa.

Numa única pulsação ofuscante, um momento de glória por demais rápido e expansivo para ser descrito em palavras, a singularidade assume dimensões celestiais, um espaço inconcebível. No primeiro segundo dinâmico (um segundo ao qual muitos cosmologistas dedicarão suas carreiras tentando descrevê-lo em detalhes crescentes) são produzidas a gravidade e as outras forças que governam a física. Em menos de um minuto, o universo possui 1,6 milhão de bilhões de quilômetros de diâmetro e cresce a grande velocidade. Existe muito calor agora, 10 bilhões de graus, o suficiente para iniciar as reações nucleares que criam os elementos mais leves — principalmente hidrogênio e hélio, com uma pitada (cerca de um átomo em 100 milhões) de lítio. Em três minutos, 98% de toda a matéria existente ou que virá a existir foi produzida. Temos um universo. É um lugar da mais espantosa e gratificante possibilidade, e bonito também. E foi tudo produzido mais ou menos no tempo que se leva para preparar um sanduíche.

Quando ocorreu esse momento é objeto de discussão. Os cosmologistas há bastante tempo vêm discutindo se o momento da criação foi há 10 bilhões de anos, duas vezes essa cifra, ou um valor intermediário. O consenso parece estar se formando em torno de uns 13,7 bilhões de anos,[3] mas essas coisas são notoriamente difíceis de medir, como veremos adiante. Tudo que se pode realmente dizer é que, em certo ponto indeterminado num passado bem remoto, por razões desconhecidas, surgiu o momento conhecido na ciência como $t = 0$.[4] Estávamos a caminho.

Claro que existe muita coisa que não sabemos, e muito do que julgamos saber são descobertas recentes, inclusive a noção do *big-bang*. A ideia vinha pipocando desde a década de 1920, quando foi originalmente proposta por Georges Lemaître, um sacerdote e sábio belga, mas só se tornou uma noção ativa na cosmologia em meados da década de 1960, quando dois jovens radioastrônomos fizeram uma descoberta extraordinária e involuntária.

Seus nomes eram Arno Penzias e Robert Wilson. Em 1965, eles estavam tentando usar uma grande antena de comunicações de propriedade da Bell Laboratories, em Holmdel, Nova Jersey, mas foram incomodados por um ruído de fundo persistente — um zumbido constante e agitado que impossibilitava qualquer trabalho experimental. O ruído era incessante e disperso. Vinha de todos os pontos do céu, dia e noite, em todas as estações do ano. Durante um ano, os jovens astrônomos fizeram tudo que lhes ocorreu para localizar e eliminá-lo. Testaram todos os sistemas elétricos. Remontaram instrumentos, verificaram circuitos, sacudiram fios, removeram a poeira de plugues. Subiram até a antena e colocaram fita vedante em cada junção e rebite. Voltaram a subir à antena, com vassouras e escovões, e removeram cuidadosamente o que descreveram num artigo posterior como "material dielétrico branco", ou o que se conhece mais comumente como titica de pássaro.[5] Nada do que fizeram funcionou.

Sem que eles soubessem, a menos de cinquenta quilômetros de distância, na Universidade de Princeton, uma equipe de pesquisadores, liderada por Robert Dicke, vinha tentando descobrir exatamente aquilo de que eles com diligência procuravam se livrar. Os pesquisadores de Princeton perseguiam uma ideia que havia sido sugerida, na década de 1940, pelo astrofísico nascido na Rússia George Gamow. Segundo Gamow, se alguém perscrutasse o espaço a uma profundidade suficiente, encontraria alguma radiação cósmica de fundo remanescente do *big-bang*. Gamow calculou que, depois de atravessar a vastidão do cosmo, a radiação alcançaria a Terra em forma de micro-ondas. Num artigo mais recente, ele chegou a sugerir um instrumento capaz de detectá-las: a antena da Bell em Holmdel.[6] Infelizmente, nem Penzias, nem Wilson, nem ninguém da equipe de Princeton havia lido o artigo de Gamow.

O ruído que Penzias e Wilson estavam ouvindo era, sem dúvida, o mesmo ruído que Gamow postulara. Eles haviam encontrado o limite do universo,[7] ou pelo menos da parte visível dele, a 145 bilhões de trilhões de quilômetros de distância. Eles estavam "vendo" os primeiros fótons — a luz mais antiga do universo —, embora o tempo e a distância os tivessem convertido

23

em micro-ondas, exatamente como Gamow previra no livro *Inflationary universe* [O universo inflacionário]. Alan Guth fornece uma analogia que ajuda a pôr essa descoberta em perspectiva. Se perscrutar as profundezas do universo for comparado a olhar a rua do alto do Empire State Building (o centésimo andar representando o agora e o nível da rua representando o momento do *big-bang*), na época da descoberta de Wilson e Penzias, as galáxias mais distantes até então detectadas estariam mais ou menos no sexagésimo andar, e as coisas mais distantes — os quasares — estariam mais ou menos no vigésimo. A descoberta de Penzias e Wilson trouxe nosso conhecimento do universo visível[8] a 1,3 centímetro da calçada.

Ainda sem saber o que causava o ruído, Wilson e Penzias telefonaram para Dicke, em Princeton, e descreveram o problema na esperança de que ele pudesse sugerir uma solução. Dicke percebeu imediatamente o que os dois jovens haviam descoberto. "Pessoal, acabamos de ser passados para trás", ele informou aos colegas ao desligar o telefone.

Pouco depois, a *Astrophysical Journal* publicou dois artigos: um de Penzias e Wilson descrevendo sua experiência com o zumbido, o outro da equipe de Dicke explicando sua natureza. Embora não estivessem em busca da radiação cósmica de fundo, não soubessem o que era quando a encontraram e não descrevessem nem interpretassem seu caráter em nenhum artigo, Penzias e Wilson receberam o Prêmio Nobel de física em 1978. Os pesquisadores de Princeton obtiveram apenas manifestações de apoio. De acordo com Dennis Overbye, em *Lonely hearts of the cosmos* [Corações solitários do cosmo], nem Penzias nem Wilson entenderam a importância de sua descoberta até lerem a respeito no *New York Times*.

Aliás, a perturbação da radiação cósmica de fundo é algo que todos já experimentamos. Sintonize sua televisão em qualquer canal que ela não receba. Cerca de 1% da estática saltitante que você vê resulta desse remanescente antigo do *big-bang*.[9] Da próxima vez que reclamar que não tem nada naquele canal, lembre-se de que você pode sempre assistir ao nascimento do universo.

Embora todos o chamem de *big-bang* (grande explosão), muitos livros advertem para que não o imaginemos como uma explosão no sentido convencional. Tratou-se, na verdade, de uma vasta e súbita expansão numa escala colossal. Mas o que causou aquilo?

Uma ideia é que talvez a singularidade fosse a relíquia de um universo anterior, colapsado — que somos apenas um em um ciclo eterno de universos em expansão e colapso, como a bexiga de uma máquina de produção de oxigênio. Outros atribuem o *big-bang* ao que denominam "um falso vácuo" ou "um campo escalar" ou "energia do vácuo" — alguma qualidade ou coisa que introduziu uma medida de instabilidade no nada anterior. Parece impossível que se possa obter algo do nada, mas o fato de que antes não havia nada e agora existe um universo é uma prova evidente de que é possível. Pode ser que nosso universo faça meramente parte de muitos universos maiores, alguns em dimensões diferentes, e que *big-bangs* estejam acontecendo o tempo todo, em todos os lugares. Ou pode ser que espaço e tempo tivessem outras formas antes do *big-bang* — formas diferentes demais para imaginarmos — e que esse evento represente alguma espécie de fase de transição, na qual o universo passou de uma forma que não conseguimos entender para outra que quase entendemos. "Isto está muito próximo das indagações religiosas", disse o dr. Andrei Linde, um cosmologista da Universidade Stanford, ao *New York Times* em 2001.[10]

A teoria do *big-bang* não trata do próprio *bang*, mas do que aconteceu depois dele. Não muito tempo depois, veja bem. Com muitos cálculos matemáticos e observando cuidadosamente o que acontece nos aceleradores de partículas, os cientistas acreditam que possam retroceder a 10^{-43} de segundo após o momento da criação, quando o universo ainda era tão pequeno que seria preciso um microscópio para encontrá-lo. Não precisamos desmaiar ante cada número extraordinário com que deparamos, mas talvez valha a pena citar um deles de tempo em tempo apenas para lembrar sua extensão inapreensível e espantosa. Desse modo, 10^{-43} é 0,0000000000000000000000000000000000000000001, ou seja, um décimo milionésimo de trilionésimo de trilionésimo de trilionésimo de segundo.[11] *

---

* Uma observação sobre a notação científica: como números muito grandes são complicados de escrever e quase impossíveis de ler, os cientistas usam uma abreviatura envolvendo potências (ou múltiplos) de 10 em que, por exemplo, 10 000 000 000 é escrito como 10^{10} e 6 500 000 torna-se $6,5 \times 10^6$. O princípio baseia-se, de modo bem simples, em múltiplos de 10: 10×10 (ou 100) torna-se 10^2; $10 \times 10 \times 10$ (ou 1000) é 10^3, e assim por diante, óbvia e indefinidamente. O pequeno número sobrescrito indica o número de zeros após o número principal maior.

Quase tudo que sabemos, ou acreditamos saber, sobre os primeiros momentos do universo devemos a uma ideia denominada teoria da inflação, proposta originalmente em 1979 por um jovem físico das partículas, então em Stanford, agora no MIT, chamado Alan Guth. Ele tinha 32 anos e, como o próprio Guth admitiu, não fizera quase nada antes.[12] Provavelmente nunca chegaria à sua grande teoria se não assistisse, por acaso, a uma palestra sobre o *big-bang* proferida por ninguém menos que Robert Dicke. A palestra inspirou Guth a se interessar por cosmologia, em particular pelo nascimento do universo.[13]

Daí resultou a teoria da inflação, que sustenta que, uma fração de momento após o despontar da criação, o universo sofreu uma súbita e drástica expansão. Ele inchou — na verdade, fugiu de si próprio, dobrando de tamanho a cada 10^{-34} de segundo.[14] O episódio inteiro talvez não tenha durado mais que 10^{-30} de segundo — isto é, um milionésimo de milionésimo de milionésimo de milionésimo de milionésimo de segundo —, mas mudou o universo de algo que podia estar contido na mão para algo pelo menos 10 000 000 000 000 000 000 000 000 vezes maior.[15] A teoria da inflação explica as ondulações e os turbilhões que tornam possível o nosso universo. Sem isso, não haveria massas de matéria e, portanto, estrelas, apenas gás se deslocando na escuridão eterna.

De acordo com a teoria de Guth, a um décimo milionésimo de trilionésimo de trilionésimo de trilionésimo de segundo, surgiu a gravidade. Após outro intervalo ridiculamente breve, seguiram-se o eletromagnetismo e as forças nucleares forte e fraca — o material da física. Estes foram seguidos, um instante depois, por enxames de partículas elementares — o material da matéria. Do absolutamente nada, de repente havia enxames de fótons, prótons, elétrons, nêutrons e muito mais — entre 10^{79} e 10^{89} de cada, de acordo com a teoria padrão do *big-bang*.

Claro que tais quantidades são inconcebíveis. Basta saber que, num único instante extraordinário, fomos dotados de um universo vasto — pelo

---

Notações negativas fornecem essencialmente uma imagem invertida, com o número sobrescrito indicando o número de dígitos à direita da vírgula decimal (assim, 10^{-4} indica 0,0001). Embora eu apoie o princípio, duvido que alguém que leia "1,4 × 10^9 km³" veja imediatamente que se trata de 1,4 bilhão de quilômetros cúbicos, e acho estranho que se opte pela primeira forma em detrimento desta última (especialmente num livro que visa o leitor genérico, onde o exemplo foi encontrado). Pressupondo que muitos leitores genéricos sejam tão maus matemáticos quanto eu, usarei essa notação moderadamente, ainda que às vezes seja inevitável, sobretudo num capítulo que lide com assuntos na escala cósmica.

menos, 100 bilhões de anos-luz de diâmetro, de acordo com a teoria, mas possivelmente qualquer tamanho até o infinito — e perfeitamente disposto para a criação de estrelas, galáxias e outros sistemas complexos.[16]

O que é extraordinário do nosso ponto de vista é quão bem isso tudo resultou para nós. Se o universo tivesse se formado só um pouquinho diferente — se a gravidade fosse uma fração mais forte ou mais fraca, se a expansão tivesse prosseguido um pouquinho mais lenta ou mais rápida — talvez nunca houvesse elementos estáveis para constituir você, eu e o chão que pisamos. Se a gravidade fosse um bocadinho mais forte, o próprio universo poderia ter desmoronado como uma tenda mal montada, sem os valores apropriados para dar-lhe as dimensões, a densidade e as partes componentes certas. No entanto, se ela fosse mais fraca, nada teria se aglutinado. O universo teria permanecido para sempre um vazio sombrio e disperso.

Esse é um dos motivos pelos quais alguns especialistas acreditam que possa ter havido muitos outros *big-bangs*, talvez trilhões e trilhões deles, espalhados pela imensa extensão da eternidade, e que existimos neste *big bang* específico porque ele é um daqueles em que *pudemos* existir. Como disse certa vez Edward P. Tryon, da Universidade Columbia: "Em resposta à pergunta sobre por que aquilo aconteceu, proponho modestamente que o nosso universo é apenas uma dessas coisas que acontecem de tempo em tempo". Ao que acrescenta Guth: "Conquanto a criação de um universo possa ser bem improvável, Tryon enfatiza que ninguém ainda contou as tentativas fracassadas".[17]

Martin Rees, astrônomo real britânico, acredita que haja muitos universos, possivelmente um número infinito, cada um com atributos diferentes, em combinações diferentes, e que nós simplesmente vivemos em um que combina as coisas da forma que nos permite existir. Ele faz uma analogia com uma enorme loja de roupas:

> Se houver um grande sortimento de roupas, uma pessoa não se surpreenderá se encontrar um terno que lhe sirva. Se houver muitos universos, cada um governado por um conjunto diferente de números, num deles existirá um conjunto particular de números adequado à vida. Estamos exatamente nele.[18]

Rees sustenta que seis números em particular governam o nosso universo, e que se qualquer um desses valores fosse mudado, ainda que muito ligeiramente, nada poderia ser como é. Por exemplo, para existir da forma atual, o universo requer que o hidrogênio seja convertido em hélio de uma maneira precisa, mas relativamente imponente — especificamente, de modo a converter sete milésimos de sua massa em energia. Reduzindo-se esse valor ligeiramente — de 0,007% para 0,006%, digamos —, nenhuma transformação poderia ocorrer: o universo consistiria em hidrogênio e nada mais. Elevando-se o valor ligeiramente — para 0,008% —, as ligações seriam tão enormemente prolíficas que o hidrogênio há muito estaria esgotado. Em ambos os casos, uma ligeira mudança dos números inviabilizaria a existência do universo tal como o conhecemos e do qual precisamos.[19]

Devo dizer que tudo está certinho *até agora*. A longo prazo, a gravidade poderá se revelar um pouco forte demais,[20] e um dia poderá interromper a expansão do universo e fazer com que ele colapse sobre si mesmo, até se reduzir a outra singularidade, provavelmente para começar todo o processo de novo. Por outro lado, ela poderá ser fraca demais, fazendo com que o universo continue se expandindo para sempre, até que tudo esteja tão distante que não haverá nenhuma chance de interações materiais, de modo que o universo se tornará um lugar inerte e morto, mas assaz espaçoso. A terceira opção é que a gravidade esteja na medida certa — "densidade crítica" é o termo usado pelos cosmologistas — e que ela manterá o universo coeso exatamente nas dimensões certas para que as coisas prossigam indefinidamente. Os cosmologistas, em seus momentos de descontração, às vezes chamam esta possibilidade — de que tudo está na medida certa — de efeito Goldilocks.* (Só para constar, esses três universos possíveis são chamados, respectivamente, de fechado, aberto e plano.)

Ora, a pergunta que ocorreu a todos nós a certa altura é: o que aconteceria se uma pessoa viajasse até o limite do universo e, por assim dizer, enfiasse a cabeça para fora? Onde *estaria* sua cabeça quando não estivesse

---

* Em português, Cachinhos Dourados, personagem de uma história infantil que visita a casa de três ursos. (N. T.)

mais no universo? O que ela encontraria mais além? A resposta desapontadora é que ninguém consegue chegar ao limite do universo. Não porque levaria tempo demais para chegar lá — embora isso acontecesse —, mas porque, ainda que viajasse em linha reta para fora, indefinida e obstinadamente, você jamais chegaria ao limite externo. Pelo contrário, retornaria ao ponto de partida (onde suponho que acabaria desanimando e desistiria). O motivo é que o universo se curva, de uma forma que não conseguimos imaginar adequadamente, de acordo com a teoria da relatividade de Einstein (à qual chegaremos mais à frente). Por ora, basta saber que não estamos à deriva em alguma bolha grande e em constante expansão. Pelo contrário, o espaço se curva, de uma maneira que lhe permite ser ilimitado mas finito. Não se pode propriamente dizer que o espaço esteja se expandindo, porque, como observa o físico vencedor do prêmio Nobel Steven Weinberg, "sistemas solares e galáxias não estão se expandido, e o próprio espaço não está se expandindo". Pelo contrário, as galáxias estão se afastando umas das outras.[21] Tudo isso é um desafio à intuição. Ou, como observou certa vez o biólogo J. B. S. Haldane: "O universo não é apenas mais estranho do que supomos; ele é mais estranho do que *conseguimos* supor".

A analogia costumeira para explicar a curvatura do espaço é tentar imaginar alguém de um universo de superfícies planas, que nunca viu uma esfera, sendo trazido à Terra. Por mais que perambulasse pela superfície do planeta, essa pessoa jamais encontraria um limite. Poderia até acabar voltando ao ponto de partida, e teria dificuldade em explicar como isso acontecera. Bem, nossa posição no espaço é análoga, só que somos confundidos por uma dimensão maior.

Assim como não existe um lugar onde se possa encontrar o limite do universo, não existe um ponto central onde se possa dizer: "Foi aqui que tudo começou. Este é o ponto mais central". Estamos *todos* no centro de tudo. Na verdade, não temos certeza disso; não podemos prová-lo matematicamente. Os cientistas apenas supoem que nao podemos realmente ser o centro do universo[22] — pense o que isso implicaria —, mas que o fenômeno deve ser o mesmo para todos os observadores em todos os lugares. Mesmo assim, não sabemos de fato.

Para nós, o universo vai apenas até o lugar para onde a luz se deslocou nos bilhões de anos desde a formação do universo. O universo visível — o universo que conhecemos e do qual podemos falar[23] — tem 1,6 milhão de milhões de milhões de milhões de quilômetros de diâmetro (ou seja, 1 600 000 000 000 000 000 000 000). Mas, de acordo com a maioria das teorias, o universo em geral — o metauniverso, como é às vezes chamado — é ainda mais espaçoso. Segundo Rees, o número de anos-luz até o limite desse universo maior, invisível,[24] seria escrito não "com dez zeros, nem mesmo com cem, mas com milhões". Em suma, há mais espaço do que você pode imaginar, mesmo sem se dar ao trabalho de tentar imaginar algum espaço adicional além.

Durante muito tempo, a teoria do *big-bang* tinha uma grande lacuna que incomodava muita gente: ela não conseguia explicar como chegamos aqui. Conquanto 98% de toda a matéria existente fosse criada com o *big-bang*, essa matéria consistia exclusivamente em gases leves: hélio, hidrogênio e o lítio já mencionado. Nenhuma partícula do material pesado tão vital à nossa existência — carbono, nitrogênio, oxigênio e todo o resto — emergiu da mistura gasosa da criação. Mas — e é aqui que está o problema —, para forjar esses elementos pesados, é preciso o tipo de calor e energia de um *big-bang*. No entanto, houve apenas um *big-bang*, e ele não os produziu. Logo, de onde eles surgiram? Curiosamente, o homem que encontrou a resposta para essa pergunta era um cosmologista que não dava a mínima para o *big-bang* como teoria. Ele cunhou esse termo sarcasticamente, só de gozação.

Logo chegaremos a ele, mas antes de abordarmos a questão de como chegamos aqui, vale a pena gastar uns minutinhos para examinar onde exatamente fica o "aqui".

2. Bem-vindo ao sistema solar

Astrônomos de hoje conseguem fazer coisas do arco da velha. Se alguém acendesse um fósforo na Lua, eles conseguiriam detectar a chama. Das mais ínfimas pulsações e estremecimentos das estrelas distantes,[1] eles inferem o tamanho e o caráter, ou mesmo a habitabilidade potencial, de planetas remotos demais para serem vistos — planetas tão distantes que levaríamos meio milhão de anos numa nave espacial para chegar até eles. Com seus radiotelescópios, os astrônomos captam filetes de radiação tão absurdamente fracos que a quantidade *total* de energia coletada de fora do sistema solar por todos eles juntos, desde que começou a coleta (em 1951), é "inferior à energia de um só floco de neve atingindo o solo", nas palavras de Carl Sagan.[2]

Em suma, não há muita coisa acontecendo no universo que os astrônomos não consigam detectar, se estiverem dispostos. Por isso, é estranho que até 1978 ninguém jamais tivesse observado que Plutão possui uma lua. No verão daquele ano, um astrônomo jovem chamado James Christy, do Observatório Naval dos Estados Unidos, em Flagstaff, Arizona, vinha realizando um exame de rotina de imagens fotográficas de Plutão quando viu que havia algo ali — algo indistinto e incerto, mas definitivamente diferente de Plutão.[3] Consultando um colega chamado Robert Harrington, ele concluiu que o que estava vendo era uma lua. E não era uma lua qualquer. Em relação ao planeta, era a maior lua do sistema solar.

A descoberta foi um golpe no status de Plutão como planeta, que já não era grande coisa. Como antes se acreditava que o espaço ocupado pela lua e o espaço ocupado por Plutão fossem o mesmo, na verdade Plutão era bem menor do que se imaginara — menor até que Mercúrio.[4] De fato, sete luas do sistema solar, inclusive a nossa, são maiores.

Ora, uma pergunta natural é por que demorou tanto tempo para se descobrir uma lua em nosso próprio sistema solar. A resposta é que isso diz respeito, em parte, à direção para onde os astrônomos apontam seus instrumentos, em parte, àquilo que tais instrumentos são projetados para detectar; e, em parte, a culpa é de Plutão. O fator principal é para onde eles apontam seus instrumentos. Nas palavras do astrônomo Clark Chapman:

"A maioria das pessoas acha que os astrônomos vão de noite aos observatórios vasculhar o céu. Isso não é verdade. Quase todos os telescópios existentes no mundo são projetados para examinar trechos minúsculos do céu, a grandes distâncias, para ver um quasar, caçar buracos negros ou olhar uma galáxia distante. A única rede real de telescópios que vasculha o céu foi projetada e desenvolvida pelos militares".[5]

As representações dos artistas acabaram nos levando a imaginar uma clareza de resolução inexistente na astronomia real. Plutão, na fotografia de Christy, é fraco e indistinto — uma penugem cósmica —, e sua lua não é o globo romanticamente iluminado e bem delineado que você obteria num desenho da *National Geographic*, e sim algo minúsculo e ainda mais indistinto. Na verdade, a indistinção era tamanha que decorreram sete anos até alguém voltar a detectar a lua e, assim, confirmar independentemente sua existência.[6]

Um detalhe interessante da descoberta de Christy é que ela aconteceu em Flagstaff, pois fora ali, em 1930, que Plutão havia sido originalmente descoberto. Esse evento seminal na astronomia deveu-se, em grande medida, ao astrônomo Percival Lowell. Lowell, oriundo de uma das famílias mais tradicionais e abastadas de Boston (aquela do poema burlesco sobre Boston ser a terra do feijão e do bacalhau, onde os Lowell falavam apenas com os Cabot, enquanto os Cabot falavam apenas com Deus), doou o observatório famoso que tem seu nome, mas costuma ser lembrado por sua crença de que Marte estava coberto de canais, cavados por marcianos diligentes a fim de transferir água das regiões polares para as terras secas, porém produtivas, mais próximas do equador.

Outra ideia fixa de Lowell era a existência, em algum ponto além de Netuno, de um desconhecido nono planeta, apelidado de Planeta X. Lowell baseou sua crença em irregularidades detectadas nas órbitas de Urano e Netuno, e dedicou os últimos anos de sua vida à procura do gigante gasoso de cuja existência estava convicto. Infelizmente, ele morreu de repente em 1916, até certo ponto exaurido por sua busca, que ficou em banho-maria enquanto os herdeiros brigavam por sua herança. No entanto, em 1929, em parte para desviar a atenção da lenda dos canais de Marte (que àquela altura havia se tornado um grave constrangimento), os diretores do Observatório Lowell decidiram retomar a busca e, para isso, contrataram um jovem de Kansas chamado Clyde Tombaugh.

Tombaugh não tivera nenhuma educação formal como astrônomo, mas era diligente e perspicaz e, após um ano de procura paciente, conseguiu detectar Plutão, um ponto fraco de luz num firmamento fulgurante.[7] Foi uma descoberta milagrosa, e o que a tornou ainda mais impressionante foi que as observações que levaram Lowell a prever a existência de um planeta além de Netuno se revelaram totalmente errôneas. Tombaugh viu de cara que o novo planeta em nada se assemelhava à bola de gás maciça que Lowell postulara. Mas quaisquer reservas que ele ou alguém mais tivesse sobre a natureza do novo planeta logo se dissiparam no delírio que acompanhava quase todas as novidades naquela era facilmente entusiasmável. Foi o primeiro planeta descoberto por um americano, e ninguém seria perturbado pelo pensamento de que ele não passava de um ponto gelado e distante. Foi chamado de Plutão pelo menos em parte porque suas duas primeiras letras correspondiam às iniciais de Percival Lowell, postumamente aclamado em toda parte como um gênio de primeira grandeza; Tombaugh foi praticamente esquecido, exceto pelos astrônomos planetários, que tendem a reverenciá-lo.

Alguns astrônomos continuam achando que pode haver um Planeta X lá longe — um verdadeiro colosso, talvez com dez vezes o tamanho de Júpiter, mas tão distante que é invisível para nós (a luz solar recebida por ele seria tão pouca que quase nada restaria dela para ser refletida).[8] A ideia é que não se trataria de um planeta convencional como Júpiter ou Saturno. Ele está distante demais para isso, talvez a 7,2 trilhões de quilômetros. Seria mais como um sol que não deu certo. A maioria dos sistemas solares no cosmo é binária (com duas estrelas), o que torna o nosso Sol solitário uma leve excentricidade.

Quanto ao próprio Plutão, ninguém sabe ao certo seu tamanho, sua constituição, que tipo de atmosfera possui ou mesmo o que realmente ele é. Uma série de astrônomos acredita que não se trata de um planeta, mas meramente do maior objeto encontrado até agora numa zona de detritos galácticos conhecida como cinturão de Kuiper. O cinturão de Kuiper foi realmente teorizado por um astrônomo chamado F. C. Leonard, em 1930, contudo o nome homenageia Gerard Kuiper, um holandês que trabalhava nos Estados Unidos e que desenvolveu a ideia.[9] O cinturão de Kuiper é a origem dos denominados cometas de períodos curtos — aqueles que passam por aqui com certa regularidade —, dos quais o mais famoso é o cometa de Halley. Os cometas de períodos longos, menos assíduos (entre eles, os recentes visitantes Hale-Bopp e Hyakutake), vêm da muito mais distante nuvem de Oort, sobre a qual logo falaremos mais.

Com certeza, Plutão não age como os demais planetas. Além de nanico e obscuro, seus movimentos são tão variáveis que ninguém sabe ao certo onde Plutão estará daqui a um século. Enquanto os outros planetas orbitam mais ou menos no mesmo plano, a trajetória orbital de Plutão é inclinada (por assim dizer) e está dezessete graus desalinhada, como a aba de um chapéu inclinado de modo casual na cabeça de alguém. Sua órbita é tão irregular que, durante longos períodos de seus circuitos solitários ao redor do Sol, ele está mais perto de nós do que Netuno. Durante a maior parte das décadas de 1980 e 1990, Netuno era o planeta mais afastado do sistema solar. Somente em 11 de fevereiro de 1999 Plutão retornou para a pista externa, onde permanecerá pelos próximos 228 anos.[10]

Plutão pode até ser um planeta, mas um planeta estranho. É muito pequeno: apenas um quarto de 1% da massa da Terra. Se fosse colocado sobre os Estados Unidos, não cobriria sequer a metade dos 48 estados mais ao sul. Só isso já o torna extremamente anômalo. Significa que nosso sistema planetário consiste em quatro planetas internos rochosos, quatro gigantes externos gasosos e uma bola de gelo minúscula e solitária. Além disso, há razões para acreditar que, em breve, podemos começar a descobrir outras esferas geladas até maiores na mesma porção do espaço. Aí, sim, teremos problemas. Depois que Christy avistou a lua de Plutão, os astrônomos passaram a observar aquela parte do cosmo mais atentamente, e até o início de dezembro de 2002 haviam encontrado mais de seiscentos objetos transnetunianos adicionais, ou plutinos, como são alternativamente chamados.[11] Um deles, denominado

Varuna, tem quase o tamanho da lua de Plutão. Os astrônomos acham que pode haver bilhões desses objetos. A dificuldade é que muitos são terrivelmente escuros. Em geral eles têm um albedo, ou reflexibilidade, de apenas 4%, quase o mesmo de um bloco de carvão — e o pior é que esses "blocos de carvão" estão a 6,4 bilhões de quilômetros de distância.[12]

Exatamente a que distância fica isso? É quase além da imaginação. O espaço, veja bem, é simplesmente enorme — bota enorme nisso! Imaginemos, para fins de instrução e entretenimento, que estamos de partida para uma viagem espacial. Não iremos muito longe — apenas até o limite de nosso próprio sistema solar —, mas precisamos ter uma ideia da grandeza do espaço e da pequena parte que ocupamos.

Agora vem a má notícia: não vamos conseguir estar de volta para o jantar. Mesmo à velocidade da luz (300 mil quilômetros por segundo), seriam necessárias sete horas para chegar a Plutão. Mas claro que não conseguimos sequer chegar perto dessa velocidade. Teremos de viajar à velocidade de uma espaçonave, e elas são meio vagarosas. As melhores velocidades já alcançadas por qualquer artefato humano são as das espaçonaves *Voyager 1* e *2*, que estão agora se afastando de nós a cerca de 56 mil quilômetros por hora.[13]

A razão pela qual as espaçonaves *Voyager* foram lançadas exatamente em agosto e setembro de 1977 foi que Júpiter, Saturno, Urano e Netuno estavam alinhados de uma forma que só ocorre a cada 175 anos. Isso permitiu às duas *Voyagers* usarem uma técnica de "ajuda da gravidade" em que as naves eram sucessivamente arremessadas de um gigante gasoso para o próximo numa espécie de "trabalho sob chicote" cósmico. Mesmo assim, levaram nove anos para chegar a Urano e doze para transpor a órbita de Plutão. A boa notícia é que, se esperarmos até 2006 (quando a espaçonave *New Horizons* da Nasa está programada para partir rumo a Plutão), poderemos nos beneficiar da posição favorável de Júpiter, bem como de alguns avanços da tecnologia, e chegar lá em apenas uma década aproximadamente — embora eu tema que a volta ao lar leve um tempo bem maior. De qualquer modo, será uma longa viagem.

A primeira coisa que você irá perceber é que o espaço é decepcionantemente monótono e que esse nome, espaço, é bem apropriado. Nosso sistema solar pode ser a coisa mais animada num raio de trilhões de quilômetros, mas todo o material visível dentro dele — o Sol, os planetas e suas luas, os bilhões de rochas rotantes do cinturão de asteroides, cometas e outros detritos variados em deslocamento — preenche menos de um trilionésimo do espaço disponível.[14] Você também logo perceberá que nenhum dos diagramas que já viu do sistema solar foi desenhado em escala, ainda que remotamente. A maioria das ilustrações de sala de aula mostra os planetas um após o outro, com pequenos intervalos — os gigantes exteriores chegam a lançar sombras uns sobre os outros em muitos desenhos. Entretanto, esse é um engano necessário para que possam ser colocados na mesma folha de papel. Netuno não está só um tiquinho além de Júpiter: está muito além de Júpiter — cinco vezes mais longe de Júpiter do que Júpiter está de nós, tão longe que recebe somente 3% da luz solar recebida por Júpiter.

São tamanhas as distâncias que é impossível, em termos práticos, desenhar o sistema solar em escala. Mesmo que você acrescentasse uma enorme folha dobrável aos livros didáticos ou usasse um papelão grande, não chegaria nem perto. Num diagrama do sistema solar em escala, com a Terra reduzida ao diâmetro aproximado de uma ervilha, Júpiter estaria a mais de trezentos metros e Plutão estaria a 2,5 quilômetros de distância (e teria o tamanho aproximado de uma bactéria, de modo que você nem conseguiria vê-lo). Na mesma escala, a Próxima Centauro, a estrela mais próxima, estaria a quase 16 mil quilômetros de distância. Ainda que você encolhesse tudo até Júpiter ficar do tamanho do ponto final da frase, e Plutão não maior que uma molécula, Plutão continuaria a mais de dez metros de distância.

Portanto, nosso sistema solar é enorme. Quando chegarmos a atingir Plutão, estaremos tão distante que o Sol — nosso querido e quentinho Sol, que nos mantém vivos e nos bronzeia a pele — terá encolhido até o tamanho de uma cabeça de alfinete. Ele não passará de uma estrela brilhante. Num tal ermo, você começa a entender como até os objetos mais importantes — a lua de Plutão, por exemplo — passaram despercebidos. Quanto a isso, Plutão não é um caso isolado. Até as expedições das *Voyagers*, pensava-se que Netuno tinha duas luas; as *Voyagers* descobriram mais seis. Quando eu era menino, achava-se que o sistema solar continha trinta luas. O total agora são "pelo menos noventa", das quais cerca de um terço foi descoberto somente nos últimos dez anos.[15] É claro que o que deve ser lembrado quando consideramos o universo como um todo é que não sabemos realmente o que existe em nosso próprio sistema solar.

A outra coisa que você perceberá ao dispararmos para além de Plutão é que a viagem está longe do fim. Nosso itinerário é até o limite do sistema solar, e lamento informar que ainda não chegamos lá. Plutão pode ser o último objeto mostrado nos diagramas de sala de aula, mas o sistema não termina lá. Na verdade, não está nem perto de terminar. Não chegaremos ao limite do sistema solar antes de passarmos pela nuvem de Oort, um vasto domínio celestial de cometas em deslocamento, e só a atingiremos daqui a — sinto muito dizer — 10 mil anos.[16] Longe de marcar o limite exterior do sistema solar, como aqueles mapas de sala de aula dão a entender de modo tão descuidado, Plutão está a apenas 1/5000 de distância.

Claro que não temos a menor perspectiva de uma tal viagem. Uma viagem de 386 mil quilômetros até a Lua ainda representa um enorme empreendimento para nós. Uma missão tripulada a Marte, preconizada pelo primeiro presidente Bush num surto de leviandade passageira, foi discretamente descartada quando alguém calculou que custaria 450 bilhões de dólares e provavelmente resultaria na morte de toda a tripulação (cujo DNA seria destroçado por partículas solares de alta energia contra as quais não haveria proteção).[17]

Com base no que sabemos agora e podemos razoavelmente imaginar, não há absolutamente nenhuma perspectiva de que qualquer ser humano chegue um dia a visitar o limite de nosso sistema solar. Fica longe demais. O fato é que, mesmo com o telescópio Hubble, nem sequer conseguimos ver a nuvem de Oort, de modo que sua existência, embora provável, é totalmente hipotética.*

Quase tudo que se pode dizer com segurança sobre a nuvem de Oort é que ela começa em algum ponto além de Plutão e se estende por uns dois anos-luz cosmo afora. A unidade de medida básica no sistema solar é a Unidade Astronômica, ou UA, que representa a distância do Sol à Terra. Plutão fica a cerca de quarenta UAs de nós. Já o núcleo da nuvem de Oort, fica a cerca de 50 mil. Em suma, é superlonge.

Mas façamos de conta que chegamos à nuvem de Oort. A primeira coisa que você notará é que lá é muito calmo. Estamos bem longe de qualquer lugar

---

* O nome completo, nuvem de Öpik-Oort, deve-se ao astrônomo estoniano Ernst Öpik, que formulou a hipótese de sua existência em 1932, e ao astrônomo holandês Jan Oort, que refinou os cálculos dezoito anos depois.

agora — tão longe de nosso Sol que ele nem é a estrela mais brilhante do céu. É incrível que aquela cintilação minúscula e distante tenha gravidade suficiente para manter todos aqueles cometas em órbita. Não é um vínculo muito forte, por isso os cometas se deslocam devagar, a apenas uns 350 quilômetros por hora.[18] De tempos em tempos, alguns desses cometas solitários são desviados da órbita normal por alguma ligeira perturbação gravitacional — a morte de uma estrela, talvez. Às vezes, eles são ejetados no vazio do espaço, perdendo-se para sempre, mas em outras vezes caem numa longa órbita ao redor do Sol. Cerca de três ou quatro desses cometas — os chamados cometas de período longo — passam anualmente pelo sistema solar interno. Ocasionalmente, esses visitantes desgarrados colidem com algo sólido, como a Terra. Por isso viajamos para tão longe: porque o cometa que viemos ver começou uma longa queda rumo ao centro do sistema solar. Ele vai cair bem no Rio de Janeiro. Levará um bom tempo até que chegue lá — pelo menos 3 ou 4 milhões de anos —, de modo que o deixaremos por ora para retornarmos a ele bem mais à frente nesta história.

Portanto, este é seu sistema solar. E o que mais existe lá fora, além do sistema solar? Bem, nada e muita coisa, dependendo de como você veja.

No curto prazo, não existe nada. O vácuo mais perfeito já criado por seres humanos não é tão vazio como aquele do espaço interestelar.[19] E há muito desse vazio até você chegar ao próximo bocado de algo. O vizinho que está mais perto de nós no cosmo, Próxima Centauro, parte do aglomerado de três estrelas conhecido como Alfa Centauro, está a 4,3 anos-luz de distância, um salto modesto em termos galácticos, mas mesmo assim 100 milhões de vezes mais longe que uma viagem à Lua.[20] Uma nave espacial levaria pelo menos 25 mil anos para chegar lá. E ainda que fizesse a viagem, você teria chegado apenas a um grupo solitário de estrelas em meio a um vasto fim de mundo. Alcançar o próximo marco importante, Sirius, exigiria mais 4,6 anos-luz de viagem. E assim sucessivamente, se você tentasse viajar pelo cosmo. Só para alcançar o centro de nossa galáxia gastaríamos um período de tempo muito maior do que aquele em que existimos como seres.

O espaço, vou repetir, é enorme. A distância média entre as estrelas é de 32 trilhões de quilômetros.[21] Mesmo em velocidades próximas da velocidade da luz, são distâncias assustadoras para qualquer viajante. Claro que é *possível* que extraterrestres viajem bilhões de quilômetros para se divertir formando círculos de megálitos em Wiltshire ou assustando um pobre sujeito em um caminhão numa estrada deserta do Arizona (afinal, deve haver adolescentes entre eles), mas parece improvável.

Mesmo assim, a probabilidade estatística de que existam outros seres pensantes no cosmo é grande. Ninguém sabe quantas estrelas existem na Via Láctea — as estimativas variam de 100 bilhões a talvez 400 bilhões —, e a Via Láctea é apenas uma entre as cerca de 140 bilhões de outras galáxias, muitas delas maiores que a nossa. Na década de 1960, um professor de Cornell chamado Frank Drake, empolgado com tais números assombrosos, elaborou uma equação famosa para calcular as chances de existência de vida avançada no cosmo, com base numa série de probabilidades decrescentes.

Pela equação de Drake, divide-se o número de estrelas num trecho selecionado do universo pelo número de estrelas com probabilidade de possuírem sistemas planetários; divide-se o resultado pelo número de sistemas planetários que poderiam teoricamente conter vida; divide-se o número assim obtido pelo número daqueles em que a vida, tendo surgido, avança até um estado de inteligência; e assim por diante. A cada uma dessas divisões, o número cai vertiginosamente — no entanto, mesmo com os dados mais conservadores, o número de civilizações avançadas, somente na Via Láctea, sempre se situa na casa dos milhões.

Que pensamento interessante e empolgante. Podemos ser apenas uma entre milhões de civilizações avançadas. Infelizmente, dada a extensão do espaço, calcula-se que a distância média entre quaisquer duas dessas civilizações seja no mínimo de duzentos anos-luz, o que é bem mais do que parece. Para início de conversa, ainda que aqueles seres saibam que estamos aqui e consigam nos enxergar em seus telescópios, estão observando a luz que deixou a Terra duzentos anos atrás. Portanto, não estão vendo você e eu. Eles estão vendo a Revolução Francesa e Thomas Jefferson e gente com meias de seda e perucas empoadas — gente que nem sequer sabe o que é um átomo ou um gene, e que acha divertido produzir eletricidade esfregando uma haste de âmbar numa pele de animal. Qualquer mensagem que recebermos deles nos tratará de "Vossa alteza" e elogiará a beleza de nossos cavalos e nosso domínio da tecnologia do óleo de baleia. Duzentos anos-luz é uma distância tão além de nossa compreensão que está, simplesmente, bem, muito além de nossa compreensão.

Portanto, ainda que não estejamos realmente sozinhos, para todos os fins práticos estamos. Carl Sagan calculou que o número de planetas prováveis em todo o universo seria de 10 bilhões de trilhões — um número muito além da imaginação. Mas igualmente além da imaginação é a quantidade de espaço no qual eles estão dispersos. "Se fôssemos inseridos aleatoriamente no universo", escreveu Sagan, "as chances de estarmos num planeta ou perto de um deles seriam inferiores a uma em 1 bilhão de trilhões de trilhões" (isto é 10^{33}, ou 1 seguido de 33 zeros). "Os mundos são preciosos."[22]

Daí talvez ser uma boa notícia que, em fevereiro de 1999, a União Astronômica Internacional tenha declarado oficialmente que Plutão é um planeta. O universo é um lugar grande e solitário, e quanto mais vizinhos tivermos, melhor.

3. O universo do reverendo Evans

Quando o céu está claro e a Lua não está brilhando demais, o reverendo Robert Evans, um homem tranquilo e animado, arrasta um volumoso telescópio para o terraço dos fundos de sua casa, nos montes Blue da Austrália, uns oitenta quilômetros a oeste de Sydney, e faz uma coisa extraordinária. Olha profundamente para o passado e encontra estrelas agonizantes.

É claro que olhar para o passado é a parte fácil. Basta observar o céu noturno que você verá um monte de história: as estrelas não como são agora, mas como eram quando sua luz as deixou. Por tudo que sabemos, a Estrela Polar, nossa fiel companheira, pode ter se extinguido em janeiro passado, ou em 1854, ou em qualquer momento desde o século XIV, sem que essa notícia tenha chegado até nós. O máximo que podemos dizer é que ela continuava brilhando 680 anos atrás. As estrelas morrem o tempo todo. O que Bob Evans faz melhor do que qualquer pessoa que já tenha tentado é localizar esses momentos de despedida celeste.

De dia, Evans é um pastor gentil, e agora semiaposentado, da Igreja Unitária da Austrália, que eventualmente substitui algum pastor e pesquisa a história dos movimentos religiosos do século XIX. Mas de noite ele é, à sua maneira modesta, um titã dos céus. Ele caça supernovas.

As supernovas ocorrem quando uma estrela gigante, bem maior que o nosso Sol, colapsa e depois explode espetacularmente, liberando num instante a energia de 100 bilhões de sóis e ardendo por algum tempo com mais brilho do que qualquer outra estrela de sua galáxia.[1] "É como se 1 trilhão de bombas de hidrogênio explodissem ao mesmo tempo", diz Evans.[2] Se uma supernova explodisse num raio de quinhentos anos-luz de distância de nós, seria o nosso fim, de acordo com Evans — "estragaria a festa", como ele diz em tom jocoso. Mas o universo é vasto, e as supernovas costumam estar afastadas demais para nos prejudicar. Na verdade, algumas estão tão inimaginavelmente distantes que sua luz nos alcança como uma cintilação débil. Durante o período de mais ou menos um mês em que ficam visíveis, só se distinguem das outras estrelas no céu por ocupar um ponto do espaço que não estava preenchido antes. São esses pontinhos anômalos e muito ocasionais na abóbada apinhada do céu noturno que o reverendo Evans descobre.

Para entender a magnitude dessa façanha, imagine uma mesa de jantar comum, coberta com uma toalha preta. Alguém joga um punhado de sal sobre a mesa. Os grãos espalhados podem ser comparados a uma galáxia. Agora imagine outras 1500 mesas iguais — número suficiente para lotar um estacionamento do Wal-Mart ou para formar uma linha com mais de três quilômetros de comprimento —, cada qual com um arranjo aleatório de sal em cima. Agora acrescente um grão de sal a uma das mesas e deixe Bob Evans caminhar por entre elas. De relance, ele o localizará. O grão de sal é a supernova.

O talento de Evans é tão excepcional que Oliver Sacks, em *Um antropólogo em Marte*, dedica uma passagem a ele em um capítulo sobre sábios autistas — logo acrescentando que "não vai aqui nenhuma insinuação de que ele seja autista".[3] Evans, que não conhece Sacks pessoalmente, ri-se diante da sugestão de que possa ser autista ou sábio, mas não sabe explicar de onde vem seu talento.

"Parece que tenho jeito para memorizar campos de estrelas", ele me contou, com um olhar francamente escusatório, quando o visitei e a sua esposa, Elaine, num bangalô de conto de fadas num canto tranquilo da aldeia de Hazelbrook, onde Sydney enfim termina e o ilimitado sertão australiano começa. "Não sou particularmente bom em outras coisas", ele acrescentou. "Não lembro bem dos nomes das pessoas."

"Nem de onde ele põe as coisas", Elaine lembrou lá da cozinha.

Evans assentiu de novo com a cabeça e sorriu, depois perguntou se eu gostaria de ver seu telescópio. Eu imaginara que ele teria um observatório de verdade no quintal — uma versão reduzida de Monte Wilson ou Palomar, com teto de cúpula corrediça e uma cadeira mecanizada que seria um prazer manobrar. Na verdade, ele não me levou para fora de casa, mas para um depósito atulhado, ao lado da cozinha, onde mantém seus livros e papéis, e onde seu telescópio — um cilindro branco com o tamanho e a forma aproximados de uma caldeira doméstica — repousa sobre um suporte de compensado giratório feito em casa. Quando deseja observar o céu, ele carrega o aparato, em duas viagens, para um pequeno terraço atrás da cozinha. Entre a saliência do telhado e a folhagem dos eucaliptos que se erguem da encosta abaixo, Evans tem apenas uma visão reduzida do céu, mas diz que é mais que suficiente para seus propósitos. E ali, quando o céu está claro e a Lua não está brilhante demais, ele encontra suas supernovas.

O termo *supernova* foi cunhado na década de 1930 por um astrofísico memoravelmente excêntrico chamado Fritz Zwicky. Nascido na Bulgária e criado na Suíça, na década de 1920 Zwicky foi para o California Institute of Technology (Caltech), onde logo se destacou pela personalidade áspera e pelos talentos inconstantes. Ele não parecia extraordinariamente brilhante, e muitos de seus colegas o consideravam pouco mais do que "um palhaço irritante".[4] Adepto do culto ao corpo, ele costumava se deitar no chão do refeitório do Caltech ou de outras áreas públicas e fazer flexões com um braço para demonstrar sua virilidade a quem parecesse inclinado a duvidar dela. Era notadamente agressivo, comportamento que acabou se tornando tão ameaçador que seu colaborador mais próximo, um homem pacífico chamado Walter Baade, recusava-se a ser deixado a sós com ele.[5] Entre outras coisas, Zwicky acusou Baade, que era alemão, de nazista — injustamente. Em pelo menos uma ocasião, Zwicky ameaçou matar Baade, que subia até o alto do Observatório do Monte Wilson quando via o colega no campus do Caltech.[6]

Mas Zwicky também era capaz de insights surpreendentemente brilhantes. No início da década de 1930, ele voltou sua atenção para uma questão que vinha intrigando havia muito tempo os astrônomos: o surgimento no céu de pontos de luz, novas estrelas, ocasionais e inexplicados. Desafiando as probabilidades, ele imaginou que a explicação poderia estar no nêutron — a partícula subatômica que acabara de ser descoberta na Inglaterra por James Chadwick, portanto uma novidade badalada. Ocorreu-lhe que, se uma estrela colapsasse para a espécie de densidades encontradas no núcleo dos átomos, o resultado seria um núcleo inimaginavelmente compactado. Os átomos seriam literalmente comprimidos, com seus elétrons forçados para dentro dos núcleos, formando nêutrons.[7] Teríamos uma estrela de nêutrons. Imagine 1 milhão de balas de canhão realmente pesadas espremidas até ficarem do tamanho de uma bola de gude e... bem, você ainda está longe. O núcleo de uma estrela de nêutrons é tão denso que uma única colherada de sua matéria pesaria 500 bilhões de quilos. Uma colherada de peso! Mas havia mais. Zwicky percebeu que, após o colapso de uma tal estrela, sobraria uma enorme quantidade de energia — suficiente para produzir a maior explosão do universo.[8] Ele chamou a essas explosões resultantes de supernovas. Elas seriam — são — os maiores eventos da criação.

Em 15 de janeiro de 1934, o periódico *Physical Review* publicou um resumo muito conciso de uma palestra que havia sido proferida por Zwicky e Baade no mês anterior na Universidade Stanford. Apesar da extrema brevidade — um parágrafo de 24 linhas —, o resumo continha uma quantidade enorme de novidades científicas: fazia a primeira referência às supernovas e estrelas de nêutrons; dava uma explicação convincente para seu método de formação; calculava corretamente a escala de sua explosividade; e, como uma espécie de bônus, relacionava as explosões de supernovas à produção de um fenômeno novo e misterioso, os chamados raios cósmicos, detectados pouco tempo antes pululando no universo. Essas ideias foram no mínimo revolucionárias. As estrelas de nêutrons só seriam confirmadas 34 anos depois. A ideia de raios cósmicos, embora considerada plausível, ainda não havia sido confirmada.[9] No todo, o resumo era, nas palavras do astrofísico Kip S. Thorne, do Caltech, "um dos documentos mais visionários da história da física e da astronomia".[10]

Curiosamente, Zwicky não entendia muito bem por que esses fenômenos aconteciam. De acordo com Thorne, "ele não entendia as leis da física suficientemente bem para conseguir comprovar suas ideias".[11] O talento de Zwicky era para as grandes ideias. O embasamento matemático sobrava para os outros, em geral Baade.

Zwicky também foi o primeiro a reconhecer que não havia no universo massa visível suficiente para manter as galáxias coesas e que devia existir alguma outra influência gravitacional — o que agora chamamos de matéria escura. Um detalhe que lhe passou despercebido é que se uma estrela de nêutrons encolhesse suficientemente, tornar-se-ia tão densa que nem a luz conseguiria escapar a sua imensa atração gravitacional. Teríamos um buraco negro. Infelizmente, Zwicky era tão impopular entre a maioria dos colegas que suas ideias não atraíam o interesse de quase ninguém. Quando, cinco anos depois, o grande Robert Oppenheimer voltou sua atenção para as estrelas de nêutrons num artigo memorável, não fez uma referência sequer aos trabalhos de Zwicky, embora este se concentrasse havia anos no mesmo problema numa sala logo adiante no corredor. As deduções de Zwicky sobre a matéria escura não teriam nenhuma repercussão séria durante quase quatro décadas.[12] Podemos supor que ele fez muitos abdominais naquele período.

Surpreendentemente, pouca coisa do universo é visível para nós quando voltamos nossas cabeças em direção ao céu. Somente cerca de 6 mil estrelas são visíveis da Terra a olho nu,[13] e somente cerca de 2 mil podem ser vistas de um só lugar. Com binóculo, o número de estrelas visíveis de um só lugar aumenta para umas 50 mil e, com um pequeno telescópio de duas polegadas, salta para 300 mil. Com um telescópio de dezesseis polegadas, como aquele que Evans usa, já não se contam estrelas, e sim galáxias. De seu terraço, Evans supõe que consegue ver entre 50 mil e 100 mil galáxias, cada qual contendo dezenas de bilhões de estrelas. Trata-se de números respeitáveis, mas mesmo em meio a tamanha profusão de astros, as supernovas são raríssimas. Uma estrela pode brilhar por bilhões de anos, porém só morre uma vez e rapidamente, e poucas estrelas agonizantes explodem. A maioria expira calmamente, como uma fogueira de final de acampamento. Numa galáxia típica, constituída por centenas de bilhões de estrelas, uma supernova ocorrerá em média uma vez a cada duzentos ou trezentos anos. Encontrar uma supernova, portanto, é mais ou menos como estar na plataforma de observação do edifício Empire State percorrendo com um telescópio as janelas na área de Manhattan na esperança de encontrar, digamos, alguém assoprando as velinhas do bolo de seu 21º aniversário.

Por isso, quando um pastor esperançoso e afável entrou em contato, interessado em diagramas de campo utilizáveis na caça a supernovas, a comunidade astronômica pensou que ele estivesse maluco. Naquela época, Evans tinha um telescópio de dez polegadas — tamanho bem respeitável para um astrônomo amador, mas longe do tipo de instrumento usado em cosmologia séria — e estava se propondo a localizar um dos fenômenos mais raros do universo. Em toda a história da astronomia, antes de Evans começar suas observações em 1980, menos de sessenta supernovas haviam sido encontradas. (Quando o visitei, em agosto de 2001, ele acabara de registrar sua 34ª descoberta visual; uma 35ª seguiu-se três meses depois, e uma 36ª, no início de 2003.)

O reverendo, porém, desfrutou de certas vantagens. A maioria dos observadores, como a maioria da população em geral, está no hemisfério norte, de modo que Evans teve um pedaço do céu quase só para si, especialmente no início. Ele também teve a vantagem da rapidez e de sua memória incomum. Os telescópios grandes são objetos pesadões, e parte significativa de seu tempo operacional é consumido em manobras para colocá-los em posição. Evans podia movimentar seu pequeno telescópio de dezesseis polegadas como um artilheiro de popa numa batalha aérea, gastando não mais que alguns segundos com qualquer ponto específico do céu. Em consequência, ele podia observar talvez quatrocentas galáxias numa noite, enquanto um telescópio profissional grande teria sorte se observasse cinquenta ou sessenta.

Procurar supernovas é quase nunca encontrá-las. De 1980 a 1996, Evans fez em média duas descobertas por ano, um resultado modesto para centenas de noites de observação. Certa vez, ele encontrou três em quinze dias, mas chegou a passar três anos sem achar nada.

"Na verdade, há certo valor em não encontrar nada", ele disse. "Ajuda os cosmologistas a calcular a velocidade com que as galáxias estão evoluindo. Essa é uma das raras áreas em que a ausência de provas *é* uma prova."

Numa mesa ao lado do telescópio, havia pilhas de artigos e fotos pertinentes a sua pesquisa, e ele me mostrou algumas daquelas fotos. Se você já viu alguma publicação popular sobre astronomia, e alguma vez na vida deve ter visto, sabe que elas costumam estar repletas de fotos coloridas e refulgentes de nebulosas distantes e coisas semelhantes — nuvens feéricas de luz celestial do mais delicado e comovente esplendor. As imagens de trabalho de Evans são bem diferentes. São apenas fotos em preto e branco indistintas com pontinhos de brilho aureolado. Uma delas mostrava um enxame de estrelas com uma luz insignificante que tive de aproximar do rosto para ver. Tratava-se,

Evans explicou, de uma estrela numa constelação chamada Fornax de uma galáxia conhecida em astronomia como NGC1365. (NGC designa New General Catalogue — Novo Catálogo Geral —, onde essas coisas são registradas. Outrora era um livro pesadão na escrivaninha de alguém em Dublin; agora, desnecessário dizer, é um banco de dados.) Durante 60 milhões de anos silenciosos, a luz da morte espetacular da estrela viajou incessantemente pelo espaço, até que, numa noite de agosto de 2001, chegou à Terra na forma de uma radiação minúscula no céu noturno. Claro que foi Robert Evans, em sua encosta recendendo a eucalipto, quem a avistou.

"Há algo satisfatório, eu acho", disse Evans, "na ideia de que a luz viajou milhões de anos pelo espaço e, *bem* no momento certo em que ela atinge a Terra, alguém olha para o pedaço certo do céu e a vê. Um evento dessa magnitude simplesmente merece ser testemunhado."

As supernovas fazem mais do que provocar uma sensação de espanto. Elas vêm em diversos tipos (um deles descoberto por Evans), dentre os quais um em particular, conhecido como supernova Ia, é importante para a astronomia porque sempre explode da mesma maneira, com a mesma massa crítica. Por esse motivo, pode ser usado como uma "vela-padrão" — um padrão para medir o brilho (e portanto a distância relativa) de outras estrelas e, consequentemente, para medir a taxa de expansão do universo.

Em 1987, Saul Perlmutter, do Laboratório Lawrence Berkeley, na Califórnia, precisando de mais supernovas Ia do que aquelas detectadas visualmente, resolveu encontrar um método mais sistemático para procurá-las.[14] Perlmutter concebeu um sistema atraente usando sofisticados computadores e dispositivos CCD — em essência, câmeras digitais de primeira. Isso automatizou a caça às supernovas. Os telescópios podiam então tirar milhares de fotos e deixar um computador detectar os reveladores pontos brilhantes que assinalavam uma explosão de supernova. Em cinco anos, com a nova técnica, Perlmutter e seus colegas em Berkeley encontraram 42 supernovas. Agora, até amadores estão achando supernovas com esses dispositivos. "Com os CCDs, você pode apontar o telescópio para o céu e ir ver TV", diz Evans com um toque de desalento. "Isso tirou todo o romantismo da busca."

Perguntei se ele se sentia tentado a adotar a nova tecnologia. "Ah, não", Evans disse, "gosto demais do meu método. Além disso" — ele abanou a cabeça diante da foto de sua última supernova e sorriu —, "às vezes ainda consigo superá-los."

A pergunta que ocorre naturalmente é: o que aconteceria se uma estrela explodisse por perto? Nosso vizinho estelar mais próximo, como vimos, é Alfa Centauro, a 4,3 anos-luz de distância. Eu imaginara que, se houvesse uma explosão ali, teríamos 4,3 anos para observar a luz desse evento magnífico se propagar pelo céu, como que saída de uma lata gigante. Imagine se tivéssemos quatro anos e quatro meses para observar o desastre inexorável avançar até nós, sabendo que, quando enfim chegasse, ele destruiria até nossos ossos. As pessoas continuariam indo trabalhar? Os agricultores plantariam as sementes? Alguém levaria os produtos até as lojas?

Semanas depois, de volta à cidade de New Hampshire, onde moro, fiz essas perguntas a John Thorstensen, astrônomo da Dartmouth College. "Ah, não", ele disse, rindo. "A notícia de eventos como esse viaja à velocidade da luz, mas o mesmo acontece com sua destrutividade; portanto, alguém saberia do desastre e morreria dele no mesmo instante. Mas não se preocupe, porque não vai acontecer."[15]

Para morrer da explosão de uma supernova, alguém teria de estar "ridiculamente perto" — a uns dez anos-luz de distância. "O perigo seriam os diferentes tipos de radiação: raios cósmicos e assim por diante." Eles produziriam auroras fabulosas, cortinas brilhantes de luz fantasmagórica que encheriam todo o céu. Isso não seria bom. Algo suficientemente potente para criar tamanho espetáculo decerto poderia destruir a magnetosfera, a zona magnética bem acima da Terra que nos protege dos raios ultravioleta e de outros ataques cósmicos. Sem a magnetosfera, qualquer pessoa que tivesse o azar de se expor à luz solar ficaria parecida, digamos, com uma pizza queimada.

A razão pela qual podemos estar razoavelmente confiantes de que um tal evento não ocorrerá em nosso canto da galáxia, Thorstensen explicou, é que é preciso um tipo específico de estrela para produzir uma supernova. Uma estrela candidata precisa ter uma massa que seja entre dez e vinte vezes equivalente à de nosso sol, e "não temos nada desse tamanho nas proximidades. O universo é um lugar misericordiosamente grande". O candidato provável mais próximo, ele acrescentou, é Betelgeuse, cujas diversas faiscações durante anos sugeriram que algo intrigantemente instável estava ocorrendo por lá. Mas Betelgeuse fica a 50 mil anos-luz de distância.

Apenas meia dúzia de vezes na história registrada as supernovas estiveram próximas o suficiente para ser vistas a olho nu.[16] Uma delas foi uma explosão em 1054 que criou a Nebulosa de Câncer. Outra, em 1604, tornou uma estrela brilhante o suficiente para ser vista durante o dia por mais de três semanas. E a mais recente foi em 1987, quando uma supernova brilhou na zona do cosmo conhecida como Grande Nuvem de Magalhães, mas ela mal pôde ser vista, e somente no hemisfério sul — e estava à distância confortavelmente segura de 169 000 anos-luz.

As supernovas são importantes para nós de outra maneira fundamental: sem elas não estaríamos aqui. Você deve se lembrar do enigma cosmológico com que encerramos o primeiro capítulo: que o *big-bang* criou montes de gases leves, mas nenhum elemento pesado. Estes vieram mais tarde, contudo por muito tempo ninguém conseguia descobrir *como* eles vieram mais tarde. O problema era que se precisava de algo realmente quente — mais quente até que o centro das estrelas mais quentes — para forjar carbono, ferro e os outros elementos sem os quais seríamos tristemente inexistentes. As supernovas forneceram a explicação, e foi um cosmologista inglês quase tão excêntrico como Fritz Zwicky quem a descobriu.

Foi Fred Hoyle, nascido em Yorkshire. Hoyle, que morreu em 2001, foi descrito em um obituário da revista *Nature* como "cosmologista e criador de controvérsias",[17] e isso ninguém pode negar. Ele esteve, de acordo com o obituário da *Nature*, "envolvido em controvérsias quase a vida toda" e "colocou seu nome em muita bobagem". Por exemplo, ele afirmou, sem a menor prova, que o valioso fóssil de um arqueópterix do Museu de História Natural era uma farsa, no espírito da conhecida fraude do homem de Piltdown, deixando exasperados os paleontólogos do museu, que tiveram de passar dias atendendo telefonemas de jornalistas do mundo inteiro. Ele também acreditava que não só a vida terrestre como muitas doenças, por exemplo, a gripe e a peste bubônica, foram semeadas do espaço, e sugeriu, certa vez, que os seres humanos desenvolveram narizes protuberantes com narinas embaixo para evitar que patógenos do espaço caíssem dentro deles.[18]

Foi ele quem, num momento de gozação, cunhou o termo *big-bang* para uma transmissão de rádio em 1952. Ele observou que nada em nossa compreensão da física conseguia explicar por que tudo, reunido num ponto, iria súbita e dramaticamente começar a se expandir. Hoyle preferia uma teoria do estado estacionário, em que o universo estava constantemente se expandindo e continuamente criando nova matéria no processo.[19] Ele também percebeu que se estrelas implodissem, liberariam enormes quantidades de calor: 100 milhões de graus ou mais, suficientes para começar a gerar os elementos mais pesados num processo conhecido como nucleossíntese.[20] Em 1957, trabalhando com colegas, Hoyle mostrou como os elementos mais pesados se formaram em explosões de supernovas. Por esse trabalho, W. A. Fowler, um de seus colaboradores, recebeu o prêmio Nobel. Hoyle, vergonhosamente, ficou a ver navios.

De acordo com a teoria de Hoyle, uma estrela em explosão geraria calor suficiente para criar todos os elementos novos e espalhá-los no cosmo, onde formariam nuvens gasosas — o meio interestelar, como são conhecidas — que acabariam se aglutinando em novos sistemas solares. Com as novas teorias, tornou-se enfim possível construir cenários plausíveis de como chegamos aqui. O que agora julgamos saber é: cerca de 4,6 bilhões de anos atrás, um imenso turbilhão de gás e poeira, com cerca de 24 bilhões de quilômetros de diâmetro, acumulou-se no espaço onde agora estamos e começou a se agregar. Praticamente todo ele — 99,9% da massa do sistema solar[21] — constituiu o Sol. Do material flutuante remanescente, dois grãos microscópicos se aproximaram o bastante para ser unidos por forças eletrostáticas. Esse foi o momento da concepção de nosso planeta. Em todo o incipiente sistema solar, o mesmo vinha acontecendo. Grãos de poeira em colisão formaram conglomerados cada vez maiores. Com o tempo, os conglomerados ficavam grandes o suficiente para ser chamados de planetesimais. Em suas incessantes colisões, eles se fraturavam, ou se dividiam, ou se recombinavam em um sem-número de permutações aleatórias, mas em cada encontro havia um vencedor, e alguns dos vencedores tornaram-se grandes o suficiente para dominar a órbita que ocupavam.

Tudo isso ocorreu de maneira notadamente rápida. Acredita-se que em apenas umas dezenas de milhares de anos um minúsculo agregado de grãos crescesse até formar um planeta-bebê, com algumas centenas de quilômetros de diâmetro. Em apenas 200 milhões de anos, ou possivelmente menos,[22] a Terra estava, em sua essência, formada, conquanto ainda pastosa e sujeita ao constante bombardeio de todos os detritos que permaneceram flutuando ao redor.

Nesse ponto, cerca de 4,4 bilhões de anos atrás, um objeto do tamanho de Marte colidiu com a Terra, espalhando material suficiente para formar uma esfera companheira, a Lua. Acredita-se que em poucas semanas o material arremessado tenha se reagrupado em um único conglomerado, e que em um ano ele formou a rocha esférica que nos acompanha até hoje. A maior parte do material lunar teria vindo da crosta da Terra, e não de seu núcleo,[23] razão pela qual a Lua tem tão pouco ferro, enquanto nós o temos em abundância. A teoria, aliás, é quase sempre apresentada como recente, embora na verdade tenha sido proposta na década de 1940 por Reginald Daly, de Harvard.[24] Mas apenas recentemente as pessoas passaram a lhe dar a devida atenção.

Quando a Terra tinha apenas cerca de um terço do seu tamanho atual, é provável que ela já tivesse começado a formar uma atmosfera, predominantemente de dióxido de carbono, nitrogênio, metano e enxofre. Apesar de bem diferente do material que associaríamos à vida, foi desse ensopado insalubre que a vida se formou. O dióxido de carbono é um poderoso gás de estufa. Isso foi bom, porque o Sol era bem menos brilhante naquele tempo. Sem o benefício de um efeito estufa, a Terra poderia ter se congelado para sempre, e a vida jamais teria tido uma chance.[25] Mas, de algum modo, ela teve.

Nos 500 milhões de anos seguintes, a jovem Terra continuou a ser fustigada implacavelmente por cometas, meteoritos e outros escombros galácticos, que trouxeram água para encher os oceanos, bem como os componentes necessários à formação bem-sucedida da vida. A despeito de se tratar de um ambiente singularmente hostil, a vida conseguiu ir em frente. Uma minúscula porção de substâncias químicas fremiu e tornou-se animada. Estávamos a caminho.

Quatro bilhões de anos mais tarde, as pessoas começaram a se indagar de que maneira aconteceu aquilo tudo. E é para lá que nossa história nos levará agora.

PARTE II

O tamanho da Terra

A natureza e suas leis jaziam no negror;
Deus disse, faça-se Newton! E tudo se iluminou.
Alexander Pope, "Epitáfio: destinado a sir Isaac Newton"

4. A medida das coisas

Se você tivesse de escolher a viagem de campo científica menos aprazível de todos os tempos, não acharia melhor candidato que a expedição peruana da Academia Real Francesa de 1735. Liderada por um hidrologista chamado Pierre Bouguer e um soldado-matemático de nome Charles Marie de La Condamine, um grupo de cientistas e aventureiros viajou ao Peru com o objetivo de triangular distâncias pelos Andes.

Na época, as pessoas haviam sido acometidas de um desejo poderoso de entender a Terra: saber sua idade, sua massa, onde se situava no espaço e como veio a existir. O intuito do grupo francês era ajudar a esclarecer a questão da circunferência do planeta, medindo o comprimento de um grau de meridiano (ou 1/360 da distância ao redor do planeta) ao longo de uma linha que se estendia de Yarouqui, próximo de Quito, até logo depois de Cuenca, no atual Equador, uma distância de cerca de 320 quilômetros.*

---

* O método escolhido da triangulação era uma técnica popular baseada no fato geométrico de que, se você conhece o comprimento de um lado do triângulo e o tamanho de dois de seus ângulos, pode calcular todas as outras dimensões sem sair de sua cadeira. Suponha, por exemplo, que você e eu resolvemos descobrir qual a distância até a Lua. Usando a triangulação, a primeira coisa que precisamos fazer é nos distanciarmos um do outro. Portanto, digamos que você permaneça em Paris e eu vá a Moscou, e ambos olhemos a Lua na mesma hora. Se você imaginar uma linha

Quase simultaneamente, as coisas começaram a dar errado, às vezes de forma dramática. Em Quito, os visitantes de algum modo provocaram a população local e foram expulsos da cidade por uma turba armada de pedras. Logo depois, o médico da expedição foi assassinado em virtude de um mal-entendido em torno de uma mulher. O botânico ficou demente. Outros morreram de febres e quedas. O terceiro mais velho do grupo, um homem chamado Pierre Godin, fugiu com uma menina de treze anos sem que ninguém conseguisse convencê-lo a voltar.

A certa altura, o grupo teve de suspender os trabalhos por oito meses, enquanto La Condamine viajava a Lima para resolver um problema com suas autorizações. No final, ele e Bouguer já nem se falavam mais e se recusavam a trabalhar juntos. Onde quer que o grupo decrescente se metia, esbarrava com uma profunda desconfiança por parte das autoridades, que não conseguiam acreditar que uma turma de cientistas franceses viajara para tão longe só para medir o mundo. Aquilo não fazia o menor sentido. Dois séculos e meio depois, a pergunta ainda é pertinente: por que os franceses não fizeram suas medições na França, poupando todo o aborrecimento e desconforto da aventura andina?

A resposta está em parte no fato de que os cientistas do século XVIII, os franceses em particular, raramente faziam as coisas de forma simples se houvesse uma alternativa complicada, e em parte num problema prático surgido com o astrônomo inglês Edmond Halley, muitos anos antes — bem antes de Bouguer e La Condamine sonharem em ir para a América do Sul ou chegarem a ter uma razão para isso.

Halley foi uma figura excepcional. No decorrer de uma carreira longa e produtiva, foi capitão de navio, cartógrafo, professor de geometria na Universidade de Oxford, vice-tesoureiro da Casa da Moeda Real, astrônomo real e

---

ligando os três elementos desse exercício — você, eu e a Lua —, ela formará um triângulo. Medindo-se o comprimento da linha de base entre mim e você e os ângulos de nossos dois cantos, o resto pode ser simplesmente calculado. (Como os ângulos internos de um triângulo sempre perfazem 180 graus, sabendo-se a soma de dois dos ângulos, pode-se instantaneamente calcular o terceiro; e sabendo-se o formato preciso de um triângulo e o comprimento de um dos lados, obtêm-se os comprimentos dos outros lados.) Esse foi o método usado pelo astrônomo grego Hiparco de Niceia, em 150 a. C., para medir a distância da Lua à Terra. No nível do solo, os princípios da triangulação são os mesmos, com a exceção de que os triângulos não sobem ao espaço, mas são dispostos lado a lado num mapa. Na medição de um grau de meridiano, os topógrafos criariam uma espécie de cadeia de triângulos ao avançarem pela paisagem.

inventor do sino de imersão.¹ Ele escreveu com autoridade sobre magnetismo, marés e os movimentos dos planetas e afetuosamente sobre os efeitos do ópio. Inventou o mapa do tempo e a tabela atuarial, propôs métodos para calcular a idade da Terra e sua distância do Sol, chegou a conceber um método prático para manter frescos os peixes fora da estação. O interessante é que a única coisa que ele não fez foi descobrir o cometa que leva seu nome. Ele apenas reconheceu que o cometa que viu em 1682 era o mesmo que outros haviam visto em 1456, 1531 e 1607. O cometa só recebeu o nome de Halley em 1758, dezesseis anos após sua morte.

Apesar de todas as suas realizações, a maior contribuição de Halley para o conhecimento humano talvez tenha sido sua participação numa aposta científica modesta com dois outros luminares de sua época: Robert Hooke, atualmente mais lembrado como o primeiro a descrever uma célula, e o grande e altivo sir Christopher Wren, cuja principal atividade era a astronomia, a arquitetura vindo em segundo lugar, embora isso não costume ser lembrado hoje. Em 1683, Halley, Hooke e Wren estavam jantando em Londres quando a conversa voltou-se para os movimentos dos objetos celestes. Sabia-se que os planetas tendiam a girar em um tipo específico de órbita oval conhecida como elipse — "uma curva muito específica e precisa", para citar Richard Feynman[2] —, mas não se sabia o porquê. Num rasgo de generosidade, Wren ofereceu um prêmio no valor de quarenta xelins (o equivalente a algumas semanas de salário) àquele que fornecesse uma solução.

Hooke, que era conhecido por se apropriar das ideias dos outros, alegou que já havia resolvido o problema, mas que não revelaria a solução naquele momento sob o pretexto interessante e inventivo de que não queria privar os colegas da satisfação de descobri-la por si mesmos.[3] Ele a "esconderia por algum tempo, para que os outros soubessem valorizá-la". Se ele se aprofundou na questão, não deixou nenhum sinal disso. Já Halley ficou obcecado em encontrar a resposta, a ponto de, no ano seguinte, viajar a Cambridge e ousadamente procurar o professor lucasiano de matemática, Isaac Newton, na esperança de obter uma luz.

Newton era uma figura decididamente estranha: brilhante além da conta, mas solitário, casmurro, irritadiço no limiar da paranoia, famoso pela distração (depois de tirar os pés da cama ao acordar, diziam que às vezes ficava sentado durante horas, imobilizado por uma súbita irrupção de pensamentos) e capaz das maiores loucuras. Ele construiu seu próprio laboratório, o primeiro de Cambridge, mas depois entregou-se aos experimentos mais estranhos. Certa vez, inseriu uma sovela — uma agulha comprida do tipo usado para costurar couro — na órbita do olho e esfregou-a "entre meu olho e o osso o mais perto possível do fundo do olho" só para ver o que aconteceria.[4] O que aconteceu, milagrosamente, foi nada — pelo menos nada de duradouro. Em outra ocasião, ele olhou para o Sol o máximo que conseguiu aguentar, para ver como isso afetaria sua visão. De novo, escapou de danos duradouros, embora tivesse de passar alguns dias num aposento escuro até que seus olhos o perdoassem.

Acima dessas crenças estranhas e dessas esquisitices, porém, brilhava a mente de um gênio supremo, se bem que, mesmo trabalhando em canais convencionais, ele costumasse mostrar uma tendência à excentricidade. Quando estudante, frustrado pelas limitações da matemática convencional, inventou uma forma totalmente nova, o cálculo infinitesimal, no entanto o manteve em segredo por 27 anos.[5] De modo semelhante, fez descobertas em óptica que transformaram nossa compreensão da luz e criaram a base da ciência da espectroscopia, mas de novo optou por não compartilhar os resultados por três décadas.

Com todo o brilho de sua mente, a verdadeira ciência despertava apenas parte de seu interesse. Pelo menos metade de sua vida profissional, dedicou-a à alquimia e a pesquisas religiosas extravagantes. Não eram meros interesses superficiais, e sim devoções de corpo e alma. Ele era um adepto secreto de uma seita perigosamente herética denominada arianismo, cuja principal doutrina era a negação da Santíssima Trindade (uma ironia, já que a faculdade de Newton em Cambridge era a Trinity — "Trindade" em inglês). Passava horas a fio estudando a planta do templo perdido do rei Salomão em Jerusalém (aprendendo sozinho hebraico para entender melhor os textos originais), na crença de que ela continha pistas matemáticas das datas do segundo advento de Cristo e do fim do mundo. Sua dedicação à alquimia não era menos forte. Em 1936, o economista John Maynard Keynes adquiriu um baú de trabalhos de Newton num leilão e descobriu, espantado, que eles se ocupavam predominantemente, não da óptica ou dos movimentos planetários, mas da tentativa obsessiva de transformar metais vis em preciosos. Uma análise de um cacho do cabelo de Newton, na década de 1970, revelou a presença de mercúrio —

um elemento que interessa aos alquimistas, chapeleiros e fabricantes de termômetros, e a quase mais ninguém — numa concentração quarenta vezes maior que o nível natural. Não é de espantar que ele tivesse dificuldades em se lembrar de levantar da cama de manhã.

As expectativas exatas de Halley naquela visita de surpresa são um mistério. Mas graças ao relato posterior de um confidente de Newton, Abraham DeMoivre, temos um registro de um dos encontros mais históricos da ciência:

> Em 1684 o dr. Halley veio em visita a Cambridge e, depois de algum tempo juntos, o doutor perguntou qual curva ele achava que seria descrita pelos planetas supondo-se que a força de atração do Sol fosse inversamente proporcional ao quadrado de suas distâncias em relação a ele.

Essa era uma referência a uma formulação matemática conhecida como lei do quadrado inverso, que Halley estava convencido de que era essencial à explicação, embora não soubesse exatamente como.

> O sr. Isaac respondeu imediatamente que seria uma elipse. O doutor, tomado de alegria e espanto, perguntou como ele sabia aquilo. "Ora", respondeu ele, "eu calculei", ao que o dr. Halley pediu o cálculo sem maiores delongas. O sr. Isaac procurou entre seus papéis, mas não conseguiu encontrar.

Isso era espantoso — como se alguém dissesse que descobrira a cura do câncer, mas se esquecera de onde guardara a fórmula. Pressionado por Halley, Newton concordou em refazer o cálculo e escrever um artigo. Ele cumpriu a promessa, mas foi mais longe. Entregou-se a dois anos de intensa reflexão e anotações e, finalmente, produziu sua obra-prima: os *Philosophiae Naturalis Principia Mathematica* ou *Princípios matemáticos da filosofia natural*, mais conhecidos como os *Principia*.

Ocasionalmente, umas poucas vezes na história, uma mente humana produz uma observação tão arguta e inesperada que as pessoas não sabem o que é mais espantoso: o fato ou o pensamento acerca dele. O aparecimento dos *Principia* foi um desses momentos. Fez Newton instantaneamente famoso. Pelo resto da vida, ele seria coberto de aplausos e homenagens, tornando-se, entre muitas outras coisas, a primeira pessoa na Grã-Bretanha a receber o título de cavaleiro pela realização científica. Até o grande matemático alemão Gottfried von Leibniz, com quem Newton travou uma briga longa e acirrada pela prioridade na invenção do cálculo infinitesimal, achou que suas contribuições à matemática equivaleram a todo o trabalho acumulado que o precedera.[6] "Mais próximo dos deuses nenhum mortal pode chegar", escreveu Halley, num sentimento que foi incessantemente refletido por seus contemporâneos e por muitos outros desde então.

Embora *Principia* fosse tachado de "um dos livros mais inacessíveis jamais escritos"[7] (Newton tornou-o intencionalmente difícil para não ser incomodado por "diletantes" da matemática, como os chamou), foi um farol para aqueles que conseguiam acompanhá-lo. Além de explicar matematicamente as órbitas dos corpos celestes, ele identificou a força atrativa que os mantinha em movimento: a gravidade. De repente, cada movimento do universo fazia sentido.

No âmago dos *Principia* estavam as três leis do movimento de Newton (que afirmam, *grosso modo*, que uma coisa se move na direção em que é impelida; que continuará se movendo em linha reta até que alguma outra força atue para retardá-la ou desviá-la; e que toda ação possui uma reação oposta e igual) e sua lei da gravitação universal, segundo a qual todo objeto no universo exerce atração sobre todos os outros. Embora não pareça, enquanto está sentado aqui, você está atraindo tudo à sua volta — paredes, teto, lâmpada, o gato de estimação — com seu próprio e pequeno (bem pequeno) campo gravitacional. E essas coisas também estão atraindo você. Foi Newton quem percebeu que a atração de quaisquer dois objetos é, para citar Feynman novamente, "proporcional à massa de cada um e inversamente proporcional ao quadrado da distância entre eles".[8] Em outras palavras, quando se dobra a distância entre dois objetos, a atração entre eles torna-se quatro vezes menor. Isso pode ser expresso pela fórmula:

$$F = \frac{Gmm'}{r^2}$$

A maioria de nós, embora não possa tirar muito proveito prático dela, pelo menos pode apreciar sua elegância compacta. Algumas breves multiplicações, uma divisão simples e, — bingo!, — você sabe sua posição gravitacional aonde quer que vá. Foi a primeira lei realmente universal da natureza proposta por uma mente humana, razão pela qual Newton é tão universalmente respeitado.

A produção dos *Principia* também teve seus dramas. Para desalento de Halley, quando o trabalho estava quase no fim, Newton e Hooke começaram a brigar pela precedência na formulação da lei do quadrado inverso, e Newton recusou-se a liberar o crucial terceiro volume, sem o qual os dois primeiros faziam pouco sentido. Somente com certa ação diplomática entre os dois envolvidos e doses liberais de adulação é que Halley conseguiu enfim extrair do instável professor o volume conclusivo.

Os traumas de Halley ainda não haviam terminado. A Royal Society prometera publicar a obra, mas estava tirando o corpo fora, alegando problemas financeiros. No ano anterior, ela havia financiado um fracasso dispendioso chamado *The history of fishes* [*A história dos peixes*], e temia que o mercado para um livro de princípios matemáticos não fosse grande coisa. Halley, cujas posses eram limitadas, bancou a publicação do livro. Newton, como era de costume, não deu nenhuma contribuição.[9] Para piorar, Halley acabara de aceitar o cargo de secretário da sociedade, e foi informado de que esta não poderia mais pagar o salário anual prometido de 50 libras. Ele receberia o pagamento em exemplares de *The history of fishes*.[10]

As leis de Newton explicavam tantas coisas — o sobe e desce das marés oceânicas, o movimento dos planetas, por que as balas de canhão percorrem uma trajetória específica antes de cair de volta na terra, por que não somos atirados ao espaço enquanto o planeta gira aos nossos pés a centenas de quilômetros por hora* — que foi preciso algum tempo até que todas as implicações fossem assimiladas. Mas uma revelação gerou uma controvérsia quase instantânea.

Foi a ideia de que a Terra não é totalmente redonda. De acordo com a teoria de Newton, a força centrífuga da rotação da Terra resultaria num ligeiro achatamento dos polos e numa saliência no equador, o que tornaria o planeta ligeiramente oblato. Isso faria com que o comprimento de um grau

---

* A velocidade em que você está girando depende da sua localização. A velocidade da rotação da Terra varia de pouco mais de 1600 quilômetros por hora no equador a zero nos polos. Em Londres, a velocidade é de 998 quilômetros por hora.

de meridiano não fosse o mesmo na Itália e na Escócia. Especificamente, o comprimento diminuiria com o afastamento dos polos. Essa não era uma boa notícia para aqueles que baseavam suas medições da Terra no pressuposto de ela ser uma esfera perfeita, ou seja, todo mundo.

Havia meio século, as pessoas vinham tentando calcular o tamanho da Terra, em geral fazendo medições muito árduas. Uma das primeiras tentativas foi a de um matemático inglês chamado Richard Norwood. Quando jovem, Norwood viajara para as Bermudas com um sino de imersão baseado no dispositivo de Halley, sonhando em fazer fortuna catando pérolas no fundo do mar. A ideia falhou porque não havia pérolas e, de qualquer modo, o sino não funcionou. Mas Norwood não costumava desperdiçar uma experiência. No início do século XVII, as Bermudas eram conhecidas entre os capitães de navios por serem difíceis de localizar. O problema era que o oceano era grande, as Bermudas eram pequenas e as ferramentas de navegação para lidar com essa disparidade eram totalmente inadequadas. Não havia sequer um consenso quanto ao comprimento da milha náutica. Na extensão de um oceano, o menor erro de cálculo se ampliava, fazendo com que os navios muitas vezes não encontrassem alvos do tamanho das Bermudas por margens insignificantes. Norwood, cuja maior paixão era a trigonometria e, portanto, os ângulos, decidiu agregar um pouco de rigor matemático à navegação e, para isso, resolveu calcular o comprimento de um grau.

Começando de costas para a Torre de Londres, Norwood passou dois dedicados anos marchando 335 quilômetros para o norte até York, repetidamente esticando uma corrente usada como fita métrica, fazendo ajustes meticulosos por causa das subidas e descidas do terreno e das sinuosidades da estrada. O passo final foi medir o ângulo do Sol em York na mesma hora do dia e no mesmo dia do ano em que fizera a primeira medição em Londres. Com base nesses dados, ele raciocinou que poderia descobrir o comprimento de um grau do meridiano da Terra e, assim, calcular a distância em torno dele todo. Era uma missão quase impossível. Um erro de uma fração de grau geraria uma distorção final de quilômetros, mas na verdade, como Norwood com orgulho proclamou, sua margem de erro foi mínima:[11] mais precisamente de uns 550 metros. Seu resultado foi 110,72 quilômetros por grau de arco.

Em 1637, a obra-prima de navegação de Norwood, *The seaman's practice* [A prática do marinheiro], foi publicada e encontrou um público imediato.

Teve dezessete edições e continuava à venda 25 anos após a morte do autor. Norwood voltou às Bermudas com a família, tornando-se um bem-sucedido proprietário de terras e dedicando as horas vagas a sua principal paixão: a trigonometria. Ele viveu lá durante 38 anos e seria agradável informar que passou esse período feliz e adulado. Mas não foi bem assim. Na viagem rumo às Bermudas, seus dois filhos mais novos foram colocados numa cabine com o reverendo Nathaniel White e conseguiram traumatizar tanto o jovem vigário que este dedicou o resto da carreira a perseguir Norwood de todas as maneiras possíveis.

As duas filhas de Norwood trouxeram novas preocupações ao pai fazendo maus casamentos. Um dos maridos, possivelmente incitado pelo vigário, vivia fazendo pequenas acusações contra Norwood no tribunal, causando-lhe grande exasperação e obrigando-o a repetidos deslocamentos pelas Bermudas para se defender. Finalmente, na década de 1650, a caça às bruxas chegou às Bermudas, e Norwood passou os últimos anos temeroso de que seus artigos sobre trigonometria, com seus símbolos misteriosos, fossem interpretados como comunicações com o diabo e ele fosse condenado a uma morte terrível. Sabe-se tão pouco sobre Norwood que pode até ser que ele merecesse aqueles anos infelizes de declínio. O que se sabe ao certo é que ele os teve.

Nesse ínterim, o ímpeto para calcular a circunferência da Terra transferiu-se para a França. Ali, o astrônomo Jean Picard inventou um método complicadíssimo de triangulação envolvendo quadrantes, relógios de pêndulo, setores do zênite e telescópios (para observar os movimentos das luas de Júpiter). Depois de dois anos de andanças e triangulações pela França, em 1669 ele anunciou uma medição mais exata, de 110,46 quilômetros por grau de arco. Foi um grande motivo de orgulho para os franceses, mas baseado no pressuposto de que a Terra fosse uma esfera perfeita — o que Newton então negava.

Para complicar as coisas, após a morte de Picard, uma dupla de pai e filho, Giovanni e Jacques Cassini, repetiu os experimentos do francês numa área maior e chegou a resultados que sugeriam que a Terra era mais bojuda não no equador, mas nos polos — ou seja, que Newton estava redondamente enganado. Foi esse fato que levou a Academia de Ciências a enviar Bouguer e La Condamine à América do Sul para realizarem novas medições.

Eles escolheram os Andes porque precisavam medir perto do equador para descobrir se realmente havia uma diferença na esfericidade ali e porque raciocinaram que as montanhas dariam boas linhas de visão. Na verdade, as montanhas do Peru viviam tão encobertas pelas nuvens que a equipe muitas vezes tinha de aguardar semanas para conseguir realizar uma hora de agrimensura. Para piorar, eles escolheram um dos terrenos mais terríveis da face da Terra. Os peruanos referem-se a sua paisagem como *muy accidentada* — "muito acidentada" —, e não estão exagerando. Os franceses não apenas tiveram de escalar algumas das montanhas mais desafiadoras do mundo — montanhas que derrotavam até suas mulas —, como, para alcançá-las, precisaram vadear rios revoltos, abrir caminho a golpe de facão por florestas e atravessar quilômetros de deserto alto e pedregoso, quase tudo inexplorado e distante de qualquer fonte de suprimentos. Mas Bouguer e La Condamine eram obstinados e perseguiram sua tarefa por longos e implacáveis nove anos e meio, e sob um sol escaldante. Pouco depois de concluírem o projeto, receberam a notícia de que uma segunda equipe francesa, fazendo medições no Norte da Escandinávia (e enfrentando seus próprios desconfortos terríveis, de brejos viscosos a banquisas perigosas), havia descoberto que um grau era realmente mais longo perto dos polos, como Newton assegurara. A Terra era 43 quilômetros mais encorpada quando medida equatorialmente do que quando medida de alto a baixo em torno dos polos.[12]

Bouguer e La Condamine, portanto, trabalharam quase uma década para chegar a um resultado indesejado e descobrir que nem sequer foram os primeiros a chegar lá. Desanimados, completaram sua medição, que confirmou que a primeira equipe francesa estava certa. Depois, ainda sem se falar, retornaram à costa e pegaram navios diferentes de volta ao lar.

Outra conjectura de Newton nos *Principia* foi que um prumo pendurado próximo de uma montanha se inclinaria ligeiramente na direção desta, afetado tanto pela massa gravitacional da montanha como pela da Terra. Isso era mais do que um fato curioso. Caso se medisse a deflexão precisamente e se calculasse a massa da montanha, seria possível calcular a constante gravitacional universal — ou seja, o valor básico da gravidade, conhecido como G — e, com ela, a massa da Terra.

Bouguer e La Condamine haviam tentado isso no monte Chimborazo, no Peru, mas foram derrotados pelas dificuldades técnicas e por suas brigas. A ideia ficou latente por trinta anos, até ser ressuscitada na Inglaterra por Nevil Maskelyne, astrônomo real. No livro popular de Dava Sobel, *Longitude*, Maskelyne é apresentado como um bobalhão, um homem desprezível por não reconhecer o brilho do relojoeiro John Harrison, e isso pode ser verdade, mas somos gratos a ele por outros aspectos não mencionados no livro, como seu esquema para pesar a Terra. Maskelyne percebeu que o xis da questão estava em encontrar uma montanha de formato suficientemente regular para que sua massa fosse avaliada.

Por insistência dele, a Royal Society concordou em contratar uma figura confiável para percorrer as ilhas britânicas e tentar encontrar tal montanha. Maskelyne conhecia uma pessoa assim: o astrônomo e topógrafo Charles Mason. Maskelyne e Mason haviam se tornado amigos onze anos antes, durante um projeto para medir um evento astronômico importantíssimo: a passagem do planeta Vênus pela face do Sol. O incansável Edmond Halley havia afirmado, anos antes, que, se fosse medida uma dessas passagens de pontos selecionados na Terra, poder-se-iam usar os princípios da triangulação para calcular a distância até o Sol e, com base nela, aferir as distâncias até todos os outros corpos no sistema solar.

Infelizmente, os trânsitos de Vênus, como são conhecidos, constituem um acontecimento irregular. Eles ocorrem em pares com oito anos de diferença, e então deixam de ocorrer durante um século ou mais. Não houve nenhum durante a vida de Halley.* Mas a ideia ficou cozinhando em fogo brando, e quando chegou a hora do próximo trânsito, em 1761, quase duas décadas após a morte de Halley, o mundo científico estava preparado, como nunca, para um evento astronômico.

Com o "instinto de martírio" que caracterizava a época, cientistas partiram para mais de uma centena de locais ao redor do globo: Sibéria, China, África do Sul, Indonésia e as florestas de Wisconsin, entre muitos outros. A França despachou 32 observadores, a Grã-Bretanha, mais dezoito, e ainda outros partiram da Suécia, Rússia, Itália, Alemanha, Irlanda e de outras partes.

---

* O último trânsito foi em 8 de junho de 2004, e o próximo será em 2012. Não houve nenhum no século XX.

Foi o primeiro empreendimento científico internacional cooperativo da história, e em quase toda parte houve problemas. Muitos observadores foram surpreendidos por guerras, doenças ou naufrágios. Outros chegaram ao destino, mas, ao abrir seus baús, encontraram os equipamentos quebrados ou deformados pelo calor tropical. De novo, os participantes franceses pareciam destinados a ser os mais azarados. Jean Chappe passou meses dirigindo-se à Sibéria por carruagem, barco e trenó, protegendo seus instrumentos delicados a cada solavanco perigoso, até topar com o trecho final bloqueado por rios caudalosos, resultado de chuvas de primavera atipicamente fortes, que os habitantes locais não tardaram em atribuir a Chappe depois que o viram apontar instrumentos estranhos para o céu. Ele conseguiu escapar ileso, contudo sem nenhuma medição útil.

Ainda mais azarado foi Guillaume Le Gentil, cujas experiências são sintetizadas maravilhosamente por Timothy Ferris em *Coming of age in the Milky Way* [O despertar da Via Láctea].[13] Le Gentil partiu da França com um ano de antecedência para observar o trânsito da Índia, mas uma série de contratempos fez com que no dia do trânsito ele ainda estivesse no mar — o pior de todos os lugares, pois é impossível fazer medições firmes num navio balançando.

Sem esmorecer, Le Gentil continuou na Índia para aguardar o trânsito seguinte, em 1769. Com oito anos para se preparar, construiu uma estação de observação de primeira classe, testou e retestou seus instrumentos e deixou tudo num estado de perfeita prontidão. Ao acordar na manhã do segundo trânsito, 4 de junho de 1769, o dia estava claro. No entanto, quando Vênus começou a passar, uma nuvem deslizou para a frente do Sol, ali permanecendo por quase exatamente a duração do trânsito: três horas, catorze minutos e sete segundos.

Estoicamente, Le Gentil embalou seus instrumentos e partiu para o porto mais próximo, porém no caminho contraiu disenteria e ficou de cama por quase um ano. Ainda enfraquecido, conseguiu embarcar num navio. A embarcação quase foi a pique num furacão ao largo da costa africana. Quando enfim chegou em casa, onze anos e meio depois de ter partido e sem ter logrado nada, descobriu que sua família fizera com que fosse declarado morto durante sua ausência e dilapidara alegremente seu patrimônio.

Em comparação, as decepções vividas pelos dezoito observadores britânicos espalhados pelo mundo foram pequenas. Mason viu-se acompanhado por um topógrafo jovem chamado Jeremiah Dixon, e aparentemente eles se entenderam bem, pois formaram uma parceria duradoura. Suas instruções eram de viajar até Sumatra e observar o trânsito de lá, mas, após apenas uma noite ao mar, seu navio foi atacado por uma fragata francesa. (Embora os cientistas estivessem movidos por um espírito de cooperação internacional, as nações não estavam.) Mason e Dixon enviaram um bilhete à Royal Society informando que o alto-mar parecia perigosíssimo e sugerindo que a expedição fosse cancelada.[14] Receberam uma resposta rápida e rasteira, com a observação de que eles já haviam sido pagos, que a nação e a comunidade científica contavam com eles e que, caso não prosseguissem, sua reputação estaria para sempre arruinada. Diante dessa reprimenda, eles retomaram a viagem, mas no caminho ficaram sabendo que Sumatra havia caído nas mãos dos franceses, de modo que se resignaram a observar o trânsito do cabo da Boa Esperança. De volta ao lar, pararam no solitário afloramento de Santa Helena, no Atlântico, onde conheceram Maskelyne, cujas observações haviam sido prejudicadas pelas nuvens. Mason e Maskelyne tornaram-se grandes amigos e passaram várias semanas felizes, e talvez até um pouquinho úteis, registrando o fluxo das marés.

Logo depois, Maskelyne retornou à Inglaterra, onde foi nomeado astrônomo real, e Mason e Dixon — evidentemente mais experientes — partiram para quatro longos e muitas vezes arriscados anos topografando 393 quilômetros do perigoso descampado norte-americano, para solucionar um conflito de fronteiras entre as propriedades de William Penn e lorde Baltimore e suas respectivas colônias da Pensilvânia e de Maryland. O resultado foi a famosa linha Mason e Dixon, que mais tarde adquiriu a importância simbólica de ser a linha divisória entre os estados escravocratas e livres. (Embora a linha fosse sua principal tarefa, eles também realizaram várias pesquisas astronômicas, inclusive uma das medições mais precisas do século de um grau de meridiano — um feito que lhes trouxe muito mais glória na Inglaterra do que a resolução de um conflito de fronteiras entre aristocratas mal-acostumados.)

De volta à Europa, Maskelyne e seus colegas da Alemanha e da França tiveram de admitir que as medições do trânsito de 1761 foram essencialmente um fiasco. Um dos problemas, por ironia, foi o excesso de observações, as quais, quando cotejadas, não raro se mostravam contraditórias e impossíveis de compatibilizar. A medição com sucesso do trânsito venusiano coube, em vez disso, a um capitão de navio pouco conhecido, nascido em Yorkshire, chamado James Cook, que observou o trânsito de 1769 do cume de um morro ensolarado no Taiti e, em seguida, partiu para cartografar a Austrália, reivindicando-a para a coroa britânica. Após o regresso de Cook, o astrônomo francês Joseph Lalande pôde calcular, com base nas informações agora disponíveis, que a distância média da Terra ao Sol era um pouco superior a 150 milhões de quilômetros. (Dois outros trânsitos, no século XIX, permitiram aos astrônomos fixar a cifra em 149,59 milhões de quilômetros, onde permaneceu desde então. A distância exata, sabemos agora, é de 149597870691 quilômetros.) A Terra enfim tinha uma posição no espaço.

Quanto a Mason e Dixon, retornaram à Inglaterra como heroicos cientistas e, por motivos ignorados, dissolveram a parceria. Considerando-se a frequência com que aparecem em eventos seminais da ciência do século XVIII, pouquíssimo se sabe a respeito dos dois. Não há retratos seus e poucas são as referências escritas. De Dixon, o *Dictionary of national biography* informa, de maneira intrigante, que "teria nascido numa mina de carvão"[15] — mas resta à imaginação do leitor explicar sob quais circunstâncias isso seria plausível — e acrescenta que ele morreu em Durham em 1777. Afora seu nome e a longa associação com Mason, nada mais se sabe.

Mason é apenas ligeiramente menos misterioso. Sabemos que em 1772,[16] a pedido de Maskelyne, ele aceitou a incumbência de encontrar uma montanha adequada para o experimento da deflexão gravitacional. Decorrido algum tempo, informou que a montanha de que precisavam ficava na região montanhosa central escocesa, logo acima do lago Tay, chamada Schiehallion. Nada, porém, o convenceria a passar um verão topografando a montanha. Ele nunca mais voltou à topografia. Seu próximo paradeiro conhecido foi em 1786, quando, de repente e misteriosamente, apareceu em Filadélfia com a esposa e oito filhos, ao que parece à beira da miséria. Foi sua primeira volta aos Estados Unidos após encerrar seu trabalho topográfico dezoito anos antes, e ele não tinha nenhum motivo para estar ali, nem amigos ou protetores para recebê-lo. Poucas semanas depois, estava morto.

Com Mason se recusando a topografar a montanha, a tarefa coube a Maskelyne. Assim, durante quatro meses, no verão de 1774, ele viveu numa tenda em um remoto vale escocês e passou os dias dirigindo uma equipe de topógrafos, que realizaram centenas de medições de todas as posições possíveis. Descobrir a massa da montanha com base em todos aqueles números exigia grande quantidade de cálculos tediosos, que couberam a um matemático chamado Charles Hutton. Os topógrafos cobriram um mapa com dezenas de cifras, cada uma marcando uma elevação a partir de certo ponto ou ao redor da montanha. Tratava-se, em essência, de uma massa desconcertante de números, mas Hutton observou que, se usasse um lápis para ligar pontos da mesma altura, tudo ficava bem mais organizado. De fato, obtinha-se instantaneamente uma visão da forma e do declive geral da montanha. Ele havia inventado as curvas de nível.

Extrapolando suas medições de Schiehallion, Hutton calculou a massa da Terra em 5 trilhões de toneladas, da qual pôde deduzir razoavelmente as massas de todos os demais grandes corpos do sistema solar, incluído o Sol. Assim, esse único experimento rendeu as massas da Terra, do Sol, da Lua, de outros planetas e *suas* luas, e de quebra ganhamos as curvas de nível — nada mal para o trabalho de um verão.

No entanto, nem todos ficaram satisfeitos com os resultados. A deficiência do experimento de Schiehallion era não ser possível obter uma cifra realmente exata sem saber a densidade real da montanha. Por conveniência, Hutton havia pressuposto que ela tinha a mesma densidade da pedra normal, cerca de 2,5 vezes a da água, entretanto isso não passava de conjetura.[17]

Uma pessoa aparentemente improvável que voltou seu pensamento para a questão foi um pároco do interior chamado John Michell, que residia na solitária aldeia de Thornhill, em Yorkshire. Apesar de sua situação remota e relativamente humilde, Michell foi um dos grandes pensadores cientistas do século XVIII, sendo muito estimado por isso.

Entre muitas outras coisas, ele percebeu a natureza ondular dos terremotos, realizou muitas pesquisas originais sobre magnetismo e gravidade e, de forma extraordinária, imaginou a possibilidade de buracos negros duzentos anos antes de qualquer outro — um salto de dedução intuitiva de que nem sequer Newton foi capaz. Quando o músico de origem alemã William Herschel decidiu que seu verdadeiro interesse na vida era a astronomia, foi a Michell que recorreu para aprender a montar telescópios,[18] uma gentileza que a ciência planetária agradece até hoje.*

---

* Em 1781, Herschel tornou-se a primeira pessoa da era moderna a descobrir um planeta. Ele quis chamá-lo de George, em homenagem ao monarca inglês, mas a ideia foi rejeitada. O planeta chamou-se Urano.

No entanto, de todas as realizações de Michell, nada foi mais engenhoso ou teve maior impacto que uma máquina que ele projetou e construiu a fim de medir a massa da Terra. Infelizmente, ele morreu antes de conseguir realizar os experimentos, e tanto a ideia como o equipamento necessário foram legados a um cientista brilhante mas reservado ao extremo, de nome Henry Cavendish.

Cavendish parece saído de um livro. Nascido para uma vida suntuosa e privilegiada — seus avós eram duques, um de Devonshire o outro Kent —, foi o cientista inglês mais talentoso de sua época, mas também o mais estranho. Ele sofria, nas palavras de um de seus raros biógrafos, de timidez em um "grau que beira à doença".[19] Qualquer contato humano era, para ele, fonte de tremendo mal-estar.

De certa feita, ao abrir a porta de casa, deparou na soleira com um admirador austríaco, recém-chegado de Viena. Entusiasmado, o austríaco pôs-se a balbuciar um elogio. Durante alguns momentos, Cavendish recebeu os cumprimentos como se fossem golpes de um objeto contundente e depois, não mais os aguentando, saiu correndo pelo caminho de entrada e portão afora, deixando a porta da frente aberta. Passaram-se horas até que fosse persuadido a voltar para a propriedade. Mesmo seu caseiro comunicava-se com ele por carta.

Embora às vezes se aventurasse em sociedade — ele era particularmente assíduo nos saraus científicos semanais do grande naturalista sir Joseph Banks —, deixava-se bem claro aos demais convidados que, sob hipótese alguma, poderiam se aproximar de Cavendish ou mesmo olhar para ele. Aqueles que quisessem saber sua opinião eram aconselhados a se aproximar dele como que por acaso e "falar como se fosse para o vazio".[20] Se suas observações fossem cientificamente válidas, poderiam receber uma resposta murmurada, mas era mais comum ouvirem um guincho irritado (ao que parece sua voz era aguda) e ficarem frente a frente com um vazio real, enquanto Cavendish fugia em busca de um canto mais tranquilo.

Sua riqueza e suas inclinações solitárias permitiram que transformasse sua casa em Clapham num grande laboratório, onde ele podia vaguear sem ser perturbado por todos os cantos das ciências físicas: eletricidade, calor, gravidade, gases, tudo que tivesse a ver com a composição da matéria. A segunda metade do século XVIII foi uma época em que as pessoas de inclinação científica se interessaram fortemente pelas propriedades físicas das coisas fundamentais

— gases e eletricidade em particular — e começaram a pesquisar o que poderiam fazer com elas, muitas vezes com mais entusiasmo do que bom senso. Nos Estados Unidos, Benjamin Franklin arriscou a vida soltando uma pipa numa tempestade elétrica. Na França, um químico chamado Pilatre de Rozier testou a inflamabilidade do hidrogênio enchendo a boca com ele e soprando numa chama descoberta, provando de um só golpe que o hidrogênio é de fato explosivamente combustível e que as sobrancelhas não são necessariamente um traço permanente do rosto de uma pessoa. Cavendish, de sua parte, realizou experimentos em que se submeteu a descargas graduadas de corrente elétrica, observando com diligência os níveis crescentes de agonia até não conseguir mais segurar sua pena e, por vezes, perder a consciência.

No decorrer de uma vida longa, Cavendish fez uma série de descobertas notáveis — por exemplo, ele foi o primeiro a isolar o hidrogênio e a combiná-lo com o oxigênio para formar água — mas em quase tudo que fez havia um toque de estranheza. Para exasperação constante de seus colegas cientistas, muitas vezes, em trabalhos publicados, Cavendish fazia alusão aos resultados de experimentos afins que não havia revelado a ninguém. Em sua mania de segredo, mais do que se assemelhar a Newton, ele o ultrapassava. Seus experimentos com condutividade elétrica estavam cem anos à frente do seu tempo, mas infelizmente permaneceram ignorados até a passagem de seu século. Na verdade, a maior parte do que fez só veio a público no final do século XIX, quando o físico de Cambridge James Clerk Maxwell assumiu a tarefa de editar seus trabalhos. Àquela altura, o crédito por aquelas contribuições quase sempre já havia sido conferido a outros.

Entre muitas outras coisas, e sem contar a ninguém, Cavendish descobriu ou previu a lei da conservação da energia, a lei de Ohm, a lei das pressões parciais de Dalton, a lei das proporções recíprocas de Richter, a lei dos gases de Charles e os princípios da condutividade elétrica. E isso é só uma parte. De acordo com o historiador da ciência J. G. Crowther, ele também prenunciou

> o trabalho de Kelvin e G. H. Darwin sobre o efeito do atrito das marés no retardamento da rotação da Terra, a descoberta de Larmor, publicada em 1915, sobre o efeito do esfriamento atmosférico local, o trabalho de Pickering sobre misturas congelantes e parte do trabalho de Rooseboom sobre equilíbrios heterogêneos.[21]

Por fim, ele deixou pistas que levaram diretamente à descoberta do grupo de elementos conhecidos como gases nobres, alguns dos quais são tão evanescentes que o último deles só foi descoberto em 1962. Mas nosso interesse aqui é no último experimento conhecido de Cavendish, quando, no final do verão de 1797, aos 67 anos, voltou a atenção aos engradados do equipamento que John Michell havia deixado para ele — evidentemente por mero respeito científico.

Quando montado, o aparato de Michell mais se parecia com uma versão do século XVIII de um equipamento de musculação. Ele continha pesos, contrapesos, pêndulos, eixos e fios de torção. No núcleo da máquina ficavam duas bolas de chumbo de 159 quilos, suspensas ao lado de duas esferas menores.[22] A ideia era medir a deflexão gravitacional das esferas menores pelas maiores, o que permitiria a primeira medição da força fugidia conhecida como constante gravitacional, da qual o peso (estritamente falando, a massa)* da Terra poderia ser deduzida.

Como a gravidade mantém os planetas em órbita e faz com que os objetos em queda atinjam o solo com estrépito, tendemos a imaginá-la como uma força poderosa, mas na verdade não é. Ela só é poderosa numa espécie de sentido coletivo, quando um objeto de grande massa, como o Sol, agarra-se a outro objeto de grande massa, como a Terra. Num nível básico, a gravidade é fraquíssima. Cada vez que você pega um livro na mesa ou uma moeda no chão, supera sem esforço a força gravitacional de um planeta inteiro. O que Cavendish estava tentando fazer era medir a gravidade nesse nível bem peso-pena.

Fragilidade era a palavra-chave. Nem um murmúrio de perturbação podia ser permitido no aposento que continha o aparato, de modo que Cavendish assumiu uma posição num aposento contíguo e fez suas observações com um telescópio voltado para um orifício de espreita. O trabalho era incrivelmente árduo e envolvia dezessete medições delicadas e interligadas,

---

* Para um físico, massa e peso são duas coisas bem distintas. Sua massa permanece a mesma aonde quer que você vá, mas seu peso varia de acordo com sua distância em relação ao centro de outro objeto maciço, como um planeta. Se viajar para a Lua, você ficará bem mais leve, contudo sua massa não mudará. Na Terra, para todos os fins práticos, massa e peso são idênticos, de modo que os termos podem ser tratados como sinônimos, pelo menos fora da sala de aula.

que juntas levaram quase um ano para serem concluídas. Quando enfim havia finalizado seus cálculos, Cavendish anunciou que a Terra pesava um pouco mais que 13 000 000 000 000 000 000 000 de libras, ou 6 bilhões de trilhões de toneladas métricas, para usar a medida moderna.[23] (Uma tonelada métrica é igual a mil quilogramas ou 2205 libras.)

Atualmente, os cientistas têm à disposição máquinas tão precisas que conseguem detectar o peso de uma única bactéria e tão sensíveis que as medições podem ser perturbadas por alguém bocejando a vinte metros de distância, mas elas não melhoraram muito as medições de Cavendish de 1797. A melhor estimativa atual do peso da Terra é de 5,9725 bilhões de trilhões de toneladas métricas, uma diferença de apenas 1% em relação à descoberta de Cavendish. Curiosamente, tudo isso apenas confirmou estimativas feitas por Newton 110 anos antes de Cavendish sem nenhum indício experimental.

Portanto, ao final do século XVIII, os cientistas sabiam precisamente a forma e as dimensões da Terra e sua distância em relação ao Sol e aos planetas. E Cavendish, sem sequer sair de casa, lhes fornecera o peso da Terra. Desse modo, você pode pensar que calcular a idade da Terra seria relativamente fácil. Afinal, os materiais necessários estavam literalmente aos pés deles. Mas não foi. Os seres humanos fissionariam o átomo e inventariam a TV, o náilon e o café solúvel antes de descobrir a idade de seu próprio planeta.

Para entender por quê, precisamos viajar para o Norte da Escócia e começar por um homem brilhante e afável, do qual poucos já ouviram falar, que acabara de inventar uma nova ciência chamada geologia.

5. Os quebradores de pedra

Justamente na época em que Henry Cavendish estava realizando seus experimentos em Londres, a 644 quilômetros de distância, em Edimburgo, outro tipo de momento decisivo estava prestes a ocorrer com a morte de James Hutton. Isso foi ruim para ele, é claro, mas foi bom para a ciência, ao abrir caminho para um homem chamado John Playfair reescrever o trabalho de Hutton sem constrangimento.

Hutton era, segundo a opinião geral, um homem com os insights mais profundos e a conversa mais animada, uma companhia maravilhosa, e sem rival quando se tratava de entender os processos misteriosamente lentos que moldaram a Terra.[1] Infelizmente, estava além de sua capacidade registrar suas ideias de uma forma que alguém conseguisse compreender. Ele era, como observou um biógrafo, com um suspiro quase audível, "quase totalmente isento de realizações retóricas".[2] Quase toda linha que escrevia era um convite ao sono. Ei-lo em sua obra-prima de 1795, *A theory of the Earth with proofs and illustrations* [Uma teoria da Terra com provas e ilustrações] discutindo... bem, algo:

> O mundo que habitamos é composto dos materiais, não da terra que foi a predecessora imediata da atual, mas da terra que, ao ascender do presente, consideramos a terceira, e que precedeu o solo que estava acima da superfície do mar, enquanto o nosso solo atual ainda estava sob a água do oceano.

No entanto, quase sozinho, e de modo brilhante, ele criou a ciência da geologia e transformou nossa compreensão da Terra. Hutton nasceu em 1726 numa próspera família escocesa e desfrutou do tipo de conforto material que lhe permitiu dedicar grande parte da vida a uma rotina agradável de trabalho leve e aperfeiçoamento intelectual. Estudou medicina, da qual acabou não gostando, e se voltou para a lavoura, que exerceu de uma maneira relaxada e científica na propriedade da família em Berwickshire. Cansado da vida rural, em 1768 mudou-se para Edimburgo, onde abriu um negócio bem-sucedido de produção de sal amoníaco a partir de fuligem de carvão, e ocupou-se de diversas atividades científicas. Edimburgo, naquela época, era um centro de vigor intelectual, e Hutton deleitou-se com suas possibilidades enriquecedoras. Tornou-se um membro de destaque de uma sociedade denominada Oyster Club, onde passava as noites em companhia de homens como o economista Adam Smith, o químico Joseph Black e o filósofo David Hume, além de luminares visitantes ocasionais como Benjamin Franklin e James Watt.[3]

Seguindo a tradição da época, Hutton interessava-se por quase tudo, da mineralogia à metafísica. Realizou experimentos com produtos químicos, investigou métodos de mineração de carvão e construção de canais, visitou minas de sal, especulou sobre os mecanismos da hereditariedade, colecionou fósseis e propôs teorias sobre a chuva, a composição do ar e as leis do movimento, entre muitos outros temas. Mas seu interesse específico era por geologia.

Entre as questões que atraíam o interesse naquela era fanaticamente investigativa estava uma que intrigava as pessoas havia um longo tempo: por que conchas de moluscos antigas e outros fósseis marinhos eram encontrados tão amiúde no alto de montanhas? Por que cargas-d'água chegaram até lá? Os que julgavam ter uma solução dividiam-se em dois campos opostos. Um grupo, conhecido como os netunistas, estava convencido de que tudo na Terra, inclusive as conchas marinhas em lugares improvavelmente elevados, poderia ser explicado pela subida e descida do nível do mar. Eles acreditavam que montanhas, morros e outros acidentes eram tao antigos quanto a própria Terra, e só sofriam mudanças quando fustigados pela água durante períodos de inundação global.

Opunham-se a eles os plutonistas, que observavam que vulcões e terremotos, entre outros agentes animadores, continuamente mudavam a face do planeta, sem nenhuma interferência dos caprichosos mares. Os plutonistas também levantaram a questão incômoda de para onde ia toda aquela água quando não havia inundação. Se existia água suficiente às vezes para cobrir os Alpes, onde ela se metia durante épocas de tranquilidade, tais como agora? A crença deles era que a Terra estava sujeita a profundas forças internas, além de forças superficiais. Contudo, não tinham uma explicação convincente para o fato de todas aquelas conchas terem ido parar lá no alto.

Foi enquanto refletia sobre essas questões que Hutton teve uma série de insights excepcionais. Observando sua propriedade rural, pôde ver que o solo era criado pela erosão de rochas e que partículas desse solo eram continuamente removidas por cursos d'água e rios e novamente depositadas em outros lugares. Ele percebeu que, se tal processo fosse levado à sua conclusão natural, o desgaste acabaria nivelando a Terra. No entanto, por toda parte à sua volta havia morros. Claramente tinha de haver algum processo adicional, alguma forma de renovação e elevação que criasse morros e montanhas novos para manter o ciclo em andamento. Os fósseis marinhos no alto das montanhas, Hutton concluiu, não haviam sido depositados durante inundações: eles subiram com as próprias montanhas. Ele também deduziu que era o calor no interior da Terra que criava rochas e continentes novos e erguia cadeias de montanhas. Não é exagero dizer que os geólogos só perceberiam as implicações plenas desse pensamento duzentos anos depois, quando finalmente adotaram o conceito de tectônica das placas. Acima de tudo, o que as teorias de Hutton sugeriam era que os processos da Terra requeriam enormes quantidades de tempo, bem mais do que qualquer pessoa jamais sonhara. Havia insights suficientes aqui para transformar radicalmente nossa compreensão da Terra.

Em 1785, Hutton expôs suas ideias num longo artigo, que foi lido em reuniões consecutivas da Royal Society de Edimburgo. O artigo quase não chamou a atenção de ninguém. Não é difícil entender o porquê. Eis, em parte, como ele apresentou essas ideias a seu público:

> No primeiro caso, a causa formadora está no corpo que é separado; porque, após o corpo sofrer a ação do calor, é pela reação da matéria apropriada do corpo que a fenda que constitui o veio se forma. No outro caso, de novo, a causa é extrínseca em relação ao corpo em que a fenda se forma. Houve a mais violenta fratura e divulsão; mas a causa ainda precisa ser buscada; e ela aparece não no veio; pois não é em toda fratura e deslocamento do corpo sólido de nossa Terra que minerais, ou as substâncias apropriadas de veios minerais, são encontrados.

Nem é preciso dizer que quase ninguém na plateia tinha a menor ideia do que ele estava dizendo. Encorajado pelos amigos a expandir sua teoria, na esperança comovente de que ele conseguiria se expressar com mais clareza num formato mais amplo, Hutton passou os dez anos seguintes preparando sua obra máxima, que foi publicada em dois volumes em 1795.

Juntos, os dois livros totalizavam quase mil páginas e superaram os temores de seus amigos mais pessimistas. Antes de mais nada, quase metade da obra consistia em citações de fontes francesas, ainda no original francês.[4] Um terceiro volume, de tão insosso, só foi publicado em 1899,[5] mais de um século após a morte de Hutton, e o quarto e último volume nunca foi publicado. O *Theory of the Earth* de Hutton seria um forte candidato ao livro importante menos lido em ciência, se não houvesse tantos outros. Mesmo Charles Lyell, o maior geólogo do século seguinte e um homem que lia tudo, admitiu que não conseguiu avançar pela obra.[6]

Felizmente, Hutton teve um Boswell na forma de John Playfair, um professor de matemática da Universidade de Edimburgo e seu amigo íntimo, o qual, além de escrever primorosamente, também — graças a muitos anos na cola de Hutton — entendia quase tudo que ele tentava dizer. Em 1802, cinco anos após a morte de Hutton, Playfair produziu uma exposição simplificada dos princípios do amigo, intitulada *Illustrations of the Huttonian theory of Earth* [Ilustrações da teoria da Terra huttoniana]. O livro foi recebido com gratidão pelos interessados em geologia, que em 1802 não eram em grande número. Isso, porém, estava prestes a mudar. E como!

No inverno de 1807, em Londres, treze almas com interesses afins reuniram-se na Freemasons Tavern, em Long Acre, Covent Garden, para formar uma sociedade de comensais a ser chamada Geological Society.[7] A ideia era reunir-se uma vez por mês para discutir geologia num jantar festivo regado a um ou dois cálices de Madeira. O preço do jantar foi deliberadamente fixado em pesados quinze xelins para desencorajar aqueles cujas qualificações fossem apenas cerebrais. Logo tornou-se clara, entretanto, a necessidade de algo mais institucional, com sede permanente, onde as pessoas pudessem se reunir para compartilhar e discutir novas descobertas. Em somente uma década, o número de sócios aumentou para quatrocentos — todos cavalheiros, é claro

— e a Geological Society ameaçava eclipsar a Royal Society como a principal sociedade científica do país.

Os membros reuniam-se duas vezes por mês, de novembro a junho, quando praticamente todos partiam para passar o verão em trabalhos de campo.[8] Não se tratava de pessoas com interesse pecuniário em minerais, veja bem, nem mesmo de acadêmicos na maioria, mas simplesmente de cavalheiros com riqueza e tempo para se entregar a um hobby num nível mais ou menos profissional. Em 1830, havia 745 deles, e o mundo nunca mais veria algo semelhante.

É difícil imaginar como, mas a geologia empolgou o século XIX — positivamente, arrebatou-o — como nenhuma ciência conseguira fazer antes ou viria a fazer de novo. Em 1839, quando Roderick Murchison publicou *The silurian system* [O sistema siluriano], um estudo alentado e pesado sobre um tipo de rocha chamada grauvaca, o livro tornou-se um best-seller imediato, chegando rapidamente à quarta edição, embora custasse oito guinéus e fosse, num verdadeiro estilo huttoniano, ilegível. (Como até um partidário de Murchison admitiu, tinha "total carência de atratividade literária").[9] E quando, em 1841, o grande Charles Lyell viajou aos Estados Unidos para proferir uma série de palestras em Boston, 3 mil pessoas lotavam o Instituto Lowell a cada evento para ouvir suas descrições tranquilizadoras de zeólitas marinhas e perturbações sísmicas em Campânia.

No mundo pensante da época, mas especialmente na Grã-Bretanha, homens de saber aventuravam-se pelo campo para "quebrar um pouquinho de pedras", como diziam. O empreendimento era levado a sério, e eles tendiam a se trajar com a gravidade apropriada: paletó escuro e cartola, com exceção do reverendo William Buckland, de Oxford, que costumava fazer o trabalho de campo em sua beca acadêmica.

O campo atraiu muitas figuras extraordinárias, entre elas o já mencionado Murchison, que passou mais ou menos os primeiros trinta anos de vida galopando no encalço de raposas, praticando tiro ao alvo contra pobres pássaros e restringindo sua atividade mental à leitura de *The Times* ou ao jogo de cartas. Até que descobriu o interesse pelas rochas e tornou-se, com rapidez incrível, um titã do pensamento geológico.

Outra figura notável foi o dr. James Parkinson, que também foi um socialista pioneiro, autor de muitos panfletos provocantes com títulos como "Revolução sem derramamento de sangue". Em 1794, ele foi acusado de participar de uma conspiração cujo nome soava meio lunático: a Conspiração da Arma de Brinquedo, em que se planejou atirar um dardo envenenado no pescoço do rei Jorge III enquanto ele estivesse sentado em seu camarote no teatro.[10] Parkinson foi levado ao Conselho Privado para ser interrogado e por um triz não foi posto a ferros e deportado para a Austrália, antes que as acusações contra ele fossem abandonadas. Adotando uma abordagem mais conservadora da vida, ele desenvolveu um interesse por geologia e tornou-se um dos membros fundadores da Geological Society e autor de um texto geológico importante, *Organic remains of a former world* [Remanescentes orgânicos de um mundo anterior], que esteve disponível no mercado durante meio século. Ele nunca mais se meteu em confusão. No entanto, hoje é lembrado pelo estudo notável da doença então denominada "paralisia trêmula", que passou a ser conhecida como a doença de Parkinson.[11] (Parkinson teve outro pequeno momento de fama. Em 1785, tornou-se talvez a única pessoa da história a ganhar numa rifa um museu de história natural. O museu, em Leicester Square, Londres, havia sido fundado por sir Ashton Lever, cuja mania de colecionar maravilhas naturais o levara à falência. Parkinson conservou o museu até 1805, quando não conseguiu mais mantê-lo e a coleção foi desmembrada e vendida.)

De personalidade menos notável, mas mais influente do que todos os outros juntos, foi Charles Lyell. Nascido no ano da morte de Hutton e a apenas 113 quilômetros de distância, na aldeia de Kinnordy, na Escócia, foi criado no extremo sul da Inglaterra, na Nova Floresta de Hampshire, porque sua mãe estava convencida de que os escoceses eram uns bêbados inveterados.[12] Sem fugir ao padrão dos cavalheiros cientistas do século XIX, Lyell era oriundo de um ambiente de riqueza confortável e vigor intelectual. Seu pai, também chamado Charles, tinha a qualidade incomum de ser uma autoridade no poeta Dante e em musgos (*Orthotricium lyelli*, que a maioria dos visitantes do interior inglês terá visto em algum momento, recebeu esse nome em homenagem a ele.) Do pai, Lyell adquiriu o interesse por história natural, mas foi em Oxford, onde se deixou encantar pelo reverendo William Buckland — aquele das becas ondulantes —, que o jovem Lyell começou sua dedicação vitalícia à geologia.

Buckland era uma figuraça. Teve algumas realizações verdadeiras, mas é lembrado igualmente pelas excentricidades. Era particularmente famoso por um verdadeiro zoológico de animais silvestres, alguns grandes e perigosos, que deixava perambular pela casa e pelo jardim, bem como pelo desejo de degustar cada animal da criação. Dependendo do capricho e da disponibilidade, os convivas da casa de Buckland poderiam ser servidos de porquinho-da-índia assado, bolo de camundongo, porco-espinho na brasa ou lesmas-do-mar do Sudeste Asiático cozidas. Buckland conseguia encontrar virtudes em todos eles, exceto a toupeira comum de jardim, que ele considerava nojenta. Quase inevitavelmente, tornou-se a principal autoridade em coprólitos — fezes fossilizadas — e mandou fabricar uma mesa usando como material sua coleção de espécimes.

Mesmo ao realizar ciência séria, ele exibia um comportamento singular. Certa vez, a sra. Buckland foi acordada às sacudidelas no meio da noite, o marido gritando empolgado: "Querida, acho que as pegadas do *Cheirotherium* são como as das tartarugas".[13] Juntos, correram até a cozinha em trajes noturnos. A sra. Buckland preparou uma pasta de farinha, que espalhou sobre a mesa, enquanto o reverendo Buckland apanhou sua tartaruga de estimação. Colocando-a sobre a pasta, incitaram-na a andar e descobriram, encantados, que suas pegadas coincidiam realmente com as do fóssil que Buckland vinha estudando. Charles Darwin considerava Buckland um palhaço — foi essa a palavra que usou —, mas Lyell aparentemente o achava inspirador e gostava dele o suficiente para excursionarem juntos na Escócia em 1824. Foi logo depois dessa viagem que Lyell decidiu abandonar a carreira de Direito e dedicar-se à geologia em tempo integral.

Lyell era extremamente míope e era sempre visto apertando os olhos, o que lhe dava um ar preocupado. (Ele acabou perdendo totalmente a visão.) Sua outra esquisitice era a mania, quando distraído pelo pensamento, de ficar em posições estranhas na mobília: deitado sobre duas cadeiras ao mesmo tempo ou "de pé com a cabeça apoiada no assento de uma cadeira" (citando seu amigo Darwin).[14] Muitas vezes, quando absorto nos pensamentos, escorregava na cadeira até seu traseiro quase tocar no chão.[15] O único emprego real de Lyell na vida foi de professor de geologia na King's College de Londres, de 1831 a 1833. Foi em torno dessa época que produziu *The principles of geology*, publicado em três volumes entre 1830 e 1833, que de muitas maneiras consolidou e elaborou os pensamentos expressos pela primeira vez por Hutton, uma geração antes. (Conquanto Lyell nunca tivesse lido Hutton no original, foi um estudioso entusiasmado da versão reformulada de Playfair.)

Entre a época de Hutton e a de Lyell, surgiu uma nova controvérsia geológica, que em grande parte suplantou, mas costuma ser confundida com, a velha disputa entre netunistas e plutonistas. A nova batalha tornou-se uma discussão entre o catastrofismo e o uniformitarianismo — termos pouco atraentes para uma discussão importante e muito duradoura. Os catastrofistas, como o nome dá a entender, acreditavam que a Terra era moldada por eventos cataclísmicos abruptos — principalmente inundações, razão pela qual o catastrofismo e o netunismo são com frequência confundidos. O catastrofismo era confortador sobretudo para clérigos como Buckland, porque permitia incorporar o dilúvio bíblico de Noé em discussões científicas sérias. Os uniformitarianistas, por sua vez, acreditavam que as mudanças na Terra eram graduais e que quase todos os processos que nela ocorriam se davam lentamente, através de longos períodos de tempo. O verdadeiro pai dessa ideia foi Hutton, mas como Lyell era muito mais lido, passou a ser considerado o pai do pensamento geológico moderno.[16]

Lyell acreditava que as mudanças da Terra eram uniformes e constantes — que tudo que acontecera no passado podia ser explicado por eventos que continuavam ocorrendo no presente. Lyell e seus adeptos mais do que desprezavam o catastrofismo; eles o detestavam. Os catastrofistas acreditavam numa série de extinções em que os animais eram repetidamente eliminados e substituídos por novos conjuntos — uma crença que o naturalista T. H. Huxley comparou, em tom de zombaria, a "uma sucessão de partidas de uíste, em que no final os jogadores viram a mesa e pedem um novo baralho".[17] Era uma forma conveniente demais de explicar o desconhecido. "Nunca houve um dogma tão deliberado para fomentar a indolência, e para cegar o gume afiado da curiosidade", reclamou Lyell.[18]

As falhas de Lyell não foram poucas. Ele não explicou de maneira convincente como se formaram as cadeias de montanhas e ignorou as geleiras como agentes de mudança.[19] Recusou-se a aceitar a ideia de Louis Agassiz de eras glaciais — "a refrigeração do globo", como se referiu em tom de desprezo[20] — e tinha confiança de que os mamíferos "seriam encontrados nos estratos fossilíferos mais antigos". Rejeitou também a ideia de que animais e plantas sofriam aniquilações súbitas e acreditava que todos os grupos principais de animais — mamíferos, répteis, peixes etc. — coexistiam desde o início dos tempos.[21] Em todas essas ideias, seria provado que ele estava errado.

Todavia, sua influência é indubitável. *The principles of geology* teve doze edições durante a vida de Lyell e continha noções que moldaram o pensamento geológico até boa parte do século XX. Darwin levou consigo uma primeira edição na viagem do *Beagle* e escreveu depois que "o grande mérito de *Principles* era que ele alterava toda a disposição mental da pessoa, de modo que, ao ver uma coisa nunca vista por Lyell, via-a parcialmente pelos olhos dele".[22] Em suma, ele o julgava quase um deus, como muitos de sua geração. Um sinal da força das ideias de Lyell é o fato de que, na década de 1980, quando os geólogos tiveram de abandonar apenas uma parte delas para acomodar o impacto da teoria das extinções, quase morreram de desgosto. Mas esse é outro capítulo.

Enquanto isso, a geologia tinha muita coisa para destrinçar, e nem tudo ocorreu com tranquilidade. Desde o princípio, os geólogos tentaram categorizar as rochas pelos períodos em que foram depositadas, mas costumava haver discordâncias acirradas sobre onde situar as linhas divisórias — nenhuma delas maior que o debate prolongado que se tornou conhecido como a Grande Controvérsia Devoniana. A questão emergiu quando o reverendo Adam Sedgwick, de Cambridge, reivindicou para o período Cambriano uma camada de rocha que Roderick Murchison acreditava pertencer justificadamente ao Siluriano. A discussão prolongou-se por anos e tornou-se bem acalorada. "De la Beche é um cão sujo", Murchison escreveu para um amigo num acesso de raiva típico.[23]

Uma olhadela nos títulos dos capítulos do excelente e sombrio relato de Martin J. S. Rudwick sobre a questão, *The great Devonian controversy* [A grande controvérsia devoniana], dá uma boa ideia da baixaria. Eles começam com descrições como "Arenas de debate cavalheiresco" e "Desvendando a grauvaca", mas depois prosseguem com "A grauvaca defendida e atacada", "Repreensões e recriminações", "A disseminação de rumores comprometedores", "Weaver abjura sua heresia", "Colocando um provinciano no seu devido lugar" e (caso restasse alguma dúvida de que se tratava de uma guerra) "Murchison abre a campanha militar do Reno". A briga foi enfim dirimida em 1879 com o recurso simples de criar um novo período, o Ordoviciano, a ser inserido entre os dois.

Como os britânicos eram os mais ativos nos primeiros anos, predominam nomes britânicos no léxico geológico. *Devoniano* deriva do município inglês de Devon. *Cambriano* vem do antigo nome romano do País de Gales,

Câmbria, enquanto *ordoviciano* e *siluriano* lembram antigas tribos celtas, os ordovices e os silures. Mas, com o aumento da prospecção geológica em outras partes, começaram a surgir nomes alusivos a diversos lugares. *Jurássico* refere-se aos montes Jura, na fronteira entre a França e a Suíça. *Permiano* lembra a antiga província russa de Perm, nos montes Urais. Devemos o nome *cretáceo* (da palavra latina para "giz") a um geólogo belga com o nome pomposo de J. J. d'Omalius d'Halloy.[24]

Originalmente, a história geológica dividia-se em quatro períodos de tempo: Primário, Secundário, Terciário e Quaternário. O sistema era arrumadinho demais para perdurar, e logo os geólogos estavam criando divisões adicionais, enquanto eliminavam outras. O Primário e o Secundário caíram em total desuso, enquanto o Quaternário foi descartado por alguns, mas mantido por outros. Atualmente, apenas o Terciário permanece como uma designação universal, embora já não represente um terceiro período.

Lyell, em seus *Principles*, introduziu unidades adicionais conhecidas como épocas para cobrir o período desde a era dos dinossauros, entre elas o Plistoceno ("a mais recente"), Plioceno ("mais recente"), Mioceno ("moderadamente recente") e o carinhosamente vago Oligoceno ("quase nada recente"). Originalmente ele pretendia empregar "*-synchronous*" para suas terminações, dando-nos designações de sonoridade desagradável como *Meiosynchronous* e *Pleiosynchronous*.[25] O reverendo William Whewell, um homem influente, contestou por motivos etimológicos e sugeriu, em seu lugar, um padrão "*-eous*", produzindo *Meioneous*, *Pleioneous* e assim por diante. As terminações "*cene*" ("ceno" em português) foram, portanto, uma espécie de meio-termo.

Atualmente, e falando em termos bem gerais, o tempo geológico divide-se primeiro em quatro grandes blocos conhecidos como eras: Pré-cambriano, Paleozoico (do grego "vida antiga"), Mesozoico ("vida média") e Cenozoico ("vida recente"). Essas quatro eras subdividem-se entre uma dúzia e vinte subgrupos, geralmente denominados períodos, não obstante às vezes serem conhecidos como sistemas. A maioria é razoavelmente bem conhecida: Cretáceo, Jurássico, Triássico, Siluriano etc.*

---

* Você não terá de fazer nenhuma prova aqui, mas se algum dia precisar memorizar esses termos, talvez convenha lembrar o conselho útil de John Wilford de imaginar as eras (Pré-cambriano, Paleozoico, Mesozoico e Cenozoico) como estações do ano e os períodos (Permiano, Triássico, Jurássico etc.), como os meses.

Depois vêm as épocas de Lyell — o Plistoceno, o Mioceno, e assim por diante —, que se aplicam somente aos mais recentes (mas paleontologicamente agitados) 65 milhões de anos, e afinal temos uma massa de subdivisões mais detalhadas conhecidas como estágios ou idades. A maioria recebe nomes, quase sempre esquisitos, alusivos a lugares: *Illinoiano, Desmoinesiano, Croixiano, Kimmeridgiano*, e assim por diante, nesse mesmo estilo. De acordo com John McPhee, chegam a "dezenas de dúzias".[26] Felizmente, a não ser que vá seguir a carreira de geologia, será difícil você voltar a ouvi-los.

Para confundir mais as coisas, os estágios ou idades nos Estados Unidos têm nomes diferentes dos estágios na Europa e coincidem apenas parcialmente com eles no tempo. Desse modo, o estágio Cincinnatiano nos Estados Unidos corresponde, na maior parte, ao estágio Ashgilliano na Europa, acrescido de um pedacinho do estágio Caradociano anterior.

E tudo isso ainda muda de um livro didático para outro e de uma pessoa para outra, de modo que algumas autoridades descrevem sete épocas recentes, enquanto outras se contentam com quatro. Além disso, em alguns livros, Terciário e Quaternário foram suprimidos e substituídos por períodos de durações diferentes chamados Paleógeno e Neógeno. Outros dividem o Pré-cambriano em duas eras, o bem antigo Arqueano e o mais recente Proterozoico. Você também poderá ver o termo Fanerozoico sendo usado para descrever o período que engloba as eras cenozoica, mesozoica e paleozoica.

Além do mais, tudo isso se aplica apenas a unidades de *tempo*. As rochas são divididas em unidades totalmente separadas conhecidas como sistemas, séries e estágios.[27] Também há uma distinção entre inferior e superior, em relação tanto ao tempo (Pré-cambriano inferior e superior) como às camadas de rochas. A coisa pode tornar-se confusa para o leigo, mas nos geólogos desperta entusiasmo. "Vi homens adultos arderem de raiva por causa desse milissegundo metafórico da história da vida", escreveu o paleontólogo Richard Fortey a respeito de uma velha discussão sobre a localização da fronteira entre o Cambriano e o Ordoviciano.[28]

Pelo menos na idade atual podemos lançar mão de técnicas de datação sofisticadas. Na maior parte do século XIX, os geólogos praticamente dependiam de um trabalho de adivinhação esperançosa. Eles estavam na situação frustrante de, apesar de conseguirem ordenar no tempo as diferentes rochas e fósseis, não terem nenhuma ideia da duração de qualquer daquelas eras.

Quando Buckland especulou sobre a antiguidade de um esqueleto de ictiossauro, o máximo que conseguiu foi sugerir que teria vivido em algum ponto entre "10 mil [e] mais de 10 mil vezes 10 mil" anos atrás.[29]

Embora faltasse um meio confiável de datar períodos, não faltaram pessoas dispostas a tentar. A tentativa pioneira mais conhecida deu-se em 1650, quando o arcebispo James Ussher, da Igreja da Irlanda, fez um estudo cuidadoso da Bíblia e de outras fontes históricas e concluiu, num tomo alentado de nome *Annals of the Old Testament* [Anais do Antigo Testamento], que a Terra havia sido criada ao meio-dia de 23 de outubro de 4004 a. C.,[30] afirmação que, desde então, diverte historiadores e autores de livros didáticos.*

Aliás, um mito persistente — apresentado em muitos livros sérios — é que as visões de Ussher dominaram as crenças científicas até bem avançado o século XIX, e que foi Lyell quem acertou as coisas. Stephen Jay Gould, em *Seta do tempo*, cita como um exemplo típico esta frase de um livro popular da década de 1980: "Até Lyell publicar seu livro, a maioria das pessoas pensantes aceitava a ideia de que a Terra era jovem".[31] Isso não é verdade. Nas palavras de Martin J. S. Rudwick: "Nenhum geólogo de qualquer nacionalidade cujo trabalho fosse levado a sério por outros geólogos defendia uma escala de tempo confinada dentro dos limites de uma exegese literal do *Gênese*".[32] Mesmo o reverendo Buckland, uma das almas mais devotas produzidas pelo século XIX, observou que em nenhum ponto a Bíblia afirma que Deus criou o Céu e a Terra no primeiro dia, mas meramente "no princípio".[33] Esse princípio, ele raciocinou, pode ter durado "milhões e milhões de anos". Todos concordavam que a Terra era antiga. A dúvida era simplesmente: quão antiga?

Uma das melhores tentativas pioneiras de datar o planeta foi a do sempre confiável Edmond Halley, que em 1715 sugeriu que, se dividíssemos a quantidade total de sal nos oceanos do mundo pela quantidade acrescentada a cada ano, obteríamos o número de anos em que os oceanos existem, o que daria uma ideia aproximada da idade da Terra. A lógica era atraente, contudo infelizmente ninguém tinha ideia de quanto sal havia no mar nem de quanto ele aumentava por ano, o que tornou o experimento impraticável.

---

* Embora praticamente todos os livros encontrem espaço para ele, existe uma variação impressionante nos detalhes associados a Ussher. Alguns livros dizem que ele fez sua declaração em 1650, outros, em 1654, e ainda outros, em 1664. Muitos citam a data do suposto início da Terra como 26 de outubro. Pelo menos um livro escreve seu nome como "Usher". O assunto é pesquisado de forma interessante em *Dedo mindinho e seus vizinhos*, de Stephen Jay Gould.

A primeira tentativa de medição que poderia ser considerada científica, ainda que remotamente, foi realizada pelo francês Georges-Louis Leclerc, conde de Buffon, na década de 1770. Fazia muito tempo que se sabia que a Terra emitia quantidades apreciáveis de calor — isso ficava claro para qualquer pessoa que descesse numa mina de carvão —, mas não havia nenhuma maneira de estimar a taxa de dissipação. O experimento de Buffon consistiu em aquecer esferas até que ficassem incandescentes e, depois, estimar a taxa de perda de calor tocando-as (supõe-se que bem de leve no início) à medida que esfriassem. A partir disso, ele estimou a idade da Terra entre 75 mil e 168 mil anos.[34] Claro que a cifra está bem abaixo da realidade, mesmo assim foi uma noção radical, e Buffon viu-se ameaçado de excomunhão por expressá-la. Homem prático, ele imediatamente pediu desculpas por sua heresia impensada, e repetiu alegremente as afirmações em seus textos subsequentes.

Em meados do século XIX, a maioria das pessoas cultas pensava que a Terra tinha pelo menos alguns milhões de anos, talvez até algumas dezenas de milhões de anos, mas provavelmente não mais do que isso. Portanto, constituiu uma surpresa o anúncio de Charles Darwin, em 1859, em *A origem das espécies*, de que os processos geológicos que criaram Weald, uma área do Sul da Inglaterra que se estende por Kent, Surrey e Sussex, levaram, segundo seus cálculos, 306 662 400 anos para serem concluídos.[35] A afirmação foi notável, em parte por ser tão espantosamente específica, mas ainda mais por contrariar frontalmente os conhecimentos aceitos sobre a idade da Terra.* Ela se mostrou tão controversa que Darwin a retirou da terceira edição do livro. Entretanto o problema, em sua essência, persistiu: Darwin e seus amigos geólogos precisavam que a Terra fosse antiga, contudo ninguém conseguia descobrir como torná-la assim.

Infelizmente para Darwin, e para o progresso, a questão chamou a atenção do grande lorde Kelvin (que, embora notável, sem dúvida, naquela época não passava de William Thomson; ele só receberia o título de par do reino em 1892, aos 68 anos e quase no final da carreira, mas seguirei aqui a convenção de usar o nome retroativamente). Kelvin foi uma das figuras mais extraordi-

---

* Darwin adorava um número exato: num trabalho posterior, ele anunciou que o número de minhocas encontradas num acre normal de solo do interior da Inglaterra era 53 767.

nárias do século XIX — aliás, de qualquer século. O cientista alemão Hermann von Helmholtz, outro gigante intelectual, escreveu que Kelvin tinha de longe a maior "inteligência e lucidez, e mobilidade de pensamento" dentre todos os homens que havia conhecido. "Eu me sentia meio tosco ao lado dele às vezes", ele acrescentou, com certo desapontamento.[36]

O sentimento era compreensível, pois Kelvin de fato foi uma espécie de super-homem vitoriano. Nasceu em 1824 em Belfast, filho de um professor de matemática da Royal Academical Institution que logo depois se transferiu para Glasgow. Ali Kelvin revelou-se tamanho prodígio que foi admitido na Universidade de Glasgow com a idade extremamente prematura de dez anos. Aos vinte e poucos anos, estudara em instituições em Londres e em Paris, graduara-se por Cambridge (onde ganhou os primeiros prêmios da universidade em remo e matemática e ainda arrumou tempo para criar uma sociedade musical), fora escolhido membro da Peterhouse College da Universidade de Cambridge e escrevera (em francês e em inglês) uma dúzia de artigos sobre matemática pura e aplicada de uma originalidade tão incrível que teve de publicá-los anonimamente para não constranger seus superiores.[37] Aos 22 anos, retornou à Universidade de Glasgow para assumir uma cátedra de filosofia natural, cargo que manteve durante os 53 anos seguintes.[38]

No decorrer de uma longa carreira (ele viveu até 1907, morrendo aos 83 anos), escreveu 661 artigos, acumulou 69 patentes (que o deixaram rico) e adquiriu renome em quase todos os ramos das ciências físicas. Entre muitas outras coisas, sugeriu o método que levou diretamente à invenção da refrigeração, criou a escala de temperatura absoluta que ainda leva seu nome, inventou os dispositivos de regulação que permitiram o envio de telegramas através dos oceanos e fez um sem-número de aperfeiçoamentos em embarcações e na navegação, da invenção de uma bússola marítima popular à criação da primeiro sonda de profundidade. E essas foram tão somente suas realizações práticas.

Seu trabalho teórico, em eletromagnetismo, termodinâmica e na teoria ondulatória da luz, foi igualmente revolucionário.* Ele só teve uma falha: a

---

* Em particular, ele elaborou a Segunda Lei da termodinâmica. Uma discussão dessas leis ocuparia um livro inteiro, mas ofereço aqui este resumo algo irônico do químico P. W. Atkins, só para dar uma ideia delas: "Existem quatro leis. A terceira delas, a Segunda Lei, foi reconhecida primeiro; a primeira, a Lei nº Zero, foi formulada por último; a Primeira Lei foi a segunda; a Terceira Lei talvez nem seja uma lei no mesmo sentido das outras". Em termos mais sucintos, a

incapacidade de calcular a idade correta da Terra. O problema ocupou grande parte da segunda metade de sua carreira, no entanto ele jamais chegou perto de acertar. Sua primeira tentativa, em 1862, para um artigo numa revista popular chamada *Macmillan's*, indicou que a Terra tinha 98 milhões de anos, mas ele cautelosamente admitiu que a cifra poderia cair para 20 milhões de anos ou subir para 400 milhões. Com uma prudência notável, reconheceu que seus cálculos poderiam estar errados se "fontes agora desconhecidas por nós estiverem prontas no grande depósito da criação" — porém ficou claro que ele achava isso improvável.

Com a passagem do tempo, Kelvin se tornaria mais direto em suas assertivas e menos correto. Ele continuamente revisou suas estimativas para baixo, de um máximo de 400 milhões de anos para 100 milhões de anos, depois para 50 milhões de anos e, finalmente, em 1897, para meros 24 milhões de anos. Não podemos acusá-lo de teimosia. Simplesmente nada na física conseguia explicar como um corpo do tamanho do Sol podia arder de maneira contínua por mais de algumas dezenas de milhões de anos sem esgotar o combustível. A conclusão lógica: o Sol e seus planetas eram relativamente, mas inevitavelmente, jovens.

O problema era que quase todos os indícios fósseis contradiziam essa juventude. E de repente, no século XIX, eis que apareceram *montes* de indícios fósseis.

Segunda Lei afirma que um pouco de energia sempre é desperdiçada. Não é possível um dispositivo de moto contínuo, porque, por mais eficiente que seja, ele sempre perderá energia e por fim deixará de funcionar. A Primeira Lei diz que não se pode criar energia e a Terceira, que não é possível reduzir as temperaturas a zero absoluto; sempre restará algum calor residual. Como observa Dennis Overbye, as três leis principais são às vezes expressas, de forma jocosa, como: (1) Não é possível vencer; (2) Não é possível atingir o equilíbrio; e (3) Não é possível abandonar o jogo.

6. Ciência vermelha nos dentes e garras

Em 1787, alguém em Nova Jersey — exatamente quem parece hoje ter sido esquecido — encontrou um fêmur enorme projetando-se para fora de uma margem de rio em um local chamado Woodbury Creek. O osso claramente não pertencia a nenhuma espécie de animal ainda viva, pelo menos não em Nova Jersey. Do pouco que se sabe agora, acredita-se que tenha pertencido a um hadrossauro, um grande dinossauro com bico de pato. Naquela época, os dinossauros eram desconhecidos.

O osso foi enviado ao dr. Caspar Wistar, o maior anatomista do país, que o descreveu em uma reunião da American Philosophical Society, em Filadélfia, naquele outono.[1] Infelizmente, Wistar não soube reconhecer a importância do osso e limitou-se a algumas observações cautelosas e sem inspiração de que aquilo não passava de uma fraude. Ele perdeu assim a chance, meio século antes de qualquer outro, de ser o descobridor dos dinossauros. Na verdade, o osso despertou tão pouco interesse que foi colocado num depósito e acabou sumindo. Assim, o primeiro osso de dinossauro encontrado foi também o primeiro a ser perdido.

O fato de o osso não despertar maior interesse é bem estranho, pois ele apareceu numa época em que os Estados Unidos viviam uma onda de entusiasmo em torno dos resquícios de animais grandes e antigos. A causa dessa efervescência foi uma afirmação estranha do grande naturalista francês conde de Buffon — aquele das esferas aquecidas do capítulo anterior — de que os seres vivos do Novo Mundo eram inferiores, em quase todos os aspectos, aos do Velho Mundo.[2] A América, Buffon escreveu em seu vasto e estimado *Histoire naturelle*, era uma terra onde a água era estagnada, o solo, improdutivo e os animais, sem tamanho nem vigor, tinham suas constituições enfraquecidas pelos "vapores nocivos" que emergiam de seus pântanos pútridos e de suas florestas sem sol. Em tal ambiente, mesmo os índios nativos careciam de virilidade. "Eles não têm nenhuma barba nem pelos no corpo", confidenciou o sabichão, "e nenhum ardor pelas mulheres." Seus órgãos reprodutivos eram "pequenos e fracos".

As observações de Buffon, por incrível que pareça, receberam o apoio entusiasmado de outros autores, especialmente aqueles sem nenhuma familiaridade real com o continente americano. Um holandês chamado Corneille de Pauw anunciou, em uma obra popular chamada *Recherches philosophiques sur les américains* [Pesquisas filosóficas sobre os americanos], que os homens americanos nativos, além de reprodutivamente fracos, "tinham tão pouca virilidade que saía leite de seus peitos".[3] Tais pontos de vista desfrutaram de uma estranha durabilidade e ainda eram repetidos ou refletidos nos textos europeus até quase o final do século XIX.

Claro que essas calúnias foram recebidas com indignação no continente americano. Thomas Jefferson acrescentou uma refutação furiosa (e, a não ser que se entenda o contexto, totalmente desconcertante) em suas *Notes on the state of Virginia*, e induziu o general John Sullivan, seu amigo de New Hampshire, a enviar vinte soldados às florestas do norte para encontrar um alce americano macho a fim de apresentá-lo a Buffon como prova da estatura e da majestade dos quadrúpedes daquele país. Os homens levaram duas semanas até localizar um animal adequado. Depois de abatido, descobriu-se que os cornos do alce não eram tão imponentes como Jefferson pedira, mas Sullivan ponderadamente incluiu a galhada de um veado com a sugestão de que substituísse a original. Afinal, quem na França notaria a diferença?

Neste ínterim, em Filadélfia — a cidade de Wistar — os naturalistas haviam começado a reunir os ossos de um animal gigantesco, semelhante a um elefante, conhecido de início como "o grande incógnito americano", mais tarde identificado, não de todo corretamente, como um mamute. O primeiro desses ossos fora descoberto em um lugar chamado Big Bone Lick, em Kentucky, mas logo outros surgiram por toda parte. Os Estados Unidos, ao que se afigurava, havia sido no passado a terra natal de um animal realmente substancial — que sem dúvida refutaria as tolas alegações francesas de Buffon.

No afã de demonstrar o volume e a ferocidade do incógnito, os naturalistas americanos parecem ter exagerado um pouco. Eles superestimaram seu tamanho em seis vezes e deram-lhe garras assustadoras, que na verdade vieram de um *Megalonyx*, ou preguiça-terrícola-gigante, encontrado por perto. Notadamente, eles se persuadiram de que o animal desfrutara da "agilidade e ferocidade do tigre", e retrataram-no em ilustrações saltando de pedras sobre as presas com a elegância de um felino. Quando presas foram descobertas, forçaram a barra para ajustá-las à cabeça do animal de várias maneiras inventivas. Um restaurador as prendeu de cabeça para baixo, como os caninos de um tigre-dentes-de-sabre, dando-lhe um aspecto satisfatoriamente agressivo. Outro dispôs as presas curvadas para trás com base na teoria atraente de que o animal havia sido aquático, usando-as para se agarrar nas árvores enquanto cochilava. A observação mais pertinente sobre o incógnito, porém, foi que parecia extinto — fato que Buffon de bom grado aproveitou como prova de sua natureza incontestavelmente degenerada.

Buffon morreu em 1788, mas a controvérsia prosseguiu. Em 1795, uma seleção de ossos chegou a Paris, onde foram examinados pela estrela em ascensão da paleontologia, o jovial e aristocrático Georges Cuvier. Cuvier já vinha fascinando as pessoas com seu talento incomum para reunir pilhas de ossos desarticulados, dando-lhes uma forma. Dizia-se que ele era capaz de descrever o aspecto e a natureza de um animal com base em um único dente ou fragmento de maxilar, e muitas vezes ainda dizer o nome da espécie e do gênero. Percebendo que não ocorrera a ninguém nos Estados Unidos redigir uma descrição formal do animal pesadão, Cuvier resolveu fazê-lo, tornando-se assim seu descobridor oficial. Chamou-o de *mastodonte* (que significa, um tanto inesperadamente, "dentes em forma de mamilo").

Inspirado pela controvérsia, em 1796 Cuvier escreveu um artigo memorável, *Note on the species of living and fossil elephants* [Nota sobre as espécies de elefantes vivos e fósseis], em que apresentou pela primeira vez uma teoria formal das extinções.[4] Sua crença era de que, de tempos em tempos, a Terra experimentara catástrofes globais em que grupos de animais foram exterminados. Para as pessoas religiosas, incluindo o próprio Cuvier, a ideia trazia implicações desagradáveis, já que sugeria uma casualidade inexplicável por parte da Providência. Com que finalidade Deus criaria espécies para depois exterminá-las? A noção contrariava a crença na Grande Cadeia dos Seres, que sustentava que o mundo estava cuidadosamente ordenado e que cada ser vivo dentro dele tinha um lugar e um propósito, e sempre tivera e viria a ter. Jefferson, por exemplo, não conseguia aceitar a ideia de que espécies inteiras pudessem desaparecer (ou mesmo evoluir).[5] Assim, quando sugeriram que enviar um grupo para explorar o interior dos Estados Unidos além do Mississippi poderia ter valor científico e político, ele se empolgou com a ideia, esperando que os intrépidos aventureiros encontrassem bandos de mastodontes saudáveis e outros animais avantajados pastando nas planícies férteis. O secretário pessoal de Jefferson, e seu amigo íntimo, Meriwether Lewis, foi escolhido como um dos líderes e designado o naturalista-chefe da expedição. A pessoa escolhida para aconselhá-lo na busca de animais, vivos ou mortos, foi ninguém menos que Caspar Wistar.

Naquele mesmo ano — na verdade, no mesmo mês — em que o aristocrático e célebre Cuvier propunha suas teorias da extinção em Paris, do outro lado do canal da Mancha, um inglês um pouco mais obscuro tinha um insight sobre o valor dos fósseis que também teria ramificações duradouras. William Smith era um jovem supervisor da construção do canal de Somerset Coal. Na noite de 5 de janeiro de 1796, estava sentado numa estalagem em Somerset quando anotou a ideia que o tornaria famoso.[6] Para interpretar rochas, é preciso certo meio de correlação, uma base para saber que aquelas rochas carboníferas de Devon são mais novas do que as rochas cambrianas de Gales. O insight de Smith foi perceber que a resposta repousa nos fósseis. Em cada mudança de estrato de rocha, certas espécies de fósseis desapareciam, enquanto outras continuavam em níveis subsequentes. Percebendo quais espécies apareciam em quais estratos, era possível determinar a idade relativa das rochas onde cada espécie aparece. Com base em sua experiência de topógrafo, Smith começou a traçar um mapa dos estratos de rocha britânicos, que seria publicado, após várias tentativas, em 1815 e se tornaria um dos pilares da geologia moderna. (Essa história é narrada em detalhes no popular livro de Simon Winchester, *O mapa que mudou o mundo*).

Infelizmente, depois de seu insight, Smith curiosamente não se interessou em entender por que as rochas estavam dispostas da maneira como estavam. "Parei de tentar decifrar a origem dos estratos e me contento em saber que é assim que eles são", ele registrou. "Os porquês não podem estar ao alcance de um topógrafo de minerais."[7]

A revelação de Smith sobre os estratos aumentou o mal-estar moral em relação às extinções. Para início de conversa, ela confirmava que Deus havia extinguido animais não uma vez ou outra, mas repetidamente. Mais do que indiferente, isso O fazia parecer estranhamente hostil. Além disso, tornava inconvenientemente necessário explicar como algumas espécies foram exterminadas, enquanto outras continuaram incólumes por longas eras de sucesso. Era evidente que as extinções iam além do mero dilúvio bíblico. Cuvier resolveu a questão, para sua própria satisfação, sugerindo que o *Gênese* dizia respeito apenas à inundação mais recente.[8] Deus, ao que se afigurava, não quisera perturbar ou alarmar Moisés com notícias de extinções anteriores e irrelevantes.

Desse modo, nos anos iniciais do século XIX, os fósseis assumiram certa importância inevitável, o que torna ainda mais deplorável a incapacidade de Wistar de dar o devido valor a seu osso de dinossauro. De qualquer forma, de repente, ossos vinham aparecendo por toda parte. Várias outras oportunidades surgiram para os norte-americanos reivindicarem a descoberta dos dinossauros, mas todas foram desperdiçadas. Em 1806, a expedição de Lewis e Clark passou pela formação de Hell Creek, em Montana, uma área onde os caçadores de fósseis iriam, mais tarde, literalmente esbarrar em ossos de dinossauros, e chegou a examinar o que era sem dúvida um osso de dinossauro incrustado na rocha, mas não tirou nenhuma conclusão daquilo.[9] Outros ossos e pegadas fossilizadas foram encontrados no vale do rio Connecticut, na Nova Inglaterra, depois que um jovem fazendeiro chamado Plinus Moody descobriu rastros antigos em uma saliência de rocha em South Hadley, Massachusetts. Alguns desses fósseis pelo menos sobrevivem — particularmente os ossos de um anquissauro, que fazem parte do acervo do Museu Peabody, em Yale. Encontrados em 1818, foram os primeiros ossos de dinossauro a ser examinados e salvos, mas infelizmente sua verdadeira importância só veio a ser reconhecida em 1855. Naquele ano de 1818, Caspar Wistar morreu, contudo adquiriu uma imortalidade inesperada quando um botânico chamado Thomas Nuttall batizou com o nome dele uma adorável trepadeira. Alguns botânicos puristas ainda insistem em chamá-la de *wistéria* (glicínia).

Àquela altura, porém, a liderança paleontológica havia passado para a Inglaterra. Em 1812, em Lyme Regis, na costa de Dorset, uma criança extraordinária chamada Mary Anning — de onze, doze ou treze anos, dependendo do relato que se lê — encontrou um estranho monstro marinho fossilizado, com cinco metros de comprimento, hoje conhecido como ictiossauro, incrustado nos penhascos íngremes e perigosos ao longo do canal da Mancha.

Foi o início de uma carreira notável. Anning passaria os 35 anos seguintes coletando fósseis, que vendia aos visitantes. (Ela é considerada a inspiradora do famoso trava-língua inglês "She sells seashells on the seashore" — "Ela vende conchas à beira-mar".)[10] Ela também encontraria o primeiro plesiossauro, outro monstro marinho, bem como um dos primeiros e melhores pterodáctilos. Embora nenhum deles fosse tecnicamente um dinossauro, aquilo não importava na época, já que ninguém sabia o que era um dinossauro. Era suficiente perceber que o mundo abrigara outrora animais totalmente diferentes de qualquer um que podíamos encontrar então.

Anning era insuperável na capacidade de encontrar fósseis, e ainda por cima conseguia extraí-los com delicadeza e sem danificá-los. Se você tiver a chance de visitar a sala de répteis marinhos antigos do Museu de História Natural de Londres, não deixe de fazê-lo, pois não há outra forma de apreciar a escala e a beleza das realizações dessa jovem, trabalhando praticamente sozinha, com as ferramentas mais básicas, em condições quase inviáveis. Só o plesiossauro consumiu dez anos de escavação paciente.[11] Apesar de pouco instruída, Anning também conseguia fornecer desenhos e descrições adequados para os estudiosos. Mas, apesar de suas habilidades, descobertas importantes eram raras, e ela passou a maior parte da vida na pobreza.

É difícil imaginar alguém mais esquecido na história da paleontologia que Mary Anning, mas houve alguém que chegou perto. Seu nome era Gideon Algernon Mantell, e ele era um médico rural em Sussex.

Embora fosse um poço de defeitos — vaidoso, autocentrado, pedante, negligente com a família —, nunca houve um paleontologista amador mais dedicado. Ele também teve a sorte de ter uma esposa dedicada e observadora. Em 1822, enquanto o marido atendia a um paciente no interior de Sussex, a sra. Mantell foi passear por uma alameda próxima e, numa pilha de cascalho que havia sido deixada para tapar buracos, encontrou um objeto curioso: uma pedra marrom curva, do tamanho de uma noz pequena. Sabedora do interesse do marido em fósseis, e achando que aquilo poderia ser um, ela a levou consigo. Mantell viu de imediato que se tratava de um dente fossilizado, e, após um breve estudo, convenceu-se de que era de um animal herbívoro, réptil, extremamente grande — com vários metros de comprimento — e do período Cretáceo.[12] Ele acertou em todos os itens, mas foram conclusões audaciosas, já que nada do gênero jamais havia sido visto ou imaginado.

Percebendo que sua descoberta subverteria totalmente a compreensão do passado, e aconselhado a proceder com cautela pelo amigo reverendo William Buckland — aquele da beca e do apetite por animais exóticos —, Mantell passou três anos buscando pacientemente indícios que respaldassem suas conclusões. Ele enviou o dente para Cuvier, em Paris, pedindo uma opinião, mas o grande francês descartou-o, afirmando pertencer a um hipopótamo. (Cuvier mais tarde pediu desculpas, educadamente, por seu erro incomum.) Um dia, durante pesquisas no Museu Hunteriano de Londres, Mantell entabulou conversa com um colega pesquisador que contou que o dente se assemelhava ao dos animais que vinha estudando: os iguanas sul-americanos. Uma comparação apressada confirmou a semelhança. Foi assim que o animal de Mantell se tornou o iguanodonte, devido ao lagarto tropical amante dos banhos de sol com o qual não tinha o menor parentesco.

Mantell preparou um artigo a ser apresentado à Royal Society. Infelizmente, naquele ínterim, outro dinossauro havia sido descoberto em uma pedreira em Oxfordshire e acabara de ser formalmente descrito — pelo reverendo Buckland, aquele que o aconselhara a não trabalhar com pressa. Foi o megalossauro, e quem sugeriu o nome a Buckland foi o amigo James Parkinson, o aspirante a radical e epônimo da doença de Parkinson.[13] Cabe lembrar que Buckland era antes de tudo um geólogo, e mostrou isso em seu trabalho sobre o megalossauro. Em seu relato, para as *Transactions of the Geological Society of London* [Atas da Sociedade Geológica de Londres], ele observou que os dentes do animal não estavam presos diretamente ao osso maxilar, como nos lagartos, mas inseridos em alvéolos à maneira dos crocodilos. Entretanto, tendo observado esse detalhe, Buckland deixou de perceber o que de fato importava: que o megalossauro era um tipo de animal totalmente novo. Assim, embora seu relato demonstrasse pouca perspicácia ou visão, foi a primeira descrição publicada de um dinossauro. Portanto, Buckland ficou com a fama da descoberta dessa linhagem antiga de seres, embora Mantell a merecesse muito mais.

Sem saber que sua vida seria uma sucessão de desapontamentos, Mantell continuou caçando fósseis — ele encontrou outro gigante, o *Hylaeosaurus*, em 1833 — e comprando outros de trabalhadores de pedreiras e fazendeiros, até possuir provavelmente a maior coleção de fósseis da Grã-Bretanha. Mantell era um excelente médico e um caçador de ossos igualmente talentoso, mas não conseguiu equilibrar ambos os talentos. À medida que sua mania de colecionar crescia, passou a negligenciar a clínica médica. Logo fósseis atulhavam quase toda a sua casa em Brighton e consumiam grande parte de sua renda. Quase todo o resto servia para financiar a publicação de livros que poucas pessoas se davam ao trabalho de comprar. *Illustrations of the geology of Sussex*, publicado em 1827, vendeu apenas cinquenta exemplares e deu um prejuízo de trezentas libras — uma soma substancial na época.

Desesperado, Mantell teve a ideia brilhante de transformar sua casa num museu e cobrar ingresso, mas depois percebeu que esse ato mercenário arruinaria sua imagem de cavalheiro, e mais ainda a de cientista. Assim, ele permitiu que as pessoas visitassem sua casa gratuitamente. Elas acorreram às centenas, semana após semana, arruinando a clínica médica e sua vida doméstica. Ele acabou sendo forçado a vender grande parte da coleção para pagar dívidas. Logo depois, sua esposa o abandonou, levando consigo os quatro filhos.[14]

Por incrível que pareça, seus problemas estavam apenas começando.

No distrito de Sydenham, no Sul de Londres, num local chamado Crystal Palace Park, ergue-se uma visão estranha e esquecida: os primeiros modelos do mundo, em tamanho real, dos dinossauros. Poucas pessoas vão lá atualmente, mas essa já foi uma das atrações mais populares de Londres — na verdade, como observou Richard Fortey, o primeiro parque temático do mundo.[15] Muita coisa nos modelos não está rigorosamente certa. O polegar do iguanodonte foi colocado no nariz, como uma espécie de ferrão, e o animal ergue-se sobre quatro patas robustas, o que o faz parecer um cachorro atarracado e desajeitadamente grande. (Na vida real, o iguanodonte não se agachava sobre quatro patas, era bípede.) Olhando esses modelos agora, mal se consegue imaginar que aqueles animais estranhos e pesadões pudessem despertar rancor e animosidade, porém foi o que aconteceu. Talvez nada na história natural tivesse sido objeto de um ódio mais intenso e duradouro do que a linhagem de animais antigos conhecidos como dinossauros.

Na época da construção das réplicas dos dinossauros, Sydenham situava-se no limite de Londres e seu parque espaçoso foi considerado o lugar ideal para reerguer o famoso Palácio de Cristal, a estrutura de vidro e ferro fundido que havia sido o destaque da Grande Exposição de 1851, e que naturalmente deu o nome ao novo parque. Os dinossauros, construídos com concreto, eram uma espécie de atração extra. Na véspera do Ano-Novo de 1853, um notável jantar foi oferecido a 21 cientistas proeminentes dentro do iguanodonte inacabado. Gideon Mantell, o homem que encontrara e identificara o iguanodonte, não estava entre eles. A pessoa à cabeceira da mesa era o maior astro da jovem ciência da paleontologia. Seu nome era Richard Owen e àquela altura ele já dedicara vários anos produtivos a infernizar a vida de Mantell.

Owen crescera em Lancaster, no Norte da Inglaterra, onde estudara medicina. Tinha uma vocação inata para a anatomia e, de tão dedicado aos estudos, às vezes levava ilicitamente membros, órgãos e outras partes de cadáveres para casa a fim de dissecá-los com calma.[16] Certa vez, ao levar num saco a cabeça de um marinheiro africano negro que acabara de remover, Owen tropeçou numa pedra úmida e viu, horrorizado, a cabeça cair do saco, rolar ruela abaixo e entrar pela porta aberta de uma casa, indo parar na sala. Podemos imaginar a reação dos moradores ante uma cabeça sem corpo rolando até parar aos seus pés. Supõe-se que não tenham chegado a conclusões precipitadas quando, um instante depois, um homem jovem com ar apavorado correu para dentro da casa, apanhou a cabeça sem falar uma palavra e saiu às pressas.

Em 1825, com apenas 21 anos, Owen mudou-se para Londres e logo após foi contratado pelo Colégio Real de Cirurgiões para ajudar a organizar suas coleções amplas, mas desordenadas, de espécimes médicos e anatômicos. A maioria havia sido deixada para a instituição por John Hunter, um cirurgião afamado e colecionador incansável de curiosidades médicas, porém as peças nunca haviam sido catalogadas ou organizadas, em grande parte porque a documentação que explicava o significado de cada uma desaparecera após a morte de Hunter.

Owen rapidamente se distinguiu pela capacidade de organização e dedução. Ao mesmo tempo, revelou-se um anatomista sem igual, com uma aptidão para a reconstituição quase igual à do grande Cuvier, de Paris. Tornou-se tamanho expert na anatomia dos animais que recebeu o direito de dispor de qualquer deles que morresse no zoológico de Londres, que mandava levar para casa a fim de examiná-lo. Certa vez, de volta ao lar, a esposa encontrou um rinoceronte recém-morto atravancando o corredor de entrada.[17] Owen rapidamente se tornou um grande especialista em todos os tipos de animais vivos e extintos: de ornitorrincos, equidnas e outros marsupiais recém-descobertos ao desafortunado dodô e às extintas aves gigantescas denominadas moas que haviam perambulado pela Nova Zelândia até serem exterminadas pelos maoris, que se alimentavam delas. Foi o primeiro a descrever o arqueópterix, após sua descoberta na Baviera, em 1861, e o primeiro a escrever um epitáfio formal para o dodô. No todo, redigiu cerca de seiscentos artigos sobre anatomia, uma produção prodigiosa.

Mas é por seu trabalho com os dinossauros que Owen é lembrado. Ele cunhou o termo *dinosauria* em 1841. A palavra significa "lagarto terrível" e foi um nome curiosamente impróprio. Os dinossauros, como sabemos hoje, não eram todos terríveis — alguns não eram maiores que coelhos e é provável que fossem bem recatados[18] — e definitivamente não tinham nenhuma ligação com os lagartos, que são de uma linhagem bem mais antiga (por volta de 30 milhões de anos).[19] Owen sabia muito bem que os dinossauros eram répteis e tinha à sua disposição uma palavra grega ótima, *herpeton*, mas por alguma razão preferiu não usá-la. Outro erro mais desculpável (dada a escassez de espécimes na época) é que os dinossauros não constituem uma, e sim duas ordens de répteis: os ornitisquianos, com quadris de aves, e os saurisquianos, com quadris de lagartos.[20]

Owen não era uma pessoa atraente na aparência nem no temperamento. Uma fotografia dele no final da meia-idade mostra uma figura esquelética e sinistra, como o vilão de um melodrama vitoriano, cabelos longos e escorridos e olhos salientes — uma cara de assustar qualquer bebê. Sua conduta era fria e arrogante, e ele não tinha escrúpulos ao perseguir suas ambições. Ao que se saiba, foi a única pessoa que Charles Darwin odiou.[21] Mesmo o filho de Owen (que acabaria por se suicidar) referiu-se à "lamentável frieza de coração" do pai.[22]

Seu talento indubitável como anatomista permitia que escapasse impune das mais deslavadas desonestidades. Em 1857, o naturalista T. H. Huxley estava folheando uma nova edição do *Churchill's Medical Directory* [Catálogo médico de Churchill] quando observou que Owen constava como professor de anatomia comparativa e fisiologia da Escola Governamental de Minas. Huxley ficou surpreso porque aquele cargo era dele. Após investigar como Churchill cometera um erro tão elementar, descobriu que o próprio Owen havia fornecido a informação.[23] Um colega naturalista chamado Hugh Falconer, por sua vez, flagrou Owen apropriando-se de uma de suas descobertas. Outros acusavam-no de pedir espécimes emprestados e depois negar que o tivesse feito. Owen chegou a se envolver num conflito acirrado com o dentista da rainha sobre a autoria de uma teoria sobre a fisiologia dos dentes.

Ele não hesitava em perseguir aqueles de quem não gostava. No início da carreira, valeu-se da influência na Zoological Society para impedir o acesso de um jovem chamado Robert Grant, cujo único crime era seu potencial como um colega anatomista. Grant espantou-se ao ter, de repente, seu acesso proibido aos espécimes anatômicos de que precisava para sua pesquisa. Sem poder levar avante seu trabalho, mergulhou numa obscuridade compreensivelmente desanimadora.

Mas ninguém sofreu mais nas mãos de Owen que o desafortunado e cada vez mais trágico Gideon Mantell. Após perder a esposa, os filhos, o consultório médico e a maior parte da coleção de fósseis, Mantell mudou-se para Londres. Ali, em 1841 — o ano decisivo em que Owen alcançaria sua maior glória ao nomear e identificar os dinossauros —, Mantell sofreu um acidente terrível. Ao percorrer Clapham Common numa carruagem, caiu do assento, embaraçou-se nas rédeas e foi arrastado no terreno escarpado pelos cavalos, que galopavam em pânico. O acidente deixou-o torto, inválido e com dores crônicas na espinha dorsal, irreparavelmente danificada.

Aproveitando-se do estado debilitado de Mantell, Owen sistematicamente passou a expurgar dos registros as contribuições do médico, renomeando espécies por ele nomeadas anos antes e reivindicando a autoria de sua descoberta. Mantell continuou tentando desenvolver pesquisas originais, mas Owen usou sua influência na Royal Society para conseguir a rejeição da maioria de seus artigos. Em 1852, não suportando mais a dor e as perseguições, Mantell suicidou-se. Sua espinha dorsal deformada foi removida e remetida ao Colégio Real de Cirurgiões, onde — em mais uma peça pregada pelo destino — foi posta aos cuidados de Richard Owen, diretor do Museu Hunteriano daquela faculdade.[24]

Mas os insultos ainda não haviam terminado. Logo após a morte de Mantell, um obituário nem um pouco favorável apareceu na *Literary Gazette*. Nele,

Mantell foi descrito como um anatomista medíocre cujas contribuições modestas para a paleontologia se limitaram a um "desejo de conhecimento exato". O obituário nem sequer reconheceu sua descoberta do iguanodonte, atribuindo-a a Cuvier e a Owen, entre outros. Embora não constasse o nome do autor, o estilo era de Owen e ninguém no mundo das ciências naturais duvidou de sua autoria.

Àquela altura, porém, Owen começava a ser desmascarado. Sua queda teve início quando um comitê da Royal Society — do qual por acaso ele era presidente — decidiu conceder-lhe a homenagem máxima, a Medalha Real, por um artigo que escrevera sobre um molusco extinto chamado belemnita. "Entretanto", como observa Deborah Cadbury na excelente história do período, *Terrible lizard* [Lagarto terrível], "esse trabalho não era tão original quanto parecia."[25] Os belemnítidas, ao que se revelou, haviam sido descobertos quatro anos antes por um naturalista amador chamado Chaning Pearce, e a descoberta fora plenamente relatada em reunião da Geological Society. Owen estivera naquela reunião, mas não mencionou esse fato ao apresentar seu próprio relatório à Royal Society — no qual, não por acaso, rebatizou o animal de *Belemnites owenii* em sua própria homenagem. Conquanto Owen conservasse a Medalha Real, o episódio deixou uma mancha permanente em sua reputação, até entre os poucos partidários que lhe restavam.

Huxley acabou conseguindo fazer com Owen o que este fizera com tantos outros: fez com que ele fosse excluído dos conselhos da Zoological Society e da Royal Society. Como último insulto, Huxley tornou-se o novo professor hunteriano do Colégio Real de Cirurgiões.

Owen jamais voltaria a realizar pesquisas importantes, mas a última metade de sua carreira foi dedicada a uma atividade irrepreensível à qual podemos todos ser gratos. Em 1856, tornou-se chefe da seção de história natural do Museu Britânico, tornando-se a força propulsora responsável pela criação do Museu de História Natural de Londres.[26] A grandiosa e apreciada construção gótica em South Kensington, inaugurada em 1880, é uma prova de sua visão.

Antes de Owen, os museus eram concebidos basicamente para o uso e a instrução da elite, e mesmo para ela o acesso era difícil.[27] Nos primórdios do Museu Britânico, os candidatos a visitantes precisavam fazer uma solicitação por escrito e submeter-se a uma breve entrevista, onde se avaliava se estavam aptos a ser admitidos. Se passassem na entrevista, teriam de retornar uma segunda vez para retirar um ingresso e, finalmente, voltar uma terceira vez para ver os tesouros do museu. O plano de Owen era receber qualquer pessoa, a ponto de encorajar operários a fazerem visitas noturnas, e dedicar a maior parte do espaço do museu a exposições públicas. Ele chegou a propor, bem radicalmente, que notas informativas acompanhassem cada peça exibida, para que as pessoas pudessem saber o que estavam vendo.[28] Nisso, de forma um tanto inesperada, opôs-se a T. H. Huxley, que achava que os museus deveriam ser basicamente institutos de pesquisa. Ao tornar o Museu de História Natural uma instituição para todos, Owen transformou nossas expectativas em relação ao propósito dos museus.

Mesmo assim, seu altruísmo em geral para com os semelhantes não impediu novas rivalidades pessoais. Um de seus últimos atos oficiais foi opor-se a uma proposta de erigir uma estátua em memória de Charles Darwin. Nisso ele falhou — embora obtivesse certo triunfo tardio e involuntário. Atualmente a estátua dele próprio constitui uma visão imponente no salão principal do Museu de História Natural, enquanto as de Darwin e T. H. Huxley ocupam uma posição mais obscura na cafeteria do museu, onde contemplam gravemente as pessoas lanchando sonhos com geleia e bebendo chá.

Seria razoável supor que as rivalidades mesquinhas de Richard Owen representassem o ponto mais baixo da paleontologia do século XIX, mas na verdade coisas piores aconteceriam, desta vez do outro lado do oceano. Nos Estados Unidos, nas últimas décadas do século, surgiu uma rivalidade ainda mais violenta, embora não totalmente destrutiva. Foi entre dois homens estranhos e implacáveis: Edward Drinker Cope e Othniel Charles Marsh.

Eles tinham muito em comum. Ambos eram mimados, compulsivos, egoístas, brigões, ciumentos, desconfiados e viviam insatisfeitos. Os dois mudaram o mundo da paleontologia.

Começaram como amigos e admiradores mútuos, chegando a nomear fósseis um com o nome do outro, e passaram uma semana agradável juntos em 1868. No entanto, aconteceu algo de errado entre eles — ninguém sabe ao certo o quê —, e, em 1869, desenvolveram uma inimizade que se transformaria em ódio total nos trinta anos seguintes. Pode-se dizer que nunca, na história das ciências naturais, duas pessoas se odiaram tão fortemente.

Marsh, oito anos mais velho que Cope, era um sujeito reservado e livresco, com uma barba aparada e uma aparência esmerada, que passava pouco tempo em campo e não era muito exímio em encontrar coisas quando estava lá. Em visita aos famosos campos de dinossauros de Como Bluff, Wyoming, não percebeu os ossos que estavam, nas palavras de um historiador, "espalhados por toda parte como toras".[29] Mas ele tinha recursos para comprar quase tudo o que quisesse. Embora proveniente de uma família modesta — seu pai era agricultor no norte do estado de Nova York —, seu tio era o financista riquíssimo e mão-aberta George Peabody. Quando Marsh se mostrou interessado em história natural, Peabody mandou construir um museu para ele em Yale e forneceu dinheiro suficiente para o sobrinho enchê-lo com tudo o que lhe desse na veneta.

Cope nasceu em situação mais privilegiada — seu pai era um homem de negócios rico de Filadélfia — e foi, de longe, o mais aventureiro dos dois rivais. No verão de 1876, em Montana, enquanto George Armstrong Custer e suas tropas vinham sendo dizimados em Little Big Horn, Cope estava à procura de ossos por perto. Quando alguém alertou que não era muito prudente ficar pegando tesouros das terras indígenas, Cope refletiu por um minuto e decidiu continuar a busca. A temporada estava boa demais. A certa altura, ele topou com um grupo de índios Crow desconfiados, mas conseguiu distraí-los tirando e recolocando repetidamente a dentadura.[30]

Durante cerca de uma década, a inimizade entre Marsh e Cope basicamente tomou a forma de ataques moderados, mas em 1877 assumiu dimensões grandiosas. Naquele ano, um mestre-escola do Colorado chamado Arthur Lakes encontrou ossos perto de Morrison durante uma excursão com amigos. Reconhecendo que os ossos vinham de um "sáurio gigantesco", Lakes ponderadamente enviou algumas amostras a Marsh e a Cope. Cope, empolgado, mandou para Lakes cem dólares pela gentileza e pediu que não revelasse a ninguém a descoberta, especialmente a Marsh. Confuso, Lakes pediu que Marsh encaminhasse os ossos para Cope. Marsh atendeu ao pedido, mas aquilo foi uma afronta que ele jamais esqueceria.[31]

O episódio também assinalou o início de uma guerra entre os dois que se tornou cada vez mais acirrada, desleal e muitas vezes ridícula. A baixaria chegava ao ponto de escavadores de uma equipe atirarem pedras na equipe rival. De certa feita, Cope foi apanhado arrombando caixotes que pertenciam a Marsh. Eles se insultavam em textos impressos e zombavam dos resultados um do outro. Raramente — talvez nunca — a ciência foi impelida adiante com tanta rapidez e sucesso pela animosidade. Nos anos seguintes, Marsh e Cope aumentaram o número de espécies conhecidas de dinossauros nos Estados Unidos de nove para quase 150.[32] Quase todo dinossauro que as pessoas conhecem — estegossauro, brontossauro, diplódoco, tricerátops — foi encontrado por um deles.[33]* Infelizmente, eles trabalhavam com tamanha pressa que às vezes não notavam que uma descoberta nova constituía algo já conhecido. Ambos conseguiram "descobrir" uma espécie chamada *Uintatheres anceps* nada menos que 22 vezes.[34] Foram precisos anos para deslindar algumas confusões de classificação feitas por eles. Algumas nunca foram destrinçadas.

Entre os dois, o legado científico de Cope foi bem mais substancial. Numa carreira extraordinariamente laboriosa, ele escreveu cerca de 1400 artigos eruditos e descreveu quase 1300 espécies novas de fósseis (de todos os tipos, não apenas dinossauros) — mais do dobro da produção de Marsh em ambos os casos. Cope poderia ter realizado ainda mais, mas infelizmente sofreu uma queda um tanto brusca nos últimos anos. Tendo herdado uma fortuna em 1875, investiu insensatamente em prata e perdeu tudo. Acabou a vida num quarto de pensão em Filadélfia, cercado de livros, artigos e ossos. Já Marsh terminou seus dias em uma mansão esplêndida em New Haven. Cope morreu em 1897, e Marsh, dois anos depois.

Nos últimos anos, Cope desenvolveu outra obsessão interessante: ser declarado o espécime-tipo do *Homo sapiens*, ou seja, que seus ossos representassem o conjunto oficial para a raça humana. Normalmente, o espécime-tipo de uma espécie é o primeiro conjunto de ossos encontrado, mas, dada a inexistência de um primeiro conjunto de ossos do *Homo sapiens*, Cope quis preencher essa lacuna. Era um desejo estranho e fútil, contudo ninguém conseguia imaginar nenhum motivo para recusá-lo. Com esse intuito, Cope legou seus ossos ao Instituto Wistar, uma associação científica de Filadélfia mantida pelos descendentes do aparentemente inelutável Caspar Wistar. Infelizmente, depois de preparados e reunidos, descobriu-se que seus ossos mostravam sinais de princípio de sífilis, que nao era bem uma característica que se quisesse preservar no espécime-tipo de nossa raça. Desse modo, o pedido e os ossos de Cope foram discretamente postos de lado. Até hoje não existe espécime-tipo dos humanos modernos.

* A exceção notável é o *Tyrannosaurus rex*, que foi encontrado por Barnum Brown em 1902.

Quanto aos demais protagonistas desse drama, Owen morreu em 1892, alguns anos antes de Cope e Marsh. Buckland acabou enlouquecendo e passou seus últimos dias, em total decadência, num asilo de alienados em Clapham, não longe de onde Mantell sofrera seu terrível acidente. A espinha dorsal entortada de Mantell permaneceu exposta no Museu Hunteriano por quase um século, até ser misericordiosamente destruída por uma bomba alemã na Segunda Guerra Mundial.[35] O que restou da coleção de Mantell, após sua morte, passou para seus filhos, e grande parte foi levada para a Nova Zelândia pelo filho Walter, que emigrou para lá em 1840.[36] Walter tornou-se um neozelandês ilustre, chegando ao cargo de ministro de Assuntos Nativos. Em 1865, ele doou os espécimes principais da coleção do pai, inclusive o famoso dente de iguanodonte, ao Museu Colonial (o atual Museu da Nova Zelândia), em Wellington, onde permanecem até hoje. O dente de iguanodonte que começou toda a história — sem dúvida, o dente mais importante da paleontologia — não está mais exposto.

Claro que a busca de dinossauros não se encerrou com as mortes dos grandes caçadores de fósseis do século XIX. Na verdade, num grau surpreendente, ela apenas começara. Em 1898, ano posterior à morte de Cope e anterior à de Marsh, um tesouro maior do que qualquer outro foi descoberto — notado, realmente — num lugar chamado Bone Cabin Quarry (literalmente, "pedreira da cabana de ossos"), a poucos quilômetros do campo de dinossauros de Marsh, em Como Bluff, Wyoming. Ali, centenas e centenas de ossos fósseis seriam encontrados expostos ao intemperismo nas encostas dos morros. Eles eram tão numerosos que haviam sido utilizados na construção de uma cabana — daí o nome.[37] Apenas nas duas primeiras temporadas, 45 toneladas de ossos antigos foram escavadas no local, e dezenas de toneladas adicionais nos doze anos seguintes.

O resultado foi que, na virada para o século XX, os paleontólogos dispunham literalmente de toneladas de ossos antigos para examinar. O problema era que eles ainda não tinham a mínima ideia da idade daqueles ossos. Pior, a idade que se atribuía à Terra não dava conta da quantidade de eras, idades e épocas que o passado obviamente continha. Se a Terra tivesse realmente apenas 20 milhões de anos, como insistia o grande lorde Kelvin, ordens inteiras de animais antigos deviam ter surgido e desaparecido praticamente no mesmo instante geológico. Isso não fazia sentido.

Outros cientistas além de Kelvin voltaram-se para o problema e apresentaram resultados que apenas aumentaram a incerteza. Samuel Haughton, um respeitado geólogo da Trinity College de Dublin, anunciou uma idade estimada da Terra de 2,3 bilhões de anos — bem acima das demais estimativas. Ao lhe chamarem a atenção para esse fato, ele refez o cálculo usando os mesmos dados e ajustou a cifra para 153 milhões de anos. John Joly, também da Trinity, decidiu fazer uma experiência com a ideia do sal oceânico de Edmond Halley, mas seu método se baseou em tantos pressupostos falhos que ele não atingiu o objetivo. Joly calculou que a Terra tinha 89 milhões de anos[38] — uma idade que se ajustava com perfeição aos pressupostos de Kelvin, mas infelizmente não à realidade.

Tamanha era a confusão que, no final do século XIX, dependendo do texto que se consultasse, poder-se-ia ler que o número de anos que se interpunham entre nós e o despontar da vida complexa, no período Cambriano, era de 3 milhões, 18 milhões, 600 milhões, 794 milhões ou 2,4 bilhões — ou qualquer outro número dentro dessa faixa.[39] Ainda em 1910, uma das estimativas mais respeitadas, a do norte-americano George Becker, situava a idade da Terra em 55 milhões de anos.

Quando as coisas pareciam totalmente confusas, eis que surge outra figura extraordinária com uma abordagem nova. Era um jovem brilhante e franco, nascido na zona rural da Nova Zelândia, chamado Ernest Rutherford; ele apresentou provas irrefutáveis de que a Terra tinha pelo menos centenas de milhões de anos, provavelmente ainda mais.

O interessante é que suas provas se basearam na alquimia — natural, espontânea, cientificamente confiável e nem um pouco oculta, mas mesmo assim alquimia. Newton, ao que se revelou, não estava tão errado assim. Exatamente como *aquilo* se tornou evidente é outra história.

7. Questões elementais

A química como ciência séria e respeitável teria surgido em 1661, quando Robert Boyle, de Oxford, publicou *The sceptical chymist* [O químico céptico] — a primeira obra a distinguir os químicos dos alquimistas —, no entanto a transição foi lenta e irregular. Até o século XVIII, os estudiosos conseguiam se sentir estranhamente à vontade nos dois campos — a exemplo do alemão Johann Becher, que produziu uma obra irrepreensível sobre mineralogia chamada *Physica subterranea*, mas que também estava convencido de que, com os materiais certos, poderia se tornar invisível.[1]

Talvez nada exemplifique melhor a natureza estranha e muitas vezes acidental da ciência química em seus primórdios que uma descoberta de um alemão chamado Hennig Brand, em 1675. Brand convenceu-se de que o ouro poderia, de algum modo, ser destilado da urina humana. (A semelhança das cores parece ter influído em sua conclusão.) Ele recolheu cinquenta baldes de urina humana, que manteve durante meses em seu porão. Por meio de diferentes processos secretos, converteu a urina primeiro em uma pasta venenosa e depois numa substância maleável e translúcida. Claro que nada daquilo produziu ouro, mas algo estranho e interessante aconteceu. Após algum tempo, a substância começou a brilhar. Além disso, quando exposta ao ar, muitas vezes entrava em combustão espontaneamente.

O potencial comercial daquela substância — que logo se tornou conhecida como fósforo, de raízes gregas e latinas significando "que traz a luz" — não passou despercebido a homens de negócios sequiosos, mas as dificuldades de fabricação tornavam cara demais sua exploração. Uma onça (cerca de 28 gramas) de fósforo custava, no varejo, seis guinéus — uns quinhentos dólares em moeda atual —, ou mais do que ouro.[2]

No início, soldados foram solicitados a fornecer a matéria-prima, mas esse esquema não era muito propício à produção em escala industrial. Na década de 1750, um químico sueco chamado Karl (ou Carl) Scheele descobriu um meio de fabricar fósforo em grande quantidade sem a sujeira ou o cheiro da urina. Sobretudo devido a esse domínio do fósforo, a Suécia se tornou, e permanece, um importante produtor de palitos de fósforos.

Scheele foi um sujeito extraordinário e extraordinariamente azarado. Farmacêutico pobre desprovido de aparelhagem avançada, descobriu oito elementos — cloro, flúor, manganês, bário, molibdeno, tungstênio, nitrogênio e oxigênio —, mas não ficou com a fama.[3] Suas descobertas passaram despercebidas ou outra pessoa fez a mesma descoberta independentemente e publicou o resultado. Ele também descobriu muitos compostos químicos úteis, entre eles a amônia, a glicerina e o ácido tânico, e foi o primeiro a ver o potencial comercial do cloro como branqueador — descobertas revolucionárias que enriqueceram outras pessoas.

Scheele porém possuía um defeito curioso: uma insistência em provar uma pitada de todas as substâncias com que trabalhava, inclusive algumas notoriamente desagradáveis como mercúrio, ácido prússico (outra de suas descobertas) e ácido hidrociânico — um composto tão venenoso que, 150 anos depois, Erwin Schrödinger o escolheu como a toxina de uma experiência imaginária famosa (ver p. 156). O descuido de Scheele acabou se mostrando fatal. Em 1786, com apenas 43 anos, foi encontrado morto em sua bancada de trabalho, cercado por uma série de substâncias químicas tóxicas, qualquer uma das quais poderia explicar o aspecto aturdido e mórbido de seu rosto.

Se o mundo fosse justo e o idioma sueco predominasse, Scheele desfrutaria da aclamação universal. Em vez disso, a fama tendeu a ficar com químicos mais célebres, a maioria do mundo anglófono. Scheele descobriu o oxigênio em 1772, mas, por vários motivos tristemente complicados, não conseguiu publicar seu artigo em tempo hábil. Quem levou a fama foi Joseph Priestley, que descobriu o mesmo elemento de forma independente, porém mais tarde, no verão de 1774. Mais notável foi o não reconhecimento da descoberta do cloro por Scheele. Quase todos os livros didáticos ainda a atribuem a Humphry Davy, que de fato o descobriu, contudo *36 anos* depois de Scheele.

Embora a química tivesse avançado muito no século que separou Newton e Boyle de Scheele, Priestley e Henry Cavendish, ainda restava um longo caminho a percorrer. Até os últimos anos do século XVIII (e, no caso de Priestley, um pouco além), cientistas em toda parte procuravam, e às vezes convenciam-se de ter encontrado, coisas que simplesmente não estavam ali: ares viciados, ácidos marinhos deflogisticados, floxes, cales, exalações terrestres e, acima de tudo, o flogístico, a substância que se julgava ser o agente ativo na combustão. Em algum lugar nisso tudo, acreditava-se que residia também um misterioso *élan vital*, a força que dava vida aos objetos inanimados. Ninguém sabia onde residia essa essência etérea, mas duas coisas pareciam prováveis: que poderia ser estimulada por uma descarga elétrica (noção que Mary Shelley explorou, com pleno efeito, em seu romance *Frankenstein*) e que existia em algumas substâncias, mas não em outras, razão pela qual há dois ramos da química: orgânica (para aquelas substâncias que se supunha possuírem o *élan vital* e inorgânica (para aquelas que não o possuíam).[4]

Era preciso alguém de visão para trazer a química à era moderna, e foram os franceses que forneceram essa pessoa. Seu nome era Antoine-Laurent Lavoisier. Nascido em 1743, Lavoisier era membro da nobreza inferior (seu pai adquirira um título para a família). Em 1768, comprou uma participação numa instituição profundamente desprezada denominada Ferme Générale (Fazenda Geral), que coletava impostos e taxas em nome do governo. Embora o próprio Lavoisier fosse, segundo os relatos, brando e justo, a companhia para a qual trabalhava não era. Para começar, ela não taxava os ricos, somente os pobres, e muitas vezes arbitrariamente. O que atraiu Lavoisier à instituição foi o fato de ela fornecer os recursos para ele seguir sua principal devoção: a ciência. No auge, sua renda pessoal atingiu 150 mil libras por ano — uns 20 milhões de dólares em moeda atual.[5]

Três anos após embarcar em sua carreira lucrativa, ele casou-se com a filha de catorze anos de um de seus chefes.[6] O casamento foi um encontro de corações e mentes. Madame Lavoisier era dotada de um intelecto incisivo e logo estava trabalhando produtivamente com o marido. Apesar das exigências do trabalho e de uma vida social agitada, eles conseguiam dedicar cinco horas à ciência quase todos os dias — duas de manhã e três à noite —, bem como os domingos inteiros, que chamavam de seu *jour de bonheur* (dia da felicidade).[7] Lavoisier também conseguiu achar tempo para ser o comissário da pólvora, supervisionar a construção de uma muralha ao redor de Paris para deter os contrabandistas, ajudar a criar o sistema métrico e ser um dos autores do *Méthode de nomenclature chimique*, que se tornou uma bíblia na padronização dos nomes dos elementos.

Como membro destacado da Academia Real de Ciências, exigia-se dele um interesse ativo e informado nos assuntos em voga: hipnotismo, reforma penitenciária, a respiração dos insetos, o suprimento de água de Paris. Foi nessa função que, em 1780, Lavoisier fez certas observações depreciativas sobre uma nova teoria da combustão submetida à academia por um cientista jovem e esperançoso.[8] A teoria estava realmente errada, mas o cientista nunca o esqueceu. Seu nome era Jean-Paul Marat.

Algo que Lavoisier nunca fez foi descobrir um elemento novo. Numa época em que parecia que qualquer um com uma proveta, uma chama e certos pós interessantes conseguia descobrir algo novo — aliás, dois terços dos elementos ainda estavam por ser descobertos —, Lavoisier não conseguiu descobrir um sequer.[9] Certamente não foi por falta de provetas. Lavoisier possuía 13 mil naquele que era, num grau quase absurdo, o melhor laboratório particular existente.

Seu equipamento sofisticado foi bastante útil. Durante anos, ele e madame Lavoisier ocuparam-se de estudos extremamente rigorosos que exigiam medições exatas. Eles descobriram, por exemplo, que um objeto que enferruja não perde peso, como se acreditou por muito tempo; pelo contrário, ganha peso — uma descoberta extraordinária. De algum modo, ao se oxidar, o objeto atraía partículas básicas do ar. Foi a primeira percepção de que a matéria pode ser transformada, mas não eliminada. Se você queimasse este livro agora, sua matéria se transformaria em cinza e fumaça, no entanto a quantidade líquida de matéria no universo continuaria a mesma. Isso se tornou conhecido como a conservação da massa, e foi um conceito revolucionário. Infelizmente, coincidiu com outro tipo de revolução — a Revolução Francesa —, e nela Lavoisier estava do lado totalmente errado.

Além de membro da odiada Ferme Générale, ele havia entusiasticamente construído a muralha que cercava Paris — uma construção tão detestada que foi a primeira coisa atacada pelos cidadãos rebeldes. Explorando esse fato, em 1791, Marat, então uma voz proeminente da Assembleia Nacional, denunciou Lavoisier e sugeriu que já passara da hora de ele ser decapitado. Logo depois, a Ferme Générale foi fechada. Não decorreu muito tempo até Marat ser assassinado durante o banho, por uma jovem ressentida chamada Charlotte Corday, mas aí já era tarde demais para Lavoisier.

Em 1793, o Reinado do Terror, já intenso, atingiu o paroxismo. Em outubro, Maria Antonieta foi mandada para a guilhotina. No mês seguinte, Lavoisier foi detido. Em maio, ele e 31 colegas da Ferme Générale foram levados ante o Tribunal Revolucionário (numa sala de audiência onde se destacava o busto de Marat). Oito foram absolvidos, mas Lavoisier e os outros foram conduzidos diretamente à Place de la Revolution (atual Place de la Concorde), local da guilhotina mais ativa da França. Lavoisier observou seu sogro ser decapitado, depois subiu à prancha e aceitou seu destino. Menos de três meses depois, em 27 de julho, o próprio Robespierre foi despachado da mesma maneira e no mesmo lugar, e o Reinado do Terror rapidamente se encerrou.

Cem anos após sua morte, uma estátua de Lavoisier foi erguida em Paris e muito admirada, até que alguém observou que não se parecia nem um pouco com ele. Ao ser interrogado, o escultor admitiu que usara a cabeça do matemático e filósofo marquês de Condorcet — aparentemente ele tinha uma de reserva — na esperança de que ninguém notasse a diferença ou, se notasse, que não se importasse. No segundo aspecto ele tinha razão. A estátua de Lavoisier-mais-Condorcet foi deixada no mesmo lugar por meio século, até a Segunda Guerra Mundial, quando, certa manhã, foi levada embora e fundida como sucata.[10]

No início do século XIX, surgiu na Inglaterra uma moda de inalar óxido nitroso, ou gás hilariante, depois que se descobriu que seu uso "era acompanhado de uma sensação extremamente prazerosa".[11] Na metade de século seguinte, essa seria a droga favorita dos jovens. Uma instituição científica, a Askesian Society, durante algum tempo praticamente só se dedicou àquilo. Os teatros organizavam "noites de gás hilariante", em que voluntários podiam refrescar-se com uma boa inalação e depois divertir a plateia com suas palhaçadas.[12]

Somente em 1846 alguém resolveu descobrir um uso prático para o óxido nitroso, como anestésico. Só Deus sabe quantas dezenas de milhares de pessoas sofreram agonias desnecessárias sob o bisturi do cirurgião porque ninguém pensou na aplicação mais óbvia do gás.

Menciono esse fato para sustentar que a química, tendo ido tão longe no século XVIII, quase perdeu o rumo nas primeiras décadas do século XIX, mais ou menos como ocorreria com a geologia nos primeiros anos do século XX. A culpa se deveu, em parte, à limitação de equipamento — por exemplo, não existiam centrífugas até a segunda metade do século, o que restringia fortemente muitos tipos de experimentos — e, em parte, foi social. A química era, em geral, uma ciência para homens de negócios, para quem trabalhava com carvão, potassa e tinturas, e não para cavalheiros, que tendiam a ser atraídos para a geologia, a história natural e a física. (Na Europa continental, esse fenômeno foi ligeiramente mais brando que na Grã-Bretanha, mas só ligeiramente.) Tanto é que uma das observações mais importantes do século, o movimento browniano, que demonstrou a natureza ativa das moléculas, não foi realizada por um químico, e sim por um botânico escocês, Robert Brown. (O que Brown observou, em 1827, foi que grãos minúsculos de pólen suspensos na água permaneciam indefinidamente em movimento, por mais tempo que lhes fosse dado para se acomodarem.[13] A causa desse movimento perpétuo — resultante da ação de moléculas invisíveis — durante muito tempo permaneceu um mistério.)

As coisas poderiam ter sido piores não fosse um personagem esplendidamente improvável chamado conde de Rumford, que, apesar do título pomposo, começou a vida em Woburn, Massachusetts, em 1753, como um simples Benjamin Thompson. Arrojado e ambicioso, "de feições e porte belos", ocasionalmente corajoso e assaz brilhante, não se deixava incomodar por algo tão inconveniente como escrúpulos. Aos dezenove anos, casou-se com uma viúva rica catorze anos mais velha, mas, ao irromper a revolução nas colônias, alinhou-se insensatamente com os antisseparatistas, espionando para eles por algum tempo. No ano fatídico de 1776, ameaçado de ser preso "pela indiferença à causa da liberdade", abandonou esposa e filho e fugiu de uma turba de antirrealistas armados de baldes de piche quente, sacos de penas e um desejo sincero de adorná-lo com ambos.[14]

Ele fugiu primeiro para a Inglaterra e depois para a Alemanha, onde serviu como conselheiro militar do governo da Baviera. Lá impressionou tanto as autoridades que, em 1791, foi nomeado conde de Rumford do Sacro Império Romano. Enquanto estava em Munique, ele também projetou e criou o famoso parque conhecido como Jardim Inglês.

Mesmo com tantas ocupações, Rumford conseguia arranjar tempo para uma grande quantidade de boa ciência. Tornou-se a maior autoridade mundial em termodinâmica e o primeiro a elucidar os princípios da convecção dos líquidos e a circulação das correntes oceânicas. Também inventou vários objetos úteis, entre eles uma cafeteira por condensação, uma roupa de baixo térmica e um tipo de fogão conhecido até hoje como fogão de Rumford. Em 1805, durante uma estada na França, cortejou e casou-se com madame Lavoisier, a viúva de Antoine-Laurent. O casamento não deu certo e logo eles se separaram. Rumford continuou na França, onde morreu, estimado por todos, menos por suas ex-exposas, em 1814.

Mas meu objetivo ao mencioná-lo aqui é porque, em 1799, durante uma breve permanência em Londres, ele fundou a Royal Institution, mais uma das associações científicas que pipocaram por toda a Grã-Bretanha no final do século XVIII e no início do século XIX. Durante algum tempo, foi praticamente a única instituição de peso a promover de modo efetivo a ciência nova da química, e isso se deveu quase que inteiramente a um jovem brilhante chamado Humphry Davy, nomeado professor de química da instituição pouco depois de sua criação e que logo ganhou fama de palestrante excepcional e experimentalista produtivo.

Pouco depois de assumir o cargo, Davy começou a descobrir um elemento novo após o outro: potássio, sódio, magnésio, cálcio, estrôncio e alumínio. Não foi só por ser brilhante que descobriu tantos elementos, mas porque desenvolveu uma técnica engenhosa de aplicar eletricidade a uma substância fundida — a eletrólise, como é conhecida. No todo, descobriu uma dúzia de elementos, um quinto do total dos que eram conhecidos na época. Davy poderia ter descoberto muito mais, mas infelizmente, em plena juventude, desenvolveu um apego forte aos embalos do óxido nitroso. Ficou tão viciado que inalava o gás três ou quatro vezes por dia. Por fim, em 1829, acredita-se que tenha morrido em consequência do vício.

Felizmente, tipos mais sóbrios vinham trabalhando em outros lugares. Em 1808, um quacre circunspecto chamado John Dalton tornou-se a primeira pessoa a revelar a natureza de um átomo (progresso que será discutido em mais detalhe adiante), e em 1811 um italiano com o nome esplendidamente operístico de Lorenzo Romano Amadeo Carlo Avogadro, conde de Quarequa e Cerreto, fez uma descoberta que se mostraria importantíssima a longo prazo: que dois volumes iguais de gases de quaisquer tipos, se mantidos à mesma pressão e temperatura, conterão números idênticos de moléculas.

O Princípio de Avogadro, como se tornou conhecido, tem duas características notáveis. Primeiro, forneceu a base para medições mais exatas do tamanho e do peso dos átomos. Valendo-se da matemática de Avogadro, os químicos conseguiram calcular, por exemplo, que um átomo típico possui um diâmetro de 0,00000008 centímetro, por sinal bem pequeno.[15] Segundo, esse princípio tão simples passou praticamente despercebido por quase 50 anos.*

Em parte, isso se deve ao fato de que Avogadro era um sujeito reservado — ele trabalhava sozinho, quase não se correspondia com colegas cientistas, publicava poucos artigos e não comparecia a congressos —, mas também ao fato de que não havia congressos aos quais comparecer e poucas eram as revistas de química onde publicar. Trata-se de algo bem extraordinário. A Revolução Industrial foi impelida, em grande parte, por progressos na química, porém como ciência organizada a química mal existiu por décadas.

A Chemical Society of London só foi fundada em 1841 e só veio a editar uma revista regular em 1848, época em que a maioria das associações científicas britânicas — Geológica, Geográfica, Zoológica, de Horticultura e Lineana (para naturalistas e botânicos) — já tinha pelo menos vinte anos, e muitas vezes bem mais. O Instituto de Química rival surgiu somente em 1877, um ano após a fundação da Sociedade Química Americana. Devido à lentidão da química para se organizar, a notícia da descoberta revolucionária de Avoga-

---

* O princípio levou à adoção bem posterior do número de Avogadro, uma unidade de medida básica em química, que recebeu o nome de Avogadro muito depois de sua morte. Trata-se do número de moléculas encontradas em 2,016 gramas de gás hidrogênio (ou um volume igual de qualquer outro gás). Esse valor situa-se em $6,0221367 \times 10^{23}$, que é um número enorme. Os alunos de química há muito tempo se entretêm tentando calcular sua dimensão, de modo que posso informar que é equivalente ao número de grãos de pipoca necessários para cobrir os Estados Unidos com uma profundidade de 14,5 quilômetros, ou de copos de água do oceano Pacífico, ou de latas de refrigerante que, uniformemente empilhadas, cobririam a Terra com uma profundidade de 322 quilômetros. Um número equivalente de centavos de dólar, dividido por todos os habitantes da Terra, tornaria cada um trilionário. É um número grande.

dro, de 1811, apenas começou a se espalhar no primeiro congresso internacional de química, em Karlsruhe, em 1860.

Como os químicos trabalharam isolados por muito tempo, as convenções custaram a surgir. Até quase o final do século, a fórmula H_2O_2 poderia significar água para um químico, mas peróxido de hidrogênio para outro. C_2H_4 poderia significar etileno ou gás dos pântanos. Dificilmente uma molécula era representada de modo uniforme em toda parte.

Os químicos também usavam uma variedade louca de símbolos e abreviaturas, muitas vezes inventados por eles. O sueco J. J. Berzelius pôs certa ordem na casa decretando que os elementos fossem abreviados com base nos nomes gregos ou latinos, razão pela qual a abreviação do enxofre é S (do latim *sulfure*) e a da prata, Ag (do latim *argentum*). O fato de muitas abreviaturas estarem de acordo com os nomes que usamos (N para nitrogênio, O para oxigênio, H para hidrogênio etc.) reflete a origem latina de nossa língua. Para indicar o número de átomos em uma molécula, Berzelius empregou uma notação sobrescrita, como em H^2O. Mais tarde, sem nenhum motivo especial, virou moda representar o número como subscrito: H_2O.[16]

Apesar das arrumações ocasionais, a química na segunda metade do século XIX estava uma bagunça. Por esse motivo, todos ficaram satisfeitos quando um professor excêntrico e de aspecto aloprado da Universidade de São Petersburgo, chamado Dmitri Ivanovich Mendeleev, atingiu a fama em 1869.

Mendeleev nasceu em 1834 em Tobolsk, no extremo oeste da Sibéria, numa família instruída, razoavelmente próspera e muito grande — tão grande que a história nem sabe exatamente quantos filhos eram: segundo algumas fontes, seriam catorze, segundo outras, dezessete. Pelo menos todos concordam que Dmitri era o mais novo. A sorte nem sempre bafejou os Mendeleev.[17] Quando Dmitri era pequeno, seu pai, o diretor de uma escola local, ficou cego, e a mãe teve de começar a trabalhar fora. Sem dúvida uma mulher extraordinária, acabou se tornando gerente de uma fábrica de vidro bem-sucedida. Tudo correu de vento em popa até 1848, quando a fábrica foi destruída num incêndio e a família ficou reduzida à penúria. Determinada a dar uma educação ao filho mais novo, a pertinaz sra. Mendeleev viajou de carona com o menino Dmitri 6400 quilômetros até São Petersburgo — o equivalente a viajar de Londres até a Guiné, em plena África equatorial — e deixou-o aos cuidados do Instituto de Pedagogia. Exaurida pelo esforço, ela morreu logo depois.

Mendeleev zelosamente completou seus estudos e acabou obtendo um cargo na universidade local. Ali foi um químico competente, mas não excepcional, conhecido mais pela barba e pelos cabelos desgrenhados, que só cortava uma vez por ano, do que pelos dons no laboratório.[18]

Entretanto, em 1869, aos 35 anos, começou a pensar em uma forma de ordenar os elementos. Na época, eles costumavam ser agrupados de duas maneiras: pelo peso atômico (usando o Princípio de Avogadro) ou por propriedades comuns (se eram metais ou gases, por exemplo). A grande revolução de Mendeleev foi perceber que as duas podiam ser combinadas em uma tabela única.

Como é comum em ciência, o princípio já havia sido prenunciado três anos antes por um químico amador na Inglaterra chamado John Newlands. Ele observou que, quando ordenados por peso, os elementos pareciam repetir algumas propriedades — em certo sentido, harmonizar-se — a cada oitavo lugar ao longo da escala. Um pouco imprudentemente, pois se tratava de uma ideia avançada para a época, Newlands chamou aquela disposição de Lei das Oitavas e comparou-a às oitavas do teclado do piano.[19] Talvez houvesse algum mérito em sua forma de apresentação, mas a ideia foi considerada fundamentalmente absurda, e se tornou objeto de zombaria generalizada. Nas conferências, alguns engraçadinhos do público perguntavam se ele podia fazer com que seus elementos tocassem uma melodia. Desanimado, Newlands desistiu de defender a ideia e logo sumiu totalmente de vista.

Mendeleev adotou uma abordagem ligeiramente diferente, dispondo seus elementos em grupos de sete, mas na essência o princípio era o mesmo. De repente, a ideia pareceu brilhante, produto de um senso de observação assombroso. Como as propriedades se repetem periodicamente, a invenção tornou-se conhecida como tabela periódica.

Dizem que Mendeleev se inspirou no jogo de cartas conhecido como paciência, em que as cartas são dispostas por naipe na horizontal e por número na vertical. Usando um conceito semelhante nas linhas gerais, Mendeleev dispôs os elementos em linhas horizontais chamadas períodos e em colunas verticais chamadas grupos. Essa disposição mostrava instantaneamente um conjunto de relacionamentos de cima para baixo e outro de lado a lado. Especificamente, as colunas verticais reuniam elementos químicos com propriedades semelhantes. Desse modo, o cobre está sobre a prata e a prata, sobre o ouro, devido às suas afinidades como metais, enquanto o hélio, o neônio e o argônio estão na coluna constituída de gases. (O que realmente determina a ordenação é algo denominado valência eletrônica, mas para entender isso você precisará de aulas de química.) As linhas horizontais, por sua vez, dispõem os elementos químicos na ordem ascendente do número de prótons em seus núcleos — o denominado número atômico.

A estrutura dos átomos e a importância dos prótons virão num capítulo subsequente, de modo que, por ora, tudo que é necessário é apreciar o princípio organizador: o hidrogênio, tendo apenas um próton, é o primeiro elemento da tabela, com número atômico 1; o urânio, tendo 92 prótons, vem quase no final, com número atômico 92. Nesse sentido, como observou Philip Ball, a química é uma simples questão de contagem.[20] (O número atômico, por sinal, não deve ser confundido com o peso atômico, que é o número de prótons mais o número de nêutrons de um dado elemento.)

Restava ainda muita coisa por conhecer ou compreender. O hidrogênio é o elemento mais comum do universo, entretanto ninguém descobriu muito mais do que isso sobre ele nos trinta anos seguintes. O hélio, o segundo elemento mais abundante, havia sido descoberto apenas no ano anterior — nem sequer se suspeitava de sua existência antes — e não na Terra, mas no Sol, onde foi encontrado com um espectroscópio durante um eclipse solar, razão pela qual seu nome homenageia o deus sol Hélio. Ele só seria isolado em 1895. Mesmo assim, graças à invenção de Mendeleev, a química agora repousava sobre uma base sólida.

Para a maioria de nós, a tabela periódica é algo abstratamente bonito, mas para os químicos trouxe, sem dúvida, ordem e clareza imediatas. "Sem dúvida, a tabela periódica dos elementos químicos é o esquema gráfico mais elegante já concebido", escreveu Robert E. Krebs em *The history and use of our Earth's chemical elements* [História e uso dos elementos químicos de nossa Terra],[21] e você encontrará sentimentos semelhantes em praticamente qualquer obra de história da química disponível.

Atualmente temos "uns 120"[22] elementos conhecidos — 94 que ocorrem naturalmente mais cerca de 23 criados em laboratório. O número real é ligeiramente controverso, porque os elementos pesados sintetizados existem por apenas milionésimos de segundo, e os químicos às vezes discutem se foram ou não realmente detectados. Na época de Mendeleev, apenas 63 ele-

TABELA PERIÓDICA DE ELEMENTOS QUÍMICOS

1 1 H																	2 4 He
3 6,9 Li	4 9 Be											5 10,8 B	6 12 C	7 14 N	8 16 O	9 19 F	10 20,2 Ne
11 23 Na	12 24,3 Mg											13 27 Al	14 28,1 Si	15 31 P	16 32,1 S	17 35,5 Cl	18 39,9 Ar
19 39,1 K	20 40,1 Ca	21 45 Sc	22 47,9 Ti	23 51 V	24 52 Cr	25 54,9 Mn	26 55,8 Fe	27 58,9 Co	28 58,7 Ni	29 63,5 Cu	30 65,4 Zn	31 69,7 Ga	32 72,6 Ge	33 74,9 As	34 79 Se	35 79,9 Br	36 83,8 Kr
37 85,5 Rb	38 87,6 Sr	39 88,9 Y	40 91,2 Zr	41 92,9 Nb	42 96 Mo	43 Tc	44 101,7 Ru	45 102,9 Rh	46 106,7 Pd	47 107,9 Ag	48 112,4 Cd	49 114,8 In	50 118,7 Sn	51 121,8 Sb	52 127,6 Te	53 124,9 I	54 131,3 Xe
55 132,9 Cs	56 137,4 Ba	57 138,9 La	72 178,6 Hf	73 180,9 Ta	74 183,9 W	75 186,3 Re	76 190,2 Os	77 193,1 Ir	78 195,2 Pt	79 197,2 Au	80 200,6 Hg	81 204,4 Tl	82 207,2 Pb	83 209 Bi	84 210 Po	85 210 At	86 222 Rn
87 227 Fr	88 226 Ra	89 227 Ac	104 261 Rf	105 262 Db	106 263 Sg	107 262 Bh	108 265 Hs	109 266 Mt	110 269 Uun	111 272 Uuu	112 277 Uub						

LANTANÍDEOS

58 140,1 Ce	59 140,9 Pr	60 144,2 Nd	61 145 Pm	62 150,4 Sm	63 152 Eu	64 156,9 Gd	65 159,2 Tb	66 162,5 Dy	67 164,9 Ho	68 167,2 Er	69 169,4 Tm	70 173 Yb	71 175 Lu

ACTINÍDEOS

90 232,1 Th	91 231 Pa	92 238,1 U	93 237 Np	94 244 Pu	95 243 Am	96 247 Cm	97 247 Bk	98 251 Cf	99 252 Es	100 257 Fm	101 258 Md	102 259 No	103 262 Lr

mentos eram conhecidos, mas parte de sua perspicácia foi ver que os elementos então conhecidos não compunham um quadro completo e que muitas peças estavam faltando. Sua tabela previu, com precisão gratificante, onde se encaixariam os elementos novos quando fossem descobertos.

Aliás, ninguém sabe até onde o número de elementos pode chegar, embora um peso atômico além de 168 seja considerado "puramente especulativo",[23] mas, com certeza, tudo que for encontrado se enquadrará direitinho no grande esquema de Mendeleev.

O século XIX guardaria uma última surpresa para os químicos. Tudo começou em 1896, quando Henri Becquerel, em Paris, inadvertidamente deixou um pacote de sais de urânio sobre uma chapa fotográfica velada dentro de uma gaveta. Ao tirar a chapa algum tempo depois, surpreendeu-se ao constatar que os sais haviam deixado uma impressão nela, como se a chapa tivesse sido exposta à luz. Os sais estavam emitindo algum tipo de raio.

Dada a importância de sua descoberta, Becquerel teve uma atitude bem estranha: entregou o caso para uma estudante de pós-graduação investigar. Felizmente a estudante era uma recém-emigrada da Polônia chamada Marie Curie. Trabalhando com o marido Pierre, Marie descobriu que certos tipos de rochas emitiam quantidades constantes e extraordinárias de energia, mas sem diminuir de tamanho nem sofrer qualquer mudança detectável. O que ela e o marido não podiam saber — o que ninguém podia saber até que Einstein explicasse as coisas na década seguinte — era que as rochas estavam convertendo massa em energia de uma forma supereficiente. Marie Curie chamou o efeito de "radioatividade".[24] No decorrer de seu trabalho, os Curie também descobriram dois elementos novos: o polônio, que batizaram em homenagem a terra natal, e o rádio. Em 1903, os Curie e Becquerel receberam juntos o prêmio Nobel de Física. (Marie Curie ganharia um segundo prêmio Nobel, de Química, em 1911, tendo sido a única pessoa até hoje a ganhar os prêmios de Química e Física.)

Na Universidade McGill, em Montreal, o jovem Ernest Rutherford, nascido na Nova Zelândia, interessou-se pelos novos materiais radioativos. Com um colega chamado Frederick Soddy, descobriu que reservas imensas de energia estavam encerradas naquelas pequenas quantidades de matéria, e que o decaimento radioativo dessas reservas explicava grande parte do calor da Terra. Eles também descobriram que elementos radioativos decaíam em outros elementos — que um dia se tinha um átomo de urânio, digamos, para no dia seguinte se ter um átomo de chumbo. Isso era com efeito extraordinário. Era alquimia, pura e simplesmente; ninguém jamais imaginara que tal coisa pudesse acontecer natural e espontaneamente.

Eterno pragmático, Rutherford foi o primeiro a perceber que aquilo poderia ter uma aplicação prática. Ele observou que, em qualquer amostra de material radioativo, o decaimento de metade da amostra levava sempre o mesmo tempo — a célebre meia-vida* — e que essa taxa constante e confiável de decaimento poderia servir como uma espécie de relógio. Calculando retroativamente com base na irradiação atual de um material e da rapidez do decaimento, seria possível descobrir sua idade. Ele fez o teste com um pedaço de uraninita, o principal minério de urânio, e descobriu que possuía 700 milhões de anos — bem acima da idade que a maioria das pessoas estava propensa a atribuir à Terra.

Na primavera de 1904, Rutherford viajou até Londres a fim de dar uma palestra na Royal Institution — a organização venerável fundada pelo conde de Rumford apenas 105 anos antes, embora aquela era de perucas empoadas parecesse então remota comparada com o vigor das mangas arregaçadas do final do período vitoriano. Rutherford foi falar sobre sua nova teoria da desintegração baseada na radioatividade, levando inclusive seu pedaço de uraninita. Diplomaticamente — já que o idoso Kelvin estava presente, ainda que vez ou outra desse uma cochilada —, Rutherford observou que o próprio Kelvin

---

* Se você alguma vez se indagou como os átomos determinam quais 50% morrerão e quais 50% sobreviverão para a próxima sessão, a resposta é que a meia-vida é apenas uma conveniência estatística — uma espécie de tabela atuarial para coisas elementais. Imagine que você tivesse uma amostra de material com uma meia-vida de trinta segundos. Não é que cada átomo da amostra existirá por exatamente trinta segundos, ou sessenta segundos, ou noventa segundos, ou algum outro período bem ordenado. Cada átomo sobreviverá na verdade por um período de tempo totalmente aleatório, sem nenhuma relação com múltiplos de trinta; poderia durar dois segundos ou oscilar durante anos, ou décadas, ou séculos, antes de desaparecer. Ninguém sabe ao certo. Mas o que podemos dizer é que, para a amostra como um todo, a taxa de desaparecimento será tal que metade dos átomos desaparecerá a cada trinta segundos. É uma taxa média, em outras palavras, e você pode aplicá-la a qualquer amostra grande. Alguém certa vez calculou, por exemplo, que as moedas de dez centavos de dólar possuem uma meia-vida de cerca de trinta anos.

havia declarado que a descoberta de alguma outra fonte de calor derrubaria seu cálculo. Pois Rutherford havia descoberto essa outra fonte. Graças à radioatividade, a Terra podia ser — e evidentemente era — bem mais antiga do que os 24 milhões de anos calculados por Kelvin.

Kelvin sorriu diante da apresentação respeitosa de Rutherford, mas na verdade não mudou de ideia. Ele nunca aceitou as cifras revisadas e, até morrer, acreditou que seu trabalho sobre a idade da Terra foi sua contribuição mais inteligente e importante para a ciência — bem maior do que o trabalho sobre termodinâmica.[25]

Como acontece com a maioria das revoluções científicas, a nova descoberta de Rutherford não foi universalmente aceita. John Joly, de Dublin, insistiu incansavelmente até a década de 1930 em que a Terra não ultrapassava os 89 milhões de anos, só sendo detido pela própria morte. Outros começaram a se preocupar com que Rutherford lhes dera tempo demais. Mas mesmo com a datação radiométrica, como se tornaram conhecidas as medições do decaimento, décadas transcorreriam até que chegássemos à idade real da Terra com uma margem de erro de apenas 1 bilhão de anos. A ciência estava no caminho certo, mas ainda distante da resposta certa.

Kelvin morreu em 1907. Aquele ano também testemunhou a morte de Dmitri Mendeleev. Assim como Kelvin, ele já passara do auge produtivo, mas seus anos de declínio foram bem menos tranquilos. À medida que envelhecia, Mendeleev tornou-se cada vez mais excêntrico e difícil, recusando-se a aceitar a existência da radiação, do elétron ou de qualquer outra novidade. Suas últimas décadas foram gastas, na maior parte, abandonando raivoso laboratórios e salões de conferência por toda a Europa. Em 1955, o elemento 101 foi batizado de mendelévio em sua homenagem. "Apropriadamente", observa Paul Strathern, "é um elemento instável."[26]

A radiação seguiu caminhos inesperados. No início do século XX, Pierre Curie começou a exibir sinais claros de uma doença causada pela radiação — uma dor prolongada e indistinta nos ossos e sensações crônicas de mal-estar —, que sem dúvida teria evoluído desagradavelmente. Jamais saberemos ao certo, porque em 1906 ele morreu atropelado por uma carruagem ao atravessar uma rua de Paris.

Marie Curie passou o resto da vida trabalhando com destaque no campo, ajudando a fundar o célebre Instituto Radium, da Universidade de Paris, em 1914. Apesar dos dois prêmios Nobel, jamais foi eleita para a Academia de Ciências, em grande parte devido a um caso amoroso, após a morte de Pierre, com um físico casado suficientemente indiscreto para escandalizar até os franceses — ou pelo menos os anciãos que dirigiam a academia.

Durante muito tempo, acreditou-se que algo tão milagrosamente energético como a radioatividade só podia ser benéfico. Durante anos, os fabricantes de pasta de dentes e laxantes acrescentaram tório radioativo a seus produtos, e pelo menos até o final da década de 1920 o hotel Glen Springs (e sem dúvida outros também), na região de Finger Lakes de Nova York, alardeava com orgulho os efeitos terapêuticos de suas "fontes minerais radioativas".[27] A radioatividade só foi proibida em produtos de consumo em 1938.[28] Tarde demais para madame Curie, que morreu de leucemia em 1934. A radiação, na verdade, é tão perniciosa e duradoura que até hoje é perigoso manusear os papéis dela da década de 1890 — até os livros de receitas. Os livros de laboratório de madame Curie são mantidos em caixas revestidas de chumbo, e para examiná-los é preciso usar roupa protetora.[29]

Graças ao trabalho dedicado e, sem que soubessem, de alto risco dos primeiros cientistas atômicos, nos primórdios do século XX ficava claro que a Terra era um ancião venerável, embora mais meio século de ciência tivesse de ser praticado até que se pudesse saber com certeza quão venerável. A ciência, nesse ínterim, estava prestes a inaugurar uma nova era própria: a era atômica.

PARTE III

O despontar de uma nova era

Um físico é uma forma de os átomos pensarem sobre átomos.

Anônimo

8. O universo de Einstein

Ao final do século XIX, os cientistas podiam refletir com satisfação que haviam desvendado a maioria dos mistérios do mundo físico: eletricidade, magnetismo, gases, óptica, acústica, cinética e mecânica estatística, para citar alguns campos, foram submetidos à ordem. Eles haviam descoberto o raio X, o raio catódico, o elétron e a radioatividade, e inventado o ohm, o watt, o kelvin, o joule, o ampère e o pequeno erg.

Se uma coisa podia ser oscilada, acelerada, perturbada, destilada, combinada, pesada ou gaseificada, eles o fizeram, e no processo produziram um corpo de leis universais tão importantes e majestosas que ainda tendemos a escrevê-las com maiúsculas: a Teoria do Campo Eletromagnético da Luz, a Lei das Proporções Recíprocas de Richter, a Lei dos Gases de Charles, a Lei dos Volumes de Combinação, a Lei de Zeroth, o Conceito de Valência, a Lei das Ações das Massas e um sem-número de outras. O mundo inteiro clangorava e silvava com o maquinário e os instrumentos produzidos pela engenhosidade deles. Muitas pessoas cultas acreditavam que não restava muito para a ciência fazer.

Em 1875, quando um jovem alemão de Kiel chamado Max Planck estava decidindo se dedicaria a vida à matemática ou à física, foi fortemente aconselhado a não escolher a física, porque os grandes avanços já haviam sido realizados. Garantiram-lhe que o século vindouro seria de consolidação e refinamento, não de revolução. Planck não deu ouvidos. Estudou física teórica e atirou-se de corpo e alma ao trabalho em entropia, um processo fundamental da termodinâmica, que parecia bem promissor para um jovem ambicioso.* Em 1891, ele apresentou seus resultados e descobriu, com grande desânimo, que o trabalho importante sobre entropia *já havia sido* realizado por um reservado professor da Universidade Yale chamado J. Willard Gibbs.

Gibbs talvez seja o ilustre desconhecido mais brilhante da história. Modesto a ponto de ser quase invisível, passou praticamente a vida toda, exceto os três anos em que estudou na Europa, dentro de uma área de três quarteirões delimitada por sua casa e o campus de Yale, em New Haven, Connecticut. Em seus dez primeiros anos em Yale, nem sequer se deu ao trabalho de pedir um salário (ele tinha outra fonte de renda). De 1871, quando se tornou professor da universidade, até sua morte em 1903, seus cursos atraíram uma média ligeiramente superior a um aluno por semestre.[1] Sua obra escrita é difícil de acompanhar, e ele empregava uma forma particular de notação que muitos achavam incompreensível. Mas soterrados em meio às suas fórmulas misteriosas jaziam os mais brilhantes lampejos.

Em 1875-8, Gibbs produziu uma série de artigos, coletivamente intitulados "On the equilibrium of heterogeneous substances" [Sobre o equilíbrio de substâncias heterogêneas], que surpreendentemente elucidava os princípios termodinâmicos de quase tudo: gases, misturas, superfícies, sólidos, mudanças de fase, reações químicas, células eletroquímicas, sedimentação e osmose", citando William H. Cropper.* Em essência, o que Gibbs fez foi mostrar que a termodinâmica não se restringia simplesmente ao calor e à energia na espécie de escala grande e ruidosa da máquina a vapor; ela também estava presente e era influente no nível atômico das reações químicas.[3] Esses artigos de Gibbs

---

* Especificamente, é uma medida da aleatoriedade ou da desordem em um sistema. Darrell Ebbing, no livro didático *General chemistry* [Química geral], sugere de forma bem útil que imaginemos um baralho.[4] Pode-se dizer que um baralho novinho em folha, ordenado por naipe e em sequência de ás a rei, está em seu estado ordenado. Ao embaralhar as cartas, você as deixa em um estado desordenado. A entropia é uma forma de medir quão desordenado é um estado e de determinar a probabilidade de resultados específicos com novos embaralhamentos. Claro que para atingir o nível de um artigo de revista técnica é preciso entender também conceitos adicionais como não uniformidades térmicas, distâncias de treliça e relações estequiométricas, mas essa é a ideia geral.

costumam ser chamados de "os *Principia* da termodinâmica", mas, por razões que desafiam a especulação, Gibbs optou por publicar essas observações importantíssimas na *Transactions of the Connecticut Academy of Arts and Sciences*, revista que conseguia ser desconhecida até em Connecticut, daí Planck ter custado a ouvir falar dele.[5]

Sem se deixar intimidar — bem, talvez um pouco intimidado —, Planck voltou-se para outros assuntos.* Nós os abordaremos daqui a pouco, mas primeiro precisamos fazer um pequeno (porém importante!) desvio até Cleveland, Ohio, em uma instituição então conhecida como Case School of Applied Science. Ali, na década de 1880, um físico no início da meia-idade chamado Albert Michelson, auxiliado por seu amigo químico Edward Morley, embarcou numa série de experimentos que produziram resultados curiosos e perturbadores, que afetariam fortemente os rumos da ciência.

O que Michelson e Morley fizeram, sem de fato ter essa intenção, foi solapar uma crença antiga em algo denominado éter luminífero, um meio estável, invisível, sem peso, sem atrito e, infelizmente, imaginário que se acreditava permear o universo. Concebido por Descartes, adotado por Newton e venerado por quase todos desde então, o éter ocupava uma posição de centralidade absoluta na física do século XIX, como um meio de explicar como a luz se deslocava pelo vazio do espaço. Era especialmente necessário na década de 1880, porque a luz e o eletromagnetismo passaram a ser vistos como ondas, ou seja, tipos de vibração. Vibrações precisam ocorrer *em* algo; daí a necessidade do éter e a velha devoção a ele. Ainda em 1909, o grande físico britânico J. J. Thomson insistia: "O éter não é uma criação fantástica do filósofo especulativo; é tão essencial para nós como o ar que respiramos" — isso mais de quatro anos depois de provado, de forma incontestável, que ele não existia. As pessoas, em suma, estavam com efeito apegadas ao éter.

A vida de Albert Michelson é o exemplo perfeito da ideia dos Estados Unidos do século XIX como uma terra de oportunidades. Nascido em 1852 na

* Com frequência Planck não tinha sorte na vida. Sua primeira esposa querida faleceu prematuramente, em 1909, e o mais novo de seus dois filhos foi morto na Primeira Guerra Mundial. Ele também tinha filhas gêmeas que adorava. Uma morreu de parto. A gêmea sobrevivente foi cuidar do bebê e apaixonou-se pelo marido da irmã. Eles se casaram e, dois anos depois, *ela* morreu de parto. Em 1944, quando Planck tinha 85 anos, uma bomba dos Aliados caiu em sua casa e ele perdeu tudo: papéis, diários, toda uma vida de pesquisas. No ano seguinte, seu filho sobrevivente foi apanhado numa conspiração para assassinar Hitler e acabou sendo executado.

fronteira alemã-polonesa numa família de comerciantes judeus pobres, ele chegou aos Estados Unidos ainda criança com a família e cresceu num campo de mineração na região da corrida do ouro da Califórnia, onde seu pai explorou um negócio de mantimentos.[6] Pobre demais para pagar a faculdade, viajou até Washington, D. C., e passou a fazer ponto na porta da frente da Casa Branca para que pudesse abordar o presidente Ulysses S. Grant quando este surgisse para sua caminhada diária. (Tratava-se claramente de uma época mais inocente.) Durante essas caminhadas, Michelson agradou tanto o presidente que Grant conseguiu para ele uma vaga gratuita na Academia Naval. Foi ali que ele aprendeu sua física.

Dez anos depois, como professor da Case School de Cleveland, Michelson interessou-se em medir algo chamado vento do éter — uma espécie de vento contrário produzido por objetos móveis ao abrirem caminho pelo espaço. Uma das previsões da física newtoniana era que a velocidade da luz, à medida que ela avançasse pelo vácuo, dependia de o observador estar se movendo em direção à fonte de luz ou se afastando dela, mas ninguém descobrira uma maneira de medir isso. Ocorreu a Michelson que durante metade do ano a Terra se desloca em direção ao Sol, e durante a outra metade está se afasta dele. Ele raciocinou que, se fossem feitas medições suficientemente cuidadosas em estações opostas e se fosse comparado o tempo de deslocamento da luz entre as duas, obter-se-ia a resposta.

Michelson convenceu Alexander Graham Bell, inventor novo-rico do telefone, a financiar a construção de um instrumento engenhoso e sensível, concebido pelo próprio Michelson e denominado interferômetro, capaz de medir a velocidade da luz com grande precisão. Depois, auxiliado pelo genial mas obscuro Morley, embarcou em anos de medições meticulosas. O trabalho era delicado e extenuante, e teve de ser suspenso por algum tempo durante um breve mas compreensível colapso nervoso de Michelson, no entanto em 1887 chegaram aos resultados. Estavam bem longe do que os dois cientistas esperavam encontrar.

Como escreveu o astrofísico do Caltech Kip S. Thorne: "A velocidade da luz revelou-se a mesma em *todas* as direções e em *todas* as estações do ano".[7] Foi o primeiro sinal em duzentos anos — exatamente duzentos anos, de fato — de que as leis de Newton talvez não se aplicassem em toda parte o tempo todo. O resultado de Michelson-Morley tornou-se, nas palavras de William

H. Cropper, "provavelmente o resultado negativo mais famoso da história da física".[8] Michelson recebeu o prêmio Nobel de Física pelo trabalho — o primeiro norte-americano a receber o laurel —, mas somente vinte anos depois. Nesse ínterim, os experimentos de Michelson e Morley pairariam desagradavelmente, como um mau cheiro, no pano de fundo do pensamento científico.

Interessante é que, apesar de suas descobertas, no limiar do século XX, Michelson estava entre aqueles que acreditavam que o trabalho da ciência estava quase no fim, com "apenas algumas torres e pináculos a serem acrescentados, e alguns ornatos a serem esculpidos no teto", nas palavras de um autor na *Nature*.[9]

Na verdade, o mundo estava prestes a adentrar um século de ciência no qual muitas pessoas não entenderiam nada e nenhuma pessoa entenderia tudo. Os cientistas logo se encontrariam à deriva em um mundo desconcertante de partículas e antipartículas, onde as coisas surgem e deixam de existir em períodos de tempo em comparação com os quais os nanossegundos parecem lerdos e monótonos, e onde tudo é estranho. A ciência estava passando do mundo da macrofísica, onde os objetos podiam ser vistos, segurados e medidos, para o da microfísica, em que os eventos ocorrem com rapidez inimaginável em escalas bem inferiores aos limites da imaginação. Estávamos a ponto de entrar na era quântica, e a primeira pessoa a abrir a porta foi o até então azarado Max Planck.

Em 1900, então um físico teórico da Universidade de Berlim e na idade um tanto avançada de 42 anos, Planck revelou uma nova "teoria quântica", cuja postulação era de que a energia não é algo contínuo como água corrente, mas algo que vem em pacotes individualizados, que ele denominou *quanta*. Era um conceito novo e bom. A curto prazo, ajudaria a solucionar o enigma dos experimentos de Michelson-Morley, ao demonstrar que a luz, afinal de contas, não precisava ser uma onda. Num prazo mais longo, estabeleceria a base de toda a física moderna. Era, de qualquer modo, o primeiro sinal de que o mundo estava na iminência de mudar.

Mas o evento memorável — o limiar de uma nova era — adviria em 1905, quando a revista alemã de física *Annalen der Physik* publicou uma série de artigos de um jovem burocrata suíço sem nenhum cargo acadêmico, nenhum acesso a um laboratório e cuja única biblioteca consultada regularmente era a do escritório de patentes nacionais de Berna, onde estava empregado como perito técnico de terceira classe. (Um pedido para ser promovido a perito técnico de segunda classe fora indeferido havia pouco tempo.)

Seu nome era Albert Einstein, e naquele ano memorável ele submeteu à *Annalen der Physik* cinco artigos, dos quais três, de acordo com C. P. Snow, "estavam entre os maiores da história da física":[10] um examinando o efeito fotoelétrico através da nova teoria quântica de Planck, outro sobre o comportamento de partículas minúsculas em suspensão (o denominado movimento browniano) e ainda outro delineando uma teoria da relatividade restrita.

O primeiro valeu ao autor um prêmio Nobel e explicou a natureza da luz (além de ajudar a tornar possível a televisão, entre outras coisas).* O segundo forneceu uma prova da existência dos átomos — fato que, surpreendentemente, era objeto de certa controvérsia. O terceiro simplesmente mudou o mundo.

Einstein nasceu em Ulm, no Sul da Alemanha, em 1879, mas cresceu em Munique. Pouca coisa em seu início de vida prenunciava a grandeza futura. Notoriamente, só aprendeu a falar aos três anos. Na década de 1890, com a falência da empresa de eletricidade do pai, a família mudou-se para Milão, mas Albert, então um adolescente, foi para a Suíça continuar sua educação, apesar de reprovado na prova de seleção na primeira tentativa. Em 1896, abriu mão da cidadania alemã para fugir ao serviço militar obrigatório e ingressou no Instituto Politécnico de Zurique, num curso de quatro anos destinado a formar professores de ciência do segundo grau. Foi um aluno brilhante, mas não excepcional.

Em 1900, graduou-se, e em poucos meses começava a contribuir com artigos para a *Annalen der Physik*. Seu primeiro artigo, sobre a física dos líquidos em canudos de beber (assunto original!), apareceu na mesma edição da teoria quântica de Planck.[11] De 1902 a 1904, produziu uma série de artigos

---

* Einstein foi homenageado, um tanto vagamente, "por serviços prestados à física teórica". Ele teve de esperar dezesseis anos, até 1921, para receber o prêmio — um longo tempo, considerando-se os fatos, mas quase nada se comparado com Frederick Reines, que detectou o neutrino em 1957 mas só recebeu um Nobel em 1995, 35 anos depois, ou o alemão Ernst Ruska, que inventou o microscópio eletrônico em 1932 e recebeu seu prêmio Nobel em 1986, passado mais de meio século. Como os prêmios Nobel nunca são concedidos postumamente, para ganhar o prêmio a longevidade pode ser um fator tão importante quanto a inventividade.

sobre mecânica estatística para depois descobrir que o discreto mas produtivo J. Willard Gibbs, em Connecticut, realizara o mesmo trabalho em seus *Elementary principles of statistical mechanics* de 1901.[12]

Ao mesmo tempo, ele se apaixonara por uma colega de turma, uma sérvia chamada Mileva Maric. Em 1901, tiveram uma filha sem que estivessem casados, que foi discretamente entregue para adoção. Einstein nunca viu sua filha. Dois anos depois, ele e Maric estavam casados. Em meio a esses eventos, em 1902, Einstein obteve um emprego no escritório de patentes suíço, onde permaneceu nos sete anos seguintes. Ele gostava do trabalho: era desafiador o suficiente para mobilizar sua mente, mas não desafiador ao ponto de desviá-lo de sua física. Esse foi o pano de fundo contra o qual ele produziu sua teoria da relatividade restrita em 1905.

Denominado "Sobre a eletrodinâmica dos corpos em movimento", é um dos artigos científicos mais extraordinários já publicados, tanto pela forma de apresentação como pelo conteúdo.[13] Não possuía notas de rodapé nem citações, quase não continha matemática, não mencionava nenhum trabalho que o tivesse influenciado ou precedido e agradecia a ajuda de um único indivíduo, um colega do escritório de patentes chamado Michele Besso. Foi como se Einstein, escreveu C. P. Snow, "tivesse chegado às conclusões por puro pensamento, sem nenhuma ajuda, sem ouvir as opiniões dos outros. Num grau surpreendente, foi exatamente isso que ele fizera".[14]

Sua equação famosa, $E = mc^2$, não constou do artigo, mas veio num suplemento breve que se seguiu alguns meses depois. Como você deve se lembrar do tempo do colégio, E na equação representa a energia, m a massa e c^2 o quadrado da velocidade da luz.

Nos termos mais simples, o que a equação diz é que massa e energia possuem uma equivalência. São duas formas da mesma coisa: energia é matéria liberada; matéria é energia esperando acontecer. Como c^2 (a velocidade da luz vezes ela mesma) é um número realmente enorme, o que a equação está dizendo é que existe uma quantidade gigantesca — uma quantidade descomunal — de energia encerrada em cada objeto material.*

---

* Como c veio a se tornar o símbolo da velocidade da luz é um mistério, mas David Bodanis acredita que provenha do latim *celeritas*, que significa "rapidez". O volume pertinente do *Oxford English dictionary*, compilado uma década antes da teoria de Einstein, reconhece c como um símbolo de muitas coisas, do carbono ao críquete, mas não faz nenhuma referência a ele como um símbolo da luz ou da rapidez.

Você pode não se sentir um sujeito fortão, mas caso seja um adulto de tamanho normal, conterá dentro de seu corpo modesto nada menos que 7×10^{18} joules de energia potencial[15] — suficientes para explodir com a força de trinta bombas de hidrogênio grandes, supondo que você saiba como liberá--los e tenha vocação para homem-bomba. Tudo no mundo encerra esse tipo de energia. Só não somos muito eficazes em liberá-la. Mesmo uma bomba de urânio — o artefato mais energético já produzido — libera menos que 1% da energia que poderia liberar se fôssemos mais espertos.[16]

Entre outras coisas, a teoria de Einstein explicou como a radiação funcionava: como um bloco de urânio podia emitir fluxos constantes de energia de alto nível sem derreter feito uma pedra de gelo (podia fazê-lo convertendo massa em energia com extrema eficiência à $E = mc^2$). Explicou como as estrelas podiam arder por bilhões de anos sem esgotar o combustível (idem). Em uma só tacada, numa fórmula simples, Einstein concedeu aos geólogos e astrônomos o luxo de bilhões de anos. Acima de tudo, a teoria restrita mostrou que a velocidade da luz era constante e suprema. Nada podia ultrapassá--la. Ela trouxe uma luz (não interprete como um trocadilho) ao âmago de nossa compreensão da natureza do universo. Não foi por acaso que ela também solucionou o problema do éter luminífero, deixando claro que ele não existia. Einstein deu-nos um universo que não precisava dele.

Os físicos, via de regra, não estão muito antenados nos pronunciamentos de funcionários de escritórios de patentes suíços, de modo que, apesar da abundância de novidades úteis, os artigos de Einstein atraíram pouca atenção. Tendo acabado de solucionar vários dos mistérios mais profundos do universo, Einstein candidatou-se a um emprego de professor universitário e foi rejeitado, e depois a um de professor do curso secundário e foi igualmente rejeitado. Assim, ele voltou ao seu emprego de perito de terceira classe, mas sem parar de refletir. Ele estava longe de terminar.

Quando o poeta Paul Valéry certa vez perguntou a Einstein se ele tinha um caderno para registrar suas ideias, Einstein olhou para ele com um ar de ligeira mas genuína surpresa. "Ah, isso não é necessário", respondeu. "Raramente tenho uma."[17] Nem é preciso dizer que quando chegava a ter uma, tendia a ser boa. A próxima ideia de Einstein foi uma das maiores que alguém já teve — aliás, a maior de todas, de acordo com Boorse, Motz e Weaver em sua história cuidadosa da ciência atômica. "Como a criação de uma só mente", eles escrevem, "é sem dúvida a maior realização intelectual da humanidade"[18] — um senhor elogio.

Lemos em alguns lugares que, em 1907, Albert Einstein viu um operário cair de um telhado e começou a pensar no fenômeno da gravidade. Infelizmente, como muitas histórias boas, essa parece ser apócrifa. De acordo com o próprio Einstein, ele estava simplesmente sentado numa cadeira quando lhe ocorreu o problema da gravidade.[19]

Na verdade, o que ocorreu a Einstein foi mais o início de uma solução do problema da gravidade, já que era evidente para ele, desde o começo, que era a gravidade que faltava na teoria restrita. A "restrição" da teoria restrita era que ela lidava com coisas se movendo em um estado essencialmente desimpedido. Mas o que acontecia quando algo em movimento — a luz, acima de tudo — encontrava um obstáculo como a gravidade? Era uma questão que ocuparia seus pensamentos na maior parte da década seguinte e levou à publicação, no início de 1917, de um artigo intitulado "Considerações cosmológicas sobre a teoria da relatividade geral".[20] Claro que a teoria da relatividade restrita de 1905 foi um trabalho profundo e importante, mas, como observou certa vez C. P. Snow, se Einstein não tivesse pensado nela naquele momento, outra pessoa acabaria pensando cinco anos depois. A ideia estava no ar. Com a teoria geral, entretanto, foi totalmente diferente. "Sem ela", escreveu Snow em 1979, "é provável que estivéssemos esperando pela teoria até hoje."[21]

Com seu cachimbo, seu jeito genialmente modesto e seus cabelos revoltos, Einstein era uma figura esplêndida demais para permanecer para sempre desconhecido. Em 1919, com a guerra tendo chegado ao fim, o mundo de repente o descobriu. Quase imediatamente, suas teorias ganharam a fama de serem incompreensíveis para as pessoas comuns. As coisas pioraram mais ainda, como observa David Bodanis no magnífico livro $E = mc^2$, quando o *New York Times* decidiu escrever uma matéria e — por razões que a própria razão desconhece — enviou o correspondente de golfe do jornal, um tal de Henry Crouch, para realizar a entrevista.

Crouch estava totalmente por fora e entendeu tudo errado.[22] Entre os erros mais duradouros de sua reportagem estava a afirmação de que Einstein encontrara um editor suficientemente ousado para publicar um livro que somente doze homens "no mundo inteiro conseguiriam compreender". Não existia um tal livro, nem tal editor, nem tal círculo de homens doutos, mas a ideia colou. Logo o número de pessoas capazes de entender a relatividade havia se reduzido ainda mais na imaginação popular — e a comunidade científica, cabe dizer, pouco fez para derrubar o mito.

Quando um jornalista perguntou ao astrônomo britânico sir Arthur Eddington se era verdade que ele era uma das três únicas pessoas do mundo capazes de entender as teorias da relatividade de Einstein, Eddington refletiu profundamente por um momento e respondeu: "Estou tentando descobrir quem poderia ser essa terceira pessoa".[23] Na verdade, o problema da relatividade não era o fato de envolver muitas equações diferenciais, transformações de Lorentz e outras partes complicadas da matemática (embora isso fosse verdade — o próprio Einstein precisou de ajuda em alguns pontos), e sim o fato de ser tão profundamente anti-intuitiva.

Em essência, o que a relatividade diz é que espaço e tempo não são absolutos, mas relativos ao observador e ao objeto que é observado, e quanto mais rápido alguém se move, mais pronunciados se tornam esses efeitos. Jamais conseguimos atingir a velocidade da luz, e quanto mais aceleramos (e mais rápido nos deslocamos), mais distorcidos nos tornamos em relação a um observador externo.[24]

Quase imediatamente, os popularizadores da ciência tentaram encontrar meios de tornar esses conceitos acessíveis ao grande público. Uma das tentativas mais bem-sucedidas — pelo menos comercialmente — foi *ABC da relatividade*, do matemático e filósofo Bertrand Russell. Nele, Russell empregou uma imagem que foi usada muitas vezes desde então. Ele pede ao leitor que imagine um trem com cem metros de comprimento movendo-se a 60% da velocidade da luz. Para alguém que observe sua passagem de uma plataforma, o trem pareceria ter apenas oitenta metros de comprimento e tudo nele estaria igualmente comprimido. Se pudéssemos ouvir seus passageiros falando, suas vozes soariam arrastadas e ininteligíveis, como um disco de vinil tocado em velocidade baixa demais, e seus movimentos pareceriam igualmente pesadões. Mesmo os relógios no trem pareceriam estar avançando a apenas quatro quintos do ritmo normal.

No entanto — este é o ponto interessante —, as pessoas no trem não teriam nenhuma sensação dessas distorções. Para elas, tudo no trem se afiguraria totalmente normal. Seríamos nós na plataforma que pareceríamos estranhamente comprimidos e lerdos. É tudo uma questão, veja bem, da sua posição em relação ao objeto móvel.

Esse efeito realmente ocorre sempre que você se move. Se você cruzar os Estados Unidos de avião, desembarcará um quinzilhonésimo de segundo, ou algo parecido, mais novo do que aqueles que ficaram em terra. Mesmo andando pelo seu quarto você alterará muito ligeiramente sua própria experiência do tempo e do espaço. Calculou-se que uma bola de beisebol arremessada a 160 quilômetros por hora ganhará 0,000000000002 grama de massa a caminho da base do batedor.[25] Portanto, os efeitos da relatividade são reais e foram medidos. O problema é que tais mudanças são pequenas demais para que façam qualquer diferença para nós. Mas para outras coisas no universo — luz, gravidade, o próprio universo — elas acarretam consequências.

Desse modo, se as ideias da relatividade parecem estranhas, é apenas porque não experimentamos esses tipos de interação na vida normal. Entretanto, voltando a Bodanis,[26] todos costumamos deparar com outros tipos de relatividade — por exemplo, com respeito ao som. Se você estiver num parque e alguém estiver ouvindo uma música barulhenta, você sabe que, afastando-se para um lugar mais distante, a música parecerá mais baixa. Isso não ocorre porque a música *está* mais baixa, é claro, mas simplesmente porque sua posição relativa mudou. Para algo por demais pequeno ou lerdo para reproduzir essa experiência — uma lesma, digamos —, a ideia de que o volume de um aparelho de som parece diferente para dois observadores talvez fosse inacreditável.

O mais desafiador e anti-intuitivo de todos os conceitos na teoria da relatividade geral é a ideia de que o tempo faz parte do espaço. Nosso instinto tende a considerar o tempo eterno, absoluto, imutável — nada pode perturbar seu tique-taque constante. Na verdade, de acordo com Einstein, o tempo é variável e está sempre mudando. Possui até uma forma. Ele está associado — "inextricavelmente interligado", na expressão de Stephen Hawking — às três dimensões do espaço numa dimensão curiosa denominada espaço-tempo.

O espaço tempo costuma ser explicado pedindo-se que você imagine algo que seja plano, mas flexível — um colchão, digamos, ou uma folha de borracha esticada —, sobre o qual repousa um objeto pesado e redondo, como uma bola de ferro. O peso da bola de ferro faz com que o material sobre o qual repousa se estique e ceda ligeiramente. Isso é mais ou menos semelhante ao efeito de um objeto de grande massa, como o Sol (a bola de ferro) sobre o espaço-tempo (o material): ele o estica, curva e deforma. Agora se você rolar uma bola menor pela folha, ela tentará seguir em linha reta, como exigem as leis do movimento de Newton. Porém, ao se aproximar do objeto de grande massa e da depressão na folha que cede, a bola cairá atraída inevitavelmente pelo objeto mais massudo. Isso é gravidade — um produto da curvatura do espaço-tempo.

Todo objeto dotado de massa cria uma pequena depressão na tessitura do cosmo. Desse modo, o universo, nas palavras de Dennis Overbye, é "o derradeiro colchão que cede".[27] A gravidade, nessa visão, já não é tanto um resultado — "não é uma 'força', mas um subproduto do arqueamento do espaço-tempo", nas palavras do físico Michio Kaku, que prossegue: "Em certo sentido, a gravidade não existe; o que move os planetas e estrelas é a distorção de espaço e tempo".[28]

Claro que a analogia do colchão que cede só consegue nos trazer até este ponto porque não incorpora o efeito do tempo. Mas nossos cérebros também só conseguem nos trazer até este ponto porque é quase impossível imaginar uma dimensão que compreenda três partes de espaço para uma parte de tempo, todas entrelaçadas como os fios de um tecido. Em todo caso, acho que podemos concordar que aquele foi um pensamento bem grandioso para um jovem olhando pela janela de um escritório de patentes na capital da Suíça.

Entre muitas outras coisas, a teoria da relatividade geral sugeriu que o universo deve estar se expandindo ou contraindo. Mas Einstein não era um cosmologista e aceitava a visão predominante de que o universo era fixo e eterno. Mais ou menos por reflexo, ele introduziu nas suas equações algo denominado constante cosmológica, que contrabalançava arbitrariamente os efeitos da gravidade, servindo como uma espécie de botão *pause* matemático. Os livros de história da ciência sempre perdoam esse lapso de Einstein, contudo foi realmente um exemplo bem espantoso de ciência, e ele sabia disso. Chamou-o de "o maior erro de minha vida".

Por coincidência, por volta da época em que Einstein estava adicionando uma constante cosmológica a sua teoria, no Observatório Lowell, no Arizona, um astrônomo com o nome divertidamente intergaláctico de Vesto Slipher (natural de Indiana) vinha realizando leituras espectrográficas de estrelas distantes e descobrira que elas pareciam estar se afastando de nós. O universo não era estático. As estrelas que Slipher examinou mostravam sinais inconfundíveis de um desvio de Doppler* — o mesmo mecanismo responsável pelo inconfundível som esticado de *iéééé-iuuuuum* que os carros fazem ao dispararem numa pista de corrida. O fenômeno também se aplica à luz, e no caso de galáxias que se afastam é conhecido como desvio para o vermelho (porque a luz, ao se afastar de nós, desvia-se para a extremidade vermelha do espectro; a luz que se aproxima sofre um desvio para o azul).

Slipher foi o primeiro a observar esse efeito com luz e a perceber sua importância potencial para a compreensão dos movimentos do cosmo. Infelizmente, ninguém deu muita atenção a ele. Alguns leitores devem se lembrar que o Observatório Lowell era um local singular, devido à obsessão de Percival Lowell com os canais de Marte que na década de 1910 fez dele um posto avançado da atividade astronômica. Slipher ignorava a teoria da relatividade de Einstein, e o mundo também ignorava Slipher. Desse modo, sua descoberta não teve nenhum impacto.

Quem acabaria ficando com a glória seria um ego maciço chamado Edwin Hubble. Nascido em 1889, dez anos após Einstein, numa pequena cidade do Missouri ao pé dos montes Ozark, Hubble cresceu ali e em Wheaton, Illinois, subúrbio de Chicago. O pai era um executivo bem-sucedido do ramo de seguros, de modo que a vida de Edwin sempre foi confortável, e ele desfrutava de uma abundância de dotes físicos. Era um atleta forte e talentoso, além de encantador, inteligente e muito boa-pinta — "uma beleza quase excessiva", na descrição de William H. Cropper,[29] "um Adônis", nas palavras de outro admirador. De acordo com seus próprios relatos, também conseguia encaixar em sua vida atos constantes de bravura: salvando nadadores que se afogavam, conduzindo homens assustados à segurança nos campos de bata-

---

* O nome homenageia Johann Christian Doppler, um físico austríaco, o primeiro a observar o efeito em 1842. Em resumo, o que acontece é que, quando um objeto móvel se aproxima de outro estacionário, suas ondas sonoras vão se aglomerando à medida que se espremem de encontro ao dispositivo que as está recebendo (seus ouvidos, digamos), assim como acontece normalmente com qualquer coisa que está sendo empurrada de encontro a um objeto imóvel. Essa aglomeração é percebida pelo ouvinte como uma espécie de som espremido e elevado (o *iéééé*). Quando a fonte de som se afasta, as ondas sonoras se espalham e se alongam, fazendo com que o tom caia abruptamente (o *iuuuuum*).

lha da França, constrangendo boxeadores campeões do mundo com socos impressionantes em surtos de exibicionismo. Tudo aquilo parecia bom demais para ser verdade. E era. Apesar de todos os seus dons, Hubble também era um mentiroso inveterado.

Isso era um tanto quanto estranho, pois a vida de Hubble esteve repleta, desde uma idade prematura, de um nível de distinção que às vezes parecia absurdamente exagerado. Em uma única olimpíada escolar em 1906, ele venceu as provas de salto com vara, lançamento de peso, lançamento de disco, arremesso de martelo, salto em altura parado e salto em altura correndo, e fez parte do time vencedor da corrida de revezamento — isso são sete primeiros lugares de uma só tacada —, além de ficar em terceiro lugar no salto em distância. Naquele mesmo ano, bateu um recorde estadual de salto em altura em Illinois.[30]

Como acadêmico ele foi igualmente exímio e não teve dificuldade em ingressar no curso de física e astronomia na Universidade de Cambridge (cujo chefe de departamento era, por coincidência, Albert Michelson). Ali ele foi selecionado para ser um dos primeiros bolsistas Rhodes em Oxford. Três anos de vida inglesa evidentemente o deixaram com o rei na barriga, pois ele retornou a Wheaton em 1913 ostentando uma capa de Inverness, fumando um cachimbo e falando com um sotaque caracteristicamente pomposo — não exatamente britânico, nem exatamente não britânico — que o acompanharia pela vida afora. Embora mais tarde alegasse ter passado a maior parte da segunda década do século exercendo advocacia em Kentucky, na verdade trabalhou como professor de segundo grau e treinador de basquete em New Albany, Indiana, antes de obter tardiamente o doutorado e passar um breve período no Exército. (Ele chegou à França um mês antes do armistício e quase com certeza jamais esteve em meio ao fogo cruzado.)

Em 1919, então com trinta anos, mudou-se para a Califórnia e assumiu um cargo no Observatório de Monte Wilson, perto de Los Angeles. Rápida e inesperadamente, tornou-se o astrônomo mais notável do século XX.

Vale a pena abrir um parêntese para examinar quão pouco se conhecia sobre o cosmo naquele tempo. Os astrônomos atuais acreditam que existam talvez 140 bilhões de galáxias no universo visível. É um número enorme, bem maior do que você imagina quando ouve o número. Se as galáxias fossem grãos de ervilha, seria suficiente para encher um auditório grande — o velho

Boston Garden, digamos, ou o Royal Albert Hall. (Um astrofísico chamado Bruce Gregory realmente calculou isso.) Em 1919, quando Hubble olhou pela primeira vez pelo óculo do telescópio, o número dessas galáxias conhecidas por nós era exatamente uma: a Via Láctea. Todo o resto, acreditava-se que fizesse parte da Via Láctea ou de uma das muitas nuvens de gás distantes e periféricas. Hubble rapidamente mostrou quão errada era tal crença.

Nos dez anos seguintes, ele atacou duas das questões mais fundamentais sobre o universo: qual a sua idade e qual o seu tamanho? Para responder a essas questões, é preciso saber duas coisas: a distância de certas galáxias e a velocidade com que se afastam de nós. O desvio para o vermelho fornece a velocidade de afastamento das galáxias, mas não informa sua distância. Para isso são necessárias as denominadas "velas-padrão" — estrelas cujo brilho possa ser calculado com segurança e usado como referencial para medir o brilho (e, portanto, a distância relativa) de outras estrelas.

A sorte de Hubble foi ter aparecido pouco depois de uma mulher engenhosa chamada Henrietta Swan Leavitt ter descoberto uma forma de obtê-las. Leavitt trabalhava no Observatório de Harvard como calculadora. Os calculadores passavam a vida estudando chapas fotográficas de estrelas e fazendo cálculos — daí o nome. Um trabalho bem penoso, mas era o máximo que uma mulher podia se aproximar da astronomia real em Harvard — ou mesmo em outros lugares — naquele tempo. O sistema, conquanto injusto, tinha lá seus benefícios inesperados: fazia com que metade das melhores mentes disponíveis fosse direcionada para um trabalho que normalmente atrairia pouca atenção pensante e dotava as mulheres de uma compreensão da estrutura fina do cosmo que muitas vezes passava despercebida aos colegas homens.

Uma calculadora de Harvard, Annie Jump Cannon, valeu-se de sua familiaridade repetitiva com as estrelas para criar um sistema de classificações estelares tão prático que é adotado até hoje.[31] A contribuição de Leavitt foi ainda mais profunda. Ela observou que um tipo de estrela chamada variável cefeida (devido à constelação Cefeu, onde foi identificada pela primeira vez) pulsava com um ritmo regular — uma espécie de pulsação estelar. As cefeidas são bem raras, mas pelo menos uma delas é famosa: Polaris, a Estrela Polar, é uma cefeida.

Sabemos agora que as cefeidas pulsam porque são estrelas idosas que já passaram da "fase de sequência principal", no jargão dos astrônomos, e se tornaram gigantes vermelhas.[32] A química das gigantes vermelhas é um tanto complexa para nossos propósitos aqui (requer uma compreensão das propriedades de átomos de hélio singularmente ionizados, entre várias outras coisas), mas, em termos simples, significa que elas queimam o combustível remanescente de um modo que produz o aumento e diminuição do brilho bem rítmicos e confiáveis. A genialidade de Leavitt foi perceber que, comparando as magnitudes relativas de cefeidas em diferentes pontos do céu, era possível descobrir onde estavam em relação umas às outras. Elas podiam ser usadas como "velas padrão" — termo por ela cunhado e ainda em uso universal.[33] O método fornecia apenas distâncias relativas, não distâncias absolutas, mas mesmo assim foi a primeira vez que alguém criou uma forma prática de medir o universo de grande escala.

(Para dar uma ideia da importância desses insights, talvez valha a pena observar que, na época em que Leavitt e Cannon estavam inferindo propriedades fundamentais do cosmo com base em manchas fracas em chapas fotográficas, o astrônomo de Harvard William H. Pickering, que tinha à disposição um telescópio de primeira o tempo que quisesse, estava desenvolvendo *sua* teoria seminal de que as manchas escuras na Lua eram causadas por enxames de insetos em migrações sazonais.)[34]

Combinando a escala cósmica de Leavitt com o desvio para o vermelho de Vesto Slipher, Edwin Hubble pôs-se a medir pontos selecionados do espaço com uma visão nova. Em 1923, mostrou que um sopro diáfano na constelação de Andrômeda, conhecido como M31, não era uma nuvem de gás como se pensava, mas um esplendor de estrelas, uma galáxia completa, com 100 mil anos-luz de diâmetro e a pelo menos 900 mil anos-luz de distância.[35] O universo era mais vasto — e ponha vasto nisso! — do que qualquer pessoa jamais imaginara. Em 1924, ele publicou um artigo memorável, "Cefeidas em nebulosas espirais" (*nebulosa*, que deriva de "nuvens" em latim, era como ele chamava as galáxias), mostrando que o universo consistia não apenas na Via Láctea, e sim em montes de galáxias independentes — "universos-ilhas" —, muitas delas maiores que a Via Láctea e bem mais distantes.

Essa descoberta sozinha teria garantido a fama de Hubble, mas ele então resolveu descobrir quão mais vasto era o universo, e fez uma descoberta ainda mais impressionante. Hubble se pôs a medir os espectros de galáxias distantes — aquilo que Slipher começara no Arizona. Valendo-se do novo telescópio

Hooker de cem polegadas do Monte Wilson e de algumas inferências sagazes, ele descobriu que todas as galáxias do céu (exceto o nosso próprio aglomerado local) estão se afastando de nós. Além disso, sua velocidade e sua distância eram perfeitamente proporcionais: quanto mais distante a galáxia, mais rápido ela se movia.

Isso era deveras espantoso. O universo estava se expandindo, rápida e uniformemente, em todas as direções. Não era preciso muita imaginação para visualizar o inverso disso e perceber que o universo devia ter começado em algum ponto central. Longe de ser o vácuo estável, fixo e eterno que todos sempre presumiram, ele tivera um princípio. Poderia, portanto, também ter um fim.

O espantoso, como observou Stephen Hawking, é que ninguém havia tido a ideia do universo em expansão antes.[36] Um universo estático, como deveria ter sido óbvio para Newton e todos os astrônomos pensantes desde então, desmoronaria sobre si mesmo. Havia também o problema de que, se as estrelas vinham ardendo indefinidamente em um universo estático, este teria se tornado insuportavelmente quente — decerto quente demais para criaturas como nós. Um universo em expansão resolvia grande parte desses problemas de uma só tacada.

Hubble era muito melhor observador do que pensador e não percebeu imediatamente as implicações plenas do que descobrira. Em parte, isso aconteceu porque ele ignorava por completo a teoria da relatividade geral de Einstein. Isso era incrível, dado que Einstein e sua teoria já eram mundialmente famosos. Além disso, em 1929, Albert Michelson — já em seus anos de declínio, mas ainda um dos cientistas mais alertas e estimados do mundo — aceitou um cargo no Monte Wilson para medir a velocidade da luz com seu confiável interferômetro, e deve ter ao menos mencionado para Hubble a aplicabilidade da teoria de Einstein às suas descobertas.

Em todo caso, Hubble não aproveitou a chance de fazer uma revolução teórica. Coube a um sacerdote-acadêmico belga (com um ph.D. pelo MIT) chamado Georges Lemaître reunir as duas descobertas de Hubble em sua própria "teoria da explosão", segundo a qual o universo começara como um ponto geométrico, "um átomo primordial", que irrompera para a glória e vinha se expandindo desde então. Foi uma ideia precursora do conceito moderno do *big-bang*, mas estava tão à frente de sua época que Lemaître raramente obtém mais do que as poucas linhas que lhe concedemos aqui. O mundo precisaria de mais algumas décadas e da descoberta involuntária da radiação cósmica de fundo, por Penzias e Wilson em sua antena ruidosa em Nova Jersey, para que o *big-bang* começasse a se transformar de um ideia interessante em uma teoria consagrada.

Nem Hubble, nem Einstein teriam um papel de destaque nessa história grandiosa. Embora nenhum dos dois percebesse isso na época, já haviam dado as suas grandes contribuições.

Em 1936, Hubble lançou um livro popular chamado *The realm of the nebulae* [O mundo das nebulosas], no qual explicava num estilo lisonjeiro suas próprias realizações consideráveis.[37] Aqui enfim ele mostrou que havia se familiarizado com a teoria de Einstein — pelo menos até certo ponto, dedicando-lhe quatro das cerca de duzentas páginas do livro.

Hubble morreu de ataque cardíaco em 1953. Uma última e pequena esquisitice o aguardava. Por razões envoltas em mistério, sua mulher recusou-se a fazer um funeral e nunca revelou o destino dado ao corpo dele. Cinco décadas depois, o paradeiro do maior astrônomo do século permanece desconhecido.[38] Em memória dele, você pode olhar para o céu e para o telescópio espacial Hubble, lançado em 1990 e batizado em sua homenagem.

9. O átomo poderoso

Enquanto Einstein e Hubble tentavam deslindar a estrutura em grande escala do cosmo, outros lutavam para entender algo mais próximo, mas de certo modo igualmente remoto: o átomo minúsculo e sempre misterioso.

O grande físico do Caltech Richard Feynman certa vez observou que, se tivéssemos de reduzir a história da ciência a uma afirmação importante, ela seria: "Todas as coisas são feitas de átomos".[1] Eles estão por toda parte e constituem tudo o que existe. Olhe à sua volta. Tudo são átomos. Não apenas os objetos sólidos como paredes, mesas e sofás, mas o ar entre eles. E eles estão aí em números realmente inconcebíveis.

A estrutura funcional básica dos átomos é a molécula (da palavra latina para "pequena massa"). Uma molécula são simplesmente dois ou mais átomos funcionando juntos num arranjo mais ou menos estável: junte dois átomos de hidrogênio e um de oxigênio e você obtém uma molécula de água. Os químicos tendem a pensar em termos de moléculas, e não de elementos, assim como os escritores tendem a pensar em termos de palavras, e não de letras. Portanto, são as moléculas que eles contam, e elas são no mínimo bem numerosas. No nível do mar, a uma temperatura de zero grau centígrado, um centímetro cúbico de ar (ou seja, um espaço mais ou menos do tamanho de um pequeno dado) conterá 27 milhões de bilhões de moléculas.[2] E elas estão em cada centímetro cúbico que você vê à sua volta. Pense em quantos centímetros cúbicos existem no mundo fora de sua janela — quantos dados seriam precisos para preencher essa vista. Depois pense em quantos seriam necessários para construir um universo. Os átomos, em suma, são muito abundantes.

Eles também são fantasticamente duráveis. Por serem tão longevos, eles realmente circulam. Cada átomo de seu corpo já deve ter passado por várias estrelas e feito parte de milhões de organismos no caminho até você. Cada um de nós é tão numeroso atomicamente e na morte é tão vigorosamente reciclado que é provável que um número significativo de nossos átomos — até 1 bilhão para cada um de nós, estimou-se[3] — tenha pertencido a Shakespeare. Outro bilhão veio de Buda e Genghis-Khan e Beethoven, e qualquer outra figura histórica que lhe venha à cabeça. (Ao que parece, os personagens precisam ser antigos, já que os átomos levam algumas décadas para serem redistribuídos por completo; por mais que deseje, você ainda não é Elvis Presley.)

Portanto, somos todos reencarnações — embora efêmeras. Ao morrermos, os nossos átomos se separarão e procurarão novas aplicações: como parte de uma folha, outro ser humano ou uma gota de orvalho. Os átomos, porém, duram praticamente para sempre.[4] Ninguém sabe ao certo por quanto tempo um átomo consegue sobreviver, mas de acordo com Martin Rees provavelmente uns 10^{35} anos — um número tão grande que ainda bem que não preciso escrevê-lo por extenso.

Acima de tudo, os átomos são minúsculos — minúsculos pra valer! Meio milhão deles, um ao lado do outro, poderiam se esconder atrás de um cabelo humano. Em tal escala, um átomo individual é essencialmente impossível de imaginar, mas claro que podemos tentar.

Comecemos por um milímetro, que é uma linha com este comprimento: _. Agora imagine essa linha dividida em mil partes iguais. Cada uma dessas partes é um mícron. Essa é a escala dos micro-organismos. Um paramécio típico, por exemplo, possui cerca de dois mícrons de largura — 0,002 milímetro —, o que é realmente muito pequeno. Se você quisesse ver a olho nu um paramécio nadando em uma gota d'água, teria de ampliar a gota até que tivesse uns doze metros de diâmetro. No entanto, se você quisesse ver os átomos na mesma gota, teria de ampliá-la até 24 *quilômetros* de diâmetro.[5]

Os átomos, em outras palavras, existem em uma escala de miudeza de uma ordem totalmente diferente. Para descer até a escala dos átomos, você teria de pegar cada uma dessas fatias de um mícron e dividi-la em 10 mil partes menores. *Esta* é a escala de um átomo: um décimo milionésimo de um milímetro. É um grau de pequenez bem além da capacidade de nossa imaginação, mas você pode obter uma ideia das proporções se lembrar que um átomo está para uma linha de um milímetro assim como a espessura de uma folha de papel está para a altura do Empire State Building.

São a abundância e a extrema durabilidade dos átomos que os tornam tão úteis, e é a pequenez que os torna tão difíceis de detectar e entender. O pensamento de que os átomos são estas três coisas — pequenos, numerosos e praticamente indestrutíveis — e de que todas as coisas são feitas de átomos ocorreu pela primeira vez não a Antoine-Laurent Lavoisier, como você deve imaginar, nem mesmo a Henry Cavendish ou Humphry Davy, e sim a um quacre inglês magro e de poucos títulos acadêmicos chamado John Dalton, com quem já topamos no capítulo sobre química.

Dalton nasceu em 1766 na periferia de Lake District, perto de Cockermouth, numa família de tecelões pobres, mas quacres devotos. (Quatro anos depois, o poeta William Wordsworth também viria ao mundo em Cockermouth.) Foi um aluno excepcionalmente brilhante — tão brilhante que na idade prematura de doze anos assumiu a direção da escola quacre local. Isso poderia ser sinal da precocidade de Dalton ou da precariedade da escola, mas sabemos, por seus diários, que, mais ou menos nessa época, ele estava lendo os *Principia* de Newton no original em latim, e outras obras de mesma complexidade. Aos quinze anos, ainda como mestre-escola, assumiu um cargo na cidade vizinha de Kendal, e uma década depois mudou-se para Manchester, praticamente não saindo de lá nos cinquenta anos seguintes de sua vida. Em Manchester, tornou-se uma espécie de furacão intelectual, produzindo livros e artigos sobre temas que iam da meteorologia à gramática. O daltonismo, incapacidade de que sofria, chama-se assim devido aos seus estudos. Contudo, foi um livro maçudo chamado *A new system of chemical philosophy* [Um novo sistema de filosofia química], publicado em 1808, que firmou sua reputação.

Ali, num capítulo breve de apenas cinco páginas (dentre as mais de novecentas do livro), as pessoas cultas encontraram pela primeira vez algo parecido com o conceito moderno dos átomos. O insight simples de Dalton foi o de que na base de toda a matéria encontram-se partículas extremamente pequenas e irredutíveis. "Tão difícil quanto introduzir um novo planeta no sistema solar ou aniquilar um que já exista é criar ou destruir uma partícula de hidrogênio", ele escreveu.[6]

Nem a ideia de átomos nem o próprio termo eram exatamente novos. Ambos foram desenvolvidos pelos gregos antigos. A contribuição de Dalton foi avaliar os tamanhos relativos e as características desses átomos e como se combinavam entre si. Ele sabia, por exemplo, que o hidrogênio era o elemento mais leve, de modo que lhe deu o peso atômico 1. Ele também acreditava que a água consistia em sete partes de oxigênio para uma de hidrogênio, por isso atribuiu ao oxigênio o peso atômico 7. Dessa forma, conseguiu chegar aos pesos relativos dos elementos conhecidos. Ele nem sempre foi rigorosamente preciso — o peso atômico do oxigênio é, na verdade, 16 —, mas o princípio era sólido e formou a base de toda a química moderna e de grande parte da ciência moderna restante.

A obra tornou Dalton famoso — embora comedidamente, à maneira de um quacre inglês. Em 1826, o químico francês P. J. Pelletier viajou para Manchester a fim de visitar o herói atômico.[7] Pelletier, que esperava encontrá-lo associado a alguma instituição de destaque, se espantou ao vê-lo lecionando aritmética elementar aos meninos de uma pequena escola numa rua secundária. De acordo com o historiador da ciência E. J. Holmyard, um Pelletier aturdido, após contemplar o grande homem, gaguejou:

"Est-ce que j'ai l'honneur de m'addresser à Monsieur Dalton?" [Estarei tendo a honra de me dirigir ao senhor Dalton?], pois mal conseguia acreditar que aquele era o químico de fama europeia, ensinando a um menino as primeiras operações aritméticas. "Sim", respondeu o prosaico quacre. "O senhor poderia sentar-se enquanto termino de ensinar a lição a este rapaz?"[8]

Não obstante tentasse evitar todas as honras, Dalton foi eleito contra sua vontade para a Royal Society, cumulado de medalhas, e o governo lhe concedeu uma generosa pensão. Ao morrer, em 1844, 40 mil pessoas viram o caixão, e o cortejo do funeral estendeu-se por mais de três quilômetros.[9] Seu verbete no *Dictionary of national biography* é um dos maiores, comparável apenas aos de Darwin e Lyell entre os homens de ciência do século XIX.

Durante um século após Dalton ter elaborado sua proposição,[10] ela permaneceu totalmente hipotética, e alguns cientistas eminentes — com destaque para o físico vienense Ernst Mach, que deu nome à velocidade do som — duvidavam totalmente da existência dos átomos. "Os átomos não podem ser percebidos pelos sentidos. Eles são objetos do pensamento", ele escreveu. Tamanha era a dúvida sobre a existência dos átomos, no mundo de língua alemã, que teria contribuído para o suicídio do grande físico teórico e entusiasta dos átomos Ludwig Boltzmann, em 1906.[11]

Foi Einstein quem forneceu a primeira prova incontestável da existência dos átomos, em seu artigo sobre o movimento browniano em 1905, mas ela atraiu pouca atenção e, de qualquer modo, logo ele seria totalmente absorvido pelo trabalho sobre a relatividade geral. Destarte, o primeiro herói da era atômica, embora não o primeiro personagem em cena, foi Ernest Rutherford.

Rutherford nasceu em 1871 nos "confins" da Nova Zelândia. Seus pais haviam emigrado da Escócia para cultivar algum linho e criar um monte de filhos (parafraseando Steven Weinberg).[12] Crescendo numa parte remota de um país remoto, ele estava totalmente distante da comunidade científica internacional, mas em 1895 obteve uma bolsa que o levou ao Laboratório Cavendish, na Universidade de Cambridge, que estava prestes a se tornar o lugar mais quente do mundo para se praticar física.

Os físicos costumam menosprezar os cientistas de outros campos. Quando a esposa do grande físico austríaco Wolfgang Pauli o trocou por um químico, ele não acreditou: "Se ela tivesse escolhido um toureiro, eu entenderia", ele observou desconcertado a um amigo. "Mas um *químico*..."[13]

Era um sentimento que Rutherford teria compreendido.[14] "A ciência toda se reduz à física ou à coleção de selos", ele disse certa vez, numa observação muitas vezes citada. Por uma ironia do destino, quando ele ganhou o Nobel em 1908, foi o prêmio de Química, não o de Física.

Rutherford foi um homem sortudo — sortudo por ser um gênio, mas ainda mais sortudo por viver numa época em que a física e a química eram tão empolgantes e tão compatíveis (não obstante os sentimentos dele). Jamais elas voltariam a se sobrepor de forma tão cômoda.

Apesar de todos os seus sucessos, Rutherford não era um homem especialmente brilhante, chegando a ter dificuldades com a matemática. Muitas vezes, durante as palestras, ele se perdia em suas próprias equações e desistia no meio do caminho, pedindo aos alunos que as calculassem sozinhos.[15] De acordo com James Chadwick, o descobridor do nêutron e seu colega por muito tempo, ele nem sequer era particularmente esperto na experimentação. Era simplesmente obstinado e de mente aberta. Em lugar do brilho, ele tinha astúcia e uma espécie de ousadia. Sua mente, nas palavras de um biógrafo, estava "sempre operando rumo às regiões inexploradas, o mais longe que ele conseguia ver, e isso estava bem além da maioria dos outros homens".[16] Confrontado com um problema intricado, ele estava preparado a enfrentá-lo com mais esforço e por mais tempo do que a maioria das pessoas e a ser mais receptivo a explicações heterodoxas. Sua maior revolução científica adveio porque ele estava preparado para passar horas tediosíssimas diante de uma tela contando cintilações de partículas alfa, como são conhecidas — o tipo de trabalho que normalmente seria delegado a um auxiliar. Ele foi um dos primeiros a ver — possivelmente o primeiro de todos — que a energia inerente aos átomos poderia, se aproveitada, produzir bombas suficientemente poderosas para "fazer este velho mundo desaparecer em fumaça".[17]

Fisicamente ele era grande e tonitruante, com uma voz que fazia os tímidos encolherem. Certa vez, quando lhe disseram que Rutherford faria uma transmissão radiofônica através do Atlântico, um colega perguntou com ironia: "Para que usar o rádio?".[18] Ele também tinha uma grande e bem-humorada autoconfiança. Quando alguém observou que ele parecia estar sempre na crista da onda, Rutherford respondeu: "Bem, afinal, eu fiz a onda, não fiz?". C. P. Snow recordou como, uma ocasião, num alfaiate de Cambridge, ouviu por acaso Rutherford observar: "Todo dia minha cintura aumenta. E minha inteligência também".[19]

Mas a cintura e a inteligência ainda tinham muito que aumentar em 1895, quando ele chegou no Laboratório Cavendish.* Aquele foi um período muito dinâmico na ciência. No ano em que Rutherford chegou a Cambridge, Wilhelm Roentgen descobriu os raios X na Universidade de Würzburg, Alemanha. E no ano seguinte Henri Becquerel descobriu a radioatividade. O pró-

---

* O nome vem dos mesmos Cavendish que produziram Henry. Neste caso, de William Cavendish, sétimo duque de Devonshire, um matemático talentoso e barão do aço na Inglaterra vitoriana. Em 1870, ele doou à universidade 6300 libras para a construção de um laboratório experimental.

prio Laboratório Cavendish estava em via de embarcar num longo período de grandeza. Em 1897, J. J. Thomson e colegas descobririam ali o elétron, em 1911, C. T. R. Wilson produziria ali o primeiro detector de partículas (como veremos) e, em 1932, James Chadwick descobriria ali o nêutron. Ainda mais no futuro, em 1953, James Watson e Francis Crick descobririam a estrutura do DNA.

De início, Rutherford trabalhou com ondas de rádio, e com certo destaque — ele conseguiu transmitir um sinal claro por mais de uma milha, um feito bem razoável para a época —, mas desistiu daquilo ao ser persuadido por um colega mais experiente de que o rádio tinha pouco futuro.[20] No todo, porém, Rutherford não avançou em Cavendish. Após três anos ali, sentindo que não estava chegando a lugar nenhum, aceitou um cargo na Universidade McGill, em Montreal, onde começou sua longa e firme ascensão à grandeza. Na época em que recebeu seu prêmio Nobel (por "investigações sobre a desintegração dos elementos e a química das substâncias radioativas", de acordo com a nota oficial), havia se mudado para a Universidade de Manchester, e era ali, de fato, que faria seu trabalho mais importante na determinação da estrutura e da natureza do átomo.

No início do século XX, sabia-se que os átomos eram constituídos de partes — a descoberta do elétron por Thomson havia evidenciado isso —, mas não se sabia quantas partes havia, como se encaixavam ou que forma assumiam. Alguns físicos pensavam que os átomos talvez tivessem a forma de um cubo, porque os cubos podem ser agrupados muito perfeitamente sem desperdiçar nenhum espaço.[21] A visão mais geral, contudo, era que um átomo se assemelhava a um bolinho de groselha ou a um pudim de ameixas: um objeto denso e sólido que carregava uma carga positiva, mas repleto de elétrons negativamente carregados, como as groselhas de um bolinho.

Em 1910, Rutherford (auxiliado por seu aluno Hans Geiger,* que mais tarde inventaria o detector de radiação que leva seu nome) disparou átomos de hélio, ou partículas alfa, contra uma folha de ouro. Para seu espanto, algumas das partículas ricochetearam. Foi como se, nas palavras de Rutherford, ele tivesse disparado um projétil de quarenta centímetros numa folha de papel e

---

* Geiger mais tarde se tornaria um nazista fanático, não hesitando em trair colegas judeus, até mesmo muitos que o haviam ajudado.

ele ricocheteasse de volta ao seu colo. Aquilo simplesmente não podia acontecer. Após refletir bastante, Rutherford percebeu que só poderia haver uma explicação: as partículas que ricochetearam estavam atingindo algo pequeno e denso no núcleo do átomo, enquanto outras partículas navegavam por ele desimpedidas. Um átomo, Rutherford percebeu, constituía-se predominantemente de espaço vazio, com um núcleo muito denso no centro. Foi uma descoberta bem gratificante, mas suscitou um problema imediato. De acordo com todas as leis da física convencional, portanto, os átomos não deveriam existir.

Façamos uma pausa a fim de examinar a estrutura do átomo como o conhecemos hoje. Cada átomo compõe-se de três tipos de partículas elementares: prótons, que têm uma carga elétrica positiva; elétrons, que têm uma carga elétrica negativa; e nêutrons, que não possuem carga. Prótons e nêutrons estão agrupados no núcleo, enquanto os elétrons giram ao redor deles exteriormente. O número de prótons é o que dá a um átomo sua identidade química.[22] Um átomo com um próton é um átomo de hidrogênio, com dois prótons é hélio, com três prótons, lítio, e assim por diante escala acima. A cada próton adicionado, obtém-se um elemento novo. (Como o número de prótons num átomo é sempre contrabalançado por um número igual de elétrons, você lerá às vezes que é o número de elétrons que define um elemento; dá na mesma. A explicação que ouvi foi que os prótons dão a um átomo sua identidade e os elétrons, sua personalidade.)

Os nêutrons não influenciam a identidade de um átomo, mas aumentam sua massa. O número de nêutrons costuma ser igual ao número de prótons, entretanto pode ser ligeiramente maior ou menor. Acrescentando-se um ou dois nêutrons, obtém-se um isótopo.[23] Os termos que você ouve associados às técnicas de datação em arqueologia referem-se a isótopos — carbono-14, por exemplo, que é um átomo de carbono com seis prótons e oito nêutrons (sendo catorze a soma dos dois).

Nêutrons e prótons ocupam o núcleo do átomo. O núcleo de um átomo é minúsculo — apenas um milionésimo de bilionésimo do volume pleno do átomo — mas fantasticamente denso, já que contém praticamente toda a massa dele.[24] Na comparação de Cropper, se um átomo fosse expandido até o tamanho de uma catedral, o núcleo teria mais ou menos o tamanho de uma mosca — mas uma mosca milhares de vezes mais pesada que a catedral.[25] Foi essa amplidão inequívoca e inesperada que deixou Rutherford encafifado em 1910.

Continua sendo espantoso o pensamento de que os átomos consistem, na maior parte, em espaço vazio e de que a solidez que sentimos à nossa volta é uma ilusão. Quando dois objetos se encontram no mundo real — bolas de bilhar costumam ser citadas como exemplo —, na verdade não atingem um ao outro. "Pelo contrário", como explica Timothy Ferris, "os campos negativamente carregados das duas bolas repelem-se mutuamente [...] Não fossem suas cargas elétricas, elas poderiam, à semelhança de galáxias, passar incólumes uma pela outra."[26] Quando você senta numa cadeira, não está realmente sentado nela, mas levitando sobre ela a uma altura de um angstrom (um centésimo milionésimo de centímetro), os seus elétrons e os da cadeira opondo-se implacavelmente a maiores intimidades.

A imagem que quase todos têm de um átomo é de um elétron ou dois voando em torno de um núcleo, como planetas orbitando em volta do Sol. Essa imagem foi criada em 1904, como uma mera conjectura brilhante, por um físico japonês chamado Hantaro Nagaoka. Ela é totalmente errada, mas perdura mesmo assim. Como Isaac Asimov gostava de observar, ela inspirou gerações de autores de ficção científica a criar histórias de mundos dentro de mundos, em que átomos se tornam sistemas solares minúsculos habitados, ou o nosso sistema solar se revela um mero cisco de algum sistema bem maior. Mesmo agora, o CERN, Centro Europeu de Pesquisa Nuclear, adota a imagem de Nagaoka como logotipo em seu site. Na verdade, como os físicos logo viriam a perceber, os elétrons não são como planetas em órbita, mas como as pás da hélice de um ventilador, preenchendo, em suas órbitas, todas as porções de espaço simultaneamente (com a diferença crucial de que as pás de um ventilador apenas *parecem* estar ao mesmo tempo em toda parte; os elétrons *estão*).

Desnecessário dizer que muito pouco disso era compreendido em 1910 e por muitos anos subsequentes. A descoberta de Rutherford apresentou alguns problemas grandes e imediatos. Um dos principais foi que um elétron não conseguiria orbitar em torno de um núcleo sem colidir com ele. Segundo a teoria eletrodinâmica convencional, um elétron em órbita rapidamente esgotaria sua energia — em apenas um instante ou algo próximo — e cairia em espiral para dentro do núcleo, com consequências desastrosas para ambos. Havia também o problema de como os prótons, com suas cargas positivas, conseguiam se reunir dentro do núcleo sem se destruírem ou destruírem o resto do átomo. Claramente, o que acontecia lá naquele mundo do muito pequeno não era governado pelas leis aplicáveis ao mundo macro onde residem nossas expectativas.

Ao começarem a mergulhar nesse domínio subatômico, os físicos perceberam que ele não era meramente diferente de tudo o que conheciam, mas diferente de tudo já imaginado. "Como o comportamento atômico é tão diferente da experiência comum", observou certa vez Richard Feynman, "é muito difícil acostumar-se com ele, e ele parece estranho e misterioso para todos, seja o físico novato ou experiente."[27] Quando Feynman fez esse comentário, os físicos já haviam tido meio século para se adaptarem à estranheza do comportamento atômico. Agora imagine como Rutherford e seus colegas devem ter se sentido no início da década de 1910, quando tudo aquilo era novidade.

Uma das pessoas que trabalhavam com Rutherford era um jovem dinamarquês gentil e afável chamado Niels Bohr. Em 1913, intrigado com a estrutura do átomo, Bohr teve uma ideia tão empolgante que adiou a lua de mel para escrever o que se tornou um artigo fundamental. Na impossibilidade de enxergar algo tão minúsculo como um átomo, os físicos tinham de tentar decifrar sua estrutura com base no comportamento que eles apresentavam em certos experimentos, como fizera Rutherford ao disparar partículas alfa contra uma folha de ouro. Às vezes, o que não surpreende, os resultados desses experimentos eram intrigantes. Um enigma que já durava muito tempo estava ligado às leituras de espectros dos comprimentos de onda do hidrogênio. Eles produziam padrões mostrando que átomos de hidrogênio emitiam energia em certos comprimentos de onda, mas não em outros. Era como se alguém mantido sob vigilância vivesse aparecendo em certos locais, porém jamais fosse observado se deslocando entre eles. Ninguém conseguia entender o porquê daquele fenômeno.

Foi refletindo sobre esse problema que Bohr foi acometido de uma solução e desatou a escrever seu artigo famoso. Denominado "Sobre as constituições de átomos e moléculas", o artigo explicava como os elétrons evitavam cair dentro dos núcleos, sugerindo que conseguiam ocupar somente certas órbitas bem definidas. De acordo com a nova teoria, um elétron, ao mudar de órbita, desaparecia de uma e reaparecia instantaneamente na outra *sem percorrer o espaço intermediário*. Claro que essa ideia — o famoso "salto quântico" — é totalmente estranha, mas era boa demais para não ser verdade. Além de evitar que os elétrons se precipitassem catastroficamente dentro do núcleo, explicava os comprimentos de onda desconcertantes do hidrogênio. Os elétrons só apareciam em certas órbitas porque só existiam em certas órbitas. Foi um insight fascinante que valeu a Bohr o prêmio Nobel de Física de 1922, um ano após Einstein receber o seu.

Nesse ínterim, o incansável Rutherford, agora de volta a Cambridge como sucessor de J. J. Thomson no comando do Laboratório Cavendish, criou um modelo que explicava por que os núcleos não explodiam. Ele viu que eles deviam ser contrabalançados por algum tipo de partículas neutralizantes, que chamou de nêutrons. A ideia era simples e atraente, mas nada fácil de provar. Um colega de Rutherford, James Chadwick, dedicou onze anos à busca sistemática de nêutrons, até enfim ter sucesso em 1932. Ele também recebeu o prêmio Nobel de Física, em 1935. Como observam Boorse e seus colegas em sua história do assunto, a demora da descoberta foi provavelmente algo muito benéfico, já que o domínio do nêutron era essencial ao desenvolvimento da bomba atômica.[28] (Por não terem carga, os nêutrons não são repelidos pelos campos elétricos no núcleo de um átomo, podendo assim ser disparados, como pequenos torpedos, contra um núcleo atômico, desencadeando o processo destrutivo conhecido como fissão.) Se o nêutron tivesse sido isolado na década de 1920, eles observam, "é bem provável que a bomba atômica tivesse sido desenvolvida primeiro na Europa, sem dúvida pelos alemães".

De certo modo, os europeus estavam ocupadíssimos tentando entender o comportamento estranho do elétron. O principal problema que eles enfrentavam era que o elétron às vezes se comportava feito uma partícula e outras vezes, feito uma onda. Essa dualidade impossível quase levou os físicos à loucura. Nos dez anos seguintes, por toda a Europa, eles quebraram a cabeça, escreveram furiosamente e ofereceram hipóteses concorrentes. Na França, o príncipe Louis-Victor de Broglie, nascido numa família ducal, descobriu que certas anomalias no comportamento dos elétrons desapareciam quando eles eram considerados ondas. A observação entusiasmou o austríaco Erwin Schrödinger, que introduziu alguns refinamentos jeitosos e concebeu um sistema conveniente chamado mecânica ondulatória. Mais ou menos na mesma época, o físico alemão Werner Heisenberg propôs uma teoria concorrente chamada mecânica matricial. Era matematicamente tão complexa que quase ninguém chegou a entendê-la, nem mesmo o próprio Heisenberg ("Eu nem sei direito o que *é* uma matriz", Heisenberg a certa altura confessou desesperado a um amigo),[29] mas ela parecia resolver certos problemas que as ondas de Schrödinger não conseguiam explicar.

O resultado foi que a física tinha duas teorias, baseadas em premissas conflitantes, que produziam os mesmos resultados. Uma situação impossível.

Finalmente, em 1926, Heisenberg propôs uma síntese célebre, produzindo uma nova disciplina que passou a ser conhecida como mecânica quântica. No seu âmago estava o princípio da incerteza de Heisenberg, que afirma que o elétron é uma partícula, mas uma partícula que pode ser descrita em termos de ondas. A incerteza em que se baseia a teoria é que podemos conhecer a trajetória de um elétron pelo espaço ou sua localização num dado instante, mas não podemos conhecer as duas coisas.* Qualquer tentativa de medir uma delas inevitavelmente perturbará a outra. Não se trata apenas da falta de instrumentos mais precisos; é uma propriedade imutável do universo.[30]

O que isso significa, na prática, é que não se consegue prever onde um elétron estará num dado momento. Só se consegue especificar a probabilidade de ele estar ali. Em certo sentido, como observou Dennis Overbye, um elétron não existe enquanto não é observado. Ou, em termos ligeiramente diferentes, até ele ser observado, deve-se considerar que um elétron está "simultaneamente em toda parte e em parte alguma".[31]

Se isso parece confuso, console-se com o fato de que também pareceu confuso para os físicos. Overbye observa: "Bohr certa vez comentou que uma pessoa que não ficasse indignada ao ouvir falar pela primeira vez na teoria quântica não entendera o que havia sido dito".[32] Heisenberg, quando lhe perguntaram como se podia imaginar um átomo, respondeu: "Melhor nem tentar".[33]

---

* Existe certa incerteza no uso da palavra *incerteza* no tocante ao princípio de Heisenberg. Michael Frayn, num posfácio à sua peça *Copenhagen*, observa que várias palavras em alemão — *Unsicherheit, Unschärfe, Unbestimmtheit* — têm sido usadas por diferentes tradutores, mas que nenhuma equivale exatamente ao inglês *uncertainty* [incerteza]. Frayn sugere que *indeterminacy* [indeterminação] seria uma palavra melhor para o princípio e *indeterminability* [indeterminabilidade] seria ainda melhor. Heisenberg costumava usar *Unbestimmtheit*.

Desse modo, o átomo acabou se revelando bem diferente da imagem que a maioria das pessoas havia criado. O elétron não voa em torno do núcleo como um planeta ao redor do Sol; ele assume o aspecto mais amorfo de uma nuvem. O átomo não é "fechado" por uma cápsula dura e reluzente, como as ilustrações às vezes nos levam a supor, mas simplesmente pela mais externa dessas nuvens indistintas de elétrons. A própria nuvem é, em essência, apenas uma zona de probabilidade estatística marcando a área além da qual o elétron apenas raramente se desgarra.[34] Portanto, se pudesse ser visto, um átomo seria mais parecido com uma bola de tênis muito indistinta do que com uma esfera metálica de superfície dura (mas não muito parecido com qualquer uma das duas, ou, na verdade, com qualquer coisa que você já viu; afinal, estamos lidando aqui com um mundo bem diferente daquele que vemos à nossa volta).

Parecia que a estranheza não tinha limite. Pela primeira vez, nas palavras de James Trefil, os cientistas encontraram "uma área do universo que nossos cérebros não estão programados para entender".[35] Ou, como expressou Feynman, "as coisas em pequena escala em *nada* se comportam como as coisas em grande escala".[36] À medida que investigavam mais profundamente, os físicos percebiam que haviam encontrado um mundo onde não apenas os elétrons podiam saltar de uma órbita para outra sem atravessar qualquer espaço intermediário, como um em que a matéria podia surgir do nada — "contanto", nas palavras de Alan Lightman, do MIT, "que desaparecesse de novo com pressa suficiente".[37]

Talvez a mais impressionante das improbabilidades quânticas seja a ideia, resultante do Princípio da Exclusão de Wolfgang Pauli, de 1925, de que as partículas subatômicas em certos pares, mesmo quando separadas pelas maiores distâncias, conseguem instantaneamente "saber" o que a outra está fazendo. As partículas possuem uma qualidade chamada *spin*, e, de acordo com a teoria quântica, no momento em que se determina o *spin* de uma partícula, sua partícula irmã, por mais distante que esteja, imediatamente começará a girar (*spin*) na direção oposta, à mesma velocidade.

É como se, nas palavras do autor de textos de ciência Lawrence Joseph, houvesse duas bolas de sinuca idênticas, uma em Ohio, nos Estados Unidos, e a outra em Fiji, na Oceania, e no instante em que se pusesse em movimento uma delas, a outra imediatamente girasse na direção contrária exatamente à mesma velocidade.[38] O notável é que o fenômeno foi comprovado em 1997, quando físicos da Universidade de Genebra enviaram fótons por onze quilômetros em direções opostas e demonstraram que a interferência num deles provocava uma resposta instantânea no outro.[39]

As coisas atingiram tal paroxismo que, em uma conferência, Bohr observou, a respeito de uma teoria nova, que a questão não era se ela era maluca, mas se era suficientemente maluca. Para ilustrar a natureza não intuitiva do mundo quântico, Schrödinger apresentou a famosa experiência imaginária em que um gato hipotético era encerrado numa caixa com um átomo de uma substância radioativa ligado a uma ampola de ácido hidrociânico. Se a partícula se degradasse em uma hora, desencadearia um mecanismo que romperia a ampola e envenenaria o gato. Caso contrário, o gato sobreviveria. No entanto, não era possível saber o que acontecia na caixa, de modo que a única opção, cientificamente, era considerar o gato como 100% vivo e 100% morto ao mesmo tempo. Isso significa, como observou Stephen Hawking com um toque de entusiasmo compreensível, que não é possível "prever eventos futuros exatamente, quando nem sequer se consegue medir com precisão o estado presente do universo!".[40]

Devido às suas esquisitices, muitos físicos não gostaram da teoria quântica ou, pelo menos, de certos aspectos dela, e mais do que todos Einstein. Isso foi mais do que uma ironia, já que fora ele, em seu *annus mirabilis* de 1905, quem havia explicado de modo tão persuasivo como os fótons de luz podiam às vezes se comportar como partículas, e outras vezes, como ondas — a noção central da nova física. "A teoria quântica é bem digna de consideração", ele observou polidamente, mas na verdade não gostava dela. "Deus não joga dados", ele disse.*

Einstein não suportava a ideia de que Deus pudesse criar um universo onde certas coisas seriam para sempre incognoscíveis. Além disso, a ideia de ação à distância — de que uma partícula pudesse instantaneamente influenciar outra a trilhões de quilômetros de distância — constituía uma violação flagrante da teoria da relatividade restrita. Ela decretava expressamente que nada poderia ultrapassar a velocidade da luz; porém, alguns físicos insistiam em que, de algum modo, no nível subatômico, as informações poderiam.

---

* Ou pelo menos essa é a versão corrente. As palavras exatas foram: "Parece difícil espreitar as cartas de Deus. Mas que Ele jogue dados e use métodos 'telepáticos' [...] é algo em que não consigo acreditar em momento algum".

(Ninguém, por sinal, jamais explicou como as partículas conseguem essa proeza. Os cientistas têm enfrentado o problema, de acordo com o físico Yakir Aharanov, "não pensando sobre ele".)[41]

Acima de tudo, havia o problema de que a física quântica introduzia um nível de desordem que antes não existia. De repente, eram necessários dois conjuntos de leis para explicar o comportamento do universo: a teoria quântica para o mundo do muito pequeno e a relatividade para o universo maior além. A gravidade da teoria da relatividade era brilhante em explicar por que os planetas orbitavam ao redor de sóis ou por que as galáxias tendiam a se aglomerar, mas não exercia nenhuma influência no nível das partículas. Para explicar o que mantinha os átomos aglutinados, outras forças eram necessárias, e, na década de 1930, duas foram descobertas: a força nuclear forte e a força nuclear fraca. A forte aglutina os átomos; é ela que permite aos prótons conviverem nos núcleos. A fraca desempenha tarefas mais variadas, predominantemente ligadas ao controle da velocidade de certos tipos de decaimento radioativo.

A força nuclear fraca, apesar do nome, é 10 bilhões de bilhões de bilhões de vezes mais forte que a gravidade,[42] e a força nuclear forte é ainda mais poderosa — muito mais, de fato —, mas a influência dessas forças estende-se apenas a distâncias minúsculas. O domínio da força forte chega a apenas cerca de 1/100 mil do diâmetro de um átomo.[43] Por isso os núcleos dos átomos são tão compactos e densos, e elementos com núcleos grandes e apinhados tendem a ser tão instáveis: a força forte simplesmente não consegue dar conta de todos os prótons.

O resultado de tudo isso é que a física acabou tendo dois corpos de leis — um para o mundo do muito pequeno, outro para o universo como um todo — vivendo vidas totalmente distintas. Isso também desagradou a Einstein. Ele dedicou o resto da vida à busca de uma maneira de resolver esses dilemas por meio de uma grande teoria unificada, sem sucesso, contudo.[44] De tempos em tempos, ele achava que tinha encontrado, mas no final a coisa desandava. Com o passar do tempo, Einstein ficou cada vez mais marginalizado, até lastimado. Quase sem exceção, escreveu Snow, "seus colegas pensavam, e ainda pensam, que ele desperdiçou a segunda metade da vida".

Em outras partes, porém, um progresso real vinha sendo obtido. Em meados da década de 1940, os cientistas chegaram a um ponto em que compreendiam o átomo num nível profundíssimo — como demonstraram, com excesso de eficácia, em agosto de 1945, explodindo um par de bombas atômicas sobre o Japão.

Àquela altura, nada mais compreensível do que os físicos acharem que haviam acabado de conquistar o átomo. Na verdade, tudo na física das partículas estava em via de se tornar bem mais complicado. Mas antes de tratarmos dessa aventura ligeiramente fatigante, temos de atualizar outra vertente de nossa história abordando um episódio importante e salutar de avareza, fraude, má ciência, várias mortes desnecessárias e a determinação definitiva da idade da Terra.

10. A ameaça do chumbo

No final da década de 1940, um estudante de pós-graduação da Universidade de Chicago chamado Clair Patterson, nascido no meio rural de Iowa, estava empregando um método novo de medição por isótopo de chumbo para tentar descobrir enfim a idade definitiva da Terra. Infelizmente, todas as suas amostras acabaram contaminadas — em níveis absurdos. A maioria continha cerca de duzentas vezes os níveis de chumbo normalmente esperados. Decorreriam muitos anos até Patterson descobrir que o culpado era um lamentável inventor de Ohio chamado Thomas Midgley Jr.

Midgley era formado em engenharia, e o mundo teria sem dúvida sido um lugar mais seguro se ele tivesse seguido essa carreira. Em vez disso, desenvolveu um interesse nas aplicações industriais da química. Em 1921, trabalhando para a General Motors Research Corporation, em Dayton, Ohio, Midgley investigou um composto químico denominado chumbo tetraetila e descobriu que ele reduzia substancialmente a vibração conhecida como batida do motor.

Embora todos conhecessem seus perigos, no início do século xx, o chumbo podia ser encontrado em todo tipo de produto de consumo. Os alimentos vinham em latas fechadas com solda de chumbo. A água costumava ser armazenada em tanques revestidos de chumbo. Na forma de arseniato de chumbo, era borrifado nas frutas como pesticida. O chumbo fazia parte até do acondicionamento dos tubos de dentifrício. Dificilmente um produto deixava de trazer um pouco de chumbo para a vida dos consumidores. No entanto, nada o tornou mais familiar do que seu acréscimo à gasolina.

O chumbo é uma neurotoxina. Absorvido em excesso, pode danificar irreparavelmente o cérebro e o sistema nervoso central. Entre os muitos sintomas associados à superexposição ao chumbo estão cegueira, insônia, insuficiência renal, perda de audição, câncer, paralisias e convulsões.[1] Em sua forma mais aguda, ele produz alucinações abruptas e aterrorizantes, que perturbam igualmente vítimas e expectadores, em geral levando ao coma e à morte. O chumbo no organismo é muito nocivo.

Por outro lado, ele era fácil de extrair e manusear, e quase constrangedoramente lucrativo de produzir em escala industrial — e o chumbo tetraetila de fato impedia os motores de baterem. Desse modo, em 1923, três das maiores corporações dos Estados Unidos — General Motors, Du Pont e Standard Oil de Nova Jersey — formaram uma joint-venture, com o nome de Ethyl Gasoline Corporation (mais tarde reduzido para Ethyl Corporation) com vistas a produzir tanto chumbo tetraetila quanto o mundo estava disposto a comprar — uma quantidade enorme, ao que se revelou. Eles chamaram seu aditivo de "etilo" porque soava mais amigável e menos tóxico do que "chumbo", e lançaram-no para consumo público (de mais maneiras do que a maioria das pessoas percebia) em 1º de fevereiro de 1923.

Quase imediatamente, os operários da produção passaram a exibir o andar cambaleante e as faculdades mentais confusas de quem se envenenou. Também quase imediatamente, a Ethyl Corporation embarcou numa política de negação calma mas inflexível que lhe seria útil durante décadas. Como observa Sharon Bertsch McGrayne em sua absorvente história da química industrial, *Prometheans in the lab* [Prometeicos no laboratório], quando os funcionários de uma fábrica desenvolviam delírios irreversíveis, um porta-voz impertubável informava aos repórteres: "Esses homens provavelmente enlouqueceram porque trabalharam demais".[2] No todo, pelo menos quinze trabalhadores morreram no início da produção de gasolina com chumbo e um sem-número de outros adoeceu, muitas vezes violentamente. O número exato é desconhecido, porque a empresa quase sempre conseguia abafar notícias de vazamentos e envenenamentos embaraçosos. Às vezes, porém, suprimir as notícias se tornava impossível, mais marcadamente em 1924, quando, em questão de dias, cinco trabalhadores da produção morreram e outros 35 foram transformados em pilhas de nervos vacilantes em uma única instalação mal ventilada.

Com a circulação de rumores sobre os perigos do novo produto, o entusiasmado inventor do etil, Thomas Midgley, decidiu realizar uma demonstração aos repórteres para desfazer suas preocupações. Enquanto discorria sobre o compromisso da empresa com a segurança, despejou chumbo tetraetila nas mãos e, em seguida, segurou uma proveta com o produto sob o nariz por sessenta segundos, garantindo que poderia repetir o procedimento todos os dias sem perigo. Na verdade, Midgley conhecia perfeitamente os riscos do envenenamento por chumbo: ele próprio adoecera gravemente devido à superexposição, alguns meses antes, e, exceto na demonstração aos jornalistas, evitava na medida do possível o contato com a substância.[3]

Entusiasmado com o sucesso da gasolina com chumbo, Midgley voltou-se para outro problema tecnológico da época. Os refrigeradores na década de 1920 costumavam ser terrivelmente arriscados, porque usavam gases perigosos que às vezes vazavam. Um vazamento num refrigerador em um hospital em Cleveland, Ohio, em 1929, matou mais de cem pessoas.[4] Midgley resolveu criar um gás que fosse estável, não inflamável, não corrosivo e seguro de respirar. Como que misteriosamente predestinado a criar coisas nefastas, ele inventou os clorofluorcarbonos, ou CFCs.

Raramente um produto industrial foi adotado com maior rapidez e com resultados tão desastrosos. Os CFCs entraram em produção no início da década de 1930 e encontraram mil aplicações em tudo, de ares-condicionados de carros a sprays de desodorantes, até que se descobrisse, meio século depois, que estavam devorando o ozônio da estratosfera. Você deve saber que isso não foi bom.

O ozônio é uma forma de oxigênio em que cada molécula porta três átomos de oxigênio, em vez de dois. Trata-se de uma excentricidade química, já que no nível do solo ele é um poluente, enquanto lá em cima na estratosfera é benéfico, pois absorve a radiação ultravioleta perigosa. No entanto, o ozônio benéfico não é terrivelmente abundante. Se distribuído de maneira uniforme pela estratosfera, formaria uma camada com apenas uns dois milímetros de espessura. Daí ser tão facilmente perturbável, e essas perturbações não levarem muito tempo para se tornarem críticas.

Os clorofluorcarbonos tampouco são abundantes — constituem apenas cerca de uma parte por bilhão da atmosfera como um todo —, mas são extravagantemente destrutivos. Um quilo de CFCs consegue capturar e aniquilar 70 mil quilos de ozônio atmosférico.[5] Os CFCs perduram por longo tempo — cerca de um século em média —, causando destruição enquanto isso. Eles também são grandes esponjas de calor. Uma única molécula de CFC é cerca de 10 mil vezes mais eficiente em exacerbar os efeitos estufa do que uma molécula de dióxido de carbono[6] — e é claro que o dióxido de carbono não é nada lento como um gás de estufa. Em suma, os clorofluorcarbonos podem acabar se revelando uma das piores invenções do século XX.

Midgley não veio a saber disso tudo, porque morreu muito antes de qualquer pessoa perceber quão destrutivos eram os CFCs. Sua morte foi memoravelmente incomum.[7] Após sofrer de paralisia devido à poliomielite, Midgley inventou um dispositivo envolvendo uma série de roldanas motorizadas que automaticamente o levantavam e o viravam na cama. Em 1944, ele ficou embaraçado nas cordas, quando a máquina entrou em ação, e foi estrangulado.

Se alguém estivesse interessado em descobrir a idade das coisas, a Universidade de Chicago na década de 1940 seria o lugar certo. Willard Libby estava em via de inventar a datação por radiocarbono, permitindo aos cientistas obter uma ideia exata da idade de ossos e outros restos orgânicos, algo que jamais haviam conseguido antes. Até aquela época, as datas mais antigas em que se podia confiar não iam além da Primeira Dinastia no Egito, de cerca de 3000 a. C.[8] Ninguém conseguia dizer com certeza, por exemplo, quando os últimos lençóis de gelo recuaram ou em que período do passado o homem de Cro-Magnon decorou as cavernas de Lascaux, na França.

A ideia de Libby foi tão útil que lhe valeria um prêmio Nobel em 1960. Ele baseou-se na percepção de que todos os seres vivos possuem, dentro deles, um isótopo do carbono denominado carbono-14, que começa a decair a uma taxa mensurável no instante em que eles morrem. O carbono-14 possui uma meia-vida — tempo decorrido para metade de qualquer amostra desaparecer — de cerca de 5600 anos. Assim, calculando o grau de decaimento de dada amostra de carbono, Libby conseguia obter uma boa solução para a idade de um objeto — embora apenas até certo ponto. Após oito meias-vidas, somente 0,39% do carbono radioativo permanece, muito pouco para uma medição confiável, de modo que a datação por radiocarbono funciona apenas para objetos com até cerca de 40 mil anos.[9]

É curioso que, exatamente quando a técnica estava se difundindo, algumas falhas tenham se tornado aparentes. Em primeiro lugar, descobriu-se que um dos componentes básicos da fórmula de Libby, conhecido como constante de decaimento, estava uns 3% errada. Àquela altura, porém, milhares de medições haviam sido realizadas mundo afora. Em vez de corrigir cada uma, os cientistas decidiram manter a constante inexata. "Desse modo", observa Tim Flannery, "cada datação por radiocarbono bruta que se obtém atualmente está cerca de 3% prematura."[10] Os problemas não pararam por aí. Logo se descobriu também que amostras de carbono-14 podem ser facilmente contaminadas por carbono de outras fontes — um pedaço minúsculo de matéria vegetal, por exemplo, que tenha sido coletada com a amostra sem ser notada. Para amostras mais novas — aquelas com menos de 20 mil anos —, uma ligeira contaminação nem sempre importa tanto, mas para amostras mais antigas ela pode representar um grave problema, devido ao número reduzido de átomos remanescentes sendo contados. O primeiro caso, recorrendo a um exemplo de Flannery, é como errar por um dólar ao contar mil;[11] o segundo caso é mais como errar por um dólar quando você só tem dois dólares para contar.

O método de Libby também se baseava no pressuposto de que a quantidade de carbono-14 na atmosfera e sua taxa de absorção pelos seres vivos têm sido uniformes através da história. Na verdade, não é bem assim. Sabemos agora que o volume de carbono-14 atmosférico varia dependendo de quão bem o magnetismo da Terra está defletindo os raios cósmicos, e isso pode variar muito ao longo do tempo. Portanto, algumas datas de carbono-14 são mais dúbias do que outras, particularmente em torno da época em que pessoas vieram pela primeira vez para as Américas, uma das razões pelas quais a questão é tão controversa.[12]

Por fim, e de modo talvez um tanto inesperado, a datação pode ser prejudicada por fatores externos aparentemente alheios, tais como as dietas daqueles cujos ossos estão sendo examinados. Um caso recente envolveu o antigo debate sobre a sífilis: ela se originou no Novo ou no Velho Mundo?[13] Arqueólogos em Hull, no Norte da Inglaterra, descobriram que os monges do cemitério de um mosteiro sofreram de sífilis, mas a conclusão inicial de que isso ocorrera antes da viagem de Colombo foi posta em dúvida pela observação de que eles haviam comido muito peixe, o que poderia fazer seus ossos parecerem mais velhos. Os monges podem perfeitamente ter tido sífilis, mas como a contraíram, e quando, permanece um mistério torturante.

Devido às deficiências acumuladas do carbono-14, os cientistas conceberam outros métodos para datar materiais antigos, entre eles a termoluminescência, que mede elétrons presos em barro, e a ressonância do *spin* eletrônico, que envolve o bombardeamento de uma amostra com ondas eletromagnéticas e a medição das vibrações dos elétrons. Entretanto, mesmo os melhores métodos não conseguiam datar nada com mais de 200 mil anos, nem materiais inorgânicos como rochas, justo o que você precisa para calcular a idade de seu planeta.

Os problemas da datação de rochas eram tantos que, a certa altura, quase todo mundo havia desistido dela. Não fosse um professor inglês determinado chamado Arthur Holmes, a tentativa poderia ter sido totalmente abandonada.

Holmes foi heroico tanto pelos obstáculos que superou como pelos resultados que atingiu. Na década de 1920, quando ele estava no auge da carreira, a geologia havia saído de moda — a física era a nova onda do momento — e faltavam fontes de financiamento, em particular na Grã-Bretanha, seu berço espiritual. Na Universidade de Durham, Holmes foi, por muitos anos, o departamento de geologia inteiro. Não raro, tinha de pedir emprestado ou improvisar equipamentos a fim de realizar suas datações radiométricas das rochas. A certa altura, seus cálculos tiveram de ser interrompidos por um ano, enquanto ele aguardava que a universidade fornecesse uma simples máquina de calcular. Vez ou outra, ele tinha de abandonar a vida acadêmica para conseguir sustentar a família — durante algum tempo, dirigiu uma loja de raridades em Newcastle upon Tyne — e houve ocasiões em que nem sequer conseguiu pagar a taxa anual de cinco libras da Geological Society.

A técnica que Holmes utilizou em seu trabalho era teoricamente simples e surgiu diretamente do processo, observado pela primeira vez por Ernest Rutherford em 1904, pelo qual alguns átomos decaem de um elemento em outro a uma velocidade suficientemente previsível para que eles sejam usados como relógios. Caso seja conhecido o tempo que o potássio-40 leva para se tornar argônio-40 e medidas as quantidades de cada substância em uma amostra, é possível calcular a idade do material. A contribuição de Holmes foi medir a taxa de decaimento do urânio em chumbo a fim de calcular a idade das rochas e, assim — ele esperava —, a da Terra.

Mas havia muitas dificuldades técnicas a superar. Holmes também precisava de aparelhos sofisticados que permitissem medições precisas de amostras minúsculas, e já vimos suas dificuldades para conseguir uma reles máquina de calcular. Portanto, tratou-se de uma façanha quando, em 1946, ele conseguiu anunciar, com certa confiança, que a Terra tinha pelo menos 3 bilhões de anos de idade e possivelmente ainda mais. Por infelicidade, ele esbarrara em um novo obstáculo formidável: o conservadorismo dos colegas cientistas.[14] Embora não hesitassem em elogiar sua metodologia, muitos sustentaram que ele não havia descoberto a idade da Terra, mas apenas a idade dos materiais de que a Terra se formou.

Justamente nessa época, Harrison Brown, da Universidade de Chicago, desenvolveu um método novo de contar isótopos de chumbo em rochas ígneas (aquelas criadas por aquecimento, e não por depósito de sedimentos). Percebendo que o trabalho seria excessivamente tedioso, entregou-o ao jovem Clair Patterson como tese de doutorado. É famosa sua promessa a Patterson de que determinar a idade da Terra com seu novo método seria "sopa". Na verdade, levaria anos.

Patterson começou a trabalhar no projeto em 1948. Comparada com a contribuição heroica de Thomas Midgley à marcha do progresso, a descoberta da idade da Terra por Patterson possui um toque de anticlímax. Durante sete anos, primeiro na Universidade de Chicago e depois no California Institute of Technology (para onde se transferiu em 1952), ele trabalhou num laboratório esterilizado, fazendo medições muito precisas das taxas de chumbo/urânio em amostras de rochas antigas cuidadosamente selecionadas.

O problema da medição da idade da Terra era que se precisava de rochas extremamente antigas, contendo cristais portadores de chumbo e urânio mais ou menos tão antigos quanto o próprio planeta — é óbvio que rochas muito mais novas forneceriam datas enganosamente recentes. Mas rochas antigas de fato são difíceis de encontrar na Terra. No final da década de 1940, ninguém entendia por que eram tão raras. É incrível que só quando já estávamos em plena era espacial alguém tenha conseguido dar uma explicação plausível para o sumiço delas (a solução está na tectônica das placas, que veremos adiante). Patterson teve de tentar explicar as coisas contando com materiais bem limitados. Até que lhe ocorreu a ideia engenhosa de contornar a escassez de rochas utilizando material de fora da Terra. Ele se voltou para os meteoritos.

Seu pressuposto — bem ousado, mas correto, ao que se revelou — foi que muitos meteoritos são, em essência, restos dos materiais de construção dos primórdios do sistema solar que conseguiram preservar uma química interior mais ou menos intacta. Medindo-se a idade dessas rochas errantes, obter-se-ia também a idade (suficientemente próxima) da Terra.

Como sempre, nada foi tão simples como esta descrição superficial leva a crer. Os meteoritos não são abundantes, e amostras meteoríticas não são fáceis de obter. Além disso, a técnica de medição de Brown revelou-se extremamente sensível e precisou de muitos refinamentos. Acima de tudo, havia o problema de que as amostras de Patterson eram constante e inexplicavelmente contaminadas por grandes doses de chumbo atmosférico sempre que expostas ao ar. Isso acabou fazendo com que ele criasse um laboratório esterilizado — o primeiro do mundo, de acordo com pelo menos um relato.[15]

Patterson despendeu sete anos de trabalho paciente apenas para reunir amostras adequadas para o teste final. Na primavera de 1953, viajou até o Argonne National Laboratory, em Illinois, onde pôde utilizar a última palavra em espectrógrafo de massa, uma máquina capaz de detectar e medir as quantidades mínimas de urânio e chumbo encerradas em cristais antigos. Quando enfim obteve os resultados, Patterson, de tão excitado, dirigiu seu carro direto até a casa onde crescera, em Iowa, e pediu à mãe que o internasse num hospital, achando que estivesse tendo um ataque cardíaco.

Logo depois, num encontro em Wisconsin, Patterson anunciou uma idade definitiva para a Terra de 4550 milhões de anos (com uma margem de erro de mais ou menos 70 milhões de anos) — "uma cifra que permanece inalterada passados cinquenta anos", como observa com admiração McGrayne.[16] Após duzentos anos de tentativas, a Terra enfim possuía uma idade.

Cumprida sua missão principal, Patterson voltou a atenção à questão importuna de todo aquele chumbo na atmosfera. Ele se espantou ao descobrir que o pouco que se sabia sobre os efeitos do chumbo nos seres humanos era quase invariavelmente errôneo ou enganador — o que não surpreendia, ele descobriu, já que durante quarenta anos todos os estudos dos efeitos do chumbo haviam sido financiados exclusivamente pelos fabricantes de aditivos de chumbo.

Num daqueles estudos, um médico sem nenhum treinamento especializado em patologia química realizou um programa de cinco anos em que se pediu a voluntários que respirassem ou engolissem grandes quantidades de chumbo. Depois a urina e as fezes dessas cobaias foram examinadas.[17] Infelizmente, como o médico parece ter ignorado, o chumbo não é excretado como produto residual. Ao contrário, acumula-se nos ossos e no sangue — daí ser tão perigoso —, e nem os ossos nem o sangue foram examinados. O resultado foi a aprovação do chumbo como inofensivo à saúde.

Patterson logo constatou que tínhamos muito chumbo na atmosfera — continuamos tendo, na verdade, já que o chumbo nunca desaparece — e que cerca de 90% parecia advir dos canos de descarga dos automóveis, mas não conseguiu provar isso.[18] Ele precisava de um meio de comparar os níveis de chumbo na atmosfera naquele momento com os que existiam antes de 1923, quando foi introduzido o chumbo tetraetila. Ocorreu-lhe que núcleos de gelo poderiam fornecer a resposta.

Sabia-se que a neve que cai em lugares como a Groenlândia se acumula em camadas anuais distintas (porque diferenças sazonais de temperatura produzem mudanças ligeiras na coloração do inverno para o verão). Contando retroativamente essas camadas e medindo a quantidade de chumbo em cada uma delas, Patterson poderia calcular as concentrações globais de chumbo em qualquer época por centenas, ou mesmo milhares, de anos. A ideia tornou-se a base dos estudos de núcleos de gelo, em que se fundamenta grande parte do trabalho climatológico moderno.[19]

O que Patterson descobriu foi que antes de 1923 quase não havia chumbo na atmosfera, e desde aquela época seu nível crescera de forma contínua e perigosa. Sua missão de vida era fazer com que o chumbo fosse eliminado da gasolina. Para isso, tornou-se um crítico constante e, muitas vezes, ruidoso da indústria do chumbo e seus interesses.

A campanha se mostraria infernal. A Ethyl era uma corporação global poderosa, com muitos amigos em altos cargos. (Entre seus diretores estiveram o juiz da Suprema Corte Lewis Powell e Gilbert Grosvenor, da National Geographic Society.) Patterson de repente viu suas verbas de pesquisa serem suspensas ou negadas. O American Petroleum Institute cancelou um contrato de pesquisa com ele, bem como o Serviço de Saúde Pública dos Estados Unidos, uma instituição do governo supostamente neutra.

À medida que Patterson se tornava incômodo, a direção de sua instituição via-se repetidamente pressionada pelos executivos da indústria do chumbo a calá-lo ou demiti-lo. De acordo com Jamie Lincoln Kitman, escrevendo em *The Nation* em 2000, os executivos da Ethyl supostamente ofereceram o patrocínio de uma cátedra no Caltech "se Patterson fosse posto na rua".[20] Absurdamente, ele foi excluído do painel do Conselho Nacional de Pesquisa americano de 1971 para investigar os perigos do envenenamento atmosférico por chumbo, embora fosse então sem dúvida o maior especialista em chumbo atmosférico.

Patterson tem o mérito de nunca ter hesitado nem cedido. Seus esforços acabaram levando à promulgação do Clean Air Act, lei antipoluição atmosférica de 1970, e finalmente à suspensão da venda de gasolina com chumbo nos Estados Unidos em 1986. Quase de imediato, os níveis de chumbo no sangue dos norte-americanos caíram 80%.[21] Mas como o chumbo fica para sempre, quem está vivo hoje possui cerca de 625 vezes mais chumbo no sangue do que a população de um século atrás.[22] A quantidade de chumbo na atmosfera também continua aumentando, sem nenhum impedimento legal, cerca de 100 mil toneladas métricas ao ano, como resultado principalmente da mineração, da fundição e de atividades industriais.[23] Os Estados Unidos também proibiram o chumbo na pintura de interiores, "44 anos depois da maior parte da Europa", como observa McGrayne.[24] O incrível é que, dada a sua espantosa toxicidade, a solda de chumbo só tenha sido removida dos recipientes de alimentos norte-americanos em 1993.

Quanto à Ethyl Corporation, continua firme e forte, embora a GM, a Standard Oil e a Du Pont não tenham mais participação acionária. (Elas venderam suas ações para uma empresa chamada Albemarle Paper em 1962.) Segundo McGrayne, em fevereiro de 2001, a Ethyl ainda alegava "que as pesquisas não conseguiram mostrar que a gasolina com chumbo representa uma ameaça à saúde humana ou ao meio ambiente".[25] Em seu site, a história da empresa não faz nenhuma menção ao chumbo — ou mesmo a Thomas Midgley —; menciona-se simplesmente que o produto original continha "uma certa combinação de substâncias químicas".

A Ethyl deixou de produzir gasolina com chumbo, embora, de acordo com os demonstrativos da empresa de 2001, o chumbo tetraetila ainda representasse 25,1 milhões de dólares em vendas em 2000 (de um total de 795 milhões de dólares), valor superior aos 24,1 milhões de dólares em 1999, mas bem distantes dos 117 milhões de dólares em 1998. No relatório, a empresa afirmou sua determinação de "maximizar o caixa gerado pelo chumbo tetraetila enquanto seu uso continua caindo ao redor do mundo". A Ethyl comercializa o chumbo tetraetila por meio de um contrato com a Associated Octel, da Inglaterra.

Quanto à outra praga legada por Thomas Midgley, os clorofluorcarbonos foram proibidos em 1974 nos Estados Unidos, mas eles são diabólicos, e o que você dispersou na atmosfera antes dessa data (nos desodorantes e laquês, por exemplo) continuará devorando o ozônio anos depois de você ter se livrado da embalagem.[26] O pior é que ainda introduzimos grandes quantidades de CFCs na atmosfera a cada ano.[27] De acordo com Wayne Biddle, 27 mil toneladas do produto, no valor de 1,5 bilhão de dólares, chegam ao mercado anualmente. Quem está produzindo? Os Estados Unidos — quer dizer, muitas multinacionais norte-americanas produzem o gás em suas fábricas no exterior. Ele só será proibido nos países do Terceiro Mundo em 2010.

Clair Patterson morreu em 1995. Ele não ganhou o prêmio Nobel por seu trabalho. Geólogos nunca ganham. O mais intrigante é que ele não ficou famoso, e seu meio século de realizações regulares e cada vez mais altruístas não recebeu muita atenção. É bem possível que ele tenha sido o geólogo mais influente do século XX. No entanto, quem é que ouviu falar de Clair Patterson? A maioria dos livros didáticos de geologia não o menciona. Dois livros populares recentes sobre a história da datação da Terra chegam a grafar errado seu nome.[28] No início de 2001, um resenhista de um desses livros, na revista *Nature*, cometeu o erro adicional e um tanto espantoso de achar que Patterson fosse uma mulher.[29]

Em todo caso, graças ao trabalho de Clair Patterson, em 1953 todos podiam concordar com a idade da Terra. O único problema foi que ela era bem mais antiga que o universo que a continha.

11. Física das partículas

Em 1911, um cientista britânico chamado C. T. R. Wilson estava estudando as formações de nuvens, subindo com regularidade ao topo de Ben Nevis, uma montanha escocesa notoriamente úmida, quando lhe ocorreu que devia existir uma forma mais fácil de estudar as nuvens.[1] De volta ao Laboratório Cavendish, em Cambridge, ele construiu uma câmara de nuvens artificial — um dispositivo simples em que podia esfriar e umedecer o ar, criando um modelo razoável de uma nuvem em condições de laboratório.

O dispositivo funcionou muito bem, mas teve um benefício adicional inesperado. Ao se acelerar uma particular alfa através da câmara para provocar chuva em suas nuvens artificiais, ela deixou um rastro visível — como o rastro de fumaça de um avião. Ele acabara de inventar o detector de partículas. Aquilo fornecia provas convincentes de que as partículas subatômicas realmente existiam.

Com o tempo, dois outros cientistas de Cavendish inventaram um dispositivo de feixes de prótons mais poderoso, enquanto na Califórnia Ernest Lawrence, em Berkeley, produzia seu famoso e impressionante cíclotron, ou desintegrador de átomos, nome sugestivo pelo qual foi por muito tempo conhecido. Todos esses aparelhos funcionavam — e continuam funcionando até hoje — com base mais ou menos no mesmo princípio: a ideia é acelerar um próton ou outra partícula carregada até uma velocidade elevadíssima ao longo de uma trilha (às vezes circular, outras vezes linear), depois fazê-lo colidir com outra partícula e ver o que acontece. Daí o nome "desintegradores de átomos". Não era uma aplicação muito sutil da ciência, mas costumava ser eficaz.

À medida que construíam máquinas maiores e mais ambiciosas, os físicos começaram a encontrar ou postular partículas ou famílias de partículas aparentemente ilimitadas: múons, píons, híperons, mésons, mésons-K, bósons de Higgs, bósons vetoriais intermediários, bárions, táquions. Os próprios físicos ficaram pouco à vontade. "Jovem", Enrico Fermi respondeu quando um aluno perguntou o nome de uma partícula específica, "se eu conseguisse lembrar os nomes dessas partículas, teria sido botânico."[2]

Hoje em dia, os aceleradores têm nomes que soam como alguma arma das aventuras de Flash Gordon: o supersíncrotron de prótons, o grande colisor de elétrons e pósitrons, o grande colisor de hádrons, o colisor relativístico de íons pesados. Usando quantidades enormes de energia (alguns funcionam somente a altas horas da noite para não provocar quedas de tensão nas cidades vizinhas), conseguem impelir partículas a um tal estado de excitação que um único elétron consegue dar 47 mil voltas por um túnel de 7 quilômetros em um segundo.[3] Surgiram temores de que, em seu entusiasmo, os cientistas pudessem inadvertidamente criar um buraco negro ou mesmo algo denominado "*quarks* estranhos", que poderiam, na teoria, interagir com outras partículas subatômicas e propagar-se incontrolavelmente. Se você está conseguindo ler este livro, é porque isso não aconteceu.

Descobrir partículas exige certa dose de concentração. Além de minúsculas e rápidas, elas também são terrivelmente evanescentes. Partículas podem surgir e desaparecer em apenas 0,000000000000000000000001 segundo (10^{-24}). Mesmo as mais morosas dentre as partículas instáveis não sobrevivem mais de 0,0000001 de segundo (10^{-7}).[4]

Algumas partículas são quase absurdamente esquivas. A cada segundo, a Terra é visitada por 10 mil trilhões de trilhões de neutrinos minúsculos, quase desprovidos de massa (a maioria liberada pela combustão nuclear do Sol), e praticamente todos atravessam o planeta e tudo o que ele contém, inclusive eu e você, como se nada disso existisse. Para capturar apenas uns poucos, os cientistas necessitam de tanques contendo até 57 mil metros cúbicos de água pesada (água com abundância relativa de deutério) em câmaras subterrâneas (geralmente minas desativadas) onde não sofrem a interferência de outros tipos de radiação.

Muito ocasionalmente, um neutrino de passagem colidirá com um dos núcleos atômicos da água e produzirá um pequeno jato de energia. Os cientistas contam os jatos e, por esse meio, aproximam-nos um pouco mais da compreensão das propriedades fundamentais do universo. Em 1998, observadores japoneses relataram que os neutrinos possuem massa, mas não muita — cerca de um décimo de milionésimo da massa do elétron.[5]

A condição necessária para descobrir partículas atualmente é dinheiro, e muito. Existe um curiosa relação inversa na física moderna entre a pequenez da partícula visada e a escala das instalações requeridas para a procura. O CERN, o Centro Europeu de Pesquisa Nuclear, é como uma pequena cidade. Situado na fronteira da França com a Suíça, emprega 3 mil pessoas e ocupa uma área de alguns quilômetros quadrados. O CERN orgulha-se de um conjunto de ímãs que pesa mais que a Torre Eiffel e um túnel subterrâneo com uns 26 quilômetros de circunferência.

Fragmentar átomos, como observou James Trefil, é fácil.[6] Você o faz cada vez que liga uma lâmpada fluorescente. Fragmentar núcleos de átomos, porém, requer muito dinheiro e um suprimento generoso de eletricidade. Descer ao nível dos *quarks* — as partículas que constituem partículas — requer ainda mais: trilhões de volts de eletricidade e o orçamento de uma nação centro-americana pequena. O novo grande colisor de hádrons do CERN, que deve entrar em operação em 2005, alcançará 14 trilhões de volts de energia, e sua construção custará mais de 1,5 bilhão de dólares.[7]*

Mas essas cifras não são nada comparadas com a energia e os gastos que seriam atingidos pelo vasto e agora infelizmente abandonado supercolisor supercondutor, que começou a ser construído perto de Waxahachie, Texas, na década de 1980, até o Congresso norte-americano entrar em rota de supercolisão com ele. A intenção do colisor era permitir aos cientistas sondarem "a natureza fundamental da matéria", como costuma ser dito, recriando o máximo possível as condições do universo durante seu primeiro décimo de trilionésimo

---

* Todos esses esforços dispendiosos têm alguns efeitos colaterais práticos. A World Wide Web é um desdobramento do CERN. Ela foi inventada por um cientista dessa organização, Tim Berners-Lee, em 1989.

de segundo. O plano era arremessar partículas por um túnel de 84 quilômetros de comprimento, atingindo uma cifra realmente descomunal de 99 trilhões de volts de energia. Era um plano grandioso, mas sua construção também teria custado 8 bilhões de dólares (cifra que acabou subindo para 10 bilhões de dólares) e sua operação anual demandaria centenas de milhões de dólares.

Talvez num dos maiores exemplos de dinheiro jogado fora da história, o Congresso norte-americano gastou 2 bilhões de dólares no projeto, mas cancelou-o em 1993, depois que 22 quilômetros de túnel haviam sido cavados. Portanto, o Texas ostenta o buraco mais caro do universo. O local é, segundo informações de meu amigo Jeff Guinn, do *Fort Worth Star-Telegram*, "essencialmente um grande descampado pontilhado, ao seu redor, por uma série de cidadezinhas desapontadas".[8]

Desde a debacle do supercolisor, os físicos das partículas têm se mostrado mais modestos, no entanto mesmo projetos relativamente simples podem ser tremendamente caros comparados com... quase tudo. A construção de um observatório de neutrinos proposta para a antiga Mina Homestake, em Lead, Dakota do Sul, custaria 500 milhões de dólares — e veja que a mina já está cavada —, sem falar nos custos de operação anual.[9] Haveria também "custos de conversão geral" de 281 milhões de dólares. Um acelerador de partículas em Fermilab, Illinois, custou 260 milhões de dólares só para ser reequipado.[10]

A física das partículas, em suma, é um empreendimento dispendiosíssimo, mas produtivo. Atualmente, a contagem das partículas está bem acima das 150, com mais umas cem de cuja existência se suspeita, mas infelizmente, nas palavras de Richard Feynman, "é muito difícil entender os relacionamentos de todas elas, e qual é sua função na natureza, ou quais as ligações entre uma e outra".[11] Inevitavelmente, cada vez que conseguimos destrancar uma caixa, encontramos em seu interior outra caixa trancada. Algumas pessoas acreditam que existem partículas chamadas táquions, capazes de ultrapassar a velocidade da luz.[12] Outras gostariam de encontrar grávitons — a sede da gravidade. Em que ponto atingimos a base irredutível, não é fácil saber. Carl Sagan, em *Cosmos*, levantou a possibilidade de que, se descesse até um elétron, você descobriria que ele continha um universo próprio, lembrando todas aquelas histórias de ficção científica dos anos de 1950.

"Dentro dele, organizadas no equivalente local de galáxias e estruturas menores, está um número imenso de outras partículas elementares bem menores, que são, por sua vez, universos no próximo nível, e assim por diante para sempre — uma regressão descendente infinita, universos dentro de universos, incessantemente. E para cima também."[13]

Para a maioria de nós, trata-se de um mundo que desafia a compreensão. Para ler um guia ainda que elementar de física das partículas hoje em dia, é preciso enfrentar emaranhados verbais como: "O píon e o antipíon carregados decaem respectivamente em um múon mais antineutrino e um antimúon mais neutrino com uma meia-vida média de $2,603 \times 10^{-8}$ segundos, o píon neutro decai em dois prótons com uma meia-vida de cerca de $0,8 \times 10^{-16}$ segundos, e o múon e o antimúon decaem respectivamente em...".[14] E assim por diante — isso num livro para o leitor leigo de um dos intérpretes (normalmente) mais lúcidos, Steven Weinberg.

Na década de 1960, numa tentativa de trazer um pouco de simplicidade à questão, Murray Gell-Mann, físico do Caltech, inventou uma nova classe de partículas, essencialmente, nas palavras de Steven Weinberg, "para devolver certa economia à multidão de hádrons"[15] — termo coletivo usado pelos físicos para prótons, nêutrons e outras partículas governadas pela força nuclear forte. A teoria de Gell-Mann era que todos os hádrons eram compostos de partículas ainda menores, ainda mais fundamentais. Seu colega Richard Feynman queria chamar essas partículas básicas novas de *pártons*, em homenagem à superstar Dolly Parton, mas foi voto vencido.[16] Em vez disso, elas se tornaram conhecidas como *quarks*.

Gell-Mann extraiu o nome de uma frase de *Finnegans Wake*, de James Joyce: "Three quarks for Muster Mark!" [Três grasnadas para Muster Mark!]. A simplicidade fundamental dos *quarks* teve vida breve. À medida que se tornaram mais bem conhecidos, foi necessário introduzir subdivisões. Embora pequenos demais para terem cor, sabor ou quaisquer outras características físicas reconhecíveis por nós, os *quarks* foram agrupados em seis categorias — *up, down, strange, charm, top* e *bottom* [acima, abaixo, estranho, charme, superior, inferior] — a que os físicos estranhamente se referem como seus "sabores", e são divididos ainda nas cores vermelha, verde e azul. (Suspeita-se que não foi por mera coincidência que esses termos foram pela primeira vez aplicados na Califórnia na época do psicodelismo.)

De tudo isso acabou emergindo o denominado Modelo Padrão, que é essencialmente uma espécie de kit de peças para o mundo subatômico.[17] O

Modelo Padrão consiste em seis *quarks*, seis léptons, cinco bósons conhecidos e um sexto postulado, o bóson de Higgs (em homenagem ao cientista escocês Peter Higgs), mais três dentre as quatro forças físicas: as forças nucleares forte e fraca e o eletromagnetismo.

O esquema, em essência, é que entre os constituintes básicos da matéria estão os *quarks*; eles são mantidos coesos por partículas chamadas glúons; e, juntos, *quarks* e glúons formam prótons e nêutrons, o material do núcleo dos átomos. Os léptons são a fonte de elétrons e neutrinos. *Quarks* e léptons juntos são chamados de férmions. Bósons (em homenagem ao físico indiano S. N. Bose) são partículas que produzem e transmitem forças, e incluem fótons e glúons.[18] O bóson de Higgs pode ou não existir realmente; ele foi inventado apenas como um meio de dotar partículas de massa.

Como você pode ver, a coisa é um tanto difícil de manejar, mas é o modelo mais simples capaz de explicar tudo o que acontece no mundo das partículas. A maioria dos físicos das partículas acha, como observou Leon Lederman em um documentário televisivo de 1985, que o Modelo Padrão carece de elegância e simplicidade. "Ele é complicado demais. Possui excesso de parâmetros arbitrários", disse Lederman. "Não imaginamos realmente o criador girando vinte botões para definir vinte parâmetros a fim de criar o universo que conhecemos."[19] A física não passa de uma busca da simplicidade derradeira, porém até agora tudo o que temos é uma espécie de desordem elegante — ou, nas palavras de Lederman: "Há uma sensação profunda de que o quadro não é bonito".

O Modelo Padrão não é apenas tosco, ele é incompleto. Em primeiro lugar, não diz absolutamente nada sobre a gravidade. Por mais que esquadrinhe o Modelo Padrão, você não encontrará nada que explique por que, quando põe um chapéu sobre uma mesa, ele não flutua até o teto. Tampouco, como acabamos de observar, consegue explicar a massa. Para dotar as partículas de alguma massa, temos de introduzir o imaginário bóson de Higgs;[20] se ele realmente existe, é uma questão para a física do século XXI. Como observou com bom humor Feynman: "Assim, estamos empacados numa teoria, e nem sequer sabemos se está certa ou errada, mas sabemos que está um *pouco* errada, ou pelo menos incompleta".[21]

Numa tentativa de pôr ordem na casa, os físicos propuseram algo denominado teoria das supercordas. Ela postula que todas aquelas coisinhas como *quarks* e léptons, antes consideradas partículas, na verdade são "cordas" — vibrações de energia que oscilam em onze dimensões: as três que conhecemos, mais o tempo e sete outras dimensões desconhecidas.[22] As cordas são minúsculas o suficiente para parecerem partículas puntiformes.[23]

Ao introduzir dimensões extras, a teoria das supercordas permite que os físicos reúnam as leis quânticas e gravitacionais em um só pacote relativamente organizado, mas também faz com que tudo o que os cientistas dizem sobre a teoria fique parecendo conversa de loucos num banco de praça. Aqui está, por exemplo, uma explicação do físico Michio Kaku da estrutura do universo da perspectiva das supercordas:

> "A corda heterótica consiste em uma corda fechada que possui dois tipos de vibração, nos sentidos horário e anti-horário, que são tratadas diferentemente. As vibrações no sentido horário vivem em um espaço decadimensional. Aquelas no sentido anti-horário vivem em um espaço de 26 dimensões, das quais dezesseis foram compactadas. (Lembramos que no espaço pentadimensional original de Kaluza, a quinta dimensão foi compactada ao ser enrolada num círculo.)"[24]

E assim por diante, por umas 350 páginas. A teoria das cordas gerou ainda algo denominado "teoria M", que incorpora superfícies conhecidas como membranas — ou simplesmente "branas" no jargão do mundo da física.[25] Creio que essa seja a parada da estrada do conhecimento onde a maioria de nós tem de saltar. Eis uma frase do *New York Times* explicando isso da forma mais simples possível a um público leigo:

> "O processo ekpirótico começa no passado distante e indefinido com um par de branas vazias e planas paralelas entre si em um espaço pentadimensional arqueado. As duas branas, que formam as paredes da quinta dimensão, podem ter surgido do nada como uma flutuação quântica no passado ainda mais distante e depois se afastado".[26]

Não dá para discutir isso. Nem para entender. *Ekpirótico*, por sinal, deriva da palavra grega para "conflagração". As coisas na física atingiram tal paroxismo que, como observou Paul Davies na *Nature*, é "quase impossível para o não cientista distinguir entre o legitimamente bizarro e a loucura pura e simples".[27]

De forma interessante, a questão chegou ao ponto crítico no outono de 2001, quando dois físicos franceses, os irmãos gêmeos Igor e Grickha Bogdanov, produziram uma teoria ambiciosamente densa envolvendo conceitos como "tempo imaginário" e a "condição de Kubo-Schwinger-Martin", com o propósito de descrever o nada do universo antes do *big-bang* — período que sempre se supôs incognoscível (já que antecedeu o surgimento da física e suas propriedades).[28]

Quase imediatamente, o artigo dos Bogdanov provocou um debate entre os físicos: era um disparate, uma obra de gênios ou uma fraude? "Cientificamente, está claro que é mais ou menos um absurdo total", o físico da Universidade Columbia Peter Woit declarou ao *New York Times*, "mas atualmente isso não o distingue muito de grande parte da literatura restante."

Karl Popper, que Steven Weinberg certa vez chamou de "o decano dos filósofos da ciência modernos", sugeriu que talvez não exista uma teoria definitiva da física — talvez cada explicação possa requerer uma explicação adicional, produzindo "uma cadeia infinita de princípios cada vez mais fundamentais".[29] Um possibilidade contrária é que tal conhecimento esteja simplesmente fora do nosso alcance. "Até agora, felizmente", escreve Weinberg em *Dreams of a final theory* [Sonhos de uma teoria final], "os nossos recursos intelectuais não parecem estar chegando ao fim."[30]

Quase certamente essa é uma área que verá novos avanços do pensamento, e quase certamente esses pensamentos estarão de novo além da compreensão da maioria de nós.

Enquanto os físicos das décadas de meados do século XX olhavam perplexos para o mundo do muito pequeno, os astrônomos se espantavam igualmente com as lacunas no conhecimento do universo como um todo.

No nosso último encontro com Edwin Hubble, ele havia descoberto que quase todas as galáxias do nosso campo de visão estão se afastando de nós, e que a velocidade e a distância desse afastamento são perfeitamente proporcionais: quanto mais distante a galáxia, mais rapidamente ela se afasta. Hubble percebeu que isso podia ser expresso por uma equação simples, $Ho = v/d$ (onde Ho é a constante, v é a velocidade de afastamento de uma galáxia e d é a distância entre ela e nós). Ho passou a ser conhecida desde então como a constante de Hubble e o todo, como a Lei de Hubble. Usando sua fórmula,

Hubble calculou que o universo tinha cerca de 2 bilhões de anos de idade,[31] o que era um tanto estranho, já que, mesmo no final da década de 1920, estava claro que muitas coisas dentro do universo — inclusive a própria Terra — eram provavelmente mais antigas do que isso. O refinamento dessa cifra tem sido uma preocupação constante da cosmologia.

A constante de Hubble praticamente só tem de constante o desacordo quanto ao valor que se deve atribuir a ela. Em 1956, astrônomos descobriram que as variáveis cefeidas eram mais variáveis do que haviam pensado; elas apresentavam duas variedades, em vez de uma. Com isso, foi possível refazer os cálculos e obter uma nova idade para o universo: entre 7 e 20 bilhões de anos — não muito precisa, mas pelo menos velha o suficiente para abarcar a formação da Terra.[32]

Nos anos que se seguiram, uma discussão prolongada irrompeu entre Allan Sandage, sucessor de Hubble no Monte Wilson, e Gérard de Vaucouleurs, astrônomo da Universidade do Texas nascido na França.[33] Sandage, após anos de cálculos cuidadosos, chegou a um valor de 50 para a constante de Hubble, dando ao universo uma idade de 20 bilhões de anos. De Vaucouleurs estava igualmente convencido de que a constante de Hubble tinha valor 100.* Com isso, o universo teria apenas metade do tamanho e da idade calculados por Sandage: 10 bilhões de anos. A incerteza aumentou ainda mais quando, em 1994, uma equipe dos Observatórios Carnegie, na Califórnia, usando medidas do telescópio espacial Hubble, sugeriu que o universo podia ter apenas 8 bilhões de anos — idade que até eles admitiram ser inferior à de algumas estrelas no universo. Em fevereiro de 2003, uma equipe da NASA e do Goddard Space Flight Center, em Maryland, usando um novo tipo de satélite

---

* Nada mais natural do que você se perguntar o que significa exatamente uma constante de Hubble de "valor 50" ou "valor 100". A resposta está nas unidades de medida astronômicas. A não ser coloquialmente, os astrônomos não utilizam anos-luz. Eles usam uma distância chamada *parsec* (uma contração de *paralaxe* e da palavra inglesa *second*, "segundo"), baseados em uma medida universal denominada paralaxe estelar, que equivale a 3,26 anos-luz. Distâncias realmente grandes, como o tamanho do universo, são medidas em megaparsecs: 1 milhão de parsecs. A constante é expressada em termos de quilômetros por segundo por megaparsec. Desse modo, quando os astrônomos se referem a uma constante de Hubble de 50, o que querem dizer é "cinquenta quilômetros por segundo por megaparsec". Para a maioria de nós, trata-se de uma medida que não faz sentido, mas nas medições astronômicas as distâncias são tão enormes que chegam a não fazer sentido.

de longo alcance chamado Wilkinson Microwave Anistropy Probe, anunciou com certa confiança que a idade do universo era de 13,7 bilhões de anos, com margem de erro de cerca de 100 milhões de anos para mais ou para menos. A questão está nesse pé, pelo menos por ora.[34]

O que dificulta a obtenção de uma cifra definitiva é a existência de uma margem enorme para interpretação. Imagine-se num campo à noite tentando calcular a distância de duas lâmpadas elétricas afastadas. Usando ferramentas da astronomia razoavelmente diretas, você pode concluir com facilidade que as lâmpadas possuem o mesmo brilho e que uma está, digamos, 50% mais distante do que a outra. Mas o que você não sabe ao certo é se a luz mais próxima é, digamos, uma lâmpada de 58 watts a 37 metros de distância ou uma luz de 61 watts a 36,5 metros de distância. Além disso tudo, é preciso deixar uma margem para distorções causadas por variações da atmosfera na Terra, poeira intergaláctica, luz contaminadora de estrelas mais próximas e muitos outros fatores. O resultado é que seus cálculos necessariamente se baseiam em uma série de pressupostos, qualquer um dos quais podendo ser uma fonte de controvérsia. Existe também o problema de que o acesso aos telescópios é sempre escasso e, historicamente, medir o desvio para o vermelho tem sido particularmente caro em termos de tempo de telescópio. Pode ser necessária uma noite inteira para obter uma única exposição. Em consequência, os astrônomos às vezes se veem impelidos (ou se mostram dispostos) a basear conclusões em indícios notadamente escassos. Em cosmologia, como insinuou o jornalista Geoffrey Carr, temos "uma montanha de teoria construída sobre um montículo de indícios".[35] Ou, nas palavras de Martin Rees: "Nossa satisfação atual [com nosso estado de compreensão] pode refletir a escassez de dados, e não a excelência da teoria".[36]

Essa incerteza aplica-se, por sinal, tanto a coisas relativamente próximas como aos confins do universo. Como observa o astrônomo Donald Goldsmith, quando os astrônomos afirmam que a galáxia M87 está a 60 milhões de anos-luz de distância, o que querem de fato dizer ("mas não costumam enfatizar para o público em geral") é que ela está a algo entre 40 milhões e 90 milhões de anos-luz de distância — o que não é exatamente a mesma coisa.[37] Para o universo em geral, o problema naturalmente se amplifica. Levando-se em conta tudo isso, a aposta mais segura hoje para a idade do universo parece estar na faixa de 12 bilhões a 13,5 bilhões de anos, mas continuamos longe da unanimidade.

Uma teoria interessante apresentada recentemente é que o universo não é tão grande como pensávamos: quando olhamos à distância, algumas galáxias que vemos podem não passar de reflexos, imagens-fantasma criadas pelo ricochete da luz.

O fato é que existe muita coisa, mesmo num nível tão fundamental, que não sabemos — inclusive de que se constitui o universo. Quando os cientistas calculam a quantidade de matéria necessária para manter a coesão do mundo, sempre se decepcionam desesperadamente. Parece que pelo menos 90% do universo, e talvez até 99%, compõe-se da "matéria escura" de Fritz Zwicky — matéria, por sua natureza, invisível para nós. É meio sinistro pensar que vivemos num universo cuja maior parte não conseguimos ver, mas fazer o quê? Pelo menos os nomes dos dois principais suspeitos são divertidos: eles são chamados de WIMP* (*Weakly Interacting Massive Particle*, Partícula de Grande Massa que Interage Fracamente, que são pontos de matéria invisível remanescente do *big-bang*) ou MACHO (*Massive Compact Halo Object*, Objeto com Halo Compacto e de Grande Massa, apenas outro nome para buracos negros, anões marrons e outras estrelas muito fracas).

Os físicos das partículas tendem a preferir a explicação corpuscular das WIMPs, enquanto os astrofísicos preferem a explicação estelar dos Machos. Por algum tempo, os Machos desfrutaram da supremacia, contudo não se encontrou uma quantidade suficiente deles, de modo que a preferência voltou para as WIMPs, mas com o problema de que nenhuma chegou a ser encontrada. Por interagirem fracamente, elas são (supondo que existam de fato) muito difíceis de detectar. Os raios cósmicos causariam interferência demais. Por isso, os cientistas precisam ir para baixo da terra. A um quilômetro embaixo da terra, os bombardeamentos cósmicos seriam 1 milhão de vezes mais fracos do que à superfície. Entretanto, mesmo acrescentando tudo isso, "dois terços do universo continuam faltando no balanço final", nas palavras de um comentarista.[38] Por ora, poderíamos perfeitamente chamá-las de DUNNOS** (*Dark Unknown Nonreflective Nondetectable Objects Somewhere*, Objetos Escuros Desconhecidos Não Reflexivos Não Detectáveis Algures).

---

* *Wimp* é o contrário de macho: um fracote. (N. T.)
** *Dunno* é uma gíria em inglês que significa "Sei lá!". (N. T.)

Indícios recentes mostram que as galáxias do universo estão se afastando de nós a uma velocidade que está se acelerando. Isso contraria todas as expectativas. Aparentemente o universo pode estar preenchido não apenas com matéria escura, mas com energia escura. Os cientistas às vezes também a chamam de energia do vácuo ou, mais exoticamente, quintessência. Seja lá o que for, parece estar provocando uma expansão que ninguém consegue explicar totalmente. A teoria é que o espaço vazio não está tão vazio assim: partículas de matéria e antimatéria surgem e desaparecem, impelindo o universo para fora a uma velocidade crescente.[39] Por incrível que pareça, a única coisa que resolve tudo isso é a constante cosmológica de Einstein[40] — o pedacinho de matemática que ele inseriu na teoria da relatividade geral para deter a suposta expansão do universo e que considerou "o maior erro da minha vida". Parece que ele pode ter acertado, afinal de contas.

O resultado disso tudo é que vivemos num universo cuja idade não conseguimos calcular exatamente, cercados de estrelas cujas distâncias não sabemos totalmente, repleto de matéria que não conseguimos identificar, operando de acordo com leis físicas cujas propriedades não compreendemos realmente.

Depois dessa observação inquietante, retornemos ao Planeta Terra e examinemos algo que *enfim* compreendemos — embora a esta altura você não se surpreenda ao saber que tal compreensão é incompleta e só foi adquirida recentemente.

12. A Terra irrequieta

Em um de seus últimos atos profissionais antes de morrer em 1955, Albert Einstein escreveu um prefácio curto, mas ardente, para um livro de um geólogo chamado Charles Hapgood intitulado *Earth shifting crust: a key to some basic problems of Earth science* [A crosta móvel da Terra: uma chave para alguns problemas básicos da ciência da Terra]. O livro de Hapgood era uma crítica demolidora à ideia de que os continentes estavam em movimento. Num tom que quase convidava o leitor a se divertir com ele, Hapgood observou que algumas almas crédulas haviam detectado "uma correspondência aparente entre as formas de certos continentes".[1] Afigurava-se, ele prosseguia, "que a América do Sul poderia se encaixar na África, e assim por diante. Chega-se a alegar que as formações rochosas dos dois lados do Atlântico coincidem".

O sr. Hapgood descartou sumariamente quaisquer daquelas ideias; registrou que os geólogos K. E. Caster e J. C. Mendes haviam realizado um amplo trabalho de campo dos dois lados do Atlântico e concluído, sem sombra de dúvida, que tais semelhanças não existiam. Só Deus sabe quais afloramentos Caster e Mendes examinaram, porque de fato muitas formações rochosas dos dois lados do Atlântico *são* idênticas — não apenas muito semelhantes, mas idênticas.

Essa não era uma ideia cara ao sr. Hapgood ou a muitos outros geólogos da época. A teoria que ele criticava foi originalmente proposta em 1908 por um geólogo norte-americano amador chamado Frank Bursley Taylor. Proveniente de uma família abastada, Taylor desfrutava de meios financeiros, além da liberdade das restrições acadêmicas, para seguir linhas de investigação não convencionais. Ele foi uma daquelas pessoas que se impressionaram com a semelhança de formas entre as costas fronteiras da África e da América do Sul, e com base nessas observações desenvolveu a ideia de que os continentes haviam outrora se movimentado. Ele sugeriu — de maneira visionária, como se revelou — que a pressão dos continentes uns de encontro aos outros poderia ter formado as cadeias de montanhas da Terra. No entanto, ele não conseguiu apresentar indícios suficientes, e a teoria foi considerada excêntrica demais para ser levada a sério.

Contudo, na Alemanha, um teórico chamado Alfred Wegener, um meteorologista da Universidade de Marburg, gostou da ideia de Taylor e apropriou-se dela. Wegener investigava as muitas anomalias vegetais e fósseis que não se enquadravam facilmente no modelo padrão da história da Terra e percebeu que pouca coisa fazia sentido se convencionalmente interpretada. Fósseis de animais com frequência apareciam em lados opostos de oceanos largos demais para que pudessem ter sido transpostos a nado. Como, ele se perguntou, os marsupiais se deslocaram da América do Sul para a Austrália? Como caracóis idênticos puderam aparecer na Escandinávia e na Nova Inglaterra? Ainda por cima, como explicar camadas de carvão e outros vestígios semitropicais em pontos gelados como o arquipélago de Spitsbergen, 600 quilômetros ao norte da Noruega, visto que eles não tinham como migrar para lá de climas mais quentes?

Wegener desenvolveu a teoria de que os continentes do mundo formaram no passado uma única massa de terra a que chamou de Pangeia, onde flora e fauna tiveram a oportunidade de se mesclar, antes que os continentes se separassem e flutuassem até suas posições atuais. Ele juntou tudo isso em um livro chamado *Die Entstehung der Kontinente und Ozeane*, ou *A origem dos continentes e oceanos*, publicado em alemão, em 1912 e — apesar da irrupção da Primeira Guerra Mundial nesse ínterim — em inglês, três anos depois.

Devido à guerra, a teoria de Wegener de início não atraiu muita atenção, mas, em 1920, quando ele apresentou uma edição revista e ampliada, rapidamente tornou-se objeto de discussão. Todos concordavam que os continentes se moviam — mas para cima e para baixo, não para os lados. O processo de movimento vertical, conhecido como isostasia, foi base das crenças geológicas durante gerações, embora ninguém apresentasse nenhuma teoria adequada de como ou por que aquilo acontecia. Uma ideia, que continuava nos livros didáticos no meu tempo de escola, era a teoria da maçã assada proposta pelo austríaco Eduard Suess pouco antes da virada do século. Segundo essa teoria, à medida que a Terra fundida esfriou, ficou enrugada à maneira de uma maçã assada, criando as bacias dos oceanos e as cadeias de montanhas. Não importava que James Hutton tivesse mostrado, muito tempo antes, que qualquer desses esquemas estáticos acabaria resultando em um esferoide sem acidentes, à medida que a erosão nivelasse as saliências e preenchesse as reentrâncias. Havia também o problema, demonstrado por Rutherford e Soddy no início do século, de que os elementos terrestres continham reservas enormes de calor — calor demais para permitir o tipo de resfriamento e enrugamento que Suess sugeria. De qualquer modo, se a teoria de Suess estivesse correta, as montanhas estariam uniformemente distribuídas pela face da Terra, o que sem dúvida não ocorria, e teriam mais ou menos a mesma idade. Ora, no início do século XX já era evidente que algumas cadeias, como os Urais e os Apalaches, eram centenas de milhões de anos mais antigas do que outras como os Alpes e as montanhas Rochosas. Com certeza, a época era propícia a uma teoria nova. Infelizmente, para os geólogos, Alfred Wegener não era o tipo de pessoa ideal para fornecê-la.

Para início de conversa, suas noções radicais questionavam os fundamentos de sua disciplina, uma forma nada eficaz de conquistar um público. Um tal desafio já teria sido bastante penoso vindo de um geólogo, mas Wegener não tinha nenhuma formação em geologia. Ele era meteorologista. Um homem do tempo — um homem do tempo alemão. Não dava para engolir tantos defeitos.

Desse modo, os geólogos não pouparam esforços para descartar os indícios e desqualificar as sugestões de Wegener. Para contornar os problemas das distribuições dos fósseis, eles postularam "pontes de terra" antigas onde quer que se fizessem necessárias.[2] Quando se descobriu que um cavalo antigo denominado *Hipparon* vivera na França e na Flórida ao mesmo tempo, uma ponte de terra foi traçada através do Atlântico. Quando se percebeu que tapires antigos existiram simultaneamente na América do Sul e no Sudeste Asiático, uma ponte de terra foi traçada também ali. Logo os mapas dos oceanos pré-históricos estavam coalhados de pontes de terra hipotéticas: da América do Norte à Europa, do Brasil à África, do Sudeste Asiático à Austrália, da Austrália à Antártida. Essas ligações arbitrárias, além de surgirem convenientemente quando era necessário transferir um organismo vivo de uma massa terrestre para outra, depois desapareciam por milagre sem deixar nenhum vestígio. Embora sem o respaldo de indícios substanciais — algo inadmissível em ciência —, essa continuou sendo a ortodoxia geológica pelos cinquenta anos seguintes.

Mesmo as pontes de terra não davam conta de explicar certas coisas.[3] Descobriu-se que uma espécie de trilobito bastante conhecida na Europa também viveu em Terra Nova — mas de um lado apenas. Ninguém dispunha de uma explicação plausível para o fato de ter transposto mais de 3 mil quilômetros de oceano hostil, e depois não conseguir atravessar uma ilha de 300 quilômetros de largura. Ainda mais anômala era outra espécie de trilobito encontrada na Europa e no noroeste do Pacífico, mas em nenhum outro ponto intermediário, o que teria exigido, mais do que uma ponte de terra, um verdadeiro elevado. No entanto, ainda em 1964, quando a *Encyclopaedia Britannica* discutiu as teorias rivais, a de Wegener é que foi considerada cheia de "graves e numerosas dificuldades teóricas".[4]

Temos de admitir que Wegener cometeu erros. Ele afirmou que a Groenlândia está se deslocando para oeste cerca de 1,6 quilômetro ao ano, o que é sem dúvida absurdo (mais exato seria dizer um centímetro). Acima de tudo, ele não ofereceu uma explicação convincente para o modo como as massas de terra se deslocavam. Para acreditar em sua teoria, alguém teria de aceitar que continentes gigantescos de alguma maneira conseguiam abrir caminho em crosta sólida, como um arado no solo, sem deixar nenhum sulco em sua esteira. Nada do que se conhecia então explicou de forma plausível o que propelia aqueles movimentos maciços.

Foi Arthur Holmes, o geólogo inglês que tanto contribuiu para calcular a idade da Terra, quem sugeriu uma solução possível. Holmes foi o primeiro cientista a entender que o aquecimento radioativo poderia produzir correntes de convecção no interior do planeta. Em teoria, elas poderiam ser suficientemente poderosas para fazer os continentes deslizarem sobre a superfície. Em seu livro popular e influente, *Principles of physical geology*, publicado originalmente em 1944, Holmes expôs uma teoria da deriva continental que, em seus fundamentos, é a mesma que prevalece hoje. Era uma proposta ainda radical para a época e que foi amplamente criticada, em particular nos Estados Unidos, onde a resistência à deriva durou mais que em outros lugares. Um resenhista americano reclamou, sem nenhuma ironia evidente, que Holmes apresentava seus argumentos de forma tão clara e irresistível que os estudantes poderiam realmente vir a acreditar neles.[5]

Em outros lugares, porém, a teoria nova obteve um apoio constante, ainda que cauteloso. Em 1950, uma votação no encontro anual da Associação Britânica para o Progresso da Ciência mostrou que cerca de metade dos presentes aceitava a ideia da deriva continental.[6] (Hapgood logo depois citou essa cifra como uma prova de quão tragicamente equivocados estavam os geólogos britânicos.) Curiosamente, o próprio Holmes às vezes hesitava em sua convicção. Em 1953, ele confessou: "Nunca consegui me libertar de um preconceito torturante contra a deriva continental; em minha intuição geológica, por assim dizer, sinto que a hipótese é uma fantasia".[7]

A deriva continental não ficou totalmente sem apoio nos Estados Unidos. Reginald Daly, de Harvard, defendeu-a, mas ele, talvez você se lembre, foi o homem que sugeriu que a Lua se formou de um impacto cósmico, e suas ideias tendiam a ser consideradas interessantes, até meritórias, contudo um tanto exuberantes para serem levadas a sério. Desse modo, a maioria dos acadêmicos americanos ateve-se à crença de que os continentes sempre ocuparam posições que ocupam hoje e que as características de sua superfície podiam ser atribuídas a algo diferente de movimentos laterais.

O curioso é que os geólogos das companhias petrolíferas sabiam de longa data que, para encontrar petróleo, era preciso levar em conta exatamente o tipo de movimentos de superfície implicados pela tectônica das placas.[8] Mas os geólogos dessas companhias não escreviam artigos acadêmicos; eles se limitavam a encontrar petróleo.

Havia outro grande problema com as teorias da Terra que ninguém havia resolvido ou sequer chegado perto de resolver. Era a questão de para onde iam todos os sedimentos. Todo ano, os rios da Terra carregavam volumes enormes de material erodido — 500 milhões de toneladas de cálcio, por exemplo — para o mar. Multiplicando-se a taxa de depósito pelo número de anos em que isso vinha acontecendo, encontrava-se uma cifra perturbadora: devia haver quase vinte quilômetros de sedimentos no fundo do oceano. Em outras palavras, o fundo do oceano deveria estar agora bem acima da superfície. Os cientistas enfrentavam esse paradoxo da forma mais prática possível: ignorando-o. Mas chegou um ponto em que não puderam mais agir assim.

Na Segunda Guerra Mundial, um mineralogista da Universidade de Princeton, chamado Harry Hess, foi posto no comando de um navio de transporte de tropas, o USS *Cape Johnson*. A nau possuía a bordo uma sonda de profundidade sofisticada e nova, projetada para facilitar as manobras de aproximação da costa.[9] Mas Hess percebeu que o aparelho também poderia ser usado para fins científicos e nunca o desligava, mesmo em alto-mar ou no calor da batalha. O que ele descobriu foi totalmente inesperado. Se o fundo do oceano era antigo, como todos supunham, deveria estar coberto de uma camada grossa de sedimentos, como o lodo no fundo de um rio ou lago. Entretanto, as sondagens de Hess mostraram que o fundo do oceano tinha de tudo, menos a uniformidade pegajosa de sedimentos antigos. Estava repleto de cânions, trincheiras e fendas, e pontilhado de montanhas submarinas vulcânicas que ele denominou *guyot*, em homenagem a um geólogo de Princeton chamado Arnold Guyot.[10] Tudo aquilo era um enigma, porém Hess tinha uma guerra para enfrentar, e colocou esses pensamentos em segundo plano.

Após a guerra, Hess retornou a Princeton e às preocupações com o magistério, mas os mistérios do fundo do mar continuavam ocupando um espaço em seus pensamentos. Naquele ínterim, ao longo da década de 1950, os oceanógrafos vinham efetuando sondagens cada vez mais sofisticadas do fundo dos oceanos. Nessas sondagens, depararam com uma surpresa ainda maior: a cadeia de montanhas mais elevada e extensa da Terra estava — na maior parte — embaixo d'água. Ela seguia um caminho contínuo ao longo dos leitos dos oceanos do mundo, como a costura em uma bola de beisebol. Começando pela Islândia, era possível segui-la para baixo até o centro do oceano Atlântico, ao redor do sul da África, pelo oceano Índico e ao sul, na direção do Pacífico e sob a Austrália; ali ele seguia obliquamente pelo Pacífico como que dirigindo-se à península mexicana da Baixa Califórnia, antes de se precipitar costa oeste dos Estados Unidos acima até o Alasca. Ocasionalmente, seus picos mais altos surgiam sobre as águas como uma ilha ou arquipélago — os Açores e as ilhas Canárias, no Atlântico, e o Havaí, no Pacífico, por exemplo —, mas na maior parte jaziam soterrados, desconhecidos e insuspeitados, sob milhares de braças de mar salgado. Somando-se todas as suas ramificações, a rede estendia-se por 75 mil quilômetros.

Um pouquinho disso já era conhecido havia algum tempo. No século XIX, as pessoas que instalavam cabos submarinos perceberam que, no meio do Atlântico, algum tipo de montanha interferia no caminho dos cabos, mas a natureza contínua e a escala global da cadeia constituíram uma grande surpresa. Além disso, ela continha anomalias físicas inexplicáveis. No meio da cadeia do Atlântico havia um cânion — uma fenda — com até vinte quilômetros de largura e extensão total de 19 mil quilômetros. Parecia que a Terra estava se rompendo nas costuras, como uma noz saindo da casca. Era uma noção absurda e intimidante, contudo os dados não podiam ser negados.

Em 1960, amostras do núcleo revelaram que o leito do oceano era totalmente novo na cadeia do meio do Atlântico, mas envelhecia progressivamente com o afastamento para leste ou oeste. Harry Hess refletiu sobre o assunto e percebeu que só podia haver uma explicação: uma crosta oceânica nova estava se formando dos dois lados da fenda central, depois pressionada para as laterais com o surgimento de uma nova crosta atrás. O fundo do Atlântico era realmente duas grandes esteiras rolantes, uma carregando uma crosta em direção à América do Norte, a outra carregando uma crosta em direção à Europa. Esse processo passou a ser conhecido como propagação do leito oceânico.

Quando a crosta atingia o fim de sua viagem, no limite com os continentes, mergulhava de volta Terra adentro num processo conhecido como subducção. Isso explicava para onde iam todos os sedimentos. Eles estavam sendo devolvidos para as entranhas da Terra. Explicava também por que os leitos dos oceanos por toda parte eram relativamente tão jovens. Não se encontrara nenhum com mais de 175 milhões de anos, o que era um enigma, dado que as rochas continentais costumavam ter bilhões de anos. Agora Hess sabia o porquê. As rochas dos oceanos duravam apenas o tempo necessário para se deslocarem até a costa. Era uma teoria bonita que explicava muita coisa. Hess elaborou suas ideias em um artigo importante, que foi quase universalmente ignorado.[11] Às vezes, o mundo não está preparado para uma boa ideia.

Enquanto isso, dois pesquisadores, trabalhando independentemente, vinham fazendo algumas descobertas surpreendentes, valendo-se de um fato curioso da história da Terra que havia sido descoberto várias décadas antes. Em 1906, um físico francês chamado Bernard Brunhes descobrira que, de tempos em tempos, o campo magnético do planeta se inverte, e que essas inversões ficam permanentemente registradas em certas rochas na época do surgimento delas. Especificamente, grãos minúsculos de minério de ferro dentro das rochas apontam para onde os polos magnéticos por acaso estão na época de sua formação, depois continuam apontando naquela direção à medida que as rochas esfriam e endurecem. Na verdade, as rochas "lembram" onde estavam os polos magnéticos na época de sua criação. Durante anos, isso não passou de uma curiosidade. No entanto, na década de 1950, Patrick Blackett, da Universidade de Londres, e S. K. Runcorn, da Universidade de Newcastle, estudaram os padrões magnéticos antigos congelados em rochas britânicas e ficaram no mínimo estupefatos ao descobrir que eles indicavam que, em algum período do passado distante, a Grã-Bretanha havia girado em seu eixo e percorrido certa distância para o norte, como se tivesse se soltado do ancoradouro. Ademais, eles descobriram que, se um mapa dos padrões magnéticos da Europa fosse colocado ao lado de um da América do mesmo período, eles se encaixavam perfeitamente como duas metades de uma carta rasgada. Sinistro. A descoberta deles também foi ignorada.

Ocorreu finalmente a dois homens da Universidade de Cambridge, um geofísico chamado Drummond Matthews e um aluno dele de pós-graduação chamado Fred Vine, reunirem todas as peças do quebra-cabeça. Em 1963, usando estudos magnéticos do leito do oceano Atlântico, eles demonstraram conclusivamente que os leitos oceânicos estavam se propagando da maneira exata que Hess sugerira e que os continentes também estavam em movimento. Um geólogo canadense azarado chamado Lawrence Morley chegou à mesma conclusão na mesma época, mas ninguém quis publicar seu artigo. Num ato de humilhação que se tornou famoso, o editor do periódico *Journal of Geophysical Research* informou: "Essas especulações podem dar um bom assunto em coquetéis, mas não são o tipo de coisa que deve ser publicada sob a égide de ciência séria". Um geólogo mais tarde o descreveu como "provavelmente o artigo mais importante nas ciências da Terra a ter sua publicação negada".[11]

De qualquer modo, a crosta móvel era uma ideia cuja época enfim chegara. Um simpósio com muitas das figuras mais importantes da área foi promovido em Londres sob os auspícios da Royal Society, em 1964, e de repente todos pareceram aderir. No encontro, chegou-se ao consenso de que a Terra era um mosaico de segmentos interligados cujos solavancos majestosos explicavam grande parte do comportamento da superfície do planeta.

O nome "deriva continental" foi descartado com certa rapidez quando se percebeu que a crosta inteira estava em movimento, e não apenas os continentes, mas algum tempo se passou até que se chegasse a um nome para os segmentos individuais. De início, eles foram chamados de "blocos crustais" ou, às vezes, de "pedras de calçamento". Somente no final de 1968, com a publicação de um artigo de três sismólogos norte-americanos no *Journal of Geophysical Research*, os segmentos receberam os nomes pelos quais são desde então conhecidos: placas. O mesmo artigo chamou a nova ciência de tectônica das placas.

Velhas ideias custam a morrer, e nem todos correram para adotar a nova e empolgante teoria. Quase no final da década de 1970, um dos livros didáticos mais populares e influentes de geologia, *The Earth* [A Terra], do venerável Harold Jeffreys, insistia incansavelmente em que a tectônica das placas era uma impossibilidade física, como fizera na primeira edição em 1924.[12] Ele também descartava a convecção e a propagação do leito oceânico. E em *Basin and range* [Bacia e cadeia de montanhas], publicado em 1980, John McPhee observou que, mesmo então, um em cada oito geólogos americanos ainda não acreditava na tectônica das placas.[13]

Atualmente sabemos que a superfície da Terra se constitui de oito a doze grandes placas (dependendo de como se define "grande") e umas vinte placas menores, todas se movendo em direções diferentes e a velocidades diferentes.[14] Algumas são extensas e relativamente inativas, outras pequenas mas dinâmicas. Sua relação com as massas de terra que repousam sobre elas é apenas acidental. A placa norte-americana, por exemplo, é bem maior que o continente ao qual está associada. Ela acompanha mais ou menos o perfil da costa oeste do continente (daí aquela área ser sismicamente tão ativa, devido ao solavanco e à pressão do limite da placa), mas ignora por completo a costa marítima do leste, estendendo-se metade do Atlântico adentro até a cadeia do meio do oceano. A Islândia é dividida ao meio, o que a torna tectonicamente metade americana e metade europeia. A Nova Zelândia, por sua vez, faz parte da imensa placa do oceano Índico, embora esteja longe desse oceano. E assim por diante para a maioria das placas.

Descobriu-se que as ligações entre as massas de terra modernas e aquelas do passado são infinitamente mais complexas do que qualquer um imaginara.[15] O Cazaquistão, ao que se revela, já esteve ligado à Noruega e à Nova Inglaterra. Um canto da ilha Staten, mas apenas um canto, é europeu. O mesmo se dá com parte de Terra Nova. Pegue uma pedra de uma praia de Massachusetts, e seu parente mais próximo estará na África. A região montanhosa escocesa e grande parte da Escandinávia são substancialmente americanas. Acredita-se que parte da cadeia Shackleton, da Antártida, tenha outrora pertencido aos Apalaches, nas montanhas Rochosas do leste dos Estados Unidos; em suma, ela andou passeando.

O tumulto constante impede que as placas se fundam em uma só placa imóvel. Supondo que as coisas continuem no rumo atual, o oceano Atlântico se expandirá até ficar bem maior que o Pacífico. Grande parte da Califórnia se desprenderá e se tornará uma espécie de Madagascar do Pacífico. A África irá de encontro à Europa ao norte, fazendo desaparecer o Mediterrâneo e dando origem a uma cadeia de montanhas com a majestade do Himalaia, estendendo-se de Paris a Calcutá. A Austrália colonizará as ilhas ao norte e se ligará por um cordão umbilical ístmico à Ásia. Esses são resultados futuros, mas não eventos futuros. Os eventos estão ocorrendo agora. Enquanto estamos sentados aqui, os continentes estão à deriva, qual folhas num laguinho. Graças ao Sistema de Posicionamento Global (GPS), podemos ver que Europa e América do Norte estão se afastando mais ou menos à velocidade do crescimento de uma unha — cerca de dois metros durante a vida de um ser humano.[16] Se você tivesse todo o tempo do mundo, poderia ser transportado pela distância de Los Angeles a San Francisco. É tão somente a brevidade da vida humana que nos impede de observar as mudanças. Ao olhar para o globo, você está vendo apenas um instantâneo dos continentes como eles têm sido por apenas um décimo de 1% da história da Terra.[17]

A Terra é o único planeta rochoso dotado de tectônica, e o motivo é um mistério. Não se trata simplesmente de uma questão de tamanho ou densidade — Vênus é quase gêmeo da Terra nesses aspectos, mas não possui atividade tectônica. Acredita-se — embora isto não passe de uma crença — que a tectônica seja um fator importante para o bem-estar orgânico do planeta. Nas palavras do físico e escritor James Trefil: "Seria difícil acreditar que o movimento contínuo das placas tectônicas não tenha nenhum efeito sobre o desenvolvimento da vida na Terra".[18] Ele sugere que os desafios induzidos pela tectônica — mudanças do clima, por exemplo — representaram um incentivo importante ao desenvolvimento da inteligência. Outros acreditam que a deriva dos continentes pode ter produzido pelo menos alguns dos vários eventos de extinção ocorridos no planeta. Em novembro de 2002, Tony Dickson, da Universidade de Cambridge, Inglaterra, produziu um artigo, publicado na revista *Science*, afirmando que pode haver uma relação entre a história das rochas e a história da vida.[19] O que Dickson comprovou foi que a composição química dos oceanos do mundo alterou-se abrupta e vigorosamente no último meio bilhão de anos e que essas mudanças muitas vezes correspondem a eventos importantes na história biológica — a enorme explosão de organismos minúsculos que criou os penhascos de greda da costa sul da Inglaterra, a súbita moda das conchas entre os organismos marinhos durante o período Cambriano, e assim por diante. Ninguém sabe o que faz a química dos oceanos mudar tão intensamente de tempos em tempos, mas o surgimento e o desaparecimento de cadeias oceânicas seriam um candidato óbvio possível.

De qualquer modo, a tectônica das placas explicava não apenas a dinâmica da superfície da Terra — como um *Hipparion* antigo deslocou-se da França até a Flórida, por exemplo — como também muitas de suas ações internas. Os terremotos, a formação de cadeias de ilhas, o ciclo do carbono, a localização das montanhas, o advento das eras glaciais, as origens da própria vida — dificilmente algum assunto não era diretamente influenciado por essa teoria nova e notável. Os geólogos, como observou McPhee, descobriram eufóricos que "a Terra inteira de repente fazia sentido".[20]

Mas apenas até certo ponto. A distribuição dos continentes em épocas anteriores não está tão bem resolvida como imaginam os leigos em geofísica. Os livros didáticos, embora forneçam representações aparentemente seguras de massas de terra antigas com nomes como Laurásia, Gondwana, Rodínia e Pangeia, às vezes se baseiam em conclusões que não se sustentam totalmente. Como observa George Gaylord Simpson, em *Fossils and the history of life* [Fósseis e a história da vida], espécies de plantas e animais do mundo antigo têm o hábito de aparecer inconvenientemente onde não deveriam e de não estar onde deveriam.[21]

O contorno de Gondwana, um continente antigo e enorme que unia Austrália, África, Antártida e América do Sul, baseou-se em grande parte na distribuição de um gênero de feto antigo denominado *Glossopteris*, que foi encontrado em todos os lugares certos. No entanto, bem mais tarde, o *Glossopteris* também foi descoberto em partes do mundo sem nenhuma ligação com Gondwana. Essa discrepância preocupante foi — e continua sendo — totalmente ignorada. De modo semelhante, um réptil do Triássico chamado *Lystrosaurus* foi encontrado da Antártida até a distante Ásia, respaldando a ideia de uma ligação antiga entre esses continentes, mas nunca apareceu na América do Sul ou na Austrália, que se acredita terem feito parte do mesmo continente na mesma época.

Ocorrem muitos fenômenos na superfície que a tectônica não consegue explicar.[22] Tomemos Denver. Essa cidade, que é a capital do estado norte-americano de Colorado, situa-se a 1,6 quilômetro de altura, mas essa elevação é relativamente recente. Quando os dinossauros percorriam a Terra, Denver jazia num fundo de oceano, milhares de quilômetros abaixo. Entretanto, as rochas sobre as quais a cidade repousa não estão fraturadas nem deformadas como deveriam estar se ela tivesse sido impelida para cima por placas em colisão, e de qualquer modo Denver estava distante demais das extremidades da placa para ser suscetível a suas ações. É como se alguém empurrasse a beira de um tapete esperando criar uma dobra na extremidade oposta. Misteriosamente, e por milhões de anos, parece que Denver vem se elevando, como pão no forno. O mesmo ocorre com o Sul da África: um trecho de 1600 quilômetros de largura elevou-se quase 1,5 quilômetro em 100 milhões de anos sem que se conheça nenhuma atividade tectônica associada. A Austrália, por sua vez, vem se inclinando e afundando. Nos últimos 100 milhões de anos, ao se deslocar para o norte em direção à Ásia, sua extremidade dianteira afundou aproximadamente duzentos metros. Parece que a Indonésia vem aos poucos afundando, e está arrastando a Austrália junto. Nada nas teorias da tectônica consegue explicar esses fenômenos.

Alfred Wegener não viveu o suficiente para ver suas ideias confirmadas.[23] Em uma expedição à Groenlândia, em 1930, ele saiu sozinho, em seu 50º aniversário, para procurar suprimentos lançados de avião. Nunca mais voltou. Foi encontrado alguns dias depois, morto por congelamento. Foi enterrado no local e seu corpo permanece lá, mas quase um metro mais próximo da América do Norte do que no dia em que ele morreu.

Einstein tampouco viveu o suficiente para ver que havia apostado no cavalo errado. De fato, ele morreu em Princeton, Nova Jersey, em 1955, antes que a rejeição de Charles Hapgood das teorias da deriva continental chegasse a ser publicada.

O outro protagonista no surgimento da teoria da tectônica, Harry Hess, também estava em Princeton na época, e passaria o restante da carreira ali. Um de seus alunos, um sujeito jovem e brilhante chamado Walter Alvarez, acabaria mudando o mundo da ciência de uma forma totalmente diferente.[24]

Quanto à própria geologia, seus cataclismos haviam apenas começado, e foi o jovem Alvarez quem ajudou a desencadear o processo.

PARTE IV

Planeta perigoso

A história de qualquer parte da Terra, como a vida de um soldado, consiste em longos períodos de tédio e breves períodos de terror.
Derek V. Ager, geólogo britânico

13. Bang!

As pessoas sabiam, fazia muito tempo, que havia algo estranho na terra sob Manson, Iowa. Em 1912, um homem que perfurava um poço para o suprimento de água da cidade relatou ter trazido para a superfície um lote de rochas estranhamente deformadas — "brecha clástica cristalina com uma matriz fundida" e "uma aba ejetada e derrubada", como foram mais tarde descritas em um relatório oficial.[1] A água também era estranha: quase tão pura como a água da chuva. Água pura em estado natural nunca fora encontrada em Iowa.

Embora as rochas estranhas e as águas límpidas de Manson despertassem a curiosidade, somente 41 anos depois uma equipe da Universidade de Iowa resolveu visitar a comunidade, então e ainda hoje uma cidade com cerca de 2 mil habitantes na parte noroeste do estado. Em 1953, após uma série de perfurações experimentais, os geólogos da universidade concordaram que o local era, de fato, anômalo e atribuíram as rochas deformadas a alguma ação vulcânica antiga e não especificada. Essa conclusão estava de acordo com os conhecimentos da época, mas é difícil uma conclusão geológica ser mais errada.

O trauma na geologia de Manson não adviera de dentro da Terra, mas de pelo menos 160 milhões de quilômetros além. Em algum ponto no passado remoto, quando Manson se situava à margem de um mar raso, uma rocha com cerca de 2,5 quilômetros de diâmetro, pesando 10 bilhões de toneladas e se deslocando a umas duzentas vezes a velocidade do som irrompeu pela atmosfera e golpeou a Terra com violência e rapidez quase inimagináveis. O local onde hoje se ergue Manson tornou-se instantaneamente um buraco com quase cinco quilômetros de profundidade e mais de trinta quilômetros de diâmetro. O calcário que em outras partes de Iowa fornece sua água mineralizada e salobra foi destruído e substituído pelas rochas de subsolo com lamelas de choque que tanto intrigaram o perfurador de poços em 1912.

O impacto em Manson foi o maior evento que tem lugar no território norte-americano. De qualquer tipo. Em qualquer época. A cratera aberta foi tão colossal que, se você estivesse numa margem, só conseguiria ver a outra margem num dia claro. Em comparação, o Grand Canyon pareceria ultrapassado e insignificante. Infelizmente para os apreciadores de espetáculos, 2,5 milhões de anos de lençóis de gelo passageiros preencheram a cratera de Manson até o alto com material arenoso e argiloso de origem glaciária e depois o aplainaram, de modo que atualmente a paisagem da cidade, e num raio de vários quilômetros, é plana como um tampo de mesa. Eis a razão pela qual nunca ninguém ouviu falar dessa cratera.

Na biblioteca de Manson os funcionários terão prazer em mostrar uma coleção de artigos de jornais e uma caixa com amostras do programa de perfuração de 1991-2 — na verdade, eles até correm para pegá-los —, mas você tem de pedir. Nada está permanentemente exposto, e em nenhum local da cidade existe algum marco histórico.

Para a maioria da população de Manson, o maior acontecimento que já presenciaram foi um tornado que açoitou Main Street em 1979, destruindo o centro comercial. Uma das vantagens da paisagem plana é que você consegue ver o perigo vindo de longe. Praticamente toda a cidade se reuniu numa extremidade de Main Street e observou por meia hora o tornado se aproximando, na esperança de que, na última hora, ele mudaria de direção. Depois, prudentemente, saiu correndo quando isso não ocorreu. Quatro pessoas, infelizmente, não foram rápidas o suficiente e morreram.[2] Em junho, Manson celebra um evento de uma semana chamado Dias da Cratera, instituído como uma forma de ajudar as pessoas a esquecerem a data infausta. Aquilo não tem nada a ver com a cratera. Ninguém descobriu uma maneira de explorar um local de impacto que não é visível.

"Muito ocasionalmente, aparecem pessoas perguntando aonde devem ir para ver a cratera, e temos de informar que não há nada pra ver", conta Anna Schlapkohl, a simpática bibliotecária da cidade. "Aí elas vão embora meio decepcionadas."[3] Entretanto, a maioria das pessoas, aí incluídos os habitantes de Iowa, nunca ouviu falar da cratera de Manson. Mesmo para os geólogos, ela raramente merece uma nota de rodapé. Mas por um breve período, na década de 1980, Manson foi o local geologicamente mais empolgante da Terra.

A história começa no início da década de 1950, quando um geólogo jovem e brilhante chamado Eugene Shoemaker fez uma visita à cratera do Meteoro, no Arizona. Atualmente, a cratera do Meteoro é o local de impacto mais famoso da Terra e uma atração turística popular. Mas naquela época não recebia muitos visitantes e ainda era muitas vezes chamada de cratera Barringer, em homenagem a um engenheiro de minas abastado chamado Daniel M. Barringer que havia reivindicado sua posse em 1903. Barringer acreditava que a cratera tivesse sido formada por um meteoro de 10 milhões de toneladas métricas, fortemente carregado de ferro e níquel, e achou que poderia ganhar uma fortuna extraindo esses minerais. Sem saber que o meteoro e tudo o que ele continha teriam se volatilizado no impacto, gastou uma fortuna e, nos 26 anos seguintes, abriu túneis que não renderam nada.

Pelos padrões de hoje, a pesquisa de crateras no início do século XX era no mínimo bastante tosca. O principal pesquisador da época, G. K. Gilbert, da Universidade Columbia, modelava os efeitos de impactos arremessando bolas de gude em caçarolas com flocos de aveia.[4] (Por motivos que desconheço, Gilbert não conduzia esses experimentos num laboratório em Columbia, mas num quarto de hotel.)[5] De algum modo, eles fizeram-no concluir que as crateras da Lua foram formadas por impactos — noção bem radical para a época —, mas as crateras da Terra, não. A maioria dos cientistas recusou-se a ir sequer até esse ponto. Para eles, as crateras da Lua eram sinais de vulcões antigos e nada mais. As poucas crateras que permaneciam evidentes na Terra (a maioria havia desaparecido com a ação da erosão) costumavam ser atribuídas a outras causas ou tratadas como raridades acidentais.

Na época em que Shoemaker surgiu em cena, um ponto de vista comum era que a cratera do Meteoro havia sido formada por uma explosão de vapor subterrâneo. Shoemaker nada entendia sobre explosões de vapor subterrâneo — nem podia entender: elas não existem —, mas sabia tudo sobre zonas de explosão. Um de seus primeiros empregos, ao sair da faculdade, foi estudar anéis de explosão no campo de testes nucleares de Yucca Flats, em Nevada. Ele concluiu, assim como Barringer antes dele, que nada na cratera do Meteoro indicava atividade vulcânica, mas que havia distribuições enormes de outros materiais — principalmente sílicas finas anômalas e magnetitas — que levavam a crer em um impacto do espaço. Intrigado, pôs-se a estudar o assunto nas horas vagas.

Trabalhando primeiro com a colega Eleanor Helin e mais tarde com a esposa Carolyn e o assistente David Levy, Shoemaker começou uma pesquisa sistemática do sistema solar interno. Eles passavam uma semana a cada mês no Observatório de Palomar, na Califórnia, procurando objetos, basicamente asteroides, cujas trajetórias faziam com que cruzassem a órbita da Terra.

"Na época em que começamos, apenas pouco mais de uma dúzia dessas coisas já havia sido descoberta em toda a história da observação astronômica", Shoemaker recordou, alguns anos depois, numa entrevista à televisão. "Os astrônomos do século XX essencialmente abandonaram o sistema solar", ele acrescentou. "Sua atenção voltou-se às estrelas, às galáxias."[6]

O que Shoemaker e seus colegas descobriram foi que havia mais risco lá fora — muito mais — do que qualquer pessoa jamais imaginara.

Os asteroides, como quase todos sabem, são objetos rochosos que orbitam em formação livre num anel entre Marte e Júpiter. Nas ilustrações são sempre mostrados num grande amontoado, mas na verdade o sistema solar é um local bem espaçoso, e o asteroide típico costuma estar a cerca de 1,5 milhão de quilômetros de seu vizinho mais próximo. Ninguém sabe nem aproximadamente quantos asteroides existem rolando pelo espaço, mas se acredita que o número não seja inferior a 1 bilhão. Presume-se que sejam planetas potenciais, porque a atração gravitacional perturbadora de Júpiter impedia — e impede — que se aglutinem.

Ao serem pela primeira vez detectados, no século XIX — o primeiro de todos foi descoberto no primeiro dia do século por um siciliano chamado Giuseppi Piazzi —, pensou-se que fossem planetas, e os dois primeiros receberam os nomes de Ceres e Palas. Foram necessárias certas deduções inspiradas do astrônomo William Herschel para se descobrir que estavam longe do tamanho dos planetas, eram bem menores. Ele os chamou de asteroides — palavra grega para "semelhante a uma estrela" —,[7] uma denominação infeliz, já que em nada se assemelham às estrelas. Hoje eles costumam ser chamados, mais apropriadamente, de planetoides.

Encontrar asteroides tornou-se uma atividade popular no século XIX, e, ao seu término, cerca de mil eram conhecidos. O problema era que ninguém os estava registrando sistematicamente. No início do século XX, muitas vezes era impossível saber se um asteroide que aparecia era novo ou simplesmente algum já observado antes e depois perdido de vista. Àquela altura, também, a astrofísica havia progredido tanto que poucos astrônomos queriam dedicar a vida a algo tão trivial quanto planetoides rochosos. Apenas uns poucos astrônomos, com destaque para Gerard Kuiper, o astrônomo natural da Holanda cujo nome foi dado ao cinturão Kuiper de cometas, chegaram a se interessar pelo sistema solar. Graças ao trabalho dele no Observatório McDonald, no Texas, seguido mais tarde pelo trabalho de outros astrônomos no Minor Planet Center, em Cincinnati, e no projeto Spacewatch, no Arizona, uma longa lista de asteroides perdidos foi gradualmente se reduzindo, até que, no final do século XX, apenas um asteroide conhecido não tinha sido localizado — um objeto chamado 719 Albert. Visto pela última vez em outubro de 1911, foi enfim identificado em 2000, após permanecer desaparecido por 89 anos.[8]

Assim, do ponto de vista da pesquisa de asteroides, o século XX foi essencialmente um longo exercício de contabilidade. Foi apenas nos últimos anos que os astrônomos se puseram a contar o resto da comunidade de asteroides e ficar de olho neles. Em julho de 2001, 26 mil asteroides haviam sido nomeados e identificados — metade apenas nos dois anos anteriores.[9] Com até 1 bilhão por identificar, a contagem obviamente mal começou.

Em certo sentido, isso pouco interessa. Identificar um asteroide não o torna seguro. Ainda que cada asteroide do sistema solar tivesse um nome e uma órbita conhecida, ninguém seria capaz de prever as perturbações capazes de enviar qualquer um deles ao nosso encontro. Não conseguimos prever perturbações de rochas em nossa própria superfície. Ponham-se essas rochas à deriva no espaço: o que podem fazer é imprevisível, tenham ou não sido nomeadas por nós.

Imagine a órbita da Terra como uma espécie de autoestrada onde somos o único veículo, mas que é atravessada regularmente por pedestres imprudentes que nem olham para os lados. Pelo menos 90% desses pedestres nos são totalmente desconhecidos. Não sabemos onde moram, quais seus horários, com que frequência cruzam nosso caminho. Tudo o que sabemos é que, em algum ponto, em intervalos incertos, surgem na estrada em que viajamos a mais de 100 mil quilômetros por hora.[10] Nas palavras de Steven Ostro, do Laboratório de Propulsão a Jato: "Supondo que você pudesse apertar um botão e iluminar todos os asteroides com mais de dez metros que cruzam a órbita da Terra, haveria mais de 100 milhões desses objetos no céu". Em suma, em vez de uns milhares de estrelas cintilantes distantes, você veria milhões e milhões e milhões de objetos mais próximos, em movimentos aleatórios — "todos eles capazes de colidir com a Terra e todos eles percorrendo rotas ligeiramente diferentes no céu com diferentes velocidades. Seria profundamente perturbador".[11] Bem, perturbe-se, porque eles estão lá. Só que não conseguimos vê-los.

No todo, acredita-se — embora se trate apenas de um palpite, baseado na extrapolação da quantidade de crateras da Lua — que uns 2 mil asteroides grandes o suficiente para pôr em risco a vida civilizada cruzam regularmente a órbita da Terra. Mas mesmo um asteroide pequeno — do tamanho de uma casa, digamos — poderia destruir uma cidade. O número desses asteroides menores em órbitas que cruzam a da Terra é quase certamente de centenas de milhares, e possivelmente de milhões, e eles são quase impossíveis de rastrear.

O primeiro deles só foi detectado em 1991 quando estava se aproximando. Denominado 1991 BA, foi observado ao singrar por nós a uma distância de 170 mil quilômetros — em termos cósmicos, o equivalente a uma bala passando pela manga da camisa sem tocar no braço. Três anos mais tarde, outro asteroide, um tanto maior, passou a 100 mil quilômetros da Terra — a passagem mais próxima já registrada. Ele só foi visto quando já estava indo embora e chegou sem avisar. De acordo com Timothy Ferris, escrevendo na revista *New Yorker*, essas quase-colisões provavelmente ocorrem duas ou três vezes por semana e passam despercebidas.[12]

Um objeto com quase cem metros de diâmetro só seria detectado por qualquer telescópio da Terra quando já estivesse a poucos dias de distância, e isso somente se um telescópio por acaso estivesse direcionado para ele, o que é improvável, porque, mesmo agora, o número de pessoas em busca desses objetos é modesto. A analogia impressionante que se costuma fazer é que o número de pessoas no mundo que estão procurando ativamente asteroides é menor que a equipe de um McDonald's típico. (Na verdade, já é um pouco maior. Mas não muito.)

Enquanto Gene Shoemaker tentava conscientizar as pessoas dos perigos potenciais do sistema solar interno, outro acontecimento — aparentemente sem nenhuma ligação — vinha se desenrolando discretamente na Itália com o trabalho de um jovem geólogo do Laboratório Lamont Doherty, da Universidade Columbia. No início da década de 1970, Walter Alvarez realizava um trabalho de campo num bonito desfiladeiro conhecido como Bottaccione Gorge, perto da cidade de Gubbio, na região montanhosa da Úmbria, quando sua curiosidade foi despertada por uma faixa fina de argila avermelhada que dividia duas camadas antigas de calcário — uma do período Cretáceo, outra do Terciário. Esse é um ponto conhecido em geologia como o limite KT,* e marca a época, 65 milhões de anos atrás, em que os dinossauros e cerca de metade das outras espécies de animais do mundo desapareceram abruptamente do registro fóssil. Alvarez se perguntou o que, naquela lâmina fina de argila com uns seis milímetros de espessura, poderia explicar um momento tão dramático da história da Terra.

Na época, o pensamento convencional sobre a extinção dos dinossauros era o mesmo do tempo de Charles Lyell, um século antes: eles haviam se extinguido no decorrer de milhões de anos. Mas a finura da camada de argila indicava claramente que, pelo menos na Úmbria, algo mais abrupto acontecera. Infelizmente, na década de 1970, não existiam exames para descobrir quanto tempo um tal depósito teria levado para se acumular.

Em circunstâncias normais, Alvarez quase certamente teria que deixar o problema naquele pé, mas felizmente ele tinha uma ligação exemplar com alguém de fora da disciplina que poderia ajudar: seu pai, Luis. Luis Alvarez era um físico nuclear eminente, agraciado com o prêmio Nobel de Física na década anterior. Ele sempre mostrara um leve desprezo pelo apego do filho às rochas, mas aquele problema o intrigou. Ocorreu-lhe que a resposta poderia residir na poeira do espaço.

---

* Usa-se KT em vez de CT porque a letra C já foi adotada para *Cambriano*. Dependendo da fonte em que você confia, o K vem do grego *kreta* ou do alemão *Kreide*. Ambos significam "giz", que é também o que *Cretáceo* significa.

Todos os anos, a Terra acumula umas 30 mil toneladas métricas de "esférulas cósmicas"[13] — poeira espacial, em linguagem corriqueira —, que formariam uma grande quantidade se reunidas numa pilha, mas são infinitesimais quando espalhadas pelo globo. Nessa poeira fina estão dispersos elementos exóticos, normalmente não encontrados com frequência na Terra. Entre eles está o irídio, mil vezes mais abundante no espaço do que na crosta terrestre (porque, acredita-se, a maior parte do irídio afundou até o núcleo quando o planeta era jovem).

Luis Alvarez sabia que um colega do Laboratório Lawrence Berkeley, na Califórnia, Frank Asaro, desenvolvera uma técnica para medir com precisão a composição química de argilas usando um processo chamado análise da ativação de nêutrons. A técnica envolvia o bombardeamento de amostras com nêutrons num pequeno reator nuclear e a contagem cuidadosa dos raios gama emitidos — um trabalho extremamente meticuloso. Asaro já empregara a técnica para analisar peças de cerâmica, mas Alvarez raciocinou que, se eles medissem a quantidade de um dos elementos exóticos nas amostras de solo do filho e comparassem o resultado com sua taxa anual de depósito, saberiam quanto tempo as amostras levaram para se formar. Em uma tarde de outubro de 1977, Luis e Walter Alvarez fizeram uma visita a Asaro e perguntaram se ele poderia realizar os testes para eles.

Tratava-se de um pedido um tanto importuno. Eles estavam pedindo a Asaro que dedicasse meses a medições meticulosas de amostras geológicas simplesmente para confirmar o que parecia evidente desde o início: que a camada fina de argila se formara tão rapidamente quanto dava a entender sua finura. Ninguém esperava que aquele teste fornecesse qualquer novidade dramática.

"Bem, eles foram muito amáveis, muito persuasivos", Asaro recordou em uma entrevista de 2002. "E o desafio parecia interessante, de modo que concordei em tentar. Infelizmente, eu estava com muito trabalho, então só pude começar oito meses depois." Ele consultou suas anotações do período. "Em 21 de junho de 1978, às 13h45, pusemos uma amostra no detector. Depois de 224 minutos, pudemos ver que estávamos obtendo resultados interessantes, por isso paramos o teste para dar uma olhada."[14]

Os resultados foram tão inesperados que os três cientistas de início acharam que só podiam estar errados. A quantidade de irídio na amostra de Alvarez estava mais de trezentas vezes além dos níveis normais — bem acima de qualquer coisa que pudessem ter previsto. Nos meses seguintes, Asaro e sua colega Helen Michel trabalharam até trinta horas seguidas ("Depois que você começa, não consegue parar", explicou Asaro) analisando amostras, sempre com os mesmos resultados. Testes em outras amostras — da Dinamarca, Espanha, França, Nova Zelândia, Antártida — mostraram que o depósito de irídio era mundial e muito alto em toda parte, às vezes até quinhentas vezes acima dos níveis normais. Claramente, algo grande e abrupto, e cataclísmico, produzira aquele aumento impressionante.

Após refletirem muito, os Alvarez concluíram que a explicação mais plausível — pelo menos para eles — era que a Terra foi atingida por um asteroide ou cometa.

A ideia de que a Terra poderia estar sujeita a impactos devastadores de tempos em tempos não era tão nova como às vezes se dá a entender. Já em 1942, um astrofísico da Northwestern University chamado Ralph B. Baldwin havia levantado tal possibilidade em um artigo na revista *Popular Astronomy*.[15] (Ele publicou o artigo ali porque nenhum editor acadêmico estava preparado para aceitá-lo.) E pelo menos dois cientistas conhecidos, o astrônomo Ernst Öpik e o químico e prêmio Nobel Harold Urey, também expressaram seu apoio à ideia em diferentes épocas. Mesmo entre os paleontólogos, ela não era desconhecida. Em 1956, um professor da Universidade Estadual do Oregon, M. W. de Laubenfels, escrevendo no *Journal of Paleontology*, antecipara a teoria de Alvarez, sugerindo que os dinossauros podem ter recebido um golpe mortal de um impacto do espaço,[16] e em 1970 o presidente da Sociedade Americana de Paleontologia, Dewey J. McLaren, propusera, na conferência anual do grupo, a possibilidade de que um impacto extraterrestre pudesse ter sido a causa de um evento anterior conhecido como a extinção do Frasniano.[17]

Como que para enfatizar quão corriqueira a ideia se tornara àquela altura, em 1979, um estúdio de Hollywood produziu um filme intitulado *Meteoro* ("Ele tem oito quilômetros de largura... Está se aproximando a 48 mil quilômetros por hora — e não há onde se esconder!") tendo como astros Henry Fonda, Natalie Wood, Karl Malden e uma enorme rocha.

Portanto, quando, na primeira semana de 1980, em uma reunião da Associação Americana para o Progresso da Ciência, os Alvarez anunciaram sua crença de que a extinção dos dinossauros não ocorreu no decorrer de milhões de anos, como parte de algum processo lento e inexorável, e sim subitamente, em um único evento explosivo, aquilo não deveria ter causado tamanho choque.

Mas causou. A ideia foi recebida em toda parte, e principalmente na comunidade paleontológica, como uma heresia ultrajante.

"Bem, você tem de lembrar", Asaro rememora, "que éramos amadores nesse campo. Walter era um geólogo que estava se especializando em paleomagnetismo, Luis era físico e eu era químico nuclear. E ali estávamos nós dizendo aos paleontólogos que havíamos solucionado um problema que os intrigava havia mais de um século. Não surpreende que eles não aceitassem a nossa teoria imediatamente." Como disse Luis Alvarez, em tom de brincadeira: "Fomos apanhados praticando geologia sem habilitação".

Mas havia também algo mais profundo e fundamentalmente abominável na teoria do impacto. A crença de que os processos terrestres eram graduais havia sido básica em história natural desde o tempo de Lyell. Na década de 1980, o catastrofismo estava fora de moda fazia tanto tempo que se tornara literalmente impensável. Para a maioria dos geólogos, a ideia de um impacto devastador era, como observou Eugene Shoemaker, "contra a sua religião científica".

Tampouco ajudou o fato de Luis Alvarez desdenhar abertamente os paleontólogos e suas contribuições ao conhecimento científico. "Eles realmente não são muito bons cientistas. Parecem mais colecionadores de selos", ele escreveu no New York Times num artigo que até hoje incomoda.[18]

Os oponentes da teoria de Alvarez apresentaram um sem-número de explicações alternativas para os depósitos de irídio — por exemplo, que foram gerados por erupções vulcânicas prolongadas na Índia, chamadas de Armadilhas de Deccan — e acima de tudo insistiram que não havia prova de que os dinossauros desapareceram abruptamente do registro fóssil no limite de irídio. Um dos oponentes mais vigorosos foi Charles Officer, da Dartmouth College. Para ele, o irídio havia sido depositado por ação vulcânica, não obstante admitisse, em entrevista a um jornal, que não possuía nenhuma prova real disso.[19] Ainda em 1988, mais de metade dos paleontólogos americanos contactados em uma pesquisa continuavam acreditando que a extinção dos dinossauros não esteve associada a um impacto de asteroide ou cometa.[20]

A única coisa que decerto respaldaria a teoria dos Alvarez era exatamente o que faltava: um local de impacto. É aqui que entra em cena Eugene Shoemaker. Ele possuía um contato em Iowa — sua nora lecionava na Universidade de Iowa — e através de seus próprios estudos se familiarizara com a cratera de Manson. Graças a Shoemaker, todos os olhos se voltaram para Iowa.

A geologia é uma profissão que varia de lugar para lugar. Em Iowa, um estado plano e estratigraficamente tranquilo, tende a ser relativamente serena. Não há picos alpinos ou geleiras de rachar, grandes depósitos de petróleo ou de metais preciosos, nem sinal de um fluxo piroclástico. Se você é um geólogo funcionário do estado de Iowa, parte significativa de seu trabalho consiste em avaliar os Planos de Gerenciamento de Estrume, que todos os "operadores de confinamento de animais" (leia-se criadores de porcos) do estado devem preencher periodicamente.[21] Existem 15 milhões de porcos em Iowa; logo, muito esterco a gerenciar. Isso não é gozação: é um trabalho vital e inteligente, que mantém limpa a água do estado, mas não se compara a driblar bombas de lava no monte Pinatubo ou examinar fendas nos lençóis de gelo da Groenlândia em busca de quartzos portadores de vida antiga. Portanto, podemos bem imaginar o frisson que tomou conta do Departamento de Recursos Naturais de Iowa quando, em meados da década de 1980, a atenção geológica do mundo voltou-se para Manson e sua cratera.

Trowbridge Hall, em Iowa City, é uma edificação de tijolos vermelhos da virada para o século XX que abriga o Departamento de Ciências da Terra da Universidade de Iowa e — lá no alto, numa espécie de sótão — os geólogos do Departamento de Recursos Naturais. Ninguém mais se lembra quando, e muito menos por quê, os geólogos do estado foram abrigados em uma instalação acadêmica, mas a impressão é que o espaço foi cedido a contragosto, pois os escritórios são apertados, com teto baixo e não muito acessíveis. Ao ser conduzido para lá, você tem a impressão de que vai ter de sair para um ressalto do telhado e entrar pela janela.

Ray Anderson e Brian Witzke passaram suas vidas profissionais ali, em meio a pilhas desordenadas de jornais, revistas, diagramas dobrados e espécimes maciços de pedras. (Geólogos nunca ficam sem pesos para papéis.) É o tipo de espaço onde, para encontrar qualquer coisa — uma cadeira extra, uma xícara de café, um telefone que está tocando —, é preciso tirar da frente pilhas de documentos.

"De repente, estávamos no centro das coisas", Anderson me contou, radiante com a recordação, quando me encontrei com ele e Witzke em seus escritórios numa manhã chuvosa e triste de junho. "Foi uma época maravilhosa."[22]

Perguntei sobre Gene Shoemaker, um homem que parece ter sido universalmente reverenciado. "Ele foi um grande sujeito", Witzke respondeu sem hesitar. "Se não fosse por ele, a coisa toda jamais teria decolado. Mesmo com seu apoio, foram precisos dois anos para fazer aquilo funcionar. A perfuração é um negócio caro — uns 110 dólares por metro naquela época, hoje mais, e precisávamos descer novecentos metros."

"Às vezes mais do que isso", Anderson acrescentou.

"Às vezes mais do que isso", Witzke concordou. "E em diferentes locais. Logo, trata-se de muito dinheiro. Certamente mais do que nosso orçamento permitia."

Portanto, formou-se uma colaboração entre dois órgãos de levantamento geológico; o Iowa Geological Survey e o US Geological Survey.

"Pelo menos *achávamos* que fosse uma colaboração", disse Anderson, com um sorriso amarelo.

"Foi uma verdadeira curva do aprendizado para nós", Witzke prosseguiu. "Muita ciência de má qualidade vinha sendo praticada na época — as pessoas produzindo às pressas resultados que nem sempre resistiam ao escrutínio." Um desses momentos ocorreu no encontro anual da União Geofísica Americana, em 1985, quando Glenn Izett e C. L. Pillmore, do US Geological Survey, anunciaram que a cratera de Manson tinha a idade certa para ter estado envolvida com a extinção dos dinossauros.[23] A declaração atraiu muita atenção da imprensa, mas infelizmente foi prematura. Um exame mais atento dos dados revelou que Manson, além de pequena demais, era 9 milhões de anos mais antiga.

Anderson e Witzke tomaram conhecimento desse revés para suas carreiras ao chegarem em uma conferência em Dakota do Sul e serem abordados por pessoas, com ar de compaixão, lastimando: "Soubemos que vocês perderam sua cratera". Foi aí que foram informados de que Izett e outros cientistas do US Geological Survey haviam acabado de anunciar cifras revisadas revelando que Manson não poderia ter sido a cratera da extinção.

"Foi uma barra", recorda Anderson. "Quer dizer, tínhamos aquele negócio, que era realmente importante, e de repente não tínhamos mais. Mas ainda pior foi a percepção de que as pessoas com quem achávamos que estávamos colaborando nem se deram ao trabalho de compartilhar conosco sua nova descoberta."

"Por que não?"

Ele deu de ombros. "É um mistério. De qualquer modo, deu para ver quão desestimulante a ciência pode se tornar quando você atua em certo nível."

A busca transferiu-se para outros locais. Por acaso, em 1990, um dos pesquisadores, Alan Hildebrand, da Universidade do Arizona, topou com um repórter do *Houston Chronicle* que conhecia uma formação em anel grande e inexplicada, com 193 quilômetros de largura e 48 quilômetros de profundidade, sob a península mexicana de Yucatán, em Chicxulub, perto da cidade de Progreso, cerca de 950 quilômetros ao sul de Nova Orleans. A formação havia sido descoberta pela Pemex, a empresa petrolífera mexicana, em 1952 — por coincidência, o ano em que Gene Shoemaker visitou pela primeira vez a cratera do Meteoro, no Arizona —, mas os geólogos da empresa haviam concluído que era vulcânica, de acordo com o pensamento da época.[24] Hildebrand viajou até o local e concluiu, com bastante rapidez, que aquela era a cratera certa. No início de 1991, ficou provado, sem sombra de dúvida, que Chicxulub foi o local do impacto.

Mesmo assim, muitas pessoas não conseguiam conceber o que um impacto era capaz de fazer. Como recordou Stephen Jay Gould em um de seus ensaios: "Lembro-me de que tive fortes dúvidas iniciais sobre a eficácia de tal evento. Por que um objeto com apenas uns dez quilômetros de largura causaria tanta destruição num planeta com um diâmetro de quase 12 mil quilômetros?"[25]

Um teste natural da teoria surgiu no momento oportuno quando Shoemaker e Levy descobriram o cometa Shoemaker-Levy 9, que eles logo perceberam estar indo de encontro a Júpiter. Pela primeira vez, os seres humanos poderiam testemunhar uma colisão cósmica — e testemunhá-la muito bem graças ao novo telescópio espacial Hubble. A maioria dos astrônomos, de acordo com Curtis Peebles, não esperava grande coisa, particularmente porque o cometa não era uma esfera coesa, mas um combinado de 21 fragmentos. "Minha impressão", escreveu um deles, "é que Júpiter vai engolir esses cometas sem sequer dar um arroto."²⁶ Uma semana antes do impacto, a *Nature* publicou um artigo, "The big fizzle is coming" ["O grande fiasco está chegando"], prevendo que o impacto produziria somente uma chuva de meteoros.

Os impactos começaram em 16 de julho de 1994, estenderam-se por uma semana e foram maiores do que qualquer um esperava — com a possível exceção de Gene Shoemaker. Um fragmento, conhecido como Núcleo G, atingiu o planeta com a força de cerca de 6 milhões de megatons — 75 vezes superior à de todas as armas nucleares existentes.²⁷ O Núcleo G tinha apenas o tamanho de uma montanha pequena, mas abriu feridas na superfície jupiteriana do tamanho da Terra. Foi o golpe de misericórdia nos críticos da teoria de Alvarez.

Luis Alvarez nunca soube da descoberta da cratera de Chicxulub ou do cometa de Shoemaker-Levy, pois morreu em 1988. Shoemaker também morreu cedo. No terceiro aniversário do impacto de Shoemaker-Levy, ele e a esposa estavam no sertão australiano, aonde iam todo ano à procura de locais de impacto. Numa trilha no deserto de Tanami — normalmente um dos lugares mais ermos da Terra — atingiram uma pequena elevação justamente quando outro veículo estava se aproximando. Shoemaker morreu instantaneamente e sua esposa feriu-se. Parte de suas cinzas foram enviadas à Lua a bordo da espaçonave *Lunar Prospector*. O resto foi espalhado pela cratera do Meteoro.²⁸

Anderson e Witzke não tinham mais a cratera que matou os dinossauros, "mas ainda tínhamos a cratera de impacto maior e mais perfeitamente preservada do território norte-americano", disse Anderson. (É preciso um certo talento verbal para defender a superioridade de Manson. Outras crateras são maiores — notadamente, a baía de Chesapeake, reconhecida como um local de impacto em 1994 —, mas estão no mar ou deformadas.) "Chicxulub está soterrada sob dois ou três quilômetros de calcário e fica em grande parte no mar, o que dificulta seu estudo", Anderson prosseguiu, "enquanto Manson é realmente acessível. Por estar enterrada, manteve-se relativamente incólume."

Perguntei-lhes que tipo de aviso receberíamos se um pedaço de rocha semelhante viesse de encontro a nós hoje em dia.

"Ah, provavelmente nenhum", disse Anderson com ar despreocupado. "Ela não seria visível a olho nu até que se aquecesse, o que só ocorreria quando atingisse a atmosfera, apenas cerca de um segundo antes de atingir a Terra. Trata-se de algo dezenas de vezes mais rápido que a bala mais veloz. A não ser que fosse detectada por alguém com um telescópio, o que ninguém pode garantir, seríamos pegos totalmente de surpresa."

A força de um impacto depende de uma série de variáveis — ângulo de entrada, velocidade e trajetória, se a colisão é frontal ou lateral, massa e densidade do objeto impactante, entre muitas outras —, nenhuma das quais podemos conhecer milhões de anos após o evento. Mas o que os cientistas podem fazer — e Anderson e Witzke fizeram — é medir o local do impacto e calcular a quantidade de energia liberada. Com base nisso, eles podem desenvolver cenários plausíveis de como deve ter sido o impacto — ou, mais assustadoramente, de como seria se ocorresse agora.

Um asteroide ou cometa viajando em velocidades cósmicas adentraria a atmosfera da Terra com tamanha velocidade que o ar embaixo não conseguiria se afastar e seria comprimido, como numa bomba de encher pneu de bicicleta. Quem já usou uma bomba desse tipo sabe que o ar comprimido se aquece rapidamente, e a temperatura embaixo dele subiria para uns 60 mil graus Kelvin, ou dez vezes a temperatura da superfície do Sol. No instante de sua chegada à nossa atmosfera, tudo no caminho do meteoro — pessoas, casas, fábricas, carros — se enrugaria e desapareceria qual papel celofane numa chama.

Um segundo após penetrar na atmosfera, o meteorito colidiria com a superfície da Terra, onde a população de Manson um momento antes cuidava de seus negócios. O próprio meteorito se volatilizaria instantaneamente, mas o impacto arremessaria mil quilômetros cúbicos de rocha, terra e gases superaquecidos. Todo ser vivo num raio de 250 quilômetros que não tivesse sido morto pelo calor da entrada seria morto pelo impacto. A onda de choque inicial se propagaria quase à velocidade da luz, levando de roldão tudo à sua frente.

Para aqueles fora da zona de devastação imediata, o primeiro sinal da catástrofe seria uma luz ofuscante — a mais brilhante já vista por olhos humanos —, seguida, um ou dois minutos depois, por uma visão apocalíptica: uma muralha assustadora de escuridão subindo ao céu, preenchendo um campo de visão inteiro e se deslocando a milhares de quilômetros por hora. Sua aproximação seria lugubremente silenciosa, pois estaria se movendo bem além da velocidade do som. Um observador num prédio alto em Omaha ou Des Moines que olhasse na direção certa veria um véu desconcertante de distúrbio seguido da inconsciência instantânea.

Dentro de minutos, sobre uma área se estendendo de Denver a Detroit e englobando o que antes eram Chicago, Saint Louis, Kansas City e Twin Cities — todo o Meio-Oeste, em suma —, quase tudo o que estivesse de pé desmoronaria ou pegaria fogo, e quase todo ser vivo estaria morto. Pessoas num raio de 1500 quilômetros seriam derrubadas e mortas por projéteis. Além desse raio, a devastação causada pelo impacto diminuiria gradualmente.[29]

Mas essa seria apenas a onda de choque inicial. É difícil imaginar o dano causado, mas com certeza seria rápido e global. O impacto quase certamente desencadearia uma sucessão de terremotos devastadores. Vulcões ao redor do mundo começariam a roncar e expelir lava. Tsunamis se elevariam e rumariam devastadoramente até praias distantes. Dentro de uma hora, uma nuvem de negrume cobriria a Terra, e rochas ardentes e outros escombros estariam caindo por toda parte, incendiando grande parte do planeta. A estimativa é de que pelo menos 1,5 bilhão de pessoas teriam morrido ao final do primeiro dia. As perturbações maciças na ionosfera derrubariam os sistemas de comunicação, de modo que os sobreviventes não teriam ideia do que estaria acontecendo em outras partes nem saberiam para onde fugir. Porém isso seria irrelevante. Nas palavras de um comentarista, fugir significaria "escolher uma morte lenta em vez de uma rápida. A mortalidade seria pouco afetada por qualquer esforço plausível de deslocamento de populações, já que a capacidade da Terra de suportar vida estaria universalmente comprometida".[30]

A quantidade de fuligem e de cinzas flutuantes do impacto e dos incêndios subsequentes obscureceria o Sol, sem dúvida por meses, possivelmente por anos, prejudicando os ciclos de crescimento. Em 2001, pesquisadores do California Institute of Technology analisaram isótopos de hélio de sedimentos remanescentes do impacto KT posterior e concluíram que ele afetou o clima da Terra por cerca de 10 mil anos.[31] Esse fato serviu para respaldar a ideia de que a extinção dos dinossauros foi rápida e violenta, em termos geológicos. Difícil imaginar como a humanidade enfrentaria tal evento.

E o mais provável, lembre-se, é que isso ocorra sem aviso prévio, vindo do céu claro.

Mas suponhamos que tivéssemos visto o objeto se aproximando. O que faríamos? Todo mundo acha que enviaríamos uma ogiva nuclear para destruir o invasor. Essa ideia, contudo, envolve alguns problemas. Primeiro, como observa John S. Lewis, nossos mísseis não são projetados para o trabalho espacial.[32] Eles não têm força para escapar da gravidade da Terra e, mesmo que tivessem, faltam mecanismos para guiá-los por dezenas de milhões de quilômetros de espaço. Ainda mais difícil seria enviar uma nave com caubóis do espaço para fazer o trabalho, como no filme *Armageddon*; não possuímos mais um foguete suficientemente poderoso para enviar seres humanos nem sequer até a Lua. O último foguete capaz disso, o *Saturn 5*, foi aposentado anos atrás e nunca foi substituído. Nem poderíamos construir às pressas um novo, porque, por incrível que pareça, os projetos das bases de lançamento do *Saturn* foram destruídos como parte de um exercício de faxina da NASA.

Ainda que conseguíssemos enviar uma ogiva ao asteroide e reduzi-lo a fragmentos, as chances são de que simplesmente o transformaríamos numa sequência de rochas que nos atingiriam, uma após outra, à maneira do cometa Shoemaker-Levy em Júpiter — mas com a diferença de que as rochas seriam intensamente radioativas. Tom Gehrels, um caçador de asteroides da Universidade do Arizona, acha que mesmo um aviso com um ano de antecedência seria provavelmente insuficiente para se tomar a medida apropriada.[33] O mais provável, porém, é que não veríamos nenhum objeto — mesmo um cometa — até que ele estivesse a uns seis meses de distância, quando seria tarde demais. O Shoemaker-Levy vinha orbitando ao redor de Júpiter, de forma bem clara, desde 1929, mas passou-se meio século até alguém perceber.[34]

O interessante é que, como essas coisas são difíceis de calcular e envolvem uma margem de erro significativa, mesmo que soubéssemos que um objeto estava vindo em nossa direção, só bem no finalzinho — nas últimas semanas — saberíamos se a colisão seria inevitável. Durante quase todo o tempo de aproximação do objeto, viveríamos numa espécie de cone de incerteza. Seriam as semanas mais interessantes da história do mundo. E imagine a festa se escapássemos incólumes.

"Com que frequência algo como o impacto de Manson acontece?", perguntei a Anderson e Witzke antes de partir.

"Ah, cerca de uma vez a cada milhão de anos, em média", diz Witzke.

"E lembre", acrescentou Anderson, "que esse foi um evento relativamente pequeno. Sabe quantas extinções estiveram associadas ao impacto de Manson?"

"Não tenho a menor ideia", respondi.

"Nenhuma", disse ele, com um estranho ar de satisfação. "Nem mesmo uma."

Claro que Witzke e Anderson acrescentaram rapidamente, e mais ou menos em uníssono, que a devastação seria terrível em grande parte da Terra, como acabamos de ver, com a total aniquilação num raio de centenas de quilômetros a partir do ponto de explosão. Mas a vida é tenaz, e, quando a fumaça se dissipasse, restariam sobreviventes afortunados de cada espécie suficientes para que nenhuma se extinguisse.

A boa notícia é que é muito difícil extinguir uma espécie. A má notícia é que não podemos nos fiar na boa notícia. Ainda pior, nem é preciso olhar para o espaço em busca do perigo petrificante. Como veremos agora, a Terra sozinha pode oferecer perigo suficiente.

14. O fogo embaixo

No verão de 1971, um geólogo jovem chamado Mike Voorhies estava fazendo uma pesquisa em um campo relvado no leste de Nebraska, não longe da aldeia de Orchard, onde ele cresceu. Passando por uma ravina de encosta íngreme, divisou um brilho curioso no arbusto acima e subiu para olhar. O que ele havia visto era o crânio perfeitamente preservado de um rinoceronte jovem, que fora limpado pelas chuvas fortes recentes.

Alguns metros adiante, ao que se revelou, encontrava-se uma das jazidas de fósseis mais extraordinárias já descobertas na América do Norte, um poço seco que servira de túmulo coletivo para dezenas de animais: rinocerontes, cavalos semelhantes a zebras, veados de dentes de sabre, camelos, tartarugas. Todos morreram de algum cataclismo misterioso, pouco menos de 12 milhões de anos antes, na época conhecida na geologia como Mioceno. Naquele tempo, Nebraska situava-se numa planície vasta e quente, semelhante à de Serengeti na África atual. Os animais foram encontrados soterrados sob cinza vulcânica com até três metros de profundidade. O enigma era que não havia, e nunca houve, nenhum vulcão em Nebraska.

Atualmente, o local da descoberta de Voorhies é um parque estadual chamado Ashfall Fossil Beds, que abriga um centro de visitantes elegante e novo e um museu, com exposições cuidadosas da geologia de Nebraska e da história das jazidas de fósseis. O centro inclui um laboratório com uma parede de vidro por onde os visitantes podem observar os paleontólogos limpando ossos. Trabalhava sozinho no laboratório na manhã em que passei por lá um sujeito animado, de cabelos grisalhos, camisa de trabalho azul, que reconheci como Mike Voorhies devido a um documentário do canal de TV da BBC, intitulado Horizon, no qual ele aparecia. O parque de Ashfall não recebe muitos visitantes — fica meio que no fim do mundo — e Voorhies pareceu satisfeito em me ver. Levou-me ao local, sobre uma ravina de seis metros de altura, onde realizara sua descoberta.

"Era um lugar idiota para procurar ossos", ele disse alegremente. "Mas eu não estava em busca de ossos. Pensava em fazer um mapa geológico do leste de Nebraska na época, e estava apenas dando uma olhada. Se eu não tivesse subido esta ravina ou a chuva não tivesse limpado o crânio, eu teria passado direto, e isto nunca teria sido descoberto." Ele apontou para uma área próxima cercada e coberta, que se tornara o principal local de escavações. Cerca de duzentos animais foram encontrados jazendo amontoados.

Perguntei por que aquele era um lugar idiota para procurar ossos. "Bem, se você está em busca de ossos, realmente precisa de rocha exposta. Por isso, a maior parte da paleontologia é feita em lugares quentes e secos. Não quer dizer que existam mais ossos nesses lugares. Simplesmente você tem mais chances de encontrá-los. Num ambiente como este" — num gesto amplo, apontou para a pradaria vasta e invariável — "você não saberia por onde começar. Poderia existir um material realmente magnífico ali, mas não há sinais na superfície para mostrar por onde começar a busca."[1]

De início, pensaram que os animais tivessem sido enterrados vivos, e Voorhies afirmou isso num artigo da *National Geographic* em 1981.[2] "O artigo chamou o local de 'Pompeia de animais pré-históricos'", contou-me, "o que foi lastimável, porque logo depois percebemos que os animais não morreram de repente. Estavam todos sofrendo de algo denominado osteodistrofia pulmonar hipertrófica, que é o que você contrairia se estivesse respirando grande quantidade de cinza abrasiva — e eles devem ter respirado um monte dela, porque a cinza tinha metros de espessura por centenas de quilômetros." Ele apanhou uma amostra da sujeira acinzentada e semelhante a argila e esfarelou-a na minha mão. Era poeirento, mas ligeiramente arenoso. "Negócio horrível de respirar", prosseguiu, "porque é muito fino, e também cortante.

Portanto, eles vieram para este poço, aparentemente em busca de alívio, e agonizaram. A cinza teria destruído tudo. Teria soterrado toda a relva, coberto todas as folhas e transformado a água num lodo cinza e imbebível. Não deve ter sido lá muito agradável."

O documentário da BBC afirmara que a existência de tanta cinza em Nebraska foi uma surpresa. Na verdade, os enormes depósitos de cinza de Nebraska eram conhecidos havia muito tempo. Durante quase um século, vinham sendo extraídos de minas para a produção de pós detergentes como Comet e Ajax. Mas curiosamente ninguém jamais se perguntara de onde surgira toda aquela cinza.

"Fico um pouco constrangido em dizer", confessou Voorhies, com um breve sorriso, "que a primeira vez que pensei nisso foi quando um editor da *National Geographic* perguntou sobre a origem de toda aquela cinza e tive de confessar que eu não sabia. Ninguém sabia."

Voorhies remeteu amostras a colegas por todo o oeste dos Estados Unidos, perguntando se havia algo nelas que eles reconhecessem. Vários meses depois, um geólogo chamado Bill Bonnichsen, do Idaho Geological Survey, entrou em contato e informou que a cinza se assemelhava a um depósito vulcânico de um lugar chamado Bruneau-Jarbidge, no sudoeste de Idaho. O evento que matou os animais das planícies do Nebraska foi uma explosão vulcânica em uma escala nunca antes imaginada — mas grande o suficiente para deixar uma camada de cinza de três metros de profundidade a quase 1600 quilômetros de distância no leste de Nebraska. Descobriu-se que, sob o Oeste dos Estados Unidos, havia um enorme caldeirão de magma, um ponto quente vulcânico colossal, que entrava em erupção cataclismicamente mais ou menos a cada 600 mil anos. A última dessas erupções acabara de completar 600 mil anos. O ponto quente continua ali. Atualmente é conhecido como Parque Nacional de Yellowstone.

Sabemos surpreendentemente pouco sobre o que acontece sob nossos pés. É inacreditável que, quando Ford começou a fabricar automóveis e o campeonato de beisebol World Series começou a ser disputado, ainda não soubéssemos que a Terra possui um núcleo. E a ideia de que os continentes flutuam sobre a superfície como ninfeias só se tornou um conhecimento comum há menos de uma geração. "Por incrível que pareça", escreveu Richard Feynman, "compreendemos a distribuição da matéria no interior do Sol bem melhor do que compreendemos o interior da Terra."[3]

A distância entre a superfície da Terra e o centro são 6370 quilômetros,[4] o que não é tanto assim. Calculou-se que, se abríssemos um poço até o centro e atirássemos um tijolo lá dentro, este levaria apenas 45 minutos para atingir o fundo (embora, naquele ponto, não tivesse peso, já que toda a gravidade da Terra estaria acima e em torno dele, e não embaixo). Nossas próprias tentativas de penetrar em direção ao centro têm sido bem modestas. Uma ou duas minas de ouro sul-africanas atingem uma profundidade de um pouco mais de três quilômetros, mas a maioria das minas na Terra não vai além de quatrocentos metros abaixo da superfície. Se o planeta fosse uma maçã, ainda não teríamos rompido a casca. Na verdade, não chegamos nem perto disso.

Até pouco menos de um século atrás, o que os cientistas mais bem informados sabiam sobre o interior da Terra não era muito mais do que um mineiro de carvão sabia: que era possível cavar o solo por certa distância e que então se atingia a rocha dura, e só. Em 1906, um geólogo irlandês chamado R. D. Oldham, ao examinar alguns registros sismográficos de um terremoto na Guatemala, observou que certas ondas de choque penetraram até certo ponto nas profundezas da Terra e depois ricochetearam em um ângulo, como se tivessem topado com algum tipo de barreira. Daí ele deduziu que a Terra possui um núcleo. Três anos depois, um sismólogo croata chamado Andrija Mohorovičić estava estudando gráficos de um terremoto em Zagreb quando notou uma deflexão estranha similar, mas num nível mais raso. Ele havia descoberto o limite entre a crosta e a camada imediatamente inferior, o manto; essa zona passou a ser conhecida, como a descontinuidade de Mohorovičić, ou, de forma abreviada, Moho.

Estávamos começando a obter uma vaga ideia das camadas do interior da Terra — embora fosse apenas vaga. Somente em 1936, uma cientista dinamarquesa chamada Inge Lehmann, estudando sismógrafos de terremotos na Nova Zelândia, descobriu que havia dois núcleos: um interno, que agora acreditamos ser sólido, e um externo (aquele detectado por Oldham), que se acredita ser líquido e o centro do magnetismo.

Mais ou menos na época em que Lehmann refinava nossa compreensão básica do interior da Terra ao estudar as ondas sísmicas de terremotos, dois geólogos do Caltech, na Califórnia, descobriam um meio de fazer comparações entre um terremoto e o seguinte. Eles eram Charles Richter e Beno Gutenberg, embora injustamente a escala quase de imediato se tornasse conhecida apenas como Richter. (O culpado não foi Richter. Sujeito modesto, ele nunca se referiu à escala por seu próprio nome, chamando-a sempre de "a escala de magnitude".)[5]

A escala Richter sempre foi muito mal compreendida por não cientistas, um pouco menos agora do que em seus primórdios, quando em visita ao escritório de Richter muitas vezes as pessoas pediam para ver a famosa escala, achando que fosse algum tipo de máquina. Claro que a escala é mais uma ideia do que um objeto, uma medida arbitrária dos tremores da Terra baseada em medições da superfície. Ela sobe exponencialmente; assim, um terremoto de 7,3 é dez vezes mais poderoso do que um de 6,3 e cem vezes mais poderoso do que um terremoto de 5,3.[6]

Ao menos teoricamente, não há limite superior para um terremoto — nem, aliás, um limite inferior. A escala é uma simples medida da força, mas nada diz sobre o dano. Um terremoto de magnitude 7 nas profundezas do manto — digamos, a 650 quilômetros de profundidade — poderia não causar nenhum estrago na superfície, enquanto um terremoto bem menor, a uns seis ou sete quilômetros sob a superfície, poderia acarretar uma devastação generalizada. Muita coisa também depende da natureza do subsolo, da duração do terremoto, da frequência e da severidade dos abalos secundários e do cenário físico da área afetada. Tudo isso significa que os terremotos mais perigosos não são necessariamente os mais fortes, apesar de a força obviamente ter um peso importante.

O maior terremoto desde a invenção da escala foi (dependendo da fonte a que se dá crédito) um centrado em Prince William Sound, no Alasca, em março de 1964, que mediu 9,2 pontos na escala Richter, ou um no oceano Pacífico, ao largo da costa do Chile, em 1960, inicialmente registrado com magnitude 8,6, mas depois revisado por algumas autoridades (inclusive o US Geological Survey) e identificado em uma escala realmente grandiosa de 9,5. Como você está observando, medir terremotos nem sempre é uma ciência exata, em particular quando se interpretam medições de locais remotos. Em todo caso, ambos os terremotos foram colossais. O terremoto de 1960, além de causar danos generalizados na costa da América do Sul, desencadeou um tsunami gigantesco que rolou quase 10 mil quilômetros pelo Pacífico e atingiu grande parte do centro de Hilo, no Havaí, destruindo quinhentos prédios e matando sessenta pessoas. Ondas semelhantes fizeram ainda mais vítimas em locais tão afastados quanto Japão e Filipinas.

Contudo, em termos de devastação pura e concentrada, é provável que o terremoto mais intenso já registrado na história tenha sido aquele que atingiu — e, em essência, destroçou — Lisboa, Portugal, no dia de Todos os Santos (1º de novembro) de 1755. Pouco antes das dez da manhã, a cidade foi atingida por uma súbita guinada lateral, com magnitude estimada de 9,0, e sacudida ferozmente por sete minutos completos. A força convulsiva foi tamanha que a água afastou-se do porto da cidade e retornou numa onda com quinze metros de altura, aumentando a destruição. Quando enfim o movimento cessou, os sobreviventes desfrutaram só de três minutos de calma antes que um segundo choque adviesse, apenas ligeiramente menos forte do que o primeiro. Um terceiro choque final seguiu-se duas horas depois. Ao término daquele cataclismo, 60 mil pessoas estavam mortas e praticamente todas as construções num raio de quilômetros estavam reduzidas a escombros.[7] Em comparação, estima-se que o terremoto de San Francisco, de 1906, mediu 7,8 graus na escala Richter e durou menos de trinta segundos.

Terremotos são eventos razoavelmente comuns. Em média, todo dia, em algum lugar do mundo, ocorrem mais de mil tremores de magnitude 2,0 ou mais — o suficiente para dar um bom susto. Se bem que tendam a se concentrar em certos locais — notadamente em torno da orla do Pacífico —, podem ocorrer quase em toda parte. Nos Estados Unidos, somente a Flórida, o leste do Texas e o norte do Meio-Oeste parecem — até agora — quase totalmente imunes. A Nova Inglaterra sofreu dois terremotos de magnitude 6,0 ou mais nos últimos duzentos anos. Em abril de 2002, a região experimentou um abalo de magnitude 5,1 próximo ao lago Champlain, na fronteira Nova York—Vermont, que causou amplos danos locais e (posso testemunhar) derrubou quadros das paredes e crianças da cama em lugares tão afastados quanto New Hampshire.

Os tipos de terremoto mais comuns são aqueles em que duas placas se encontram, como na Califórnia ao longo da falha de San Andreas. À medida que uma placa empurra a outra, as pressões vão aumentando até que uma delas ceda. Em geral, quanto maior o intervalo entre os tremores, maior a pressão reprimida e, portanto, maior a margem para um abalo realmente grande. Essa é uma preocupação típica de Tóquio, que Bill McGuire, um especialista em riscos da University College de Londres, descreve como "a cidade aguardando a morte"[8] (não é uma descrição que você encontrará em muitos folhetos turísticos). Tóquio ergue-se no limite de três placas tectônicas em um país já famoso pela instabilidade sísmica. Em 1995, como você lembrará, a cidade de Kobe, cerca de quinhentos quilômetros a oeste, foi atingida por um terremoto de magnitude 7,2 que matou 6394 pessoas. O prejuízo foi estimado em 99 bilhões de dólares. Mas isso não foi nada — bem, relativamente nada — comparado com o que pode acontecer com Tóquio.

A cidade já sofreu um dos terremotos mais devastadores dos tempos modernos. Em 1º de setembro de 1923, pouco antes do meio-dia, ela foi atingida pelo que se conhece como o terremoto Grande Kanto — um evento mais de dez vezes mais poderoso do que o terremoto de Kobe. Duzentas mil pessoas morreram. Desde aquela época, Tóquio tem estado misteriosamente tranquila, de modo que a pressão sob a superfície vem aumentando há oitenta anos. Uma hora a coisa vai estourar. Em 1923, Tóquio tinha uma população de cerca de 3 milhões de pessoas. Hoje aproxima-se dos 30 milhões. Ninguém se preocupa em estimar quantas pessoas poderiam morrer, mas o custo econômico potencial foi estimado em até 7 trilhões de dólares.[9]

Ainda mais terrível, por ser menos compreendido e porque pode ocorrer em qualquer parte e a qualquer hora, é o tipo de abalo mais raro conhecido como terremotos intraplacas. Eles ocorrem fora dos limites entre as placas, o que os torna totalmente imprevisíveis. E por virem de uma profundidade bem maior, tendem a se propagar por áreas bem mais amplas. O mais notório desses terremotos a atingir os Estados Unidos foi uma série de três em New Madrid, Missouri, no inverno de 1811-2. A aventura começou pouco após a meia-noite de 16 de dezembro, quando a população foi despertada, primeiro, pelo barulho de animais das fazendas em pânico (a inquietação dos animais antes dos terremotos não é uma lenda infundada, mas um fato comprovado, apesar de misterioso) e, depois, por um forte ruído de rompimento vindo das profundezas da Terra. Ao sair de casa, a população local deparou com a terra rolando em ondas de até um metro de altura e abrindo-se em fissuras de alguns metros de profundidade. Um forte cheiro de enxofre impregnava o ar.

O abalo durou quatro minutos, com os habituais efeitos devastadores sobre as propriedades. Entre as testemunhas estava o artista John James Audubon, que por acaso se encontrava na área. O terremoto irradiou-se para fora com tamanha força que derrubou chaminés em Cincinnati, a mais de seiscentos quilômetros de distância, e, de acordo com pelo menos um relato, "afundou barcos em portos da Costa Leste e chegou a derrubar andaimes erguidos em torno do Capitólio, em Washington, D.C.".[10] Em 23 de janeiro e em 4 de fevereiro, terremotos adicionais de magnitude semelhante se seguiram. New Madrid está tranquila desde então — o que não surpreende, já que tais episódios nunca aconteceram duas vezes no mesmo local. Ao que sabemos, eles são tão aleatórios como os raios. O próximo poderia ocorrer sob Chicago, Paris ou Kinshasa. Ninguém sabe ao certo. E o que causa essas rupturas intraplacas maciças? Algo nas profundezas da Terra. Mais do que isso não sabemos.

Na década de 1960, os cientistas se sentiam tão frustrados com o pouco que sabiam sobre o interior da Terra que decidiram tomar uma providência. Eles tiveram a ideia de perfurar o solo oceânico (a crosta continental era espessa demais) até a descontinuidade de Moho e extrair um pedaço do manto terrestre para examiná-lo à vontade. O raciocínio era que, se conseguissem compreender a natureza das rochas dentro da Terra, poderiam começar a entender como elas interagiam, e assim possivelmente prever terremotos e outros eventos indesejáveis.

O projeto tornou-se conhecido como Mohole* e foi um desastre total.[11] A intenção era descer uma broca mais de 4 mil metros no oceano Pacífico ao largo da costa do México e perfurar uns 5 mil metros pela rocha crustal relativamente fina. Perfurar de um navio em alto-mar é, nas palavras de um oceanógrafo, "como tentar abrir um buraco na calçada de Nova York do alto do Empire State Building usando um espaguete".[12] Todas as tentativas acabaram em fracasso. O mais fundo que conseguiram chegar foi 180 metros. O Mohole se tornou conhecido como No Hole (Nenhum Buraco). Em 1966, exasperado com os custos crescentes e a falta de resultados, o Congresso norte-americano encerrou o projeto.

* Jogo de palavras com Moho e *hole*, "buraco" em inglês. (N. T.)

Quatro anos depois, cientistas soviéticos decidiram tentar a sorte em terra seca. Eles escolheram um local na península de Kola, perto da fronteira com a Finlândia, e puseram mãos à obra, na esperança de chegar a uma profundeza de quinze quilômetros. O trabalho mostrou-se mais difícil do que esperavam, mas os soviéticos foram louvavelmente persistentes. Quando enfim desistiram, dezenove anos depois, haviam perfurado até uma profundidade de 12 262 metros. Levando-se em conta que a crosta da Terra representa apenas cerca de 0,3% do volume do planeta e que o buraco de Kola nem sequer transpusera um terço da crosta, estamos longe de ter conquistado o interior.[13]

O interessante é que, apesar da modéstia do buraco, quase tudo a seu respeito foi surpreendente. Estudos de ondas sísmicas levaram os cientistas a prever, com um grau razoável de confiança, que encontrariam rochas sedimentares até uma profundeza de 4700 metros, seguidas de granito nos próximos 2 300 metros e basalto dali em diante. A camada sedimentar acabou se revelando 50% mais profunda do que se esperava e a camada basáltica jamais foi encontrada. Além disso, o mundo lá embaixo era bem mais quente do que qualquer um contava, com temperaturas a 10 mil metros de 180 graus centígrados, quase o dobro do nível previsto. O mais surpreendente de tudo foi que a rocha naquela profundeza estava saturada de água, algo que não se julgava possível.

Como não podemos enxergar através da Terra, o jeito é recorrer a outras técnicas, que envolvem sobretudo o estudo de ondas ao percorrerem o interior. Também sabemos um pouco sobre o manto devido ao que chamamos de chaminés de kimberlito, onde os diamantes se formam.[14] O que acontece é que, nas profundezas da Terra, uma explosão projeta uma bola de canhão de magma em direção à superfície, a velocidades supersônicas. Trata-se de um evento totalmente aleatório. Uma chaminé de kimberlito poderia explodir no seu quintal enquanto você está lendo estas linhas. Por provirem de tamanhas profundezas — até duzentos quilômetros abaixo —, elas trazem para cima todo tipo de coisas que não são normalmente encontradas na superfície ou perto dela: uma rocha chamada peridotito, cristais de olivina e — apenas de vez em quando, em cerca de uma chaminé em cem — diamantes. Montes de carbono sobem com as ejeções de kimberlito, mas a maior parte se volatiza ou se transforma em grafite. Só ocasionalmente um pedaço dele sobe à velocidade certa e esfria com a rapidez necessária para se tornar um diamante. Foi uma dessas chaminés que tornou Johanesburgo a cidade mineradora de diamantes mais produtiva do mundo, mas pode haver outras jazidas ainda maiores que não conhecemos. Os geólogos sabem que existem indícios de uma chaminé ou grupo de chaminés, em algum ponto do nordeste de Indiana, que podem ser realmente colossais. Diamantes com até vinte quilates ou mais têm sido encontrados em pontos dispersos da região. No entanto, ninguém chegou a localizar a origem. Como observa John McPhee, ela pode estar enterrada sob um solo depositado glacialmente, como a cratera de Manson em Iowa, ou sob os Grandes Lagos.

Portanto, até onde vai nosso conhecimento do que existe dentro da Terra? Não muito longe. Os cientistas costumam concordar que o mundo sob nossos pés compõe-se de quatro camadas: a crosta externa rochosa, um manto de rocha quente e viscosa, um núcleo externo líquido e um núcleo interno sólido.[15]* Sabemos que a superfície é dominada por silicatos, que são relativamente leves e insuficientemente pesados para explicar a densidade global do planeta. Logo, deve existir um material mais pesado lá dentro. Sabemos que, para gerar nosso campo magnético, em algum ponto do interior deve existir um cinturão concentrado de elementos metálicos em estado líquido. No tocante a esses pontos reina um consenso universal. Quase todo o resto — como as camadas interagem, o que faz com que se comportem de determinada maneira, o que farão em qualquer época do futuro — é objeto de pelo menos alguma incerteza e, em geral, de um bocado de incerteza.

Mesmo a única parte visível, a crosta, é objeto de um debate razoavelmente estridente. Quase todo livro didático de geologia informa que a crosta continental possui de cinco a dez quilômetros de espessura sob os oceanos e de 65 a 95 quilômetros de espessura sob as grandes cadeias de montanhas, mas há muitas variabilidades intrigantes nessas generalizações. A crosta sob as montanhas Sierra Nevada, por exemplo, tem apenas entre trinta e quaren-

* Para aqueles que anseiam por um quadro mais detalhado do interior da Terra, eis as dimensões das diferentes camadas, usando cifras médias: de zero a quarenta quilômetros fica a crosta. De quarenta a quatrocentos quilômetros estende-se o manto superior. De quatrocentos a 650 quilômetros está uma zona de transição entre o manto superior e o inferior. De 650 a 2700 quilômetros fica o manto inferior. De 2700 a 2890 quilômetros situa-se a camada "D". De 2890 a 5150 quilômetros fica o núcleo externo, e de 5150 a 6370 quilômetros fica o núcleo interno.

ta quilômetros de espessura, e ninguém sabe por quê. Segundo todas as leis da geofísica, essas montanhas deveriam estar afundando, como que em areia movediça.[16] (Há quem ache que elas podem realmente estar.)

Como e quando a Terra adquiriu sua crosta são questões que dividem os geólogos em dois grandes grupos: aqueles que acham que foi um evento rápido no início da história do planeta e aqueles que acreditam em um evento gradual e um tanto tardio. As emoções são violentas nessas questões. Richard Armstrong, de Yale, propôs na década de 1960 uma teoria da irrupção prematura, e depois passou o resto da carreira atacando quem discordasse dele. Ele morreu de câncer em 1991, mas, pouco antes, "invectivou contra os críticos em uma polêmica numa revista australiana de ciências da Terra, acusando-os de perpetuar mitos", de acordo com uma matéria na revista *Earth* em 1998. "Ao morrer, era um homem amargurado", contou um colega.

A crosta e parte do manto externo são chamados, conjuntamente, de litosfera (do grego *lithos*, que significa "pedra"). A litosfera flutua sobre uma camada de rocha mais plástica denominada astenosfera (da palavra grega para "sem força"), mas esses termos não são inteiramente satisfatórios. Dizer que a litosfera flutua sobre a astenosfera dá a entender um grau de leveza que não condiz com a realidade. De forma semelhante, é enganador achar que as rochas flutuam sobre algo assim como achamos que materiais flutuam sobre a superfície. As rochas são viscosas, porém apenas à maneira do vidro.[17] Pode não parecer, mas todo vidro na Terra está fluindo para baixo sob a atração implacável da gravidade. Se removermos uma seção de um vitral realmente antigo da janela de uma catedral europeia, notaremos que está perceptivelmente mais grosso na parte inferior do que na superior. Esse é o tipo de "fluxo" de que estamos falando. O ponteiro das horas em um relógio se move cerca de 10 mil vezes mais rápido que as rochas "flutuantes" do manto.

Os movimentos não ocorrem apenas lateralmente, com o deslocamento das placas da Terra através da superfície, mas também para cima e para baixo, à medida que as rochas sobem e caem sob o processo turbulento conhecido como convecção.[18] A convecção como processo foi deduzida pela primeira vez pelo excêntrico conde de Rumford, no final do século XVIII. Sessenta anos depois, um vigário inglês chamado Osmond Fisher visionariamente sugeriu que o interior da Terra poderia ser líquido o bastante para que os conteúdos se deslocassem, contudo a ideia levou muito tempo para ser assimilada.[19]

Em torno de 1970, quando os geofísicos perceberam o tumulto que ocorria nas profundezas, a novidade foi um tanto chocante. Como diz Shawna Vogel, no livro *Naked Earth: the new geophysics* [Terra nua: a nova geofísica]: "Foi como se os cientistas tivessem passado décadas estudando as camadas da atmosfera terrestre — troposfera, estratosfera, e assim por diante — e, de repente, descobrissem a existência do vento".[20]

Até que profundidade vai o processo de convecção tem sido, desde então, objeto de controvérsia. Alguns acham que ela começa a 650 quilômetros de profundidade, outros, a mais de 3 mil quilômetros abaixo de nós. O problema, como observou James Trefil, é que "há dois conjuntos de dados, de duas disciplinas diferentes, que não conseguem ser conciliados".[21] Os geoquímicos afirmam que certos elementos da superfície terrestre não podem ser originários do manto superior; devem ter vindo de mais fundo. Portanto, os materiais dos mantos superior e inferior precisam, pelo menos ocasionalmente, se misturar. Os sismólogos insistem em que não há indícios que respaldem essa tese.

Desse modo, tudo o que podemos dizer é que, em algum ponto ligeiramente indeterminado ao descermos rumo ao centro da Terra, deixamos a astenosfera e mergulhamos em manto puro. Embora represente 82% do volume do planeta e 65% de sua massa,[22] o manto não atrai muita atenção, em grande parte porque o que interessa aos cientistas da Terra e aos leitores em geral acontece mais ao fundo (caso do magnetismo) ou mais perto da superfície (caso dos terremotos). Sabemos que até uma profundidade de cerca de 150 quilômetros o manto consiste predominantemente em um tipo de rocha chamada peridotite, mas o que preenche o espaço nos 2650 quilômetros seguintes é incerto. De acordo com uma matéria da *Nature*, parece não ser peridotite. Mais do que isso não sabemos.

Abaixo do manto estão dois núcleos: um núcleo interno sólido e um núcleo externo líquido. Desnecessário dizer que nossa compreensão da natureza desses núcleos é indireta, mas os cientistas conseguem chegar a algumas hipóteses razoáveis. Eles sabem que as pressões no centro da Terra são suficientemente altas — mais de 3 milhões de vezes superiores às encontradas na superfície[23] — para solidificar qualquer rocha ali. Também sabem, com base na história da Terra (entre outras pistas), que o núcleo interno é muito eficiente em reter seu calor. Embora se trate apenas de uma conjectura, acredita-se que em mais de 4 bilhões de anos a temperatura no núcleo não diminuiu mais de 110 graus centígrados. Ninguém sabe exatamente quão quente é o núcleo da Terra, porém as estimativas variam de cerca de 4 mil a 7 mil graus centígrados — quase tão quente quanto a superfície do Sol.

O núcleo externo é, em muitos aspectos, ainda menos compreendido, ainda que todos concordem que seja líquido e o centro do magnetismo. Em 1949, E. C. Bullard, da Universidade de Cambridge, apresentou a teoria de que essa parte líquida do núcleo do planeta gira de maneira a torná-lo um motor elétrico, criando o campo magnético da Terra. A hipótese é que os líquidos em convecção atuam de forma parecida com correntes em fios. Exatamente o que acontece não se sabe, mas existe a convicção de que está ligado à rotação do núcleo e a sua natureza líquida. Corpos destituídos de núcleo líquido — a Lua e Marte, por exemplo — não possuem magnetismo.

Sabemos que a força do campo magnético da Terra se altera de tempos em tempos: na época dos dinossauros, era até três vezes maior do que agora.[24] Sabemos também que ocorre uma inversão aproximadamente a cada 500 mil anos em média, apesar de essa média abrigar alto grau de imprevisibilidade. A última inversão foi há cerca de 750 mil anos. Às vezes, ela permanece inalterada por milhões de anos — 37 milhões de anos parece ter sido o período mais longo[25] — e em outras se inverteu após apenas 20 mil anos. No todo, nos últimos 100 milhões de anos, ela se inverteu cerca de duzentas vezes, e não temos nenhuma ideia da causa. Essa é considerada "a maior pergunta não respondida das ciências geológicas".[26]

Podemos estar passando por uma inversão agora. O campo magnético da Terra diminuiu talvez até 6% somente nos últimos cem anos. Qualquer redução no magnetismo tende a ser prejudicial porque o magnetismo, além de prender enfeites na geladeira e fazer as bússolas apontarem na direção certa, desempenha um papel vital na preservação de nossa vida. O espaço está repleto de raios cósmicos perigosos que, na ausência da proteção magnética, atravessariam os nossos corpos, deixando grande parte do nosso DNA em frangalhos. Quando o campo magnético está agindo, esses raios são afastados da superfície da Terra para duas zonas no espaço próximo chamadas cinturões Van Allen. Eles também interagem com partículas da atmosfera superior para criar os encantadores mantos de luz conhecidos como auroras.

Uma coisa interessante é que grande parte de nossa ignorância se deve ao fato de que, tradicionalmente, pouco esforço tem sido realizado para coordenar o que está acontecendo sobre a Terra com o que está acontecendo dentro dela. De acordo com Shawna Vogel, "geólogos e geofísicos raramente vão aos mesmos encontros ou colaboram nos mesmos problemas".[27]

Talvez nada demonstre melhor nossas falhas no conhecimento da dinâmica do interior da Terra do que a incapacidade de prever seus efeitos. Um bom lembrete das limitações de nossa compreensão foi a erupção do monte Saint Helens, em Washington, em 1980.

Naquela época, os 48 estados mais ao sul dos Estados Unidos não testemunhavam uma erupção vulcânica havia mais de 65 anos. Por isso, os vulcanologistas do governo chamados para monitorar e prever o comportamento do Saint Helens basicamente só haviam visto em ação vulcões havaianos. Mas o comportamento daqueles vulcões era bem diferente, pelo que se descobriu depois.

O Saint Helens começou seus roncos sinistros em 20 de março. Dentro de uma semana, estava expelindo magma, embora em quantidades modestas, até cem vezes ao dia, e sendo constantemente sacudido por terremotos. A população foi evacuada para uma distância de treze quilômetros, considerada segura. Com o aumento dos rugidos, o Saint Helens tornou-se uma atração turística para o mundo. Os jornais noticiavam diariamente onde se obtinham as melhores vistas. Equipes de televisão subiram várias vezes ao topo, e pessoas chegaram a ser vistas escalando a montanha. Um dia, mais de setenta helicópteros e aviões pequenos rodearam o topo. Entretanto, à medida que passavam os dias e os ribombos não davam lugar a algo mais dramático, as pessoas ficavam impacientes, e chegou-se à conclusão geral de que o vulcão acabaria não explodindo.

Em 19 de abril, o flanco norte da montanha começou a se elevar visivelmente. O incrível é que nenhuma autoridade se deu conta de que esse inchaço sinalizava uma explosão lateral. Os sismólogos resolutamente basearam suas conclusões no comportamento dos vulcões havaianos, que não explodem pelas laterais.[28] Uma das únicas pessoas a acreditar que algo terrível poderia acontecer foi Jack Hyde, professor de geologia do colégio comunitário de Tacoma. Ele observou que o Saint Helens não possuía uma chaminé aberta, como os vulcões havaianos, de modo que qualquer pressão acumulada no seu interior estava fadada a ser liberada de forma dramática e provavelmente catastrófica. No entanto, Hyde não fazia parte da equipe oficial, e suas observações chamaram pouca atenção.

Todos sabemos o que aconteceu em seguida. Às 8h32 de 18 de maio, uma manhã de domingo, a face norte do vulcão desmoronou, fazendo com que uma enorme avalanche de lama e rocha descesse pela encosta da montanha a 250 quilômetros por hora. Foi o maior deslizamento de terra da história humana, carregando material suficiente para deixar Manhattan soterrada a 120 metros de profundidade.[29] Um minuto depois, com seu flanco tremendamente enfraquecido, o Saint Helens explodiu com a força de quinhentas bombas de Hiroshima,[30] projetando uma nuvem quente assassina até a 1050 quilômetros por hora — rápido demais para que as pessoas nas imediações conseguissem fugir. Muita gente que acreditava estar em áreas seguras, de onde nem se via mais o vulcão, foi surpreendida. Cinquenta e sete pessoas morreram.[31] Vinte e três corpos nunca foram encontrados. O número de vítimas teria sido maior se não fosse domingo. Num dia útil, muitos madeireiros estariam trabalhando na zona mortífera. Pessoas foram mortas a quase trinta quilômetros de distância.

A pessoa mais sortuda naquele dia foi um estudante de pós-graduação chamado Harry Glicken. Ele vinha guarnecendo um posto de observação a nove quilômetros da montanha, mas teve uma entrevista para um cargo numa faculdade, em 18 de maio, na Califórnia, e teve de deixar o local antes da erupção. Quem o substituiu foi David Johnston. Ele foi o primeiro a relatar a explosão do vulcão; momentos depois, estava morto. Seu corpo nunca foi encontrado. Contudo, a sorte de Glicken foi temporária. Onze anos depois, ele estava entre os 43 cientistas e jornalistas atingidos fatalmente num derramamento de cinza superaquecida, gases e rocha fundida — o que se conhece como fluxo piroclástico — no monte Unzen, no Japão, quando outro vulcão foi catastroficamente mal interpretado.

Os vulcanologistas podem ou não ser os piores cientistas do mundo em fazer previsões, mas são sem dúvida os piores do mundo em perceber quão ruins são suas previsões. Menos de dois anos após a catástrofe de Unzen, outro grupo de observadores de vulcões, liderado por Stanley Williams, da Universidade do Arizona, desceu pela boca de um vulcão ativo chamado Galeras, na Colômbia. Apesar das mortes em anos recentes, apenas dois dos dezesseis membros do grupo de Williams usavam capacete de segurança ou outros equipamentos protetores. O vulcão entrou em erupção, matando seis dos cientistas, além de três turistas que os acompanhavam, e ferindo gravemente vários outros, inclusive o próprio Williams.

Num livro em que demonstra total falta de autocrítica, *Surviving Galeras* [Sobrevivendo ao Galeras], Williams afirmou que pôde "apenas abanar a cabeça de espanto"[32] ao saber, posteriormente, que seus colegas do mundo da vulcanologia acharam que ele havia ignorado ou desprezado sinais sísmicos importantes e agido de forma imprudente: "É fácil criticar depois do fato acontecido, aplicar o conhecimento que temos agora aos eventos de 1993", ele escreveu. Sua única culpa, ele acreditava, foi ter escolhido a hora errada, quando o Galeras "comportou-se imprevisivelmente, como as forças naturais estão habituadas a fazer. Fui enganado, e por isso assumo a responsabilidade. Mas não me sinto culpado pela morte de meus colegas. Não há culpa. Houve apenas uma erupção".

Mas voltando a Washington: o monte Saint Helens perdeu quatrocentos metros de pico, e seiscentos quilômetros quadrados de floresta foram devastados. Árvores suficientes para construir 150 mil lares (ou 300 mil, segundo alguns relatos) foram destruídas. Avaliou-se o prejuízo em 2,7 bilhões de dólares. Uma coluna gigantesca de fumaça e cinzas atingiu uma altura de 18 mil metros em menos de dez minutos. Uma avião a 48 quilômetros de distância informou ter sido atingido por rochas.[33]

Noventa minutos após o estrondo, cinzas começaram a cair em Yakima, Washington, uma comunidade de 50 mil habitantes a uns 130 quilômetros de distância. Como você pode imaginar, as cinzas transformaram o dia em noite e se introduziram em tudo, obstruindo motores, geradores e equipamentos de comutação elétrica, sufocando pedestres, bloqueando sistemas de filtragem e, em geral, paralisando todas as coisas. O aeroporto interrompeu o funcionamento e as estradas dentro e fora da cidade foram interditadas.

Tudo isso vinha acontecendo, note bem, ao alcance do vento proveniente de um vulcão que rugia ameaçadoramente fazia dois meses. Contudo, Yakima não tinha nenhum procedimento de emergência em caso de erupção.[34] O sistema de radiotransmissão de emergência da cidade, que deveria entrar em ação durante uma crise, não entrou no ar porque "no domingo de manhã o pessoal não sabia como operar o equipamento". Durante três dias, Yakima quedou-se paralisada e isolada do mundo, seu aeroporto fechado, suas estradas de acesso intransitáveis. No todo, a cidade recebeu apenas 1,5 centímetro de cinzas após a erupção do monte Saint Helens. Lembre-se disso ao examinarmos como seria um estouro em Yellowstone.

15. Beleza perigosa

Na década de 1960, enquanto estudava a história vulcânica do Parque Nacional de Yellowstone, Bob Christiansen, do US Geological Survey, intrigou-se com algo que, estranhamente, não incomodara ninguém antes: ele não conseguia encontrar o vulcão do parque. Sabia-se havia muito tempo que Yellowstone possuía uma natureza vulcânica — daí todos os seus gêiseres e outras exalações vaporosas —, e os vulcões costumam ser bem visíveis. Mas Christiansen não avistava o vulcão de Yellowstone em lugar nenhum. Nem sequer conseguiu encontrar uma estrutura conhecida como caldeira.

Quase todos, quando pensam em vulcões, imaginam as formas cônicas clássicas de um Fuji ou um Kilimanjaro, criadas quando o magma em erupção se acumula em um monte simétrico. Esse tipo de vulcão pode se formar com uma rapidez impressionante. Em 1943, em Parícutin, no México, um camponês se surpreendeu ao ver um trecho de sua terra fumegando. Em uma semana, ele era o proprietário aturdido de um cone com mais de 152 metros de altura. Depois de dois anos, formara-se um vulcão com quase 430 metros de altura e mais de oitocentos metros de diâmetro.[1] No todo, existem cerca de 10 mil desses vulcões intrusivamente visíveis na Terra, com apenas algumas centenas deles extintos. Mas existe um segundo tipo de vulcão menos famoso, que não envolve a formação de montanhas. São vulcões tão explosivos que se abrem numa única ruptura poderosa, formando uma vasta cratera, a caldeira. Yellowstone obviamente era deste segundo tipo, mas Christiansen não encontrava a caldeira em parte alguma.

Por coincidência, justamente naquela época, a NASA decidiu testar algumas câmeras novas de grande altitude tirando fotografias de Yellowstone. Um funcionário atencioso enviou algumas cópias às autoridades do parque para que pudessem utilizar nos cartazes dos centros de visitantes. Assim que Christiansen pôs os olhos nas fotos, percebeu por que não fora bem-sucedido em suas tentativas: praticamente todo o parque — 9 mil quilômetros quadrados — era uma caldeira. A explosão havia deixado uma cratera com quase 65 quilômetros de diâmetro — grande demais para ser percebida no nível do solo. Em algum momento do passado, Yellowstone deve ter explodido com uma violência bem além da escala de qualquer coisa conhecida pelos seres humanos.

Yellowstone, ao que se revelou, é um supervulcão. Situa-se no alto de um ponto quente enorme, um reservatório de rocha pastosa que se eleva de pelo menos duzentos quilômetros sob a Terra. O calor do ponto quente é o que aciona todas as chaminés, gêiseres, fontes quentes e vulcões de lama. Abaixo da superfície existe uma câmara de magma com 72 quilômetros de diâmetro — mais ou menos da mesma dimensão do parque — e treze quilômetros de espessura no ponto mais espesso. Imagine uma pilha de TNT com mais ou menos o tamanho de Rhode Island, elevando-se uns treze quilômetros no céu e atingindo os cirros mais altos: é sobre algo semelhante que os visitantes de Yellowstone estão pisando. A pressão que tal concentração de magma exerce sobre a crosta elevou Yellowstone e o território que circunda, cerca de meio quilômetro acima da altura que teria normalmente. Se aquilo explodisse, o cataclismo seria inimaginável. De acordo com o professor Bill McGuire, da University College de Londres, "não seria possível permanecer nem a mil quilômetros daquilo" enquanto estivesse em erupção.[2] As consequências posteriores seriam ainda piores.

Superplumas do tipo sobre o qual se ergue Yellowstone são como taças de martíni: finas na subida, mas abrindo-se ao chegar perto da superfície para criar grandes depósitos de magma instável. Alguns desses depósitos podem ter até 1900 quilômetros de diâmetro. De acordo com as teorias, nem sempre elas entram em erupção explosiva, mas às vezes irrompem em um derramamento grande e contínuo — uma enxurrada — de rocha pastosa, como aconteceu com as armadilhas de Deccan, na Índia, 65 milhões de anos atrás. As superplumas cobriam uma área de 500 mil quilômetros quadrados e provavelmente contribuíram para a morte dos dinossauros com seus gases venenosos. Elas também podem ser responsáveis pelas fendas que causam a separação dos continentes.

Tais plumas não são tão raras assim. Existem cerca de trinta ativas na Terra no momento, e elas são responsáveis por muitas das ilhas e cadeias de ilhas mais famosas do mundo — os arquipélagos da Islândia, Havaí, Açores, Canárias e Galápagos, a pequena Pitcairn no meio do Pacífico Sul, entre outras —, mas, afora Yellowstone, são todas oceânicas. Ninguém tem a menor ideia de como ou por que Yellowstone foi parar debaixo de uma placa continental. Só há duas certezas: a crosta em Yellowstone é fina e o calor embaixo é grande. No entanto, se a crosta é fina devido ao ponto quente ou o ponto quente está ali porque a crosta é fina é objeto de debate (literalmente) acalorado. A natureza continental da crosta faz muita diferença nas erupções. Enquanto os outros supervulcões tendem a efervescer aos poucos e de forma relativamente benigna, Yellowstone irrompe explosivamente. Isso não acontece com frequência, mas quando acontece... sai de baixo!

Desde sua primeira erupção conhecida, 16,5 milhões de anos atrás, Yellowstone explodiu cerca de cem vezes, porém as três erupções mais recentes são as mais descritas. A última erupção foi mil vezes maior que a do monte Saint Helens; a penúltima foi 280 vezes maior; e a antepenúltima foi *tão* grande que ninguém sabe ao certo quão grande foi. Foi pelo menos 2500 vezes pior que a de Saint Helens, e talvez 8 mil vezes mais monstruosa.

Não há termos de comparação. A maior explosão dos tempos recentes foi a de Krakatoa, na Indonésia, em agosto de 1883, produzindo um estrondo que reverberou ao redor do mundo por nove dias e agitando as águas até o canal da Mancha.[3] Mas se imaginarmos que o volume de material ejetado de Krakatoa teria o tamanho de uma bola de golfe, a maior das explosões de Yellowstone teria o tamanho de uma esfera atrás da qual poderíamos nos esconder. Nessa escala, a do monte Saint Helens não seria maior que uma ervilha.

A erupção de Yellowstone de 2 milhões de anos atrás expeliu cinzas suficientes para soterrar o estado de Nova York a uma profundidade de vinte metros ou a Califórnia a uma profundidade de seis. Foi essa cinza que produziu as jazidas de fósseis de Mike Voorhies, no leste de Nebraska. Aquela explosão ocorreu no que hoje é Idaho, mas em milhões de anos, a uma taxa de cerca de 2,5 centímetros ao ano, a crosta da Terra se deslocou, de modo que agora está diretamente sob o noroeste de Wyoming. (O ponto quente em si permanece no mesmo lugar, como um maçarico de acetileno apontado para um teto.) Em sua esteira, ela deixa o tipo de planícies vulcânicas ricas ideais para o cultivo de batatas, como os fazendeiros de Idaho descobriram faz muito tempo. Daqui a mais 2 milhões de anos, os geólogos gostam de brincar, Yellowstone estará produzindo batatas fritas para o McDonald's, e a população de Billings, Montana, estará se desviando de gêiseres.

A queda de cinzas da última erupção de Yellowstone cobriu, no todo ou em parte, dezenove estados do Oeste (mais partes do Canadá e do México) — quase todos os Estados Unidos a oeste do Mississippi. Lembre que essa é a maior região agrícola do país, uma área que produz cerca de metade dos cereais do mundo. E cinza, vale a pena lembrar, não é como uma nevasca que se derreterá na primavera. Se você quisesse voltar a cultivar o solo, teria de encontrar um lugar para colocar toda a cinza. Milhares de trabalhadores levaram oito meses para remover 1,8 bilhão de toneladas de entulho dos 6,5 hectares onde se erguia o World Trade Center, em Nova York. Imagine o trabalho para limpar o Kansas.

E ainda nem falamos das consequências climáticas. A última erupção de um supervulcão na Terra foi em Toba, no Norte de Sumatra, 74 mil anos atrás.[4] Ninguém sabe sua extensão; sabe-se apenas que foi colossal. Os núcleos de gelo da Groenlândia mostram que a explosão de Toba foi seguida de pelo menos seis anos de "inverno vulcânico" e só Deus sabe de quantas estações de más colheitas. Acredita-se que o evento possa ter deixado os seres humanos à beira da extinção, reduzindo a população global a nada mais do que alguns milhares de indivíduos. Isso significa que todos os seres humanos modernos descendem de uma base populacional bem reduzida, o que explicaria nossa falta de diversidade genética. Em todo caso, existem alguns indícios de que, nos 20 mil anos seguintes, a população total da Terra nunca superou alguns poucos milhares.[5] Um tempo de recuperação longo demais para uma só explosão vulcânica.

Tudo isso era apenas hipoteticamente interessante até 1973, quando uma ocorrência estranha tornou-o subitamente significativo: a água do lago Yellowstone, no centro do parque, começou a transbordar na extremidade sul do lago, inundando um prado, enquanto do lado oposto ela misteriosamente se afastava da margem. Os geólogos realizaram uma pesquisa apressada e descobriram que uma protuberância terrível surgira numa área enorme do parque. Ela estava erguendo uma extremidade do lago e fazendo com que a água transbordasse na outra, como aconteceria se você levantasse um lado da piscina inflável de uma criança. Em 1984, toda a região central do parque — mais de cem quilômetros quadrados — estava mais de um metro mais alta do que em 1924, última vez em que o parque havia sido topografado formalmente. Em seguida, em 1985, toda a parte central de Yellowstone afundou vinte centímetros. Ela parece estar inchando de novo.

Os geólogos perceberam que somente uma coisa poderia causar tal fenômeno: uma câmara de magma inquieta. Yellowstone não abrigava um supervulcão antigo, e sim um ativo. Também mais ou menos nessa época eles conseguiram calcular que o ciclo das erupções do parque era de, em média, uma explosão gigantesca a cada 600 mil anos. O interessante é que a última ocorreu há 630 mil anos. Yellowstone, ao que parece, está com o prazo vencido.

"Pode não parecer, mas você está sobre o maior vulcão ativo do mundo", disse Paul Doss, geólogo do Parque Nacional de Yellowstone, após saltar de uma motocicleta Harley-Davidson enorme e me dar a mão, quando nos encontramos na sede do parque, em Mammoth Hot Springs, cedo numa manhã encantadora de junho.[6] Nativo de Indiana, Doss é um homem amigável, de voz suave e extremamente atencioso, que não tem a menor cara de um funcionário de parque nacional. Sua barba está ficando grisalha e seu cabelo está preso num longo rabo de cavalo. Um pequeno brinco de safira enfeita uma orelha. Uma ligeira pança luta contra o uniforme apertado. Mais parece um cantor de *blues* do que um funcionário público. De fato, ele é músico de *blues* (toca gaita). Mas com certeza conhece e adora geologia. "E tenho o melhor lugar do mundo para praticá-la", ele diz, ao partirmos num veículo com tração nas quatro rodas trepidante e gasto na direção geral de Old Faithful. Ele concordou em me deixar acompanhá-lo durante um dia, enquanto realiza seu trabalho de geólogo. A primeira tarefa do dia é dar uma palestra introdutória a um novo grupo de guias de turismo.

Yellowstone, nem é preciso dizer, é sensacionalmente bonito, com montanhas massudas e imponentes, prados onde passeiam bisões, regatos que se precipitam, um lago azul-celeste e uma fauna riquíssima. "Impossível um lugar melhor do que este se você for um geólogo", diz Doss. "Você tem rochas em Beartooth Gap com quase 3 bilhões de anos — 75% da idade da Terra — e aqui tem fontes de água mineral" — ele aponta para as fontes quentes sulfurosas que dão o nome à sede do parque — "onde dá para ver as rochas nascendo. E entre elas, existe tudo que se possa imaginar. Nunca vi nenhum lugar em que a geologia seja mais evidente — ou mais bonita."

"Então você gosta daqui?", observei.

"Não, eu adoro", ele responde com profunda sinceridade. "Realmente adoro isto aqui. Os invernos são rigorosos e o salário não é muito 'quente', mas quando o tempo está bom, simplesmente..."

Ele interrompeu sua fala para mostrar um desfiladeiro numa cadeia de montanhas a oeste, que acabara de se tornar visível sobre uma elevação. As montanhas, ele me contou, eram conhecidas como Gallatins. "Este desfiladeiro tem uns cem ou talvez 110 quilômetros de largura. Por um longo tempo, ninguém entendia por que o desfiladeiro estava ali, até que Bob Christiansen percebeu que só podia ser porque as montanhas foram afastadas por uma explosão. Quando você tem cem quilômetros de montanhas simplesmente destruídas, sabe que está lidando com algo bem poderoso. Foram precisos seis anos para Christiansen descobrir tudo isto."

Perguntei o que fez com que Yellowstone explodisse em certos momentos.

"Não sei. Ninguém sabe. Os vulcões são coisas estranhas. Nós realmente não os compreendemos nem um pouco. O Vesúvio, na Itália, esteve ativo por trezentos anos, até uma erupção em 1944, e depois simplesmente sossegou. Está quieto desde então. Alguns vulcanologistas acham que ele está recarregando as baterias, o que é um tanto preocupante, porque 2 milhões de pessoas vivem sobre ele ou ao redor. Mas ninguém sabe ao certo."

"E quais sinais você receberia se Yellowstone fosse explodir?"

Ele deu de ombros. "Ninguém esteve por perto da última vez que ele explodiu, de modo que ninguém sabe quais são os sinais de advertência. Provavelmente teríamos muitos terremotos, alguma elevação da superfície e possivelmente algumas mudanças no padrão de comportamento dos gêiseres e das chaminés de vapor, mas ninguém sabe direito."

"Então ele poderia explodir sem aviso prévio?"

Ele assentiu com a cabeça ponderadamente. O problema, Doss explicou, é que quase todos os sinais de advertência já existem em certa medida em Yellowstone. "Terremotos costumam ser precursores de erupções vulcânicas, mas o parque já enfrentou muitos terremotos — 1260 deles no ano passado. A maioria é fraca demais para ser sentida, mas são terremotos mesmo assim."

Uma mudança no padrão das erupções dos gêiseres poderia ser considerada uma pista, ele disse, porém elas também variam de maneira imprevisível. No passado, o gêiser mais famoso do parque era o Excelsior. Ele costumava entrar em erupção regular e espetacularmente, atingindo alturas de cem metros, mas então em 1888 parou. Aí, em 1985, voltou a entrar em erupção, embora até uma altura de 215 metros. O Steamboat é o maior gêiser do mundo quando ativo, projetando água a mais de 120 metros no ar, mas os intervalos entre as erupções têm variado de apenas quatro dias a quase cinquenta anos. "Se ele entrasse em erupção hoje e de novo semana que vem, isso nada nos informaria sobre o que ele poderia fazer na próxima semana ou na semana posterior ou daqui a vinte anos", explica Doss. "O parque inteiro é tão volátil que é essencialmente impossível tirar conclusões de quase tudo o que acontece."

Evacuar Yellowstone não seria fácil. O parque recebe cerca de 3 milhões de visitantes por ano, a maior parte nos três meses de pico do verão. As estradas do parque são relativamente poucas e mantidas estreitas de propósito, em parte para reduzir a velocidade dos carros, em parte para preservar o ar pitoresco, e em parte por restrições topográficas. No auge do verão, leva-se facilmente meio dia para atravessar Yellowstone e horas para chegar a qualquer ponto dentro dele. "Sempre que veem animais, as pessoas param, onde quer que estejam", diz Doss. "Há engarrafamentos causados por ursos. Engarrafamentos causados por bisões. Engarrafamentos causados por lobos."

No outono de 2000, representantes do US Geological Survey e do Serviço de Parques Nacionais, na companhia de alguns acadêmicos, reuniram-se e formaram algo chamado Observatório Vulcânico de Yellowstone (OVY). Quatro desses grupos já existiam — no Havaí, na Califórnia, no Alasca e em Washington —, mas estranhamente não havia nenhum na maior zona vulcânica do mundo. O OVY não é realmente um órgão, e sim uma ideia: um acordo para coordenar esforços no estudo e na análise da geologia diversificada do parque. Uma de suas primeiras tarefas, Doss me contou, foi traçar um "plano de riscos de terremoto e vulcão" — um plano de ação para a eventualidade de uma crise.

"Não existe nenhum ainda?", perguntei.

"Não. Infelizmente não. Mas haverá em breve."

"Isso não está meio atrasado?"

Ele sorriu. "Bem, digamos que não está nada adiantado."

Uma vez funcionando, a ideia é que três pessoas — Christiansen, em Menlo Park, Califórnia, o professor Robert B. Smith, na Universidade de Utah, e Doss, em Yellowstone — avaliariam o grau de perigo de qualquer cataclismo potencial e avisaria o superintendente do parque. Este tomaria a decisão de evacuá-lo. Quanto às áreas vizinhas, não há planos. Se Yellowstone fosse explodir em grande escala, você estaria entregue à própria sorte assim que transpusesse os portões do parque.

Claro que podem transcorrer dezenas de milhares de anos até chegar esse dia. Doss acha que talvez ele nunca chegue. "O fato de que havia um padrão no passado não significa que ainda seja verdadeiro", ele diz. "Existem alguns indícios de que o padrão possa ser uma série de explosões catastróficas seguidas de um longo período de calma. Podemos estar nesse período agora. Os indícios são de que a maior parte da câmara de magma está esfriando e se cristalizando. Ela está liberando suas substâncias voláteis; é preciso *aprisioná-las* para que ocorra uma erupção explosiva."

Neste ínterim, existem muitos outros perigos dentro e em torno de Yellowstone, como ficou devastadoramente claro na noite de 17 de agosto de 1959, num local chamado Hebgen Lake, ao lado do parque.[7] Às vinte para a meia-noite daquela data, Hebgen Lake sofreu um terremoto catastrófico. Sua magnitude, de 7,5, nem foi das maiores, mas o terremoto, de tão abrupto e violento, derrubou um lado inteiro de uma montanha. Era o auge da estação de verão, embora felizmente Yellowstone não recebesse então tantos visitantes quanto agora. Oitenta milhões de toneladas de rocha, a mais de 160 quilômetros por hora, simplesmente se desprenderam da montanha, deslocando-se com tamanha força e impulso que a frente do desmoronamento subiu uns 120 metros numa montanha do outro lado do vale. No caminho situava-se parte do acampamento Rock Creek. No total, 28 campistas morreram, dezenove deles soterrados fundo demais para que seus corpos fossem encontrados. A devastação foi rápida mas dolorosamente volúvel. Três irmãos, que dormiam numa tenda, foram poupados. Seus pais, que dormiam na tenda ao lado, foram arrastados e nunca mais vistos.

"Um grande terremoto — realmente grande — acontecerá um dia", Doss me contou. "Você pode ter certeza. Esta é uma grande zona de falha para terremotos."

Apesar do terremoto de Hebgen Lake e dos outros riscos conhecidos, Yellowstone só recebeu sismógrafos permanentes na década de 1970.

Para apreciar a grandeza e a natureza inexorável dos processos geológicos, nada melhor do que as Tetons, a cadeia de montanhas esplendorosamente recortada situada bem ao sul do Parque Nacional de Yellowstone. Há 9 milhões de anos, as Tetons não existiam. O terreno ao redor de Jackson Hole não passava de uma campina alta. Mas uma falha com 64 quilômetros de comprimento se abriu dentro da Terra, e desde então, a cada novecentos anos aproximadamente, as Tetons experimentam um terremoto de fato grande, suficiente para elevá-las mais dois metros. Essas sacudidelas repetidas, através das eras, fizeram com que atingissem a altura majestosa de 2 mil metros.

Esses novecentos anos não passam de uma média — e uma média um tanto enganadora. De acordo com Robert B. Smith e Lee J. Siegel, em *Windows into the Earth* [Janelas para o interior da Terra], uma história geológica da região, o último grande terremoto das Tetons ocorreu entre 5 mil e 7 mil anos atrás. Nas Tetons, em suma, o prazo para um novo terremoto já venceu há mais tempo do que em qualquer outra zona sísmica do planeta.

Explosões hidrotermais também constituem um grave risco. Elas podem ocorrer a qualquer momento e quase em toda parte, sem nenhuma previsibilidade. "Veja bem, a estrutura do parque canaliza os visitantes para as bacias térmicas", Doss revelou depois de observarmos a erupção de Old Faithful. "É o que eles vêm ver. Você sabia que existem mais gêiseres e fontes térmicas em Yellowstone do que em todo o resto do mundo combinado?"

"Eu não sabia."

Ele assentiu com a cabeça. "Dez mil delas, e ninguém sabe quando uma nova chaminé poderá se abrir."

Fomos de carro até um lugar chamado Duck Lake, um corpo de água com algumas centenas de metros de largura. "Parece completamente inócuo", ele disse. "É apenas uma lagoa. Mas este buraco grande não estava aqui. Em algum momento, nos últimos 15 mil anos, isto explodiu com muita força. Foram várias dezenas de milhões de toneladas de terra, rocha e água superaquecida expelidas a velocidades hipersônicas. Imagine um fenômeno desses ocorrendo sob, digamos, o estacionamento de Old Faithful ou um dos centros de visitantes." Ele fez uma cara triste.

"Haveria algum aviso prévio?"

"Provavelmente não. A última grande explosão no parque foi num lugar chamado Pork Chop Geyser, em 1989. Aquilo deixou uma cratera com cerca de cinco metros de largura — nada muito imenso, mas imagine se alguém por acaso estivesse por perto. Felizmente, não havia ninguém, de modo que não houve feridos, mas foi algo que aconteceu sem aviso prévio. Num passado bem remoto, houve explosões que abriram buracos de mais de 1,5 quilômetro de largura. E ninguém sabe onde ou quando isso acontecerá de novo. Você tem que rezar para não estar por perto quando ocorrer."

Quedas de rochas grandes também são um perigo. Houve uma queda grande em Gardiner Canyon, em 1999, no entanto mais uma vez felizmente ninguém se feriu. No final da tarde, Doss e eu paramos num lugar onde uma rocha se equilibrava acima de uma estrada movimentada do parque. Rachaduras eram claramente visíveis. "Ela poderia cair a qualquer momento", Doss disse pensativo.

"Fala sério", exclamei. Não houve um momento em que não houvesse dois carros passando embaixo dela, todos repletos de campistas literalmente felizes.

"Ah, não é provável", ele acrescentou. "Estou apenas dizendo que ela *poderia*. Mas poderia também permanecer assim durante décadas. Não há como prever. As pessoas precisam aceitar que há um risco em vir aqui. Não tem outro jeito."

Ao caminharmos de volta ao carro dele, a fim de retornarmos a Mammoth Hot Springs, Doss acrescentou: "Mas o fato é que, na maior parte do tempo, coisas ruins não acontecem. Rochas não caem. Terremotos não ocorrem. Novas chaminés não se abrem subitamente. Com toda a instabilidade, o parque é espantosamente tranquilo".

"Como a própria Terra", observei.
"Precisamente", ele concordou.

Os riscos em Yellowstone ameaçam tanto os funcionários como os visitantes. Doss teve uma sensação horrível a respeito desses riscos na primeira semana de trabalho, cinco anos antes. Bem tarde numa noite, três jovens funcionários de verão se envolveram numa atividade ilícita conhecida como *hot-potting*: nadar ou tomar banho em piscinas térmicas naturais. Embora o parque, por motivos óbvios, não divulgue esse fato, nem todas as fontes em Yellowstone são perigosamente quentes. Algumas são ótimas para tomar banho, e alguns funcionários de verão tinham o hábito, ainda que fosse contra as regras, de dar um mergulho a altas horas da noite. Imprudentemente, o trio se esqueceu de levar uma lanterna, o que é perigosíssimo, porque grande parte do solo ao redor das piscinas térmicas é crostoso e fino, e é fácil cair numa chaminé escaldante embaixo. Na volta ao alojamento, o grupo passou por um curso d'água sobre o qual teve de pular antes. Eles recuaram alguns passos, deram-se os braços e, contando "um, dois, três", saltaram correndo. Na verdade, aquilo não era um curso d'água. Era uma fonte fervente. No escuro, eles haviam perdido o rumo. Nenhum dos três sobreviveu.

Refleti sobre aquilo na manhã seguinte ao fazer uma breve visita, a caminho da saída do parque, a um local chamado Emerald Pool, em Upper Geyser Basin. Doss não tivera tempo de me levar ali no dia anterior, mas achei que deveria ao menos dar uma olhada, pois Emerald Pool é um local histórico.

Em 1965, um casal de biólogos chamados Thomas e Louise Brock, durante uma viagem de estudos de verão, fez uma maluquice. Eles recolheram amostras da espuma marrom-amarelada nas margens da fonte à procura de vida. Para surpresa deles e, mais tarde, do mundo em geral, aquilo estava cheio de micróbios. Eles haviam descoberto os primeiros extremófilos do mundo — organismos capazes de viver em águas consideradas quentes ou ácidas ou sulfurosas demais para conter vida. Emerald Pool era todas essas três coisas, mas pelo menos dois tipos de seres vivos, *Sulpholobus acidocaldarius* e *Thermophilus aquaticus*, como se tornaram conhecidos, acharam aquelas águas habitáveis. Sempre se pensara que nada conseguia sobreviver em temperaturas acima de 50°C, mas ali estavam organismos nadando em águas adversas e ácidas duas vezes mais quentes.

Durante quase vinte anos, uma das duas bactérias novas dos Brock, a *Thermophilus aquaticus*, permaneceu uma curiosidade de laboratório, até que um cientista da Califórnia chamado Kary B. Mullis percebeu que enzimas resistentes ao calor dentro dela poderiam ser usadas para desencadear uma magia química conhecida como reação em cadeia de polimerase, que permite aos cientistas gerar montes de DNA a partir de quantidades bem pequenas — até uma única molécula em condições ideais.[8] É uma espécie de fotocópia genética, e tornou-se a base de toda a ciência genética subsequente, dos estudos acadêmicos ao trabalho forense da polícia. A descoberta valeu a Mullis o prêmio Nobel de Química em 1993.

Enquanto isso, os cientistas estavam descobrindo micróbios ainda mais resistentes, agora conhecidos como hipertermófilos, que requerem temperaturas de 80°C ou mais.[9] O organismo mais quente já encontrado, de acordo com Frances Ashcroft, em *Life at the extremes* [Vida nos extremos], é o *Pyrolobus fumarii*, que vive nas paredes de chaminés oceânicas, onde a temperatura pode atingir 113°C. Acredita-se que o limite superior para a vida seja de uns 120°C, embora ninguém saiba ao certo. Em todo caso, as descobertas dos Brock mudaram completamente a nossa percepção do mundo vivo. Nas palavras do cientista da NASA Jay Bergstralh: "Aonde quer que formos na Terra — mesmo nos ambientes considerados os mais hostis possíveis para a vida —, na medida em que existem água líquida e alguma fonte de energia química, encontraremos vida".[10]

A vida, ao que se revelou, é infinitamente mais esperta e adaptável do que qualquer um imaginara. Isso é algo muito bom, pois, como veremos agora, vivemos num mundo que parece não nos querer aqui.

PARTE V

A vida propriamente dita

Quanto mais examino o universo e estudo os detalhes de sua arquitetura, mais indícios encontro de que ele devia saber, de alguma maneira, que estávamos chegando.

Freeman Dyson

16. O planeta solitário

Não é fácil ser um organismo. Em todo o universo, pelo que sabemos até agora, só existe um lugar, um posto avançado discreto da Via Láctea chamado Terra, que sustentará você, e mesmo assim com muita má vontade.

Do fundo da fossa oceânica mais profunda ao topo da montanha mais elevada, a zona que abrange quase toda a vida conhecida, existem menos de vinte quilômetros — não muito se comparados com a vastidão do cosmo como um todo.

Para os seres humanos, a situação é ainda pior, porque pertencemos por acaso ao grupo de seres vivos que tomaram a decisão precipitada, mas ousada, 400 milhões de anos atrás, de rastejar para fora dos oceanos, tornando-se terrestres e respirando oxigênio. Em consequência, nada menos do que 99,5% do espaço habitável do mundo em termos de volume, de acordo com uma estimativa, estão fundamentalmente — em termos práticos, completamente — fora de nosso alcance.[1]

Não se trata apenas de que não conseguimos respirar na água, mas de que não suportaríamos as pressões. Como a água é cerca de 1300 vezes mais pesada que o ar,[2] as pressões aumentam rapidamente à medida que se desce — o equivalente a uma atmosfera para cada dez metros de profundidade. Em terra, se você subisse numa construção de 150 metros — a catedral de Colônia ou o monumento de Washington, digamos —, a mudança de pressão, de tão pequena, seria imperceptível. No entanto, à mesma profundidade na água, suas veias se contrairiam e seus pulmões se comprimiriam até ficar do tamanho de uma lata de Coca-Cola.[3] O estranho é que pessoas mergulham voluntariamente até tais profundezas, sem tubo de oxigênio, só de curtição, num esporte chamado mergulho livre. Parece que a experiência de ter seus órgãos internos brutalmente deformados é considerada estimulante (embora não tão estimulante como a volta às dimensões anteriores após o ressurgimento na superfície). Para alcançar tais profundezas, os mergulhadores precisam ser puxados para baixo, e bem bruscamente, por pesos. Sem auxílio, quem conseguiu mergulhar mais fundo e sobreviver para contar a proeza foi um italiano chamado Umberto Pelizzari, que em 1992 mergulhou até uma profundidade de 72 metros, permaneceu lá por um nanossegundo e voltou rapidamente à superfície. Em termos terrestres, 72 metros é pouco mais que o comprimento de um quarteirão de Nova York. Assim, mesmo em nossas proezas mais radicais, estamos longe de dominar os abismos oceânicos.

Outros organismos convivem com as pressões das profundezas, não obstante seja um mistério como alguns deles conseguem fazê-lo. O ponto mais profundo do oceano é a fossa Mariana, no Pacífico. Ali, a 11,3 quilômetros de profundidade, as pressões sobem a mais de mil quilos por centímetro quadrado. Uma vez, conseguimos enviar seres humanos, brevemente, àquela profundidade num batiscafo robusto, mas ela abriga colônias de anfípodes, um tipo de crustáceo semelhante ao camarão porém transparente que sobrevive sem nenhuma proteção. A maioria dos oceanos é mais rasa, contudo, mesmo à profundidade oceânica média de quatro quilômetros, a pressão é equivalente a ser esmagado sob uma pilha de catorze caminhões carregados de cimento.[4]

Quase todos, inclusive os autores de alguns livros populares sobre oceanografia, supõem que o corpo humano entraria em colapso sob as pressões enormes do oceano profundo. Na verdade, a coisa não é bem assim. Por sermos constituídos em grande parte de água, e a água ser "praticamente incompressível", nas palavras de Frances Ashcroft, da Universidade de Oxford, "o corpo mantém a mesma pressão da água circundante, e não é esmagado no fundo do mar".[5] São os gases dentro do corpo, em particular nos pulmões, que causam o problema. Eles se comprimem, embora não se saiba em que ponto a compressão se torna fatal. Até recentemente, acreditava-se que quem mergulhasse uns cem metros morreria em meio às dores da implosão dos pulmões ou do desmoronamento da parede torácica, entretanto os mergulhadores livres provaram repetidas vezes que isso não ocorre. Parece, de acordo com Ashcroft, que os "seres humanos talvez sejam mais parecidos com as baleias e os golfinhos do que se imaginava".[6]

No entanto, muitas outras coisas podem sair errado. Na época do escafandro — o tipo que era ligado à superfície por longos tubos —, os mergulhadores às vezes experimentavam um fenômeno pavoroso conhecido como "o aperto". Ele ocorria quando as bombas de superfície falhavam, levando a uma perda catastrófica de pressão no equipamento. O ar deixava o escafandro com tamanha violência que o pobre do mergulhador era, literalmente, sugado para dentro do capacete e do tubo. Quando içado à superfície, "tudo o que restava no escafandro eram seus ossos e alguns restos de carne", o biólogo J. B. S. Haldane escreveu em 1947, acrescentando para dirimir qualquer dúvida: "Isso já aconteceu".[7]

(Aliás, o capacete de mergulho original, projetado em 1823 por um inglês chamado Charles Deane, não visava ao mergulho submarino, e sim ao combate a incêndios. Chamava-se "capacete antifumaça", mas, sendo feito de metal, era quente e incômodo, e, como Deane logo descobriu, os bombeiros não estavam dispostos a enfrentar incêndios com algum tipo de traje especial, menos ainda algo que fervia como uma chaleira e lhes tolhia os movimentos. Na tentativa de salvar o investimento, Deane testou o capacete embaixo d'água e descobriu que era ideal para o trabalho de salvamento de navios.)

O verdadeiro terror das profundezas, porém, é a doença da descompressão — não tanto por ser desagradável, embora certamente seja, mas por ser bem mais provável. O ar que respiramos é 80% nitrogênio. Quando o corpo humano está sob pressão, esse nitrogênio é transformado em bolhas minúsculas que migram para o sangue e os tecidos. Se a pressão mudar muito depressa — quando um mergulhador sobe rápido demais —, as bolhas presas no corpo começam a efervescer, como uma garrafa de champanhe que acabou de ser aberta, obstruindo os vasos sanguíneos menores, privando as células de oxigênio e causando uma dor tão terrível que a vítima se contorce em agonia.

A doença da descompressão é um risco profissional dos pescadores de esponjas e pérolas desde tempos imemoriais, mas só chamou a atenção do mundo ocidental no século XIX, quando passou a atacar pessoas que nem se molhavam (ou pelo menos não muito, e geralmente só até o tornozelo). Eram os trabalhadores de caixas pneumáticas, câmaras secas e fechadas construídas nas margens dos rios para facilitar a construção de pilares de pontes. Eram enchidas de ar comprimido, e muitas vezes, quando emergiam após um período extenso de trabalho sob essa pressão artificial, os trabalhadores sentiam sintomas brandos como formigamento ou coceira na pele. Mas um pequeno número deles, imprevisivelmente, sentia uma dor mais insistente nas articulações e ocasionalmente caía em agonia, às vezes para nunca mais se levantar.

Aquilo era desconcertante. Os trabalhadores iam para a cama sentindo-se bem, mas acordavam paralisados. Ou nem sequer chegavam a acordar. Ashcroft conta a história dos diretores de um túnel novo sob o Tâmisa que promoveram um banquete festivo quando a obra estava quase pronta. Para consternação deles, o champanhe não efervesceu ao abrirem a garrafa no ar comprimido do túnel. Entretanto, quando enfim emergiram no ar fresco de uma noite londrina, as bolhas entraram em efervescência instantânea, animando de forma memorável o processo digestivo.[8]

Afora evitar por completo os ambientes de pressão elevada, somente duas estratégias são eficazes contra a doença da descompressão. A primeira é expor-se apenas brevemente às mudanças de pressão. É por isso que os praticantes do mergulho livre conseguem descer a profundezas de 150 metros sem nenhum efeito deletério. Eles não permanecem o tempo suficiente para o nitrogênio de seu sistema dissolver-se em seus tecidos. A outra solução é subir à tona em estágios cuidadosos. Com isso, as pequenas bolhas de nitrogênio se dissipam sem causar danos.

Grande parte do que sabemos sobre a sobrevivência nos extremos se deve à dupla extraordinária de pai e filho formada por John Scott e J. B. S. Haldane. Mesmo pelos padrões rigorosos dos intelectuais britânicos, os Haldane eram a excentricidade personificada. O Haldane pai nasceu em 1860 em uma família aristocrática escocesa (seu irmão foi o visconde de Haldane), mas passou a maior parte da carreira em relativa modéstia como professor de fisiologia em Oxford. Era famoso pela distração. Certa vez, sua mulher mandou-o ao andar de cima se vestir para um jantar. Como ele não voltava, ela subiu e descobriu que ele estava dormindo na cama de pijama. Ao ser despertado, Haldane explicou que, enquanto se despia, pensou que já estivesse na hora de dormir.[9] O que ele considerava férias era viajar à Cornualha para estudar as tênias em mineiros. Aldous Huxley, o romancista neto de T. H. Huxley, que morou com os Haldane algum tempo, parodiou-o, um tanto impiedosamente, como o cientista Edward Tantamount no romance *Contraponto*.

A contribuição de Haldane ao mergulho submarino foi o cálculo dos intervalos de repouso necessários para subir à superfície sem sofrer a doença da descompressão, mas seus interesses abrangiam toda a fisiologia, do estudo do mal das montanhas nos alpinistas ao problema da angina do peito em regiões desérticas.[10] Ele tinha um interesse particular nos efeitos de gases tóxicos sobre o corpo humano. Para entender mais exatamente como vazamentos de monóxido de carbono matavam os mineiros, Haldane metodicamente se envenenou, extraindo e examinando com cuidado sua própria amostra de sangue. Só parou quando estava à beira de perder o controle muscular e seu nível de saturação do sangue atingira 56% — um nível, como observa Trevor Norton em sua divertida história do mergulho submarino, *Stars beneath the sea* [Estrelas sob o mar], a uma fração da letalidade certa.[11]

O filho de Haldane, Jack, conhecido pela posteridade como J. B. S., foi um prodígio notável que se interessou pelo trabalho do pai quase desde a infância. Aos três anos, ouviram-no perguntando nervoso ao pai: "Mas é oxiemoglobina ou carboxiemoglobina?".[12] Durante a infância, o jovem Haldane auxiliava o pai nos experimentos. Quando atingiu a adolescência, os dois costumavam testar juntos gases e máscaras contra gases, revezando-se para ver quanto tempo levavam até perder a consciência.

Ainda que jamais se graduasse em ciência (ele estudou filologia clássica em Oxford), J. B. S. Haldane tornou-se um cientista brilhante por mérito próprio, na maior parte em Cambridge. O biólogo Peter Medawar, que passou a vida cercado de gigantes intelectuais, considerou-o "o homem mais inteligente que já conheci".[13] Huxley parodiou igualmente o Haldane mais jovem em seu romance *Ronda grotesca*, mas também usou suas ideias sobre a manipulação genética de seres humanos como a base da trama de *Admirável mundo novo*. Entre muitas outras realizações, Haldane desempenhou um papel central na união dos princípios darwinianos da evolução com o trabalho genético de Gregor Mendel, produzindo o que os geneticistas denominam síntese moderna.

O jovem Haldane talvez tenha sido a única pessoa que achou a Primeira Guerra Mundial "uma experiência bem divertida" e admitiu abertamente que "adorou a oportunidade de matar pessoas".[14] Ele próprio se feriu duas vezes. Após a guerra, tornou-se um bem-sucedido popularizador da ciência e escreveu 23 livros (e mais de quatrocentos artigos científicos). Seus livros continuam perfeitamente legíveis e instrutivos, embora nem sempre fáceis de encontrar. Ele também se tornou um marxista entusiasmado. Observou-se, com certo fundo de verdade, que isso só aconteceu devido a seu espírito contestador, e que, se ele tivesse nascido na União Soviética, teria sido um monarquista convicto. Em todo caso, a maioria de seus artigos apareceu originalmente no comunista *Daily Worker*.

Enquanto seu pai se interessava mais por mineiros e envenenamento, o Haldane mais novo tornou-se obcecado por poupar os tripulantes de submarinos e mergulhadores das consequências desagradáveis de seu trabalho. Com recursos do Almirantado, adquiriu uma câmara de descompressão a que chamou de "panela de pressão". Era um cilindro de metal no qual três pessoas de cada vez podiam ser encerradas e sujeitadas a diferentes tipos de teste, todos dolorosos e quase todos perigosos. Voluntários podiam ser obrigados a se sentar em água gelada enquanto respiravam uma "atmosfera anormal" ou se sujeitar a mudanças rápidas de pressurização. Em um experimento, Haldane simulou uma subida à tona perigosamente rápida para ver o que aconteceria. O que aconteceu foi que suas obturações dentárias explodiram. "Quase todo experimento", escreve Norton, "acabava com alguém tendo convulsão, sangramento ou vomitando."[15] A câmara era praticamente à prova de som, de modo que, para os ocupantes avisarem que não estavam passando bem, o único jeito era bater insistentemente na parede ou mostrar um bilhete por uma janelinha.

Em outra ocasião, enquanto se envenenava com níveis elevados de oxigênio, Haldane sofreu uma convulsão tão grave que fraturou várias vértebras. Pulmões contraídos eram um risco rotineiro. Tímpanos perfurados eram bem comuns.[16] No entanto, como ele mesmo observou, em tom tranquilizador, em um de seus ensaios, "o tímpano geralmente se recupera; e, se nele permanecer um furo, embora se fique um pouco surdo, pode-se expelir fumaça de tabaco pela orelha em questão, o que é uma realização social".

O extraordinário nisso tudo não era que Haldane estivesse disposto a submeter-se a tamanho risco e desconforto em prol da ciência, mas que não tivesse a menor dificuldade em convencer colegas e pessoas queridas a também entrarem na câmara. Numa descida simulada, sua esposa sofreu certa vez uma convulsão que durou treze minutos. Quando enfim ela parou de se sacudir pelo chão, Haldane ajudou-a a se levantar e mandou-a para casa a fim de preparar o jantar. Ele não hesitava em empregar quem estivesse por perto, inclusive, em uma ocasião memorável, um ex-primeiro-ministro da Espanha, Juan Negrín. O dr. Negrín reclamou depois de um ligeiro formigamento e "uma curiosa sensação aveludada nos lábios", mas afora isso aparentemente escapou incólume. Sorte dele. Uma experiência semelhante com a privação de oxigênio deixou Haldane sem sentir suas nádegas e a parte inferior da espinha dorsal por seis anos.[17]

Entre as várias preocupações específicas de Haldane estava a intoxicação por nitrogênio. Por razões ainda mal compreendidas, abaixo de uma profundidade de cerca de trinta metros o nitrogênio torna-se uma substância inebriante poderosa. Sob sua influência, houve casos de mergulhadores oferecendo seus tubos de ar aos peixes ou querendo fazer uma pausa para fumar um cigarro. Ele também produzia oscilações violentas de humor.[18] Em um teste, observou Haldane, a cobaia "alternava entre depressão e euforia, num momento implorando para ser descomprimido porque se sentia 'péssimo', e no minuto seguinte rindo e tentando interferir no teste de destreza do colega". A fim de medir o grau de deterioração do paciente, um cientista tinha de acompanhar o voluntário à câmara para conduzir testes matemáticos simples. Mas após alguns minutos, como Haldane mais tarde recordou, "o cientista parecia estar tão intoxicado quanto o voluntário, e muitas vezes se esquecia de apertar o botão do cronômetro ou de tomar notas apropriadas".[19] A causa da inebriação é até hoje um mistério.[20] Acredita-se que seja a mesma da embriaguez alcoólica, porém, como ninguém sabe ao certo o que causa *essa* embriaguez, continuamos na estaca zero. Em todo caso, sem o maior cuidado, é fácil entrar em apuros quando se deixa o mundo da superfície.

O que nos traz de volta (bem, quase) à nossa observação anterior de que a Terra não é dos lugares mais amenos para um organismo, ainda que seja o único lugar. Da pequena porção da superfície do planeta seca o suficiente para ser habitada, uma parte surpreendentemente grande é quente, ou fria, ou seca, ou íngreme ou elevada demais para nós. Admitamos que a culpa, em parte, é nossa. Em termos de adaptabilidade, os seres humanos são surpreendentemente imprestáveis. Como a maioria dos animais, não gostamos de lugares quentes demais, mas, porque suamos e temos insolação com tanta facilidade, somos ainda mais vulneráveis. Nas piores circunstâncias — a pé sem água num deserto quente —, a maioria das pessoas terá delírios e desmaiará, possivelmente para nunca mais levantar, em não mais do que seis ou sete horas. Não somos mais resistentes diante do frio. Como todos os mamíferos, os seres humanos sabem gerar calor, contudo — devido à escassez de pelos — não sabem conservá-lo. Mesmo num clima ameno, metade das calorias queimadas serve para manter o corpo aquecido.[21] Claro que podemos contrabalançar grande parte dessas fragilidades usando roupas e nos abrigando. Mesmo assim, as porções da Terra onde temos preparo ou capacidade para viver são bem modestas: apenas 12% da área terrestre total, e somente 4% da superfície total se incluirmos os oceanos.[22]

Todavia, quando examinamos as condições em outras partes do universo conhecido, o espantoso não é que utilizemos tão pouco do nosso planeta, e sim que tenhamos conseguido encontrar um planeta do qual possamos utilizar ainda que um pouquinho. Basta olhar para o nosso sistema solar — ou mesmo a Terra em certos períodos de sua história — para ver que a maioria dos lugares é bem mais adversa e menos receptiva à vida do que o nosso globo brando, azul e úmido.

Até agora, os cientistas espaciais descobriram cerca de setenta planetas fora do sistema solar, dentre os cerca de 10 bilhões de trilhões que se acredita existirem, de modo que não podemos falar com segurança sobre a questão. Mas aparentemente, se você deseja um planeta adequado à vida, precisa de muita sorte, e quanto mais avançada a vida, mais sortudo é preciso ser. Diferentes observadores identificaram cerca de 24 oportunidades particularmente úteis que tivemos na Terra, no entanto esta é uma pesquisa rápida, por isso vamos reduzi-las às quatro principais. São elas:

LOCALIZAÇÃO EXCELENTE. Estamos, num grau quase estranho, à distância certa do tipo de estrela certo, suficientemente grande para irradiar quantidades imensas de energia, mas não grande demais para exaurir-se rapidamente. Constitui uma curiosidade da física que, quanto maior uma estrela, maior a velocidade com que ela queima. Se nosso Sol tivesse uma massa dez vezes maior, teria se exaurido após 10 milhões de anos, em vez de 10 bilhões de anos, e não estaríamos aqui agora.[23] Também temos a sorte de orbitar à distância. Se orbitássemos muito mais perto do Sol, tudo na Terra teria se evaporado. Se orbitássemos muito mais longe, tudo teria se congelado.

Em 1978, um astrofísico chamado Michael Hart fez alguns cálculos e concluiu que a Terra teria sido inabitável se estivesse apenas 1% mais longe ou 5% mais perto do Sol. Isso não é muito, e na verdade não era suficiente. As cifras foram refinadas e se tornaram mais generosas: acredita-se que 5% mais perto e 15% mais longe sejam estimativas mais exatas para a nossa zona de habitabilidade, mas a vida continua restrita a um cinturão estreito.*

Para perceber quão estreito é esse cinturão, basta olhar para Vênus, o planeta que está somente 40 milhões de quilômetros mais próximo do Sol. O calor solar alcança Vênus apenas dois minutos antes de chegar à Terra.[24] Em tamanho e composição, é muito semelhante à Terra, mas a pequena diferença na distância orbital mudou completamente sua história. Parece que, nos anos iniciais do sistema solar, Vênus era só ligeiramente mais quente do que o nosso planeta e provavelmente possuía oceanos.[25] Mas esses poucos graus de calor extra fizeram com que ele não conseguisse reter a água de sua superfície, com consequências desastrosas para o clima. À medida que a água evaporou, os átomos de hidrogênio escaparam para o espaço, e os átomos de oxigênio combinaram-se com carbono para formar uma atmosfera densa do gás de efeito estufa CO_2. Vênus tornou-se sufocante. Embora as pessoas de minha idade possam se lembrar de uma época em que os astrônomos esperavam que esse planeta abrigasse vida sob suas nuvens felpudas, talvez até algum tipo de vegetação tropical, sabemos agora que o ambiente é hostil demais para qualquer tipo de vida que possamos conceber. As temperaturas na superfície são escaldantes 470° C, calor suficiente para derreter chumbo, e a pressão atmosférica na superfície é noventa vezes maior que a nossa, ou mais do que qualquer corpo humano poderia suportar.[26] Carecemos de tecnologia para produzir trajes ou mesmo naves espaciais que nos permitissem

---

* A descoberta de extremófilos nas fontes térmicas de Yellowstone e de organismos semelhantes em outros lugares fez os cientistas perceberem que, na verdade, certo tipo de vida poderia se estender até mais longe — até talvez sob a superfície gelada de Plutão. Estamos nos referindo aqui às condições que produziriam animais terrestres razoavelmente complexos.

visitá-lo. Nosso conhecimento da superfície de Vênus baseia-se em imagens de radar distantes e em alguns guinchos sobressaltados de uma sonda soviética não tripulada que foi lançada nas nuvens em 1972 e funcionou por apenas uma hora, antes de se calar para sempre.

Portanto, é isso que acontece quando você se muda para dois minutos-luz mais perto do Sol. Afastando-se dele, em vez de calor, o problema passa a ser o frio, como demonstra a gelidez de Marte. Outrora, Marte também foi um lugar bem mais agradável, porém não conseguiu reter uma atmosfera aproveitável e transformou-se num descampado congelado.

Mas simplesmente estar à distância certa do Sol não é tudo, senão a Lua seria arborizada e habitável, o que não é o caso. Para isso é preciso:

O TIPO CERTO DE PLANETA. Imagino que poucas pessoas, inclusive muitos geofísicos, considerariam uma sorte viver em um planeta com um interior fundido, mas é quase certo que, sem todo aquele magma se revolvendo sob nossos pés, não estaríamos agora aqui. Entre outras coisas, o nosso interior buliçoso liberou os gases que ajudaram a formar uma atmosfera e proporcionou o campo magnético que nos protege da radiação cósmica. Além disso, forneceu-nos a tectônica das placas, que continuamente renova e vinca a superfície. Se a Terra fosse perfeitamente lisa, estaria toda coberta de água com uma profundidade de quatro quilômetros. Poderia haver vida nesse oceano solitário, mas decerto não haveria partidas de futebol.

Além de possuirmos um interior benéfico, temos os elementos certos nas proporções corretas. Da forma mais literal, somos constituídos da matéria certa. Isso é tão crucial ao nosso bem-estar que será discutido mais detidamente em um minuto. Mas antes temos de abordar os dois fatores restantes, começando por outro que também costuma passar despercebido:

SOMOS UM PLANETA GÊMEO. Poucas pessoas pensam na Lua como um planeta companheiro, mas é isso o que ela é. A maioria das luas é minúscula em relação a seu planeta. Os satélites marcianos Fobos e Deimos, por exemplo, têm apenas uns dez quilômetros de diâmetro. A nossa Lua, porém, tem mais de um quarto do diâmetro da Terra, tornando nosso planeta o único do sistema solar com uma lua comparativamente grande (excetuando Plutão, que não conta por ser ele próprio tão pequeno), o que faz uma grande diferença para nós.

Sem a influência estabilizadora da Lua, a Terra oscilaria como um pião prestes a parar, com consequências imprevisíveis para o clima. A influência gravitacional permanente da Lua mantém a Terra girando na velocidade e no ângulo certos para proporcionar o tipo de estabilidade necessária ao longo e bem-sucedido desenvolvimento da vida. Isso não prosseguirá para sempre. A Lua está escapando do nosso domínio a uma taxa de cerca de quatro centímetros por ano.[27] Dentro de 2 bilhões de anos, terá recuado tanto que não nos manterá estáveis, e teremos de encontrar outra solução. Enquanto isso, pense nela como mais do que um enfeite agradável no céu.

Durante muito tempo, os astrônomos pensavam que a Lua e a Terra haviam se formado juntas ou que a Terra capturara a Lua ao passar por perto. Acreditamos hoje, como você deve se lembrar de um capítulo anterior, que, há uns 4,4 bilhões de anos, um objeto do tamanho de Marte colidiu com o nosso planeta, arremessando escombros suficientes para criar a Lua. Claro que isso foi ótimo para nós — especialmente porque aconteceu há tanto tempo. Se tivesse ocorrido em 1896 ou na quarta-feira passada, claro que não estaríamos tão satisfeitos. O que nos leva ao quarto fator, em muitos aspectos o mais crucial:

TEMPO CERTO. O universo é um lugar surpreendentemente instável e agitado, e nossa existência nele é um milagre. Se uma longa e inimaginavelmente complexa sequência de eventos, retrocedendo até uns 4,6 bilhões de anos atrás, não tivesse se desenrolado de uma maneira específica em determinados momentos — se, tomando um caso óbvio, os dinossauros não tivessem sido exterminados por um meteoro naquela época exata —, é bem capaz que você tivesse poucos centímetros de comprimento, longos bigodes e uma cauda, e estivesse lendo isto em uma toca.

Não sabemos ao certo porque não temos com que comparar nossa existência, mas parece evidente que, se você quiser evoluir até uma sociedade pensante e moderadamente avançada, precisa estar na extremidade final certa de uma longa cadeia de resultados, envolvendo períodos razoáveis de estabilidade entremeados justamente da quantidade certa de tensão e desafios (as eras glaciais constituem um bom exemplo) e marcada pela ausência total de cataclismos reais. Como veremos nas páginas restantes sobre a vida, temos muita sorte de nos encontrarmos nesta posição.

Dito isso, voltemo-nos brevemente aos elementos que nos constituem.

Existem 92 elementos que ocorrem naturalmente na Terra, mais cerca de vinte que foram criados em laboratórios, mas alguns deles podem ser postos imediatamente de lado — como os próprios químicos tendem a fazer. Um bom número de nossos elementos químicos terrestres é surpreendentemente pouco conhecido. O astatínio, por exemplo, pouco foi estudado. Possui um nome e um lugar na tabela periódica (vizinho do polônio de Marie Curie), e quase mais nada. A culpa não é da indiferença científica, e sim da raridade. Simplesmente não há muito astatínio no mundo. O mais esquivo de todos os elementos, porém, parece ser o frâncio.[28] Ele é tão raro que se acredita que nosso planeta inteiro possa conter, em qualquer dado momento, menos de vinte átomos de frâncio. No todo, apenas uns trinta dos elementos que ocorrem naturalmente são comuns na Terra, e no máximo meia dúzia são de importância central para a vida.

Como você deve esperar, o oxigênio é nosso elemento mais abundante, representando pouco menos de 50% da crosta terrestre, mas depois dele as abundâncias relativas são muitas vezes surpreendentes. Quem imaginaria, por exemplo, que o silício é o segundo elemento mais comum na Terra ou que o titânio é o décimo? A abundância não está necessariamente associada à familiaridade ou à utilidade para nós. Muitos desses elementos mais obscuros são, de fato, mais comuns do que outros mais conhecidos. Existe mais cério na Terra do que cobre, mais neodímio e lantânio do que cobalto ou nitrogênio. O estanho mal entra na lista dos cinquenta mais comuns, eclipsado por obscuridades relativas como praseodímio, samário, gadolínio e disprósio.

A abundância não está relacionada à facilidade de detecção. O alumínio é o quarto elemento mais comum na Terra, representando cerca de um décimo de tudo o que está sob os nossos pés, mas nem sequer se suspeitava de sua existência até ele ser descoberto, no século XIX, por Humphry Davy, e por muito tempo depois foi considerado raro e precioso. O Congresso norte-americano quase revestiu o topo do monumento de Washington com folha de alumínio, para mostrar quão prósperos e refinados os Estados Unidos haviam se tornado, e a família imperial francesa no mesmo período descartou o serviço de jantar oficial de prata, substituindo-o por um de alumínio.[29]

Não existe tampouco uma relação entre abundância e importância. O carbono é apenas o 15º elemento mais comum, representando modestos 0,048% da crosta terrestre, mas sem ele estaríamos perdidos.[30] O que distingue o átomo de carbono é o fato de ele ser descaradamente promíscuo. É o festeiro do mundo atômico, agarrando-se a um número exagerado de outros átomos (inclusive a ele próprio) e segurando firme, formando uniões moleculares bem robustas — justamente o segredo da natureza para construir proteínas e DNA. Como escreveu Paul Davies: "Se não fosse o carbono, a vida como a conhecemos seria impossível. Provavelmente qualquer tipo de vida seria impossível".[31] Entretanto, o carbono não é abundante nem mesmo nos seres humanos, que dependem tão vitalmente dele. De cada duzentos átomos em nosso corpo, 126 são hidrogênio, 51 são oxigênio e apenas dezenove são carbono.[32]*

Outros elementos são críticos não para criar vida, mas para sustentá-la. Precisamos de ferro para fabricar hemoglobina, e sem ele morreríamos. O cobalto é necessário à criação da vitamina B_{12}. O potássio e um pouquinho de sódio são bons para os nervos. Molibdênio, manganês e vanádio ajudam a manter suas enzimas felizes. O zinco — louvado seja — oxigena o álcool.

Evoluímos para utilizar ou tolerar essas coisas — senão mal conseguiríamos estar aqui —, mas mesmo assim vivemos dentro de margens de aceitação estreitas. O selênio é vital para todos nós, contudo se você ingerir um pouco além da conta, será a última coisa que terá feito na vida. O grau em que os organismos necessitam de ou toleram certos elementos é uma consequência de sua evolução.[33] Os carneiros e bois pastam lado a lado, mas têm necessidades minerais bem diferentes. Os bois modernos necessitam de muito cobre, porque evoluíram em partes da Europa e da África onde o cobre era abundante. Os carneiros, por sua vez, evoluíram em áreas pobres em cobre da Ásia Menor. Não surpreende que, em regra, nossa tolerância aos elementos seja diretamente proporcional à abundância deles na crosta da Terra. Evoluímos para esperar, e em alguns casos realmente requerer, as quantidades minúsculas de elementos raros que se acumulam na carne ou nas fibras que comemos. No entanto se aumentarmos as doses, um pouquinho que seja, logo poderemos ultrapassar o limite. Nossa compreensão desse fenômeno ainda é imperfeita. Ninguém sabe, por exemplo, se uma quantidade minúscula de arsênico é ou não necessária ao nosso bem-estar. Alguns especialistas afirmam que sim; outros, que não. A única certeza é que arsênico demais matará você.

---

* Dos quatro restantes, três são nitrogênio e o quarto átomo é dividido entre todos os demais elementos.

As propriedades dos elementos podem tornar-se mais curiosas quando eles são combinados. Oxigênio e hidrogênio, por exemplo, são dois dos elementos mais amigos da combustão, mas, ao se juntarem, formam a água incombustível.* Ainda mais estranhos em combinação são o sódio, um dos elementos mais instáveis, e o cloro, um dos mais tóxicos. Se você jogar uma porção de sódio puro na água comum, ela explodirá com força suficiente para matar.[34] O cloro é mais notoriamente perigoso. Embora útil em pequenas concentrações para eliminar micro-organismos (é o cloro que você cheira na água sanitária), em volumes maiores ele é letal. O cloro foi o elemento utilizado em muitos dos gases venenosos na Primeira Guerra Mundial. E, como provam os olhos lacrimejantes de nadadores em piscinas, mesmo quando extremamente diluído agride o corpo humano. No entanto, reunindo esses dois elementos desagradáveis, o que você obtém? Cloreto de sódio — o sal de cozinha comum.

De modo geral, se um elemento não encontra um caminho natural para o interior de nossos sistemas — se não for solúvel em água, digamos —, tendemos a ser intolerantes a ele. O chumbo nos envenena porque nunca estivemos expostos a ele até começarmos a adicioná-lo às latas de alimentos e aos canos hidráulicos. (O símbolo do chumbo é Pb, do latim *plumbum*, a origem de nossa palavra moderna *plúmbeo*.) Os romanos também temperavam seu vinho com chumbo, talvez um dos motivos de sua decadência como império.[35] Como já vimos, o chumbo (sem falar no mercúrio, no cádmio e em todos os outros poluentes industriais com que rotineiramente nos envenenamos) não tem nos dado muita alegria. Nós não desenvolvemos nenhuma tolerância aos elementos que não ocorrem de modo natural na Terra, e por isso eles tendem a ser extremamente tóxicos para nós, como se dá com o plutônio. Nossa tolerância ao plutônio é zero; em qualquer quantidade, ele vai derrubá-lo.

Conduzi você por um longo caminho para mostrar um pequeno fato: grande parte da razão pela qual a Terra parece tão milagrosamente receptiva é que evoluímos para nos adaptar às suas condições. O que nos assombra não

---

* O oxigênio em si não é combustível, mas facilita a combustão de outras coisas. Ainda bem, pois se ele fosse combustível, cada vez que você acendesse um fósforo, o ar à sua volta se incendiaria. O gás hidrogênio, por outro lado, é extremamente combustível, como o dirigível *Hindenburg* demonstrou em 6 de maio de 1937, em Lakehurst, Nova Jersey, quando seu combustível de hidrogênio pegou fogo, matando 36 pessoas.

é que ela seja adequada à vida, mas que seja adequada à *nossa* vida — o que não deveria ser muito surpreendente. Pode ser que muitas das coisas que a tornam tão esplêndida para nós — Sol bem-proporcionado, Lua companheira, carbono sociável, magma agitado etc. — pareçam esplêndidas porque é para depender dessas coisas que nascemos. Ninguém sabe ao certo.

Outros mundos podem abrigar seres gratos por seus lagos prateados de mercúrio e nuvens itinerantes de amônia. Eles podem estar encantados porque seu planeta não os sacode absurdamente com suas placas inquietas, nem cospe montes de lava mortal em sua paisagem, mas subsiste em uma tranquilidade não tectônica permanente. Quaisquer visitantes vindos de longe da Terra no mínimo se espantariam por vivermos numa atmosfera composta de nitrogênio, um gás que se recusa a reagir com qualquer coisa, e de oxigênio, que é tão favorável à combustão que precisamos dotar nossas cidades de corpos de bombeiros para nos proteger de seus efeitos mais animados. Mas ainda que nossos visitantes fossem bípedes respiradores de oxigênio, com shopping centers e um gosto por filmes de ação, dificilmente achariam a Terra ideal. Nem sequer poderíamos servir-lhes um almoço, já que todos os nossos alimentos contêm vestígios de manganês, selênio, zinco e outras partículas elementares das quais pelo menos algumas seriam venenosas para eles. A esses visitantes, a Terra poderia não parecer um lugar tão fantasticamente acolhedor.

O físico Richard Feynman costumava fazer uma brincadeira sobre as conclusões *a posteriori*, como são chamadas. "Veja bem que coisa espantosa aconteceu comigo esta noite", ele costumava dizer. "Vi um carro com a placa ARW 357. Você acredita? Das milhões de placas do estado, qual a chance de que eu visse hoje à noite justamente essa? Impressionante!"[36] O que ele queria mostrar era que é fácil fazer qualquer situação banal parecer extraordinária se você tratá-la como fatídica.

Desse modo, é possível que os eventos e as condições que levaram ao surgimento da vida na Terra não sejam tão extraordinários como gostamos de pensar. Mesmo assim, eles foram suficientemente extraordinários, e uma coisa é certa: eles terão de servir, até encontrarmos condições melhores.

17. Troposfera adentro

Graças a Deus existe a atmosfera. Ela nos mantém aquecidos. Sem ela, a Terra seria uma bola de gelo sem vida, com uma temperatura média de −50° C.[1] Além disso, a atmosfera absorve ou desvia os enxames invasores de raios cósmicos, partículas carregadas, raios ultravioleta e coisas semelhantes. No todo, seu acolchoamento gasoso equivale a uma espessura de 4,5 metros de concreto protetor, e sem ela esses visitantes invisíveis do espaço nos retalhariam como pequenos punhais. Até as gotas de chuva nos nocauteariam, não fosse a resistência da atmosfera.

O fato mais impressionante sobre nossa atmosfera é sua pequena extensão. Ela sobe uns 190 quilômetros, o que pode parecer abundante quando visto do nível do solo. Mas se reduzirmos a Terra ao tamanho de um globo de mesa comum, ela teria apenas a espessura de algumas camadas de verniz.

Por conveniência científica, a atmosfera é dividida em quatro camadas desiguais: troposfera, estratosfera, mesosfera e ionosfera (muitas vezes chamada de termosfera). A troposfera é a parte que nos é preciosa; sozinha, contém calor e oxigênio suficientes para nossa sobrevivência, embora rapidamente se torne hostil à vida à medida que subimos por ela. Do nível do solo ao seu ponto mais alto, a troposfera (ou "esfera giratória") tem uma espessura de cerca de dezesseis quilômetros no equador e não superior a dez ou onze quilômetros nas latitudes temperadas. Oitenta por cento da massa da atmosfera, praticamente toda a água e, portanto, praticamente todo o clima estão contidos dentro dessa camada fina e delicada. Com efeito, a nossa vida pende por um fio.

Além da troposfera está a estratosfera. Quando você vê o alto de uma nuvem de tempestade se nivelando no formato clássico de uma bigorna, está olhando a fronteira entre a troposfera e a estratosfera. Esse teto invisível é conhecido como tropopausa e foi descoberto em 1902 por um francês num balão, Léon-Philippe Teisserenc de Bort.[2] *Pausa* nesse sentido não significa parar momentaneamente, mas cessar por completo; vem da raiz grega de *menopausa*.[3] Mesmo em sua extensão máxima, a tropopausa não fica muito distante. Um elevador veloz, do tipo usado em arranha-céus modernos, poderia levá-lo até lá em cerca de vinte minutos, embora essa viagem não seja muito recomendável. Uma tal subida rápida, sem pressurização, resultaria, no mínimo, em graves edemas cerebrais e pulmonares, um excesso perigoso de líquidos nos tecidos do corpo.[4] Quando as portas do elevador se abrissem na plataforma de observação, os passageiros estariam certamente mortos ou agonizantes. Mesmo uma subida mais cadenciada seria acompanhada de grande desconforto. A temperatura a dez quilômetros de altitude pode chegar a $-57°$ C, e algum oxigênio extra não seria nada mal.[5]

Depois que se deixa a troposfera, a temperatura logo aumenta de novo para uns $4,4°$ C, graças aos efeitos absorventes do ozônio (outra coisa que Bort descobriu em sua intrépida ascensão de 1902). Ela depois despenca para $-90°$ C na mesosfera, antes de disparar para $1500°$ C ou mais na apropriadamente denominada, mas muito instável, termosfera, onde as temperaturas podem oscilar mais de quinhentos graus do dia para a noite — embora caiba observar que "temperatura" em tais altitudes torna-se um conceito um tanto teórico. Temperatura é realmente apenas uma medida da atividade de moléculas. No nível do mar, as moléculas de ar são tão compactas que uma molécula só consegue se deslocar por uma distância ínfima — cerca de oito milionésimos de centímetro, para ser preciso — antes de colidir com outra.[6] Porque trilhões de moléculas estão constantemente colidindo, a troca de calor é intensa. Mas à altura da termosfera, a oitenta quilômetros ou mais, o ar é tão rarefeito que quaisquer duas moléculas estarão a quilômetros de distância e dificilmente entrarão em contato. Desse modo, apesar de cada molécula ser bem quente, há poucas interações entre elas e, portanto, pouca transferência de calor. Isso é bom para os satélites e espaçonaves porque, se a troca de calor fosse mais eficiente, qualquer objeto artificial em órbita naquele nível entraria em combustão.

Mesmo assim, as espaçonaves precisam tomar cuidado na atmosfera externa, em particular nas viagens de volta à Terra, como o ônibus espacial *Columbia* demonstrou tragicamente em fevereiro de 2003. Embora a atmosfera seja bem rarefeita, se uma nave entrar num ângulo muito pronunciado — mais de seis graus —, ou com rapidez excessiva, poderá atingir moléculas suficientes para gerar uma resistência altamente combustível. Inversamente, se um veículo entrasse na termosfera num ângulo pequeno demais, poderia ricochetear de volta ao espaço, como um seixo na superfície da água.[7]

Mas você não precisa se aventurar aos confins da atmosfera para ser lembrado de que somos seres irremediavelmente terrestres. Quem já permaneceu algum tempo em uma cidade muito alta sabe que não é preciso subir muitos quilômetros acima do nível do mar para o corpo começar a estrilar. Mesmo alpinistas experientes, com a vantagem do preparo físico, treinamento e tubos de oxigênio, rapidamente se tornam vulneráveis, nas alturas, a confusão mental, náusea, exaustão, geladura, hipotermia, enxaqueca, perda de apetite e muitos outros distúrbios. De uma centena de formas enfáticas, o corpo humano lembra seu dono de que não foi feito para funcionar tão longe do nível do mar.

"Mesmo sob as circunstâncias mais favoráveis", escreveu o alpinista Peter Habeler sobre as condições no topo do Everest, "cada passo àquela altitude requer um esforço colossal da vontade. Você precisa se forçar a fazer cada movimento, a alcançar cada apoio. Você está perpetuamente ameaçado por uma fadiga opressiva e mortal".

Em *The other side of Everest* [O outro lado do Everest], o montanhista e cineasta britânico Matt Dickinson recorda como Howard Somervell, em uma expedição britânica de 1924 ao Everest, "viu-se mortalmente sufocado depois que um pedaço de carne infeccionada se soltou e bloqueou sua faringe".[8] Com um esforço supremo, Somervell conseguiu expelir a obstrução. Descobriu que aquilo era "todo o revestimento de muco de sua laringe".

O mal-estar corporal é notório acima de 7500 metros — a área é conhecida entre os alpinistas como Zona da Morte —, mas muitas pessoas ficaram gravemente debilitadas, até perigosamente doentes, a altitudes de não mais que

4500 metros. A suscetibilidade pouco tem a ver com a forma física. Vovós às vezes saltitam em locais elevados, enquanto seus netos, em condições físicas bem melhores, ficam reduzidos a nada até serem trazidos a altitudes menores.

O limite absoluto da tolerância humana para a vida contínua parece ser de cerca de 5500 metros, contudo mesmo pessoas condicionadas a viver em grandes elevações não conseguiriam tolerar essa altura por muito tempo.[9] Frances Ashcroft, em *Life at the extremes* [Vida nos extremos], observa que mineiros trabalham em minas de enxofre nos Andes a 5800 metros, mas preferem descer 460 metros toda noite e subi-los de volta no dia seguinte, a viver continuamente naquela altura. Os povos que habitualmente vivem em grandes altitudes em geral passaram milhares de anos desenvolvendo tóraces e pulmões desproporcionalmente grandes, aumentando sua densidade de glóbulos vermelhos portadores de oxigênio em quase um terço, embora existam limites ao engrossamento de glóbulos vermelhos que o suprimento de sangue é capaz de suportar. Além disso, acima de 5500 metros, até a mulher mais bem adaptada não consegue fornecer ao feto oxigênio suficiente para seu desenvolvimento pleno.[10]

Na década de 1780, quando as pessoas começaram a realizar subidas experimentais em balões na Europa, algo que as surpreendeu foi a queda da temperatura à medida que subiam. A temperatura cai cerca de 1,6° C a cada quilômetro que se sobe. Pela lógica, quanto mais você se aproxima de uma fonte de calor, mais calor deveria sentir. Parte da explicação da queda de temperatura está no fato de que a aproximação em relação ao Sol é irrisória. O Sol está a 150 milhões de quilômetros de distância. Aproximar-se uns quilômetros é como dar um passo na direção de um incêndio florestal lá na Austrália e querer sentir cheiro de fumaça. A resposta traz de volta a questão da densidade das moléculas na atmosfera. A luz solar energiza os átomos. Ela aumenta a taxa em que eles ziguezagueiam, e, em seu estado animado, eles colidem uns com os outros, liberando calor. Quando você sente o calor do Sol nas suas costas num dia de verão, na verdade está sentindo átomos excitados. Quanto mais alto se sobe, menos moléculas existem, logo, menos colisões entre elas.

O ar é um negócio enganoso. Mesmo no nível do mar, tendemos a imaginá-lo como etéreo e quase sem peso. Na verdade, ele possui bastante massa, e essa massa muitas vezes se manifesta. Como um oceanógrafo chamado Wyville Thomson escreveu, mais de um século atrás:

"Às vezes constatamos, ao nos levantarmos de manhã, pela subida de uma polegada no barômetro, que quase meia tonelada foi discretamente empilhada sobre nós durante a noite, mas não experimentamos nenhum inconveniente, e sim uma sensação de euforia e leveza, pois o esforço para mover nossos corpos no meio mais denso é ainda menor".[11]

A razão pela qual você não se sente esmagado sob aquela meia tonelada de pressão extra é a mesma pela qual seu corpo não seria esmagado no fundo do mar: ele é constituído predominantemente de líquidos incompressíveis, que pressionam de volta, igualando as pressões dentro e fora.

Mas ponha o ar em movimento, como em um furacão ou mesmo uma brisa forte, e você rapidamente será lembrado de que ele possui uma massa considerável. No todo, existem cerca de 5200 trilhões de toneladas de ar à nossa volta — 9,7 milhões de toneladas para cada quilômetro quadrado do planeta —, volume nada desprezível. Quando milhões de toneladas de atmosfera disparam a cinquenta ou sessenta quilômetros por hora, não surpreende que os ossos se fraturem e os tetos saiam voando. Como observa Anthony Smith, uma frente meteorológica típica pode consistir em 750 milhões de toneladas de ar frio espremidas sob 1 bilhão de toneladas de ar mais quente.[12] Não espanta que o resultado seja, às vezes, meteorologicamente excitante.

Com certeza não falta energia no mundo sobre nossas cabeças. Calculou-se que um temporal pode conter uma quantidade de energia equivalente ao consumo de quatro dias de eletricidade em todos os Estados Unidos.[13] Nas condições adequadas, nuvens de tempestade podem subir a alturas de dez a quinze quilômetros e contêm correntes de ar ascendentes e descendentes de 150 quilômetros por hora. Essas correntes costumam estar lado a lado, razão pela qual os pilotos evitam voar por elas. Com todo o tumulto interno, as partículas da nuvem adquirem cargas elétricas. Por motivos não totalmente entendidos, as partículas mais leves tendem a se tornar positivamente carregadas e a ser levadas por correntes de ar para o alto da nuvem. As partículas mais pesadas permanecem na base, acumulando cargas negativas. As partículas negativamente carregadas têm uma necessidade poderosa de se precipitar na Terra positivamente carregada, e, aí, sai de baixo! Um raio desloca-se a 435 mil quilômetros por hora e pode aquecer o ar à sua volta até respeitáveis 27 mil graus centígrados, calor várias vezes superior ao da superfície do Sol. Em qualquer dado momento, 1800 temporais estão ocorrendo ao redor do globo — cerca de 40 mil por dia.[14] Dia e noite através do planeta, a cada segundo, cerca de cem raios atingem o solo. O céu é um lugar bem animado.

Grande parte de nosso conhecimento do que acontece lá em cima é surpreendentemente recente.[15] As correntes de jato, em geral localizadas em altitudes de cerca de nove a dez quilômetros, podem rolar a até trezentos quilômetros por hora e influenciar fortemente os sistemas meteorológicos sobre continentes inteiros, mas não se suspeitava de sua existência até que pilotos começaram a voar para dentro delas durante a Segunda Guerra Mundial. Mesmo agora, parte significativa dos fenômenos atmosféricos é mal compreendida. Uma forma de movimento em onda popularmente conhecido como turbulência do ar claro anima de vez em quando os voos de avião. Cerca de vinte desses incidentes por ano são graves o bastante para precisar ser informados. Eles não estão associados a estruturas de nuvens ou outra coisa que possa ser detectada visualmente ou por radar. São apenas bolsões de turbulência surpreendente em meio ao céu tranquilo. Em um incidente típico, um avião na rota de Cingapura a Sydney sobrevoava a Austrália central em condições calmas quando de súbito caiu noventa metros — o suficiente para projetar no teto quem estava sem cinto de segurança. Doze pessoas se feriram, uma delas gravemente. Ninguém sabe o que causa essas células tumultuantes de ar.

O processo que impele o ar pela atmosfera é o mesmo processo que aciona o motor interno do planeta: a convecção. O ar quente e úmido das regiões equatoriais sobe até atingir a barreira da tropopausa e se espalha. Ao se afastar do equador e esfriar, ele desce. Ao atingir o fundo, parte do ar descendente procura uma área de baixa pressão para preencher e retorna ao equador, completando o circuito.

No equador, o processo de convecção costuma ser estável, e o tempo, previsivelmente bom, mas em zonas temperadas os padrões são bem mais sazonais, localizados e aleatórios, o que resulta numa batalha incessante entre sistemas de ar de alta e baixa pressão. Sistemas de baixa pressão são criados pelo ar ascendente, que transporta moléculas de água para o céu, formando nuvens e finalmente chuva. O ar quente consegue conter mais umidade que o ar frio, razão pela qual as tempestades tropicais e de verão tendem a ser mais fortes. Desse modo, as áreas baixas tendem a ser associadas a nuvens e chuvas, e as áreas altas geralmente significam sol brilhante e tempo bom. O encontro desses dois sistemas costuma se manifestar nas nuvens. Por exemplo, as nuvens estrato — aquelas detestáveis nuvens esparramadas e sem forma que nos dão nosso céu encoberto — ocorrem quando correntes ascendentes portadoras de umidade não têm força suficiente para abrir caminho por um nível de ar mais estável acima e, em vez disso, se espalham, como fumaça atingindo um teto. De fato, se você observar um fumante num aposento fechado, terá uma boa noção de como as coisas funcionam. De início, a fumaça do cigarro sobe reto (isso se chama fluxo laminar, caso você precise impressionar alguém) e depois se espalha em uma camada ondular e difusa. O maior supercomputador do mundo, efetuando medições no ambiente mais rigorosamente controlado, não consegue prever quais formas essas ondulações assumirão, de modo que você pode imaginar as dificuldades com que deparam os meteorologistas quando tentam prever tais movimentos em um mundo girante, ventoso e enorme.

O que sabemos é que a distribuição irregular do calor do Sol origina diferenças na pressão do ar no planeta. O ar não tolera essas diferenças, e corre para um lado e para outro a fim de igualar a pressão em toda parte. O vento é a maneira de o ar tentar manter as coisas em equilíbrio. O ar sempre flui de áreas de alta pressão para áreas de baixa pressão (como é de se esperar: imagine um balão ou um tanque de ar ou um avião com uma janela perdida com ar sob pressão — e pense na insistência daquele ar pressurizado em mudar de lugar), e quanto maior a discrepância de pressões, mais rápido sopra o vento.

Aliás, as velocidades do vento, como a maioria das coisas que são cumulativas, crescem exponencialmente. Assim, um vento de trezentos quilômetros por hora não é apenas dez vezes mais forte que um vento de trinta quilômetros por hora, mas cem vezes mais forte — e igualmente mais destrutivo.[16] Imprima esse efeito acelerador a milhões de toneladas de ar, e o resultado poderá ser tremendamente energético. Um furacão tropical pode liberar em 24 horas a quantidade de energia que uma nação rica de tamanho médio, como a Grã-Bretanha ou a França, consome em um ano.[17]

Quem primeiro suspeitou do impulso da atmosfera em busca do equilíbrio foi Edmond Halley[18] — o homem que estava em todas —, e seu colega britânico George Hadley aprofundou os conhecimentos, ao ver que colunas de ar ascendentes e descendentes tendiam a produzir "células" (conhecidas desde então como "células de Hadley"). Embora exercesse a profissão de advogado, Hadley nutria um forte interesse pelo clima (como todo inglês que se preze!) e sugeriu um vínculo entre suas células, a rotação da Terra e as deflexões aparentes do ar que fornecem os ventos alísios. Entretanto, foi um professor de engenharia da Escola Politécnica de Paris, Gustave-Gaspard de Coriolis, quem elaborou os detalhes dessas interações em 1835, daí se chamarem efeito de Coriolis. (Coriolis também se distinguiu por introduzir os refrigeradores de água).[19] A Terra gira a velozes 1675 quilômetros por hora no equador, embora em direção aos polos a velocidade caia consideravelmente, para cerca de novecentos quilômetros por hora em Londres ou em Paris, por exemplo. O motivo dessa queda de velocidade é evidente. Se você está no equador, a Terra ao girar precisa transportá-lo por uma boa distância — cerca de 40 mil quilômetros — para trazê-lo de volta ao mesmo ponto. Se você está próximo do polo norte, porém, precisará percorrer apenas alguns metros para completar a revolução. Mas em ambos os casos serão necessárias 24 horas para voltar ao local de origem. Segue-se que, quanto mais próximo do equador, mais rápido você estará girando.

O efeito de Coriolis explica por que qualquer objeto que se mova pelo ar em linha reta lateralmente à rotação da Terra parecerá, dada uma distância suficiente, curvar-se para a direita no hemisfério norte e para a esquerda no hemisfério sul, à medida que a Terra gira abaixo. A maneira comum de visualizar esse efeito é imaginar-se no centro de um grande carrossel jogando uma bola para alguém que está na borda. Quando a bola atinge o perímetro, a pessoa visada já avançou, e a bola passa por detrás dela. Da perspectiva dessa pessoa, parece que a bola seguiu uma trajetória curva, afastando-se dela. Esse é o efeito de Coriolis, que dá aos sistemas meteorológicos sua característica encrespada e faz os furacões rodarem feito piões.[20] Também devido a ele, projéteis disparados de navios de guerra precisam ter a trajetória ajustada para a esquerda ou para a direita. Sem esse ajuste, um projétil atirado a 24 quilômetros se desviaria do alvo cerca de noventa metros e afundaria no mar.

Considerando-se a importância prática e psicológica do clima para quase todos, é surpreendente que a meteorologia só viesse a se constituir em ciência pouco antes da virada para o século XIX (embora o termo *meteorologia* já existisse desde 1626, quando foi cunhado por T. Granger em um livro de lógica).

Parte do problema era que o sucesso da meteorologia dependia de medições precisas de temperaturas, e os termômetros, por muito tempo, se mostraram mais difíceis de produzir do que se imagina. Uma medição precisa requeria um orifício uniforme num tubo de vidro, o que não era fácil de obter. A primeira pessoa a solucionar o problema foi Daniel Gabriel Fahrenheit, um holandês fabricante de instrumentos, que criou um termômetro preciso em 1717. No entanto, por motivos ignorados, ele graduou seu instrumento de forma a situar o congelamento da água em 32 graus e a fervura em 212 graus. Desde o início, essa excentricidade numérica incomodou algumas pessoas, e em 1742 Anders Celsius, um astrônomo sueco, propôs uma escala alternativa. Numa prova da afirmação de que os inventores raramente acertam 100%, Celsius situou o ponto de ebulição em zero e o ponto de congelamento em cem na sua escala, mas isso logo foi invertido.[21]

A pessoa mais frequentemente identificada como o pai da meteorologia moderna foi um farmacêutico inglês chamado Luke Howard, que se tornou célebre no início do século XIX. Howard é mais lembrado hoje em dia pelos nomes que deu aos tipos de nuvens, em 1803.[22] Embora fosse um membro ativo e respeitado da Sociedade Lineana e empregasse os princípios de Lineu em seu novo sistema de classificação, Howard escolheu a mais desconhecida Askesian Society como o fórum para anunciá-lo. (A Askesian Society, como você deve se lembrar de um capítulo anterior, consistia na sociedade cujos membros eram anormalmente dedicados aos prazeres do óxido nitroso. Espera-se que tenham dispensado à apresentação de Howard a atenção sóbria que ela merece. Esse é um ponto sobre o qual os estudiosos de Howard curiosamente se calam.)

Howard dividiu as nuvens em três grupos: estratos para as nuvens em camadas, cúmulos para as nuvens felpudas (a palavra significa "empilhado" em latim) e cirros (que significa "encaracolado") para as formações altas, finas e sedosas, que geralmente anunciam um tempo mais frio. A estes ele mais tarde acrescentou um quarto termo, nimbo (da palavra latina para "nuvem"), para designar uma nuvem de chuva. A beleza do sistema de Howard era que os componentes básicos podiam ser recombinados livremente para descrever todas as formas e tamanhos das nuvens passageiras: estrato-cúmulo, cirro--estrato, cúmulo-nimbo, e assim por diante. Foi um sucesso imediato, e não apenas na Inglaterra. O poeta Johann Wolfgang von Goethe, na Alemanha, de tão encantado com o sistema, dedicou quatro poemas a Howard.

O sistema de Howard recebeu muitos acréscimos ao longo dos anos, a ponto de o enciclopédico, ainda que pouco lido, *International cloud atlas* [Atlas internacional das nuvens] possuir dois volumes.[23] O interessante é que praticamente todos os tipos de nuvens pós-Howard — mamato, *pileus*, nebulosa, *spissatus*, *floccus* e *mediocris* são uma amostra — jamais se popularizaram fora da comunidade da meteorologia, e mesmo entre os meteorologistas não são muito populares, ao que me contaram. Aliás, a primeira edição, bem mais fina, desse atlas, produzida em 1896, dividia as nuvens em dez tipos básicos, em que a mais rechonchuda e almofadada era a de número 9, cúmulo-nimbo.* Daí a expressão inglesa [sem correspondente na língua portuguesa] "*to be on cloud nine*", estar muito feliz.[24]

Apesar do peso e da fúria das ocasionais nuvens de tempestade com topo de bigorna, a nuvem comum é, na verdade, algo benigno e surpreendentemente insubstancial. Um cúmulo de verão felpudo com centenas de metros de largura pode não conter mais do que cem a 150 litros de água, "o suficiente para encher uma banheira", como observou James Trefil.[25] Você pode obter uma ideia da imaterialidade das nuvens passeando pela neblina — que nada mais é que uma nuvem sem vontade de voar. Citando de novo Trefil: "Se você caminhar noventa metros por uma neblina típica, entrará em contato com apenas cerca de oito centímetros cúbicos de água — que nem sequer dão para matar a sua sede". Em consequência, as nuvens não constituem grandes reservatórios de água. Apenas cerca de 0,035 % da água doce da Terra paira sobre nossas cabeças em qualquer dado momento.[26]

Dependendo de onde ela cai, o prognóstico para uma molécula de água varia amplamente.[27] Se cair em solo fértil, será absorvida pelas plantas ou voltará a evaporar dentro de horas ou dias. Mas se ela conseguir descer até o

---

* Se você já se impressionou com a nitidez e a definição das bordas das nuvens cúmulo, enquanto as outras são mais indistintas, a explicação é que em um cúmulo existe um limite pronunciado entre o interior úmido da nuvem e o ar seco além dela. Qualquer molécula de água que se aventure para fora da nuvem é imediatamente destruída pelo ar seco, permitindo que a borda seja mantida bem definida. As nuvens cirro, bem mais altas, são compostas de gelo, e a zona entre a borda e o ar além não é tão claramente delineada, razão pela qual elas tendem a ter bordas mais indistintas.

lençol freático, poderá não ver a luz solar por muitos anos — milhares, se descer muito fundo. Ao olhar um lago, você está olhando para uma coleção de moléculas que estão lá em média há uma década. No oceano, acredita-se que o tempo de residência seja de uns cem anos. No todo, cerca de 60% das moléculas de água de uma chuva são devolvidas à atmosfera dentro de um ou dois dias. Depois de evaporadas, elas passam cerca de uma semana — segundo Drury, doze dias — no céu antes de voltar a cair como chuva.

A evaporação é um processo rápido, como você pode constatar facilmente pelo destino de uma poça num dia de verão. Mesmo algo da dimensão do Mediterrâneo secaria em mil anos se sua água não fosse constantemente reposta.[28] Tal evento ocorreu pouco menos de 6 milhões de anos atrás e provocou o que se conhece em ciência como a crise de salinidade de Messina.[29] O que aconteceu foi que o movimento continental fechou o estreito de Gibraltar. À medida que o Mediterrâneo secou, seu conteúdo evaporado caiu como chuva de água doce em outros mares, diluindo ligeiramente sua salinidade — na verdade, diluindo o suficiente para provocar um congelamento acima do normal desses mares. A área maior de gelo fez com que mais calor solar ricocheteasse de volta, lançando a Terra em uma era glacial. Pelo menos é o que diz a teoria.

O que é certo, ao que sabemos, é que uma mudança pequena na dinâmica da Terra pode ter repercussões além de nossa imaginação. Um evento desse tipo, como veremos adiante, pode até ter nos criado.

Os oceanos são a verdadeira usina de força do comportamento da superfície do planeta. De fato, os meteorologistas tratam cada vez mais os oceanos e a atmosfera como um sistema único, razão pela qual precisamos lhes dar um pouco de atenção aqui. A água é ótima para conservar e transportar calor. Todo dia, a corrente do Golfo transporta uma quantidade de calor à Europa equivalente à produção mundial de carvão durante dez anos,[30] e é devido a ela que Grã-Bretanha e Irlanda têm invernos tão brandos em comparação com Canadá e Rússia.

Mas a água também se aquece lentamente, motivo pelo qual os lagos e piscinas são frios mesmo nos dias mais quentes. Daí a defasagem que costuma existir entre o início oficial, astronômico, de uma estação e a verdadeira sensação de que ela com efeito se iniciou.[31] Assim, a primavera pode começar oficialmente, no hemisfério norte, em março, mas na maioria dos lugares não se tem essa sensação no mínimo até abril.

Os oceanos não são uma massa uniforme de água. Suas diferenças de temperatura, salinidade, profundidade, densidade etc. têm efeitos enormes no modo como eles transportam o calor, o que, por sua vez, afeta o clima. O Atlântico, por exemplo, é mais salgado do que o Pacífico, o que é muito bom. Quanto mais salgada a água, mais densa ela é, e água densa afunda. Sem sua carga extra de sal, as correntes do Atlântico subiriam até o Ártico, aquecendo o polo norte, mas privando a Europa daquele calorzinho agradável. O principal agente de transferência de calor na Terra é a chamada circulação termoalina, que se origina em correntes lentas e profundas bem abaixo da superfície — um processo detectado originalmente pelo cientista-aventureiro conde de Rumford em 1797.* O que acontece é que as águas da superfície, ao se aproximarem da Europa, tornam-se densas e afundam até grandes profundezas, começando uma lenta viagem de volta ao hemisfério sul. Ao atingirem a Antártida, entram em contato com a corrente circumpolar antártica, que as impele mais à frente para o Pacífico. O processo é muito lento — a água pode levar 1500 anos para se deslocar do Atlântico Norte até metade do Pacífico —, mas os volumes de calor e água movimentados são consideráveis, e a influência sobre o clima é enorme.

(Quanto à pergunta sobre como se conseguiu descobrir quanto tempo uma gota d'água leva para ir de um oceano a outro, a resposta é que os cientistas podem medir compostos químicos na água, como clorofluorcarbonetos, e calcular o tempo decorrido desde que estiveram pela última vez no ar. Comparando uma série de medições de diferentes profundidades e locais, eles conseguem mapear razoavelmente o movimento da água.)[32]

---

* O termo significa diferentes coisas para diferentes pessoas, ao que parece. Em novembro de 2002, Carl Wunsch, do MIT, publicou uma matéria na *Science*, "What is the thermohaline circulation?" [O que é a circulação termoalina?], em que observou que a expressão tem sido usada em revistas importantes para denotar pelo menos sete fenômenos diferentes (circulação no nível abissal, circulação impelida por diferenças de densidade ou leveza, "circulação derrubadora meridional da massa", e assim por diante) — embora todos tenham a ver com as circulações oceânicas e a transferência de calor, o sentido cautelosamente vago e abrangente com que empreguei o termo aqui.

A circulação termoalina, além de movimentar o calor, ajuda a revolver os nutrientes com a subida e a queda das correntes, tornando volumes maiores de oceano habitáveis para os peixes e outros animais marinhos. Infelizmente, parece que a circulação também pode ser muito sensível à mudança. De acordo com simulações de computador, mesmo uma diluição modesta do teor de sal do oceano — decorrente do aumento do derretimento do lençol de gelo da Groenlândia, por exemplo — poderia prejudicar desastrosamente o ciclo.

Os oceanos nos prestam outro grande favor. Eles absorvem volumes tremendos de carbono e fazem com que ele fique confinado com segurança. Uma das esquisitices de nosso sistema solar é que o Sol queima com intensidade 25% maior do que quando o sistema solar era jovem. Isso deveria ter resultado em uma Terra bem mais quente. De fato, como disse o geólogo inglês Aubrey Manning: "Essa mudança colossal deveria ter tido um efeito absurdamente catastrófico sobre a Terra, e no entanto parece que nosso mundo mal foi afetado".

Portanto, o que mantém nosso mundo estável e frio?

A resposta está na vida. Trilhões e trilhões de organismos marinhos minúsculos, dos quais a maioria de nós nunca ouviu falar — foraminíferos, cocolitos e algas calcárias —, capturam carbono atmosférico, em forma de dióxido de carbono, quando cai como chuva, utilizando-o (em combinação com outras coisas) para produzir pequenas conchas. Ao encerrar o carbono em suas conchas, evitam que volte a evaporar para a atmosfera, onde aumentaria perigosamente o volume de gases de efeito estufa. Todos os minúsculos foraminíferos, cocolitos etc. morrem e caem no fundo do mar, onde são comprimidos até formar calcário. Quando você contempla uma atração natural como White Cliffs, em Dover, Inglaterra, é incrível que eles se componham de nada mais do que organismos marinhos minúsculos mortos, mas ainda mais incrível é quanto carbono eles segregam cumulativamente. Um cubo com quinze centímetros de aresta de greda de Dover contém mais de mil litros de dióxido de carbono comprimido, que normalmente estariam nos prejudicando. No todo, existem cerca de 80 mil vezes mais carbono encerrado em rochas da Terra do que na atmosfera.[33] Grande parte desse calcário acabará alimentando vulcões, e o carbono retornará à atmosfera e cairá na Terra com a chuva. Daí o todo ser chamado de ciclo do carbono de longo prazo. O processo leva um tempo enorme — cerca de meio milhão de anos para um átomo de carbono típico —, entretanto, na ausência de qualquer outra perturbação, funciona muito bem para manter o clima estável.

Infelizmente, os seres humanos têm tendência a perturbar esse ciclo, lançando grandes quantidades de carbono extra na atmosfera, sem se importar se os foraminíferos estão preparados para absorvê-lo. Estima-se que, desde 1850, lançamos cerca de 100 bilhões de toneladas de carbono extra no ar, total que aumenta em cerca de 7 bilhões de toneladas por ano. Globalmente, isso nem é tanto assim. A natureza — sobretudo pela fumaça dos vulcões e pela decomposição das plantas — lança cerca de 200 bilhões de toneladas de dióxido de carbono na atmosfera anualmente, quase trinta vezes mais do que nós com nossos carros e fábricas. Mas basta olhar para a bruma que paira sobre nossas cidades, ou sobre o Grand Canyon e, às vezes, sobre White Cliffs, em Dover, para ver a diferença que faz nossa contribuição.

Sabemos, com base em amostras de gelo muito antigo, que o nível "natural" de dióxido de carbono na atmosfera — ou seja, antes que começássemos a aumentá-lo com a atividade industrial — é de cerca de 280 partes por milhão.[34] Em 1958, quando os cientistas começaram a prestar atenção no problema, esse nível aumentara para 315 partes por milhão. Hoje já ultrapassou 360 partes por milhão e vem aumentando cerca de 0,25% ao ano. No final do século XXI, prevê-se que tenha aumentado para cerca de 560 partes por milhão.

Até agora, os oceanos e as florestas da Terra (que também eliminam muito carbono) conseguiram nos salvar de nós mesmos. Porém, nas palavras de Peter Cox, do Departamento de Meteorologia Britânico: "Existe um limiar crítico no qual a biosfera natural para de nos proteger dos efeitos de nossas emissões e começa a ampliá-los". O temor é de um aumento descontrolado do aquecimento da Terra. Incapazes de se adaptar, muitas árvores e outras plantas morreriam, liberando seus estoques de carbono e agravando o problema. Tais ciclos aconteceram ocasionalmente no passado distante, mesmo sem a contribuição humana. A boa notícia é que, mesmo nesse aspecto, a natureza é maravilhosa. É quase certo que o ciclo do carbono acabaria se reafirmando e devolvendo ao planeta uma situação de estabilidade e felicidade. Da última vez em que isso aconteceu, levou apenas 60 mil anos.

18. Nas profundezas do mar

Imagine tentar viver num mundo dominado pelo óxido de di-hidrogênio, um composto químico sem gosto nem cheiro e de propriedades tão variáveis que em geral é benigno, mas outras vezes rapidamente letal.[1] Dependendo do estado em que se encontre, ele pode escaldá-lo ou congelá-lo. Na presença de certas moléculas orgânicas, é capaz de formar ácidos carbônicos tão nocivos que podem arrancar as folhas de árvores e corroer o rosto de estátuas. Em grande quantidade, quando está agitado, consegue atacar com uma fúria que nenhum edifício humano pode conter. Mesmo para quem aprendeu a viver com ela, é uma substância muitas vezes venenosa. Estamos falando da água.

A água está por toda parte. Uma batata é 80% água, uma vaca, 74%, uma bactéria, 75%.[2] Um tomate, com 95%, tem pouca coisa *além* de água. Mesmo os seres humanos são 65% água, o que nos torna quase 100% mais líquidos do que sólidos. A água é uma substância estranha. Embora sem forma e transparente, queremos estar perto dela. Ela não tem gosto, mas mesmo assim adoramos o gosto dela. Viajamos grandes distâncias e pagamos pequenas fortunas para ver o Sol nascer sobre ela. E, mesmo sabendo que é perigosa e afoga dezenas de milhares de pessoas todo ano, adoramos mergulhar nela.

Por ser tão onipresente, tendemos a ignorar que substância extraordinária é a água. Quase nada nela permite fazer previsões confiáveis sobre as propriedades de outros líquidos, e vice-versa.[3] Se você nada soubesse sobre a água e baseasse suas suposições no comportamento dos compostos quimicamente mais parecidos — sobretudo o selenito de hidrogênio e o ácido sulfídrico —, esperaria que ela fervesse a − 93º C e fosse gasosa à temperatura ambiente.

A maioria dos líquidos, quando resfriados, contrai-se cerca de 10%. A água também se contrai, mas apenas até certo ponto. Quando está prestes a congelar, começa — de maneira perversa, enganadora e extremamente improvável — a se expandir. Depois de sólida, fica quase 10% mais volumosa do que antes.[4] Por se expandir, o gelo flutua na água — "uma propriedade absolutamente estranha", de acordo com John Gribbin.[5] Sem essa excentricidade esplêndida, o gelo afundaria, e os lagos e oceanos congelariam de baixo para cima. Sem o gelo da superfície para conservar o calor embaixo, este se dispersaria, deixando a água ainda mais gelada e criando ainda mais gelo. Logo, até os oceanos congelariam e quase certamente permaneceriam assim por um longuíssimo tempo, é provável que para sempre — condições nem um pouco propícias à vida. Felizmente para nós, a água parece ignorar as regras da química ou as leis da física.

Todo mundo sabe que a fórmula química da água é H_2O, o que significa que ela consiste em um átomo grandão de oxigênio com dois átomos menores de hidrogênio ligados a ele. Os átomos de hidrogênio prendem-se com firmeza ao seu hospedeiro de oxigênio, mas também estabelecem vínculos casuais com outras moléculas de água. A natureza de uma molécula de água faz com que ela se engaje em uma espécie de dança com outras moléculas de água, formando pares breves e depois indo em frente, como a troca constante de parceiros na dança de salão, para usar a bonita comparação de Robert Kunzig.[6] Um copo d'água pode não parecer tremendamente animado, mas cada molécula dele está mudando de parceiro bilhões de vezes por segundo. É por isso que as moléculas de água se combinam para formar corpos como poças e lagos, mas não tão rigidamente que não possam ser separadas com facilidade quando, por exemplo, você mergulha numa piscina. Em qualquer dado momento, somente 15% delas estão de fato entrando em contato umas com as outras.[7]

Em certo sentido, o vínculo é bem forte — é por isso que as moléculas de água conseguem subir quando aspiradas pelo sifão e as gotas d'água no capô do carro mostram tamanha determinação em se juntar a suas colegas. É também por isso que a água possui tensão de superfície. As moléculas na superfície são atraídas mais fortemente pelas companheiras embaixo e ao lado do que pelas moléculas de ar acima. Isso cria uma espécie de membrana suficientemente forte para suportar insetos e pedras saltitantes. Por isso dói tanto mergulhar de barriga.

Nem é preciso enfatizar que sem ela estaríamos perdidos. Privado da água, o corpo humano rapidamente degringola. Em poucos dias, os lábios somem "como que amputados, as gengivas enegrecem, o nariz reduz-se a metade do comprimento e a pele contrai-se tanto em torno dos olhos que não se consegue piscar".[8] A água nos é tão vital que até esquecemos que quase toda a água da Terra é venenosa para nós — mortalmente venenosa — por conter sal.

Precisamos de sal para viver, mas apenas em quantidades ínfimas, e a água do mar contém bem mais — cerca de setenta vezes mais — do que conseguimos metabolizar com segurança. Um litro de água do mar típico contém apenas umas duas colheres e meia de chá de sal comum — do tipo que salpicamos na comida —, porém quantidades bem maiores de outros elementos, compostos químicos e outros sólidos dissolvidos, que são coletivamente conhecidos como sais.[9] As proporções desses sais e minerais em nossos tecidos são estranhamente semelhantes às da água do mar — suamos e choramos água do mar, como disseram Margulis e Sagan —,[10] mas curiosamente não somos capazes de tolerá-los quando ingeridos. O excesso de sal no corpo rapidamente acarreta uma crise no metabolismo. De cada célula, acorrem moléculas de água, como bombeiros voluntários, para tentar diluir e eliminar a súbita ingestão. Com isso, as células veem-se perigosamente privadas da água necessária ao desempenho de suas funções normais. Em suma, elas ficam desidratadas. Em situações extremas, a desidratação provoca convulsões, inconsciência e danos cerebrais. Enquanto isso, as células do sangue sobrecarregadas transportam o sal até os rins, que acabam não aguentando e param de funcionar. Sem os rins funcionando, você morre. Por isso não bebemos água do mar.

Existe 1,3 bilhão de quilômetros cúbicos de água na Terra, e isso é tudo de que sempre disporemos.[11] O sistema é fechado: na prática, nada pode ser acrescentado ou subtraído. A água que você bebe vem prestando seu serviço desde a juventude da Terra. Há 3,8 bilhões de anos, os oceanos haviam atingido (mais ou menos, no mínimo) seus volumes atuais.[12]

O domínio das águas, conhecido como hidrosfera, é predominantemente oceânico. De toda a água da Terra, 97% está nos oceanos, a maior parte no Pacífico, que cobre metade do planeta e é maior que todas as massas de terra juntas. No todo, o Pacífico contém pouco mais de metade de toda a água oceânica (51,6%); o Atlântico contém 23,6% e o Índico, 21,2%, restando apenas 3,6% para todas as outras massas de água.[13] A profundidade média do oceano é de 3,86 quilômetros; o Pacífico é, em média, cerca de trezentos metros mais profundo que o Atlântico e o Índico. No todo, 60% da superfície do planeta é oceano com mais de 1,6 quilômetro de profundidade. Como observa Philip Ball, em vez de Terra, seria mais apropriado chamar nosso planeta de Água.[14]

Três por cento da água da Terra é doce, a maior parte se apresentando como lençóis de gelo.[15] Somente uma parte minúscula — 0,036% — se encontra em lagos, rios e reservatórios, e uma ainda menor — apenas 0,001% — existe em nuvens ou como vapor. Quase 90% do gelo do planeta encontra-se na Antártida, e grande parte do restante, na Groenlândia. Vá ao polo Sul, e você estará sobre mais de três quilômetros de gelo, mas no polo Norte, apenas sobre 4,6 metros.[16] A Antártida sozinha possui 25 milhões de quilômetros cúbicos de gelo — o suficiente para elevar os oceanos em 61 metros caso todo seu gelo se derretesse.[17] Mas se toda a água da atmosfera caísse como chuva, uniformemente por toda parte, os oceanos ficariam apenas alguns centímetros mais fundos.

O nível do mar, por sinal, é uma conceito totalmente teórico. Os oceanos não são nada nivelados. Marés, ventos, a força de Coriolis e outros efeitos alteram consideravelmente os níveis da água de um oceano para outro, e dentro deles também. O Pacífico é cerca de meio metro mais alto ao longo da margem oeste — uma consequência da força centrífuga criada pela rotação da Terra. Quando você puxa uma tina de água, a água tende a fluir para a outra extremidade, como se relutasse em vir até você; assim também a rotação para leste da Terra empilha a água de encontro às margens ocidentais do oceano.

Considerando-se a importância milenar dos oceanos para nós, é impressionante o tempo que o mundo levou para se interessar cientificamente por eles. Até meados do século XIX, grande parte do que se sabia sobre os oceanos baseava-se no que atingia a costa ou vinha nas redes de pesca; quase tudo o que estava escrito se fundamentava mais em relatos e suposições do que em indícios físicos. Na década de 1830, o naturalista britânico Edward Forbes examinou fundos de oceano ao longo do Atlântico e do Mediterrâneo e declarou que não havia nenhuma vida marinha abaixo de seiscentos metros. Parecia uma suposição razoável. Não havia luz àquela profundeza, logo, nenhuma vida vegetal, e se sabia que as pressões da água ali eram extremas. Assim, quando, em 1860, um dos primeiros cabos telegráficos transatlânticos foi içado de mais de três quilômetros de profundidade para reparos, foi uma surpresa descobrir que estava espessamente incrustado com corais, mariscos e outros detritos vivos.

A primeira investigação realmente organizada dos oceanos só se deu em 1872, quando uma expedição conjunta do Museu Britânico, da Royal Society e do governo britânico zarpou de Portsmouth, num antigo navio de guerra chamado HMS *Challenger*. Durante três anos e meio, eles navegaram pelo mundo, examinando águas, capturando peixes e dragando sedimentos. Um trabalho evidentemente extenuante. Um quarto da tripulação de 240 cientistas e marujos desertou e mais oito morreram ou ficaram loucos — "levados ao desespero pela rotina monótona de anos de dragagem", nas palavras da historiadora Samantha Weinberg.[18] Mas eles navegaram por quase 70 mil milhas náuticas de oceano, coletaram mais de 4700 espécies novas de organismos marinhos, reuniram informações suficientes para criar um relatório de cinquenta volumes (que levou dezenove anos para ser completado) e deram ao mundo o nome de uma nova disciplina científica: *oceanografia*.[19] Eles também descobriram, medindo as profundezas, que aparentemente existiam montanhas submersas no meio do Atlântico, levando alguns observadores entusiasmados a especular que tivessem encontrado o continente perdido de Atlântida.

Como o mundo institucional praticamente ignorava os oceanos, coube a amadores dedicados — e muito ocasionais — descobrir o que havia lá embaixo. A exploração moderna em águas profundas começa com Charles William Beebe e Otis Barton, em 1930. Embora fossem parceiros iguais, Beebe, mais exuberante, sempre recebeu mais atenção. Nascido em 1877 em uma família abastada de Nova York, estudou zoologia na Universidade Columbia, depois aceitou um emprego como zelador de aves na Sociedade Zoológica de Nova York. Cansado daquilo, decidiu adotar uma vida de aventureiro e, nos 25 anos seguintes, viajou extensamente pela Ásia e pela América do Sul com uma sucessão de assistentes atraentes do sexo feminino cujas funções eram inventivamente descritas como "historiadora e técnica" ou "assistente em problemas ictiológicos".[20] Ele financiou tais empreendimentos com uma sucessão de livros populares com títulos como *Edge of the jungle* [Orla da selva] e *Jungle days* [Dias de selva], embora também produzisse alguns livros respeitáveis sobre a vida selvagem e ornitologia.

Em meados da década de 1920, em uma viagem às ilhas Galápagos, ele descobriu "as delícias de ficar suspenso", como descreveu o mergulho em águas profundas. Logo depois, associou-se a Barton, que vinha de uma família ainda mais rica, também estudara na Columbia e ansiava igualmente por aventura.[21] Apesar de quase sempre atribuída a Beebe, a batisfera (da palavra grega para "profundo") na verdade foi projetada por Barton, que bancou os 12 mil dólares de sua construção. Era uma câmara minúscula e necessariamente robusta, feita de ferro fundido com 3,8 centímetros de espessura e duas vigias pequenas contendo blocos de quartzo com 7,6 centímetros de espessura. Ela abrigava dois homens, mas somente se estivessem dispostos a se tornar bem íntimos. Mesmo pelos padrões da época, a tecnologia não era sofisticada. A esfera não era manobrável — simplesmente pendia na extremidade de um cabo comprido — e possuía um sistema de respiração bem primitivo: para neutralizar seu próprio dióxido de carbono, os tripulantes abriam latas de cal sodada e, para absorver a umidade, abriam um pequeno tubo de cloreto de cálcio, sobre o qual às vezes balançavam folhas de palmeira para estimular reações químicas.[22]

Mas a pequena batisfera sem nome deu conta do recado. No primeiro mergulho, em junho de 1930, nas Bahamas, Barton e Beebe bateram o recorde mundial, descendo 183 metros. Em 1934, eles haviam ampliado para mais de novecentos metros o recorde, que só seria batido após a guerra. Barton estava confiante na segurança do dispositivo até uma profundidade de 1400 metros, ainda que a pressão sobre cada parafuso e rebite fosse auditivamente evidente a cada braça que desciam. Em qualquer profundidade, era um trabalho corajoso e arriscado. A 900 metros, a vigia pequena estava sujeita a três toneladas de pressão por centímetro quadrado. Se eles ultrapassassem o limite de tolerância da estrutura, a morte em tais profundezas teria sido instantânea, como Beebe nunca deixou de observar em seus vários livros, artigos e transmissões de rádio. Mas sua maior preocupação era que o guincho a bordo do navio não suportasse o peso da bola de metal e de duas toneladas de cabo de aço, lançando os dois homens ao fundo do mar. Nesse caso, nada conseguiria salvá-los.

Se existe uma coisa que seus mergulhos não produziram foram grandes revelações científicas. Ainda que topassem com muitos seres vivos nunca vistos antes, a visibilidade limitada e o fato de que nenhum dos intrépidos aquanautas era oceanógrafo formado fizeram com que, muitas vezes, não conseguissem descrever suas descobertas com o tipo de detalhe que interessa aos verdadeiros cientistas. A esfera não possuía lanterna externa, apenas uma lâmpada de 250 watts que eles podiam suspender diante da vigia, mas a água abaixo de 150 metros era praticamente impenetrável. Além disso, eles viam o oceano através de 7,6 centímetros de quartzo, de modo que tudo o que quisessem ver teria de estar quase que igualmente interessado neles. Assim, o único relato que conseguiram fazer foi que havia um monte de coisas estranhas lá embaixo. Em um mergulho em 1934, Beebe espantou-se ao espiar uma serpente gigante "com mais de seis metros de comprimento e muito larga". Ela passou muito rápido como uma sombra. O que quer que fosse, nunca mais ninguém viu nada semelhante.[23] Devido a essa imprecisão, seus relatos eram geralmente ignorados pelos acadêmicos.

Após o recorde de profundidade em 1934, Beebe perdeu o interesse no mergulho e se entregou a outras aventuras, mas Barton perseverou. Num gesto louvável, Beebe sempre dizia para quem perguntasse que Barton era o verdadeiro cérebro responsável pelo empreendimento, porém Barton parecia incapaz de sair da obscuridade. Ele também escreveu histórias emocionantes de suas aventuras submarinas e chegou a estrelar um filme de Hollywood chamado *Titans of the deep* [Titãs das profundezas]. O filme mostrava uma batisfera e muitos encontros empolgantes e em grande parte ficcionais com agressivas lulas-gigantes e outros monstros. Ele chegou a fazer propaganda dos cigarros Camel. Em 1948, um mergulho de 1370 metros no oceano Pacífico, perto da Califórnia, aumentou o recorde em 50%, mas o mundo parecia determinado a ignorá-lo. Um resenhador de jornal de *Titans of the deep* chegou a pensar que o astro do filme fosse Beebe. Atualmente, é uma sorte quando Barton chega a ser mencionado.

Em todo caso, ele estava na iminência de ser totalmente eclipsado por uma dupla de pai e filho oriunda da Suíça, Auguste e Jacques Piccard, que estavam projetando um tipo novo de sonda chamada batiscafo (que significa "barco profundo"). Denominado *Trieste*, em homenagem à cidade italiana onde foi construído, o novo dispositivo era manobrável, embora não fosse muito além de subir e descer. Em um de seus primeiros mergulhos, no início de 1954, desceu a mais de 4 mil metros de profundidade, quase três vezes o recorde de Barton de seis anos antes. No entanto, os mergulhos em mar profundo requeriam um apoio financeiro substancial, e os Piccard estavam aos poucos falindo.

Em 1958, eles fecharam um acordo com a Marinha norte-americana, que se tornou proprietária do batiscafo, mas deixou o controle com os Piccard.[24] Agora nadando em verbas, eles reconstruíram a embarcação, dotando-a de paredes com quase treze centímetros de espessura e diminuindo as vigias para apenas cinco centímetros de diâmetro — pouco mais que um olho mágico. Mas o batiscafo estava agora forte o suficiente para suportar pressões realmente enormes, e em janeiro de 1960 Jacques Piccard e o tenente Don Walsh, da Marinha norte-americana, mergulharam lentamente até o leito do cânion mais profundo do oceano, a fossa Mariana, a uns quatrocentos quilômetros ao largo de Guam, no Pacífico ocidental (e descoberta, não por acaso, por Harry Hess com sua sonda). Foi preciso pouco menos de quatro horas para descer 10 918 metros. Embora a pressão naquela profundeza fosse de quase 1200 quilos por centímetro quadrado, eles perceberam, surpresos, que perturbaram um peixe de corpo achatado assim que tocaram no fundo. Não havia como tirar fotografias, de modo que não há registro visual do evento. Após apenas vinte minutos no ponto mais fundo do globo, voltaram à superfície. Foi a única ocasião em que seres humanos desceram tão fundo.

Quarenta anos depois, a pergunta óbvia é: por que nunca mais ninguém voltou lá? Para início de conversa, o vice-almirante Hyman G. Rickover opôs-se vigorosamente a novos mergulhos. Era um homem de temperamento forte, pontos de vista inflexíveis e — o mais importante — que controlava os cofres do departamento. Ele achou que a exploração submarina era um desperdício de recursos e deixou bem claro que a Marinha não era um instituto de pesquisa. A nação, além disso, estava prestes a se voltar para as viagens espaciais e a missão de enviar um homem à Lua, que fizeram com que as investigações do mar profundo parecessem sem importância e um tanto antiquadas. Mas o fator decisivo foi a escassez de resultados do mergulho do *Trieste*. Como explicou um oficial da Marinha anos depois: "Não aprendemos grande coisa com aquilo, a não ser que conseguíamos fazê-lo. Para que fazer de novo?".[25] Em suma, era um caminho longo demais só para descobrir um peixe de corpo chato, e caro também. Estimou-se que repetir a descida atualmente custaria pelo menos 100 milhões de dólares.

Quando os pesquisadores submarinos perceberam que a Marinha desistira do programa de explorações prometido, houve protestos. Em parte para apaziguar seus críticos, a Marinha resolveu custear uma embarcação submersível mais avançada, a ser operada pelo Instituto Oceanográfico Woods Hole, de Massachusetts. Denominada *Alvin*, numa homenagem um tanto truncada ao oceanógrafo Allyn C. Vine, seria um minissubmarino plenamente manobrável, embora não descesse às profundezas do *Trieste*. Houve apenas um problema: os projetistas não conseguiam encontrar ninguém disposto a construí-lo. De acordo com William J. Broad, em *The universe below* [O universo abaixo]: "Nenhuma empresa grande como a General Dynamics, que construía submarinos para a Marinha norte-americana, queria assumir um projeto menosprezado pelo Departamento de Embarcações e pelo almirante Rickover, os deuses do patrocínio naval".[26] Finalmente, para não dizer surpreendentemente, o *Alvin* foi construído pela General Mills, empresa de alimentos, em uma fábrica de máquinas de cereais para o café da manhã.

Quanto ao que havia no fundo do mar, sabia-se muito pouco. Em meados da década de 1950, os melhores mapas de que os oceanógrafos dispunham baseavam-se em alguns detalhes de pesquisas dispersas retrocedendo até 1929, enxertados em um oceano de adivinhações. A Marinha norte-americana contava com cartas excelentes para guiar os submarinos por cânions e ao redor de montanhas submersas, mas, para essas informações não caírem em mãos soviéticas, mantinha esse conhecimento em segredo. Os acadêmicos, portanto, tinham de se contentar com pesquisas incompletas e antiquadas ou se fiar em conjecturas esperançosas. Mesmo atualmente, nosso conhecimento do fundo do mar continua de baixíssima resolução. Se você olhar para a Lua com um telescópio de quintal comum verá crateras enormes — Fracastorious, Blancanus, Zach, Planck e muitas outras familiares a qualquer cientista lunar — que seriam desconhecidas se jazessem nos leitos de nossos oceanos. Dispomos de mapas de Marte melhores do que os de nossos próprios fundos de oceano.

No nível da superfície, as técnicas investigativas também têm sido um tanto improvisadas. Em 1994, 34 mil luvas de hóquei sobre o gelo foram lançadas ao mar de um cargueiro coreano durante uma tempestade no Pacífico. As luvas foram levadas pelas águas até uma série de lugares, de Vancouver ao Vietnã, ajudando os oceanógrafos a rastrear as correntes com uma precisão nunca antes obtida.[27]

O *Alvin* está com quase quarenta anos, mas continua sendo a principal embarcação de pesquisa dos Estados Unidos. Ainda não há embarcações submersíveis capazes de se aproximar das profundezas da fossa Mariana, e somente cinco, incluído o *Alvin*, conseguem atingir as profundezas da "planície abissal" — o leito oceânico profundo — que cobre mais de metade da superfície do planeta. A operação diária de uma embarcação submersível típica custa uns 25 mil dólares, de modo que não é por qualquer capricho que elas são lançadas ao mar, nem na esperança de que topem por acaso com algo interessante. É como se a nossa experiência da terra firme se baseasse nas explorações de cinco sujeitos usando tratores de jardinagem à noite. De acordo com Robert Kunzig, os seres humanos devem ter examinado "talvez um milionésimo ou um bilionésimo da escuridão do mar. Talvez menos. Talvez muito menos".[28]

Mas os oceanógrafos são bastante esforçados e fizeram muitas descobertas importantes com seus recursos limitados — inclusive, em 1977, uma das descobertas biológicas mais importantes e espantosas do século XX. Naquele ano, o *Alvin* descobriu colônias apinhadas de organismos grandes vivendo sobre chaminés no mar profundo ou em torno delas, ao largo das ilhas Galápagos — vermes tubulares com mais de três metros de comprimento, moluscos com trinta centímetros de largura, camarões e mariscos em profusão, vermes ondeantes em forma de espaguete.[29] Todos deviam sua existência a vastas colônias de bactérias que estavam derivando *sua* energia e *seu* sustento de ácidos sulfídricos — compostos químicos profundamente tóxicos para criaturas da superfície — despejados com regularidade pelas chaminés. Era um mundo independente da luz solar, oxigênio ou qualquer outra coisa que se costuma associar à vida. Tratava-se de um sistema vivo baseado não na fotossíntese, mas na quimiossíntese, um sistema que os biólogos teriam descartado por considerá-lo absurdo se alguém tivesse tido a imaginação de sugeri-lo.

Quantidades enormes de calor e energia fluem dessas chaminés. Duas dúzias delas juntas produzirão tanta energia como uma usina de força grande, e é enorme a variação das temperaturas ao seu redor. A temperatura no ponto de despejo pode atingir 400°C, enquanto pouco mais de um metro adiante a água pode estar apenas dois ou três graus acima do congelamento. Um tipo de verme chamado alvinelídeo foi encontrado vivendo bem nas margens, com a temperatura da água em sua cabeça 78°C mais quente do que na cauda. Antes disso, acreditava-se que nenhum organismo complexo conseguisse sobreviver em águas com mais de 54°C, e ali estava um sobrevivendo em temperaturas superiores àquela e, ainda por cima, ao frio extremo.[30] A descoberta transformou nossa compreensão dos requisitos para a vida.

Ela também solucionou um dos grandes enigmas da oceanografia — algo que muitos nem percebiam tratar-se de um enigma: por que, com o tempo, os oceanos não ficam mais salgados? Sob o risco de afirmar o óbvio, existe muito sal no mar — suficiente para enterrar cada trecho de terra do planeta a uma profundidade de uns 150 metros.[31] Milhões de litros de água evaporam do oceano todo dia, deixando para trás todo o seu sal. Pela lógica, com o passar dos anos os oceanos deveriam ficar mais salgados, mas isso não ocorre. Algo retira da água uma quantidade de sal equivalente àquela que está sendo posta. Durante um longo tempo, ninguém tinha ideia do possível responsável pelo fenômeno.

A descoberta pelo *Alvin* das chaminés no mar profundo forneceu a resposta. Os geofísicos perceberam que elas estavam agindo como os filtros de um aquário. À medida que a água é levada até a crosta abaixo, os sais são extraídos dela, e água doce é expelida pelas chaminés. O processo não é rápido — limpar um oceano pode levar até 10 milhões de anos[32] —, porém é de uma eficiência maravilhosa, contanto que não se tenha pressa.

Talvez nada revele mais claramente nosso distanciamento psicológico das profundezas do oceano que o objetivo principal dos oceanógrafos durante o Ano Geofísico Internacional de 1957-8: estudar "o uso das profundezas oceânicas para o despejo de resíduo radioativo".[33] Não foi uma tarefa secreta, veja bem, mas algo pública e orgulhosamente assumido. Na verdade, apesar da pouca divulgação, em 1957-8 o despejo de resíduo radioativo já vinha ocorrendo, com força assustadora, por mais de uma década. Desde 1946, os Estados Unidos transportavam tambores de 208 litros de lixo radioativo para as ilhas Farallon, uns cinquenta quilômetros ao largo da costa da Califórnia, na altura de San Francisco, onde eram simplesmente lançados ao mar.

Tudo era feito no maior desleixo. A maioria dos tambores era exatamente do tipo que se vê enferrujando atrás de postos de gasolina ou do lado de fora das fábricas, sem nenhum revestimento protetor. Quando um tambor não afundava, o que era comum, os atiradores da Marinha crivavam-no de balas para deixar a água entrar (e, é claro, plutônio, urânio e estrôncio vazarem).[34] Até que esse procedimento fosse interrompido, na década de 1990, os Estados Unidos haviam despejado centenas de milhares de tambores em cerca de cinquenta locais oceânicos — quase 50 mil só nas ilhas Farallon. Mas não estiveram sozinhos. Entre os outros poluidores entusiasmados se incluem Rússia, China, Japão, Nova Zelândia e quase todas as nações da Europa.

Que efeito esse despejo pode ter tido sobre a vida marinha? Espera-se que tenha sido pequeno, mas na verdade não temos nenhuma ideia. Ignoramos espantosa, suntuosa e radiantemente a vida submarina. Mesmo os animais oceânicos mais avantajados costumam ser pouco conhecidos por nós — inclusive o mais poderoso de todos, a grande baleia-azul, uma criatura de proporções tão leviatânicas que (citando David Attenborough) sua "língua pesa tanto quanto um elefante, seu coração é do tamanho de um carro e alguns de seus vasos sanguíneos são tão grossos que alguém poderia nadar dentro deles". É o animal mais gigantesco que a Terra já produziu, maior até que o mais pesadão dos dinossauros. No entanto, a vida das baleias-azuis é, em grande medida, um mistério para nós. Na maior parte do tempo, não temos ideia de onde elas estão: aonde vão para procriar, por exemplo, ou quais rotas seguem para chegar lá. O pouco que sabemos sobre elas resulta, quase totalmente, de bisbilhotarmos seu canto, mas mesmo este é um mistério. As baleias-azuis às vezes interrompem um canto para retomá-lo no mesmo ponto seis meses depois. Podem começar um canto novo, que nenhum membro poderia ter ouvido antes, mas que cada um já conhece.[35] Não se tem a menor ideia de como isso é possível. E veja que são animais que precisam subir rotineiramente à superfície para respirar.

Para os animais que nunca precisam subir à superfície, o mistério pode ser ainda maior. Consideremos a lendária lula-gigante.[36] Embora longe da escala da baleia-azul, é decididamente um animal de grande porte, com olhos do tamanho de bolas de futebol e tentáculos posteriores capazes de se estender por dezoito metros. Pesa quase uma tonelada, e é o maior invertebrado da Terra. Se você a jogasse numa piscina caseira normal, não sobraria muito espaço para qualquer outra coisa. Entretanto, nenhum cientista — nenhuma pessoa, ao que sabemos — conseguiu ver uma lula-gigante viva. Zoólogos dedicaram suas carreiras tentando capturar, ou pelo menos vislumbrar, uma delas, mas sempre falharam. Conhecidas sobretudo por serem lançadas em praias — em particular, por razões desconhecidas, nas praias da ilha do Sul, na Nova Zelândia —, devem existir em quantidade, porque constituem uma parte central da dieta do cachalote, e os cachalotes comem pra valer.*

De acordo com uma estimativa, pode haver até 30 milhões de espécies de animais vivendo no mar, a maioria ainda não descoberta.[37] O primeiro sinal da abundância da vida no fundo do mar só surgiu recentemente, na década de 1960, com a invenção do trenó epibêntico, um dispositivo de dragagem que captura organismos não apenas sobre o leito marinho ou perto dele, como também aqueles soterrados nos sedimentos abaixo. Em um só arrastão de uma hora ao longo da plataforma continental, a uma profundidade de pouco mais de 1,5 quilômetro, os oceanógrafos Howard Sandler e Robert Hessler, de Woods Hole, capturaram mais de 25 mil animais — vermes, estrelas-do-mar, pepinos-do-mar e assemelhados — representando 365 espécies. Mesmo a uma profundidade de quase cinco quilômetros, eles encontraram cerca de 3700 criaturas representando quase duzentas espécies de organismos.[38] Mas a draga só conseguia capturar coisas que fossem lentas ou estúpidas demais para fugir. No final da década de 1960, um biólogo marinho chamado John Isaacs teve a ideia de submergir uma câmera com uma isca presa, e descobriu ainda mais: em particular, cardumes densos de congros serpentiformes, um animal primitivo semelhante à enguia, bem como cardumes velozes de peixes granadeiros. Quando uma boa fonte de alimento se torna subitamente disponível — por exemplo, quando uma baleia morre e afunda até o leito —, até 390 espécies de animais marinhos já foram encon-

---

* As partes indigeríveis da lula-gigante, em particular seus bicos, acumulam-se no estômago dos cachalotes formando a substância conhecida como âmbar-gris, usado como fixador em perfumes. Da próxima vez que você aplicar Chanel nº 5 (supondo que você o faça), imagine que está se empapando de um destilado de um monstro marinho nunca visto.

trados alimentando-se dela. O interessante é que muitos desses animais provinham de chaminés a até 1600 quilômetros de distância. Entre eles estavam tipos como os mariscos e moluscos, que não se destacam como grandes viajantes. Acredita-se agora que as larvas de certos organismos podem se deixar levar pelas águas até que, por algum meio químico desconhecido, detectam que chegaram em uma fonte de alimento e lançam-se sobre ela.

Se os oceanos são tão vastos, por que os superexploramos com tanta facilidade? Para início de conversa, os oceanos do mundo não são uniformemente abundantes. No todo, menos de um décimo do oceano é considerado naturalmente produtivo.[39] A maioria das espécies aquáticas gosta de viver em águas rasas onde existem calor e luz, bem como uma abundância de matéria orgânica para suprir a cadeia alimentar. Recifes de corais, por exemplo, constituem bem menos de 1% do espaço oceânico, mas abrigam cerca de 25% de seus peixes.

Em outras partes, os oceanos não são tão ricos assim. Tomemos a Austrália. Com 36 735 quilômetros de litoral e mais de 23 milhões de quilômetros quadrados de águas territoriais, é o país do mundo mais banhado pelo mar. No entanto, como observa Tim Flannery, nem sequer está entre as cinquenta maiores nações pesqueiras.[40] Na verdade, a Austrália é um grande importador de alimentos do mar. Isso ocorre porque grande parte de suas águas, como grande parte do próprio país, é essencialmente deserta. (Uma exceção notável é a Grande Barreira de Recifes, ao largo de Queensland, que é suntuosamente fecunda.) O solo pobre produz muito pouco escoamento rico em nutrientes.

Mesmo onde ela viceja, a vida costuma ser sensível às perturbações. Na década de 1970, pescadores da Austrália e, em grau menor, da Nova Zelândia descobriram cardumes de um peixe pouco estudado a uma profundidade de uns oitocentos metros em suas plataformas continentais. Conhecidos como *orange roughy (Hoplosthesus atlanticus)*, eram deliciosos e abundantes. Em pouco tempo, frotas pesqueiras estavam capturando 40 mil toneladas desse peixe por ano. Os biólogos marinhos fizeram algumas descobertas alarmantes. Os *orange roughy* vivem longamente e custam a amadurecer. Alguns podem ter 150 anos; um *orange roughy* que você tenha comido pode ter nascido quando a rainha Vitória reinava na Inglaterra. Eles adotaram esse estilo de vida tão lento porque as águas em que vivem são pobres em recursos. Nelas, alguns peixes só desovam uma vez na vida. Trata-se, é evidente, de populações que não suportam grandes distúrbios. Infelizmente, quando se percebeu esse fato, os cardumes haviam sido fortemente reduzidos. Mesmo com uma gestão cuidadosa, decorrerão décadas até que a população se recupere, se é que vai se recuperar.

Em outras partes, porém, o oceano tem sido vítima mais da predação consciente do que da involuntária. Muitos pescadores extraem as barbatanas de tubarões e atiram-nos de volta à água, para morrerem.[41] Em 1998, um quilo de barbatanas de tubarão era vendido por 110 dólares no Extremo Oriente. Uma vasilha de sopa de barbatana de tubarão custava cem dólares em Tóquio. O World Wildlife Fund estimou, em 1994, que o número de tubarões mortos anualmente oscilava entre 40 milhões e 70 milhões.

Em 1995, cerca de 37 mil barcos de pesca de tamanho industrial, mais cerca de 1 milhão de embarcações menores, vinham retirando do mar o dobro da quantidade de peixes pescados apenas 25 anos antes. Algumas traineiras atuais são tão grandes como navios de cruzeiro e lançam ao mar redes com tamanho suficiente para conter uma dúzia de aviões jumbo.[42] Algumas chegam a utilizar aviões de reconhecimento para localizar, do alto, cardumes de peixes.

Estima-se que cerca de um quarto do total de peixes capturados nas redes não é aproveitável, por eles serem pequenos demais, do tipo errado ou por terem sido capturados na estação errada. Como um observador contou à *Economist*: "Ainda estamos na Idade Média. Simplesmente atiramos uma rede ao mar para ver o que vem".[43] Talvez até 22 milhões de toneladas métricas desses peixes indesejados são lançados de volta ao mar anualmente, a maior parte em forma de cadáveres.[44] Para cada quilo de camarões capturados, cerca de quatro quilos de peixes e outros animais marinhos são destruídos.

Áreas imensas do leito do mar do Norte são dragadas por grandes arrastões de retrancas até sete vezes por ano, um grau de perturbação que nenhum ecossistema consegue suportar.[45] Pelo menos dois terços das espécies do mar do Norte, segundo várias estimativas, estão sendo pescados de forma predatória. Do outro lado do Atlântico, a situação não é melhor. Os halibutes outrora eram tão abundantes na costa da Nova Inglaterra que barcos individuais conseguiam pescar nove toneladas deles em um só dia. Agora ele está quase extinto na costa nordeste da América do Norte.

Nada, porém, se compara ao destino do bacalhau. No final do século xv, o explorador John Cabot encontrou quantidades incríveis de bacalhau nos baixios do leste da América do Norte — áreas de águas rasas povoadas de peixes, como o bacalhau, que descem ao leito para se alimentar. Trata-se de um peixe que existe em tal quantidade, um atônito Cabot revela, que os pescadores os tiravam do mar em cestos.[46] Alguns desses baixios eram vastos. Georges Banks, na costa de Massachusetts, é maior que o próprio estado. Grand Banks, na costa de Terra Nova, é ainda maior, e durante séculos bacalhaus pululavam ali. Acreditava-se que fosse inesgotável. Claro que não era.

Em 1960, a quantidade desse peixe que desovava no Atlântico Norte caíra para uma estimativa de 1,6 milhão de toneladas. Em 1990, a cifra despencara para 22 mil toneladas métricas.[47] Em termos comerciais, o bacalhau estava extinto. "Os pescadores", escreveu Mark Kurlansky em sua história fascinante, *Cod* [Bacalhau], "haviam capturado todos eles."[48] O bacalhau pode ter perdido o Atlântico ocidental para sempre. Em 1992, sua pesca foi totalmente interrompida em Grand Banks, mas até o último outono, de acordo com uma matéria da *Nature*, os cardumes não haviam reaparecido.[49] Kurlansky observa que o peixe dos filés e espetinhos era originalmente o bacalhau, mas depois foi substituído pelo hadoque, depois pelo salmão e em tempos mais recentes pela pescada-polacha. Atualmente, ele observa com ironia, "peixe" é "aquilo que ainda resta".[50]

O mesmo se dá com outros alimentos marinhos. Nas áreas de pesca ao largo de Rhode Island, na Nova Inglaterra, costumava ser rotina capturar lagostas de nove quilos. Se não forem molestadas, elas podem viver décadas — até setenta anos, acredita-se — e não param de crescer. Hoje em dia, poucas lagostas pesam mais de um quilo quando capturadas. "Os biólogos", de acordo com o *New York Times*, "estimam que 90% das lagostas são capturadas no máximo um ano após atingirem o tamanho mínimo legal para a pesca, de uns seis anos."[51] Apesar da pesca declinante, os pescadores da Nova Inglaterra continuam recebendo incentivos fiscais estaduais e federais que os encorajam — em alguns casos, até obrigam — a adquirir barcos maiores e a explorar os mares ainda mais intensivamente. Os pescadores de Massachusetts limitam-se a pescar o horrendo congro, para o qual existe um pequeno mercado no Extremo Oriente, mas até ele está escasseando.

Somos bem ignorantes da dinâmica que rege a vida no oceano. Enquanto a vida marinha é mais pobre do que deveria ser em áreas que sofreram pesca predatória, em algumas águas naturalmente pobres existe muito mais vida do que se esperaria. O oceano ao sul em torno da Antártida produz apenas uns 3% do fitoplâncton do mundo: aparentemente pouco demais para sustentar um ecossistema complexo, só que sustenta. As focas caranguejeiras não são uma espécie muito conhecida, mas talvez sejam a segunda espécie animal mais numerosa da Terra, depois dos seres humanos. É possível que até 15 milhões delas vivam nos bancos de gelo ao redor da Antártida.[52] Existem também 2 milhões de focas-de-weddel, pelo menos meio milhão de pinguins-imperadores e talvez até 4 milhões de pinguins-adélia. A cadeia alimentar está, portanto, tremendamente sobrecarregada, mas consegue funcionar. O interessante é que ninguém sabe como.

Tudo isso foi apenas um rodeio para dizer que sabemos muito pouco sobre o maior sistema da Terra. Como veremos nas páginas restantes, quando se começa a falar sobre a vida, surgem muitas dúvidas, inclusive sobre a sua origem.

19. A origem da vida

Em 1953, Stanley Miller, um estudante de pós-graduação da Universidade de Chicago, pegou dois frascos — um contendo um pouco de água para representar um oceano primordial, o outro com uma mistura dos gases metano, amoníaco e ácido sulfídrico para representar a atmosfera antiga da Terra —, uniu-os com tubos de borracha e introduziu algumas faíscas elétricas para representar os raios. Após alguns dias, a água dos frascos, agora verde e amarela, tornara-se um caldo forte de aminoácidos, ácidos gordurosos, açúcares e outros compostos orgânicos.[1] "Se Deus não fez desta maneira", observou encantado o supervisor de Miller, o prêmio Nobel Harold Urey, "perdeu uma boa chance."

Matérias na imprensa da época davam a entender que bastaria dar uma boa sacudida naquele caldo para gerar vida. Como ficou claro com a passagem do tempo, a coisa não era tão simples assim. Apesar de meio século de estudos adicionais, não estamos mais próximos de sintetizar a vida do que em 1953, e não nos iludimos mais tanto. Os cientistas hoje estão certos de que a atmosfera antiga não era tão propícia à evolução como a mistura gasosa de Miller e Urey, mas uma mescla bem menos reativa de nitrogênio e dióxido de carbono. A repetição dos experimentos de Miller com esses materiais mais desafiadores produziu apenas um aminoácido razoavelmente primitivo.[2] Em todo caso, criar aminoácidos não é realmente o problema. O problema são as proteínas.

Proteínas são o que se obtém ao encadear aminoácidos, e precisamos de muitas delas. Ninguém sabe ao certo, mas talvez exista até 1 milhão de tipos de proteína no corpo humano, e cada uma delas constitui um pequeno milagre.[3] Segundo todas as leis das probabilidades, as proteínas não deveriam existir. Para formar uma proteína, reúnem-se aminoácidos (aos quais, devido a uma longa tradição, devo me referir aqui como "os blocos de construção da vida") em uma ordem específica, da mesma forma como se reúnem letras numa ordem específica para escrever uma palavra. O problema é que as palavras do alfabeto dos aminoácidos costumam ser excessivamente compridas. Para escrever *colágeno*, o nome de um tipo comum de proteína, é necessário dispor oito letras na ordem certa. Mas para *produzir* o colágeno, é preciso dispor 1055 aminoácidos exatamente na sequência certa. Contudo — e aqui está um ponto óbvio, mas crucial —, *você não* o produz. Ele produz a si mesmo, espontaneamente, sem um comando, e é aqui que entram as improbabilidades.

As chances de uma molécula como o colágeno, formada de uma sequência de 1055 aminoácidos, se autoproduzir espontaneamente são, para falar a verdade, nulas. Trata-se de algo que não acontecerá. Para entender como é difícil sua existência, imaginemos uma máquina caça-níqueis comum de Las Vegas, mas bem ampliada — para uns 27 metros, para ser preciso —, a fim de acomodar 1055 rodas verticais paralelas, em vez das três ou quatro usuais, e com vinte símbolos em cada roda (um para cada aminoácido comum).* Durante quanto tempo você teria de pressionar a alavanca até que os 1055 símbolos aparecessem na ordem certa? Com certeza, para sempre. Mesmo que você reduzisse o número de rodas verticais para duzentas, que é um número de aminoácidos mais típico para uma proteína, as chances de todas as duzentas aparecerem na sequência prescrita são de 1 em 10^{260} (1 seguido de 260 zeros).[4] Isso é mais que o número de todos os átomos do universo.

---

* São conhecidos 22 aminoácidos que ocorrem naturalmente na Terra, e outros podem vir a ser descobertos, mas apenas vinte deles são necessários para produzir a nós e à maioria dos outros seres vivos. O vigésimo segundo, denominado pirrolisina, foi descoberto em 2002 por pesquisadores da Universidade Estadual de Ohio e encontra-se em um único tipo de arqueobactéria (uma forma de vida básica que discutiremos mais adiante nesta história) chamada *Methanosarcina barkeri*.

As proteínas, em suma, são entidades complexas. A hemoglobina possui apenas 146 aminoácidos,[5] um número insignificante pelos padrões das proteínas, mas mesmo ela oferece 10^{190} combinações possíveis de aminoácidos, razão pela qual o químico Max Perutz, da Universidade de Cambridge, levou 23 anos — mais ou menos uma carreira — para desvendá-la. Eventos aleatórios produzirem ainda que uma só proteína pareceria uma improbabilidade estonteante — como um rodamoinho percorrer um depósito de lixo e deixar para trás um avião jumbo totalmente montado, na comparação pitoresca do astrônomo Fred Hoyle.

No entanto, estamos falando de centenas de milhares de tipos de proteína, talvez 1 milhão, cada uma singular e cada uma, ao que sabemos, vital para que você se mantenha saudável e feliz. E a coisa continua. Uma proteína, para ter utilidade, além de reunir aminoácidos na sequência certa, precisa depois engajar-se numa espécie de origami químico e dobrar-se em uma forma bem específica. Mesmo tendo atingido essa complexidade estrutural, ela não serve para você se não conseguir se reproduzir, e as proteínas não conseguem. Para isso, é necessário DNA. O DNA é um mago da replicação — capaz de se autocopiar em segundos —, mas que não consegue fazer praticamente mais nada.[6] Assim, temos uma situação paradoxal. As proteínas não podem existir sem DNA, e o DNA não tem nenhum propósito sem proteínas. Devemos supor então que ambos surgiram simultaneamente com o propósito de apoiar um ao outro? Em caso positivo: uau!

E tem mais. O DNA, as proteínas e os outros componentes da vida não poderiam prosperar sem algum tipo de membrana para contê-los. Nenhum átomo ou molécula já alcançou a vida independentemente. Extraia um átomo de seu corpo, e ele estará tão vivo quanto um grão de areia. Somente quando se reúnem no refúgio protetor de uma célula é que esses materiais diversos podem fazer parte da dança surpreendente a que chamamos de vida. Sem a célula, não passam de substâncias químicas interessantes. Mas sem as substâncias químicas, a célula não tem utilidade. Nas palavras do físico Paul Davies: "Se tudo precisa de todo o resto, como a comunidade de moléculas conseguiu surgir originalmente?".[7] É como se todos os ingredientes de sua cozinha tivessem conseguido se juntar e se autoassar, formando um bolo — mas um bolo capaz de se dividir quando necessário para produzir *mais* bolos. Não espanta que chamemos isso de o milagre da vida. Tampouco espanta que mal tenhamos começado a entendê-la.

* * *

Portanto, como explicar essa complexidade assombrosa? Uma possibilidade é que talvez ela não seja *tão* assombrosa quanto parece à primeira vista. Vejamos aquelas proteínas surpreendentemente improváveis. A maravilha que vemos em sua estrutura advém da suposição de que entraram em cena já formadas por completo. Mas e se as cadeias de proteínas não tiverem se formado de uma só vez? E se, no grande cassino da criação, algumas das rodas do caça-níqueis pudessem ser travadas, como um apostador pode travar um número de cerejas promissoras? E se, em outras palavras, as proteínas não tiverem surgido subitamente, mas sim *evoluído*?

Imagine que você tomasse todos os componentes que constituem um ser humano — carbono, hidrogênio, oxigênio etc. —, colocasse-os em um recipiente com um pouco de água, desse uma boa mexida e daí resultasse uma pessoa completa. Isso seria surpreendente. Bem, isso é, em essência, o que Hoyle e outros (inclusive muitos criacionistas fervorosos) sustentam quando afirmam que as proteínas se formaram espontaneamente de uma só vez. Entretanto, elas não se formaram assim — não podem ter se formado assim. Como argumenta Richard Dawkins em *O relojoeiro cego*, deve ter havido algum tipo de processo de seleção cumulativo que permitiu aos aminoácidos se agruparem em blocos.[8] Talvez dois ou três aminoácidos tenham se juntado para algum propósito simples e depois, após um tempo, tenham topado com algum outro pequeno agregado semelhante e, com isso, "descoberto" algum aperfeiçoamento adicional.

As reações químicas do tipo associado à vida são, na verdade, bem comuns. Talvez esteja além de nosso alcance simulá-las em laboratório, como tentaram Stanley Miller e Harold Urey, mas o universo não tem a mesma dificuldade que nós. Pilhas de moléculas na natureza se reúnem para formar cadeias longas chamadas polímeros.[9] Açúcares constantemente se juntam para formar amidos. Os cristais conseguem fazer várias coisas típicas da vida: replicar-se, reagir a estímulos ambientais, assumir um padrão complexo. Claro que eles nunca atingiram a própria vida, porém demonstram repetidamente que a complexidade é um evento natural, espontâneo e totalmente comum. Pode ou não haver abundância de vida no universo como um todo, mas não há escassez de auto-organização, da simetria assombrosa dos flocos de neve aos anéis graciosos de Saturno.

Esse impulso natural para a organização é tão comum que muitos cientistas acreditam hoje que a vida pode ser mais inevitável do que pensamos — que ela é, nas palavras do bioquímico belga ganhador do prêmio Nobel, Christian de Duve, "uma manifestação obrigatória da matéria, fadada a surgir sempre que as condições forem apropriadas".[10] De Duve achou provável que essas condições se encontrariam talvez 1 milhão de vezes em cada galáxia.

Certamente não há nada de tão exótico nas substâncias químicas que nos animam. Se você quisesse criar outro ser vivo, quer um peixinho dourado, quer uma alface ou um ser humano, precisaria realmente de apenas quatro elementos principais: carbono, hidrogênio, oxigênio e nitrogênio, mais pequenas quantidades de alguns outros, sobretudo enxofre, fósforo, cálcio e ferro.[11] Reúna esses elementos em umas três dúzias de combinações para formar alguns açúcares, ácidos e outros compostos químicos básicos, e você poderá formar qualquer ser vivo. Como observa Dawkins: "Não há nada de especial nas substâncias das quais os seres vivos se constituem. Seres vivos são coleções de moléculas, como todo o resto".[12]

A vida é mesmo surpreendente e gratificante, talvez até milagrosa, mas está longe de ser impossível — como não cansamos de provar com as nossas próprias existências modestas. É verdade que muitos detalhes dos seus primórdios continuam bem imponderáveis. Todo cenário conhecido referente às condições necessárias à vida envolve a água — da "pequena lagoa quente" onde Darwin supôs que ela começou às chaminés marinhas borbulhantes, na atualidade os candidatos mais populares ao berço da vida —, porém tudo isso ignora o fato de que transformar monômeros em polímeros (ou seja, começar a criar proteínas) envolve o que se conhece em biologia como "vínculos de desidratação". Como diz um texto importante dessa área, com talvez um leve sinal de desconforto: "Os pesquisadores concordam que tais reações não teriam sido energeticamente favoráveis no oceano primitivo, ou mesmo em qualquer meio aquoso, devido à lei da ação das massas".[13] É um pouco como colocar açúcar num copo d'água e ele se tornar um torrão de açúcar. Trata-se de algo que não deveria acontecer, mas que de algum modo na natureza ocorre. A química real de tudo isso é um pouco complicada para nossos propósitos aqui, mas basta saber que, se você umedece monômeros, eles não se transformam em polímeros — exceto na criação de vida na Terra. Como e por que isso acontece é uma das grandes questões sem resposta da biologia.

Uma das maiores surpresas das ciências da Terra nas últimas décadas foi a descoberta de quão cedo na história do planeta a vida surgiu. Até meados da década de 1950, pensava-se que a vida tivesse menos de 600 milhões de anos.[14] Na década de 1970, algumas almas aventureiras acharam que talvez ela retrocedesse 2,5 bilhões de anos. Mas a data atual de 3,85 bilhões de anos é incrivelmente prematura. A superfície da Terra só se tornou sólida cerca de 3,9 bilhões de anos atrás.

"Só podemos inferir dessa rapidez que não é 'difícil' para a vida de grau bacteriano evoluir em planetas com condições apropriadas", observou Stephen Jay Gould no New York Times em 1996.[15] Ou, como ele afirmou em outro lugar, é difícil evitar a conclusão de que "a vida, surgindo assim que pôde, estava quimicamente destinada a ser".[16]

A vida surgiu tão rápido que alguns especialistas acreditam que deve ter recebido ajuda — talvez uma grande ajuda. A ideia de que a vida terrestre possa ter surgido do espaço possui uma história surpreendentemente longa e mesmo ocasionalmente ilustre. O notável lorde Kelvin levantou a possibilidade já em 1871, em uma reunião da Associação Britânica para o Progresso da Ciência, ao sugerir que "os germes da vida podem ter sido trazidos à Terra por algum meteorito". Mas não passou de uma ideia marginal até um domingo de setembro de 1969, quando dezenas de milhares de australianos se surpreenderam com uma série de estrondos e a visão de uma bola de fogo se estendendo de leste a oeste pelo céu. A bola de fogo deu um estranho estalo ao passar e deixou em sua esteira um odor que alguns compararam a álcool metílico e outros descreveram como algo horrível.[17]

A bola de fogo explodiu sobre Murchison, uma cidade de seiscentos habitantes no vale Goulburn, ao norte de Melbourne, e seus pedaços, alguns com mais de cinco quilos, precipitaram-se como chuva. Felizmente, ninguém se feriu. O meteorito era de um tipo raro conhecido como condrito carbonáceo, e a população da cidade prestativamente coletou cerca de noventa quilos dele. A época não poderia ter sido mais propícia. Menos de dois meses antes, os astronautas da Apolo 11 haviam retornado à Terra com uma bolsa cheia de rochas lunares, de modo que os laboratórios ao redor do mundo estavam à espera de — na verdade, clamando por — rochas de origem extraterrestre.

Descobriu-se que o meteorito de Murchison possuía 4,5 bilhões de anos e estava repleto de aminoácidos — 74 tipos no todo, oito dos quais estão envolvidos na formação das proteínas terrestres.[18] No final de 2001, mais de trinta anos após sua queda, uma equipe do Ames Research Center, na Califórnia, anunciou que a rocha de Murchison também continha cadeias complexas de açúcares chamadas polióis, nunca antes encontradas fora da Terra.

Alguns outros condritos carbonáceos vieram de encontro à trajetória da Terra desde então — um que caiu perto do lago Tagish, em Yukon, Canadá, em janeiro de 2000, foi visto em muitas partes da América do Norte — e confirmaram igualmente que o universo é rico em compostos orgânicos.[19] Acredita-se que cerca de 25% do cometa de Halley consista em moléculas orgânicas. Uma quantidade suficiente caindo num lugar adequado — a Terra, por exemplo — proporciona os elementos básicos necessários à vida.

Existem dois problemas com a ideia da panspermia, como são conhecidas as teorias da origem extraterrestre da vida. O primeiro é que ela não responde à pergunta de como surgiu a vida, apenas transfere a responsabilidade. O outro é que a panspermia às vezes instiga mesmo os adeptos mais respeitáveis a níveis de especulação que podem ser seguramente tachados de imprudentes. Francis Crick, o codescobridor da estrutura do DNA, e seu colega Leslie Orgel sugeriram que a Terra foi "deliberadamente semeada com vida por alienígenas inteligentes", para Gribbin uma ideia "à margem da respeitabilidade científica"[20] — ou, em outros termos, uma noção que seria considerada totalmente louca se não tivesse sido expressada por um ganhador do Nobel. Fred Hoyle e seu colega Chandra Wickramasinghe mais tarde erodiram o entusiasmo pela panspermia ao sugerir que o espaço exterior nos trouxe, além da vida, muitas doenças, como a gripe e a peste bubônica, o que foi facilmente refutado pelos bioquímicos. Hoyle — e parece necessário inserir um lembrete aqui de que ele foi uma das grandes mentes científicas do século XX — também sugeriu certa vez, como já mencionado, que nossos narizes evoluíram com as narinas embaixo para evitar que patógenos vindos do espaço caíssem dentro deles.

O que quer que tenha impelido o início da vida, aquilo aconteceu uma só vez. Esse é o fato mais extraordinário da biologia, talvez mais extraordinário que conhecemos. Tudo o que já viveu, planta ou animal, tem sua origem na mesma convulsão primordial. Em certo ponto em um passado inimaginavelmente distante, uma pequena bolsa de substâncias químicas nervosamente adquiriu vida. Ela absorveu alguns nutrientes, pulsou com suavidade, teve uma existência breve. Apenas isso já poderia ter acontecido antes, talvez muitas vezes. Mas esse pacote ancestral fez algo adicional e extraordinário: partiu-se e produziu um descendente. Um feixe minúsculo de material genético passou de uma entidade viva para outra e nunca mais parou. Foi o momento de criação para todos nós. Os biólogos costumam chamar esse momento de o Grande Nascimento (*Big Birth*, em analogia ao *big-bang*).

"Aonde quer que você vá no mundo, qualquer que seja o animal, planta, inseto ou pingo de matéria que você veja, se estiver vivo, usará o mesmo dicionário e conhecerá o mesmo código. Toda vida é única", diz Matt Ridley.[21] Somos todos o resultado de um único truque genético transmitido de geração para geração há quase 4 bilhões de anos, a ponto de ser possível extrair um fragmento de instrução genética humana, inseri-la em uma célula de levedo defeituosa, e a célula de levedo a porá em funcionamento como se fosse dela própria. Num sentido bem real, a instrução *é* dela própria.

A aurora da vida — ou algo muito parecido — repousa numa prateleira do escritório de uma amigável geoquímica de isótopos chamada Victoria Bennett, no prédio de Ciências da Terra da Australian National University (ANU), em Camberra. Norte-americana, Bennett foi da Califórnia para a ANU sob um contrato de dois anos, em 1989, e está lá até hoje. Quando a visitei, no final de 2001, ela me entregou um pedaço de rocha um pouco pesado composto de camadas finas alternadas de quartzo branco e um material cinza-esverdeado chamado clinopiroxênio. A rocha veio da ilha Akilia, na Groenlândia, onde rochas anormalmente antigas foram encontradas em 1997. Elas têm 3,85 bilhões de anos e representam os sedimentos marinhos mais antigos já encontrados.

"Não podemos afirmar com certeza que o que você está segurando já conteve organismos vivos, porque seria preciso pulverizá-lo para descobrir", contou Bennett. "Mas vem do mesmo depósito onde as formas de vida mais antigas foram escavadas; portanto, *provavelmente* havia vida nisto."[22] Nem você acharia micróbios fossilizados reais, por mais que procurasse. Quaisquer organismos simples infelizmente teriam sido torrados no processo que transformou o lodo oceânico em pedra. Em vez disso, o que veríamos se esmigalhássemos a rocha e a examinássemos ao microscópio seriam resíduos químicos deixados pelos organismos — isótopos de carbono e um tipo de fosfato chamado apatita, que juntos fornecem fortes indícios de que a rocha já conteve colônias de seres vivos. "Só podemos adivinhar que aspecto o organismo teria", Bennett disse. "Foi provavelmente o tipo de vida mais básico possível — mas era vida mesmo assim. Aquilo vivia. Aquilo se propagava."

E acabou culminando em nós.

Se você está interessado em rochas muito antigas, e Bennett sem dúvida está, a ANU é, há muito tempo, o lugar ideal. Isso se deve, em grande parte, à engenhosidade de um homem chamado Bill Compston, agora aposentado, mas que, na década de 1970, construiu a primeira microssonda de íons de alta resolução sensível — ou SHRIMP (*Sensitive Hight Resolution Ion Micro Probe*), como é mais carinhosamente conhecida.* Trata-se de uma máquina que mede a taxa de decaimento do urânio em minerais minúsculos chamados zirconitas, as quais aparecem na maioria das rochas, exceto nos basaltos, e que são extremamente duráveis, sobrevivendo a todos os processos naturais, salvo a subducção. A maior parte da crosta da Terra tem sido levada de volta ao forno em certo ponto, contudo apenas ocasionalmente — no Oeste da Austrália e na Groenlândia, por exemplo — os geólogos encontraram afloramentos de rochas que sempre permaneceram na superfície. A máquina de Compston permitiu que essas rochas fossem datadas com precisão sem precedentes. O protótipo do Shrimp foi construído e usinado nas próprias oficinas do departamento de Ciências da Terra e parecia algo feito de peças sobressalentes sob um orçamento limitado, mas funcionou muito bem. Em seu primeiro teste formal, em 1982, datou a coisa mais antiga que já foi encontrada — uma rocha de 4,3 bilhões de anos do Oeste da Austrália.

"Causou uma certa excitação na época", Bennett contou-me, "encontrar algo tão importante tão rapidamente com uma tecnologia nova em folha."

Ela me levou pelo corredor para ver o modelo atual, o Shrimp II. É um grande aparelho de aço inoxidável, com uns 3,5 metros de comprimento e 1,5 metro de altura, e estrutura tão sólida como uma sonda de águas profundas. Em um console na frente, de olho numa sequência de cifras em constante mudança em uma tela, estava um homem chamado Bob, da Universidade de Canterbury, da Nova Zelândia. Contou que estava ali desde as quatro da madrugada. O Shrimp II funciona 24 horas por dia; há muitas rochas a datar.

---

* *Shrimp*, em inglês, siginifica "camarão". (N. T.)

Era pouco mais de nove horas da manhã, e Bob disporia da máquina até o meio-dia. Pergunte a um par de geoquímicos como um negócio daqueles funciona, e eles desatam a falar sobre abundâncias isotópicas e níveis de ionização com um entusiasmo mais afetuoso do que compreensível. Trocando em miúdos: a máquina, ao bombardear uma amostra de rocha com fluxos de átomos carregados, consegue detectar diferenças sutis nas quantidades de chumbo e de urânio das amostras de zirconita, o que permite comprovar precisamente a idade das rochas. Bob contou que analisar uma zirconita leva dezessete minutos, e é necessário interpretar dezenas em cada rocha para tornar os dados confiáveis. Na prática, o processo parecia envolver mais ou menos o mesmo nível de atividade dispersa, e o mesmo estímulo, que uma ida a uma lavanderia automática. Porém, Bob parecia bem contente; mas os neozelandeses são um povo feliz.

A área de Ciências da Terra era uma combinação estranha de coisas: em parte escritórios, em parte laboratórios, em parte galpão de máquinas. "Costumávamos produzir tudo aqui", disse Bennett. "Tínhamos inclusive nosso próprio soprador de vidro, só que ele se aposentou. Mas ainda temos dois trituradores de rochas em tempo integral." Ela percebeu meu ar de ligeira surpresa. "Examinamos um *monte* de rochas. E elas têm de ser cuidadosamente preparadas. É preciso ter certeza de que não há contaminação de amostras anteriores — nenhuma poeira, nada. É um processo bem meticuloso." Bennett mostrou as máquinas trituradoras de rochas, que estavam, com efeito, novinhas em folha, embora seus operadores, ao que parece, tivessem saído para tomar um café. Ao lado das máquinas, caixas grandes continham rochas de todos os formatos e tamanhos. O pessoal da ANU realmente examina muitas rochas.

De volta ao escritório de Bennett, após nosso *tour*, observei, pendurado na parede, um pôster mostrando a interpretação coloridamente imaginativa de um artista de como a Terra deve ter parecido 3,5 bilhões de anos atrás, justamente quando a vida estava entrando em ação, no período antigo conhecido na ciência da Terra como Arqueano. O pôster mostrava uma paisagem estranha de vulcões enormes e muito ativos, e um mar cor de cobre cheio de vapor sob um céu vermelho hostil. Estromatólitos, uma espécie de rocha bacteriana, preenchiam os baixios no primeiro plano. Aquilo não parecia um local muito promissor para a criação e a conservação da vida. Perguntei se a pintura era fiel à realidade.

"Bem, uma escola de pensamento sustenta que fazia frio naquela época, porque o Sol era bem mais fraco. Sem uma atmosfera, os raios ultravioleta do Sol, mesmo de um Sol fraco, tenderiam a desfazer quaisquer elos incipientes estabelecidos por moléculas. E justo ali" — ela apontou para os estromatólitos — "você tem organismos quase à superfície. É um enigma."

"Quer dizer que não sabemos como era o mundo naquela época?"

"Mmmmm", ela concordou pensativamente.

"Nenhuma das duas versões parece muito propícia à vida."

Ela assentiu com a cabeça amigavelmente. "Mas deve ter havido algo adequado à vida. Senão não estaríamos aqui."

Aquilo sem dúvida não teria sido adequado para nós. Se você saltasse de uma máquina do tempo naquele antigo mundo arqueano, rapidamente pularia de volta para dentro, pois havia tanto oxigênio para se respirar na Terra naquele tempo quanto em Marte hoje. No planeta também abundavam vapores venenosos dos ácidos clorídrico e sulfúrico suficientemente poderosos para abrir buracos nas roupas e deixar a pele empolada.[23] Tampouco você veria a paisagem clara e reluzente mostrada no pôster do escritório de Victoria Bennett. A sopa química que constituía a atmosfera não deixava muita luz solar atingir a superfície terrestre. O pouco que você conseguisse ver seria iluminado apenas brevemente por raios brilhantes e frequentes. Em suma, seria a Terra, mas uma Terra que não reconheceríamos como a nossa.

Os eventos a comemorar eram poucos e espaçados no mundo arqueano. Por 2 bilhões de anos, organismos bacterianos constituíam as únicas formas de vida. Eles viviam, reproduziam-se, pululavam, mas não mostravam nenhuma inclinação particular por progredir para outro nível de existência mais desafiador. Em algum momento nos primeiros bilhões de anos de vida, cianobactérias, ou algas azul-esverdeadas, aprenderam a explorar um recurso amplamente disponível: o hidrogênio que existe em abundância espetacular na água. Elas absorviam moléculas de água, alimentavam-se do hidrogênio e liberavam o oxigênio como refugo, inventando assim a fotossíntese. Como observam Margulis e Sagan, a fotossíntese é "sem dúvida a inovação metabólica individual mais importante da história da vida no planeta"[24] — e foi inventada não por plantas, mas por bactérias.

Com a proliferação das cianobactérias, o mundo começou a se encher de O_2, para consternação dos organismos que o achavam venenoso — que naquela época eram todos. Em um mundo anaeróbico (não utilizador de oxigênio), o oxigênio é extremamente venenoso. Nossos glóbulos brancos na verdade empregam oxigênio para matar bactérias invasoras.[25] Que o oxigênio seja fundamentalmente tóxico costuma surpreender as pessoas, que o consideram tão propício ao nosso bem-estar, mas isso só ocorre porque evoluímos para explorá-lo. Para outras coisas, ele é um terror. É o que torna a manteiga rançosa e faz o ferro enferrujar. Mesmo nós só o toleramos até certo ponto. O nível de oxigênio em nossas células é de apenas um décimo do nível encontrado na atmosfera.

Os novos organismos utilizadores de oxigênio tiveram duas vantagens. O oxigênio era uma forma mais eficiente de produzir energia, e ele subjugou os organismos concorrentes. Alguns se retiraram para o mundo lamacento e anaeróbico de brejos e fundos de lagos. Outros fizeram o mesmo, porém, mais tarde (bem mais tarde), migraram para os aparelhos digestivos de seres como você e eu. Um grande número dessas entidades primordiais vive dentro do seu corpo agora, ajudando a digerir sua comida, porém abominando o mínimo sinal de O_2. Um sem-número de outras não conseguiu se adaptar e morreu.

As cianobactérias foram um sucesso absoluto. De início, o oxigênio extra que elas produziam não se acumulava na atmosfera; ele se combinava com ferro para formar óxidos férricos, que iam para o fundo dos oceanos primitivos. Durante milhões de anos, o mundo literalmente se enferrujou — um fenômeno vivamente lembrado pelos depósitos de ferro bandado que proporcionam parte significativa do minério de ferro atual. Durante dezenas de milhões de anos, pouca coisa além disso aconteceu. Se você recuasse àquele mundo proterozoico primitivo, não encontraria muitos sinais promissores para a vida futura na Terra. Talvez aqui e ali em poças protegidas fosse possível encontrar uma película de limo vivo, ou uma cobertura verde e marrom brilhante em rochas do litoral, mas afora isso a vida permanecia invisível.

Entretanto cerca de 3,5 bilhões de anos atrás, algo mais enfático tornou-se aparente.[26] Onde o oceano era raso, estruturas visíveis começaram a aparecer. Ao cumprirem suas rotinas químicas, as cianobactérias tornaram-se ligeiramente pegajosas, capturando assim micropartículas de poeira e areia, que se aglutinaram para formar estruturas um pouco estranhas, mas sólidas:

os estromatólitos mostrados nos baixios do pôster da parede do escritório de Victoria Bennett. Os estromatólitos se apresentam em vários tamanhos e formas. Às vezes pareciam enormes couves-flores, em outras se assemelhavam a colchões felpudos (estromatólito deriva da palavra grega para "colchão"), e ainda em outras, em forma de colunas, erguendo-se a dezenas de metros acima da superfície da água — até a centenas de metros. Em todas as suas manifestações, constituíam uma espécie de rocha viva e representaram o primeiro empreendimento cooperativo do mundo, com algumas variedades de organismos primitivos vivendo bem na superfície e outras vivendo ligeiramente embaixo da água, cada uma se aproveitando das condições criadas pela outra. O mundo conheceu seu primeiro ecossistema.

Durante muitos anos, os cientistas tomaram conhecimento dos estromatólitos com base em formações fósseis, mas em 1961 tiveram uma surpresa real com a descoberta de uma comunidade de estromatólitos vivos em Shark Bay, na remota costa noroeste da Austrália. Foi algo totalmente inesperado — tão inesperado que os cientistas levaram alguns anos até perceber o que de fato haviam encontrado. Hoje em dia, porém, Shark Bay é uma atração turística — ou pelo menos tenta ser, tendo em vista sua localização remota. Passadiços de tábuas foram construídos na baía para que os visitantes possam caminhar sobre a água e ter uma visão dos estromatólitos, respirando silenciosamente logo abaixo da superfície. Eles não tem brilho, são cinzentos e parecem, como registrei num livro anterior, enormes bostas de vaca. Mas é curiosamente estonteante ver-se fitando os vestígios vivos da Terra como ela era 3,5 bilhões de anos atrás. Nas palavras de Richard Fortey: "Esta é uma verdadeira viagem no tempo, e se o mundo estivesse sintonizado com suas reais maravilhas, esta atração seria tão famosa como as pirâmides do Egito".[27] Embora você jamais percebesse aquelas rochas opacas pululam de vida, com uma estimativa (bem, obviamente se trata de uma estimativa) de 3,6 bilhões de organismos individuais em cada metro quadrado de rocha. Às vezes, ao olhar atentamente, podem-se ver fieiras minúsculas de bolhas subindo à superfície, à medida que os estromatólitos liberam seu oxigênio. Em 2 bilhões de anos, esses esforços minúsculos elevaram o nível de oxigênio da atmosfera da Terra para 20%, abrindo caminho para o próximo, e mais complexo, capítulo da história da vida.

Parece que as cianobactérias de Shark Bay são os organismos de evolução mais lenta da Terra,[28] e com certeza estão agora entre os mais raros. Tendo aberto caminho para formas de vida mais complexas, foram depois eliminadas em quase toda parte pelos próprios organismos cuja existência tornaram possível. (Elas perduram em Shark Bay porque as águas ali são salgadas demais para os seres vivos que normalmente se alimentariam delas.)

Um motivo pelo qual a vida levou tanto tempo para se tornar complexa foi que o mundo teve de aguardar até que os organismos mais simples tivessem oxigenado suficientemente a atmosfera. "Os animais não conseguiam reunir a energia necessária para funcionar", nas palavras de Fortey.[29] Foram precisos aproximadamente 2 bilhões de anos, cerca de 40% da história da Terra, para os níveis de oxigênio atingirem mais ou menos os níveis modernos de concentração na atmosfera. Mas, uma vez armado o cenário, e ao que parece de súbito, um tipo de célula totalmente nova surgiu — dotada de um núcleo e de outros corpúsculos coletivamente chamados de *organelas* (da palavra grega que significa "pequenas ferramentas"). Acredita-se que o processo tenha começado quando alguma bactéria descuidada ou aventureira invadiu outra bactéria ou foi capturada por ela, e isso se revelou favorável para ambas. A bactéria cativa tornou-se, ao que se acredita, uma mitocôndria. Essa invasão mitocôndrica (ou evento endossimbiótico, como os biólogos gostam de chamá-lo) possibilitou a vida complexa. (Nas plantas, uma invasão semelhante produziu cloroplastos, que permitem a fotossíntese.)

A mitocôndria manipula oxigênio de forma a liberar a energia dos alimentos. Sem esse truque belamente facilitador, a vida na Terra no presente não passaria de um limo de micróbios simples.[30] As mitocôndrias são minúsculas — você poderia concentrar 1 bilhão delas no espaço ocupado por um grão de areia[31] —, mas também muito famintas. Quase todo nutrimento que você absorve serve para alimentá-las.

Não conseguiríamos viver nem sequer dois minutos sem elas, no entanto, mesmo após 1 bilhão de anos, as mitocôndrias se comportam como se achassem que nossa união fosse inviável. Elas mantêm seu próprio DNA, RNA e ribossomos. Reproduzem-se em um período diferente do das células hospedeiras. Parecem bactérias, dividem-se como bactérias e, às vezes, reagem aos antibióticos como as bactérias. Em suma, mantêm sua independência. Elas nem sequer falam a mesma linguagem genética da célula em que vivem. É como se você abrigasse um estranho em sua casa, mas que mora lá há bilhões de anos.

O novo tipo de célula é conhecido como eucarioto (que significa "realmente nucleado"), em contraste com o tipo antigo, conhecido como procarioto ("pré-nucleado"), e parece ter surgido de repente no registro fóssil. Os eucariotos mais antigos conhecidos até agora, denominados *Grypania*, foram descobertos em sedimentos de ferro, em Michigan, em 1992. Esses fósseis foram encontrados uma só vez, e não aparecem mais nos 500 milhões de anos seguintes.[32]

A Terra deu assim seu primeiro passo para se tornar um planeta verdadeiramente interessante. Comparados com os eucariotos novos, os procariotos antigos não passavam de "bolsas de substâncias químicas", nas palavras do geólogo britânico Stephen Drury.[33] Os eucariotos eram maiores — com o tempo, até 10 mil vezes maiores — do que seus primos mais simples e possuíam até mil vezes mais DNA. Gradualmente desenvolveu-se um sistema em que a vida foi dominada por dois tipos de organismo: os que expelem oxigênio (como as plantas) e aqueles que o absorvem (você e eu).

Os eucariotas unicelulares eram chamados de *protozoários* ("pré-animais"), mas esse termo vem caindo em desuso. Atualmente o termo comum para designá-los é *protistas*. Em comparação com as bactérias que existiram antes, esses novos protistas eram maravilhas de estrutura e sofisticação. A simples ameba, com uma única célula e sem nenhuma ambição além de existir, possui 400 milhões de unidades de informação genética em seu DNA — suficientes, como observou Carl Sagan, para preencher oitenta livros de quinhentos páginas.[34]

Os eucariotos acabaram aprendendo um truque ainda mais singular. Levaram um longo tempo — cerca de 1 bilhão de anos —, mas foi ótimo uma vez que adquiriram controle sobre ele. Eles aprenderam a juntar-se em seres multicelulares complexos. Graças a essa inovação, entidades grandes, complicadas e visíveis como nós se tornaram possíveis. O planeta Terra estava pronto para a próxima fase ambiciosa.

Mas antes que nos entusiasmemos demais com isso, vale a pena lembrar que o mundo, como veremos agora, ainda pertence ao muito pequeno.

20. Mundo pequeno

Não convém se preocupar demais com seus micróbios. Louis Pasteur, o grande químico e bacteriologista francês, ficou tão preocupado com eles que passou a examinar com uma lente de aumento todos os pratos que lhe eram servidos, hábito que não deve ter agradado muito aos anfitriões quando ele era convidado para jantar.[1]

Na verdade, não adianta tentar se esquivar das suas bactérias, pois elas estão sempre presentes, em números que você nem consegue imaginar. Se você goza de boa saúde e tem bons hábitos de higiene, terá um rebanho de cerca de 1 trilhão de bactérias pastando em suas planícies carnudas — cerca de 100 mil em cada centímetro quadrado de pele.[2] Elas estão ali para consumir os aproximadamente 10 bilhões de flocos de pele que você perde todo dia, além dos óleos saborosos e minerais fortificantes que gotejam de cada poro e fissura. Você é para elas o supremo centro de alimentação, com a conveniência do calor e da mobilidade constantes. Em retribuição, elas dão a você o cecê.

E essas são apenas as bactérias que habitam sua pele. Existem mais trilhões escondidas em suas tripas e nos orifícios nasais, presas a seus cabelos e cílios, nadando na superfície de seus olhos, perfurando o esmalte de seus dentes. Seu sistema digestivo sozinho abriga mais de 100 trilhões de micróbios, de pelo menos quatrocentos tipos.[3] Alguns lidam com açúcares, outros com amidos, alguns atacam outras bactérias. Um número surpreendente, como as espiroquetas que se encontram por todo o intestino, não possui nenhuma função detectável.[4] Elas apenas parecem gostar da sua companhia. Cada corpo humano consiste em cerca de 10 quatrilhões de células, mas hospeda cerca de 100 quatrilhões de células bacterianas.[5] São, em suma, uma grande parte de nós. Do ponto de vista das bactérias, claro que somos uma parte bem pequena delas.

Como nós, seres humanos, somos grandes e inteligentes o bastante para produzir e utilizar antibióticos e desinfetantes, convencemo-nos facilmente de que banimos as bactérias para a periferia da existência. Não acredite nisso. As bactérias podem não construir cidades nem ter vidas sociais interessantes, mas elas estarão presentes quando o Sol explodir. Este é o planeta delas, e só vivemos nele porque elas permitem.

Não se esqueça de que as bactérias progrediram por bilhões de anos sem nós. Não conseguiríamos sobreviver um dia sem elas.[6] Elas processam os nossos resíduos e os tornam novamente utilizáveis: sem sua mastigação diligente, nada apodreceria. As bactérias purificam nossa água e mantêm produtivos nossos solos. Sintetizam vitaminas em nossos intestinos, convertem os alimentos ingeridos em açúcares e polissacarídeos úteis e declaram guerra aos micróbios estranhos que descem por nossa garganta.

Dependemos totalmente das bactérias para extrair o nitrogênio do ar e convertê-lo em nucleotídeos e aminoácidos úteis para nós. Trata-se de um feito prodigioso e gratificante. Como observam Margulis e Sagan, para realizar a mesma coisa industrialmente (como na produção de fertilizantes), os fabricantes precisam aquecer as matérias-primas a 500° C e comprimi-las sob pressões trezentas vezes maiores que as normais. As bactérias fazem isso o tempo todo sem alarde, e graças a Deus, porque nenhum organismo maior conseguiria sobreviver sem o nitrogênio que elas transmitem. Acima de tudo, os micróbios continuam nos fornecendo o ar que respiramos e mantendo a atmosfera estável. Os micróbios, inclusive as versões modernas de cianobactérias, suprem a maior parte do oxigênio respirável do planeta. Algas e outros organismos minúsculos que borbulham lá no mar emitem cerca de 150 bilhões de quilos do elemento a cada ano.[7]

E elas são surpreendentemente prolíficas. As mais frenéticas produzem uma nova geração em menos de dez minutos. *Clostridium perfringens*, o organismo pequeno e desagradável que causa a gangrena, se reproduz em nove minutos.[8] A essa velocidade, uma única bactéria teoricamente produziria mais descendentes em dois dias do que o número de prótons do universo.[9] "Dado um suprimento adequado de nutrientes, uma única célula bacteriana consegue gerar 280 bilhões de indivíduos em um só dia", segundo o bioquímico belga Christian de Duve, premiado com o Nobel.[10] No mesmo período, uma célula humana só é capaz de efetuar uma divisão.

Cerca de uma vez em cada 1 milhão de divisões, elas produzem um mutante. Em geral trata-se de falta de sorte para o mutante — a mudança é sempre arriscada para um organismo —, mas ocasionalmente a bactéria nova é dotada de alguma vantagem inesperada, como a capacidade de se esquivar a um ataque de antibiótico. Essa capacidade de evolução rápida vem acompanhada de outra vantagem ainda mais assustadora: as bactérias compartilham informações. Qualquer bactéria apanha pedaços de código genético de qualquer outra. Essencialmente, como afirmam Margulis e Sagan, todas as bactérias nadam no mesmo *pool* de genes.[11] Qualquer mudança adaptativa que ocorra em uma área do universo bacteriano pode se espalhar para qualquer outra. É como se os seres humanos pudessem recorrer a um inseto para obter o código genético necessário a fim de ganhar asas ou andar no teto. Isso significa que, do ponto de vista genético, elas tornaram-se um só superorganismo: minúsculas, dispersas, porém invencíveis.

Elas viverão e prosperarão em quase tudo o que você derramar, respingar ou espalhar. Dê-lhes um pouco de umidade — quando você passa um pano úmido sobre um balcão, por exemplo — e as bactérias florescerão como que criadas do nada. Elas comerão madeira, a cola do papel de parede, os metais da tinta endurecida. Cientistas na Austrália encontraram micróbios conhecidos como *Thiobacillus concretivorans* que viviam em — na verdade, não conseguiam viver sem — concentrações de ácido sulfúrico fortes o suficiente para dissolver metal.[12] Encontrou-se uma espécie chamada *Micrococcus radiophilus* vivendo contente nos tanques de refugo de reatores nucleares, empanturrando-se de plutônio e o que mais houvesse por lá. Algumas bactérias decompõem materiais químicos sem, ao que sabemos, tirar qualquer vantagem disso.[13]

Encontraram-se bactérias vivendo em poças de lama fervente e em lagos de soda cáustica, no interior de rochas, no leito do mar, em lagos ocultos de água gelada nos vales secos de McMurdo da Antártida, e a onze quilômetros de profundidade no oceano Pacífico, onde as pressões são mais de mil vezes maiores que na superfície, o equivalente a ser esmagado sob cinquenta aviões jumbo. Algumas parecem praticamente indestrutíveis. A *Deinococcus radiodurans* é, de acordo com *The Economist*, "quase imune à radioatividade". Se você destruir seu DNA com radiação, os fragmentos imediatamente se reconstituirão "como os membros desgarrados de um morto-vivo de filme de terror".[14]

Talvez o caso mais extraordinário de sobrevivência tenha sido de uma bactéria *Streptococcus* recuperada das lentes lacradas de uma câmera que permanecera na Lua durante dois anos.[15] Em suma, poucos são os ambientes em que as bactérias não estejam preparadas para viver. "Descobriu-se que nas sondas introduzidas em chaminés oceânicas tão quentes que as sondas começam a derreter, mesmo ali existem bactérias", contou-me Victoria Bennett.

Na década de 1920, dois cientistas da Universidade de Chicago, Edson Bastin e Frank Greer, anunciaram que haviam isolado de poços de petróleo variedades de bactérias vivendo a seiscentos metros de profundidade. A ideia foi rejeitada, vista como fundamentalmente absurda — não havia nada *de que* se alimentar a seiscentos metros de profundidade —, e durante cinquenta anos acreditou-se que as amostras deles foram contaminadas por micróbios da superfície. Sabemos agora que muitos micróbios vivem nas profundezas da Terra, muitos dos quais sem nenhuma comunicação com o mundo orgânico. Eles comem rochas, ou, melhor, o material que está nas rochas: ferro, enxofre, manganês e assim por diante. E também respiram coisas estranhas: ferro, cromo, cobalto, até urânio. Tais processos podem ser fundamentais para concentrar ouro, cobre e outros metais preciosos, e possivelmente depósitos de petróleo e gás natural. Chegou-se a levantar a hipótese de que as mordidelas incessantes de micróbios criaram a crosta da Terra.[16]

Alguns cientistas acreditam que podem existir até 100 trilhões de toneladas de bactérias vivendo sob nossos pés nos denominados ecossistemas microbianos litoautrópicos subsuperficiais. Thomas Gold, da Universidade Cornell, estimou que, se extraíssemos todas as bactérias do interior da Terra e as despejássemos na superfície, elas cobririam o planeta com uma camada de quinze metros.[17] Se as estimativas estiverem corretas, talvez haja mais vida sob a Terra do que sobre ela.

Nas profundezas, os micróbios diminuem de tamanho e se tornam extremamente lerdos. O mais animado de todos talvez se divida não mais que uma vez por século, alguns não mais que uma vez em quinhentos anos.[18] Como se afirmou em *The Economist*: "A chave para uma vida longa, ao que se afigura, é ter pouca atividade".[19] Quando as condições tornam-se realmente adversas, as bactérias estão preparadas para desligar todos os sistemas e aguardar tempos melhores. Em 1997, cientistas conseguiram ativar alguns esporos de antraz que jazeram dormentes por oitenta anos, expostos em um museu em Trondheim, Noruega. Outros micro-organismos voltaram à vida após serem liberados de uma lata de carne de 118 anos e de uma garrafa de cerveja de 166 anos.[20] Em 1996, cientistas da Academia de Ciências Russa alegaram ter revivido bactérias congeladas no subsolo permanentemente congelado da Sibéria por 3 milhões de anos.[21] Mas o recorde de alegação de durabilidade até agora foi o anúncio de Russell Vreeland e colegas, da Universidade de West Chester, na Pensilvânia, em 2000, de que haviam ressuscitado uma bactéria de 250 milhões de anos chamada *Bacillus permians*, aprisionada em depósitos de sal a seiscentos metros de profundidade em Carlsbad, Novo México.[22] Se isso for verdade, esse micróbio é mais antigo que os continentes.

A notícia foi recebida com certa dúvida compreensível. Muitos bioquímicos sustentaram que durante tal período, os componentes do micróbio teriam se degradado, a não ser que a bactéria despertasse de tempos em tempos. No entanto, se ela despertou ocasionalmente, nenhuma fonte interna plausível de energia poderia ter durado tanto assim. Os cientistas mais céticos sugeriram que a amostra poderia ter sido contaminada, se não durante sua recuperação, então talvez enquanto ainda estava soterrada.[23] Em 2001, uma equipe da Universidade de Tel Aviv argumentou que a *B. permians* era quase idêntica à variedade de bactéria moderna *Bacillus marismortui*, encontrada no mar Morto. Somente duas de suas sequências genéticas diferiam, e apenas ligeiramente.

"Dá para acreditar", escreveram os pesquisadores israelenses, "que em 250 milhões de anos a *B. permians* acumulou a mesma quantidade de diferenças genéticas que poderiam ser obtidas em apenas três a sete dias no laboratório?" Em resposta, Vreeland sugeriu que "as bactérias evoluem mais rápido no laboratório do que na natureza".

É possível.

Constitui um fato notável que já em plena era espacial a maioria dos livros escolares dividisse o mundo dos seres vivos em apenas duas categorias: plantas e animais. Os micro-organismos mal apareciam. As amebas e organismos unicelulares semelhantes eram tratados como protoanimais e as algas, como protoplantas. As bactérias costumavam ser agrupadas com as plantas, embora todos soubessem que aquele não era seu lugar.[24] Já no final do século XIX, o naturalista alemão Ernst Haeckel sugerira que as bactérias mereciam ser colocadas num reino separado, que ele denominou Monera, mas a ideia só começou a pegar entre os biólogos na década de 1960, e somente entre alguns deles. (Observo que meu confiável dicionário *American Heritage* de 1969 não reconhece o termo.)

Muitos organismos no mundo visível também eram mal servidos pela divisão tradicional. Os fungos, o grupo que inclui cogumelos, bolor, mofo, levedura e a bufa-de-lobo, eram quase sempre tratados como objetos botânicos, ainda que nada neles — como se reproduzem e respiram, como se formam — corresponda a algo do mundo vegetal. Estruturalmente têm mais em comum com os animais, já que suas células são formadas de quitina, um material que lhes dá a textura característica. A mesma substância é usada para formar as carapaças dos insetos e as garras dos mamíferos, não obstante não seja tão saborosa num besouro como em *champignons*. Acima de tudo, diferentemente das plantas, os fungos não realizam a fotossíntese; assim, não têm clorofila e portanto não são verdes. Em vez disso, eles crescem diretamente na fonte de alimento, que pode ser quase tudo. Os fungos podem comer o enxofre de uma parede de concreto ou a matéria em decomposição entre os dedos dos pés — duas coisas que nenhuma planta fará. Praticamente a única qualidade em comum que eles têm com as plantas é o fato de lançarem raízes.

Ainda mais difícil de categorizar era o grupo peculiar de organismos formalmente denominados mixomicetos, também conhecidos como fungos ameboides. O nome, sem dúvida, é um reflexo de sua obscuridade. Uma denominação que soasse um pouco mais dinâmica — "protoplasma autoativador ambulante", digamos — e menos como a coisa que você encontra no fundo de um cano entupido quase certamente teria proporcionado a essas entidades extraordinárias a atenção que merecem, pois os fungos ameboides estão, sem dúvida, entre os organismos mais interessantes da natureza. Quando a época é propícia, eles existem como indivíduos unicelulares, como as amebas. Mas quando as condições ficam difíceis, rastejam até um ponto de encontro central e tornam-se, quase milagrosamente, uma lesma. A lesma não é um exemplo de beleza, nem chega muito longe — em geral apenas do fundo de uma pilha de folhas até o topo, onde está numa posição ligeiramente mais exposta. Porém por milhões de anos este talvez tenha sido o truque mais esperto do universo.

E a coisa não para por aqui. Tendo subido até um local mais favorável, o fungo ameboide transforma-se novamente, assumindo a forma de uma planta. Por meio de algum processo ordeiro e curioso, as células se reconfiguram, como os membros de uma pequena banda em marcha, para criar uma haste no alto da qual surge um bulbo conhecido como corpo de frutificação; dentro dele estão milhões de esporos que, no momento apropriado, são liberados para serem carregados pelo vento e se tornarem organismos unicelulares capazes de reiniciar o processo.

Durante anos, os fungos ameboides foram considerados protozoários pelos zoólogos e fungos pelos micologistas, embora quase todos pudessem ver que não pertenciam nem a um grupo nem a outro. Com o advento dos testes genéticos, os cientistas nos laboratórios se surpreenderam ao descobrir que os fungos ameboides, de tão inconfundíveis e peculiares, não estavam diretamente relacionados a mais nada na natureza, e às vezes nem mesmo uns aos outros.

Em 1969, em uma tentativa de pôr alguma ordem nas falhas crescentes da classificação, um ecologista da Universidade Cornell chamado R. H. Whittaker divulgou, na revista *Science*, uma proposta de dividir a vida em cinco ramos principais — reinos, como são conhecidos — denominados *Animalia*, *Plantae*, *Fungi*, *Protista* e *Monera*.[25] Protista era modificação de um termo anterior, *Protoctista*, que havia sido sugerido, um século antes, pelo biólogo escocês John Hogg e visava descrever quaisquer organismos que não fossem plantas nem animais.

Embora o novo esquema de Whittaker representasse um grande avanço, o reino *Protista* permaneceu maldefinido. Alguns taxonomistas o reservaram para grandes organismos unicelulares — os eucariotos —, mas outros o trataram como uma espécie de gaveta de meias sem par da biologia, enfiando nela tudo o que não se enquadrasse em nenhum outro lugar. Ele incluía (dependendo do texto que se consultasse) fungos ameboides, amebas e até algas, entre muitas outras coisas. Segundo um cálculo, continha no total até 200 mil espécies diferentes de organismos.[26] Isso é um monte de meias sem par.

Por ironia do destino, justo quando a classificação em cinco reinos de Whittaker começava a figurar nos livros didáticos, um acadêmico retraído da Universidade de Illinois avançava rumo a uma descoberta que desafiaria tudo. Seu nome era Carl Woese e, desde meados da década de 1960 — ou seja, desde que isso se tornou possível —, vinha estudando com discrição as sequências genéticas das bactérias. No início, tratava-se de um processo extremamente meticuloso. O trabalho em uma única bactéria podia facilmente consumir um ano. Naquela época, de acordo com Woese, somente umas quinhentas espécies de bactérias eram conhecidas, menos que o número de espécies que estão na sua boca.[27] Hoje, o número é cerca de dez vezes maior, embora ainda longe das 26 900 espécies de algas, 70 mil de fungos e 30 800 de amebas e organismos relacionados cujas biografias preenchem os anais da biologia.

Não é por simples indiferença que o total é baixo. As bactérias podem ser exasperantemente difíceis de isolar e estudar. Apenas cerca de 1% delas se desenvolverá em cultura.[28] Considerando sua enorme adaptabilidade na natureza, é estranho que o único lugar onde aparentemente não querem viver seja uma cápsula de Petri. Jogue-as em uma camada de ágar e mime-as à vontade, e a maioria jazerá ali, indiferente a qualquer estímulo para florescer. Qualquer bactéria que prospere em laboratório é, por definição, excepcional. No entanto, essas eram praticamente as únicas bactérias estudadas pelos microbiologistas. Segundo Woese, era "como aprender sobre os animais visitando jardins zoológicos".[29]

Os genes, contudo, permitiram que Woese abordasse os micro-organismos de outro ângulo. No decorrer de seu trabalho, ele percebeu que havia divisões mais fundamentais no mundo microbiano do que qualquer um suspeitara. Muitos organismos pequenos que pareciam bactérias e se comportavam como bactérias eram, na verdade, algo totalmente diferente — algo que havia se separado das bactérias muito tempo atrás. Woese chamou esses organismos de arqueobactérias.

Comenta-se que os atributos que distinguem as arqueobactérias das bactérias não são do tipo que empolgaria um biólogo. São basicamente diferenças em seus lipídios e a ausência de algo chamado peptidoglicano. Mas na prática elas fazem um mundo de diferença. As arqueobactérias são mais diferentes das bactérias do que você e eu de um caranguejo ou uma aranha. Sem ajuda de ninguém, Woese descobriu uma divisão insuspeitada da vida, tão fundamental que se situou acima do nível de reino no ápice da Árvore Universal da Vida, como é reverencialmente conhecida.

Em 1976, ele surpreendeu o mundo — ou, pelo menos, a pequena parte dele que estava prestando atenção — ao redesenhar a árvore da vida para incorporar não cinco divisões principais, mas 23. Ele as agrupou sob três novas categorias principais — *Bacteria*, *Archaea* e *Eukarya* (às vezes grafado *Eucarya*) —, a que chamou de domínios:

- *Bacteria*: cianobactérias, bactérias púrpura, bactérias gram-positivas, bactérias verdes não sulfurosas, flavobactérias e bactérias termofílicas.
- *Archaea*: halofílicos, Methanosarcina, Methanobacterium, Methanococcus, Thermoceler, Thermoproteus e Pyrodictium
- *Eukarya*: microsporídios, tricomonadino, flagelados, entameba, bolor do lodo, ciliados, plantas, fungos e animais.

As novas divisões de Woese não cativaram o mundo biológico. Alguns as descartaram por dar um peso exagerado aos micróbios. Muitos simplesmente as ignoraram. Woese, de acordo com Frances Ashcroft, "sentiu-se terrivelmente desapontado".[30] Mas aos poucos seu novo esquema começou a popularizar-se entre os microbiologistas. Os botânicos e os zoólogos demoraram mais a admirar suas virtudes. Não é difícil ver o porquê. No modelo de Woese, os mundos da botânica e da zoologia são relegados a uns poucos galhos no ramo mais externo do tronco *Eukarya*. Todo o resto pertence aos seres unicelulares.

"Esse pessoal foi educado para classificar em termos de semelhanças e diferenças morfológicas grosseiras", Woese disse a um entrevistador em 1996. "A ideia de fazer isso em termos de sequência molecular é um tanto difícil de engolir para muitos deles." Em suma, se eles não conseguiam ver uma diferença com os próprios olhos, rejeitavam-na. E assim persistiam com a divisão tradicional em cinco reinos — um esquema que Woese tachava de "não muito útil" em seus momentos mais brandos e de "positivamente equivocado" em quase todo o resto do tempo. "A biologia, como a física antes dela", Woese escreveu, "mudou para um nível em que os objetos de interesse e suas interações muitas vezes não podem ser percebidos pela observação direta."[31]

Em 1998, o grande e provecto zoólogo de Harvard Ernst Mayr (que estava então com 94 anos) jogou mais lenha na fogueira ao declarar que deveria haver apenas duas divisões principais da vida — "impérios", como os denominou. Em um artigo publicado nos *Proceedings of the National Academy of Sciences*, Mayr afirmou que as descobertas de Woese eram interessantes mas, em última análise, equivocadas, observando que "Woese não teve formação de biólogo e naturalmente não tem uma familiaridade ampla com os princípios da classificação",[32] o que talvez seja o mais perto que um cientista eminente pode chegar de dizer que um colega não sabe do que está falando.

Os detalhes das críticas de Mayr são técnicos demais para serem descritos aqui — envolvem questões de sexualidade meiótica, classificação hennigiana e interpretações controvertidas do genoma de *Methanobacterium thermoautrophicum*, entre muitas outras coisas —, mas em essência ele argumenta que o esquema de Woese desequilibra a árvore da vida. O reino bacteriano, Mayr observa, consiste em não mais que uns poucos milhares de espécies, enquanto o arqueano possui meros 175 espécimes nomeados, com talvez mais alguns milhares a serem descobertos — "porém não muito mais que isso". Por outro lado, o reino eucariótico — ou seja, os organismos complicados com células nucleadas, como nós — já atinge a casa dos milhões. Em consideração ao "princípio do equilíbrio", Mayr defende a combinação dos organismos bacterianos simples em uma única categoria, *prokaryota*, colocando-se o restante mais complexo e "altamente evoluído" no império *eukaryota*, que ficaria no mesmo nível. Em outras palavras, ele defende que as coisas voltem a ser como antes. Essa divisão entre células simples e células complexas "é onde está a grande ruptura no mundo vivo".

Se o novo esquema de Woese nos ensina algo, é que a vida é realmente variada e que a maior parte dessa variedade é pequena, unicelular e estranha. É um impulso humano natural pensar na evolução como uma longa cadeia de aperfeiçoamentos, um avanço incessante rumo à grandeza e à complexidade — ou seja, rumo a nós. Nós nos bajulamos. A maior parte da diversidade real na evolução tem sido de pequena escala. Nós, as coisas grandes, não passamos de um acaso feliz — um ramo lateral interessante. Das 23 divisões principais da vida, somente três — plantas, animais e fungos — são grandes o suficiente para serem vistas pelo olho humano, e mesmo elas contêm espécies que são microscópicas.[33] De fato, de acordo com Woese, caso se totalizasse toda a biomassa do planeta — todos os seres vivos, incluídas as plantas —, os micróbios representariam pelo menos 80% de tudo o que existe, talvez mais.[34] O mundo pertence ao muito pequeno — e há muito tempo.

Então por que, você deve perguntar em algum momento de sua vida, os micróbios gostam tanto de nos prejudicar? Que satisfação um micróbio extrai de nos provocar febre ou calafrios, ou de nos desfigurar com ulcerações, ou, acima de tudo, de nos matar? Um hospedeiro morto, afinal, dificilmente proporcionará hospitalidade a longo prazo.

Para início de conversa, vale a pena lembrar que a maioria dos micro-organismos é neutra ou até benéfica aos seres humanos. O organismo mais infeccioso da Terra, uma bactéria chamada Wolbachia, não os prejudica — nem mesmo a nenhum outro vertebrado.[35] Mas, se você for um camarão, um verme ou uma mosca-das-frutas, ela pode fazer com que você deseje nunca ter nascido. No todo, apenas cerca de um micróbio em mil é um patógeno para os seres humanos, de acordo com a *National Geographic*[36] — embora, diante do que alguns conseguem fazer, nada seja mais natural do que acharmos que esse número já é suficiente. Conquanto na maior parte benignos, eles ainda são o assassino número 3 do mundo ocidental,[37] e mesmo muitos micróbios menos letais já fazem com que lamentemos profundamente sua existência.

Tornar doente um hospedeiro traz certos benefícios para o micróbio. Os sintomas muitas vezes ajudam a espalhar uma doença. Vômitos, espirros e diarreia são métodos excelentes para sair de um hospedeiro e se posicionar a fim de invadir outro. A estratégia mais eficaz é obter a ajuda de um colaborador móvel. Os organismos infecciosos adoram os mosquitos, porque seu ferrão os injeta direto na corrente sanguínea, onde podem começar imediatamente a trabalhar antes que os mecanismos de defesa da vítima consigam descobrir o que a atingiu. Daí tantas doenças de grau A — malária, febre amarela, dengue, encefalite e uma centena de outras menos célebres, mas muitas vezes predadoras — começarem pela picada de um mosquito. É uma sorte para nós que o HIV, o agente da aids, não esteja entre elas — pelo menos não por enquanto. Qualquer HIV que o mosquito absorve em suas andanças é dissolvido pelo metabolismo do próprio mosquito. No dia em que uma mutação permitir ao vírus contornar essa limitação, poderemos estar em verdadeiros apuros.

Entretanto, é um erro considerar o assunto de um ponto de vista puramente lógico, porque é evidente que os micro-organismos não são entidades calculistas. Eles se importam com o que fazem com você tanto quanto você se importa com o dano causado quando extermina milhões deles ao se ensaboar no banho ou ao passar desodorante. O único momento em que seu bem-estar prolongado tem importância para um patógeno é quando ele o mata bem demais. Se eles o eliminarem antes de conseguirem pular fora, poderão morrer também. Isso chega a acontecer às vezes. A história, observa Jared Diamond, está repleta de doenças que "outrora causavam epidemias terríveis e depois desapareceram tão misteriosamente como surgiram".[38] Ele cita a poderosa, mas misericordiosamente passageira, doença da sudorese inglesa, que grassou de 1485 a 1552, fazendo dezenas de milhares de vítimas antes de desaparecer. Eficiência demais não é um bom negócio para um organismo infeccioso.

Muitas doenças resultam não do que o organismo fez com você, mas do que seu corpo está tentando fazer com o organismo. No afã de livrar o corpo de patógenos, o sistema imunológico pode destruir células ou danificar tecidos fundamentais. Assim, muitas vezes, quando você está doente, o que está sentindo não são os patógenos, e sim as reações de seu próprio sistema imunológico. De qualquer modo, ficar doente é uma reação lógica à infecção. As pessoas doentes recolhem-se ao leito e, desse modo, ameaçam menos a comunidade como um todo. O repouso também libera mais recursos do corpo para combater a infecção.

Devido ao grande número de organismos lá fora com o potencial de prejudicá-lo, seu corpo abriga uma multidão de diferentes variedades de glóbulos brancos defensivos: cerca de 10 milhões de tipos no todo, cada qual preparado para identificar e destruir uma espécie particular de invasor. Seria de total ineficiência manter 10 milhões de exércitos permanentes separados, de modo que cada variedade de glóbulo branco mantém apenas umas poucas sentinelas montando guarda. Quando um agente infeccioso — o que se conhece como antígeno — invade o organismo, as sentinelas específicas identificam o atacante e convocam reforços do tipo certo. Enquanto seu corpo está fabricando essas tropas, você tende a se sentir derrubado. A recuperação começa quando elas enfim entram em ação.

Os glóbulos brancos são implacáveis, perseguindo e matando todos os patógenos que veem pela frente. Para evitar a extinção, os atacantes desenvolveram duas estratégias básicas. Ou eles atacam rapidamente e passam para um novo hospedeiro, caso das doenças infecciosas comuns como a gripe, ou se disfarçam a fim de que os glóbulos brancos não consigam detectá-los. É o que ocorre com o HIV, vírus responsável pela aids, que pode permanecer inócuo e despercebido nos núcleos de células durante anos antes de entrar em ação.

Um dos aspectos mais estranhos da infecção é que micróbios normalmente inofensivos às vezes vão para as partes erradas do corpo e "ficam como que malucos", nas palavras do dr. Bryan Marsh, um especialista em doenças infecciosas do Centro Médico Dartmouth-Hitchcock, em Lebanon, New Hampshire. "Isso acontece com frequência em acidentes de carro, quando as pessoas sofrem ferimentos internos. Micróbios normalmente benignos no intestino vão para outras partes do corpo — a corrente sanguínea, por exemplo — e causam uma destruição terrível."

A doença bacteriana mais assustadora e fora de controle do momento é a chamada fasciite necrotizante, em que bactérias essencialmente comem a vítima de dentro para fora, devorando os tecidos internos e deixando para trás um resíduo carnudo e venenoso.[39] Os pacientes costumam chegar com queixas relativamente brandas — tipicamente, erupção cutânea e febre —, mas depois sofrem total deterioração. Na autópsia costuma-se descobrir que foram simplesmente consumidos. O único tratamento é a denominada "cirurgia de excisão radical" — a remoção completa das áreas infectadas. Setenta por cento das vítimas morrem; muitos dos sobreviventes ficam terrivelmente desfigurados. A causa da infecção é uma família trivial de bactérias denominada estreptococo do grupo A, que em geral se limita a causar uma faringite séptica. Muito ocasionalmente, por motivos ignorados, algumas dessas bactérias atravessam o revestimento da garganta e penetram no resto do corpo, onde causam a pior das devastações. Elas são totalmente resistentes aos antibióticos. Cerca de mil casos ocorrem por ano nos Estados Unidos, e ninguém garante que o quadro não vá piorar.

Precisamente o mesmo ocorre com a meningite. Pelo menos 10% dos adultos jovens, e talvez 30% dos adolescentes, portam a bactéria meningocócica mortal, mas ela vive inofensiva na garganta. Apenas ocasionalmente — em cerca de um jovem a cada 100 mil — ela penetra na corrente sanguínea e deixa a pessoa bem doente. Nos casos piores, a morte pode advir em doze horas. Isso é chocantemente rápido. "Uma pessoa pode estar perfeitamente saudável no café da manhã e morta à noite", diz Marsh.

Teríamos muito mais sucesso no combate às bactérias se não fôssemos tão perdulários com nossa melhor arma contra elas: os antibióticos. Segundo uma estimativa, cerca de 70% dos antibióticos consumidos no mundo desenvolvido são ministrados ao gado, muitas vezes rotineiramente com a ração, apenas para promover o crescimento ou como precaução contra infecções. Tais aplicações dão às bactérias todas as oportunidades do mundo de desenvolver uma resistência a eles. É uma oportunidade que elas agarram com entusiasmo.

Em 1952, a penicilina era totalmente eficaz contra todas as variedades de bactérias estafilococo, a ponto de, no início da década de 1960, o chefe da Saúde Pública norte-americana, William Stewart, sentir-se confiante o suficiente para declarar: "Chegou a hora de encerrar o balanço das doenças infecciosas. Basicamente eliminamos as infecções dos Estados Unidos".[40] Mas enquanto ele falava, cerca de 90% daquelas variedades estavam em via de desenvolver imunidade à penicilina.[41] Logo, uma das variedades novas, denominada *Staphylococcus Aureus* resistente à meticilina, começou a dar as caras nos hospitais. Somente um tipo de antibiótico, a vancomicina, manteve-se eficaz contra ela. No entanto, em 1997, um hospital de Tóquio relatou o aparecimento de uma variedade capaz de resistir mesmo àquele tipo. Depois de alguns meses, a bactéria se espalhara para seis outros hospitais japoneses.[42] No todo, os micróbios estão começando a ganhar a guerra de novo: só em hospitais norte-americanos, cerca de 14 mil pessoas por ano morrem de infecções hospitalares. Como observou James Surowiecki, em um artigo para a *New Yorker*,[43] dada a opção entre desenvolver antibióticos que as pessoas tomarão durante duas semanas ou antidepressivos que as pessoas tomarão a vida toda, não surpreende que as empresas farmacêuticas optem por estes últimos. Embora alguns antibióticos tenham sido reforçados um pouco, a indústria farmacêutica não fornece um antibiótico inteiramente novo desde a década de 1970.

Nosso descuido é ainda mais alarmante depois da descoberta de que muitas outras doenças podem ter origem bacteriana. O processo de descoberta começou em 1983, quando Barry Marshall, um médico de Perth, no Oeste da Austrália, descobriu que muitos cânceres do estômago e a maioria das úlceras estomacais são causados por uma bactéria denominada *Helicobacter pylori*. A despeito de suas constatações serem facilmente testadas, a noção era tão radical que decorreria mais de uma década até ela ser aceita. Os National Institutes of Health norte-americanos, por exemplo, só endossaram oficialmente a ideia em 1994.[44] "Centenas, mesmo milhares de pessoas devem ter morrido desnecessariamente de úlcera", Marshall informou a um repórter da *Forbes*, em 1999.[45]

Desde então, pesquisas novas mostraram que existe ou pode existir um componente bacteriano em todos os tipos de outras doenças: doença cardíaca, asma, artrite, esclerose múltipla, vários tipos de doenças mentais, muitos cânceres e até, ao que se sugeriu (em nada menos do que a *Science*), obesidade.[46] Talvez não esteja distante o dia em que precisaremos desesperadamente de um antibiótico eficaz e não teremos nenhum ao qual recorrer.

Pode servir de consolo saber que as próprias bactérias adoecem. Elas são às vezes infectadas por bacteriófagos (ou simplesmente fagos), um tipo de vírus. Um vírus é uma entidade estranha e desagradável — "uma porção de ácido nucleico cercada de más notícias", na expressão memorável do prêmio Nobel Peter Medawar.[47] Menores e mais simples que as bactérias, os vírus por si mesmos não estão vivos. Isoladamente, são inertes e inofensivos. Mas introduzidos no hospedeiro adequado, entram em atividade — ganham vida. Conhecem-se cerca de 5 mil tipos de vírus, e eles nos afligem com centenas de doenças, variando da gripe e do resfriado comum às mais hostis ao bem-estar humano: varíola, raiva, febre amarela, Ebola, pólio e aids.[48]

Os vírus prosperam sequestrando o material genético de uma célula viva e usando-o para produzir mais vírus. Eles se reproduzem de maneira fanática, depois irrompem em busca de novas células para invadir. Não sendo por si mesmos organismos vivos, podem se dar ao luxo de ser muito simples. Muitos, inclusive o HIV, possuem dez genes ou menos, enquanto até a bactéria mais simples requer vários milhares. Eles também são bem minúsculos, pequenos demais para serem vistos com um microscópio convencional. Somente em 1943, com a invenção do microscópio eletrônico, a ciência conseguiu vê-los pela primeira vez. Mas eles podem causar um dano imenso. Estima-se que a varíola, somente no século XX, matou 300 milhões de pessoas.[49]

Eles também têm a capacidade irritante de irromper no mundo de alguma forma nova e surpreendente e depois desaparecer tão rapidamente quanto surgiram. Em 1916, em um desses casos, pessoas na Europa e na América foram acometidas de uma estranha doença do sono, que se tornou conhecida como encefalite letárgica. As vítimas iam dormir e então não acordavam. Elas podiam ser despertadas sem grande dificuldade para se alimentar ou ir ao banheiro, e respondiam corretamente às perguntas — sabiam quem eram e onde estavam —, embora se mostrassem sempre apáticas. No entanto, no momento em que se permitia que repousassem, mergulhavam de volta no mais profundo sono e permaneciam nesse estado até serem acordadas. Algumas ficavam nesse estado durante meses, até morrer. Umas poucas sobreviveram e recobraram a consciência, mas não a animação anterior. Elas viveram em apatia profunda, "como vulcões extintos", nas palavras de um médico. Em dez anos, a doença matou cerca de 5 milhões de pessoas e depois tranquilamente sumiu.[50] Não atraiu muita atenção porque naquele meio-tempo uma epidemia ainda pior — na verdade, a pior da história — varreu o mundo.

Ela é chamada ora de grande gripe suína ora de grande gripe espanhola, mas, qualquer que seja seu nome, foi devastadora. A Primeira Guerra Mundial matou 21 milhões de pessoas em quatro anos; a gripe espanhola fez o mesmo em seus primeiros quatro meses.[51] Quase 80% das baixas norte-americanas na Primeira Guerra Mundial não resultaram de fogo inimigo, e sim da gripe. Em algumas unidades, a taxa de mortalidade chegou a 80%.

A gripe espanhola surgiu como uma gripe normal, não letal, na primavera de 1918, porém nos meses seguintes — ninguém sabe como ou onde — sofreu uma mutação para algo bem mais grave. Um quinto das vítimas apresentava apenas sintomas brandos, mas o resto adoeceu gravemente, muitas vezes morrendo. Alguns sucumbiam em horas; outros resistiam por alguns dias.

Nos Estados Unidos, as primeiras mortes foram registradas entre marinheiros em Boston, no final de agosto de 1918, mas a epidemia logo se alastrou para todas as partes do país. Escolas deixaram de funcionar, locais de lazer público foram fechados, em toda parte usavam-se máscaras, que de nada adiantaram. Entre o outono de 1918 e a primavera do ano seguinte, 548 452 pessoas morreram de gripe nos Estados Unidos. O número de mortos na Grã-Bretanha foi de 220 mil, com cifras semelhantes na França e na Alemanha. Desconhece-se o número global de vítimas, dado que os registros no Terceiro Mundo eram muitas vezes incompletos, contudo não foi inferior a 20 milhões e provavelmente aproximou-se dos 50 milhões. Algumas estimativas situam o total global de vítimas em até 100 milhões.

Na tentativa de descobrir uma vacina, as autoridades médicas realizaram testes com voluntários em uma prisão militar na ilha Deer, no porto de Boston. Aos prisioneiros que sobrevivessem a uma bateria de testes prometeu-se o perdão por seus crimes. Os testes foram pra lá de rigorosos. Primeiro, tecido de pulmão infectado extraído dos mortos era injetado nas vítimas, depois, aerossóis infecciosos eram borrifados em seus olhos, nariz e boca. Se elas não sucumbissem, descargas extraídas dos doentes e agonizantes eram aplicadas em suas gargantas. Se tudo isso falhasse, tinham de ficar de boca aberta enquanto um doente tossia no seu rosto.[52]

Entre um número surpreendente de trezentos voluntários, os médicos escolheram 62 para os testes. Nenhum contraiu a gripe — nem sequer um. A única pessoa que adoeceu foi o médico da enfermaria, que morreu rapidamente. A explicação provável é que a epidemia havia percorrido a prisão semanas antes e os voluntários, que tinham sobrevivido àquela visita, adquiriram uma imunidade natural.

Muitas são as dúvidas sobre a gripe de 1918. Um mistério é como ela irrompeu subitamente, por toda parte, em lugares separados por oceanos, cadeias de montanhas e outros obstáculos terrestres. Se um vírus não consegue sobreviver mais de algumas horas fora do corpo hospedeiro, como ele pôde aparecer em Madri, Bombaim e Filadélfia na mesma semana?

A resposta provável é que o vírus foi incubado e espalhado por pessoas com sintomas apenas leves ou sem nenhum sintoma. Mesmo em surtos normais, cerca de 10% dos que estão com gripe não sabem que estão doentes, por não sentirem nenhum efeito. Como permanecem em circulação, elas tendem a ser grandes disseminadoras da doença.

Isso explicaria a distribuição ampla do surto de 1918, mas não a brandura da doença por vários meses, antes de irromper tão explosivamente mais ou menos na mesma época em todos os lugares. Ainda mais misterioso foi o fato de ser mais devastadora em pessoas no apogeu da vida. A gripe normalmente é mais forte em crianças e idosos, porém na epidemia de 1918 as mortes ocorreram predominantemente entre pessoas nas casas dos vinte e trinta anos. Os mais idosos podem ter se beneficiado da resistência adquirida em uma exposição anterior à mesma cepa, mas não se sabe por que as crianças também foram poupadas. O maior de todos os mistérios é por que a gripe de 1918 foi tão mortal, quando a maioria das gripes não é. Continuamos sem a menor ideia.

De tempos em tempos, certas variedades de vírus retornam. Um vírus russo desagradável conhecido como H1N1 causou várias epidemias em amplas áreas em 1933, voltou a atacar na década de 1950 e retornou outra vez na década de 1970. Aonde ele foi nos intervalos é incerto. Uma hipótese é que os vírus se escondem em populações de animais selvagens, onde ficam despercebidos antes de infectar uma nova geração de seres humanos. Ninguém garante que a gripe espanhola não vá dar as caras novamente.

E, se não der, outros vírus poderão fazê-lo. Vírus novos e assustadores surgem o tempo todo. As febres de Ebola, de Lassa e de Marburg irromperam e depois se acalmaram, mas ninguém garante que não estejam discretamente passando por uma mutação ou então aguardando a oportunidade certa para atacar de maneira catastrófica. Está claro agora que a aids convive conosco por mais tempo do que originalmente se suspeitava. Pesquisadores da Enfermaria Real de Manchester, na Inglaterra, descobriram que um marinheiro morto de causas misteriosas e intratáveis em 1959 na verdade sofria de aids. Mas, por razões ignoradas, a doença permaneceu em geral inativa por mais vinte anos.[53]

O milagre é que outras dessas doenças não tenham se descontrolado. A febre de Lassa, detectada pela primeira vez em 1969, na África Ocidental, é extremamente virulenta e pouco compreendida. Naquele ano, um médico de um laboratório da Universidade de Yale, em New Haven, Connecticut, que a estava estudando contraiu a doença. Ele sobreviveu, mas o alarmante é que um técnico de um laboratório próximo, sem nenhuma exposição direta, também a contraiu e morreu.[54]

Felizmente a epidemia parou por aí, mas nem sempre podemos contar com a sorte. Nossos estilos de vida são convites à epidemia. As viagens aéreas tornam possível espalhar agentes infecciosos através do planeta com uma facilidade surpreendente. Um vírus Ebola poderia começar o dia em, digamos, Benim, e terminá-lo em Nova York, Hamburgo ou Nairóbi, ou em todas essas três cidades. Por causa disso, as autoridades médicas precisam cada vez mais estar familiarizadas com todas as doenças existentes em toda parte, o que não ocorre. Em 1990, um nigeriano que vivia em Chicago foi exposto à febre de Lassa em visita a sua terra natal, mas só desenvolveu os sintomas depois de retornar aos Estados Unidos. Ele morreu em um hospital de Chicago sem diagnóstico e sem que ninguém tomasse qualquer precaução especial ao tratá-lo, ignorando que ele sofria de uma das doenças mais letais e infecciosas do planeta. Milagrosamente, ninguém mais foi infectado.[55] Podemos não ter a mesma sorte da próxima vez.

Depois dessa observação preocupante, é hora de voltar ao mundo da vida visível.

21. A vida continua

Tornar-se um fóssil não é fácil. O destino de quase todos os organismos vivos — mais de 99,9% deles — é reduzir-se a nada.[1] Quando sua chama se apagar, cada molécula sua será arrancada ou fluirá de você para ser posta em uso em outro sistema. É assim que as coisas funcionam. Mesmo que você consiga fazer parte do pequeno grupo de organismos, inferior a 0,1%, que não são devorados, as chances de ser fossilizado são ínfimas.

Para um organismo tornar-se fóssil, muitas coisas precisam acontecer. Primeiro, é preciso que ele morra no lugar certo. Somente cerca de 15% das rochas conseguem preservar fósseis, de modo que não adianta perecer num local de futuro granito.[2] Em termos práticos, o falecido precisa ser enterrado em sedimento, onde possa deixar uma impressão, como uma folha em lama úmida, ou decompor-se sem exposição ao oxigênio, permitindo que as moléculas de seus ossos e das partes duras (e, muito ocasionalmente, das partes mais moles) sejam substituídas por minerais dissolvidos, criando uma cópia petrificada do original. Depois, à medida que os sedimentos em que jaz o fóssil forem indiferentemente pressionados, dobrados e sacudidos pelos processos da Terra, o fóssil precisará, de alguma maneira, preservar uma forma identificável. Finalmente, mas acima de tudo, após permanecer dezenas, ou talvez centenas, de milhões de anos oculto, ele precisa ser encontrado e reconhecido como algo que vale a pena conservar.

Acredita-se que somente um osso em 1 bilhão chegue a se fossilizar. Nesse caso, o legado fóssil completo de todos os norte-americanos vivos atualmente — 270 milhões de pessoas com 206 ossos cada — será de apenas uns cinquenta ossos, um quarto de um esqueleto completo. Nada garante que esses ossos serão realmente encontrados. Considerando-se que eles podem ser enterrados em qualquer ponto dentro de uma área de pouco mais de 9 milhões de quilômetros quadrados, da qual uma parte pequena será revolvida e uma parte ainda menor será examinada, seria quase um milagre se fossem encontrados. Os fósseis são, em todos os sentidos, raríssimos. A maior parte do que viveu na Terra não deixou nenhum registro. Já se estimou que menos de uma espécie em cada 10 mil deixou sua marca no registro fóssil.[3] Trata-se de uma proporção infinitamente pequena. Contudo, se aceitarmos a estimativa comum de que a Terra produziu até hoje 30 bilhões de espécies de animais e a afirmação de Richard Leakey e Roger Lewin (em *The sixth extinction* [A sexta extinção]) de que existem 250 mil espécies de animais no registro fóssil,[4] a proporção fica reduzida a apenas uma espécie em cada 120 mil. Em ambos os casos, o que possuímos é uma amostra minúscula de toda a vida que a Terra gerou.

Além disso, o registro de que dispomos é tremendamente distorcido. A maioria dos animais terrestres não morre em sedimentos. Eles tombam em lugares abertos e são devorados, ficam apodrecendo ou são reduzidos a pó pelas intempéries. O registro fóssil, portanto, é quase que absurdamente inclinado a favor dos animais marinhos. Cerca de 95% de todos os fósseis disponíveis são de animais que viveram sob a água, na maior parte em mares rasos.[5]

Menciono tudo isso para explicar por que, num dia fortemente nublado de fevereiro, dirigi-me ao Museu de História Natural de Londres para encontrar um paleontólogo animado, vagamente desgrenhado e muito amigável chamado Richard Fortey.

Fortey sabe muita coisa sobre um monte de assuntos. É autor de um livro irônico e esplêndido intitulado *Vida: uma biografia não autorizada*, que cobre todo o préstito da criação animada. Mas sua maior paixão é por um tipo de criatura marinha chamada trilobite que pululou nos mares do Ordoviciano, mas que já não existe há muito tempo, exceto em forma fossilizada. Todos os trilobites compartilhavam um plano corporal básico de três partes, ou lobos:

cabeça, cauda e tórax. Daí o nome trilobite. Fortey encontrou seu primeiro quando menino, escalando as rochas da baía de Saint David, no País de Gales. Ali começou uma paixão de vida inteira.

Ele me conduziu a uma galeria de armários de metal altos. Cada armário estava cheio de gavetas pouco fundas, e cada gaveta estava repleta de trilobites petrificados — um total de 20 mil espécimes.

"Parece um número elevado", ele concordou, "mas você deve lembrar que milhões e milhões de trilobites viveram por milhões e milhões de anos em mares antigos, de modo que 20 mil não é um número grande. E a maioria deles são apenas espécimes parciais. Encontrar um trilobite fóssil completo ainda é um momento especial para um paleontólogo."[6]

Os trilobites apareceram pela primeira vez — plenamente formados, aparentemente do nada — cerca de 540 milhões de anos atrás, perto do início do grande surto de vida complexa popularmente conhecido como a explosão cambriana, e depois desapareceram, com muitos outros organismos, na grande e ainda misteriosa extinção permiana, uns 300 mil séculos mais tarde. Como ocorre com todas as criaturas extintas, somos naturalmente tentados a encará-los como fracassos, mas na verdade estão entre os animais mais bem-sucedidos que já viveram. Seu reinado estendeu-se por 300 milhões de anos — o dobro do reinado dos dinossauros, eles próprios alguns dos grandes sobreviventes da história. Os seres humanos, observa Fortey, sobreviveram até agora 0,5% desse tempo.[7]

Com tanto tempo à sua disposição, os trilobites proliferaram prodigiosamente. A maioria permaneceu pequena, mais ou menos do tamanho de um besouro moderno, mas alguns atingiram o tamanho de um disco de vinil. No todo, formavam pelo menos 5 mil gêneros e 60 mil espécies, embora novos trilobites não parem de surgir. Fortey compareceu recentemente a uma conferência na América do Sul, onde foi abordado por uma acadêmica de uma pequena universidade de província da Argentina. "Ela trazia uma caixa repleta de objetos interessantes — trilobites nunca antes vistos na América do Sul, ou mesmo em nenhum outro lugar, e muito mais. Não dispunha de instalações de pesquisa para estudá-los nem de verbas para procurar mais. Partes enormes do mundo restam ainda inexploradas."

"Em termos de trilobites?"

"Não, em termos de tudo."

* * *

No decorrer do século XIX, os trilobites eram quase as únicas formas de vida complexa antiga conhecidas, e por essa razão eram assiduamente coletados e estudados. O grande mistério a seu respeito era sua aparição súbita. Mesmo agora, como diz Fortey, pode ser espantoso ir até a formação rochosa certa e avançar pelas eras sem encontrar nenhuma vida visível, até que, de repente, "todo um *Profallotaspis* ou *Elenellus* do tamanho de um caranguejo surge em suas mãos expectantes".[8] Tratava-se de criaturas com membros, guelras, sistema nervoso, antenas sondadoras, "um cérebro incipiente", nas palavras de Fortey, e os olhos mais estranhos já vistos. Feitos de bastonetes de calcita, o mesmo material que forma o calcário, constituíram os sistemas visuais mais antigos que se conhecem. Mais do que isso, os primeiros trilobites não eram apenas uma espécie aventureira, e sim dezenas, e não apareceram em um ou dois locais, mas por toda parte. Muitos pensadores do século XIX viram nisso a prova da obra de Deus e a refutação das ideias evolucionistas de Darwin. Se a evolução progrediu lentamente, eles se perguntaram, como explicar a súbita aparição de criaturas complexas e plenamente formadas? O fato é que ele não conseguiu explicar.

As coisas pareciam destinadas a permanecer para sempre nesse estado até que um dia, em 1909, três meses antes do quinquagésimo aniversário da publicação de *A origem das espécies* de Darwin, um paleontólogo chamado Charles Doolittle Walcott fez uma descoberta extraordinária nas montanhas Rochosas canadenses.

Walcott nasceu em 1850 e cresceu perto de Utica, Nova York, em uma família de recursos modestos, que se tornaram ainda mais modestos com a morte súbita do pai quando Walcott era criança. Quando menino, ele descobriu que tinha um dom para localizar fósseis, em particular trilobites, e reuniu uma coleção tão interessante que foi adquirida por Louis Agassiz, para seu museu em Harvard, por uma pequena fortuna — cerca de 46 mil dólares em moeda atual.[9] Conquanto nem sequer concluísse o segundo grau e fosse autodidata em ciências, Walcott tornou-se uma autoridade importante em trilobites: ele foi o primeiro a descobrir que os trilobites eram artrópodes, o grupo que inclui os insetos e os crustáceos modernos.

Em 1879, ele assumiu um cargo de pesquisador de campo no recém-criado US Geological Survey e serviu com tamanho destaque que, em quinze anos, ascendeu à chefia.[10] Em 1907, foi nomeado secretário do Instituto Smithsonian, onde permaneceu até morrer, em 1927. Apesar das obrigações administrativas, continuou realizando trabalhos de campo e escrevendo prolificamente. "Seus livros preenchem toda uma estante de biblioteca", de acordo com Fortey.[11] Não por acaso, Walcott também foi diretor fundador do Comitê Nacional de Assessoramento em Aeronáutica, que acabou se tornando a National Aeronautics and Space Agency (NASA), a agência espacial norte-americana; ele pode, com justiça, ser considerado o avô da era espacial.

Mas o que faz com que ele seja lembrado até hoje é uma descoberta perspicaz, mas afortunada, na Colúmbia Britânica, numa montanha perto da aldeia de Field, no final do verão de 1909. A versão costumeira da história é que Walcott, acompanhado da esposa, cavalgava por uma trilha da montanha, sob o local chamado Burgess Ridge, quando o cavalo dela escorregou em pedras soltas. Desmontando para ajudá-la, Walcott descobriu que o cavalo havia virado uma laje de xisto contendo crustáceos fósseis de um tipo especialmente antigo e incomum. Caía neve — o inverno chega cedo nas montanhas Rochosas canadenses —, de modo que eles não permaneceram ali, mas no ano seguinte, na primeira oportunidade, Walcott voltou ao local. Reconstituindo a suposta rota da queda da laje, ele subiu 230 metros até quase o topo da montanha. Ali, 2440 metros acima do nível do mar, encontrou um afloramento de xisto, do tamanho aproximado de um quarteirão, contendo uma série inigualável de fósseis imediatamente posteriores ao momento em que a vida complexa irrompeu em profusão deslumbrante — a famosa explosão cambriana. Walcott encontrara, na verdade, o Santo Graal da paleontologia. O afloramento tornou-se conhecido como Burgess Shale, e por muito tempo proporcionou "nossa única visão do surgimento da vida moderna em toda a sua plenitude", como o falecido Stephen Jay Gould registrou em seu popular *Vida maravilhosa*.[12]

Gould, sempre escrupuloso, descobriu, lendo os diários de Walcott, que a história da descoberta de Burgess Shale parece ter sido um pouco enfeitada.[13] Walcott não faz nenhuma menção ao escorregão do cavalo ou à neve que caía, mas sem dúvida tratou-se de uma descoberta extraordinária.

É quase impossível para nós, cujo tempo na Terra se limita a umas poucas décadas animadas, conceber quão remota foi a explosão cambriana. Se você pudesse voltar no tempo à velocidade de um ano por segundo, levaria cerca de meia hora para atingir a época de Cristo, e pouco mais de três semanas para retroceder até os primórdios da vida humana. Mas seriam necessários vinte anos para chegar à aurora do período Cambriano. Ou seja, aquilo já faz muito tempo, e o mundo era um lugar diferente.

Antes de mais nada, mais de 500 milhões de anos atrás, quando Burgess Shale foi formado, não ficava no alto de uma montanha, e sim na base. Especificamente, era uma bacia oceânica rasa no fundo de um penhasco íngreme. Os mares daquela época pululavam de vida, porém normalmente os animais não deixavam registros, devido ao corpo mole e por se decomporem depois que morriam. Mas em Burgess, o penhasco desmoronou, e as criaturas embaixo, soterradas sob o deslizamento, foram pressionadas como flores dentro de um livro, e seu aspecto foi preservado em detalhes assombrosos.

Em viagens de verão anuais de 1910 a 1925 (quando fez 75 anos), Walcott escavou dezenas de milhares de espécimes (Gould diz que foram 80 mil; os geralmente incontestáveis conferentes de fatos da *National Geographic* dizem que foram 60 mil), que levou a Washington para estudos adicionais. Tanto na quantidade como na diversidade, a coleção era inigualável. Alguns dos fósseis de Walcott possuíam conchas; muitos outros, não. Alguns eram dotados de visão, outros eram cegos. A variedade era enorme, consistindo em 140 espécies, segundo uma contagem.[14] "Burgess Shale incluía uma gama de disparidades nos projetos anatômicos nunca mais igualada, nem sequer por todas as criaturas dos atuais oceanos do mundo", escreveu Gould.[15]

Infelizmente, de acordo com Gould, Walcott não discerniu a importância do que havia descoberto. "Arrebatando a derrota das mandíbulas da vitória", Gould escreveu em outra obra, *Dedo mindinho e seus vizinhos*, "Walcott depois passou a interpretar aqueles fósseis magníficos da forma mais errada possível." Ao situá-los em grupos modernos, fez deles os ancestrais dos atuais vermes, da medusa e de outros animais, deixando assim de avaliar o que lhes era característico. "Sob uma tal interpretação", Gould suspirou, "a vida começou em uma simplicidade primordial e avançou inexorável e previsivelmente rumo ao mais e melhor."[16]

Walcott morreu em 1927, e os fósseis de Burgess foram basicamente esquecidos. Por quase meio século, jazeram trancados em gavetas no Museu de

História Natural Americano, em Washington, raramente consultados e nunca questionados. Até que, em 1973, um estudante de pós-graduação da Universidade de Cambridge chamado Simon Conway Morris fez uma visita à coleção. Ele se espantou com o que achou. Os fósseis eram bem mais variados e magníficos do que Walcott indicara em seus textos.[17] Em taxonomia, a categoria que descreve os planos corporais básicos de todos os organismos é o filo, e ali, Conway Morris concluiu, estavam gavetas e mais gavetas de tais singularidades anatômicas — todas, surpreendente e inexplicavelmente, não reconhecidas pelo homem que as encontrara.

Com seu supervisor, Harry Whittington, e o colega estudante de pós-graduação Derek Briggs, Conway Morris dedicou os anos seguintes a uma revisão sistemática de toda a coleção, produzindo uma monografia empolgante após outra, à medida que as descobertas se acumulavam. Muitas das criaturas empregavam planos corporais não apenas diferentes de qualquer coisa vista até então ou depois, mas *estranhamente* diferentes. Uma delas, de nome *Opabinia*, possuía cinco olhos e um focinho em forma de bocal com garras na ponta. Outra, um ser em forma de disco chamado *Peytoia*, assemelhava-se, quase hilariamente, a uma fatia de abacaxi. Uma terceira havia evidentemente cambaleado sobre filas de pernas semelhantes a estacas, e de tão estranha recebeu o nome de *Hallucigenia*. Havia tantas novidades não reconhecidas na coleção que, a certa altura, após abrir mais uma gaveta, alguém ouviu Conway Morris murmurar a frase que se tornou famosa: "Porra, mais um filo!".[18]

As revisões da equipe inglesa mostraram que o Cambriano foi uma época de inovações e experimentações inéditas nos projetos corporais. Durante quase 4 bilhões de anos, a vida havia vacilado, sem nenhuma ambição detectável em direção à complexidade, e aí, subitamente, no espaço de apenas 5 ou 10 milhões de anos, criara todos os projetos corporais básicos ainda em uso. Aponte uma criatura, de um verme nematoide a Cameron Diaz, e todas usam uma arquitetura criada originalmente na festa cambriana.[19]

O mais surpreendente, porém, foi o número de projetos corporais que não conseguiram prosperar, por assim dizer, não deixando descendentes. No todo, segundo Gould, pelo menos quinze, e talvez até vinte dos animais de Burgess não pertenciam a nenhum filo reconhecido.[20] (O número logo inflou, em alguns relatos populares, para até cem — bem mais do que os cientistas de Cambridge jamais chegaram a sustentar.) "A história da vida", escreveu

Gould, "é uma história de retirada maciça seguida de diferenciação dentro de algumas estirpes sobreviventes, não a lenda convencional de um aumento constante da excelência, complexidade e diversidade." O sucesso evolucionário, ao que parecia, era uma loteria.

Uma criatura que *conseguiu* escapar, um pequeno ser semelhante a um verme chamado *Pikaia gracilens*, possuía, ao que se descobriu, uma coluna vertebral primitiva, o que o tornou o primeiro ancestral conhecido dos vertebrados posteriores, aí incluídos nós próprios. Os *Pikaia* não eram nada abundantes entre os fósseis de Burgess, de modo que só Deus sabe quão próximos estiveram da extinção. Gould, em uma citação famosa, deixa claro que vê nosso sucesso hereditário como um acaso afortunado: "Retroceda a fita da vida até os dias iniciais de Burgess Shale e deixe que seja reproduzida novamente de um ponto de partida idêntico. Tornam-se ínfimas as chances de que algo como a inteligência humana nos honraria com um *replay*".[21]

O livro de Gould foi publicado em 1989; aclamado pela crítica, foi um grande sucesso de vendas. O que em geral se ignorava era que muitos cientistas não concordavam com as conclusões de Gould e que a divergência se tornaria "explosiva".

Na verdade, sabemos agora que organismos complexos existiam pelo menos 100 milhões de anos antes do Cambriano. Deveríamos ter sabido isso bem antes. Quase quarenta anos após a descoberta de Walcott no Canadá, do outro lado do planeta, na Austrália, um jovem geólogo chamado Reginald Sprigg encontrou algo ainda mais antigo e, à sua maneira, igualmente notável.

Em 1946, Sprigg era um jovem geólogo assistente do governo do estado da Austrália do Sul quando foi enviado para examinar algumas minas abandonadas nos montes Ediacaran, na cadeia Flinders, uma extensão de sertão escaldante uns cerca de quinhentos quilômetros ao norte de Adelaide. A ideia era verificar se havia minas antigas que pudessem ser reaproveitadas, de forma rentável, utilizando-se tecnologias mais novas, de modo que ele não estava estudando rochas de superfície, e menos ainda fósseis. Mas certo dia, enquanto almoçava, Sprigg por acaso derrubou um pedaço de arenito e surpreendeu-se — no mínimo — ao ver que a superfície da rocha estava coberta de fósseis delicados, como as impressões deixadas por folhas no lodo.

Aquelas rochas antecediam a explosão cambriana. Ele estava contemplando a alvorada da vida visível.[22]

Sprigg submeteu um artigo à *Nature*, que foi rejeitado. Leu-o, então, na reunião anual seguinte da Associação Australiana e da Nova Zelândia para o Progresso da Ciência, sem conseguir o apoio do presidente da associação,[23] que declarou que as impressões de Ediacaran não passavam de "marcas inorgânicas fortuitas" — padrões produzidos por vento, chuva ou marés, mas não por seres vivos. Sem perder totalmente as esperanças, Sprigg viajou a Londres e apresentou suas descobertas ao Congresso Geológico Internacional de 1948, no entanto não conseguiu despertar interesse nem crença. Finalmente, por falta de um veículo melhor, publicou suas descobertas nas *Transactions of the Royal Society of South Australia*. Então deixou o emprego público para se dedicar à exploração de petróleo.

Nove anos depois, em 1957, um colegial chamado James Mason, ao caminhar pela floresta Charnwood, na Inglaterra Central, encontrou uma rocha com um fóssil estranho, semelhante a uma anêmona moderna e exatamente igual a alguns dos espécimes que Sprigg encontrara e vinha tentando divulgar. O colegial entregou a rocha a um paleontólogo da Universidade de Leicester, que identificou o fóssil como pré-cambriano. O jovem Mason teve sua foto publicada nos jornais e foi tratado como um herói precoce. Ele ainda é tratado assim em muitos livros. Em sua homenagem, o espécime foi nomeado *Chamia masoni*.[24]

Atualmente, alguns dos espécimes de Ediacaran originais de Sprigg, assim como muitos dos outros 1500 espécimes que foram encontrados na cadeia Flinders desde aquela época, podem ser vistos em uma caixa de vidro, numa sala do andar superior do sólido e adorável South Australian Museum, em Adelaide, mas não atraem muita atenção. Os padrões delicadamente entalhados são meio fracos e pouco atraentes ao olho leigo. São na maior parte pequenos e em forma de disco, com vagas e ocasionais tiras posteriores. Fortey descreveu-os como "esquisitices molemente encorpadas".

Ainda há pouco consenso sobre o que eram essas criaturas ou como viviam. Ao que se pode observar, não eram dotadas de boca nem de ânus para absorver e eliminar materiais digestivos, nem de órgãos internos para processá-los ao longo do caminho. "Quando vivas", diz Fortey, "a maioria provavelmente jazeu sobre a superfície do sedimento arenoso, como um linguado mole, sem estrutura e inanimado." As mais vívidas não eram mais complexas que uma medusa. Todas as criaturas de Ediacaran eram diploblásticas, o que significa que se constituíam de duas camadas de tecido. Com exceção da medusa, todos os animais atuais são triploblásticos.

Alguns especialistas acreditam que não eram animais, e sim mais semelhantes a plantas ou fungos. As distinções entre planta e animal nem sempre são claras, mesmo agora. A esponja moderna passa a vida fixada num só lugar e não possui olhos, cérebro ou um coração pulsante, mas é um animal. "Quando voltamos ao Pré-Cambriano, as diferenças entre plantas e animais eram provavelmente ainda menos claras", diz Fortey. "Não existe uma regra que diz que você tem de ser comprovadamente uma coisa ou outra."

Tampouco existe um consenso de que os organismos de Ediacaran sejam, de algum modo, ancestrais de algo vivo hoje (exceto talvez alguma medusa). Muitos especialistas os veem como uma espécie de experiência fracassada, uma tentativa de complexidade que não foi bem-sucedida, possivelmente porque os organismos lerdos de Ediacaran foram devorados ou superados pelos animais flexíveis e mais sofisticados do período Cambriano.

"Não há nada muito semelhante vivendo atualmente", escreveu Fortey.[25] "Eles são difíceis de interpretar como alguma espécie de ancestral do que viria depois."[26]

A impressão era que, em última análise, eles não eram tremendamente importantes para o desenvolvimento da vida na Terra. Muitos especialistas acreditam que houve um extermínio em massa na fronteira entre o Pré-Cambriano e o Cambriano e que todas as criaturas de Ediacaran (salvo a duvidosa medusa) não conseguiram avançar para a fase seguinte. A vida complexa começou realmente com a explosão cambriana. Pelo menos, essa era a visão de Gould.

Quanto às revisões dos fósseis de Burgess Shale, quase imediatamente as pessoas passaram a questionar as interpretações e, em particular, a interpretação de Gould das interpretações. "Desde o início, vários cientistas duvidaram do relato apresentado por Steve Gould, por mais que admirassem a forma de apresentação", escreveu Fortey em *Vida*. Mas a coisa não foi tão amena assim.

"Se Stephen Gould conseguisse pensar tão claramente quanto escreve!", vociferou o acadêmico de Oxford Richard Dawkins no início de uma resenha (no *Sunday Telegraph* londrino) de *Vida maravilhosa*.[27] Dawkins reconheceu que o livro era "incriticável" e "um *tour de force* literário", mas acusou Gould de se engajar em um falsa representação "grandiloquente e quase insincera" dos fatos, ao sugerir que as revisões de Burgess haviam impressionado a comunidade paleontológica. "A visão que ele está atacando — de que a evolução marcha inexoravelmente rumo a um pináculo como o homem — já não é defendida há cinquenta anos", declarou Dawkins com acidez.

No entanto, isso era uma sutileza que muitos resenhistas não perceberam. Um deles, escrevendo no *New York Times Book Review*, sugeriu animadamente que, como resultado do livro de Gould, os cientistas "vêm se livrando de alguns preconceitos que não haviam examinado por gerações. Eles estão, de forma relutante ou entusiasmada, aceitando a ideia de que os seres humanos constituem um acaso da natureza, tanto quanto um produto do desenvolvimento ordeiro".[28]

Mas as críticas mais agressivas contra Gould provieram da crença de que muitas de suas conclusões eram equivocadas ou negligentemente exageradas. Escrevendo na revista *Evolution*, Dawkins atacou as afirmações de Gould[29] de que a "evolução no Cambriano foi um *tipo* de processo diferente do atual" e exasperou-se com as repetidas insinuações de que "o Cambriano foi um período de 'experimento' evolucionário, 'ensaio e erro' evolucionário, 'falsos inícios' evolucionários... Foi a época fértil quando todos os grandes 'planos corporais fundamentais' foram inventados. Atualmente, a evolução apenas reformula planos corporais antigos. No Cambriano, novos filos e novas classes emergiram. Agora obtemos apenas espécies novas!".

Observando a frequência com que é proposta essa ideia — de que não há planos corporais novos —, Dawkins diz: "É como se um jardineiro contemplasse um carvalho e observasse espantado: 'Não é estranho que nenhum galho novo tenha surgido nesta árvore há anos? Agora, só brotam pequenos ramos'".

"Foi uma época estranha", Fortey diz, "especialmente quando se reflete que tudo aquilo dizia respeito a algo acontecido 500 milhões de anos atrás, mas os ânimos estavam exaltados. Brinquei em um de meus livros que sentia que teria de colocar um capacete de segurança antes de escrever sobre o período Cambriano, porém a sensação era mais ou menos aquela."

O mais estranho foi a reação de um dos heróis de *Vida maravilhosa*, Simon Conway Morris, que surpreendeu muita gente da comunidade paleontológica ao investir abruptamente contra Gould em um livro próprio, *The crucible of creation* [O cadinho da criação].[30] O livro tratou Gould "com desprezo, até ódio", nas palavras de Fortey. "Nunca vi tanto rancor num livro de um profissional", escreveu Fortey mais tarde. "O leitor fortuito de *The crucible of creation*, sem conhecer a história, jamais imaginaria que os pontos de vista do autor já estiveram próximos dos de Gould (se já não foram idênticos)."[31]

Quando indaguei a Fortey a respeito, ele explicou: "Bem, aquilo foi muito estranho, realmente chocante, porque a descrição que Gould fizera dele era totalmente lisonjeira. A única explicação é que Simon ficou constrangido. Veja bem, a ciência muda, mas os livros são permanentes, e imagino que ele lamentasse ser tão irremediavelmente associado a pontos de vista que já não sustentava. Havia todo aquele negócio do 'Caramba, mais um filo!', e eu suponho que ele lastimasse ter ficado famoso por aquilo. Você jamais depreenderia da leitura do livro de Simon que ele um dia defendeu ideias quase idênticas às de Gould".

O que aconteceu foi que os fósseis do início do Cambriano começaram a passar por um período de reavaliação crítica. Fortey e Derek Briggs — um dos outros personagens principais do livro de Gould — aplicaram um método conhecido como cladística para comparar os diferentes fósseis de Burgess. Em termos simples, a cladística consiste em organizar os organismos com base em características compartilhadas. Fortey dá como exemplo a ideia de comparar um musaranho com um elefante. Se você considerasse o tamanho avantajado e a presa impressionante do elefante, poderia concluir que ele pouco teria em comum com o minúsculo e fungador musaranho. Mas se comparasse os dois com um lagarto, veria que o elefante e o musaranho se desenvolveram, na verdade, dentro do mesmo plano.[32] Em essência, o que Fortey está dizendo é que Gould viu elefantes e musaranhos onde eles viam mamíferos. As criaturas de Burgess, eles acreditavam, não eram tão estranhas e variadas como se afiguravam à primeira vista. "Quase sempre não eram mais estranhas que trilobites", diz Fortey. "Só que tivemos cerca de um século para nos acostumarmos aos trilobites. A familiaridade, veja bem, gera familiaridade."

Cabe observar que a falha não decorreu de negligência ou desatenção. Interpretar as formas e as relações dos animais antigos com base em indícios muitas vezes distorcidos e fragmentários constitui uma tarefa delicada. Edward

O. Wilson observou que, se alguém tomasse espécies selecionadas de insetos modernos e as apresentasse como fósseis no estilo de Burgess, ninguém notaria que eram todas do mesmo filo, tão diferentes são seus planos corporais. Também fundamentais nas revisões foram as descobertas de dois outros sítios cambrianos, um na Groenlândia e outro na China, além de outras descobertas dispersas, que, combinadas, forneceram muitos espécimes adicionais e com frequência melhores.

O resultado é que se constatou que os fósseis de Burgess não eram tão diferentes assim. *Hallucigenia*, ao que se constatou, havia sido reconstituído de cabeça para baixo. Suas pernas semelhantes a estacas eram, na verdade, ferrões nas costas. Descobriu-se que *Peytoia*, a criatura estranha parecida com uma fatia de abacaxi, não era uma criatura separada, mas parte de um animal maior chamado *Anomalocaris*. Muitos dos espécimes de Burgess foram atribuídos a filos vivos — exatamente onde Walcott os situou a princípio. Acredita-se que *Hallucigenia* e alguns outros estejam ligados a *Onychophora*, um grupo de animais parecidos com lagartas. Outros foram reclassificados como precursores dos anelídeos modernos. Na verdade, diz Fortey, "há relativamente poucos projetos cambrianos que sejam totalmente novos. Mais amiúde, eles se revelam elaborações interessantes de projetos consagrados". Como ele escreveu em seu livro *Vida*: "Nenhum era tão estranho quanto uma craca atual, nem tão grotesco como um cupim rainha".[33]

Portanto, os espécimes de Burgess Shale não eram tão espetaculares afinal de contas. Mas isso não os tornava, como escreveu Fortey, "menos interessantes ou bizarros, apenas mais explicáveis".[34] Seus planos corporais estranhos não passavam de uma espécie de exuberância juvenil — o equivalente evolucionário, por assim dizer, a cabelos *punk* e *piercing* na língua. As formas acabaram se acomodando em uma meia-idade séria e estável.

Mas restava a velha pergunta sobre a origem deles: como foi que surgiram subitamente do nada.

O fato é que a explosão cambriana pode não ter sido tão explosiva como se pensava. Acredita-se hoje que os animais do Cambriano provavelmente já existiam, mas eram pequenos demais para ser vistos. Outra vez, foram os trilobites que forneceram a pista — em particular, aquela aparição desconcertante de tipos diferentes de trilobites em locais totalmente dispersos ao redor do globo mais ou menos na mesma época.

Assim, a aparição súbita de montes de criaturas plenamente formadas, mas variadas, longe de realçar o caráter milagroso da explosão cambriana, sugere o inverso. Uma coisa é uma criatura bem formada como um trilobite surgir isoladamente — isso é de fato espantoso.[35] Aparição simultânea de muitos deles, entretanto, todos diferentes, mas claramente relacionados, no registro fóssil em lugares tão afastados como China e Nova York, indica claramente que estamos ignorando grande parte de sua história. Não poderia haver um indício mais forte da existência de um antepassado — alguma espécie-avó que iniciou a linhagem num passado bem anterior.

O motivo pelo qual não encontramos essas espécies anteriores, ao que se acredita, é que são minúsculas demais para serem preservadas. Diz Fortey: "Não é preciso ser grande para ser um organismo complexo em perfeito funcionamento. Atualmente, o mar pulula de artrópodes minúsculos que não deixaram nenhum registro fóssil". Ele cita o pequeno copépode, que chega aos trilhões nos mares modernos e se aglomera em cardumes suficientemente grandes para enegrecer vastas áreas do oceano. No entanto, todo nosso conhecimento sobre os seus ancestrais se resume a um único espécime encontrado no corpo de um peixe fossilizado antigo.

"A explosão cambriana, se essa é a palavra certa, provavelmente foi mais um aumento de tamanho do que uma aparição súbita de tipos corporais novos", afirma Fortey. "E aquilo pode ter ocorrido bem rapidamente, de modo que, nesse sentido, suponho que foi uma explosão." A ideia é que, assim como os mamíferos aguardaram a sua chance durante 100 milhões de anos até que os dinossauros desaparecessem, para então aparentemente irromperem em profusão por todo o planeta, talvez os artrópodes e outros triploblastas aguardassem no anonimato semimicroscópico até que os organismos de Ediacaran dominantes saíssem de cena. Diz Fortey: "Sabemos que os mamíferos aumentaram substancialmente de tamanho após o desaparecimento dos dinossauros — embora, quando eu digo abruptamente, empregue a palavra no sentido geológico. Continuamos falando de milhões de anos".

Aliás, Reginald Sprigg acabou agraciado com certo grau de reconhecimento tardio. Um dos principais gêneros antigos, *Spriggina*, recebeu esse nome em sua homenagem, bem como várias espécies, e o todo tornou-se conhecido como fauna de Ediacaran, nome dos montes que ele pesquisou.

Àquela altura, porém, seus dias de caça aos fósseis haviam se encerrado. Após abandonar a geologia, Sprigg fundou uma bem-sucedida empresa petrolífera e se retirou para uma propriedade em sua adorada cadeia Flinders, onde criou uma reserva de vida selvagem. Sprigg morreu rico em 1994.

22. Adeus a tudo aquilo

De uma perspectiva humana, e seria difícil para nós considerá-la de outra forma, a vida é algo estranho. Não esperou muito para começar, mas, depois que começou, não mostrou muita pressa em seguir em frente.

Consideremos o liquen. Os liquens estão entre os organismos visíveis mais resistentes da Terra, porém entre os menos ambiciosos. Eles crescem contentes num pátio ensolarado de igreja, mas vicejam sobretudo em ambientes aonde nenhum outro organismo iria — em topos de montanha ventosos e descampados árticos, onde quer que haja pouco mais do que rochas, chuva, frio, e quase nenhuma competição. Em áreas da Antártida onde praticamente nada mais crescerá, podem-se encontrar vastas extensões de liquens — quatrocentos tipos deles — aderindo dedicadamente a cada rocha fustigada pelo vento.[1]

Por um longo tempo, as pessoas não conseguiam entender como eles sobreviviam. Por crescerem em rochas nuas sem alimento evidente nem produção de sementes, muitas pessoas — pessoas instruídas — acreditavam que fossem pedras surpreendidas no processo de se tornarem plantas. "Espontaneamente, pedras inorgânicas se tornam plantas vivas!", afirmou exultante um observador, um tal de dr. Hornschuch, em 1819.[2]

Uma inspeção mais detalhada mostrou que os liquens eram mais interessantes do que mágicos. Na verdade, são uma parceria entre fungos e algas.

Os fungos excretam ácidos que dissolvem a superfície da rocha, liberando minerais que as algas convertem em alimento suficiente para sustentar ambos. Não é um arranjo muito empolgante, mas é claramente bem-sucedido. O mundo ostenta mais de 20 mil espécies de liquens.[3]

Como a maioria das coisas que prosperam em ambientes hostis, os liquens demoram para crescer. Um líquen pode levar mais de meio século para atingir o tamanho de um botão de camisa. Aqueles do tamanho de pratos de jantar, escreve David Attenborough, tendem portanto "a ter centenas, se não milhares, de anos".[4] Difícil imaginar uma existência mais tediosa. "Eles simplesmente existem", acrescenta Attenborough, "atestando o fato comovente de que a vida, mesmo em seu nível mais simples, existe, ao que parece, apenas por existir."

Tendemos a ignorar esse pensamento de que a vida simplesmente existe. Como seres humanos, estamos propensos a achar que ela precisa de um objetivo. Temos planos, aspirações e desejos. Queremos aproveitar ao máximo a existência embriagante de que fomos dotados. Mas o que é a vida para um líquen? Todavia, seu impulso por existir, por ser, é tão forte quanto o nosso — possivelmente até mais forte. Se eu fosse informado de que teria de passar décadas como uma cobertura felpuda de uma rocha na floresta, acho que perderia a motivação para continuar vivendo. Os liquens não perdem. Como quase todo ser vivo, eles sofrerão qualquer adversidade, aguentarão qualquer insulto, por um momento de existência adicional. A vida, em suma, simplesmente deseja ser. Mas — eis um ponto interessante — em geral não deseja ser muita coisa.

Isso talvez seja um pouco estranho, porque a vida teve tempo suficiente para desenvolver ambições. Se você imagina os cerca de 4,5 bilhões de anos da história da Terra comprimidos em um dia terrestre normal,[5] a vida começa muito cedo, em torno das quatro da madrugada, com o surgimento dos primeiros organismos unicelulares simples, mas depois não avança mais nas próximas dezesseis horas. Somente quase às oito e meia da noite, com cinco sextos do dia já decorridos, a Terra consegue exibir ao universo algo além de uma cobertura irrequieta de micróbios. Finalmente as primeiras plantas marinhas aparecem, seguidas vinte minutos mais tarde da primeira medusa e da enigmática fauna de Ediacaran, vista pela primeira vez por Reginald Sprigg, na Austrália. Às 21h04 entram em cena os trilobites (a nado), seguidos mais ou menos imediatamente pelas criaturas bem formadas de Burgess Shale. Pouco antes das 22 horas, plantas começam a brotar em terra firme. Logo após, faltando duas horas para o fim do dia, despontam os primeiros animais terrestres.

Graças a uns dez minutos de bom tempo, às 22h24 a Terra é coberta pelas grandes florestas carboníferas cujos resíduos fornecem todo o nosso carvão, e os primeiros insetos com asas se fazem notar. Os dinossauros entram em cena pouco antes das 23 horas e dominam por cerca de 45 minutos. Faltando 21 minutos para a meia-noite, desaparecem, e a era dos mamíferos começa. Os seres humanos emergem um minuto e dezessete segundos antes da meia-noite. Nessa escala, toda a nossa história registrada não duraria mais do que alguns segundos, e a vida de um único ser humano mal duraria um instante. Nesse dia grandemente acelerado, continentes deslizam e se chocam num ritmo positivamente frenético. Montanhas se erguem e se desfazem, bacias oceânicas surgem e desaparecem, lençóis de gelo avançam e recuam. E o tempo todo, cerca de três vezes por minuto, em algum ponto do planeta, um fulgor marca o impacto de um meteoro do tamanho do de Manson, ou até maior. É um milagre que algo consiga sobreviver num ambiente tão fustigado e conturbado. Na verdade, poucas coisas sobrevivem longamente.

Talvez uma forma mais eficaz de visualizar quão recentes somos como parte desse quadro de 4,5 bilhões de anos seja você abrir seus braços ao máximo e imaginar aquela extensão como toda a história da Terra.[6] Nessa escala, de acordo com John McPhee, em *Basin and range* [Bacia e cadeia de montanhas], a distância das pontas dos dedos de uma mão até o pulso da outra é o Pré-Cambriano. Toda a vida complexa está em uma mão, "e de um só golpe, com uma lixa de unha de granulação média, você pode erradicar a história humana".

Felizmente, esse momento não ocorreu, contudo são grandes as chances de que venha a ocorrer. Não pretendo introduzir um toque de pessimismo justo neste ponto, mas o fato é que a vida na Terra possui outra qualidade bem pertinente: ela se extingue. Com certa regularidade. Apesar de todo o esforço para se formarem e se preservarem, as espécies entram em colapso e morrem bastante rotineiramente, e quanto mais complexas se tornam, mais rápido parecem se extinguir. O que talvez seja um dos motivos pelos quais grande parte da vida não é tão ambiciosa.

Portanto, sempre que a vida faz algo de ousado, trata-se de um evento memorável, e poucas ocasiões foram mais memoráveis do que o momento em que ela passou para o próximo estágio de nossa narrativa e saiu do mar.

A terra firme era um ambiente terrível: quente, seca, banhada por radiação ultravioleta intensa, sem a flutuabilidade que torna relativamente fáceis os movimentos na água. Para viver em terra firme, os animais teriam de sofrer revisões radicais em suas anatomias. Se você segurar um peixe por ambas as extremidades, ele cederá no meio, pois sua espinha dorsal é fraca demais. Para sobreviver fora da água, os animais marinhos precisavam desenvolver uma arquitetura interna nova que suportasse a carga — um tipo de ajuste que não ocorre da noite para o dia. Os desafios a superar não eram triviais. Por outro lado, havia um incentivo poderoso para deixar a água: ela estava ficando perigosa. Com a lenta fusão dos continentes em uma única massa terrestre, Pangeia, diminuiu muito a quantidade de litoral e de habitats costeiros. Assim, a competição tornou-se feroz. Além disso, entrou em cena um novo tipo de predador onívoro e inquietante, com uma estrutura tão perfeita para o ataque que mal sofreu alterações desde o seu surgimento: o tubarão. Jamais haveria uma época mais propícia para encontrar um ambiente alternativo à água.

As plantas iniciaram o processo de colonização da terra firme cerca de 450 milhões de anos atrás, acompanhadas inevitavelmente por minúsculos ácaros e outros organismos de que precisavam para decompor e reciclar matéria orgânica morta. Animais maiores levaram pouco mais tempo para emergir, mas há uns 400 milhões de anos também estavam se aventurando fora da água. Ilustrações populares nos levaram a visualizar os primeiros habitantes terrestres aventureiros como uma espécie de peixe ambicioso — algo como o moderno *mudskipper*, capaz de saltar de uma poça para outra durante as secas — ou mesmo como um anfíbio plenamente formado. Na verdade, é provável que os primeiros habitantes móveis visíveis em terra firme fossem bem mais parecidos com os modernos bichos-de-conta, os pequenos crustáceos que saem correndo aturdidos quando você levanta uma rocha ou tronco.

Aqueles que aprenderam a respirar oxigênio do ar se deram bem. Os níveis de oxigênio nos períodos Devoniano e Carbonífero, quando a vida terrestre começou a florescer, chegavam a 35% (bem superiores aos 20% atuais).[7] Com isso, os animais cresciam tremendamente com rapidez espantosa.

Você pode indagar: como os cientistas conseguem saber os níveis de oxigênio de centenas de milhões de anos atrás? A resposta está num campo quase desconhecido, mas engenhoso, conhecido como geoquímica dos isótopos. Os mares remotos do Carbonífero e do Devoniano pululavam de plânctons minúsculos que se protegiam dentro de conchinhas. Naquela época, como agora, os plânctons criavam suas conchas extraindo oxigênio da atmosfera e combinando-o com outros elementos (em especial, o carbono) para formar compostos duráveis como o carbonato de cálcio. É o mesmo truque químico empregado no ciclo do carbono de longo prazo (discutido no capítulo 17) — processo que pode não dar uma história empolgante, mas é vital à criação de um planeta habitável.

No final desse processo, todos os organismos minúsculos morrem e vão parar no fundo do mar, onde são lentamente comprimidos até formarem calcário. Entre as estruturas atômicas minúsculas que os plânctons levam consigo à sepultura estão dois isótopos muito estáveis — oxigênio-16 e oxigênio-18. (Caso você tenha esquecido o que é um isótopo, só para lembrar, trata-se de um átomo com um número anormal de nêutrons.) É aí que entram em ação os geoquímicos, pois os isótopos se acumulam em velocidades diferentes, dependendo de quanto oxigênio ou dióxido de carbono existe na atmosfera na época de sua criação.[8] Comparando essas velocidades antigas, os geoquímicos conseguem interpretar, perspicazmente, as condições do mundo antigo: níveis de oxigênio, temperaturas do ar e do oceano, extensão e época das eras glaciais, e muito mais. Ao combinar suas descobertas por intermédio dos isótopos com outros resíduos fósseis — níveis de pólen etc. —, os cientistas recriam, com certa confiabilidade, paisagens inteiras que nenhum olho humano jamais vislumbrou.

O principal motivo do grande aumento dos níveis de oxigênio durante o período inicial da vida terrestre foi que parte significativa da paisagem do mundo era dominada por gigantescos fetos arbóreos e vastos brejos, os quais, por sua natureza pantanosa, perturbavam o processo normal de reciclagem de carbono. Em vez de apodrecerem totalmente, as folhagens caídas e outras matérias vegetais mortas se acumulavam em sedimentos copiosos e úmidos, que acabaram comprimidos nas vastas jazidas de carvão que sustentam amplamente a atividade econômica moderna.

Os inebriantes níveis de oxigênio encorajavam o crescimento exagerado. A indicação mais antiga já encontrada de um animal de superfície são pegadas de

350 milhões de anos atrás de uma criatura semelhante a um milípede, em uma rocha na Escócia. Tinha quase um metro de comprimento. Antes do final da era, alguns milípedes atingiriam mais do que o dobro daquele comprimento.

Com tais animais rondando, não surpreende que os insetos do período desenvolvessem um truque para se manter fora do alcance da língua do inimigo: aprenderam a voar. Alguns adotaram esse novo meio de locomoção com uma facilidade tão surpreendente que mantêm as mesmas técnicas até hoje. Então, como agora, libélulas conseguiam cruzar os ares a mais de cinquenta quilômetros por hora, parar instantaneamente, pairar no ar, voar para trás e elevar-se com muito mais elegância que qualquer máquina voadora humana. "A Força Aérea norte-americana", escreveu um comentarista, "colocou-as em túneis de vento para ver como elas fazem, e perderam as esperanças."[9] Elas também se empanturraram do ar abundante. Nas florestas do Carbonífero, as libélulas atingiam o tamanho de corvos.[10] As árvores e outras vegetações alcançavam igualmente proporções descomunais. Cavalinhas e fetos arbóreos atingiam alturas de quinze metros, licopódios, de quarenta.

Os primeiros vertebrados terrestres — ou seja, os primeiros animais terrestres dos quais derivaríamos — são um tanto misteriosos. Isso se deveu em parte à escassez de fósseis relacionados, mas em parte também a um sueco idiossincrático chamado Erik Jarvik, cujas interpretações estranhas e cujo jeito reservado retardaram o progresso nessa questão por quase meio século. Jarvik fazia parte da equipe de estudiosos escandinavos que rumaram à Groenlândia, nas décadas de 1930 e 1940, em busca de peixes fósseis. Em particular, eles procuravam peixes de barbatanas lobadas do tipo que presumivelmente foi nosso ancestral e de todos os outros animais que se deslocam, conhecidos como tetrápodes.

A maioria dos animais são tetrápodes, e todos os tetrápodes vivos têm uma coisa em comum: quatro membros que terminam em no máximo cinco dedos. Dinossauros, baleias, aves, seres humanos, até peixes — todos são tetrápodes, o que indica claramente que descendem de um ancestral comum único. A pista para esse ancestral, acreditava-se, seria encontrada na era Devoniana, uns 400 milhões de anos atrás. Antes dessa época, nada se deslocava em terra firme. Na sequência, inúmeros animais passaram a fazê-lo. Felizmente, a equipe encontrou tal criatura, um animal de um metro de comprimento denominado *Ichthyostega*.[11] A análise do fóssil coube a Jarvik, que começou seu estudo em 1948 e prosseguiu nos 48 anos seguintes. Infelizmente, Jarvik não deixou que mais ninguém estudasse seu tetrápode. Os paleontólogos do mundo tiveram de se contentar com dois artigos provisórios e incompletos nos quais ele observou que a criatura possuía cinco dedos em cada um dos quatro membros, o que confirmava sua importância ancestral.

Jarvik morreu em 1998. Após sua morte, outros paleontólogos examinaram avidamente o espécime e descobriram que Jarvik errara a contagem dos dedos — eram, na verdade, oito em cada membro — e não percebera que o peixe não poderia ter andado. A estrutura da barbatana faria com que ele desmoronasse sob o próprio peso. Nem é preciso dizer que isso não contribuiu muito para aumentar nossa compreensão dos primeiros animais terrestres. Atualmente três tetrápodes antigos são conhecidos e nenhum possui cinco dedos. Em suma, não sabemos direito de onde viemos.

Mas o fato é que viemos, embora atingir nosso estado atual de proeminência tenha sido tortuoso. A vida em terra firme, desde que começou, consistiu em quatro megadinastias, como são às vezes chamadas. A primeira consistiu em anfíbios e répteis primitivos, lerdos, mas, às vezes, bem corpulentos. O animal mais conhecido dessa época foi o dimetrodonte, uma criatura de barbatana dorsal que costuma ser confundida com os dinossauros (inclusive, eu observo, em uma legenda de figura no livro *Comet*, de Carl Sagan). O dimetrodonte era na verdade um sinapsida. Essa foi a nossa origem. Os sinapsidas eram uma das quatro divisões principais da vida reptiliana primitiva; as outras eram os anapsidas, os euriapsidas e os diapsidas. Os nomes referem-se simplesmente ao número e à localização de pequenas aberturas encontradas na lateral do crânio desses animais. Os sinapsidas possuem uma abertura na têmpora inferior; os diapsidas, duas; os euriapsidas possuíam uma só abertura mais em cima.[12]

Com o tempo, cada um desses grupos principais dividiu-se em subgrupos adicionais, dos quais alguns prosperaram e outros fracassaram. Os anapsidas deram origem às tartarugas, que, por algum tempo, talvez um pouco improvavelmente, pareciam fadadas a predominar como a espécie mais avançada e mortal do planeta, até que uma guinada evolucionária fez com que se fixassem na durabilidade, em vez de no predomínio. Os sinapsidas dividiram-se em quatro correntes, uma das quais sobreviveu além do Permiano. Felizmente, foi a corrente à qual pertencíamos, e ela evoluiu para um família de protomamíferos conhecida como terapsidas. Eles formaram a Megadinastia 2.

Infelizmente para os terapsidas, seus primos diapsidas também vinham evoluindo produtivamente rumo aos dinossauros (que azar!). Estes aos poucos se mostraram por demais poderosos para os terapsidas. Incapazes de competir de igual para igual com as novas criaturas agressivas, os terapsidas em grande parte desapareceram de cena. Um pequeno número, porém, evoluiu para seres pequenos, peludos, que viviam em tocas e, que por um longuíssimo tempo, aguardaram com paciência sua chance como pequenos mamíferos. O maior de todos não ultrapassou o tamanho de um gato doméstico, e em geral eles não eram maiores que um camundongo. Isso acabaria se revelando sua salvação, mas eles teriam de aguardar cerca de 150 milhões de anos até que a Megadinastia 3, a Era dos Dinossauros, chegasse a um fim abrupto e abrisse espaço para a Megadinastia 4 e nossa Era dos Mamíferos.

Cada uma dessas transformações maciças, bem como muitas transformações menores, dependeu daquele motor do progresso paradoxalmente importante: a extinção. Constitui um fato curioso que, na Terra, a morte de espécies é, no sentido mais literal, um meio de vida. Ninguém sabe quantas espécies de organismos existiram desde o início da vida. Trinta bilhões é uma cifra comumente citada, porém às vezes o número chega a 4 trilhões.[13] Qualquer que seja o total real, 99,99% de todas as espécies que já viveram não estão mais conosco. "Numa primeira aproximação", como gosta de dizer David Raup, da Universidade de Chicago, "todas as espécies estão extintas."[14] Para organismos complexos, o tempo de duração médio de uma espécie são apenas 4 milhões de anos — mais ou menos onde estamos agora.[15]

A extinção é sempre uma má notícia para as vítimas, mas parece ser positiva para um planeta dinâmico. "A alternativa à extinção é a estagnação", diz Ian Tattersall, do Museu de História Natural Americano, "e a estagnação raramente é boa em qualquer contexto."[16] (Convém esclarecer que estamos falando aqui da extinção como um processo natural a longo prazo. A extinção provocada pelo descuido humano são outros quinhentos.)

Crises na história da Terra estão invariavelmente associadas a saltos dramáticos posteriores.[17] A morte da fauna de Ediacaran foi seguida por um surto criativo no período Cambriano. A extinção do Ordoviciano, 440 milhões de anos atrás, liberou o oceano de uma série de animais imóveis que se alimentavam por filtragem e, de algum modo, criou condições que favoreceram peixes velozes e répteis aquáticos gigantes. Estes, por seu turno, estavam na posição ideal para enviar colonos à terra firme quando uma nova explosão, no final do período Devoniano, deu outra boa sacudidela na vida. E assim tem ocorrido em intervalos espalhados ao longo da história. Se a maioria desses eventos não tivesse acontecido da maneira como eles aconteceram, quase com certeza não estaríamos aqui agora.

A Terra assistiu a cinco episódios de extinção em grande escala durante sua existência — no Ordoviciano, no Devoniano, no Permiano, no Triássico e no Cretáceo, nessa ordem — e a muitos menores. As extinções do Ordoviciano (440 milhões de anos atrás) e do Devoniano (365 milhões) exterminaram, cada uma, cerca de 80 a 85% das espécies. As extinções do Triássico (210 milhões de anos atrás) e do Cretáceo (65 milhões de anos) exterminaram, cada uma, de 70 a 75% delas. Mas a maior de todas foi a do Permiano, há 245 milhões de anos aproximadamente, que pôs fim ao longo reinado dos dinossauros. No Permiano, pelo menos 95% dos animais conhecidos através do registro fóssil saem de cena para nunca mais voltar.[18] Até mesmo cerca de um terço das espécies de insetos desapareceu — a única ocasião em que insetos pereceram em massa.[19] Nunca estivemos tão perto da extinção total.

"Foi realmente uma extinção em massa, uma carnificina de uma magnitude que jamais acometera a Terra antes", diz Richard Fortey.[20] O evento do Permiano foi particularmente devastador para os animais marinhos. Os trilobites desapareceram por completo. Os moluscos e os ouriços-do-mar quase se extinguiram. Praticamente todos os outros organismos marinhos foram atingidos. No todo, em terra e na água, acredita-se que a Terra tenha perdido 52% de suas famílias — esse é o nível acima do gênero e abaixo da ordem na grande escala da vida (o tema do próximo capítulo) — e talvez até 96% de todas as espécies. Um longo tempo decorreria — até 80 milhões de anos segundo um cálculo — para que as espécies se recuperassem.

Dois detalhes precisam ser lembrados. Primeiro, tudo isso não passa de conjecturas. As estimativas do número de espécies animais que viviam no final do Permiano oscilam de apenas 45 mil a até 240 mil.[21] Se não sabemos quantas espécies viviam, fica difícil especificar com convicção qual proporção pereceu. Além disso, estamos falando da morte de espécies, não de indivíduos. Para os indivíduos, a taxa de mortalidade pode ter sido bem maior —

em muitos casos, praticamente total.[22] As espécies que sobreviveram para a próxima fase da loteria da vida quase certamente devem sua existência a uns poucos sobreviventes assustados e claudicantes.

Nos intervalos das grandes extinções, ocorreram também muitos episódios menores e menos conhecidos — as extinções hemfiliana, frasniana, Fameniana, rancolabreana e mais de uma dezena de outras — que não foram tão devastadores para os números totais das espécies, mas muitas vezes atingiram fortemente certas populações. Os animais de pasto, entre eles os cavalos, foram quase exterminados no evento hemfiliano, cerca de 5 milhões de anos atrás.[23] Os cavalos se reduziram a uma única espécie, que aparece tão esporadicamente no registro fóssil que a impressão que se tem é de que, durante uma época, esteve à beira da extinção. Imagine uma história humana sem cavalos, sem animais de pasto.

Em quase todos os casos, seja nas extinções grandes, seja nas modestas, ignoramos quase totalmente sua causa. Mesmo depois de descartadas as ideias mais estapafúrdias, sobram mais teorias para a causa dos eventos de extinção do que o próprio número de eventos. Pelo menos duas dúzias de culpados potenciais foram identificados como as causas ou os principais contribuidores: aquecimento global, resfriamento global, mudança dos níveis dos oceanos, esgotamento do oxigênio dos mares (a chamada anoxia), epidemias, vazamentos gigantescos de gás metano do fundo do oceano, impactos de meteoros e cometas, furacões descontrolados de um tipo conhecido como hiperfuracões, enormes subidas de águas profundas vulcânicas, explosões solares catastróficas.[24]

Esta última é uma possibilidade particularmente intrigante. Ninguém sabe que dimensão as explosões solares podem atingir, porque só começamos a observá-las após o advento da era espacial, mas o Sol é um motor poderoso e suas tempestades são proporcionalmente enormes. Uma explosão solar típica — algo que nem sequer notaríamos da Terra — liberará a energia equivalente a 1 bilhão de bombas de hidrogênio e arremessará no espaço 100 bilhões de toneladas de partículas assassinas de alta energia. A magnetosfera e a atmosfera combinadas normalmente rechaçam essas partículas de volta ao espaço ou as direcionam com segurança para os polos (onde produzem as belas auroras da Terra), mas acredita-se que uma explosão anormalmente grande, digamos cem vezes maior que a explosão típica, poderia desarmar nossas defesas aéreas. O espetáculo luminoso seria deslumbrante, no entanto quase certamente mataria uma proporção ampla das pessoas que estivessem contemplando seu brilho. Além disso, e um tanto sinistramente, de acordo com Bruce Tsurutani, do Laboratório de Propulsão a Jato da NASA, "não deixaria nenhum vestígio na história".

O que restou de tudo isso, nas palavras de um pesquisador, foram "toneladas de conjecturas e muito poucos indícios".[25] O resfriamento parece estar associado a pelo menos três dos grandes eventos de extinção — do Ordoviciano, do Devoniano e do Permiano —, mas afora isso impera a discordância, inclusive sobre a rapidez ou a lentidão com que um episódio específico ocorreu. Os cientistas não conseguem entrar em acordo, por exemplo, sobre a extinção do final do Devoniano — o evento seguido pela mudança dos vertebrados para terra firme: se ela ocorreu durante milhões de anos, milhares de anos ou em um só dia animado.

Um dos motivos da dificuldade de achar explicações convincentes para as extinções é o fato de que é muito complicado exterminar a vida em grande escala. Como vimos no impacto de Manson, é possível receber um golpe violento e se recuperar plenamente, ainda que de forma vacilante. Assim, por que, dentre os milhares de impactos que a Terra suportou, o evento KT foi tão singularmente devastador? Em primeiro lugar, ele *foi* com efeito enorme, golpeando com a força de 100 milhões de megatons. Tamanha explosão não é fácil de imaginar, mas, como observou James Lawrence Powell, se explodíssemos uma bomba de Hiroshima para cada pessoa que vive na Terra hoje, estaríamos 1 bilhão de bombas aquém do impacto KT.[26] Mas mesmo aquele impacto isoladamente pode não ter sido suficiente para extirpar 70% da vida terrestre, incluídos os dinossauros.

O meteoro KT teve a vantagem adicional — vantagem do ponto de vista dos mamíferos — de cair num mar raso, com apenas dez metros de profundidade, provavelmente no ângulo exato, numa época em que os níveis de oxigênio eram 10% superiores aos atuais, de modo que o mundo era mais combustível. Acima de tudo, o leito do oceano onde ele aterrissou era constituído de rocha rica em enxofre. O resultado foi um impacto que transformou uma área de leito oceânico do tamanho da Bélgica em aerossóis de ácido sulfúrico. Durante meses subsequentes, a Terra esteve sujeita a chuvas ácidas o suficiente para queimar a pele.[27]

Em certo sentido, ainda mais importante do que indagar sobre o motivo do extermínio de 70% das espécies existentes na época é perguntar como os

30% remanescentes sobreviveram? Por que o evento foi tão irremediavelmente devastador para cada dinossauro que existia, enquanto outros répteis, como cobras e crocodilos, conseguiram sobreviver? Ao que sabemos, nenhuma espécie de sapo, tritão, salamandra ou outros anfíbios extinguiu-se na América do Norte. "Por que cargas-d'água essas criaturas delicadas emergiram ilesas de tamanho desastre?", pergunta Tim Flannery em sua fascinante pré-história da América, *Eternal frontier* [Fronteira eterna].[28]

Nos mares foi a mesma história. Todos os amonites desapareceram, mas seus primos nautiloides, com estilos de vida semelhantes, sobreviveram. Entre os plânctons, algumas espécies foram praticamente extintas — 92% dos foraminíferos, por exemplo — ao passo que outros organismos, como as diatomáceas, com um plano semelhante e vivendo lado a lado, escaparam relativamente ilesos.[29]

São incoerências difíceis. Como observa Richard Fortey: "De algum modo, não parece satisfatório simplesmente tachá-los de 'sortudos' e deixar as coisas assim".[30] Se, como parece provável, o evento foi seguido de meses de trevas e fumaça sufocante, fica difícil explicar a sobrevivência de muitos insetos. "Alguns insetos, como os besouros", observa Fortey, "podiam viver na madeira ou em outras coisas espalhadas. Mas e aqueles como as abelhas, que navegam com base na luz solar e precisam de pólen? Explicar sua sobrevivência não é tão fácil."

Acima de tudo, existem os corais. Os corais requerem algas para sobreviver, e as algas requerem luz solar, e ambos requerem temperaturas mínimas constantes. Nos últimos anos, tem-se dado muita publicidade à morte de corais decorrente de mudanças de cerca de um grau na temperatura do mar. Se os corais são tão vulneráveis a mudanças pequenas, como sobreviveram ao longo inverno do impacto?

Há também muitas variações regionais difíceis de explicar. No hemisfério sul, as extinções parecem ter sido bem menos severas do que no norte. A Nova Zelândia em particular parece ter escapado ilesa em grande medida, embora quase não tivesse animais vivendo em tocas. Mesmo sua vegetação foi predominantemente poupada, conquanto a escala da conflagração em outras partes indique que a devastação foi global. Em suma, existe muita coisa que não sabemos.

Alguns animais prosperaram — inclusive, de modo um tanto surpreendente, as tartarugas de novo. Como observa Flannery, o período imediatamente posterior à extinção dos dinossauros poderia perfeitamente ser denominado Era das Tartarugas. Dezesseis espécies sobreviveram na América do Norte e três novas espécies surgiram logo depois.[31]

Sem dúvida, na água o estrago foi menor. O impacto KT exterminou cerca de 90% das espécies terrestres, mas apenas 10% daquelas que viviam em água doce. A água obviamente ofereceu proteção contra o calor e as chamas, e, além disso, parece ter fornecido mais sustento no período de escassez que se seguiu. Todos os animais terrestres que sobreviveram tinham o hábito de se retirar para um ambiente mais seguro nas épocas de perigo: para a água ou para baixo da terra, onde se protegiam da devastação lá fora. Os animais saprófagos também tiraram vantagem. Os lagartos foram, e são, fortemente imunes às bactérias nas carcaças pútridas. Na verdade, costumam ser atraídos por elas, e durante um longo tempo houve muitas à disposição.

Uma afirmação comum, mas errônea, é que só animais pequenos sobreviveram ao evento KT, porém, entre os sobreviventes estiveram os crocodilos, três vezes maiores do que os atuais. No todo, contudo, a maioria dos sobreviventes era pequena e furtiva. De fato, com o mundo escuro e hostil, a época era perfeita para animais pequenos, de sangue quente, noturnos, flexíveis na dieta e cautelosos por natureza — exatamente as qualidades que distinguiram os nossos antepassados mamíferos. Se nossa evolução estivesse mais avançada, provavelmente teríamos sido exterminados. Em vez disso, os mamíferos viram-se num mundo ao qual se adaptavam como nenhum outro ser vivo.

No entanto, não é verdade que os mamíferos acorreram para preencher todos os nichos. "A evolução pode abominar o vácuo", escreveu o paleontólogo Steven M. Stanley, "mas costuma levar muito tempo para preenchê-lo."[32] Por talvez até 10 milhões de anos, os mamíferos permaneceram cautelosamente pequenos.[33] No início do Terciário, se você tivesse o tamanho de um lince, poderia ser rei.

Mas uma vez que deslancharam, os mamíferos se expandiram prodigiosamente — às vezes, em um grau quase absurdo. Durante uma época, houve porquinhos-da-índia do tamanho de rinocerontes e rinocerontes do tamanho de uma casa de dois andares.[34] Bastava abrir-se uma vaga na cadeia predatória que os mamíferos surgiam para preenchê-la. Membros primitivos da família dos racuns migraram para a América do Sul, descobriram uma vaga e evoluíram em animais do tamanho e com a ferocidade de ursos. As aves também prosperaram de forma desproporcional. Durante milhões de anos, uma ave gigante, carnívora e incapaz de voar chamada titanis foi possivelmente o animal mais feroz da América do Norte.[35] Sem dúvida, foi a ave mais intimidadora que já viveu. Media três metros de altura, pesava mais de 350 quilos e seu bico era capaz de arrancar a cabeça de quem o aborrecesse. Sua família sobreviveu temivelmente durante 50 milhões de anos, mas até a descoberta de um esqueleto, na Flórida, em 1963, não tínhamos a menor ideia de sua existência.

O que nos leva a outro motivo da incerteza sobre as extinções: a escassez de registros fósseis. Já mencionamos a improbabilidade de qualquer conjunto de ossos vir a fossilizar-se, mas a coisa é ainda pior do que você possa imaginar. Consideremos os dinossauros. Os museus dão a impressão de uma abundância global de fósseis de dinossauros. Na verdade, a maioria das peças expostas nos museus é artificial. O grande diplodoco que domina o salão de entrada do Museu de História Natural de Londres e que tem encantado e informado gerações de visitantes é feito de gesso — construído em 1903 em Pittsburgh e oferecido ao museu por Andrew Carnegie.[36] O salão de entrada do Museu de História Natural Americano, em Nova York, é dominado por uma exibição ainda mais grandiosa: o esqueleto de um imenso barossauro defendendo o bebê do ataque de um alossauro veloz e dentudo. É uma exibição impressionante — o barossauro eleva-se uns nove metros em direção ao teto alto —, mas totalmente falsa. Cada uma das centenas de ossos na exibição é um molde. Visite praticamente qualquer museu de história natural de destaque do mundo — em Paris, Viena, Frankfurt, Buenos Aires, Cidade do México — e você será saudado por modelos antigos, e não ossos antigos.

O fato é que não sabemos muita coisa sobre os dinossauros. Para toda a Era dos Dinossauros, menos de mil espécies foram identificadas (quase metade com base em um único espécime), o que é cerca de um quarto do número de espécies de mamíferos que vivem hoje. Os dinossauros, é bom lembrar, dominaram a Terra três vezes mais longamente que os mamíferos. Portanto, ou eles foram tremendamente improdutivos em termos de espécies, ou até agora mal arranhamos a superfície (para usar um clichê irresistivelmente apropriado).

Por milhões de anos através da Era dos Dinossauros, nem um fóssil foi encontrado. Mesmo para o período do Cretáceo posterior — o período pré-histórico mais estudado, graças ao nosso interesse pelos dinossauros e sua extinção —, cerca de três quartos das espécies que viveram talvez ainda estejam por ser descobertas. Animais ainda mais volumosos que o diplodoco ou mais ameaçadores que o tiranossauro podem ter percorrido a Terra aos milhares sem que jamais venhamos a sabê-lo. Até bem recentemente, tudo o que se sabia sobre os dinossauros desse período advinha de apenas cerca de trezentos espécimes representando apenas dezesseis espécies.[37] A escassez de registros levou à crença generalizada de que os dinossauros já estavam se extinguindo quando ocorreu o impacto KT.

No final da década de 1980, um paleontólogo do Museu Público de Milwauke, Peter Sheehan, decidiu conduzir uma experiência. Com o auxílio de duzentos voluntários, realizou um censo detalhado de uma área bem definida, mas também bastante explorada, da famosa formação Hell Creek, em Montana. Esquadrinhando meticulosamente o terreno, os voluntários coletaram cada dente, vértebra e lasca de osso — tudo o que havia passado despercebido aos escavadores anteriores. O trabalho levou três anos. No fim, constataram que haviam mais que triplicado o total de fósseis de dinossauros do Cretáceo posterior. A pesquisa provou que os dinossauros permaneceram numerosos até a época do impacto KT. "Não há motivo para acreditar que os dinossauros vinham se extinguindo gradualmente durante os últimos 3 milhões de anos do Cretáceo", relatou Sheehan.[38]

Estamos tão habituados à noção de nossa própria inevitabilidade como a espécie dominante de vida que é difícil compreender que estamos aqui somente devido a choques extraterrestres oportunos e outros eventos aleatórios. A única coisa que temos em comum com todos os outros seres vivos é que, por quase 4 bilhões de anos, nossos ancestrais conseguiram transpor uma série de portas que se fechavam, sempre que foi necessário. Stephen Jay Gould expressou esse fato de forma sucinta em uma frase conhecida: "Os seres humanos estão hoje aqui porque nossa linhagem específica nunca se rompeu — nem uma vez em qualquer dos bilhões de momentos que poderiam ter nos apagado da história".[39]

Começamos este capítulo com três afirmações: a vida quer existir; a vida nem sempre quer ser muita coisa; a vida de tempos em tempos se extingue. A elas podemos acrescentar uma quarta: a vida continua. E muitas vezes, como veremos, ela continua de maneiras decididamente surpreendentes.

23. A riqueza do ser

Em vários lugares no Museu de História Natural de Londres, abertas em recessos ao longo de corredores mal iluminados ou situadas entre caixas de vidro repletas de minerais, ovos de avestruz e um século de outros entulhos produtivos, existem portas secretas — pelo menos secretas no sentido de que nada nelas atrai a atenção dos visitantes. Ocasionalmente você pode ver alguém com o ar distraído e os cabelos desgrenhados típicos do acadêmico emergir de uma das portas e descer correndo um corredor, provavelmente para desaparecer por outra porta um pouco mais à frente, mas esse é um evento relativamente raro. Quase sempre as portas permanecem fechadas, sem dar a menor ideia de que, por detrás delas, existe outro museu de história natural paralelo tão vasto quanto e, em vários aspectos, mais maravilhoso que aquele que o público conhece e adora.

O Museu de História Natural contém cerca de 70 milhões de objetos de todos os domínios da vida e de todos os cantos do planeta, com mais uns 100 mil acrescentados à coleção a cada ano, mas somente por detrás dos bastidores é que se obtém uma ideia do tesouro que essa instituição abriga. Em armários e salas compridas cheias de prateleiras atulhadas são mantidos dezenas de milhares de animais conservados em garrafas, milhões de insetos espetados em quadrados de cartolina, gavetas de moluscos reluzentes, ossos de dinossauros, crânios de seres humanos primitivos, um sem-número de pastas com plantas caprichosamente prensadas. É um pouco como passear pelo cérebro de Darwin. O "salão dos espíritos" sozinho abriga 24 quilômetros de prateleiras contendo jarras e jarras de animais preservados em álcool metílico.[1]

Ali existem espécimes coletados por Joseph Banks na Austrália, Alexander von Humboldt na Amazônia, Darwin na viagem do *Beagle* — e muito mais que seja raro, ou historicamente importante, ou ambos. Muita gente adoraria ter acesso a essas coisas. Alguns realmente têm. Em 1954, o museu adquiriu uma coleção ornitológica incrível do espólio de um colecionador dedicado chamado Richard Meinertzhagen, autor de *Birds of Arabia,* entre outras obras eruditas. Meinertzhagen havia sido um visitante fiel do museu durante anos, frequentando-o quase diariamente a fim de tomar notas para a produção de seus livros e monografias. Quando os engradados chegaram, os curadores entusiasmados os abriram curiosos de conhecer o conteúdo e se surpreenderam ao descobrir que um grande número de espécimes trazia etiquetas do próprio museu. O sr. Meinertzhagen, ao que se revelou, vinha surrupiando peças das coleções havia anos. Daí seu hábito de trajar um sobretudo grande, mesmo nos dias quentes.

Alguns anos depois, um velho e encantador visitante do departamento de moluscos — "um cavalheiro bem distinto", ao que me contaram — foi apanhado enfiando conchas valiosas nos pés ocos de seu andador de alumínio Zimmer.

"Acho que não há nada aqui que alguém em algum lugar não cobice", observou Richard Fortey, com ar pensativo, ao conduzir-me pelo mundo fascinante dos bastidores do museu. Perambulamos por um labirinto de departamentos, com pessoas sentadas diante de mesas grandes lidando atenta e investigativamente com artrópodes, folhas de palmeiras e caixas com ossos amarelados. Por toda parte, reinava um ar de meticulosidade sem pressa de pessoas engajadas em um empreendimento gigantesco que não tem fim e não deve ser precipitado. Em 1967, eu havia lido, o museu publicara seu relatório sobre a expedição John Murray, uma pesquisa do oceano Índico, 44 anos após a conclusão da expedição.[2] Esse é um mundo em que as coisas avançam com ritmo próprio, inclusive um elevador minúsculo que Fortey e eu compartilhamos com um senhor idoso de aspecto erudito, com quem Fortey conversou alegre e familiarmente ao subirmos mais ou menos na velocidade com que sedimentos se acumulam.

Quando o homem foi embora, Fortey explicou: "Aquele era um sujeito bem legal chamado Norman, que passou 42 anos estudando uma única espécie de planta, a erva-de-são-joão. Ele se aposentou em 1989, mas continua vindo todas as semanas".

"Como é possível passar 42 anos estudando uma única espécie de planta?", perguntei.

"É notável, não é?", Fortey concordou. Ele refletiu por um momento. "Parece que ele é muito meticuloso." A porta do elevador se abriu, revelando uma abertura coberta de tijolos. Fortey pareceu aturdido. "É estranho", ele disse. "Aqui costumava ser a seção de botânica." Apertou o botão de outro andar, e acabamos encontrando a seção de botânica após percorrermos escadas traseiras e atravessarmos discretamente outros departamentos onde pesquisadores labutavam com amor sobre objetos outrora vivos. E foi assim que fui apresentado a Len Ellis e o mundo silencioso das briófitas — musgos, para os leigos.

Quando Emerson observou poeticamente que os musgos preferem o lado norte das árvores ("Nos troncos do bosque o musgo a trepar, na noite escura é estrela polar"), quis se referir aos liquens, pois no século XIX não se fazia distinção entre musgos e liquens. Os musgos verdadeiros não dão muita importância para o lado em que crescem, de modo que não servem como bússolas naturais. Na verdade, eles não servem para quase nada. "Talvez nenhum grande grupo de plantas tenha tão poucas utilidades, comerciais ou econômicas, como os musgos", escreveu Henry S. Conard, talvez com um toque de tristeza, em *How to know the mosses and liverworts* [Como reconhecer os musgos e as hepáticas], publicado em 1956 e ainda encontrável em muitas prateleiras de livrarias como quase a única tentativa de popularizar o tema.[3]

Eles são, no entanto, prolíficos. Mesmo tirando os liquens, as briófitas são um grupo cheio de detalhes, com mais de 10 mil espécies contidas em cerca de setecentos gêneros. O alentado e imponente *Moss flora of Britain and Ireland* [Flora de musgos da Grã-Bretanha e da Irlanda], de A. J. E. Smith, chega a setecentas páginas, e Grã-Bretanha e Irlanda não estão entre os lugares mais musgosos. "É nos trópicos que você encontra a variedade", contou Len Ellis.[4] Homem calmo e magro, há 27 anos ele trabalha no Museu de História Natural e é curador do departamento desde 1990. "Você pode ir para um lugar como as florestas úmidas da Malásia e encontrar variedades novas com relativa facilidade. Eu mesmo fiz isso não faz muito tempo. Eu olhava para baixo, e havia uma espécie que nunca tinha sido registrada."

"De modo que não sabemos quantas espécies restam a ser descobertas?"

"Ah, não. Não temos a menor ideia."

Talvez você ache que poucas pessoas no mundo estariam dispostas a dedicar a vida ao estudo de algo tão pouco atraente, mas a turma dos musgos chega às centenas e sente bastante entusiasmo por sua matéria. "Ah, sim", Ellis contou, "as reuniões podem se tornar bem animadas às vezes."

Pedi um exemplo de controvérsia.

"Bem, aqui está uma que nos foi infligida por um de nossos compatriotas", ele disse, sorrindo levemente, e abriu uma obra de referência volumosa contendo ilustrações de musgos cuja característica mais notável ao olho leigo era a total semelhança entre eles. "Este", disse Ellis, apontando para um musgo, "costumava ser um gênero, *Drepanocladus*. Agora está sendo reorganizado em três: *Drepanocladus*, *Warnstorfia* e *Hamatacoulis*."

"E isso provocou muita briga?", perguntei com um toque de esperança.

"Bem, isso fazia sentido. Fazia total sentido. Mas exigiu um grande trabalho de reordenamento das coleções e deixou os livros desatualizados por algum tempo, de modo que o pessoal resmungou um pouco."

Os musgos também têm lá seus mistérios, ele me contou. Um caso famoso — pelo menos para a turma dos musgos — envolveu um tipo retraído chamado *Hyophila stanfordensis*, descoberto no campus da Universidade Stanford, na Califórnia, e mais tarde encontrado nas margens de uma trilha na Cornualha, na ponta sudoeste da Inglaterra, mas jamais em qualquer outro lugar intermediário. Como veio a existir em dois lugares tão díspares é um mistério. "Ele é agora conhecido como *Hennediella stanfordensis*", Ellis disse. "Outra revisão."

Assentimos pensativamente com a cabeça.

Quando um musgo novo é achado, precisa ser comparado com todos os demais musgos para que se tenha certeza de que nunca foi registrado. Depois, é preciso redigir uma descrição formal, preparar ilustrações e publicar o resultado em uma revista respeitável. O processo todo dificilmente leva menos de seis meses. O século XX não foi uma época propícia à taxonomia dos musgos. Grande parte do trabalho do século foi dedicado a desfazer as confusões e duplicações legadas pelo século XIX.

Aquela foi a idade de ouro da coleta de musgos. (Talvez você se lembre de que o pai de Charles Lyell foi um grande especialista em musgos.) Um inglês chamado George Hunt caçou musgos britânicos com tanta assiduidade que provavelmente contribuiu para a extinção de várias espécies. Mas é graças a tais esforços que a coleção de Len Ellis é uma das mais completas do mundo. Todos os seus 780 mil espécimes estão prensados em grandes folhas dobradas de papel grosso, algumas bem antigas e cobertas com uma escrita vitoriana comprida e fina. Algumas, pelo que sabemos, podem ter sido manuseadas por Robert Brown, o famoso botânico vitoriano, descobridor do movimento browniano e do núcleo das células, que fundou e administrou o departamento de botânica do museu durante os primeiros 31 anos, até sua morte, em 1858. Todos os espécimes são mantidos em armários de mogno velhos e lustrosos, tão requintados que fiz um comentário a respeito.

"Oh, estes eram de sir Joseph Banks, de sua casa em Soho Square", Ellis disse casualmente, como se estivesse identificando uma compra recente de uma loja de departamentos. "Ele mandou fazer para guardar seus espécimes da viagem do *Endeavour*." Observei os armários pensativos, como que pela primeira vez após um longo tempo. "Não sei como eles vieram parar aqui na briologia", acrescentou.

Aquela foi uma revelação surpreendente. Joseph Banks foi o maior botânico da Inglaterra, e a viagem do *Endeavour* — a mesma em que o capitão Cook mediu o trânsito de Vênus de 1769 e reivindicou a Austrália para a coroa inglesa, entre muitas outras coisas — foi a maior expedição botânica da história. Banks pagou 10 mil libras, cerca de 1 milhão de dólares em moeda atual, por essa aventura de três anos ao redor do mundo em companhia de nove outras pessoas: um naturalista, um secretário, três artistas e quatro serviçais. Só Deus sabe como foi que o rude capitão Cook conseguiu aturar tal grupo de almofadinhas, mas ele aparentemente gostava bastante de Banks e admirava seu talento em botânica — aliás, um sentimento compartilhado pela posteridade.

Nunca antes nem depois um grupo de botânica obteve triunfos maiores. Isso ocorreu, em parte, porque a viagem incluiu muitos lugares novos ou pouco conhecidos — Terra do Fogo, Taiti, Nova Zelândia, Austrália, Nova Guiné —, mas em grande parte porque Banks era um colecionador arguto e inventivo. Mesmo impossibilitado de desembarcar no Rio de Janeiro devido a uma quarentena, ele examinou um fardo de ração enviado para o gado do navio e fez descobertas.[5] Nada, ao que parece, escapava de sua observação. No todo, ele coletou 30 mil espécimes de plantas, entre elas 1400 nunca vistas antes — o suficiente para aumentar em cerca de um quarto o número de plantas conhecidas no mundo.

Contudo, o grande tesouro de Banks foi apenas parte do espólio total naquela era quase absurdamente aquisitiva. Colecionar plantas no século XVIII tornou-se uma espécie de mania internacional. A glória e a riqueza aguardavam aqueles capazes de encontrar espécies novas, e botânicos e aventureiros percorreram distâncias incríveis para satisfazer a ânsia do mundo por novidades vegetais. Thomas Nuttall, o homem que homenageou Caspar Wistar ao nomear a glicínia (*wisteria*, em inglês), emigrou para os Estados Unidos como um tipógrafo inculto, mas descobriu uma paixão pelas plantas, atravessou metade do país e depois voltou coletando centenas de espécimes jamais vistos. John Fraser, homenageado pelo abeto Fraser, passou anos na floresta coletando plantas a pedido de Catarina, a Grande. Ao retornar enfim à Rússia, o novo czar pensou que ele estivesse maluco e recusou-se a honrar o contrato. Fraser levou tudo para Chelsea, onde abriu uma chácara e ganhou um bom dinheiro vendendo rododendros, azaleias, magnólias, trepadeiras de Virgínia, ásteres e outras floras coloniais exóticas a uma clientela de satisfeitos ingleses endinheirados.

Fortunas podiam ser amealhadas com as descobertas certas. John Lyon, um botânico amador, passou dois anos duros e perigosos colecionando espécimes, mas seus esforços lhe renderam quase 230 mil dólares em moeda atual. Muitos, porém, eram movidos pelo simples amor à botânica. Nuttall doou grande parte do que descobriu ao Jardim Botânico de Liverpool. Acabou se tornando diretor do Jardim Botânico de Harvard e autor do enciclopédico *Genera of North American plants* [Gêneros de plantas norte-americanas], do qual também fez a composição tipográfica.

E isso só com as plantas. Havia igualmente a fauna dos novos mundos: cangurus, quivis, racuns, linces, mosquitos e outras formas curiosas além da imaginação. O volume da vida na Terra se afigurava infinito, como observou Jonathan Swift* numa quadra famosa em que se refere à sucessão infinita de "pulgas" cada vez menores, predadoras das maiores.

---

* Diz a quadra de Swift: "*So, naturalists observe, a flea/ Hath smaller fleas that on him prey;/ And these have smaller still to bite 'em;/ And so proceed ad* infinitum". (N. T.)

Todas essas informações novas precisavam ser arquivadas, ordenadas e comparadas com o que se conhecia. O mundo estava desesperado por um sistema de classificação prático. Felizmente, um homem na Suécia veio ao encontro dessa necessidade.

Seu nome era Carl Linné (mais tarde mudado, com permissão, para o mais aristocrático *von* Linné), mas ele é lembrado hoje pela forma latinizada Carolus Linnaeus ou simplesmente Lineu. Nascido em 1707 na aldeia de Råshult, no Sul da Suécia, filho de um cura luterano pobre mas ambicioso, foi um aluno tão preguiçoso que seu pai, exasperado, resolveu fazer dele um aprendiz de sapateiro (ou pelo menos ameaçou fazê-lo). Abalado diante da perspectiva de passar a vida pregando tachas em couro, o jovem Lineu implorou por nova chance e trilhou uma carreira acadêmica brilhante. Estudou medicina na Suécia e na Holanda, embora sua paixão se tornasse o mundo natural. No início da década de 1730, com vinte e poucos anos, começou a produzir catálogos das espécies de plantas e animais do mundo, usando um sistema de sua própria concepção. Aos poucos sua fama cresceu.

Raramente um homem se deleitou tanto com própria grandeza. Ele passava grande parte do tempo livre redigindo perfis longos e aduladores de si mesmo, declarando que nunca "houve um botânico ou zoólogo maior" e que seu sistema de classificação era "a maior realização do domínio da ciência". Com modéstia, sugeriu que sua lápide ostentasse a inscrição *Princeps Botanicorum*, "Príncipe dos Botânicos". Quem ousasse questionar autoavaliações generosas de Lineu podia acabar descobrindo que uma erva daninha fora batizada com seu nome.

Outra qualidade impressionante de Lineu foi uma preocupação permanente — às vezes, poder-se-ia dizer, febril — com o sexo. Ele se impressionou em particular com a semelhança entre certos bivalves e as partes pudendas femininas. Às partes de uma espécie de molusco deu os nomes de "vulva", "lábios", "púbis", "ânus" e "hímen".[6] Lineu agrupou as plantas segundo a natureza de seus órgãos reprodutivos e dotou-as de uma capacidade amorosa espantosamente antropomórfica. Suas descrições das flores e de seu comportamento estão repletas de referências a "relações promíscuas", "concubinas estéreis" e "leito conjugal". Na primavera, escreveu numa passagem muitas vezes citada:

O amor chega mesmo para as plantas. Machos e fêmeas [...] celebram suas núpcias [...] mostrando pelos órgãos sexuais quais são machos, quais são fêmeas. As folhas das flores servem de leito nupcial, que o criador tão gloriosamente dispôs, adornado com dosséis tão nobres, e perfumado com fragrâncias tão suaves que o noivo com sua noiva podem celebrar suas núpcias ali com a maior solenidade. Quando o leito enfim fica pronto, é hora de o noivo abraçar sua noiva amada e entregar-se a ela.[7]

Ele denominou um gênero de planta *Clitoria*. Não surpreende que muita gente o achasse estranho. Mas seu sistema de classificação foi irresistível. Antes de Lineu, as plantas recebiam nomes longos e descritivos. O camapu era chamado de *Physalis amno ramosissime ramis angulosis glabris foliis dentoserratis*. Lineu resumiu-o como *Physalis angulata*, nome em vigor até hoje.[8] O mundo das plantas estava igualmente confuso devido a incoerências nas nomeações. Um botânico não podia ter certeza se a *Rosa sylvestris alba cum rubore, folio glabro* era a mesma planta que outros chamavam de *Rosa sylvestris inodora seu canina*. Lineu solucionou a charada chamando-a simplesmente de *Rosa canina*. Tornar essas abreviações úteis e agradáveis a todos exigia mais do que simples atitude. Era preciso capacidade — talento, na verdade — para detectar as qualidades salientes de uma espécie.

O sistema de Lineu é tão consagrado que mal conseguimos imaginar uma alternativa, mas antes dele os sistemas de classificação costumavam ser totalmente caóticos. Os animais podiam ser categorizados pelo fato de serem selvagens ou domesticados, terrestres ou aquáticos, grandes ou pequenos, ou por serem considerados bonitos, nobres ou irrelevantes. Buffon ordenou seus animais segundo a utilidade que tinham para o homem. Considerações anatômicas raramente influíam. Lineu dedicou a vida a corrigir essa deficiência, classificando todos os seres vivos de acordo com seus atributos físicos. A taxonomia — a ciência da classificação — nunca mais foi a mesma.

Claro que tudo aquilo consumiu tempo. A primeira edição de seu grandioso *Systema naturae*, de 1735, tinha apenas catorze páginas.[9] Mas a obra não parou de crescer, e na 12ª edição — a última que Lineu viveria para ver — estendeu-se por três volumes e 2300 páginas. No final, ele havia nomeado ou registrado cerca de 13 mil espécies de plantas e animais. Outras obras eram mais abrangentes — a *Historia generalis plantarum*, em três volumes, de John

Ray, da Inglaterra, concluída uma geração antes, abrangia nada menos que 18625 espécies de plantas[10] —, mas o que Lineu tinha de inigualável era coerência, ordem, simplicidade e atualidade. Embora sua obra date da década de 1730, só se tornou amplamente conhecida na Inglaterra na década de 1760, a tempo de transformá-lo numa espécie de figura paterna para os naturalistas britânicos.[11] Em nenhum outro lugar seu sistema foi adotado com tamanho entusiasmo (daí a Sociedade Lineana estar sediada em Londres, e não em Estocolmo).

Lineu não foi infalível. Ele abriu espaço para animais míticos e "seres humanos monstruosos", cujas descrições aceitou credulamente de marinheiros e outros viajantes com imaginação fértil.[12] Entre eles havia um homem selvagem, *Homo ferus*, que caminhava sobre os quatro membros e ainda não dominara a arte da fala, e o *Homo caudatus*, "homem com uma cauda". Mas não nos esqueçamos de que aquela era uma época bem mais crédula. Mesmo o grande Joseph Banks interessou-se fortemente por uma série de supostas visões de sereias, ao largo da costa escocesa, no final do século XVIII. Entretanto, os lapsos de Lineu foram, na maior parte, compensados por uma taxonomia racional e muitas vezes brilhante. Entre outras realizações, ele viu que as baleias pertenciam, assim como as vacas, camundongos e outros animais terrestres, à ordem Quadrupedia (mais tarde alterada para Mammalia), algo que ninguém percebera antes.[13]

No início, Lineu pretendia apenas dar a cada planta um nome de gênero e um número — *Convolvulus 1*, *Convolvulus 2*, e assim por diante. No entanto, ele logo percebeu que aquilo era insatisfatório e teve a ideia da nomenclatura dicotômica que caracteriza seu sistema até hoje. A intenção original era aplicar o sistema dicotômico a tudo: rochas, minerais, doenças, ventos, o que existisse na natureza. Nem todos aceitaram o sistema de bom grado. Muitos se incomodaram com sua tendência para a grosseria, o que era um tanto irônico, já que, antes de Lineu, a designação corriqueira de muitas plantas e animais havia sido bem vulgar. O dente-de-leão foi, por muito tempo, conhecido popularmente em inglês como *pissabed* [urinar numa cama] devido a suas propriedades supostamente diuréticas; e entre outros nomes de uso cotidiano estavam *mare's fart* [peido da égua], *naked ladies* [senhoras nuas], *twitch-ballock* [arranca-testículo], *hound's piss* [xixi do sabujo], *open arse* [bunda aberta] e *bum-towel* [toalha de bunda].[14] Uma ou duas dessas denominações grosseiras podem involuntariamente sobreviver no inglês até hoje. *Maidenhair* [avenca-cabelo-de-vênus] refere-se aos pelos púbicos da donzela.* Em todo caso, a impressão predominante era a de que as ciências naturais ganhariam mais seriedade com uma boa dose de renomeação clássica, daí certo desapontamento ao se descobrir que o autointitulado Príncipe da Botânica havia salpicado seus textos com designações como *Clitoria, Fornicata* e *Vulva*.

Com o passar dos anos, muitos desses nomes foram discretamente abandonados (embora nem todos: certo molusco marinho tem o nome científico de *Crepidula fornicata*) e muitos outros refinamentos foram introduzidos à medida que as ciências naturais se tornaram mais especializadas. Em particular, o sistema foi reforçado com a introdução gradual de hierarquias adicionais. *Gênero* e *espécie* vinham sendo empregados por naturalistas durante mais de cem anos antes de Lineu, e *ordem, classe* e *família*, no sentido biológico, passaram a ser usados nas décadas de 1750 e 1760. Mas *filo* só foi cunhado em 1876 (pelo alemão Ernst Haeckel), e *família* e *ordem* eram considerados intercambiáveis até o início do século XX. Durante um período, os zoólogos utilizavam *família* onde os botânicos situavam a *ordem*, fazendo com que todos ocasionalmente se confundissem.**

Lineu havia dividido o mundo animal em seis categorias: mamíferos, répteis, aves, peixes, insetos e "vermes" para tudo que não se enquadrasse nas cinco primeiras. Desde o início, ficou evidente que classificar lagostas e camarões como vermes era insatisfatório, e várias categorias novas, tais como *Mollusca* e *Crustacea*, foram criadas. Infelizmente as novas classificações não foram aplicadas de maneira uniforme de um país para outro. Em uma tentativa de restabelecer a ordem, em 1842 os britânicos proclamaram um novo conjunto de regras denominadas Código Stricklandian, mas os franceses acharam-no arbitrário, e a Société Zoologique reagiu com seu próprio código con-

---

* Em português, a trepadeira amarelinha, da família das acantáceas, é popularmente designada como bunda-de-mulata, cu-de-cachorro e cu-de-mulata, e uma árvore da família das esterculiáceas tem o nome de boceta-de-mula. (N. T.)

** Para ilustrar, os seres humanos estão no domínio Eucarya, reino Animalia, filo Chordata, subfilo Vertebrata, classe Mammalia, ordem Primates, família Hominidae, gênero *homo*, espécie *sapiens*. (A convenção, ao que me informaram, é usar itálico para os nomes de gênero e espécie, mas não para as divisões maiores.) Alguns taxonomistas empregam subdivisões adicionais: tribo, subordem, infraordem, parvordem e outras.

flitante. Nesse ínterim, a American Ornithological Society, por razões ignoradas, decidiu adotar a edição de 1758 de *Systema naturae* como a base de sua nomenclatura, em vez da edição de 1766 usada em outros lugares. Com isso, muitas aves americanas passaram o século XIX registradas em gêneros diferente de suas primas europeias. Somente em 1902, numa reunião do Congresso Internacional de Zoologia, os naturalistas começaram enfim a mostrar um espírito de compromisso e adotar um código universal.

A taxonomia é às vezes considerada uma ciência e outras vezes uma arte, mas na verdade é um campo de batalha. Mesmo atualmente há mais desordem no sistema do que imagina a maioria das pessoas. Tomemos a categoria "filo", a divisão que descreve as estruturas físicas básicas de todos os organismos. Alguns filos são bem conhecidos, como os moluscos (o lar dos mariscos e lesmas), os artrópodes (insetos e crustáceos) e os cordados (nós e todos os demais animais com espinha dorsal ou protoespinha dorsal); depois, os filos vão se tornando cada vez mais desconhecidos. Entre estes últimos poderíamos listar os gnatostomulidos (vermes marinhos), cnidários (água-viva, medusa, anêmonas e corais) e os delicados priapulídeos (ou pequenos "vermes em forma de pênis"). Familiares ou não, essas são divisões elementares. No entanto, é espantosa a falta de consenso sobre o número de filos existentes ou que deveriam existir. A maioria dos biólogos fixa o total em cerca de trinta, mas alguns preferem vinte e poucos, enquanto Edward O. Wilson, em *Diversidade da vida*, opta pela cifra surpreendentemente elevada de 89.[15] Tudo depende de onde você decide fazer suas divisões — se você é um "agrupador" ou um "separador", como se diz no mundo da biologia.

No nível mais prosaico das espécies, as possibilidades de desacordo são ainda maiores. Se uma espécie de relva deve ser chamada de *Aegilops incurva*, *Aegilops incurvata* ou *Aegilops ovata* é uma questão que pode não empolgar os não botânicos, mas pode ser objeto de debate acalorado no meio especializado. O problema é que existem 5 mil espécies de relva, muitas delas bem parecidas, mesmo para os conhecedores de relva. Em consequência, algumas espécies foram descobertas e nomeadas pelo menos vinte vezes, e parece que mal existe uma que não tenha sido identificada independentemente pelo menos duas vezes. O *Manual of the grasses of the United States* [Manual das relvas dos Estados Unidos] dedica duzentas páginas densamente preenchidas a destrinçar todas a sinonímia, como o mundo biológico designa as suas duplicações involuntárias, mas comuns. E isso apenas para as relvas de um só país.

Para lidar com divergências em escala global, um corpo conhecido como Associação Internacional para a Taxonomia das Plantas arbitra sobre questões de precedência e duplicação. Em certos intervalos, ela emite decretos, declarando que *Zauschneria californica* (uma planta comum em jardins ornamentais com pedras) passará doravante a ser conhecida como *Epilobium canum* ou que a *Aglaothamnion tenuissimum* pode agora ser considerada da mesma espécie da *Aglaothamnion byssoides*, mas não da *Aglaothamnion pseudobyssoides*. Normalmente trata-se de pequenas arrumações que não chamam a atenção, mas quando envolvem as plantas adoradas de jardins, como às vezes acontece, gritos de protesto se fazem ouvir. No final da década de 1980, o crisântemo foi expulso (ao que parece com base em princípios científicos sólidos) do gênero de mesmo nome e relegado ao mundo relativamente insípido e indesejável do gênero *Dendranthema*.

Os cultivadores de crisântemos, um grupo orgulhoso e numeroso, encaminhou protesto ao Comitê de Espermatófitos, nome que soa esquisito, mas é real. (Existem também comitês para as pteridófitas, briófitas e fungos, entre outros, todos subordinados a um executivo chamado Rapporteur-Général; essa é realmente uma instituição séria.) Conquanto as regras de nomenclatura devam ser rigorosamente seguidas, os botânicos não são indiferentes ao sentimento, e em 1995 a decisão foi revertida. Decisões semelhantes salvaram do rebaixamento de posto petúnias, evônimos e uma espécie popular de açucena, porém não várias espécies de gerânios, que, alguns anos atrás, foram transferidas, em meio a protestos, para o gênero *Pelargonium*.[16] As discussões são examinadas, de forma divertida, no livro de Charles Elliott *The potting-shed papers* [Os documentos do viveiro de plantas].

Divergências e reordenamentos como esses podem ser encontrados em todos os demais grupos de seres vivos, de modo que manter um controle geral não é tão fácil como parece. Daí o fato um tanto surpreendente de que não temos a menor ideia — "nem mesmo numa ordem de grandeza minimamente aproximada", nas palavras de Edward O. Wilson — do número de seres que vivem em nosso planeta. As estimativas oscilam de 3 milhões a 200 milhões.[17] Ainda mais extraordinário, de acordo com uma matéria da *Economist*, é o fato de que até 97% das plantas e animais do mundo talvez ainda restem por ser descobertos.[18]

Dos organismos que com efeito conhecemos, mais de 99 em cada 100 são descritos apenas esquematicamente: "um nome científico, alguns espécimes em um museu, algumas linhas de descrição em revistas científicas", — é assim que Wilson descreve o estado de nosso conhecimento. Em *Diversidade da vida*, ele estimou o número de espécies conhecidas de todos os tipos — plantas, insetos, micróbios, algas, tudo — em 1,4 milhão, mas acrescentou que se trata somente de um palpite.[19] Outros especialistas situaram um pouco acima o número de espécies conhecidas, 1,5 milhão a 1,8 milhão,[20] no entanto, como não existe um registro central, não há onde conferir os números. Em suma, estamos na situação notável de não sabermos o que realmente sabemos.

Em princípio, deveria ser possível dirigir-se a especialistas em cada área, perguntar quantas espécies existem em seus campos e depois somar os totais. Muitas pessoas fizeram isso. O problema é encontrar duas pessoas que tenham chegado às mesmas cifras. Algumas fontes situam o número de tipos de fungos conhecidos em 70 mil, outras em 100 mil — de novo uma diferença de quase 50%. Você pode encontrar afirmações seguras de que o número de espécies de minhocas conhecidas é de 4 mil e outras igualmente seguras de que a cifra é 12 mil. Para os insetos, os números variam de 750 mil a 950 mil. Esses seriam, veja bem, supostamente os números de espécies *conhecidas*. Para as plantas, as cifras comumente aceitas variam de 248 mil a 265 mil. A discrepância pode não parecer grande, mas é mais de vinte vezes o número de plantas florescentes em toda a América do Norte.

Pôr ordem nas coisas não é das tarefas mais fáceis. No início da década de 1960, Colin Groves, da Universidade Nacional Australiana, iniciou uma pesquisa sistemática das mais de 250 espécies de primatas conhecidas. Ele descobriu que, com frequência, a mesma espécie havia sido descrita mais de uma vez — em alguns casos, várias — sem que nenhum dos descobridores desconfiasse de que estava lidando com um animal já conhecido pela ciência. Groves levou quatro décadas para esclarecer tudo, e isso aconteceu com um grupo relativamente pequeno de animais distinguíveis com facilidade e, em geral, incontroversos.[21] Imagine os resultados se alguém tentasse um exercício semelhante com os 20 mil tipos de líquens, as 50 mil espécies de moluscos ou as mais de 400 mil espécies de besouros estimados do planeta.

O fato é que existe uma grande quantidade de vida mundo afora, embora as quantidades reais sejam necessariamente estimativas baseadas em extrapolações — às vezes, extrapolações demasiado amplas. Em um exercício famoso na década de 1980, Terry Erwin, do Instituto Smithsonian, saturou um grupo de dezenove árvores de uma floresta úmida no Panamá com um inseticida e depois coletou em redes tudo o que caiu das copas. Entre os despojos (verdadeiros despojos, já que ele repetiu a experiência em estações do ano diferentes para se certificar de ter capturado espécies migrantes) contavam-se 1200 tipos de besouros. Baseado na distribuição de besouros em outros lugares, no número de outras espécies de árvores na floresta, no número de florestas no mundo, no número de outros tipos de insetos, e assim por diante dentro de uma longa cadeia de variáveis, Erwin estimou uma cifra de 30 milhões de espécies de insetos para o planeta inteiro — cifra que ele mais tarde considerou conservadora demais. Outros estudiosos, usando dados iguais ou parecidos, chegaram a cifras de 13 milhões, 80 milhões ou 100 milhões de tipos de insetos, realçando a conclusão de que, por mais meticulosos que tenham sido os cálculos, tais números inevitavelmente resultam tanto de suposições como de procedimentos científicos.

De acordo com o *Wall Street Journal*, o mundo possui "cerca de 10 mil taxonomistas ativos" — um número modesto quando se considera quanta coisa há por registrar. Mas, acrescenta o *Journal*, devido ao custo (cerca de 2200 dólares por espécie) e à papelada, somente cerca de 15 mil espécies novas de todos os tipos são registradas por ano.[22]

"Não é uma crise da biodiversidade, é uma crise de taxonomistas!", reclama Koen Maes, nascido na Bélgica e chefe da seção de invertebrados do Museu Nacional do Quênia, em Nairóbi, que encontrei brevemente em uma visita ao país no outono de 2002.[23] Não havia taxonomistas especializados em toda a África, ele me contou. "Havia um na Costa do Marfim, mas acho que se aposentou", disse. São precisos de oito a dez anos para treinar um taxonomista, mas nenhum está vindo para a África. "Eles é que são os verdadeiros fósseis", acrescentou Maes. Ele próprio seria dispensado do cargo no final daquele ano, revelou-me. Após sete anos no Quênia, seu contrato não seria renovado. "Falta de verbas", Maes explicou.

Escrevendo na revista *Nature* alguns meses antes, o biólogo britânico G. H. Godfray observou que taxonomistas em toda parte padecem de uma "falta crônica de prestígio e recursos". Em consequência, "muitas espécies estão sendo descritas sofrivelmente em publicações isoladas, sem nenhuma tentativa de relacionar um táxon* novo com as espécies e classificações existentes".[24] Além disso, grande parte do tempo dos taxonomistas é dedicado não a descrever espécies novas, mas simplesmente a organizar as antigas. Muitos deles, de acordo com Godfray, "passam a maior parte de suas carreiras tentando interpretar as obras de sistematizadores do século XIX: desconstruindo suas muitas vezes inadequadas descrições publicadas ou percorrendo os museus do mundo em busca de materiais-tipos que com frequência estão em péssimas condições". Godfray enfatiza em particular a falta de atenção às possibilidades de sistematização via internet. O fato é que a taxonomia continua fortemente associada ao papel.

Em 2001, numa tentativa de modernizar as coisas, Kevin Kelly, um dos fundadores da revista *Wired*, lançou um empreendimento denominado All Species Foundation [Fundação de Todas as Espécies] com o objetivo de encontrar todos os organismos vivos e registrá-los num banco de dados.[25] O custo de tal projeto foi estimado entre 2 bilhões até 50 bilhões de dólares. Na primavera de 2002, a fundação dispunha de apenas 1,3 milhão de dólares em verbas e quatro funcionários em tempo integral. Se, como indicam os números, restam talvez 100 milhões de espécies de insetos por descobrir, e se nossas descobertas continuarem no ritmo atual, chegaremos a um total definitivo de insetos em pouco mais de 15 mil anos. O resto do reino animal talvez leve um pouco mais de tempo.

Por que sabemos tão pouco nessa área? Existem quase tantos motivos quantos são os animais ainda por contar, mas aqui estão algumas causas principais:

A maior parte dos seres vivos é pequena e passa facilmente despercebida. Em termos práticos, isso nem sempre é algo ruim. Você não dormiria tão tranquilamente se soubesse que seu colchão abriga talvez 2 milhões de ácaros microscópicos, que saem de madrugada para se banquetear com os óleos sebá-

---

* O termo formal para uma categoria zoológica, como *filo* ou *gênero*. O plural é táxons.

ceos e os adoráveis e crocantes flocos de pele que você perde enquanto dorme.[26] Seu travesseiro sozinho deve abrigar uns 40 mil deles. (Para os ácaros, sua cabeça não passa de um grande bombom oleoso.) E não pense que uma fronha limpa fará muita diferença. Para alguém na escala dos ácaros da cama, o tecido humano mais rígido se assemelha ao cordame de um navio. Na verdade, se seu travesseiro tem seis anos — aparentemente a idade média de um travesseiro —, estimou-se que um décimo de seu peso será constituído de "pele que se soltou, ácaros vivos, ácaros mortos e estrume de ácaros", para citar o homem que fez a medição, o dr. John Maunder, do Centro de Entomologia Médica Britânico.[27] (Mas pelo menos são os *seus* ácaros. Imagine o que você enfrenta quando dorme na cama de um hotel.)* Esses ácaros existem desde tempos imemoriais, mas só foram descobertos em 1965.[28]

Se animais tão intimamente ligados às nossas vidas, como os ácaros da cama, escaparam à nossa observação até a era da TV em cores, não surpreende que grande parte do resto do mundo de pequena escala mal seja conhecido por nós. Vá a um bosque — qualquer bosque —, abaixe-se e pegue um punhado de terra. Você estará segurando até 10 bilhões de bactérias, a maioria desconhecida pela ciência. Sua amostra também conterá talvez 1 milhão de lêvedos roliços, cerca de 200 mil pequenos fungos cabeludos, conhecidos como mofo, talvez 10 mil protozoários (dos quais o mais familiar é a ameba), rotíferos variados, platelmintos, nematódeos e outras criaturas microscópicas conhecidas coletivamente como Cryptozoa.[29] Grande parte delas também será desconhecida.

O manual mais completo de micro-organismos, *Bergey's manual of systematic bacteriology* [Manual de Bergey de bacteriologia sistemática], lista cerca de 4 mil tipos de bactérias. Na década de 1980, dois cientistas noruegueses, Jostein Goksøyr e Vigdis Torsvik, coletaram um grama de solo aleatório de uma floresta de faias perto de seu laboratório, em Bergen, e examinaram cuidadosamente o teor de bactérias. Eles descobriram que aquela pequena amostra continha entre 4 mil e 5 mil espécies diferentes de bactérias, mais que em

---

* Estamos piorando em matéria de higiene. O dr. Maunder acredita que a adoção de detergentes de máquinas de lavar de baixa temperatura estimulou a proliferação dos ácaros. Nas palavras dele: "Se você lava roupa suja a temperaturas baixas, tudo o que obtém são ácaros mais limpos".

todo o *Bergey's manual*. Então viajaram até um local na costa, a alguns quilômetros de distância, apanharam outro grama de terra e descobriram que ela continha de 4 mil a 5 mil *outras* espécies. Como observa Edward O. Wilson: "Se mais de 9 mil tipos de micróbios existem em duas pitadas de substrato de duas localidades da Noruega, quantos outro aguardam ser descobertos em outros habitats radicalmente diferentes?".[30] Bem, de acordo com uma estimativa, poderiam ser até 400 milhões.[31]

Não procuramos nos lugares certos. Em *Diversidade da vida*, Wilson descreve como um botânico passou alguns dias percorrendo dez hectares de selva em Bornéu e descobriu mil espécies novas de plantas florescentes[32] — mais do que se encontra em toda a América do Norte. As plantas não foram difíceis de encontrar. Só que ninguém jamais havia procurado ali. Koen Maes, do Museu Nacional do Quênia, contou que foi a uma floresta de nuvem, como são conhecidas as florestas no alto de montanhas no Quênia, e, em meia hora "de procura não particularmente dedicada", encontrou quatro espécies novas de milípedes, três representando novos gêneros, e uma nova espécie de árvore. "Árvore grandona", ele acrescentou, e abriu os braços como se fosse dançar com uma parceira muito gorda. As florestas de nuvem situam-se no topo dos planaltos e, em alguns casos, estiveram isoladas por milhões de anos. "Elas proporcionam o clima ideal para a biologia e mal foram estudadas", Maes disse.

No todo, as florestas úmidas tropicais cobrem apenas 6% da superfície da Terra, mas abrigam mais de metade de sua vida animal e cerca de dois terços das plantas florescentes.[33] A maior parte dessa vida permanece desconhecida para nós, porque poucos pesquisadores dedicam seu tempo a ela. Aliás, grande parte dela poderia ser bem valiosa. Pelo menos 99% das plantas florescentes nunca foram testadas quanto a eventuais propriedades medicinais. Porque não podem fugir dos predadores, as plantas tiveram de criar defesas químicas, e estão, portanto, particularmente enriquecidas com compostos químicos intrigantes. Mesmo agora, cerca de um quarto de todos os remédios prescritos são derivados de apenas quarenta plantas, enquanto outros 16% advêm de animais ou micróbios. Assim, a cada hectare de floresta derrubado, corremos o sério risco de perder possibilidades médicas vitais. Usando um método chamado química combinatória, os químicos conseguem gerar 40 mil compostos químicos de uma só vez em laboratórios, mas esses produtos são aleatórios e quase sempre inúteis, ao passo que qualquer molécula natural já terá passado pelo que a *Economist* denomina "o supremo programa de triagem: mais de 3,5 bilhões de anos de evolução".[34]

Todavia, procurar o desconhecido não depende unicamente de viajar a lugares remotos ou distantes. Em seu livro *Vida: uma biografia não autorizada*, Richard Fortey observa como uma bactéria antiga foi achada na parede de um pub do interior, "onde homens haviam urinado por gerações"[35] — uma descoberta envolvendo aparentemente doses raras de sorte *e* devoção e possivelmente alguma outra qualidade não especificada.

Não existem especialistas suficientes. A espécie de coisas a serem encontradas, examinadas e registradas muitas vezes ultrapassa a quantidade de cientistas disponíveis para tal. Tomemos os organismos resistentes e pouco conhecidos denominados rotíferos bdeloídios. Trata-se de animais microscópicos capazes de sobreviver a quase tudo. Quando as condições são adversas, eles se enrolam em uma forma compacta, desligam o metabolismo e aguardam épocas melhores. Nesse estado, você pode jogá-los em água fervente ou congelá-los até quase o zero absoluto — nível em que até os átomos entregam os pontos. Quando terminar o tormento e eles forem devolvidos a um ambiente mais ameno, os bdeloídios se desenroscarão e seguirão em frente como se nada tivesse acontecido. Até agora, cerca de quinhentas espécies foram identificadas[36] (embora outras fontes estimem 360), mas ninguém tem a menor ideia, nem mesmo remota, de quantas podem existir. Durante anos, tudo o que se sabia sobre eles era resultado do trabalho de um amador dedicado, um funcionário de escritório chamado David Bryce, que os estudava nas horas vagas. Eles podem ser encontrados no mundo todo, porém se você reunisse todos os especialistas em rotíferos bdeloídios para um jantar, não precisaria pedir pratos emprestados aos vizinhos.

Mesmo algo tão importante e ubíquo como os fungos — e os fungos são de fato essas duas coisas — atraem relativamente pouca atenção. Os fungos estão por toda parte, assumem muitas formas — como cogumelos, mofo, lêvedos e bufas-de-lobo, para dar apenas uma amostra — e existem em volumes insuspeitados pela maioria de nós. Se você reunir todos os fungos encontrados em um típico hectare de prado, obterá 2,8 tonelada deles.[37] Não se trata de organismos marginais. Sem os fungos, não existiriam a praga-das-batatas, a doença do olmo holandês, o eczema da região genitocrural, o pé de atleta, mas tampouco haveria iogurtes, cervejas e queijos. No todo, cerca de 70 mil espécies de fungos foram identificados, no entanto acredita-se que o número possa chegar a 1,8 milhão.[38] Grande número de micologistas trabalha na indústria produzindo queijos, iogurtes e assemelhados, de modo que é difícil saber quantos estão ativamente envolvidos em pesquisa. Mas podemos afirmar com segurança que existem mais espécies de fungos a ser descobertas do que pessoas para descobri-las.

O mundo é realmente um lugar grandão. A facilidade das viagens aéreas e de outras formas de comunicação nos tem levado a achar que o mundo não é vasto assim. Mas no nível do solo, onde os pesquisadores precisam trabalhar, ele é realmente enorme — enorme o suficiente para estar pleno de surpresas. Sabe-se agora que o ocapi, o parente vivo mais próximo da girafa, existe em quantidades substanciais nas florestas úmidas do Zaire — a população total é estimada em 30 mil —, mas sua existência era insuspeitada até o século XX. A grande ave não voadora da Nova Zelândia chamada *takahe* era tida como extinta havia duzentos anos, até ser encontrada em uma área escarpada da ilha do Sul, nesse mesmo país.[39] Em 1995, uma equipe de cientistas franceses e britânicos no Tibete, perdida numa tempestade de neve em um vale remoto, topou com uma estirpe de cavalo, chamado Riwoche, antes só conhecida de desenhos em cavernas pré-históricas. Os habitantes do vale ficaram estupefatos ao saber que o cavalo era considerado uma raridade no mundo lá fora.[40]

Algumas pessoas acreditam que surpresas ainda maiores nos aguardam. "Um importante etnobiologista britânico", escreveu a *Economist* em 1995, "acredita que um megatério, uma espécie de preguiça-gigante do solo, capaz de se erguer até a altura de uma girafa [...] possa estar escondida na vastidão da bacia amazônica."[41] É significativo que o nome do etnobiologista não tenha sido citado; talvez ainda mais significativamente, não se ouviu mais falar dele ou de sua preguiça-gigante. No entanto, ninguém pode garantir que ela não exista até que cada clareira da floresta tenha sido investigada, e estamos bem longe disso.

Contudo, mesmo que reuníssemos milhares de trabalhadores de campo e os despachássemos para os cantos mais remotos do mundo, o esforço não seria suficiente, pois onde puder estar, a vida estará. A fecundidade extraordinária da vida é surpreendente, até gratificante, mas também problemática. Para pesquisar toda ela, seria preciso revirar cada rocha, examinar os detritos em todos os solos de floresta, peneirar quantidades inimagináveis de areia e excremento, subir em todas as copas de árvores das florestas e descobrir meios bem mais eficientes de examinar os oceanos. Mesmo assim, ecossistemas inteiros poderiam passar despercebidos. Na década de 1980, exploradores penetraram em uma caverna profunda na Romênia que estivera isolada do mundo exterior por um período longo mas ignorado e encontraram 33 espécies de insetos e outros animais pequenos — aranhas, centípedes, piolhos —, todos cegos, sem cor e novos para a ciência. Eles se alimentavam dos micróbios na espuma da superfície das poças, que por sua vez estavam se alimentando do ácido sulfídrico de fontes quentes.

A impossibilidade de rastrear todas as formas de vida nos mínimos detalhes pode instintivamente nos parecer frustrante, desanimadora ou mesmo aterradora, mas também pode ser vista como quase insuportavelmente empolgante. Vivemos num planeta com uma capacidade mais ou menos infinita de surpreender. Quem, dotado de racionalidade, poderia querer que não fosse assim?

O que quase sempre impressiona em qualquer incursão pelas disciplinas dispersas da ciência moderna é perceber quantas pessoas estiveram dispostas a dedicar suas vidas às linhas de investigação mais suntuosamente abstrusas. Em um de seus ensaios, Stephen Jay Gould observa como um herói seu chamado Henry Edward Crampton passou cinquenta anos, de 1906 até sua morte, em 1956, estudando discretamente um gênero de lesmas terrestres da Polinésia chamado *Partula*. Repetidamente, ano após ano, Crampton mediu com a máxima precisão — até oito casas decimais — espiras, arcos e curvas suaves de um sem-número de *Partula*, compilando os resultados em tabelas fastidiosamente detalhadas. Uma única linha de texto numa tabela de Crampton podia representar semanas de medições e cálculos.[42]

Apenas ligeiramente menos dedicado, e com certeza mais inesperado, foi Alfred C. Kinsey, que se tornou famoso pelos estudos da sexualidade humana nas décadas de 1940 e 1950. Mas antes que sua mente se enchesse de sexo, por assim dizer, Kinsey foi um entomologista, e bem tenaz. Em uma expedição que durou dois anos, ele percorreu mais de 4 mil quilômetros para reunir uma coleção de 300 mil vespas.[43] A quantidade de ferroadas que ele levou nesse percurso não ficou registrada.

Algo que me intrigava era a questão de como assegurar uma linha de sucessão nesses campos herméticos. Claro que não deve haver muitas instituições no mundo que requerem ou estão dispostas a sustentar especialistas em cracas ou em lesmas do Pacífico. Ao nos despedirmos, no Museu de História Natural de Londres, perguntei a Richard Fortey como a ciência assegura que, quando uma pessoa pendura as chuteiras, exista alguém pronto para tomar seu lugar.

Ele deu risada da ingenuidade: "Receio que não exista propriamente um substituto no banco de reservas esperando ser convocado. Quando um especialista se aposenta ou, o que é ainda pior, morre, as pesquisas em seu campo podem parar, às vezes por um longo tempo".

"Então é por isso que vocês valorizam alguém que passa 42 anos estudando uma única espécie de planta, ainda que não resulte em nenhuma novidade espetacular?"

"Exatamente", ele respondeu, "exatamente." E disse isso com convicção.

24. Células

Tudo começa com uma única célula. A primeira célula divide-se em duas, e as duas em quatro, e assim por diante. Após apenas 47 duplicações, você tem 10 mil trilhões (10 000 000 000 000 000) de células em seu corpo e está pronto para entrar em ação como um ser humano.* Cada uma dessas células sabe exatamente o que fazer para preservar e acalentá-lo, do momento de sua concepção até seu último alento.

Você não tem segredos para suas células. Elas sabem muito mais sobre você do que você próprio. Cada uma possui uma cópia do código genético completo — o manual de instruções para seu corpo; portanto, além da função específica que desempenha, ela conhece todas as outras funções do corpo. Jamais você terá de lembrar a uma célula que ela deve ficar de olho nos níveis de trifosfato de adenosina ou encontrar um lugar para o esguicho extra de ácido fólico que acabou de surgir inesperadamente. Ela fará isso para você, e milhões de outras coisas também.

Cada célula na natureza é algo maravilhoso. Mesmo as mais simples estão bem além dos limites da engenhosidade humana. Para construir a célula

---

* Na verdade, um monte de células se perde no processo de desenvolvimento, de modo que o número final é incerto. Dependendo da fonte consultada, o número pode variar em muitas ordens de grandeza. A cifra de 10 mil trilhões é de Margulis e Sagan, *Microcosmos*.

de lêvedo mais básica, por exemplo, seria preciso miniaturizar o mesmo número de componentes de um Boeing 777 e encaixá-los numa esfera com apenas cinco mícrons de diâmetro.[1] Depois, seria preciso persuadir aquela esfera a se reproduzir.

Mas células de lêvedo não são nada comparadas com as células humanas. Estas, além de mais variadas e complexas, são bem mais fascinantes devido a suas interações complexas.

Suas células são um país de 10 mil trilhões de cidadãos, cada um dedicado, de forma intensivamente específica, ao seu bem-estar geral. Não há nada que elas não façam por você. Elas permitem que você sinta prazer e formule pensamentos. Graças a elas, você se levanta, se espreguiça ou dá cambalhotas. Quando você come, são as células que extraem os nutrientes, distribuem a energia e eliminam os resíduos — tudo aquilo que você aprendeu na aula de biologia do colégio —, mas também se lembram de deixá-lo com fome, antes de mais nada, e o recompensam com uma sensação de bem-estar depois, de modo que você não se esquecerá de comer novamente. Mantêm seus cabelos crescendo, seus ouvidos com cera, seu cérebro ronronando. Administram cada cantinho de seu ser. Virão em sua defesa no instante em que você estiver ameaçado. Não hesitarão em morrer por você — bilhões delas fazem isso diariamente. E durante toda a sua vida você jamais agradeceu a uma delas que fosse. Portanto, dediquemos um momento agora a abordá-las com a admiração e a gratidão que merecem.

Entendemos um pouco como as células cumprem suas funções — como depositam gordura, produzem insulina ou realizam muitos dos outros atos necessários para preservar uma entidade complicada como você —, mas só um pouco. Você possui pelo menos 200 mil tipos diferentes de proteínas labutando dentro de seu corpo, e até agora só compreendemos o que 2% delas realizam.[2] (Outros aumentam a cifra para 50%; depende, aparentemente, do significado que se atribui a "entender".)

Surpresas no nível celular ocorrem o tempo todo. Na natureza, o óxido nítrico é uma toxina poderosa e um componente comum da poluição do ar. Portanto, é natural que os cientistas ficassem um tanto surpresos quando, em meados da década de 1980, descobriram que ele era produzido, com curiosa dedicação, por células humanas. Sua finalidade era, no início, um mistério, mas depois os cientistas começaram a encontrá-lo por toda parte: controlando o fluxo de sangue e os níveis de energia das células, atacando cânceres e outros patógenos, regulando o sentido do olfato, até ajudando nas ereções do pênis.[3] Aquela descoberta também explicava por que a nitroglicerina, o conhecido explosivo, atenua a dor do coração a que se acostuma chamar de angina. (Ela é convertida em óxido nítrico na corrente sanguínea, relaxando o revestimento muscular dos vasos, o que permite ao sangue fluir mais livremente.)[4] No espaço de apenas uma década, essa substância gasosa transformou-se de toxina estranha em elixir abundante.

Você possui "umas poucas centenas" de tipos diferentes de células, de acordo com o bioquímico belga Christian de Duve,[5] e elas variam enormemente em tamanho e forma: células nervosas cujos filamentos conseguem se estender por alguns metros, glóbulos vermelhos minúsculos em forma de disco, células fotorreceptoras em forma de bastonete que contribuem para a visão etc. Elas também vêm em uma ampla variedade de tamanhos, cujo contraste máximo ocorre no momento da concepção, quando um único espermatozoide palpitante enfrenta um óvulo 85 mil vezes maior (o que dá uma nova perspectiva à noção de superioridade masculina). Em média, porém, uma célula humana possui cerca de vinte mícrons de largura (cerca de dois centésimos de milímetro): pequena demais para ser vista, mas suficientemente espaçosa para conter milhares de estruturas complicadas, como mitocôndrias e milhões e milhões de moléculas. No sentido mais literal, as células variam igualmente na vivacidade. Suas células da pele estão todas mortas. É um tanto estranho pensar que cada centímetro de sua superfície está morto. Se você é um adulto de tamanho médio, estará carregando cerca de dois quilos de pele morta, da qual alguns bilhões de fragmentos minúsculos se desprendem a cada dia.[6] Se você passar o dedo por uma estante empoeirada, estará deixando um rastro de pele velha.

A maioria das células vivas raramente dura mais de um mês, entretanto existem algumas exceções notáveis. As células do fígado conseguem sobreviver vários anos, embora os componentes existentes no interior delas possam se renovar em poucos dias.[7] As células do cérebro duram tanto tempo quanto você. Você recebe uns 100 bilhões ao nascer, e essa é sua cota para o resto da vida. Estimou-se que perdemos cerca de quinhentas delas por hora. Portanto, se você precisa pensar seriamente em algo, não perca tempo. A boa notícia é que os componentes individuais das células do cérebro são constantemente renovados. Assim, como ocorre com as células do fígado, nenhuma parte delas tende a ter mais de um mês. Na verdade, comenta-se que não há nenhuma parte de nós — nem mesmo uma molécula desgarrada[8] — que fosse nossa nove anos atrás. Você pode não perceber, mas no nível celular somos todos jovens.

A primeira pessoa a descrever uma célula foi Robert Hooke, que vimos pela última vez disputando com Isaac Newton a primazia pela descoberta da lei do quadrado inverso. Hooke realizou muitas coisas em seus 68 anos — era, ao mesmo tempo, um teórico consumado e um homem prático em criar instrumentos engenhosos e úteis —, mas nenhuma realização despertou mais admiração que seu popular livro *Microphagia: or some physiological descriptions of miniature bodies made by magnifying glasses* [Microfagia: ou algumas descrições fisiológicas de corpos minúsculos obtidas por lentes de aumento], produzido em 1665. A obra revelou a um público encantado um universo do muito pequeno bem mais diversificado, apinhado e finamente estruturado do que qualquer pessoa chegara a imaginar.

Entre os aspectos microscópicos identificados pela primeira vez por Hooke estavam pequenas câmaras em plantas, que ele chamou de "células" porque se assemelhavam a celas* de monges. Hooke calculou que um centímetro quadrado de cortiça conteria cerca de 195 milhões daquelas pequenas câmaras[9] — a primeira aparição de um número tão grande na história da ciência. O microscópio já existia havia mais ou menos uma geração, mas o que distinguia os de Hooke era a supremacia técnica. Eles conseguiam ampliações de trinta vezes, tornando-os a última palavra em tecnologia óptica no século XVII.

Assim, Hooke e os demais membros da Royal Society de Londres se surpreenderam quando, uma década depois, começaram a receber desenhos e informes de um negociante de tecidos ignorante, proveniente da cidade holandesa Delft, que conseguira ampliações de até 275 vezes. O nome do negociante era Antoni van Leeuwenhoek. Apesar de sua parca educação formal e da inexperiência em ciência, era um observador atento e dedicado e um gênio técnico.

Até hoje não se sabe como ele obteve ampliações tão magníficas de simples dispositivos manuais, que não passavam de modestos pinos de madei-

---

* Em inglês, tanto célula como cela são designados pela palavra *cell*. (N. T.)

ra com uma minúscula bolha de vidro engastada, bem mais parecidos com lentes de aumento do que com o que consideramos um microscópio, mas na verdade diferentes dos dois. Leeuwenhoek criava um instrumento novo para cada experimento que realizava e mantinha segredo total sobre suas técnicas, embora às vezes desse dicas aos britânicos de como melhorar suas resoluções.*

Durante um período de cinquenta anos — que começou, notavelmente quando ele tinha mais de quarenta anos —, Leeuwenhoek enviou quase duzentos relatórios à Royal Society, todos escritos em baixo holandês, o único idioma que dominava. Leeuwenhoek não fornecia interpretações, apenas os fatos descobertos, acompanhados de desenhos primorosos. Enviou relatórios sobre tudo o que pudesse ser examinado com proveito: bolor de pão, o ferrão de uma abelha, células sanguíneas, dentes, cabelos, sua própria saliva, excremento e sêmen (estes últimos com pedidos de desculpas por sua natureza repulsiva) — quase tudo nunca visto antes por microscópio.

Depois que ele relatou ter visto "animálculos"[10] em uma amostra de água de pimenta, em 1676, os membros da Royal Society passaram um ano procurando os "pequenos animais" com os melhores dispositivos que a tecnologia inglesa era capaz de produzir, até enfim obter a ampliação certa. O que Leeuwenhoek havia encontrado eram protozoários. Ele calculou que existiam 8,28 milhões desses seres minúsculos em uma única gota d'água[11] — mais que o número de pessoas na Holanda. O mundo pululava de vida em formas e números de que ninguém antes suspeitara.

Inspiradas pelas descobertas fantásticas de Leeuwenhoek, outras pessoas começaram a espiar em microscópios com tanta paixão que às vezes encontravam coisas inexistentes. Um respeitado observador holandês, Nicolaus Hartsoecker, convenceu-se de ter visto "minúsculos homens pré-formados" em

---

* Leeuwenhoek foi grande amigo de outro notável de Delft, o artista Jan Vermeer. Em meados do século XVII, Vermeer, que até então havia sido um artista competente, mas não excepcional, subitamente desenvolveu o domínio da luz e da perspectiva, pelo qual se celebrizou. Embora nunca se tenha provado, suspeitou-se por muito tempo que ele usou uma câmara escura, um dispositivo para projetar imagens em uma superfície plana mediante uma lente. Nenhum desses dispositivos constava dos bens pessoais de Vermeer após sua morte; acontece, porém, que o executor do testamento de Vermeer foi ninguém menos que Antoni van Leeuwenhoek, o mais misterioso produtor de lentes da época.

células do esperma. Ele chamou os seres pequenos de "homúnculos",[12] e, por algum tempo, muitas pessoas acreditaram que todos os seres humanos — na verdade, todos os animais — eram tão só versões amplamente aumentadas de seres precursores completos, mas minúsculos. O próprio Leeuwenhoek ocasionalmente exagerou no entusiasmo. Em um de seus experimentos menos bem-sucedidos, tentou estudar as propriedades explosivas da pólvora observando uma pequena explosão de perto. Quase perdeu a visão.[13]

Em 1683 Leeuwenhoek descobriu as bactérias, contudo esse foi o máximo de progresso alcançado num período de 150 anos, devido às limitações da tecnologia. Somente em 1831 alguém veria pela primeira vez o núcleo de uma célula: o botânico escocês Robert Brown, aquele visitante frequente, mas misterioso, da história da ciência. Brown, que viveu de 1773 a 1858, escolheu o termo núcleo em virtude do latim *nucula*, que significa "pequena noz" ou "semente". Mas só em 1839 se percebeu que *toda* matéria viva é celular.[14] Foi o alemão Theodor Schwann quem teve esse insight, que, além de relativamente tardio em termos de insight científico, não foi aceito por completo de início. Somente na década de 1860, após alguns trabalhos memoráveis de Louis Pasteur na França, provou-se de forma conclusiva que a vida não pode surgir espontaneamente; ela deve vir de células preexistentes. A crença passou a ser conhecida como "teoria celular", e constitui a base da biologia moderna.

A célula foi comparada com muitas coisas, de "uma refinaria química complexa" (pelo físico James Trefil) a "uma vasta e apinhada metrópole" (o bioquímico Guy Brown).[15] Uma célula é ambas essas coisas e nenhuma delas. Compara-se a uma refinaria por se dedicar à atividade química em grande escala, e a uma metrópole por ser apinhada, movimentada e plena de interações que parecem confusas e aleatórias, mas que possuem claramente algum sistema. Porém, é um lugar bem mais apavorante que qualquer cidade ou fábrica que você já viu. Para início de conversa, não existe acima e abaixo dentro da célula (a gravidade não se aplica significativamente na escala celular), e nenhum espaço, nem mesmo da largura de um átomo, fica ocioso. Existe atividade *por toda parte* e um zum-zum incessante de energia elétrica. Você pode não se sentir tremendamente elétrico, mas é. A comida que ingerimos e o oxigênio que respiramos são combinados nas células para gerar eletricidade. A razão pela qual não damos choques enormes uns nos outros nem chamuscamos o sofá ao nos sentarmos é que tudo isso está acontecendo em uma escala minúscula: um mero 0,1 volt percorrendo distâncias medidas em nanômetros. No entanto, se a escala fosse aumentada, isso redundaria numa descarga de 20 milhões de volts por metro, mais ou menos a mesma carga transmitida pelo corpo principal de um temporal violento.[16]

Quaisquer que sejam o tamanho ou a forma das células, quase todas seguem fundamentalmente o mesmo plano: possuem um invólucro ou membrana externa, um núcleo onde residem as informações genéticas necessárias para manter você em funcionamento, e um espaço movimentado entre os dois chamado citoplasma. Uma membrana não é, como a maioria de nós imagina, um invólucro durável, borrachento, que exigiria um alfinete afiado para se furar. Pelo contrário, constitui-se de uma espécie de material gorduroso conhecido como lipídio, com a consistência aproximada de "óleo de máquina de tipo leve", para citar Sherwin B. Nuland.[17] Se isso parece surpreendentemente insubstancial, lembre que, no nível microscópico, as coisas se comportam de modo diferente. Para algo na escala molecular, a água torna-se uma espécie de gel resistente e um lipídio é como ferro.

Se você pudesse visitar uma célula, não iria gostar nem um pouco. Ampliada para uma escala em que os átomos tivessem mais ou menos o tamanho de ervilhas, uma célula seria uma esfera com cerca de 800 metros de diâmetro e sustentada por uma estrutura complexa de vigas denominada citoesqueleto. Dentro dela, milhões e milhões de objetos — alguns do tamanho de bolas de basquete, outros do tamanho de carros — passariam zunindo feito balas. Não haveria nenhum lugar onde você pudesse permanecer sem ser atingido e despedaçado, milhares de vezes a cada segundo, de todas as direções. Mesmo para os ocupantes permanentes, o interior de uma célula é um lugar perigoso. Cada filamento de DNA é atacado ou danificado em média uma vez a cada 8,4 segundos — 10 mil vezes ao dia — por substâncias químicas e outros agentes que o golpeiam ou descuidadamente o retalham, e cada uma dessas feridas precisa ser logo reparada para a célula não perecer.

As proteínas são especialmente animadas, rodopiando, pulsando e voando umas de encontro às outras até 1 bilhão de vezes por segundo.[18] As enzimas, elas próprias um tipo de proteína, precipitam-se por toda parte, realizando até mil tarefas por segundo. Como formigas operárias muito aceleradas, elas ativamente constroem e reconstroem moléculas, retirando um pedaço de uma, acrescentando um pedaço a outra. Algumas monitoram as proteínas que passam e marcam com uma substância química aquelas que estão irreparavelmente danificadas ou imperfeitas. Uma vez selecionadas, as proteínas condenadas prosseguem até uma estrutura chamada proteassoma, onde são desfeitas; seus componentes são usados para construir proteínas novas. Alguns tipos de proteína existem por menos de meia hora; outras sobrevivem algumas semanas. Mas todas têm existências inconcebivelmente frenéticas. Como observa de Duve: "O mundo molecular deve necessariamente permanecer além dos poderes da nossa imaginação, devido à velocidade incrível com que as coisas ocorrem ali".[19]

Mas se você diminui o ritmo para uma velocidade em que as interações possam ser observadas, as coisas não parecem tão intimidantes. É possível ver que uma célula consiste simplesmente em milhões de objetos — lisossomos, endossomos, ribossomos, ligantes, peroxissomos, proteínas de todos os tamanhos e formas — colidindo com milhões de outros objetos e realizando tarefas corriqueiras: extraindo energia de nutrientes, montando estruturas, fazendo reparos. Tipicamente uma célula conterá cerca de 20 mil tipos diferentes de proteínas, dos quais cerca de 2 mil estarão representados, cada um, por pelo menos 50 mil moléculas. "Isso significa", diz Nuland, "que, mesmo se contarmos somente aquelas moléculas presentes em quantidades de mais de 50 mil cada, o total ainda será um mínimo de 100 milhões de moléculas de proteína em cada célula. Tal cifra desconcertante dá uma ideia da imensidão pululante da atividade bioquímica dentro de nós."[20]

Trata-se de um processo imensamente exigente. O seu coração precisa bombear 343 litros de sangue por hora, mais de 8 mil litros por dia, 3 milhões de litros por ano — o suficiente para encher quatro piscinas olímpicas — a fim de oxigenar todas essas células. (E isso em repouso. Durante um exercício, a quantidade pode aumentar até seis vezes.) O oxigênio é absorvido pelas mitocôndrias. Estas são as centrais elétricas das células, e existem cerca de mil delas em uma célula típica, embora o número varie consideravelmente, dependendo da função da célula e de quanta energia ela requer.

Você deve se lembrar, de um capítulo anterior, de que se acredita que as mitocôndrias se originaram como bactérias cativas e que agora vivem essencialmente como inquilinas em nossas células, preservando suas próprias instruções genéticas, dividindo-se conforme seu próprio cronograma, falando sua própria língua. Você também deve se lembrar de que estamos à mercê da boa vontade delas. Isso porque praticamente todo alimento e oxigênio que absorvemos são entregues, após o processamento, às mitocôndrias, onde são convertidos em uma molécula chamada trifosfato de adenosina, ou ATP.

Você pode não ter ouvido falar do ATP, mas é o que o mantém funcionando. As moléculas de ATP são, essencialmente, pequenas baterias que se deslocam pela célula fornecendo energia para todos os processos da célula, e seu número é *enorme*. Em qualquer dado momento, uma célula típica de seu corpo conterá cerca de 1 bilhão de moléculas de ATP, e em dois minutos cada uma delas terá se exaurido e outro bilhão terá tomado seu lugar.[21] Diariamente você produz e gasta um volume de ATP equivalente a aproximadamente metade do peso do seu corpo.[22] Sinta o calor de sua pele. É o ATP em ação.

Quando as células não são mais necessárias, elas morrem com o que só podemos chamar de total dignidade. Demolem todos os suportes e escoras que as mantêm coesas e, tranquilamente, devoram suas partes componentes. O processo é conhecido como apoptose ou morte celular programada. A cada dia, bilhões de suas células morrem em seu benefício e bilhões de outras arrumam a bagunça. As células também podem ter uma morte violenta — por exemplo, quando infectadas —, mas quase sempre morrem porque recebem ordem de morrer. Na verdade, se não forem instruídas a viver — se não receberem algum tipo de instrução ativa de outra célula —, elas automaticamente se matam. As células precisam de muito apoio.

Quando, como acontece às vezes, uma célula não expira da maneira prescrita, mas começa a dividir-se e a proliferar caoticamente, chamamos o resultado de câncer. Células cancerosas não passam de células confusas. As células cometem esse erro com certa regularidade, porém o corpo dispõe de mecanismos elaborados para enfrentar o problema. É muito raro o processo fugir de controle. Em média, os seres humanos sofrem uma malignidade fatal a cada 100 milhões de bilhões de divisões de células.[23] O câncer é azar no sentido pleno do termo.

O espantoso nas células não é que as coisas às vezes deem errado, e sim que funcionem tão perfeitamente por décadas a fio. Para isso, elas enviam e monitoram o tempo todo fluxos de mensagens — uma cacofonia de mensagens — vindas do corpo inteiro: instruções, consultas, correções, pedidos de ajuda, atualizações, avisos para se dividir ou expirar. A maioria desses sinais chega por mensageiros chamados hormônios, entidades químicas tais como insulina, adrenalina, estrogênio e testosterona, que transmitem informações de locais remotos como as glândulas tiroide e endócrinas. Outras mensagens chegam por telégrafo do cérebro ou dos centros regionais em um processo chamado sinalização parácrina. Por fim, as células se comunicam diretamente com os vizinhos para garantir que suas ações sejam coordenadas.

Talvez o mais incrível é que tudo se resume em uma ação frenética e aleatória, uma sequência de encontros incessantes coordenados por nada mais que regras elementares de atração e repulsão. É evidente que nenhuma presença pensante está por detrás de qualquer ação das células. Tudo apenas acontece perfeita e repetidamente, e de forma tão confiável que é raro chegarmos a nos conscientizar daquilo, embora de algum modo esse processo produza não apenas ordem dentro da célula, como também uma harmonia perfeita por todo o organismo. De maneiras que mal começamos a entender, trilhões e trilhões de reações químicas reflexivas resultam em um ser humano móvel, pensante, tomador de decisões — ou mesmo um besouro de estrume menos reflexivo, mas mesmo assim incrivelmente organizado. Cada ser vivo, nunca esqueça, é uma maravilha da engenharia atômica.

Na verdade, alguns organismos que consideramos primitivos desfrutam de um nível de organização celular que faz com que a nossa pareça prosaica. Separe as células de uma esponja (passando-a por uma peneira, por exemplo), depois mergulhe-as numa solução, e elas voltarão a se reunir e formar uma esponja. Você pode fazer isso mil vezes, que elas obstinadamente voltarão a se juntar, porque, como eu, você e todos os demais seres vivos, possuem um impulso irresistível: de continuar a ser.

Tudo isso por causa de uma molécula curiosa, determinada e mal-compreendida que nem viva está, e quase sempre não faz absolutamente nada. Chama-se DNA, e para começar a entender sua importância suprema para a ciência e para nós, precisamos recuar uns 160 anos até a Inglaterra vitoriana e o momento em que o naturalista Charles Darwin teve o que foi considerado "a melhor ideia individual que alguém já teve"[24] — e depois, por motivos que requerem uma pequena explicação, manteve-a trancada numa gaveta pelos quinze anos seguintes.

25. A ideia singular de Darwin

No fim do verão ou no início do outono de 1859, Whitwell Elwin, editor da respeitada revista britânica *Quarterly Review*, recebeu um exemplar antecipado do novo livro do naturalista Charles Darwin. Elwin leu-o com interesse e concordou que tinha mérito, mas temeu que o assunto fosse especializado demais para o grande público. Ele sugeriu que Darwin escrevesse um livro sobre pombos. "Todo mundo se interessa por pombos", ele observou, prestativo.[1]

O sábio conselho de Elwin foi ignorado, e *On the origin of species by means of natural selection, or the preservation of favoured races in the struggle for life* [Sobre a origem das espécies por meio da seleção natural, ou a preservação de raças favorecidas na luta pela vida] foi publicado no final de novembro de 1859 e vendido ao preço de quinze xelins. A primeira edição de 1250 cópias esgotou no primeiro dia. Desde então, a obra nunca saiu de catálogo e sempre gerou controvérsia. Nada mau para um homem cujo outro interesse principal eram minhocas e que, não fosse a decisão impetuosa de navegar ao redor do mundo, teria provavelmente passado a vida como um pároco anônimo do interior, conhecido pelo interesse em minhocas.

Charles Robert Darwin nasceu em 12 de fevereiro de 1809,* em Shrewsbury, uma tranquila cidade com um mercado, no oeste da região inglesa de

---

* Uma data auspiciosa na história: no mesmo dia, em Kentucky, nascia Abraham Lincoln.

Midlands. Seu pai foi um médico próspero e de boa reputação. Sua mãe, que morreu quando Charles tinha apenas oito anos, era filha de Josiah Wedgwood, um famoso ceramista.

Darwin desfrutou de todas as vantagens de uma boa criação, mas vivia preocupando o pai viúvo com seu desempenho acadêmico fraco. "Você só quer saber de caçadas, cães e extermínio de ratos, e será uma desgraça para si e toda a sua família", o pai escreveu em uma carta que costuma ser citada em quase todas as descrições da juventude de Darwin.[2] Embora sua inclinação fosse por história natural, por influência do pai tentou estudar medicina na Universidade de Edimburgo, porém não suportou o sofrimento. A experiência de testemunhar uma operação em uma criança compreensivelmente angustiada — isso foi antes da descoberta da anestesia, é claro — deixou-o traumatizado para sempre.[3] Ele tentou Direito, mas achou insuportavelmente maçante e acabou conseguindo, mais ou menos em face da falta de outra opção, diplomar-se em Teologia pela Universidade de Cambridge.

Uma vida de vigário no interior parecia aguardá-lo, até que uma oferta tentadora surgiu do nada. Darwin foi convidado a viajar no navio de pesquisas navais HMS *Beagle*, basicamente como companhia de jantar do capitão, Robert FitzRoy, cujo status o impedia que se relacionasse socialmente com quem não fosse um cavalheiro. FitzRoy, que era muito excêntrico, escolheu Darwin em parte por gostar da forma de seu nariz (indicava profundeza de caráter, ele acreditou). Darwin não foi a primeira opção, mas foi escolhido quando a companhia preferida de FitzRoy caiu fora. De uma perspectiva do século XXI, a característica conjunta mais impressionante dos dois homens era a extrema juventude. Na época da viagem, FitzRoy tinha apenas 23 anos, e Darwin, 22.

A missão formal de FitzRoy era mapear as águas costeiras, mas seu hobby — paixão realmente — era buscar indícios para uma interpretação bíblica literal da Criação. O fato de Darwin ter estudado Teologia foi fundamental na decisão de FitzRoy de tê-lo a bordo. A revelação subsequente das visões liberais de Darwin e de sua pouca devoção aos fundamentos cristãos tornou-se uma fonte de atritos permanentes.

O período de Darwin a bordo do HMS *Beagle*, de 1831 a 1836, foi obviamente a experiência formadora de sua vida, mas também uma das mais difíceis. Ele e seu capitão dividiram uma cabine pequena, o que não deve ter sido fácil, já que FitzRoy era acometido de ataques de fúria, seguidos de fases de ressentimento contido. Ele e Darwin viviam metidos em discussões, algumas "beirando a loucura", como Darwin lembrou mais tarde.[4] As viagens oceânicas tendiam a se tornar empreendimentos melancólicos, na melhor das hipóteses — o capitão anterior do *Beagle* havia metido uma bala no cérebro num momento de melancolia solitária —, e FitzRoy vinha de uma família conhecida pela tendência à depressão. Seu tio, o visconde de Castlereagh, havia cortado a própria garganta na década anterior enquanto servia como chanceler do erário. (O próprio FitzRoy acabaria se suicidando da mesma maneira em 1865.) Até nos momentos de calma, FitzRoy mostrou-se estranhamente misterioso. Darwin ficou boquiaberto ao saber, depois da viagem, que quase imediatamente FitzRoy se casara com uma jovem de quem era noivo havia muito tempo. Em cinco anos na companhia de Darwin, ele jamais aludira a uma relação amorosa e nem sequer mencionara o nome dela.[5]

Em todos os outros aspectos, porém, a viagem do *Beagle* foi um triunfo. Darwin viveu aventuras bastantes para toda uma vida e acumulou um acervo de espécimes suficiente para fazer sua fama e mantê-lo ocupado por anos. Encontrou um tesouro magnífico de fósseis antigos gigantes, entre eles o melhor *Megatherium* conhecido até hoje; sobreviveu a um terremoto letal no Chile; descobriu uma espécie nova de golfinho (que respeitosamente denominou *Delphinus fitzroyi*); realizou investigações geológicas diligentes e úteis através dos Andes; e desenvolveu uma teoria nova e muito admirada para a formação dos atóis de corais, que sugeria, não por coincidência, que eles não podiam ter se formado em menos de 1 milhão de anos[6] — o primeiro sinal de sua crença arraigada na extrema antiguidade dos processos terrestres. Em 1836, aos 27 anos, voltou para casa após uma ausência de cinco anos e dois dias. Ele nunca mais deixou a Inglaterra.

Algo que Darwin não fez na viagem foi propor a teoria (ou mesmo uma teoria) da evolução. Em primeiro lugar, a evolução como conceito já existia havia décadas quando Darwin fez sua viagem. Seu avô, Erasmus, homenageara os princípios evolucionistass em um poema mediocremente inspirado chamado "O templo da natureza" anos antes do nascimento de Charles. Foi somente depois de retornar à Inglaterra e ler o *Ensaio sobre o princípio da população* de Thomas Malthus (que propunha que o aumento no suprimento de alimentos jamais conseguiria acompanhar o crescimento da população, por motivos matemáticos) que o jovem Darwin começou a ocupar-se da ideia de que a vida é uma luta perpétua e de que a seleção natural era o meio pelo qual algumas espécies prosperavam, enquanto outras fracassavam.[7] Especificamente, o que Darwin viu foi que todos os organismos competiam por recursos, e aqueles dotados de alguma vantagem inata prosperavam e a transmitiam a sua descendência. Desse modo, as espécies constantemente se aperfeiçoavam.

Parece uma ideia absurdamente simples — é uma ideia absurdamente simples —, mas ela explicou muita coisa, e Darwin estava preparado para dedicar-lhe a vida. "Que burrice a minha não ter pensado nisso!", exclamou T. H. Huxley após ler *A origem das espécies*.[8] É uma ideia que repercute até hoje.

O interessante é que Darwin não empregou a expressão "sobrevivência do mais apto" em nenhum de seus trabalhos (embora expressasse sua admiração por ela). A expressão foi cunhada em 1864, cinco anos após a publicação de *A origem das espécies* por Herbert Spencer em *Principles of biology*. Tampouco ele empregou a palavra *evolução* em suas obras até a sexta edição da *Origem* (quando o seu uso estava tão disseminado que não dava mais para resistir), preferindo "descendência com modificação". Nem, acima de tudo, suas conclusões se inspiraram na observação, durante sua estada nas ilhas Galápagos, de uma diversidade interessante nos bicos dos tentilhões. A história como costuma ser contada (ou, pelo menos, como costuma ser lembrada por muitos de nós) é que Darwin, ao ir de uma ilha para outra, observou que, em cada uma delas, os bicos dos tentilhões eram maravilhosamente adaptados à exploração dos recursos locais; que em uma ilha os bicos eram robustos e curtos e bons para quebrar nozes, enquanto na seguinte eram talvez longos e finos e apropriados para arrancar alimentos de fendas. Essas diferenças levaram-no a pensar na possibilidade de as aves não terem sido criadas daquela maneira, e sim, em certo sentido, terem criado a si próprias.

De fato, as aves *haviam* criado a si próprias, mas não foi Darwin quem observou esse fato. Na época da viagem do *Beagle*, Darwin acabara de se formar e ainda não era um naturalista experiente, de modo que não reparou que as aves de Galápagos eram todas do mesmo tipo. Foi seu amigo, o ornitólogo John Gould, quem percebeu que o que Darwin havia encontrado era um grande número de tentilhões com talentos diferentes.[9] Infelizmente, em razão de sua inexperiência, Darwin não observara quais aves vinham de quais ilhas.

(Ele cometera um erro semelhante com tartarugas.) Foram precisos anos para organizar a bagunça.

Devido a essas desatenções e à necessidade de examinar engradados e mais engradados de outros espécimes do *Beagle*, só em 1842, seis anos após sua volta à Inglaterra, é que Darwin enfim começou a delinear os rudimentos de sua teoria. Ele os expandiu em um "esboço" de 230 páginas dois anos depois.[10] Em seguida, fez algo extraordinário: pôs as notas de lado e, nos quinze anos subsequentes, ocupou-se de outros assuntos. Teve dez filhos, dedicou quase oito anos ao preparo de uma obra exaustiva sobre as cracas ("Odeio as cracas como nenhum outro homem antes de mim", ele suspirou, compreensivelmente, ao concluir o trabalho)[11] e foi vítima de distúrbios estranhos que o deixaram cronicamente apático, fraco e "aturdido", como ele próprio disse. Os sintomas consistiam quase sempre em uma náusea terrível e em geral incluíam palpitações, enxaquecas, exaustão, tremores, pontos diante dos olhos, falta de fôlego, "tontura na cabeça" e, o que não surpreende, depressão.

A causa da doença nunca foi descoberta, mas, entre as possibilidades levantadas, a mais romântica e talvez mais provável foi que Darwin sofreu da doença de Chagas, uma doença tropical prolongada que pode ter contraído pela mordida de um inseto Benchuga na América do Sul. Uma explicação mais prosaica é que seu problema foi psicossomático. Qualquer que fosse a causa, o sofrimento foi grande. Muitas vezes, ele só conseguia trabalhar vinte minutos seguidos, em outras, nem isso.

Grande parte do resto do tempo era dedicada a uma série de tratamentos cada vez mais desesperados: mergulhos em água gelada, submersão em vinagre, "correntes elétricas" enroladas no corpo, em que pequenos choques eram aplicados. Ele se tornou quase um eremita, raramente deixando sua casa em Kent, a Down House. Uma de suas primeiras providências, ao se mudar para lá, foi instalar um espelho fora da janela do gabinete de trabalho, para poder identificar e, se preciso, evitar as visitas.

Darwin manteve sua teoria em segredo porque sabia a perturbação que causaria. Em 1844, ano em que pôs de lado suas anotações, um livro chamado *Vestiges of the natural history of creation* [Vestígios da história natural da criação] enfureceu o mundo pensante ao sugerir que os seres humanos poderiam ter evoluído de primatas mais primitivos sem o auxílio de um criador divino. Prevendo a celeuma, o autor tomara o cuidado de ocultar sua identidade, mantida em segredo mesmo para os amigos mais próximos nos quarenta anos seguintes. Alguns achavam que o próprio Darwin poderia ter sido o autor.[12] Outros suspeitavam do príncipe Albert. Na verdade, o autor foi um editor escocês bem-sucedido e despretensioso chamado Robert Chambers, cuja relutância em revelar a autoria tinha uma motivação prática, bem como pessoal: sua firma era uma editora importante de Bíblias.* *Vestiges* foi fortemente atacado nos púlpitos espalhados por toda a Grã-Bretanha e mais além, mas também atraiu uma boa dose de ira acadêmica. A revista *Edinburgh Review* dedicou quase uma edição inteira — 85 páginas — a rechaçá-lo. O próprio T. H. Huxley, um crente na evolução, atacou o livro com certa malignidade, sem saber que o autor era amigo.

O manuscrito de Darwin poderia ter ficado na gaveta até a sua morte, não fosse um golpe alarmante vindo do Extremo Oriente, no início do verão de 1858, na forma de um pacote contendo uma carta amigável de um jovem naturalista chamado Alfred Russell Wallace e o rascunho de um artigo, "On the tendency of varieties to depart indefinitely from the original type" [Sobre a tendência das variedades de divergir indefinidamente do tipo original], em que se delineava uma teoria da seleção natural estranhamente similar às anotações secretas de Darwin. Até algumas frases ecoavam as de Darwin. "Nunca vi uma coincidência tão impressionante", Darwin refletiu desanimado. "Se Wallace tivesse em mãos meu manuscrito de 1842, não poderia ter feito um resumo melhor."[13]

Wallace não entrou na vida de Darwin tão inesperadamente como, às vezes, se dá a entender. Os dois homens já vinham se correspondendo, e Wallace mais de uma vez enviara generosamente a Darwin espécimes que achava poderem ser do interesse dele. No decorrer desse intercâmbio, Darwin, com discrição, alertara-o de que considerava o tema da criação das espécies um território de sua propriedade. "Este verão fará vinte anos (!) que iniciei meu primeiro caderno sobre a questão de como e de que modo as espécies e variedades diferem umas das outras", ele escrevera a Wallace algum tempo antes.

* Darwin foi um dos únicos que adivinharam corretamente. Por acaso, estava um dia visitando Chambers quando uma cópia preliminar da sexta edição de *Vestiges* foi entregue. O entusiasmo com que Chambers conferiu as revisões foi uma espécie de autotraição, embora pareça que os dois homens não discutiram a obra.

"Estou agora preparando meu trabalho para publicação", acrescentou, embora não fosse verdade.[14]

De qualquer modo, Wallace não percebeu o que ele estava tentando lhe dizer, e claro que não podia saber que sua teoria era quase idêntica à que Darwin vinha desenvolvendo, por assim dizer, havia duas décadas.

Darwin viu-se num dilema torturante. Se publicasse às pressas seu trabalho para garantir a precedência, estaria tirando proveito do palpite inocente de um admirador distante. Mas se deixasse de fazê-lo, como seria próprio de um cavalheiro, perderia o reconhecimento por uma teoria que ele havia proposto de forma independente. A teoria de Wallace fora, conforme a admissão do próprio autor, o resultado de um insight súbito; já a de Darwin era produto de anos de pensamento cuidadoso, laborioso e metódico. Aquilo era uma grande injustiça.

Para aumentar a agonia, o filho mais novo de Darwin, também chamado Charles, contraiu escarlatina e estava gravemente enfermo. No auge da crise, em 28 de junho, a criança faleceu. Apesar de perturbado pela doença do filho, Darwin encontrou tempo para escrever às pressas cartas aos amigos Charles Lyell e Joseph Hooker, em que propunha renunciar à publicação de seu manuscrito, mas observando que aquilo significaria que todo o seu trabalho, "seja qual for a sua importância, será destruído".[15] Lyell e Hooker sugeriram uma solução de compromisso: apresentar um resumo das ideias de Darwin e Wallace juntas. O local combinado foi uma reunião da Sociedade Lineana, na época batalhando para voltar à moda como um local de eminência científica. Em 1º de julho de 1858, a teoria de Darwin e Wallace foi revelada ao mundo. O próprio Darwin não compareceu. No dia da reunião, ele e a esposa estavam enterrando o filho.

A apresentação de Darwin-Wallace foi uma entre sete naquela noite — uma das outras versava sobre a flora de Angola —, e, se o público de umas trinta pessoas teve alguma ideia de que estava testemunhando o evento científico do século, não demonstrou. Nenhuma discussão se seguiu. Tampouco o evento atraiu muita atenção em outros lugares. Darwin animadamente observou mais tarde que somente uma pessoa, um certo professor Haughton, de Dublin, mencionou os dois artigos na imprensa, e sua conclusão foi "que tudo o que tinham de novo era falso, e o que era verdadeiro era antigo".[16]

Wallace, ainda no Oriente distante, tomou conhecimento dessas manobras muito depois do evento, mas mostrou-se notadamente sereno e pareceu satisfeito por ter sido incluído. Chegou ao ponto de, dali para a frente, referir-se à teoria como "darwinismo". Bem menos receptivo à alegação de precedência de Darwin foi um jardineiro escocês chamado Patrick Matthew, que notavelmente também havia sugerido os princípios da seleção natural — na verdade, no ano em que Darwin partiu em viagem no *Beagle*.[17] Infelizmente, Matthew publicara esses pontos de vista em um livro chamado *Naval timber and arboriculture* [Madeira de construção naval e arboricultura], que passou despercebido não apenas a Darwin, como ao mundo inteiro. Matthew protestou com veemência, em uma carta ao *Gardener's Chronicle*, ao ver Darwin recebendo o reconhecimento por uma ideia que era realmente sua. Darwin não hesitou em pedir desculpas, embora registrasse: "Acho que ninguém se sentirá surpreso de que nem eu, nem aparentemente nenhum outro naturalista, tomou conhecimento dos pontos de vista do senhor Matthew, considerando-se a brevidade com que foram apresentados e o fato de terem aparecido no apêndice de uma obra sobre madeira de construção naval e arboricultura".

Wallace prosseguiu por mais cinquenta anos como naturalista e pensador, ocasionalmente muito bom, mas perdeu o prestígio científico ao adquirir interesses duvidosos no espiritualismo e na possibilidade de vida em outras partes do universo. Por esse motivo que a teoria tornou-se, sobretudo por falta de outra opção, unicamente de Darwin.

Darwin nunca deixou de se atormentar com suas ideias. Referia-se a si mesmo como "o Capelão do Diabo"[18] e dizia que revelar a teoria dava a sensação "de confessar um assassinato".[19] Acima de tudo, ele sabia que ela incomodava profundamente sua esposa adorada e religiosa. Mesmo assim, pôs-se logo a ampliar seu manuscrito em um livro. O título provisório foi *An abstract of an essay on the origin of species and varieties through natural selection* — tão insosso e hesitante que seu editor, John Murray, decidiu publicar apenas quinhentas cópias. Mas ao ver o manuscrito, e com a proposta de um título mais atraente, mudou de ideia e aumentou a tiragem inicial para 1250.

A origem das espécies foi um sucesso comercial imediato, contudo não teve o mesmo sucesso junto à crítica. A teoria de Darwin apresentava duas dificuldades sérias. Ela precisava de muito mais tempo do que lorde Kelvin estava disposto a conceder, e faltava-lhe o respaldo de indícios fósseis. Onde, perguntaram os críticos mais atentos de Darwin, estavam as formas transicionais que sua teoria tão claramente requeria? Se espécies novas estavam evoluindo o tempo todo, uma série de formas intermediárias deveria estar espalhada pelo registro fóssil, mas não estava.* Na verdade, o registro fóssil existente na época (e por um longo tempo depois) não mostrava nenhuma vida até o momento da famosa explosão cambriana.

Mas ali estava Darwin, sem nenhuma prova, insistindo em que os oceanos do passado deviam ter abrigado uma vida abundante e que ainda não a encontráramos porque, por algum motivo, ela não fora preservada. Simplesmente não poderia ter sido diferente, Darwin sustentou. "O argumento por ora deve permanecer inexplicável; e pode ser defendido como um argumento válido, contra os pontos de vista aqui cogitados", ele confessou com franqueza, mas se recusando a admitir uma possibilidade alternativa.[20] À guisa de explicação Darwin especulou — inventiva mas incorretamente — que talvez os oceanos do Pré-Cambriano tivessem sido vazios demais para depositar sedimentos, e portanto não preservaram nenhum fóssil.[21]

Mesmos os amigos mais próximos de Darwin ficaram incomodados com a gratuidade de algumas de suas afirmações. Adam Sedgwick, que havia sido seu professor em Cambridge e o levara em uma excursão geológica a Gales em 1831, disse que o livro lhe deu "mais dor que prazer". Louis Agassiz descartou-o como conjetura medíocre. Mesmo Lyell concluiu melancolicamente: "Darwin está indo longe demais".[22]

T. H. Huxley não gostou da insistência de Darwin em quantidades enormes de tempo geológico porque ele era um saltacionista (a palavra vem do correspondente latino para pulo, salto), ou seja, acreditava na ideia de que as mudanças evolucionárias não acontecem aos poucos, mas subitamente.[23] Os saltacionistas não admitiam que órgãos complicados pudessem emergir em estágios graduais. Afinal, qual a utilidade de um décimo de asa ou meio olho? Tais órgãos, eles pensavam, só faziam sentido se aparecessem em um estado acabado.

A crença era surpreendente em um espírito radical como Huxley porque se assemelhava a uma ideia religiosa muito conservadora, proposta originalmente pelo teólogo inglês William Paley, em 1802, e conhecida como o argu-

---

* Por coincidência, em 1861, no auge da controvérsia, tais indícios apareceram quando trabalhadores da Baviera encontraram os ossos de um arqueópterix antigo, um animal metade ave, metade dinossauro (possuía penas, mas também dentes). Foi uma descoberta impressionante e útil, e sua importância foi muito debatida, porém um caso isolado não podia ser considerado conclusivo.

mento teleológico ou finalista. Paley sustentou que, se alguém achasse um relógio de bolso no chão, ainda que nunca o tivesse visto antes, perceberia de imediato que era obra de uma entidade inteligente. O mesmo ocorria com a natureza: sua complexidade era prova de que fora planejada. Aquela era uma noção poderosa no século XIX, e deu trabalho a Darwin também. "O olho até hoje me dá calafrios", ele reconheceu em carta a um amigo.[24] Na *Origem* ele admitiu que "parece, confesso abertamente, absurdo no mais alto grau" que a seleção natural pudesse produzir tal instrumento em etapas graduais.[25]

Mesmo assim, e para constante exasperação de seus defensores, Darwin não apenas insistia em que toda mudança era gradual, como em quase todas as edições da *Origem* aumentou a quantidade de tempo que julgava necessário para permitir a evolução, o que tornou suas ideias cada vez mais impopulares. "Por fim", de acordo com o cientista e historiador Jeffrey Schwartz, "Darwin perdeu praticamente todo apoio que ainda lhe restava entre os colegas historiadores naturais e geólogos."[26]

Por ironia, considerando-se que Darwin chamou seu livro de *A origem das espécies*, a única coisa que ele não conseguiu explicar foi como as espécies se originaram. Sua teoria sugeria um mecanismo para uma espécie se tornar mais forte, melhor ou mais veloz — em outras palavras, mais apta —, mas não dava nenhuma indicação de como ela poderia produzir uma espécie nova. Um engenheiro escocês, Fleeming Jenkin, examinou o problema e notou uma falha importante no argumento de Darwin, para quem qualquer traço benéfico surgido em uma geração seria repassado para as gerações subsequentes, fortalecendo assim a espécie.

Jenkin observou que um traço favorável em um progenitor não se tornaria dominante nas gerações seguintes, na verdade ele se diluiria pela mistura. Se você despeja uísque em um copo d'água, não torna o uísque mais forte, e sim mais fraco. E se despejar aquela solução diluída em outro copo d'água, ela ficará ainda mais fraca. De forma semelhante, qualquer traço favorável introduzido por um progenitor seria sucessivamente diluído por acasalamentos subsequentes até deixar de ser aparente. Desse modo, a teoria de Darwin não era uma receita para a mudança, e sim para a constância. Acasos felizes poderiam ocorrer de tempos em tempos, mas logo desapareceriam sob o impulso geral de trazer tudo de volta à mediocridade estável. A seleção natural, para funcionar, exigiria algum mecanismo alternativo e desconhecido.

Sem que Darwin e ninguém mais soubesse, a 1200 quilômetros dali, num canto tranquilo da Europa Central, um monge solitário chamado Gregor Mendel estava achando a solução.

Mendel nasceu em 1822 numa família camponesa humilde em uma província do Império Austríaco, no que é hoje a República Checa. Os livros escolares costumavam retratá-lo como um monge provinciano simples mas observador, cujas descobertas foram, em sua maioria, casuais — o resultado de observar alguns traços hereditários interessantes enquanto se distraía com ervilhas na horta do mosteiro. Na verdade, Mendel era um cientista diplomado — ele estudou física e matemática no Instituto Filosófico Olmütz e na Universidade de Viena — que aplicava a disciplina científica a tudo o que fazia. Além disso, o mosteiro de Brno, onde viveu a partir de 1843, era conhecido como uma instituição douta, com uma biblioteca de 20 mil livros e uma tradição de investigação científica rigorosa.[27]

Antes de embarcar em seus experimentos, Mendel passou dois anos preparando seus espécimes de controle, sete variedades de ervilhas, para evitar falhas nas hibridações. Depois, ajudado por dois auxiliares em tempo integral, ele repetidamente gerou e cruzou híbridos de 30 mil pés de ervilhas. Era um trabalho delicado, que exigia um cuidado extremo para evitar fecundações cruzadas acidentais e para observar a mínima variação no crescimento e na aparência de sementes, vagens, folhas, hastes e flores. Mendel sabia o que estava fazendo.

Ele nunca usou a palavra "gene" — ela só foi cunhada em 1913, em um dicionário médico inglês —, embora tenha inventado os termos "dominante" e "recessivo". Mendel estabeleceu que cada semente continha dois "fatores" ou *elementos*, como os chamou — um dominante e outro recessivo —, os quais, quando combinados, produziam padrões previsíveis de herança.

Os resultados, ele converteu em fórmulas matemáticas precisas. No todo, Mendel passou oito anos realizando os experimentos e depois confirmou os resultados com experiências semelhantes em flores, milho e outras plantas. No mínimo, Mendel foi científico *demais* em sua abordagem, pois, ao apresentar suas descobertas nas reuniões de fevereiro e março da Sociedade de História Natural de Brno, em 1865, o público de cerca de quarenta pessoas ouviu educadamente mas não se empolgou, a despeito de a cultura de plantas ser uma questão de grande interesse prático para muitos dos membros.

Quando o artigo de Mendel foi publicado, ele enviou entusiasmado uma cópia ao grande botânico suíço Karl-Wilhelm von Nägeli, cujo apoio era mais ou menos vital para o sucesso da teoria. Infelizmente, Nägeli não percebeu a importância do que Mendel havia descoberto e sugeriu que ele tentasse cultivar chicória. Mendel obedientemente seguiu a sugestão, mas logo percebeu que a chicória não possuía nenhum dos aspectos necessários ao estudo da hereditariedade. Estava claro que Nägeli não havia lido o artigo com atenção, se é que lera. Frustrado, parou de investigar a hereditariedade e passou o resto da vida cultivando hortaliças extraordinárias e estudando abelhas, camundongos e manchas solares, entre muitas outras coisas. Acabou se tornando abade.

As descobertas de Mendel não foram tão amplamente ignoradas como às vezes se afirma. Seu estudo mereceu um verbete apaixonado na *Encyclopaedia Britannica* — na época, um registro do pensamento científico mais proeminente do que hoje — e foi citado repetidas vezes num artigo importante do alemão Wilhelm Olbers Focke. De fato, por nunca terem submergido inteiramente abaixo da linha-d'água do pensamento científico é que as ideias de Mendel foram recuperadas com tanta facilidade quando o mundo estava pronto para elas.

Juntos, sem que percebessem, Darwin e Mendel estabeleceram a base de todas as ciências da vida no século XX. O primeiro viu que todos os seres vivos estão relacionados, que em última análise eles "remontam sua ancestralidade a uma origem única, comum", enquanto o trabalho do segundo proporcionou o mecanismo para explicar como aquilo podia acontecer. Os dois homens poderiam sem dúvida ter ajudado um ao outro. Mendel possuía uma edição alemã de *A origem das espécies*, que ele sabidamente leu, de modo que deve ter percebido a aplicabilidade de seu trabalho ao de Darwin, mas parece não ter feito nenhum esforço para entrar em contato com ele. E sabe-se que Darwin, por sua vez, teria estudado o artigo influente de Focke, com suas referências repetidas ao trabalho de Mendel, contudo não as associou aos próprios estudos.[28]

Aquilo que todo mundo acha que está no argumento de Darwin, que os seres humanos descendem dos macacos, só figurou como uma alusão passageira. Mesmo assim, não era preciso um salto de imaginação para ver a implicação das teorias de Darwin para o desenvolvimento humano, e aquele logo se tornou um tema de discussão.

O confronto ocorreu no sábado, 30 de junho de 1860, em uma reunião da Associação Britânica para o Progresso da Ciência, em Oxford. Huxley foi insistentemente convidado por Robert Chambers, autor de *Vestiges of the natural history of creation*, apesar de ainda não saber da ligação de Chambers com aquela obra controvertida.[29] Darwin, como sempre, não compareceu. A reunião realizou-se no Museu Zoológico de Oxford. Mais de mil pessoas se apinharam na sala, e outras centenas ficaram do lado de fora. As pessoas sabiam que algo importante iria acontecer, embora tivessem de esperar até que um orador soporífero chamado John William Draper, da Universidade de Nova York, avançasse penosamente por duas horas de observações introdutórias ao "desenvolvimento intelectual da Europa considerado com referência aos pontos de vista do senhor Darwin".[30]

Finalmente, o bispo de Oxford, Samuel Wilberforce, ergueu-se para falar. Wilberforce havia sido instruído (ou pelo menos é o que se supõe) pelo antidarwinista fervoroso Richard Owen, fora sido convidado à casa dele na noite anterior. Como acontece quase sempre com eventos que terminam em tumulto, as versões sobre o que transcorreu exatamente variam muito. Na versão mais popular, Wilberforce, depois que se animou, dirigiu-se a Huxley com um sorriso frio e perguntou se ele descendia dos macacos por parte da avó ou do avô. A intenção era fazer uma brincadeira, mas a pergunta foi recebida como um desafio hostil. Segundo seu próprio relato, Huxley voltou-se ao seu vizinho, sussurrou "Obrigado, Senhor, por tê-lo colocado em minhas mãos" e levantou-se satisfeito.

Outros, porém, lembravam-se de um Huxley tremendo de fúria e indignação. Em todo caso, Huxley declarou que preferia descender de um macaco do que de alguém que usava seu prestígio para propor tolices resultantes de ignorância no que deveria ser um fórum científico sério. Tal resposta foi uma insolência escandalosa, além de um insulto ao cargo de Wilberforce, e os trabalhos logo descambaram em tumulto. Uma certa sra. Brewster desmaiou. Robert FitzRoy, o companheiro de Darwin no *Beagle* 25 anos antes, percorria o salão com uma Bíblia para o alto, bradando: "O Livro, o Livro". (Ele estava na conferência para apresentar um artigo sobre tempestades, na condição de chefe do recém-criado Departamento Meteorológico.) O interessante é que ambas as partes alegaram depois ter derrotado a outra.

Darwin acabou tornando explícita sua crença em nosso parentesco com os primatas em *The descent of man* [A descendência do homem], em 1871. A conclusão era ousada, já que nada no registro fóssil respaldava tal ideia. Os únicos vestígios de seres humanos primitivos então conhecidos eram os ossos do famoso homem de Neandertal, da Alemanha, e alguns fragmentos incertos de maxilares, e muitas autoridades respeitadas se recusavam a acreditar mesmo em sua antiguidade. *The descent of man* foi, no todo, um livro mais controvertido, mas na época de sua aparição o mundo se acalmara e seus argumentos causaram muito menos celeuma.

No entanto, Darwin dedicou grande parte de seus anos finais a outros projetos, a maioria apenas tangenciando as questões da seleção natural. Ele passou períodos surpreendentemente longos coletando fezes de aves e examinando seu conteúdo na tentativa de entender como as sementes se espalhavam entre continentes, e muitos outros anos estudando o comportamento das minhocas. Um de seus experimentos era tocar piano para elas, não para distraí-las, e sim para estudar o efeito exercido pelo som e pela vibração.[31] Darwin foi o primeiro a perceber a importância vital das minhocas para a fertilidade do solo. "É duvidoso se existem muitos outros animais que desempenharam um papel tão importante na história do mundo", ele escreveu em sua obra-prima sobre o assunto, *The formation of vegetable mould through the action of worms* [A formação de humo vegetal pela ação das minhocas] (1881), que acabou sendo mais popular do que *A origem das espécies*. Entre seus outros livros estavam *On the various contrivances by which British and foreign orchids are fertilised by insects* [Sobre os diferentes mecanismos pelos quais as orquídeas britânicas e as estrangeiras são fertilizadas por insetos] (1862), *A expressão das emoções no homem e nos animais* (1872), que vendeu quase 5300 exemplares no dia do lançamento, *The effects of cross and self fertilization in the vegetable kingdom* [Os efeitos da fecundação cruzada e da autofecundação no reino vegetal] (1876) — tema que chegou improvavelmente perto do próprio trabalho de Mendel, sem atingir os mesmos insights — e seu último livro, *The power of movement in plants* [O poder do movimento nas plantas]. Por fim, mas não menos importante, dedicou grande esforço ao estudo das consequências da endogamia — uma questão de interesse pessoal para ele. Tendo se casado com a própria prima, Darwin suspeitava com tristeza que certas debilidades físicas e mentais entre seus filhos resultaram da falta de diversidade em sua árvore genealógica.[32]

Darwin foi muitas vezes homenageado em vida, mas nunca por *A origem das espécies* ou *The descent of man*.[33] Quando a Royal Society lhe concedeu a prestigiosa medalha Copley, foi por sua geologia, zoologia e botânica, e não pelas teorias evolucionistas, e a Sociedade Lineana teve a mesma satisfação em homenageá-lo, sem abraçar suas ideias radicais. Ele nunca foi nomeado cavaleiro, conquanto acabasse enterrado na abadia de Westminster — junto a Newton. Morreu em Down em abril de 1882. Mendel morreu dois anos depois.

A teoria de Darwin só veio a ser amplamente aceita nas décadas de 1930 e 1940, com a apresentação de uma teoria refinada chamada, com certa presunção, de síntese moderna, que combinava as ideias de Darwin com as de Mendel e outros.[34] Para Mendel, o reconhecimento também foi póstumo, não obstante tenha chegado um pouco mais cedo. Em 1900, três cientistas, trabalhando separadamente na Europa, redescobriram o trabalho de Mendel mais ou menos ao mesmo tempo. Foi somente porque um deles, um holandês chamado Hugo de Vries, tentou, ao que parece, se apropriar das ideias de Mendel, que um rival resolveu deixar ruidosamente claro que o mérito cabia ao monge esquecido.[35]

O mundo estava quase, mas não totalmente, pronto para começar a entender como chegamos aqui — como fizemos uns aos outros. É surpreendente o fato de que, no início do século XX e por alguns anos além, as melhores mentes científicas do mundo não sabiam realmente dizer de onde vieram os bebês.

E esses, você deve se lembrar, eram homens que achavam que a ciência estava próxima do fim.

26. A matéria da vida

Se seus pais não tivessem se unido exatamente quando se uniram — possivelmente naquele segundo exato, possivelmente naquele nanossegundo exato —, você não estaria aqui. E se os pais deles não tivessem se unido igualmente no momento certo, você tampouco estaria aqui. E se os pais dos pais deles não tivessem feito o mesmo, e os pais dos pais dos pais deles antes, e assim indefinidamente, é claro que você não estaria aqui.

Volte para trás no tempo, e essas dívidas para com os ancestrais começam a aumentar. Recue apenas oito gerações, até mais ou menos o tempo em que Charles Darwin e Abraham Lincoln nasceram, e já existem mais de 250 pessoas de cuja união oportuna sua existência depende. Continue retrocedendo até o tempo de Shakespeare e dos peregrinos do *Mayflower*, e você terá não menos de 16 384 ancestrais trocando com ardor material genético de uma maneira que, com o tempo e milagrosamente, viria a resultar em você.

Vinte gerações atrás, o número de pessoas procriando em seu favor aumentou para 1 048 576. Cinco gerações antes, existem nada menos que 33 554 432 homens e mulheres de cujas uniões dedicadas depende a sua existência. Trinta gerações atrás, o número total de seus ancestrais — lembre-se de que não se trata de primos e tias e outros parentes secundários, mas apenas de pais, e pais dos pais, em uma linhagem que leva inevitavelmente até você — supera

1 bilhão (1 073 741 824, para ser preciso). Se você retroceder 64 gerações, até o tempo dos romanos, o número de pessoas de cujos esforços cooperativos sua existência eventual depende aumentou para aproximadamente 1 000 000 000 000 000 000, que é milhares de vezes o total de pessoas que já viveram na Terra.

É evidente que há algo errado em nossa matemática aqui. A resposta, talvez lhe interesse saber, é que sua linhagem não é pura. Você não poderia estar aqui sem um pouco de incesto — na verdade, muito incesto —, embora a uma distância geneticamente discreta. Com tantos milhões de ancestrais nas costas, várias foram as ocasiões em que um parente do lado materno de sua família procriou com algum primo distante do lado paterno. Na verdade, se você está unido a alguém de sua própria raça e país, são excelentes as chances de possuírem algum nível de parentesco. De fato, se você olhar à sua volta em um ônibus, parque, café ou qualquer lugar apinhado, *a maioria* das pessoas que verá provavelmente é seu parente. Quando alguém se vangloria de descender de Guilherme, o Conquistador, ou dos peregrinos do *Mayflower*, você deve responder imediatamente: "Eu também!". No sentido mais literal e fundamental, somos todos da mesma família.

Somos todos misteriosamente semelhantes. Compare seus genes com aqueles de qualquer outro ser humano: em média, serão 99,9% iguais. É isso que nos torna uma espécie. As diferenças minúsculas naquele 0,1% restante — "aproximadamente uma base de nucleotídeo em cada mil", para citar o geneticista britânico John Sulston, recentemente premiado com o Nobel[1] — são o que nos proporciona nossa individualidade. Muito se avançou nos últimos anos no desvendamento do genoma humano. Cada genoma humano é diferente. Senão seríamos todos idênticos. São as recombinações incessantes de nossos genomas — todos quase idênticos, mas não totalmente — que fazem de nós o que somos, como indivíduos e como espécie.

Mas o que é exatamente essa coisa a que chamamos de genoma? E o que vêm a ser os genes? Bem, comecemos com uma célula de novo. Dentro da célula existe um núcleo, e dentro de cada núcleo estão os cromossomos — 46 pequenos feixes de complexidade, dos quais 23 vêm de sua mãe e 23, de seu pai. Com pouquíssimas exceções, cada célula em seu corpo — 99,999% delas, digamos — possui o mesmo complemento de cromossomos. (As exceções são os glóbulos vermelhos, algumas células do sistema imunológico e o óvulo e o espermatozoide, os quais, por diferentes motivos organizacionais, não possuem o pacote genético pleno.)[2] Os cromossomos constituem o conjunto completo de instruções necessárias para formar e preservar você e são feitos de longos filamentos do pequeno milagre químico chamado ácido desoxirribonucleico ou DNA — "a molécula mais extraordinária da Terra", como foi chamado.

O DNA existe por um único motivo — criar mais DNA — e existe em grande quantidade dentro de você: cerca de dois metros espremidos dentro de quase todas as células. Cada extensão de DNA compreende aproximadamente 3,2 bilhões de letras de codificação, o suficiente para fornecer $10^{3\,480\,000\,000}$ combinações possíveis, "garantidamente únicas contra todas as chances concebíveis", nas palavras de Christian de Duve.[3] Trata-se de numerosas possibilidades — um seguido de mais de 3 bilhões de zeros. "Seriam precisos mais de 5 mil livros de tamanho normal para imprimir tal cifra", ressalta de Duve. Observe-se no espelho e reflita sobre o fato de que você está contemplando 10 mil trilhões de células, e que quase todas elas contêm 1,8 metro de DNA densamente compactado, e você terá uma ideia da enormidade desse material que carrega consigo. Se todo o seu DNA fosse reunido em um único filamento fino, seria comprido o bastante para se estender da Terra à Lua e de volta, não uma ou duas vezes, mas várias vezes.[4] No todo, de acordo com um cálculo, você pode ter até 20 milhões de quilômetros de DNA empacotados no seu interior.[5]

Seu corpo, em suma, adora produzir DNA, e sem ele você não conseguiria viver. Mas o próprio DNA não está vivo. Ao contrário de qualquer outra molécula, ele é, por assim dizer, especialmente "inanimado". Está "entre as moléculas mais não reativas e quimicamente inertes do mundo vivo", nas palavras do geneticista Richard Lewontin.[6] Por isso pode ser recuperado de restos de sangue ou sêmen secos há muito tempo, em investigações de homicídios, e obtido dos ossos de antigos homens de Neandertal. Daí também o longo tempo que os cientistas levaram para decifrar como uma substância tão contida — isto é, tão sem vida — poderia estar no cerne da própria vida.

O DNA é conhecido há mais tempo do que você pode imaginar. Foi descoberto já em 1869 por Johann Friedrich Miescher, um cientista suíço que trabalhava na Universidade de Tübingen, na Alemanha.[7] Ao examinar ao microscópio o pus de ataduras cirúrgicas, Miescher encontrou uma substância que não reconheceu e que chamou de nucleína (por residir nos núcleos das células). Miescher limitou-se então a anotar sua existência, mas a nucleína permaneceu em sua cabeça, pois 23 anos mais tarde, em uma carta ao tio, ele levantou a possibilidade de que aquelas moléculas pudessem ser os agentes responsáveis pela hereditariedade. Foi um insight extraordinário, mas tão à frente das condições científicas da época que não atraiu nenhuma atenção.

Na maior parte dos cinquenta anos seguintes, a suposição comum foi de que o material — agora denominado ácido desoxirribonucleico, ou DNA — teria no máximo um papel subsidiário nas questões de hereditariedade. Ele era simples demais. Possuía apenas quatro componentes básicos, chamados nucleotídeos, o que correspondia a ter um alfabeto de apenas quatro letras. Como seria possível escrever a história da vida com um alfabeto tão rudimentar? (Resposta: da mesma maneira como se criam mensagens complexas com os pontos e traços simples do código Morse — combinando-os.) O DNA não realizava nada de específico, ao que se observava.[8] Ele simplesmente residia no núcleo, possivelmente unindo o cromossomo de alguma maneira, acrescentando uma pitada de acidez quando ordenado ou executando alguma outra tarefa trivial em que ninguém havia ainda pensado. A complexidade necessária, pensava-se, teria de existir nas proteínas do núcleo.[9]

Havia, porém, dois problemas em descartar o DNA. Primeiro, havia uma quantidade enorme dele: quase dois metros em quase todos os núcleos, de sorte que as células o estimavam de alguma forma importante. Além disso, ele vivia aparecendo nos experimentos, como um suspeito numa história policial. Em dois estudos em particular, um envolvendo a bactéria *Pneumonococcus* e o outro envolvendo bacteriófagos (vírus que infectam bactérias), o DNA denunciou uma importância que só podia ser explicada se seu papel fosse mais central do que o pensamento predominante admitia. Os indícios sugeriam que ele estaria, de algum modo, envolvido na produção de proteínas, um processo vital à vida, embora também estivesse claro que as proteínas estavam sendo produzidas *fora* do núcleo, bem longe do DNA que supostamente coordenava sua produção.

Ninguém conseguia entender como o DNA poderia estar transmitindo mensagens às proteínas. A resposta, sabemos agora, estava no RNA, ou ácido ribonucleico, que age como um intérprete entre ambos. O fato de o DNA e as proteínas não falarem a mesma linguagem constitui uma excentricidade notável da biologia. Durante quase 4 bilhões de anos, eles têm sido a grande dupla do mundo vivo, mas respondem a códigos mutuamente incompatíveis, como se um falasse espanhol e o outro, híndi. Para se comunicarem, precisam de um mediador na forma do RNA. Trabalhando com uma espécie de auxiliar químico chamado ribossomo, o RNA traduz informações do DNA de uma célula em termos que as proteínas possam entender e aos quais possam reagir.

Contudo, no início do século XX, onde retomamos a nossa história, ainda estávamos bem longe de entender tudo isso e quase todo o resto relacionado ao tema confuso da hereditariedade.

Sem dúvida, havia a necessidade de alguma experimentação inspirada e engenhosa, e felizmente a época produziu um jovem com a diligência e a capacidade requeridas para realizá-la. Seu nome era Thomas Hunt Morgan, e em 1904, apenas quatro anos após a redescoberta oportuna dos experimentos de Mendel com os pés de ervilha, e ainda quase uma década antes que *gene* chegasse a ser uma palavra, ele começou a fazer coisas notadamente consagradas com os cromossomos.

Os cromossomos foram descobertos por acaso em 1888 e receberam esse nome porque absorviam prontamente corantes, o que os tornava facilmente visíveis ao microscópio. Na virada para o século XX, era forte a suspeita de que estivessem envolvidos na transmissão de traços, mas ninguém sabia como, ou mesmo se eles faziam isso de fato.

Morgan escolheu como objeto de estudo uma mosca minúscula e delicada formalmente denominada *Drosophila melanogaster*, mais comumente conhecida como mosca-das-frutas. A drosófila é familiar a quase todos nós como o inseto frágil e sem cor que parece ter uma necessidade compulsiva de se afogar em nossas bebidas. Como espécimes de laboratório, as moscas-das-frutas possuíam certas vantagens bem atraentes: não custavam quase nada para abrigar e alimentar, podiam se propagar aos milhões em garrafas de leite, evoluíam do ovo à paternidade produtiva em dez dias ou menos e tinham apenas quatro cromossomos, o que era convenientemente simples.

Trabalhando em um laboratório pequeno (que inevitavelmente acabou sendo apelidado de Sala das Moscas) no Schermerhorn Hall, na Universidade de Columbia, em Nova York, Morgan e sua equipe embarcaram em um programa de procriação e cruzamentos meticulosos envolvendo milhões de moscas (um biógrafo diz bilhões, embora seja provavelmente um exagero), cada uma das quais tinha de ser capturada com pinças e examinada sob uma lupa em busca de quaisquer variações minúsculas de herança. Durante seis anos, eles tentaram produzir mutações por todos os meios imagináveis — submetendo as moscas a radiação e raios X, criando-as sob luz brilhante e no escuro, assando-as delicadamente em fornos, girando-as loucamente em centrífugas —, mas nada funcionou. Morgan estava a ponto de desistir quando ocorreu uma mutação súbita e repetível: uma mosca com olhos brancos, em vez dos olhos vermelhos normais. Com tal avanço, Morgan e seus auxiliares puderam gerar deformidades úteis, o que lhes permitiu rastrear um traço por gerações sucessivas. Por esse meio, puderam descobrir as correlações entre características específicas e cromossomos individuais e acabaram provando, de forma mais ou menos satisfatória, que os cromossomos estavam no âmago da herança.[10]

O problema, porém, persistiu no próximo nível de complexidade biológica: os genes enigmáticos e o DNA que os compunha. Estes eram bem mais complicados de isolar e entender. Ainda em 1933, quando Morgan recebeu o prêmio Nobel por seu trabalho, muitos pesquisadores não estavam convencidos da existência dos genes. Como Morgan observou na época, não havia consenso "sobre o que os genes são: se são reais ou puramente fictícios".[11] Pode parecer surpreendente que os cientistas relutassem em aceitar a realidade física de algo tão fundamental à atividade celular, mas, como Wallace, King e Sanders observam em *Biology: the science of life* [Biologia: A ciência da vida] (caso raro: um texto universitário legível), estamos hoje em posição semelhante em relação aos processos mentais, como o pensamento e a memória. Sabemos que os possuímos, é claro, no entanto ignoramos qual forma física eles assumem, se é que a têm.[12] O mesmo aconteceu por muito tempo com os genes. A ideia de extrair um gene do corpo a fim de estudá-lo era tão absurda, para muitos colegas de Morgan, quanto é atualmente a ideia de que os cientistas possam capturar um pensamento desgarrado e examiná-lo sob o microscópio.

Certo era que *algo* associado aos cromossomos estava coordenando a replicação das células. Finalmente, em 1944, após quinze anos de esforço, uma equipe do Instituto Rockefeller, em Manhattan, liderada por um canadense brilhante mas tímido, chamado Oswald Avery, realizou com sucesso um experimento difícil em que uma variedade inofensiva de bactéria se tornou permanentemente infecciosa pelo cruzamento com um DNA estranho, provando que, longe de ser uma molécula passiva, o DNA era quase com certeza o agente ativo da hereditariedade. O bioquímico de origem austríaca Erwin Chargaff mais tarde sugeriu que a descoberta de Avery valia dois prêmios Nobel.[13]

Infelizmente, Avery enfrentou a oposição de um dos próprios colegas do instituto, um entusiasta das proteínas, obstinado e desagradável, chamado Alfred Mirsky, que fez todo o possível para desacreditar seu trabalho — inclusive, ao que se comentou, induzindo as autoridades do Instituto Karolinska, em Estocolmo, a não lhe conceder o Nobel.[14] Avery naquela época tinha 66 anos e estava cansado. Incapaz de lidar com a tensão e a controvérsia, renunciou ao cargo e nunca mais entrou num laboratório. Mas outros experimentos em outros lugares respaldaram suas conclusões, e logo começaria a corrida para se descobrir a estrutura do DNA.

Se você fosse um apostador no início da década de 1950, seu dinheiro quase certamente iria para Linus Pauling, do Caltech, o maior químico dos Estados Unidos, desvendar a estrutura do DNA. Pauling era imbatível na descoberta da arquitetura das moléculas e havia sido pioneiro no campo da cristalografia por raio X, técnica que se revelaria crucial na pesquisa do âmago do DNA. Em uma carreira notável, ele ganharia dois prêmios Nobel (de Química, em 1954, e da Paz, em 1962), mas em relação ao DNA convenceu-se de que ele possuía uma estrutura em hélice tripla, e não dupla, e nunca atingiu o caminho certo. A vitória coube a um quarteto inusitado de cientistas da Inglaterra que não trabalhavam em equipe, muitas vezes estavam brigados e eram, basicamente, novatos no campo.

Dos quatro, o mais próximo de um intelectual convencional era Maurice Wilkins, que passara grande parte da Segunda Guerra Mundial ajudando a projetar a bomba atômica. Dois dos outros, Rosalind Franklin e Francis Crick, passaram os anos da guerra trabalhando com minas para o governo britânico: Crick no tipo de mina que explode, Franklin no tipo de mina que produz carvão.

O mais anticonvencional dos quatro era James Watson, um prodígio americano que se destacara, quando menino, como participante de um programa de rádio de perguntas e respostas altamente popular chamado *The Quiz Kids*[15] (que pelo menos em parte serviu de inspiração para alguns dos membros da família Glass, em *Franny e Zooey*,* e em outras obras de J. D. Salinger) e que ingressara na Universidade de Chicago com apenas quinze anos. Ele obtivera o ph.D. aos vinte anos e então estava ligado ao famoso Laboratório Cavendish, em Cambridge. Em 1951, era um rapaz desajeitado de 23 anos com cabelos eriçados que parecem, nas fotografias, estar sendo atraídos por algum ímã poderoso fora da foto.

Crick, doze anos mais velho e ainda sem doutorado, era menos cabeludo e um pouco mais elegante. No relato de Watson, ele é apresentado como tempestuoso, abelhudo, um ávido polemista, impaciente com quem demorava a entender uma ideia, e em constante risco de ser mandado embora. Nenhum dos dois tinha formação em bioquímica.

O pressuposto deles era que, se conseguissem descobrir a forma de uma molécula de DNA, seriam capazes de ver — corretamente, ao que se revelou — como ela funcionava. Eles esperavam alcançar esse intento, ao que parece, com o mínimo de trabalho exceto pensar, e empregando apenas o estritamente necessário. Como Watson animadamente (ainda que com um toque de insinceridade) observou em seu livro autobiográfico *The double helix* [A hélice dupla]: "Eu tinha esperança de que o gene pudesse ser decifrado sem que eu precisasse aprender química".[16] A tarefa deles não era trabalhar no DNA, e a certa altura receberam ordem de parar. Watson estava ostensivamente dominando a arte da cristalografia, e Crick deveria estar completando uma tese sobre a difração de raios X de moléculas grandes.

Embora Crick e Watson desfrutem de quase todo o mérito, nos relatos populares, pela solução do mistério do DNA, sua descoberta revolucionária dependeu crucialmente de trabalhos experimentais realizados por seus competidores, cujos resultados foram obtidos "fortuitamente", nas palavras diplomáticas da historiadora Lisa Jardine.[17] Bem à frente deles, pelo menos no início, estavam dois acadêmicos da King's College de Londres, Wilkins e Franklin.

Nascido na Nova Zelândia, Wilkins era uma figura retraída, chegando às raias da invisibilidade. Um documentário de 1998 do PBS sobre a descoberta

---

* Essa obra de Salinger descreve uma família de crianças superdotadas que se tornam astros de um famoso programa de rádio. (N. T.)

da estrutura do DNA — uma façanha pela qual ele compartilhou o prêmio Nobel de 1962 com Crick e Watson — conseguiu ignorá-lo totalmente.

O personagem mais enigmático de todos era Franklin. Em um perfil nada lisonjeiro, Watson, em *The double helix*, retratou-a como uma mulher irracional, dissimulada, cronicamente não cooperadora e — isto pareceu especialmente irritante — quase que de propósito nada *sexy*. Ele admitiu que ela "não carecia de atrativos e poderia ter sido até impressionante se tivesse um mínimo interesse em roupas", mas nisso Franklin frustrava todas as expectativas. Ela nem sequer usava batom, Watson observou espantado, enquanto suas roupas "mostravam toda a imaginação das adolescentes inglesas metidas a intelectuais".*[18]

No entanto, ela tinha as melhores imagens existentes da estrutura possível do DNA, obtidas por meio da cristalografia por raio X, a técnica aperfeiçoada por Linus Pauling. A cristalografia vinha sendo usada com sucesso para mapear átomos em cristais (daí o termo "cristalografia"), mas as moléculas de DNA eram bem mais complicadas. Somente Franklin estava conseguindo bons resultados do processo, porém, para a constante exasperação de Wilkins, se recusava a compartilhar suas descobertas.

Se Franklin guardava segredo de suas descobertas, tinha lá seus motivos. As alunas da King's College na década de 1950 eram tratadas com um desdém oficial que impressiona as sensibilidades modernas (aliás, quaisquer sensibilidades). Por mais antigas ou bem-sucedidas que fossem, elas não eram admitidas no salão dos veteranos da faculdade, e tinham de fazer suas refeições em uma sala mais prosaica, que o próprio Watson admitiu ser "totalmente sem graça". Para piorar, ela vinha sendo constantemente pressionada — às vezes, ativamente molestada — para compartilhar seus resultados com uma trinca de homens cujo desespero em meter os olhos neles não era acompanhado de qualidades mais agradáveis, como o respeito. "Receio que costumássemos adotar, digamos, uma atitude de condescendência em relação a ela", recordou Crick mais tarde. Dois daqueles homens pertenciam a uma instituição con-

---

* Em 1968, a Harvard University Press cancelou a publicação de *The double helix*, depois que Crick e Wilkins reclamaram de suas caracterizações, descritas pela historiadora da ciência Lisa Jardine como "gratuitamente ofensivas".[19] Nas descrições citadas, Watson já tinha atenuado seus comentários.

corrente e o terceiro estava mais ou menos se alinhando com eles. Não surpreende que ela mantivesse seus resultados guardados a sete chaves.

Ao que parece Watson e Crick se aproveitaram dos desentendimentos entre Wilkins e Franklin. Embora Crick e Watson estivessem invadindo descaradamente o território de Wilkins, foi com eles que este se alinhou cada vez mais — o que não é de surpreender, já que a própria Franklin começava a se comportar de forma decididamente estranha. Apesar de seus resultados mostrarem que o DNA definitivamente tinha uma forma helicoidal, ela insistia com todos que não tinha. Para suposto desânimo e constrangimento de Wilkins, no verão de 1952, ela afixou um aviso falso perto do Departamento de Física da King's College dizendo: "É com grande pesar que anunciamos a morte, na sexta-feira, 18 de julho de 1952, da hélice de DNA... Esperamos que o dr. M. H. F. Wilkins faça um discurso em memória da falecida hélice".[20]

O resultado de tudo isso foi que, em janeiro de 1953, Wilkins mostrou a Watson as imagens de Franklin "aparentemente sem o conhecimento ou o consentimento dela".[21] Chamar isso de ajuda significativa é pouco. Anos depois, Watson admitiu que aquele "foi o evento-chave [...] que nos mobilizou".[22] Dotados do conhecimento da forma básica da molécula de DNA e de alguns elementos importantes de suas dimensões, Watson e Crick redobraram os esforços. Tudo parecia conspirar a favor deles. A certa altura, Pauling estava a caminho de uma conferência na Inglaterra em que, provavelmente, teria encontrado Wilkins e descoberto o suficiente para corrigir sua linha de investigação equivocada. Mas estava-se vivendo a era do macarthismo; e Pauling foi detido no aeroporto Idlewild, em Nova York, e teve o passaporte confiscado sob a justificativa de que tinha um temperamento liberal demais para poder viajar ao exterior. Crick e Watson também tiveram a sorte de o filho de Pauling estar trabalhando em Cavendish e, inocentemente, os pôr a par dos progressos e retrocessos obtidos pelo pai.

Ainda enfrentando a possibilidade de serem passados para trás a qualquer momento, Watson e Crick se concentraram febrilmente no problema. Sabia-se que o DNA possuía quatro componentes químicos — adenina, guanina, citosina e tiamina — e que eles se juntavam de maneiras específicas. Brincando com pedaços de cartolina cortados em forma de moléculas, Watson e Crick conseguiram decifrar como as peças se encaixavam. Com base nisso, montaram um modelo que se tornou talvez o mais famoso da ciência moderna — consistindo em placas de metal reunidas em forma de espiral — e convidaram Wilkins, Franklin e o resto do mundo a darem uma olhada. Qualquer pessoa informada podia ver de cara que eles haviam solucionado o problema. Foi sem dúvida um trabalho de detetive brilhante, com ou sem o estímulo das imagens de Franklin.

Em 25 de abril de 1953, a edição de *Nature* publicou um artigo de novecentas palavras de Watson e Crick intitulado "A structure for deoxyribose nucleic acid" [Uma estrutura para o ácido desoxirribonucleico], acompanhado de artigos separados de Wilkins e Franklin.[23] Era uma época cheia de acontecimentos no mundo — Edmund Hillary estava prestes a atingir o topo do Everest, enquanto Elizabeth II ia ser coroada rainha da Inglaterra —, de modo que a descoberta do segredo da vida passou em grande parte despercebida. Ela mereceu uma pequena menção no *News Chronicle* e foi ignorada em outros lugares.[24]

Rosalind Franklin não compartilhou o prêmio Nobel. Ela morreu de câncer no ovário na idade prematura de 37 anos, em 1958, quatro anos antes da concessão do prêmio. O prêmio Nobel não é concedido postumamente. O câncer quase com certeza resultou da exposição excessiva aos raios X em seu trabalho e poderia ter sido evitado. Em sua elogiadíssima biografia de Franklin, Brenda Maddox observou que era raro Franklin trajar um avental de chumbo e que muitas vezes ela atravessava descuidadamente um raio.[25] Oswald Avery tampouco ganhou um prêmio Nobel e foi igualmente ignorado pela posteridade, embora ao menos tivesse a satisfação de viver o suficiente para ver suas descobertas reconhecidas. Ele morreu em 1955.

A descoberta de Watson e Crick só foi de fato confirmada na década de 1980. Como disse Crick em um de seus livros: "Foram precisos mais de 25 anos para o nosso modelo de DNA passar de um tanto plausível para muito plausível [...] e dali para quase certamente correto".[26]

Mesmo assim, a compreensão da estrutura do DNA deu um grande impulso à genética, e em 1968 a revista *Science* publicou um artigo intitulado "That was the molecular biology that was" [Aquela era a biologia molecular que era] sugerindo — parece implausível, mas é verdade — que o trabalho da genética estava chegando ao fim.[27]

Claro que, na verdade, estava apenas começando. Ainda hoje há muita coisa sobre o DNA que mal entendemos, até porque grande parte dele parece não estar *fazendo* nada. Noventa e sete por cento do nosso DNA consiste em nada além de longos trechos de confusão sem sentido — DNA "lixo" ou "não codificador", como os bioquímicos preferem dizer. Apenas num lugar ou noutro, ao longo de cada trecho, encontram-se seções que controlam e organizam funções vitais. Estes são os genes curiosos e por tanto tempo esquivos.

Os genes são nada mais (e nada menos) que instruções para produzir proteínas. Isso eles fazem com certa fidelidade cega. Nesse sentido, são como as teclas de um piano, cada qual tocando uma nota individual e só, o que é obviamente monótono.[28] Mas combine os genes, como você combinaria teclas de piano, e podem-se criar acordes e melodias de variedade infinita. Junte todos esses genes, e você terá (para continuar a metáfora) a grande sinfonia da existência conhecida como o genoma humano.

Um modo alternativo e mais comum de considerar o genoma é como uma espécie de manual de instruções para o corpo. Vistos desse jeito, os cromossomos podem ser imaginados como os capítulos do livro e os genes, como instruções individuais para produzir proteínas. As palavras em que as instruções estão escritas são chamadas códons, e as letras são conhecidas como bases. As bases — as letras do alfabeto genético — compõem-se dos quatro nucleotídeos mencionados uma ou duas páginas atrás: adenina, tiamina, guanina e citosina. Apesar da importância do que fazem, essas substâncias não consistem em nada exótico. A guanina, por exemplo, é a mesma substância abundante no guano, ao qual dá o nome.[29]

A forma de uma molécula de DNA, como todos sabem, é semelhante a uma escada de caracol ou a uma escada de cordas torcidas: a famosa hélice dupla. Os pilares dessa estrutura são feitos de um tipo de açúcar chamado desoxirribose, e a totalidade da hélice é um ácido nucleico — daí o nome "ácido desoxirribonucleico". Os degraus são formados por duas bases que se juntam no espaço intermediário, e elas só podem se combinar de dois jeitos: a guanina sempre se combina com a citosina, e a tiamina sempre com a adenina. A ordem em que essas letras aparecem à medida que se sobe ou se desce a escada constitui o código do DNA. Registrá-lo tem sido a missão do Projeto Genoma Humano.

O que o DNA tem de brilhante é a maneira como se replica. Quando chega a hora de produzir uma molécula de DNA nova, os dois filamentos se dividem ao meio, como o zíper de uma jaqueta, e cada metade vai formar uma nova parceria. Como cada nucleotídeo ao longo de um filamento se junta a outro nucleotídeo específico, cada filamento serve de modelo para a criação de um filamento compatível novo. Se você possuísse apenas um filamento de seu próprio DNA, poderia facilmente reconstruir o filamento compatível descobrindo as parcerias necessárias: se o degrau superior de um filamento fosse constituído de guanina, você saberia que o degrau superior do filamento compatível teria de ser de citosina. Descendo a escada através de todos os pares de nucleotídeos, você acabaria obtendo o código de uma molécula nova. É exatamente isso o que ocorre na natureza, só que com extrema velocidade — em uma questão de segundos, o que é uma verdadeira façanha.

Na maior parte do tempo, nosso DNA se replica com zelosa precisão, mas ocasionalmente — cerca de uma vez em 1 milhão — uma letra vai parar no lugar errado. Isso se denomina polimorfismo de nucleotídeo único (conhecido pela sigla inglesa SNP ou familiarmente por "Snip"). Geralmente os SNPs ficam soterrados em trechos de DNA não codificador, sem nenhuma consequência detectável para o corpo. Às vezes, contudo, eles fazem diferença. Podem deixá-lo predisposto a alguma doença, mas poderiam igualmente lhe conferir uma ligeira vantagem — uma pigmentação mais protetora, por exemplo, ou uma produção maior de glóbulos vermelhos para quem vive em grandes altitudes. Com o tempo, essas modificações ligeiras se acumulam nos indivíduos e nas populações, contribuindo para a diferenciação de ambos.

O equilíbrio entre precisão e erros na replicação é sutil. O excesso de erros impede o funcionamento do organismo, mas sua falta sacrifica a adaptabilidade. Um equilíbrio semelhante deve existir entre a estabilidade e a inovação em um organismo. Um aumento dos glóbulos vermelhos pode ajudar uma pessoa ou um grupo que viva a grandes altitudes a se deslocar e respirar mais facilmente, porque mais glóbulos vermelhos conseguem conduzir mais oxigênio. Entretanto, glóbulos vermelhos adicionais também engrossam o sangue. O excesso de glóbulos vermelhos "é como bombear óleo", nas palavras do antropólogo da Universidade Temple Charles Weitz. É forçar o coração. Desse modo, quem tem uma estrutura para viver a grandes altitudes tem a respiração mais eficaz, mas paga o preço do risco maior de ataques cardíacos. É por esses mecanismos que a seleção natural darwiniana cuida de nós. Além disso, ela ajuda a explicar por que somos todos tão parecidos. A evolução simplesmente não deixará você se tornar diferente demais — não sem se tornar uma espécie nova.

O 0,1% de diferença entre os seus genes e os meus é explicado por nossos SNPs. Se você comparasse seu DNA com o de uma terceira pessoa, haveria também uma correspondência de 99,9%, mas os SNPs estariam, na maior parte, em lugares diferentes. Acrescente mais pessoas à comparação, e você obterá mais SNPs em mais lugares. Para cada uma de suas 3,2 bilhões de bases, em algum lugar do planeta haverá uma pessoa, ou grupo de pessoas, com uma codificação diferente naquela posição. Assim, não só está errado referir-se a "o" genoma humano, como, em certo sentido, nem sequer possuímos "um" genoma humano. Temos 6 bilhões deles. Somos todos 99,9% iguais, mas também, nas palavras do bioquímico David Cox, "podemos dizer que todos os seres humanos não compartilham nada, e isso seria igualmente correto".[30]

No entanto, ainda temos de explicar por que tão pouco desse DNA possui algum propósito discernível. A coisa começa a ficar um pouco desanimadora, mas realmente parece que o propósito da vida é perpetuar DNA. Os 97% de nosso DNA em geral considerados inúteis constituem-se, predominantemente, de grupos de letras que, nas palavras de Matt Ridley, "existem pelo simples e puro motivo de que são exímios em se duplicarem".*[31] A maior parte de seu DNA, em outras palavras, não se dedica a você, mas a ele próprio: você é uma máquina para reproduzi-lo, e não vice-versa. A vida, lembre-se, simplesmente deseja ser, e o DNA é o que permite isto.

Mesmo quando o DNA inclui instruções para produzir genes — quando os codifica, como dizem os cientistas —, nem sempre é visando ao bom funcionamento do organismo. Um dos genes mais comuns que possuímos é para uma proteína chamada transcriptase reversa, sem nenhuma função benéfica conhecida nos seres humanos. A única coisa que ela *faz* é permitir que retrovírus, tais como o vírus da aids, invadam sorrateiramente o sistema humano.

---

* O DNA-lixo tem uma utilidade. É a parte empregada nas "impressões digitais" do DNA. Essa utilidade foi descoberta acidentalmente por Alec Jeffreys, um cientista da Universidade de Leicester, na Inglaterra. Em 1986, Jeffreys estava estudando sequências de DNA para marcadores genéticos associados a doenças hereditárias quando foi procurado pela polícia, que perguntou se ele podia ajudar a associar um suspeito a dois crimes. Ele percebeu que sua técnica poderia funcionar perfeitamente para solucionar crimes — e foi o que aconteceu. Um jovem padeiro com o nome improvável de Colin Pitchfork [a palavra inglesa *pitchfork* significa "forcado"] foi condenado a duas prisões perpétuas pelos assassinatos.[32]

Em outras palavras, nossos corpos dedicam energias consideráveis à produção de uma proteína que nada faz de benéfico, e às vezes nos derruba. Nossos corpos não têm outra opção senão obedecer, porque os genes ordenam. Somos os instrumentos de seus caprichos. No todo, quase metade dos genes humanos — a maior proporção já encontrada em qualquer organismo — não faz absolutamente nada, ao que sabemos, além de reproduzir-se.[33]

Todos os organismos são, em certo sentido, escravos de seus genes. Por isso o salmão, as aranhas e um sem-número de outros tipos de animais estão dispostos a morrer no processo de acasalamento. O desejo de procriar, de dispersar os próprios genes, é o impulso mais poderoso da natureza. Nas palavras de Sherwin B. Nuland: "Impérios caem, ids explodem, grandes sinfonias são compostas, e por detrás de tudo isso está um único instinto que requer satisfação".[34] De um ponto de vista evolucionista, o sexo não passa de um mecanismo de recompensa para nos encorajar a transmitir nosso material genético.

Os cientistas mal haviam absorvido a notícia surpreendente de que quase todo o nosso DNA não faz nada, quando descobertas ainda mais inesperadas começaram a aparecer. Primeiro na Alemanha e depois na Suíça, pesquisadores realizaram alguns experimentos bem estranhos que produziram resultados curiosamente normais. Em um deles, retiraram o gene que controlava o desenvolvimento do olho de um camundongo e inseriram-no na larva de uma mosca-das-frutas. A expectativa era de que gerasse algo interessantemente grotesco. Na verdade, o gene do olho do camundongo não apenas produziu um olho viável na mosca-das-frutas, como produziu um olho *de mosca*. Dois animais que não compartilharam nenhum ancestral comum por 500 milhões de anos podiam permutar material genético como se fossem irmãos.[35]

A história era a mesma onde quer que os pesquisadores olhassem. Eles descobriram que podiam inserir DNA humano em certas células de moscas, e as moscas o aceitariam como se fosse delas próprias. Mais de 60% dos genes humanos, ao que se revela, são fundamentalmente iguais aos encontrados em moscas-das-frutas. Pelo menos 90% têm algum nível de correlação com aqueles encontrados em camundongos.[36] (Chegamos a possuir os mesmos genes para produzir uma cauda, só que estão inativos.)[37] Em um campo após o outro, os pesquisadores descobriram que, qualquer que fosse o organismo em que estivessem trabalhando — de vermes nematódeos a seres humanos —, estavam muitas vezes estudando essencialmente os mesmos genes. Parecia que a vida se formara a partir de um único conjunto de projetos.

Sondagens adicionais revelaram a existência de um agregado de genes de controle principais, cada um supervisionando o desenvolvimento de uma parte do corpo, que foram chamados de genes homeóticos (da palavra grega que significa "semelhante").[38] Os genes homeóticos responderam à velha e intrigante indagação de como bilhões de células embriônicas, todas surgindo de um único óvulo fertilizado e portando de DNA idêntico, sabem aonde ir e o que fazer: que esta deve se tornar uma célula do fígado, aquela um neurônio comprido, a outra uma bolha de sangue, outra ainda, parte da ondulação de uma asa. São os genes homeóticos que as instruem, e o fazem para todos os organismos mais ou menos da mesma maneira.

O interessante é que a quantidade de material genético e o modo como ele está organizado não refletem necessariamente, nem mesmo geralmente, o nível de sofisticação do animal que o contém. Possuímos 46 cromossomos, mas alguns fetos possuem mais de seiscentos.[39] O peixe dipnoico, um dos menos evoluídos dentre todos os animais complexos, tem quarenta vezes mais DNA do que nós.[40] Mesmo o tritão comum é cinco vezes mais esplendoroso geneticamente do que os seres humanos.

O que importa não é o número de genes que você possui, mas o que você faz com eles. Essa é uma boa notícia, porque o número de genes dos seres humanos sofreu um grande baque ultimamente. Até pouco tempo atrás, pensava-se que tivéssemos pelo menos 100 mil genes, possivelmente bem mais, mas o número foi drasticamente reduzido pelos primeiros resultados do Projeto Genoma Humano, que revelou uma cifra na faixa de 20 mil a 25 mil genes — quase o mesmo número encontrado na relva. Isso foi recebido com surpresa e desapontamento.

Você já deve ter observado que os genes costumam ser culpados por uma série de fragilidades humanas. Cientistas exultantes revelaram, em diferentes épocas, ter descoberto os genes responsáveis pela obesidade, esquizofrenia, homossexualismo, criminalidade, violência, alcoolismo, até cleptomania e mendicância. Talvez o apogeu (ou nadir) dessa fé no biodeterminismo tenha sido um estudo, publicado na revista *Science* em 1980, alegando que as mulheres são geneticamente inferiores em matemática.[41] Na verdade, sabemos agora que as coisas não são tão simples assim.

Em certo sentido importante, isso é uma pena porque, se genes individuais determinassem a altura, a propensão à diabetes ou à calvície, ou qualquer outro traço distintivo, seria fácil — relativamente fácil, pelo menos — isolá-los e modificá-los. Infelizmente, 35 mil genes funcionando de forma independente não são suficientes para produzir a complexidade física que constitui um ser humano satisfatório. Os genes, portanto, precisam cooperar entre si. Algumas doenças — hemofilia, mal de Parkinson, doença de Huntington, fibrose cística, por exemplo — são causadas por genes defeituosos solitários, mas em regra os genes destruidores são extirpados pela seleção natural bem antes de conseguirem ameaçar uma espécie ou população. Na maior parte, nosso destino e nosso conforto — e até a cor de nossos olhos — não são determinados por genes individuais, e sim por complexos de genes funcionando em aliança. Daí a dificuldade de descobrir como tudo se encaixa, e por isso não estaremos produzindo bebês sob medida tão cedo.

De fato, quanto mais novidades surgiram nos últimos anos, mais complicadas as coisas tenderam a se tornar. Descobriu-se que até o pensamento afeta o funcionamento dos genes. O crescimento da barba do homem, por exemplo, é em parte uma função de quanto ele pensa em sexo (porque pensar em sexo produz um aumento da testosterona).[42] No início da década de 1990, os cientistas fizeram uma descoberta ainda mais profunda, quando constataram que podiam neutralizar genes supostamente vitais de camundongos embriônicos. Estes não só nasciam muitas vezes saudáveis, como podiam ser mais aptos que seus irmãos e irmãs que haviam sido poupados. Quando certos genes importantes eram destruídos, outros intervinham para preencher a lacuna. Essa foi uma ótima notícia para o nosso organismo, porém não tão boa para nossa compreensão do funcionamento das células, pois introduziu um nível de complexidade extra em algo que já era complicado de saída.

É em grande parte devido a esses fatores complicadores que o deciframento do genoma humano passou a ser visto apenas como um início. O genoma, na analogia de Eric Lander, do MIT, é como uma lista de peças para o corpo humano: informa de que somos feitos, mas não diz como funcionamos. O que se precisa agora é do manual de operação — instruções de como fazê-lo funcionar. Ainda estamos longe disso.

O objetivo passou ser decifrar o proteoma humano — um conceito tão novo que o termo *proteoma* nem sequer existia uma década atrás. Trata-se da biblioteca de informações que cria proteínas. "Infelizmente", observou a *Scientific American* na primavera de 2002, "o proteoma é bem mais complicado que o genoma."[43]

Isso no mínimo. Você deve se lembrar de que as proteínas são os burros de carga de todos os sistemas vivos. Até 100 milhões delas podem estar em atividade em qualquer célula em dado momento. É atividade demais para tentarmos entender. O pior é que o comportamento e as funções das proteínas não se baseiam simplesmente em sua química, como ocorre com os genes, mas também em suas formas. Para funcionar, uma proteína precisa além dos componentes químicos certos, reunidos de maneira apropriada, ser dobrada de uma forma extremamente específica. "Dobrar" é o termo empregado, apesar de ser uma palavra enganosa, pois sugere uma arrumação geométrica que não se aplica nesse caso. As proteínas dão voltas, se enrolam e se enrugam em formas ao mesmo tempo extravagantes e complexas. São mais como cabides furiosamente deformados do que como toalhas dobradas.

Além do mais, as proteínas são as entidades mais "maleáveis" do mundo biológico. Dependendo do humor e da circunstância metabólica, elas se deixarão fosforilar, glicosilar, acetilar, ubiquitinar, farnesilar, sulfatar e ligar a âncoras de glicofosfatidilinositol, entre várias outras coisas.[44] Muitas vezes, parece simples colocá-las em movimento. Basta que você beba um cálice de vinho, como observa a *Scientific American*, para alterar substancialmente o número e os tipos de proteínas como um todo em seu sistema.[45] Essa é uma boa notícia para os bebedores, mas não para os geneticistas que estão tentando entender o que está acontecendo.

Tudo pode começar a parecer impossivelmente complicado, e em alguns aspectos *é* impossivelmente complicado. Mas existe também uma simplicidade subjacente, devido a uma unidade subjacente igualmente básica no funcionamento da vida. Todos os processos químicos minúsculos e hábeis que animam as células — os esforços cooperativos de nucleotídeos, a transcrição do DNA em RNA — evoluíram uma só vez e permaneceram relativamente fixos desde então, por toda a natureza. Como disse o falecido geneticista francês Jacques Monod, apenas em parte brincando: "Tudo o que é verdadeiro para o E. coli deve ser verdadeiro para o elefante, só que ainda mais".[46]

Todo ser vivo é um aprimoramento de um plano original único. Como seres humanos, somos meros incrementos — cada um de nós é um arquivo bolorento de ajustes, adaptações, modificações e reformulações providenciais retrocedendo 3,8 bilhões de anos. O notável é que estamos ainda mais intimamente relacionados com frutas e legumes. Cerca de metade das funções químicas que ocorrem em uma banana são fundamentalmente semelhantes às funções químicas que ocorrem em você.

Nunca é demais dizer: todas as formas de vida têm algo em comum. Essa é, e suspeito que sempre será, a afirmação mais profundamente verdadeira que existe.

PARTE VI

A estrada até nós

Descendemos dos macacos! Querido, tomara que não seja verdade, mas, se for, rezemos para que isso não se torne conhecido.
Observação atribuída à esposa do bispo de Worcester após explicarem a ela a teoria da evolução de Darwin.

27. Tempo gelado

> *Eu tive um sonho que não era em tudo um sonho.*
> *O sol esplêndido extinguira-se, e as estrelas*
> *Vaguejavam...*
>
> Byron, "Trevas"

Em 1815, na ilha de Sumbawa, na Indonésia, uma montanha bonita e por longo tempo inativa chamada Tambora explodiu espetacularmente, matando 100 mil pessoas com a explosão em si e os tsunamis resultantes. Ninguém vivo hoje presenciou tamanha fúria. Tambora foi muito maior do que qualquer evento vivenciado por seres humanos. Foi a maior explosão vulcânica em 10 mil anos — 150 vezes mais forte que a do monte Saint Helens e equivalente a 60 mil bombas atômicas de Hiroshima.

As notícias demoravam para chegar naquele tempo. Em Londres, o *Times* publicou uma pequena matéria — na verdade, a carta de um comerciante — sete meses após o evento.[1] Mas àquela altura, os efeitos de Tambora já se faziam sentir. Duzentos e quarenta quilômetros cúbicos de cinza esfumaçada, poeira e grãos de pedra haviam se espalhado pela atmosfera, encobrindo os raios do Sol e esfriando a Terra. Os pores do sol tinham um colorido turvo anormal, efeito captado memoravelmente pelo artista J. M. W. Turner, que não poderia ter sido mais feliz, mas a maior parte do mundo sofreu sob um pálio opressivo e escuro. Foi esse obscurecimento mortal que inspirou os versos de Byron que abrem este capítulo.

A primavera não chegou, e o verão não esquentou: 1816 ficou conhecido como o ano sem verão. Em toda parte, as culturas agrícolas não germinavam. Na Irlanda, a fome e uma epidemia de febre tifoide associada mataram 65 mil pessoas. Na Nova Inglaterra, o ano tornou-se popularmente conhecido como Mil Oitocentos e Mortos de Frio. As geadas matinais continuaram até junho, e quase nenhuma semente plantada brotava. Com a falta de ração, o gado morria ou tinha de ser sacrificado prematuramente. Em todos os aspectos, foi um ano terrível — quase certamente o pior de todos para os agricultores nos tempos modernos. No entanto, globalmente a temperatura só caiu menos do que um grau centígrado.[2] O termostato natural da Terra, como os cientistas descobririam, é um instrumento delicadíssimo.

O século XIX já era uma época gelada. Por duzentos anos, a Europa e a América do Norte em particular vinham experimentando uma Pequena Era Glacial, como se tornou conhecida, que permitiu todo tipo de eventos invernais — feiras sobre a superfície congelada do Tâmisa (as chamadas frost fairs), corridas de patins ao longo dos canais holandeses — praticamente impossíveis nos dias de hoje. Ou seja, foi um período em que o frio estava na cabeça das pessoas. Portanto, podemos talvez desculpar os geólogos do século XIX por demorarem a perceber que o mundo onde viviam era, na verdade, aprazível comparado com épocas anteriores, e que grande parte do terreno à volta deles havia sido moldada pela pressão de geleiras e por um frio que atrapalharia até uma frost fair.

Eles sabiam que havia algo de estranho no passado. A paisagem europeia estava repleta de anomalias inexplicáveis — os ossos de renas árticas no Sul quente da França, rochas enormes encalhadas em lugares improváveis —, e as explicações propostas costumavam ser inventivas, mas pouco plausíveis. Um naturalista francês chamado de Luc, tentando explicar como penedos de granito haviam se assentado no alto dos flancos de calcário dos montes Jura, sugeriu que talvez tivessem sido atirados até lá pelo ar comprimido das cavernas, como rolhas em uma espingarda de ar comprimido.[3] O termo para um penedo deslocado é *errático*, mas no século XIX a expressão parecia se aplicar mais amiúde às teorias do que às rochas.

O grande geólogo britânico Arthur Hallam afirmou que, se James Hutton, o pai da geologia, tivesse visitado a Suíça, teria percebido imediatamente o significado dos vales esculpidos, das estrias lustradas, das costas reveladoras onde rochas haviam sido despejadas e das outras pistas abundantes que apontam para lençóis de gelo passageiros.[4] Infelizmente, Hutton não costumava viajar. Mas, mesmo dispondo apenas de relatos de segunda mão, ele rejeitou peremptoriamente a ideia de que penedos enormes tivessem sido levantados mil metros encostas acima por inundações — nem toda a água do mundo fará um penedo flutuar, ele observou — e tornou-se um dos primeiros a defender uma glaciação generalizada. Porém, suas ideias passaram despercebidas, e por mais meio século a maioria dos naturalistas continuou insistindo em que os sulcos nas rochas podiam ser atribuídos à passagem de carroças ou mesmo às marcas de pregos de botas.

No entanto, os camponeses locais, não contaminados pela ortodoxia científica, estavam mais bem informados. O naturalista Jean de Charpentier contou a história de como, em 1834, estava caminhando por uma alameda campestre com um lenhador suíço quando começaram a falar sobre as rochas ao longo do caminho. O lenhador contou, em tom bem natural, que os penedos vieram do Grimsel, uma zona de granito a certa distância dali. "Quando perguntei como, na opinião dele, aquelas pedras haviam chegado a tais locais, ele respondeu sem hesitar: 'A geleira do Grimsel transportou-as para os dois lados do vale, porque aquela geleira estendia-se, no passado, até a cidade de Berna.'"[5]

Charpentier adorou. Ele próprio havia chegado àquela ideia, mas, ao apresentá-la em encontros científicos, ela foi rejeitada. Um dos melhores amigos de Charpentier, outro naturalista suíço chamado Louis Agassiz, após certo ceticismo inicial, acabou adotando a teoria e, mais tarde, praticamente se apropriou dela.

Agassiz havia estudado com Cuvier em Paris e ocupava o cargo de professor de história natural da Faculdade de Neuchâtel, na Suíça. Outro amigo de Agassiz, o botânico Karl Schimper, foi realmente o primeiro a cunhar o termo *era glacial* (em alemão, *Eiszeit*), em 1837, e a propor que havia bons indícios de que o gelo, no passado, cobrira fortemente não apenas os Alpes suíços, como grande parte da Europa, da Ásia e da América do Norte. Era uma noção radical. Schimper emprestou suas anotações a Agassiz, e se arrependeu disso, já que Agassiz recebeu cada vez mais o crédito por uma teoria que Schimper considerava, legitimamente, de sua autoria.[6] Charpentier também acabou brigando com o antigo amigo. Alexander von Humboldt, um outro amigo, talvez estivesse com Agassiz em mente quando observou que existem três estágios na descoberta científica: primeiro, as pessoas negam a sua verdade; depois negam que seja importante; finalmente, dão o crédito à pessoa errada.[7]

Em todo caso, Agassiz dedicou-se de corpo e alma àquele campo. No afã de entender a dinâmica da glaciação, meteu-se por toda parte — nas profundezas de fissuras perigosas e no alto dos picos mais escarpados dos Alpes, muitas vezes aparentemente sem perceber que ele e sua equipe eram as primeiras pessoas a subirem lá.[8] Por quase toda parte, Agassiz enfrentou uma relutância inflexível à aceitação de suas teorias. Humboldt aconselhou-o a retornar a sua área de especialização, os peixes fósseis, e abandonar aquela obsessão louca com o gelo, mas Agassiz era um homem possuído por uma ideia.

A teoria de Agassiz encontrou ainda menos apoio na Grã-Bretanha, onde a maioria dos naturalistas nunca vira uma geleira e não tinha ideia da força esmagadora que o gelo exerce em grande volume. "Será possível que os arranhões e o lustre se devam unicamente ao *gelo*?", perguntou Roderick Murchison em tom de zombaria em uma reunião, evidentemente imaginando as rochas recobertas por uma espécie de geada leve e vítrea. Até o dia de sua morte, ele expressou a mais franca incredulidade em relação àqueles geólogos "loucos por gelo" que acreditavam que as geleiras pudessem explicar tanta coisa. William Hopkins, um professor de Cambridge e membro proeminente da Geological Society, endossou seu ponto de vista, argumentando que a ideia de que o gelo pudesse transportar penedos apresentava "absurdos mecânicos tão óbvios" que a tornavam indigna da atenção da Sociedade.[9]

Sem desanimar, Agassiz viajou incansavelmente para promover sua teoria. Em 1840, ele leu um artigo em uma reunião da Associação Britânica para o Progresso da Ciência, em Glasgow, e foi abertamente criticado pelo grande Charles Lyell. No ano seguinte, a Geological Society de Edimburgo aprovou uma resolução admitindo que poderia haver certo mérito geral em sua teoria, mas que certamente nada dela se aplicava à Escócia.

Lyell acabou mudando de opinião. Seu momento de revelação ocorreu quando ele percebeu que uma moraina, ou fila de rochas, perto da propriedade de sua família na Escócia, pela qual havia passado centenas de vezes, só poderia ser entendida caso se aceitasse que uma geleira as atirara ali. Mas, tendo se convertido, Lyell depois perdeu a coragem e negou-se a apoiar publicamente a ideia da Era Glacial. Foi um período frustrante para Agassiz. Seu casamento estava se desfazendo, Schimper acaloradamente acusava-o de roubar suas ideias, Charpentier recusava-se a falar com ele e o maior geólogo vivo ofereceu apenas um apoio tépido e vacilante.

Em 1846, Agassiz viajou aos Estados Unidos para proferir uma série de palestras e ali enfim encontrou a receptividade tão desejada. Harvard ofereceu-lhe uma cátedra e construiu para ele um museu de primeira, o Museu de Zoologia Comparada. Sem dúvida, foi bom que tivesse se fixado na Nova Inglaterra, onde invernos longos estimulavam certa simpatia pela ideia de períodos intermináveis de frio. Além disso, seis anos após sua chegada, a primeira expedição científica à Groenlândia relatou que todo aquele semicontinente estava coberto por um lençol de gelo exatamente igual ao antigo imaginado na teoria de Agassiz. Enfim suas ideias começavam a ganhar adeptos. O grande defeito da teoria era a falta de uma causa para as eras glaciais. Mas a ajuda estava prestes a vir de um local inesperado.

Na década de 1860, as revistas e outras publicações cultas da Grã-Bretanha estavam recebendo artigos sobre hidrostática, eletricidade e outros temas científicos de um certo James Croll, da Anderson's University, em Glasgow. Um dos artigos, sobre como variações da órbita da Terra poderiam ter precipitado eras glaciais, foi publicado na *Philosophical Magazine* em 1864, e imediatamente reconhecido como um trabalho do mais alto padrão. Portanto, houve certa surpresa, e talvez um toque de constrangimento, quando se descobriu que Croll não era um acadêmico da universidade, e sim um zelador.

Nascido em 1821, Croll cresceu pobre e recebeu educação formal apenas até os treze anos. Exerceu uma variedade de trabalhos — como carpinteiro, vendedor de seguros, administrador de um hotel para abstêmios — antes de ocupar o cargo de zelador da Anderson's (atual Universidade de Strathclyde) em Glasgow. Tendo convencido seu irmão a cobri-lo no trabalho, conseguia passar muitas noites tranquilas na biblioteca da universidade aprendendo física, mecânica, astronomia, hidrostática e as outras ciências em voga na época, e gradualmente começou a produzir uma série de artigos, com ênfase nos movimentos da Terra e em seus efeitos sobre o clima.

Croll foi o primeiro a propor que mudanças cíclicas na forma da órbita terrestre, de elíptica (ou seja, ligeiramente oval) para quase circular e, depois, para elíptica novamente, poderiam explicar o começo e o recuo das eras glaciais. Ninguém pensara antes em recorrer a uma explicação astronômica para as variações do clima da Terra. Graças quase inteiramente à teoria persuasiva de Croll, as pessoas na Grã-Bretanha se tornaram mais receptivas à noção de que, em alguma época anterior, partes do planeta estiveram dominadas pelo gelo. Uma vez reconhecidas sua engenhosidade e capacidade, Croll recebeu um cargo no Geological Survey da Escócia e amplas homenagens: tornou-se membro da Royal Society de Londres e da Academia de Ciências de Nova York e foi agraciado com um título honorífico da Universidade de Saint Andrews, entre outras coisas.

Infelizmente, enquanto sua teoria enfim encontrava adeptos na Europa, Agassiz estava ocupado estendendo-a a um território cada vez mais exótico na América. Ele começou a encontrar sinais de geleiras praticamente por toda parte, inclusive perto do equador,[10] e acabou se convencendo de que o gelo cobrira outrora a Terra inteira, extinguindo a vida, depois recriada por Deus.[11] Nenhum dos sinais citados por Agassiz respaldavam esse ponto de vista. Mesmo assim, em seu país de adoção, o seu prestígio só aumentou, até ele ser considerado quase um deus. Quando Agassiz morreu, em 1873, Harvard achou necessário designar três professores para substituí-lo.[12]

Porém, como acontece às vezes, as suas teorias rapidamente saíram de moda. Pouco menos de uma década após sua morte, seu sucessor na cadeira de geologia em Harvard escreveu que a "denominada época glacial [...] tão popular alguns anos atrás entre os geólogos glaciais, pode agora ser rejeitada sem hesitação".[13]

Parte do problema estava nos cálculos de Croll, que sugeriam que a era glacial mais recente ocorrera 80 mil anos atrás, enquanto os dados geológicos indicavam cada vez mais que a Terra havia sofrido algum tipo de perturbação dramática bem mais recente. Sem uma explicação plausível do que poderia ter provocado uma era glacial, a teoria inteira ficava em suspenso. Ela poderia ter ficado mais tempo nesse estado se, no início do século XX, um acadêmico sérvio chamado Milutin Milankovitch, sem nenhuma formação em movimentos celestes — ele era formado em engenharia mecânica —, não tivesse desenvolvido um interesse inesperado pelo assunto. Milankovitch percebeu que o problema da teoria de Croll não era o fato de ser incorreta, mas o de ser simples demais.

À medida que se desloca pelo espaço, a Terra está sujeita não apenas a variações no comprimento e na forma de sua órbita, mas também a mudanças rítmicas no ângulo em relação ao Sol — inclinação, passo e oscilação — que afetam o comprimento e a intensidade da luz solar que atinge qualquer trecho de terra. Em particular, está sujeita a três mudanças de posição, conhecidas formalmente como obliquidade, precessão e excentricidade, no decorrer de longos períodos de tempo. Milankovitch conjecturou se poderia haver uma relação entre esses ciclos complexos e as vindas e idas das eras glaciais. A dificuldade era que os ciclos tinham durações totalmente diferentes — de aproximadamente 20 mil, 40 mil e 100 mil anos, mas variando em cada caso em até alguns milhares de anos —, o que significava que determinar seus pontos de interseção em períodos de tempo longos envolvia uma quantidade quase infinita de cálculos dedicados. Em essência, Milankovitch tinha de calcular o ângulo e a duração da radiação solar incidente em cada latitude da Terra, em cada estação, por 1 milhão de anos, ajustados para três variáveis em constante mudança.

Felizmente, aquele era justo o tipo de trabalho repetitivo adequado ao temperamento de Milankovitch. Nos vinte anos seguintes, mesmo durante as férias, ele labutou sem cessar, munido de lápis e régua de cálculo, computando as tabelas de seus ciclos — trabalho que hoje em dia poderia ser realizado em um ou dois dias com um computador. Os cálculos tinham de ser efetuados em seu tempo livre, mas em 1914 Milankovitch subitamente conseguiu tempo de sobra, quando a Primeira Guerra Mundial eclodiu e ele foi detido devido a sua condição de reservista do Exército sérvio. Em grande parte dos quatro anos seguintes ele esteve sob prisão domiciliar pouco rígida em Budapeste, precisando apenas apresentar-se à polícia uma vez por semana. Passava o resto do tempo trabalhando na biblioteca da Academia de Ciências Húngara. Deve ter sido o prisioneiro de guerra mais contente da história.[14]

O resultado de suas anotações diligentes foi o livro de 1930 *Mathematical climatology and the astronomical theory of climatic changes* [Climatologia matemática e a teoria astronômica das mudanças climáticas]. Milankovitch tinha razão ao sugerir uma relação entre as eras glaciais e a oscilação planetária, embora, como a maioria das pessoas, acreditasse que fora um aumento gradual dos invernos rigorosos que levara àqueles períodos longos de frio. Foi um meteorologista russo-alemão, Wladimir Köppen — sogro de nosso amigo tectônico Alfred Wegener —, quem viu que o processo era mais sutil, e bem mais amedrontador.

A causa das eras glaciais, Köppen concluiu, pode ser encontrada em verões frios, não em invernos brutais. Se os verões são frios demais para derreter toda a neve que cai em uma dada área, mais luz solar recebida é refletida de volta pela superfície, exacerbando o efeito de resfriamento e estimulando ainda mais neve a cair. A consequência tenderia a se autoperpetuar. À medida que a neve se acumulasse em um lençol de gelo, a região se tornaria mais fria, provocando um acúmulo ainda maior de gelo.[15] Como observou o glaciologista Gwen Schultz: "Não é necessariamente a *quantidade* de neve que causa os lençóis de gelo, mas o fato de que a neve, por menor que seja, perdura".[16] Acredita-se que uma era glacial poderia se iniciar a partir de um único verão anormal. A neve remanescente reflete o calor e exacerba o efeito de resfriamento. "O processo é autoaumentador, indetível, e, uma vez que o gelo realmente cresce, ele se desloca", diz McPhee.[17] Há geleiras avançando e uma era glacial.

Na década de 1950, devido à tecnologia de datação imperfeita, os cientistas não conseguiam correlacionar os ciclos cuidadosamente calculados de Milankovitch às supostas datas das eras glaciais como eram então percebidas, de modo que ele e seus cálculos foram aos poucos rejeitados. Milankovitch morreu em 1958 sem conseguir provar que seus ciclos estavam corretos. Naquela época, escreveu um historiador do período, "você teria dificuldade em encontrar um geólogo ou meteorologista que considerasse o modelo algo mais do que uma curiosidade histórica".[18] Só na década de 1970, com o refinamento de um método de potássio-argônio de datação de sedimentos antigos de leitos oceânicos, essas teorias foram enfim confirmadas.

Os ciclos de Milankovitch sozinhos não são suficientes para explicar ciclos de eras glaciais. Muitos outros fatores estão envolvidos — entre eles a disposição dos continentes, em particular a presença de massas de terra sobre os polos —, mas os pormenores ainda são imperfeitamente compreendidos. Sugeriu-se, porém, que, se América do Norte, Eurásia e Groenlândia fossem deslocadas apenas quinhentos quilômetros para o norte, teríamos eras glaciais permanentes e inevitáveis. Somos muito sortudos, ao que parece, por chegarmos a ter algum tempo bom. Ainda menos compreendidos são os ciclos de moderação relativa dentro das eras glaciais, conhecidos como interglaciais. É um pouco assustador refletir que toda a história humana relevante — o desenvolvimento da agricultura, a criação de cidades, o advento da matemática, da escrita, da ciência e todo o resto — ocorreu dentro de um período atípico de tempo bom. Os períodos interglaciais anteriores duraram somente 8 mil anos. O nosso já ultrapassou o décimo milésimo aniversário.

O fato é que ainda estamos em uma era glacial, só que um pouco reduzida — embora menos reduzida do que muitas pessoas percebem.[19] No auge do último período de glaciação, uns 20 mil anos atrás, cerca de 30% da superfície terrestre do planeta estava sob gelo. Dez por cento ainda estão — e mais 14% estão em um estado subsolo permanentemente congelado. Três quartos de toda água doce da Terra ainda hoje estão em forma de gelo, e temos calotas de gelo em ambos os polos — uma situação que pode ser única na história da Terra.[20] Que haja invernos nevosos em grande parte do mundo e geleiras permanentes mesmo em lugares temperados como a Nova Zelândia pode parecer natural, mas na verdade é algo bem incomum para o planeta.

Na maior parte de sua história, até uma época relativamente recente, o padrão geral da Terra era quente, sem nenhum gelo permanente. A atual era glacial — período glacial, na verdade — começou cerca de 40 milhões de anos atrás e tem oscilado de mortalmente rigorosa a nem um pouco rigorosa. As eras glaciais tendem a eliminar indícios de eras glaciais anteriores; portanto, quanto mais se retrocede, mais incompleto se afigura o quadro, mas parece que tivemos pelo menos dezessete episódios glaciais rigorosos nos últimos 2,5 milhões de anos — o período que coincide com o advento do *Homo erectus* na África, seguido pelos humanos modernos.[21] A era glacial atual costuma ser atribuída ao surgimento do Himalaia e à formação do istmo do Panamá, o primeiro perturbando os fluxos de ar, o segundo perturbando as correntes oceânicas. A Índia, outrora uma ilha, deslocou-se 2 mil quilômetros para dentro da massa de terra asiática nos últimos 45 milhões de anos e levantou não apenas o Himalaia, como também o vasto planalto tibetano atrás dele. A hipótese é que a paisagem mais alta, além de mais fria, desviou os ventos de modo que fluíssem para o norte rumo à América do Norte, tornando-a mais suscetível a frios prolongados. Depois, cerca de 5 milhões de anos atrás, o

Panamá elevou-se do oceano, fechando a separação entre as Américas do Norte e do Sul, interrompendo os fluxos de correntes quentes entre o Pacífico e o Atlântico e mudando os padrões de precipitação em pelo menos metade do mundo. Uma consequência foi o ressecamento da África, fazendo os macacos descerem das árvores e procurarem uma nova forma de vida nas savanas emergentes.

Em todo caso, com os oceanos e continentes dispostos da forma atual, parece que o gelo fará parte de nosso futuro ainda por muito tempo. De acordo com John McPhee, a expectativa é de que ocorram cerca de cinquenta outros episódios glaciais, cada qual durando cerca de 100 mil anos, até que possamos esperar um degelo realmente longo.[22]

Antes de 50 milhões de anos atrás, a Terra não tinha eras glaciais regulares, mas, quando ocorriam, elas tendiam a ser colossais.[23] Um resfriamento substancial ocorreu há cerca de 2,2 bilhões de anos, seguido de 1 bilhão de anos ou mais de calor. Depois houve outra era glacial ainda maior que a primeira — tão grande que alguns cientistas hoje se referem à época em que ocorreu como o Criogeniano, ou superera glacial.[24] A condição é mais popularmente conhecida como "Terra Bola de Neve".

"Bola de Neve", porém, mal exprime o rigor assassino das condições. Segundo a teoria, devido a uma queda na radiação solar de cerca de 6% e à redução na produção (ou retenção) de gases de estufa, a Terra perdeu a capacidade de reter seu calor. Ela tornou-se uma espécie de Antártida gigantesca. As temperaturas caíram até 45° C. Toda a superfície do planeta pode ter se congelado, com o gelo do oceano chegando a uma espessura de oitocentos metros em latitudes maiores e de dezenas de metros nos trópicos.[25]

Há um problema grave em tudo isso: os dados geológicos indicam gelo por toda parte, inclusive ao redor do equador, enquanto os dados biológicos indicam com a mesma firmeza que deve ter havido água exposta em algum ponto. Antes de mais nada, as cianobactérias sobreviveram à experiência, e elas realizam fotossíntese. Para tanto, precisavam de luz solar, mas quem vive nos países frios sabe que o gelo rapidamente se torna opaco e, após apenas uns poucos metros, bloquearia toda a luz. Duas possibilidades foram sugeridas. Uma é que um pouco de água oceânica permaneceu exposta (talvez em virtude de algum tipo de aquecimento localizado em um ponto quente). A outra é que o gelo pode ter se formado de maneira a permanecer translúcido — uma condição que ocorre às vezes na natureza.

Se a Terra ficou toda congelada, resta a pergunta difícil de como foi que conseguiu se aquecer de novo. Um planeta gélido deveria refletir tanto calor que permaneceria congelado para sempre. Parece que o socorro pode ter vindo do nosso interior fundido. Mais uma vez, talvez tenhamos de agradecer à tectônica por permitir que estejamos aqui. A ideia é que fomos salvos por vulcões, que se elevaram acima da superfície soterrada e bombearam para fora imensas quantidades de calor e gases que derreteram as neves e restauraram a atmosfera. O interessante é que o fim desse episódio hipergelado é marcado pelo surto cambriano — a primavera da história da vida. Na verdade, o processo pode não ter sido tão tranquilo. À medida que se aquecia, a Terra provavelmente teve o clima mais violento jamais experimentado, com furacões poderosos o suficiente para erguer ondas à altura de arranha-céus e chuvas indescritivelmente intensas.[26]

Através dessas intempéries, os vermes, os moluscos e outras formas de vida das chaminés do fundo do oceano continuaram vivendo como se nada de anormal estivesse ocorrendo, mas o resto da vida na Terra deve ter chegado à beira da extinção. Tudo isso aconteceu numa época muito remota e pouco conhecida.

Comparadas com um surto criogeniano, as eras glaciais de épocas mais recentes parecem de escala bem pequena, mas claro que foram imensas pelos padrões de qualquer coisa encontrada na Terra atualmente. O lençol de gelo wisconsiano, que cobria grande parte da Europa e da América do Norte, tinha mais de três quilômetros de espessura em alguns lugares e avançava a uma velocidade aproximada de 120 metros ao ano. Que espetáculo deve ter sido! Mesmo na extremidade dianteira, os lençóis de gelo podiam ter quase oitocentos metros de espessura. Imagine estar na base de uma muralha de gelo com essa altura. Atrás dessa base, sobre uma área de milhões de quilômetros quadrados, não existiria nada além de gelo, com apenas uns poucos picos das montanhas mais altas assomando. Continentes inteiros afundaram sob o peso de tanto gelo e mesmo agora, 12 mil anos após a remoção das geleiras, continuam subindo ao seu lugar. Os lençóis de gelo não só deslocaram seixos e longas fileiras de morainas cascalhentas; eles despejaram massas de terra inteiras — Long Island, cabo Cod e Nantucket, entre outras — em seu lento avanço. Não espanta que geólogos antes de Agassiz tivessem dificuldade em perceber sua capacidade monumental de reformular paisagens.

Se os lençóis de gelo voltassem a avançar, não temos nada em nosso arsenal capaz de rechaçá-los. Em 1964, em Prince William Sound, no Alasca, um dos maiores campos glaciais da América do Norte foi atingido pelo terremoto mais forte já registrado no continente. Ele mediu 9,2 na escala Richter. Ao longo da falha geológica, a terra elevou-se até seis metros. O tremor foi tão violento que fez água espirrar para fora de poças no Texas. Qual o efeito desse fenômeno sem precedentes sobre as geleiras de Prince William Sound? Nenhum. Elas simplesmente o absorveram e continuaram avançando.

Durante muito tempo, pensou-se que as eras glaciais começassem e terminassem gradualmente, no decorrer de centenas de milhares de anos, mas sabemos agora que não foi assim. Graças aos núcleos de gelo da Groenlândia, temos um registro detalhado do clima por mais de 100 mil anos, e o que se descobriu não é reconfortante. Os indícios são de que, na maior parte da história recente, a Terra esteve longe de ser o local estável e tranquilo que a civilização tem conhecido. Pelo contrário, o planeta oscilou violentamente entre períodos de calor e um frio brutal.

Quase no final da última grande glaciação, cerca de 12 mil anos atrás, a Terra começou a esquentar rápido, porém abruptamente mergulhou de volta no frio intenso por cerca de mil anos, em um evento conhecido na ciência como o Dryas Recente.[27] (O nome vem da planta do Ártico *dryas*, uma das primeiras a recolonizar a terra após o recuo de um lençol de gelo. Houve também o período Dryas Antigo, menos rigoroso.) Ao final desse esfriamento de mil anos, as temperaturas médias voltaram a subir quase 4° C em vinte anos, o que não parece muito, mas equivale a trocar o clima da Escandinávia pelo do Mediterrâneo em apenas duas décadas. Localmente, as mudanças foram ainda mais intensas. Os núcleos de gelo da Groenlândia mostram que as temperaturas ali mudaram até 8° C em dez anos, alterando drasticamente os padrões pluviométricos e as condições da vegetação. Isso já deve ter sido bastante perturbador num planeta pouco povoado. No presente as consequências seriam inimagináveis.

O mais alarmante é que não temos a menor ideia de quais fenômenos naturais poderiam abalar tão rapidamente o termômetro da Terra. Como observou Elizabeth Kolbert, escrevendo no *New Yorker*: "Nenhuma força externa conhecida, nem mesmo alguma das que foram hipotetizadas, parece capaz de impelir a temperatura para cima e para baixo tão violentamente, e com tanta frequência, como esses núcleos mostraram ter ocorrido". Parece haver, ela acrescenta, "algum ciclo de feedback vasto e terrível", provavelmente envolvendo os oceanos e distúrbios dos padrões normais da circulação dos oceanos, no entanto tudo isso ainda está longe de ser compreendido.

Uma teoria é que o forte influxo de águas de degelo nos oceanos, no princípio do Dryas Recente, reduziu a salinidade (e, assim, a densidade) dos oceanos do Norte, fazendo a corrente do Golfo desviar-se para o sul, como um motorista tentando evitar uma colisão. Sem o calor da corrente do Golfo, as latitudes ao norte retornaram a condições gélidas. Mas isso não explica por que, mil anos depois, quando a Terra de novo se aqueceu, a corrente do Golfo não voltou ao percurso anterior. Pelo contrário, recebemos um período de tranquilidade incomum conhecido como Holoceno, a época em que vivemos agora.

Não há motivo para supor que este período de estabilidade climática deva durar muito mais tempo. Na verdade, alguns especialistas acreditam que estamos sob a ameaça de condições ainda piores do que as do passado. É natural supor que o aquecimento global agiria como um contrapeso útil à tendência da Terra de retornar a condições glaciais. Todavia, como observou Kolbert, diante de um clima instável e imprevisível, "a última coisa que você pensaria em fazer é submetê-lo a um experimento vasto e não supervisionado".[28] Chegou-se a sugerir, com mais plausibilidade do que pareceria de início evidente, que uma era glacial poderia, na verdade, ser induzida pelo aumento das temperaturas. A ideia é que um aquecimento ligeiro aumentaria as taxas de evaporação e a cobertura de nuvens, levando a acúmulos mais persistentes de neve nas latitudes maiores.[29] Com efeito, o aquecimento global poderia plausivelmente, ainda que se trate de um paradoxo, levar a um forte resfriamento localizado na América do Norte e no Norte da Europa.

O clima é um produto de tantas variáveis — aumento e diminuição dos níveis de dióxido de carbono, deslocamentos de continentes, atividade solar, as flutuações grandiosas dos ciclos de Milankovitch — que compreender os eventos do passado é tão difícil quanto prever aqueles do futuro. Muita coisa é simplesmente incompreensível. Tomemos a Antártida. Durante pelo menos 20 milhões de anos após se fixar sobre o polo Sul, a Antártida permaneceu coberta de plantas e livre de gelo. Isso não deveria ser possível.

Não menos intrigantes são as áreas atingidas por alguns dinossauros tardios.[30] O geólogo britânico Stephen Drury observa que florestas a dez graus de latitude do polo Norte abrigaram animais de grande porte, entre eles o *Tyrannosaurus rex*. "Isso é estranho", ele escreve, "pois uma latitude tão alta fica continuamente escura durante três meses do ano." Ademais, existem sinais de que essas latitudes altas sofriam invernos rigorosos. Estudos de isótopos do oxigênio indicam que o clima em torno de Fairbanks, no Alasca, no final do período Cretáceo era mais ou menos idêntico ao atual. Portanto, o que o tiranossauro estava fazendo ali? Ou bem ele migrava sazonalmente por distâncias enormes, ou passava grande parte do ano em montes de neve no escuro. Na Austrália — que naquela época estava mais próxima do polo —, recuar para climas mais quentes não era possível.[31] Como os dinossauros conseguiam sobreviver em tais condições é um mistério.

Um fato a ser levado em conta é que, se lençóis de gelo começassem a se formar de novo por quaisquer motivos, disporiam de muito mais água agora.[32] Os Grandes Lagos, a baía de Hudson, os incontáveis lagos do Canadá não existiam para alimentar a última era glacial. Foram criados por ela.

Por outro lado, a próxima fase de nossa história poderia testemunhar o derretimento de enormes quantidades de gelo, e não sua formação. Se todos os lençóis de gelo derretessem, os níveis oceânicos subiriam sessenta metros — a altura de um prédio de vinte andares — e todas as cidades costeiras do mundo seriam inundadas. Mais provável, ao menos a curto prazo, é o colapso do lençol de gelo da Antártida Oeste. Nos últimos cinquenta anos, as águas à sua volta se aqueceram 2,5° C, e os colapsos têm aumentado substancialmente. Devido à geologia subjacente da área, um colapso em grande escala é totalmente possível. Nesse caso, os níveis oceânicos globais aumentariam — e bem rápido — entre 4,5 e seis metros em média.[33]

O mais extraordinário de tudo é que não sabemos o que é mais provável: um futuro oferecendo uma eternidade de frio mortal ou períodos igualmente longos de calor sufocante. Só uma coisa é certa: vivemos no fio da navalha.

A longo prazo, eras glaciais não são tão assustadoras para o planeta. Elas pulverizam as rochas e produzem solos novos de grande riqueza, assim como cavam lagos de água doce que fornecem possibilidades nutritivas abundantes a centenas de espécies de seres. Elas agem como um incentivo à migração e mantêm o dinamismo do planeta. Como observou Tim Flannery: "Você só precisa fazer uma pergunta sobre um continente para saber o destino de sua população: 'Você teve uma boa era glacial?'".[34] E com isso em mente, é hora de examinar uma espécie de macaco que realmente teve.

28. O bípede misterioso

Pouco antes do Natal de 1887, um jovem médico holandês, com um nome nada holandês, Marie Eugène François Thomas Dubois,* chegou a Sumatra, nas Índias Orientais Holandesas, com a intenção de encontrar os vestígios humanos mais antigos da Terra.[1]

Havia várias coisas extraordinárias nisso. Em primeiro lugar, ninguém jamais saíra em busca de ossos humanos antes. Tudo o que se encontrara até então fora por acaso, e nada na formação de Dubois indicava que fosse o candidato ideal para tornar o processo intencional. Ele era um anatomista, sem nenhuma formação em paleontologia. Tampouco havia um motivo especial para ele achar que as Índias Orientais conteriam restos mortais humanos antigos. Pela lógica, se povos antigos devessem ser encontrados, seria em uma massa de terra grande e povoada por muito tempo, não no isolamento relativo de um arquipélago. Dubois foi atraído pelas Índias Orientais por nada mais que um pressentimento, a disponibilidade de um emprego e o conhecimento de que Sumatra estava cheia de cavernas, o ambiente em que a maioria dos fósseis importantes de hominídeos havia sido

---

* Ainda que holandês, Dubois era de Eijsden, uma cidade na fronteira com a parte da Bélgica em que se falava francês.

encontrada até então.* O mais extraordinário nisso tudo — quase um milagre realmente — é que ele achou o que estava procurando.

Na época em que Dubois concebeu seu plano de procurar pelo elo perdido, o registro fóssil humano era bem limitado: cinco esqueletos completos do homem de Neandertal, uma mandíbula parcial de procedência incerta e meia dúzia de seres humanos da era glacial encontrados havia pouco por trabalhadores de estrada de ferro, em uma caverna de um penhasco chamado Cro-Magnon, perto de Les Eyzies, França.[2] Dos espécimes do homem de Neandertal, o mais bem preservado repousava esquecido numa prateleira em Londres. Havia sido encontrado por trabalhadores que dinamitavam rocha em uma pedreira em Gibraltar, em 1848, de modo que sua preservação era um milagre, mas infelizmente ninguém ainda compreendera sua importância. Após ser brevemente descrito em uma reunião da Sociedade Científica de Gibraltar, havia sido remetido ao Museu Hunteriano de Londres, onde permaneceu imperturbado, a não ser por uma leve e ocasional espanada, por mais de meio século. Sua primeira descrição formal só foi redigida em 1907 por um geólogo chamado William Sollas, possuidor de uma competência "apenas mediana em anatomia".[3]

Dessa maneira, quem ficou com a fama e o nome pela descoberta do primeiro ser humano primitivo foi o vale Neander, na Alemanha — não impropriamente, de fato, já que, por uma estranha coincidência, *Neander* em grego significa "homem novo".[4] Ali, em 1856, trabalhadores de outra pedreira, em uma face de penhasco sobre o rio Düssel, encontraram alguns ossos de aspecto curioso, que entregaram a um mestre-escola local, sabendo que ele se interessava pelas coisas da natureza. O professor, Johann Karl Fuhlrott, teve a perspicácia de perceber que se tratava de algum tipo novo de ser humano, embora sua natureza e sua importância permanecessem objetos de discussão por algum tempo.

---

* Os humanos são enquadrados na família Hominidae. Seus membros, tradicionalmente denominados hominídeos, incluem quaisquer seres (inclusive extintos) mais próximos de nós do que de quaisquer chimpanzés sobreviventes. Os macacos são agrupados numa família chamada Pongidae. Muitos especialistas acreditam que os chimpanzés, gorilas e orangotangos deveriam ser incluídos na família Hominidae, com os humanos e os chimpanzés em uma subfamília chamada Homininae. O resultado é que as criaturas tradicionalmente chamadas de hominídeos tornam-se, sob essa nova classificação, homininéos. (Leakey e outros insistem nessa designação.) Hominoidea é o nome da superfamília dos macacos, que nos inclui.

Muitas pessoas se recusaram a aceitar que os ossos de Neandertal fossem realmente antigos. August Mayer, professor da Universidade de Bonn e um homem de influência, insistiu em que os ossos pertenceram a um soldado cossaco mongol que havia sido ferido ao lutar na Alemanha em 1814 e que se arrastara até a caverna a fim de morrer. Ao ouvir isso, T. H. Huxley, na Inglaterra, observou com ironia quão notável era que um soldado, embora mortalmente ferido, tivesse subido dezoito metros num penhasco, tirado suas roupas e objetos pessoais, lacrado a abertura da caverna e soterrado a si mesmo sob sessenta centímetros de solo.[5] Outro antropólogo, intrigado com o forte sulco na testa do homem de Neandertal, sugeriu que resultara de um franzimento prolongado provocado por uma fratura do antebraço mal curada. (Em sua ânsia por rejeitar a ideia de seres humanos anteriores, os especialistas estavam dispostos a aceitar as possibilidades mais estapafúrdias. Mais ou menos na época em que Dubois partiu para Sumatra, um esqueleto encontrado em Périgueux foi confiantemente atribuído a um esquimó. O que um esquimó antigo estava fazendo no Sul da França nunca foi exatamente explicado. Na verdade, tratava-se de um homem de Cro-Magnon primitivo.)

Foi contra esse pano de fundo que Dubois começou sua busca de ossos humanos antigos. Ele não cavava pessoalmente, mas empregou cinquenta presidiários cedidos pelas autoridades holandesas.[6] Durante um ano, eles trabalharam em Sumatra, e depois mudaram para Java. Ali, em 1891, Dubois — ou melhor, sua equipe, pois o próprio Dubois raramente visitava os locais — encontrou uma seção de um crânio humano antigo hoje conhecida como a calota craniana de Trinil. Não obstante se tratasse de apenas parte de um crânio, mostrava que seu proprietário tinha traços nitidamente não humanos e um cérebro bem maior que o de qualquer macaco. Dubois denominou-o *Anthropithecus erectus* (mais tarde modificado, por motivos técnicos, para *Pithecanthropus erectus*) e declarou ser ele o elo perdido entre os macacos e os seres humanos. Ele rapidamente se popularizou como o "Homem de Java". Atualmente é conhecido como *Homo erectus*.

No ano seguinte, os trabalhadores de Dubois encontraram um fêmur quase completo que parecia surpreendentemente moderno. Na verdade, muitos antropólogos acreditam que *seja* moderno e nada tenha a ver com o Homem de Java.[7] Se é um osso do *erectus*, é diferente de qualquer outro já achado.[8] Mesmo assim, Dubois usou esse fêmur para deduzir — corretamente, ao que se revelou — que o *Pithecanthropus* andava ereto. Ele também produziu, baseado em apenas um fragmento de crânio e um dente, um modelo do crânio completo que se mostrou incrivelmente preciso.⁹

Em 1895, Dubois retornou à Europa esperando uma recepção triunfal. Na verdade, deparou com uma reação quase oposta. A maioria dos cientistas desprezou suas conclusões e a maneira arrogante como as apresentou. A calota craniana, eles alegaram, era de um macaco, provavelmente um gibão, e não de um ser humano primitivo. Na esperança de promover sua causa, em 1897 Dubois permitiu que um anatomista respeitado da Universidade de Estrasburgo, Gustav Schwalbe, tirasse um molde da calota craniana. Para desânimo de Dubois, Schwalbe escreveu uma monografia que recebeu uma acolhida bem mais favorável do que tudo o que ele próprio havia escrito e, em seguida, fez uma turnê de palestras em que foi celebrado como se tivesse desenterrado pessoalmente o crânio.¹⁰ Consternado e amargurado, Dubois retirou-se para um cargo modesto de professor de geologia na Universidade de Amsterdam, e nas duas décadas seguintes não deixou que ninguém mais examinasse seus fósseis preciosos. Morreu infeliz em 1940.

Nesse ínterim, e a meio mundo de distância, no final de 1924, Raymond Dart, nascido na Austrália e chefe de anatomia da Universidade de Witwatersrand, em Johanesburgo, recebeu um crânio de criança pequeno, mas notadamente completo, com uma face intacta, uma mandíbula inferior e um molde natural da cavidade craniana encontrado numa pedreira de calcário na borda do deserto de Kalahari, num local poeirento chamado Taung. Dart viu imediatamente que o crânio de Taung não era de um *Homo erectus* como o Homem de Java de Dubois, mas de um animal anterior mais parecido com o macaco. Ele estimou sua idade em 2 milhões de anos e chamou-o de *Australopithecus africanus* ou "homem macaco austral da África".¹¹ Em matéria para a *Nature*, Dart considerou os restos mortais de Taung "surpreendentemente humanos" e sugeriu a necessidade de toda uma nova família, *Homo simiadae* ("o homem-macaco") para acomodar a descoberta.

Os especialistas foram ainda menos favoráveis a Dart do que haviam sido a Dubois. Quase tudo em sua teoria — aliás, quase tudo em Dart, ao que parece — incomodava-os. Primeiro, ele se mostrou lamentavelmente arrogante ao conduzir a análise sozinho, em vez de pedir ajuda a experts mais cosmopolitas da Europa. Mesmo o nome escolhido, *Australopithecus*, revelava falta de erudição, uma vez que combinava raízes gregas e latinas. Acima de tudo, suas conclusões opunham-se aos conhecimentos aceitos. Havia um consenso de que os humanos e os macacos se separaram pelo menos 15 milhões de anos atrás na Ásia. Se os seres humanos surgiram na África, convenhamos, seríamos todos *negroides*. Era como se alguém nos dias atuais anunciasse que encontrou os ossos dos ancestrais dos seres humanos, digamos, no Missouri. Aquilo simplesmente não se enquadrava nos conhecimentos vigentes.

O único defensor importante de Dart foi Robert Broom, médico e paleontólogo de origem escocesa, possuidor de um intelecto considerável e de uma natureza divertidamente excêntrica. Broom tinha por hábito, por exemplo, realizar seu trabalho de campo despido quando fazia calor, o que era frequente. Ele também era conhecido por conduzir experimentos anatômicos questionáveis com os pacientes mais pobres e dóceis. Quando os pacientes morriam, o que também era frequente, às vezes ele enterrava seus corpos no jardim dos fundos para mais tarde exumá-los e estudá-los.[12]

Broom era um paleontólogo de talento e, por também residir na África do Sul, pôde examinar o crânio de Taung em primeira mão. Imediatamente percebeu que era tão importante como Dart imaginava e defendeu o colega com vigor, mas em vão. Nos cinquenta anos seguintes, o conhecimento transmitido era que a criança de Taung não passava de um macaco. A maioria dos livros didáticos nem sequer a mencionava. Dart passou cinco anos preparando uma monografia, porém ninguém quis publicar.[13] Ele acabou desistindo da tentativa de publicação (embora continuasse a caça aos fósseis). Durante anos, o crânio — hoje reconhecido como um dos tesouros supremos da antropologia — serviu de peso de papéis na escrivaninha de um colega.[14]

Na época em que Dart fez seu anúncio, em 1924, apenas quatro categorias de hominídeos antigos eram conhecidas: *Homo heidelbergensis*, *Homo rhodesiensis*, homem de Neandertal e o Homem de Java de Dubois. Mas tudo isso estava prestes a mudar substancialmente.

Primeiro, na China, um amador canadense talentoso chamado Davidson Black começou a fuçar o morro do Osso do Dragão, localmente famoso como um lugar de caça a ossos antigos. Infelizmente, em vez de preservar os ossos para estudo, os chineses os desenterravam para produzir remédios. Ninguém sabe quantos ossos preciosos de *Homo erectus* acabaram como uma espécie de equivalente chinês do bicarbonato de sódio. O local havia sido bastante remexido quando Black chegou, mas ele encontrou um único molar fossilizado, e com base nele anunciou brilhantemente a descoberta do *Sinanthropus pekinensis*, que logo se tornou conhecido como o Homem de Pequim.[15]

Por insistência de Black, escavações mais efetivas foram realizadas, e muitos outros ossos foram encontrados. Contudo, todos se perderam um dia após o ataque japonês a Pearl Harbor, em 1941, quando um contingente de fuzileiros navais norte-americanos, tentando contrabandear os ossos (e a si próprios) para fora do país, foi interceptado pelos japoneses e aprisionado. Vendo que os engradados só continham ossos, os soldados japoneses abandonaram a carga na beira da estrada. Os ossos sumiram para sempre.

Enquanto isso, de volta ao velho território de Dubois em Java, uma equipe liderada por Ralph von Koenigswald encontrara outro grupo de seres humanos primitivos, que se tornaram conhecidos como o Povo de Solo, em razão de terem sido descobertos no rio Solo, em Ngandong. As descobertas de Koenigswald poderiam ter sido ainda mais impressionantes não fosse um erro tático percebido tarde demais. Ele havia oferecido à população local dez centavos por cada osso de hominídeo trazido, até que descobriu, para seu horror, que os pedaços maiores vinham sendo entusiasticamente divididos para maximizar o rendimento.[16]

Nos anos seguintes, à medida que mais ossos eram encontrados e identificados, surgiu uma torrente de nomes novos: *Homo aurignacensis, Australopithecus transvaalensis, Paranthropus crassidens, Zinjanthropus boisei* e uma série de outros, quase todos envolvendo um novo tipo de gênero, bem como uma espécie nova. Na década de 1950, o número de tipos de hominídeos nomeados subira para mais de cem. Para aumentar a confusão, formas individuais muitas vezes passavam por uma sucessão de nomes diferentes, à medida que os paleoantropólogos refinavam, reformulavam e discutiam as classificações. O Povo de Solo foi conhecido alternadamente como *Homo soloensis, Homo primigenius asiaticus, Homo neanderthalensis soloensis, Homo sapiens soloensis, Homo erectus erectus* e, finalmente, *Homo erectus* apenas.[17]

Numa tentativa de introduzir certa ordem, em 1960, F. Clark Howell, da Universidade de Chicago, seguindo as sugestões de Ernst Mayr e outros na década anterior, propôs reduzir o número de gêneros a dois somente — *Aus-*

tralopithecus e *Homo* — e racionalizar muitas das espécies.[18] Os homens de Java e Pequim tornaram-se *Homo erectus*. Durante um tempo, a ordem predominou no mundo dos hominídeos. Mas não durou.

Após cerca de uma década de calma relativa, a paleoantropologia embarcou em outro período de descobertas rápidas e prolíficas, que ainda não terminou. A década de 1960 produziu o *Homo habilis*, que alguns consideram o elo perdido entre macacos e humanos, mas outros nem sequer consideram uma espécie separada. Depois vieram (entre muitos outros) o *Homo ergaster*, o *Homo louisleakeyi*, o *Homo rudolfensis*, o *Homo microcranus* e o *Homo antecessor*, bem como uma variedade de australopitecinos: *A. afarensis*, *A. praegens*, *A. ramidus*, *A. walkeri*, *A. anamensis* e ainda outros. No todo, vinte tipos de hominídeos são reconhecidos na literatura atual. Infelizmente, é difícil encontrar dois especialistas que reconheçam os mesmos vinte.

Alguns continuam observando os dois gêneros de hominídeos sugeridos por Howell em 1960, mas outros classificam alguns dos australopitecinos em um gênero separado chamado *Paranthropus*, e ainda outros acrescentam um grupo anterior chamado *Ardipithecus*. Alguns incluem os *praegens* no *Australopithecus* e outros em uma nova classificação, *Homo antiquus*, contudo a maioria não reconhece os *praegens* como uma espécie separada. Inexiste uma autoridade central que regule as coisas. A única forma pela qual um nome se torna aceito é pelo consenso, que costuma ser raro.

Grande parte do problema, paradoxalmente, está na escassez de indícios. Desde a alvorada do tempo, vários bilhões de seres humanos (ou semelhantes aos humanos) viveram, cada qual contribuindo com uma pequena variabilidade genética para a estirpe humana total. Desse vasto número, toda a nossa compreensão da pré-história humana se baseia nos restos mortais, muitas vezes fragmentários, de talvez 5 mil indivíduos.[19] "Você poderia colocar todos eles na carroceria de um caminhão se não se importasse em embaralhá-los", respondeu Ian Tattersall, o barbudo e amigável curador de antropologia do Museu de História Natural Americano, em Nova York, quando lhe perguntei sobre o tamanho do arquivo mundial total de ossos de hominídeos e seres humanos primitivos.[20]

A escassez não seria tão ruim se os ossos estivessem distribuídos uniformemente pelo tempo e pelo espaço, mas claro que não estão. Eles aparecem aleatoriamente, em geral da forma mais enlouquecedora. O *Homo erectus* caminhou pela Terra por mais de 1 milhão de anos e habitou um território da costa atlântica da Europa ao litoral chinês do Pacífico. No entanto, se fosse ressuscitar cada *Homo erectus* individual cuja existência podemos garantir, eles caberiam num ônibus escolar. O *Homo habilis* consiste em ainda menos: apenas dois esqueletos parciais e um número de ossos isolados de membros. Algo de tão curta duração como a nossa civilização quase certamente não seria descoberto por seu registro fóssil.

"Na Europa", diz Tattersall à guisa de ilustração, "há crânios de hominídeos na Geórgia de cerca de 1,7 milhão de anos atrás, mas depois há um hiato de quase 1 milhão de anos antes que os próximos restos mortais apareçam na Espanha, no outro extremo do continente. Aí há outro hiato de 300 mil anos até chegarmos ao *Homo heidelbergensis* na Alemanha, e nenhum deles se parece muito com qualquer um dos outros." Ele sorriu. "É com base nesses tipos de peças fragmentárias que se tenta reconstituir a história de toda a espécie. É uma tarefa bem difícil. Realmente temos pouca ideia das relações entre muitas espécies antigas: quais levaram até nós e quais eram becos sem saída evolucionários."

É a irregularidade do registro fóssil que faz com que cada descoberta pareça tão súbita e diferente das demais. Se tivéssemos dezenas de milhares de esqueletos distribuídos em intervalos regulares pelo registro histórico, o grau de nuances seria maior. Espécies totalmente novas não emergem instantaneamente, como o registro fóssil dá a entender, mas aos poucos, a partir de outras espécies existentes. Quanto mais você se aproxima do ponto de bifurcação, maiores são as semelhanças, tornando-se portanto extremamente difícil, e às vezes impossível, distinguir um *Homo erectus* tardio de um *Homo sapiens* primitivo, já que este pode ser as duas coisas ou nenhuma delas. A identificação de restos mortais fragmentários pode com frequência gerar desacordos semelhantes: decidir, por exemplo, se um osso particular representa um *Australopithecus boisei* do sexo feminino ou um *Homo habilis* do sexo masculino.

Na falta de indícios seguros, os cientistas precisam fazer suposições com base em objetos encontrados por perto, e estas podem não passar de adivinhações audazes. Como observaram ironicamente Alan Walker e Pat Shipman, se você correlacionar a descoberta de ferramentas com a espécie de animal mais comum nos arredores, terá de concluir que ferramentas de mão primitivas foram quase todas produzidas por antílopes.[21]

Talvez nada tipifique melhor a confusão do que o conjunto de contradições fragmentárias que foi o *Homo habilis*. O fato é que os ossos do *habilis* não fazem sentido. Quando dispostos em sequência, mostram machos e fêmeas evoluindo em velocidades diferentes e em direções diferentes: os machos tornando-se menos parecidos com os macacos e mais humanos com o passar do tempo, enquanto as fêmeas do mesmo período parecem estar se *afastando* da humanidade e se aproximando dos macacos.[22] Alguns especialistas não acreditam que *habilis* seja uma categoria válida. Tattersall e seu colega Jeffrey Schwartz descartam-no como uma mera "espécie cesta de papéis", para onde os fósseis não relacionados "podiam ser convenientemente varridos".[23] Mesmo aqueles que vêm o *habilis* como uma espécie independente não concordam sobre gênero a que pertencem, o nosso ou de um ramo lateral que não deu em nada.

Finalmente, mas talvez acima de tudo, a natureza humana também interfere nesta história. Os cientistas têm uma tendência natural a interpretar as descobertas da forma que mais lhes engrandeça o prestígio. É raro o paleontólogo que anuncie que encontrou um conjunto de ossos, pouco importantes. Ou, como observa sutilmente John Reader em seu livro *Missing links* [Elos perdidos]: "É notável a frequência com que as primeiras interpretações de dados novos confirmam as ideias preconcebidas de seu descobridor".[24]

Tudo isso deixa ampla margem para discussões, e ninguém gosta mais de discutir do que os paleoantropólogos. "Dentre todas as disciplinas da ciência, a paleoantropologia ostenta talvez o maior quinhão de egos",[25] dizem os autores do recente *Java Man* — um livro, convém observar, que dedica longas passagens, sem nenhum constrangimento, a atacar os defeitos dos outros, em particular de Donald Johanson, ex-colega dos autores. Eis uma pequena amostra:

> Em nossos anos de colaboração no instituto, ele [Johanson] desenvolveu uma reputação merecida, ainda que deplorável, por ataques verbais pessoais imprevisíveis e estridentes, às vezes acompanhados do arremesso de livros ou do que estivesse à mão.

Assim, levando em conta que pouca coisa pode ser dita sobre a pré-história humana — a não ser o fato evidente de que ela existiu — que não venha a ser contestada por alguém em algum lugar, o que achamos que sabemos sobre quem somos e de onde viemos é, *grosso modo,* o seguinte:

Nos primeiros 99,99999% de nossa história como organismos, estivemos na mesma linha ancestral dos chimpanzés.[26] Praticamente nada se sabe sobre a pré-história dos chimpanzés, mas o que eles foram nós também fomos. Depois, cerca de 7 milhões de anos atrás, algo importante aconteceu. Um grupo de seres novos emergiu nas florestas tropicais da África e começou a se deslocar pela savana aberta.

Tratava-se dos australopitecinos, que nos 5 milhões de anos seguintes seriam a espécie dominante de hominídeos no mundo. (*Austral* vem da palavra latina para "sul" e não tem ligação com o contexto da Austrália.) Os australopitecinos se apresentavam em diversas variedades, alguns esguios e graciosos, como a criança de Taung descoberta por Raymond Dart, outros mais atarracados e robustos, porém todos capazes de caminhar eretos. Algumas dessas espécies existiram por mais de 1 milhão de anos, outras por modestas centenas de milhares de anos. Mas lembremos que mesmo as espécies menos bem-sucedidas tiveram histórias muitas vezes mais longas do que já alcançamos.

Os vestígios de hominídeo mais famosos do mundo são de um australopitecino com 3,18 milhões de anos, encontrados em Hadar, na Etiópia, em 1974, por uma equipe liderada por Donald Johanson. Formalmente designado como A.L. (de "Afar Locality", "Localidade Distante") 288-1, o esqueleto tornou-se mais familiarmente conhecido como Lucy, por causa da canção dos Beatles "Lucy in the sky with diamonds". Johanson nunca duvidou de sua importância. "Ela é nosso ancestral mais antigo, o elo perdido entre o macaco e o ser humano", ele disse.[27]

Lucy era baixa: apenas 1,07 metro de altura. Era capaz de andar, ainda que se discuta quão bem andava. Ela era evidentemente uma boa escaladora. Quanto ao resto, pouco se sabe. Seu crânio estava quase totalmente incompleto, de modo que pouco se pode dizer com confiança sobre o tamanho de seu cérebro, embora fragmentos do crânio sugerissem que era pequeno. A maioria dos livros descreve seu esqueleto como 40% completo, apesar de alguns chegarem perto de metade completo; e um produzido pelo Museu de História Natural Americano descreve Lucy como dois terços completa. A série de TV da BBC *Ape man* chamou-a de "um esqueleto completo", não obstante desse para ver que não era bem assim.

Um corpo humano possui 206 ossos, mas muitos deles são repetidos. Se você dispõe do fêmur esquerdo de um espécime, não precisa do direito para saber suas dimensões. Eliminando-se todos os ossos redundantes, resta um total de 120 — o denominado meio esqueleto. Mesmo por esse padrão razoavelmente complacente, e mesmo contando o mínimo fragmento como um osso completo, Lucy constituía apenas 28% de um meio esqueleto (e apenas uns 20% de um esqueleto completo).

Em *The wisdom of the bones* [A sabedoria dos ossos], Alan Walker conta que, certa vez, perguntou a Johanson como ele chegara a uma cifra de 40%. Johanson respondeu despreocupadamente que havia subtraído os 106 ossos das mãos e dos pés[28] — mais de metade do total do corpo, e uma metade importante também, já que o principal atributo definidor de Lucy era o uso dessas mãos e desses pés para lidar com um mundo em mudança. Em todo caso, o que se sabe sobre Lucy é bem menos do que se costuma imaginar. Nem se sabe ao certo se ela era mulher. O sexo é meramente presumido devido ao seu tamanho diminuto.

Dois anos após a descoberta de Lucy, em Laetoli, Tanzânia, Mary Leakey descobriu pegadas deixadas por dois indivíduos que se acredita serem da mesma família dos hominídeos. As pegadas foram feitas quando dois australopitecinos caminhavam por cinza lamacenta após uma erupção vulcânica. A cinza mais tarde endureceu, preservando as impressões de seus pés por uma distância de mais de 23 metros.

O Museu de História Natural Americano, em Nova York, exibe um diorama atraente que registra o momento de sua passagem. Ele reconstitui em tamanho natural um macho e uma fêmea caminhando lado a lado pela planície africana antiga. São peludos, do tamanho de um chimpanzé, mas o porte e o modo de andar sugerem humanidade. O mais impressionante é que o macho mantém o braço esquerdo protetoramente sobre o ombro da fêmea, um gesto meigo e afetuoso, sugestivo de intimidade.

O quadro é feito com tamanha convicção que é fácil esquecer que quase tudo sobre as pegadas é imaginário. Quase todo aspecto externo das duas figuras — quantidade de pelos, apêndices faciais (se possuíam narizes humanos ou de chimpanzé), expressões, cor da pele, tamanho e forma dos seios da fêmea — são necessariamente suposições. Nem sequer podemos afirmar que era um casal. A figura feminina pode ter sido uma criança. Tampouco podemos ter certeza de que eram australopitecinos. Supõe-se que fossem por falta de outros candidatos conhecidos.

Informaram-me que eles foram postos naquela posição porque, durante a montagem do diorama, a figura feminina ficava tombando, mas Ian Tattersall insiste com um riso que a história é cascata. "Obviamente não sabemos se o macho abraçou a fêmea, mas sabemos pela medição dos passos que estavam caminhando lado a lado e próximos — próximos o suficiente para se tocarem. Tratava-se de um local exposto, de modo que provavelmente se sentiam vulneráveis. Por isso tentamos dar-lhes expressões ligeiramente preocupadas."

Perguntei se ele estava preocupado com a liberdade tomada na reconstituição das figuras. "É sempre um problema fazer recriações", ele concordou prontamente. "É incrível quanta discussão pode ocorrer para decidir detalhes como se os homens de Neandertal tinham ou não sobrancelhas. Ocorreu exatamente o mesmo com as figuras de Laetoli. O que acontece é que não podemos saber os detalhes de seu aspecto, mas *podemos* transmitir seu tamanho e sua postura e fazer algumas suposições razoáveis sobre a provável aparência. Se eu tivesse de fazer de novo, acho que poderia dar uma aparência ligeiramente mais simiesca e menos humana. Essas criaturas não eram humanas. Eram macacos bípedes."

Até bem recentemente se supunha que descendêssemos de Lucy e das criaturas de Laetoli, mas muitos especialistas já não têm tanta certeza. Embora certos aspectos físicos (os dentes, por exemplo) sugiram um elo possível entre nós, outras partes da anatomia do australopitecino são mais preocupantes. Em seu livro *Extinct humans* [Humanos extintos], Tattersall e Schwartz observam que a parte superior do fêmur humano é muito parecida com a dos macacos, mas não com a dos australopitecinos. Portanto, se Lucy está numa linhagem direta entre os macacos e os humanos modernos, isso significa que devemos ter adotado um fêmur de australopitecino por cerca de 1 milhão de anos e depois retornado a um fêmur de macaco quando passamos à fase seguinte de nosso desenvolvimento. Eles acreditam, de fato, que, além de Lucy não ser nosso ancestral, ela nem sequer era uma grande caminhante.

"Lucy e sua espécie não se locomoviam à maneira dos seres humanos modernos", insiste Tattersall.[29] "Somente quando aqueles hominídeos tiveram de se deslocar entre habitats arbóreos, viram-se caminhando bipedalmente, 'forçados' a fazê-lo por suas próprias anatomias."[30] Johanson não aceita isso.

"Os quadris de Lucy e a disposição muscular da pélvis", ele escreveu, "tornariam tão difícil para ela subir nas árvores como para os humanos modernos."[31]

As coisas ficaram ainda mais complicadas em 2001 e 2002, quando foram encontrados quatro novos espécimes excepcionais. Um deles, descoberto por Meave Leakey, da famosa família de caçadores de fósseis, no lago Turkana, no Quênia, e chamado de *Kenyanthropus platyops* ("Queniano de rosto achatado"), é mais ou menos da época de Lucy e levanta a possibilidade de ter sido nosso ancestral e Lucy, um ramo lateral malsucedido.[32] Em 2001, também foram achados o *Ardipithecus ramidus kadabba*, datado de 5,2 milhões a 5,8 milhões de anos atrás, e o *Orrorin tugenensis*, que se acredita ter 6 milhões de anos, o que o torna o mais antigo hominídeo encontrado[33] — mas apenas por um breve tempo. No verão de 2002, uma equipe francesa trabalhando no deserto de Djurab, no Chade (uma área que nunca havia fornecido ossos antigos), encontrou um hominídeo com cerca de 7 milhões de anos, rotulado de *Sahelanthropus tchadensis*.[34] (Segundo alguns críticos, ele não é humano, mas um macaco primitivo, devendo, portanto, ser chamado de *Sahelpithecus*.)[35] Todas essas criaturas eram antigas e bem primitivas, no entanto andavam eretas, e isso bem antes do que se pensava.

O bipedalismo é uma estratégia exigente e arriscada. Significa reformular a pélvis para que ela se torne um instrumento sustentador de carga. Para preservar a força necessária, o canal vaginal precisa ser relativamente estreito. Isso tem duas consequências imediatas muito importantes e outra a longo prazo. Primeiro, significa muita dor no parto e um risco de fatalidade bem maior para a mãe e o bebê. Além disso, para a cabeça do bebê passar por tal espaço apertado, ele precisa nascer enquanto seu cérebro é pequeno — portanto, enquanto o bebê ainda é indefeso. Isso requer que a criança receba cuidados por um longo tempo, o que, por sua vez, implica uma união sólida entre macho e fêmea.

Tudo isso já é problemático o suficiente quando se é o senhor intelectual do planeta, mas quando se é um australopitecino pequeno e vulnerável, com um cérebro do tamanho de uma laranja,* o risco deve ter sido enorme.[36]

---

* O tamanho absoluto do cérebro não diz tudo, e pode até induzir ao erro: tanto os elefantes como as baleias possuem cérebros maiores que os nossos, mas você não teria dificuldade em passar a perna neles ao negociar um contrato. O que importa é o tamanho relativo, um detalhe que costuma passar despercebido. Como observa Gould, o *A. africanus* possui um cérebro de

Portanto, por que Lucy e sua espécie desceram das árvores e saíram das florestas? Provavelmente, não tiveram outra opção. A elevação lenta do istmo do Panamá interrompera o fluxo de águas do Pacífico para o Atlântico, afastando correntes quentes do Ártico e provocando uma era glacial extremamente rigorosa nas latitudes ao norte. Na África, isso teria produzido uma aridez e um esfriamento sazonais, gradualmente transformando floresta em savana. "Não é que Lucy e seus semelhantes abandonaram as florestas", escreveu John Gribbin, "as florestas é que os abandonaram."[37]

Porém, sair para a savana aberta deixou os hominídeos primitivos bem mais expostos. Um hominídeo ereto conseguia ver melhor, mas também era visto com mais facilidade. Mesmo agora, como espécie, somos quase absurdamente vulneráveis na selva. Quase todo animal grande que você possa citar é mais forte, mais veloz e possui mais dentes do que nós. Ante o ataque, os seres humanos modernos dispõem de apenas duas vantagens: um bom cérebro capaz de criar estratégias e mãos com que brandir ou atirar objetos ofensivos. Somos a única criatura capaz de ferir à distância. Podemos, portanto, nos dar ao luxo de ser fisicamente vulneráveis.

Todos os elementos pareciam prontos para uma evolução rápida de um cérebro potente, mas isso parece não ter acontecido. Por mais de 3 milhões de anos, Lucy e seus colegas australopitecinos quase não mudaram.[38] Seu cérebro não cresceu e não há sinal de que utilizassem mesmo as ferramentas mais simples. O mais estranho é que sabemos agora que, por cerca de 1 milhão de anos, os australopitecinos viveram lado a lado com outros hominídeos primitivos que usavam ferramentas. No entanto, nunca tiraram proveito dessa tecnologia útil que estava à sua volta.[39]

A certa altura entre 3 milhões e 2 milhões de anos atrás, parece que até seis tipos de hominídeos coexistiram na África. Somente um, porém, estava fadado a perdurar: o *Homo*, que emergiu da obscuridade há aproximadamente 2 milhões de anos. Ninguém sabe ao certo qual era o relacionamento entre os australopitecinos e o *Homo*; o que se sabe é que coexistiram por mais de 1 milhão de anos até que todos os australopitecinos, robustos e igualmente gra-

---

apenas 450 centímetros cúbicos, menor que o do gorila. Entretanto, um macho *africanus* típico pesava menos de 45 quilos e uma fêmea menos ainda, enquanto os gorilas podem facilmente ultrapassar 150 quilos.[40]

ciosos, desaparecessem de forma misteriosa, e possivelmente abrupta, mais de 1 milhão de anos atrás. Ninguém sabe por que desapareceram. "Talvez", sugere Matt Ridley, "nós os tenhamos comido."[41]

Convencionalmente, a linhagem do *Homo* começa com o *Homo habilis*, uma criatura sobre a qual quase nada sabemos, e se encerra conosco, o *Homo sapiens* (literalmente, "homem sábio"). Entre eles, e dependendo de quais opiniões você acata, houve meia dúzia de outras espécies de *Homo*: *Homo ergaster*, *Homo neanderthalensis*, *Homo rudolfensis*, *Homo heidelbergensis*, *Homo erectus* e *Homo antecessor*.

O *Homo habilis* ("homem hábil") foi batizado por Louis Leakey e colegas em 1964 e recebeu esse nome por ter sido o primeiro hominídeo a usar ferramentas, embora bem simples. Era uma criatura razoavelmente primitiva, mais próxima do chimpanzé do que dos humanos, mas seu cérebro era 50% maior que o de Lucy em termos brutos e proporcionalmente não ficava muito aquém desse percentual, de modo que ele foi o Einstein de sua época. Até hoje ninguém forneceu um motivo persuasivo para o súbito crescimento dos cérebros dos hominídeos 2 milhões de anos atrás. Durante muito tempo, achou-se que havia uma relação direta entre cérebros grandes e a capacidade de caminhar ereto — que o movimento para fora das florestas requerera novas estratégias astuciosas que exigiam ou promoviam o crescimento do cérebro. Portanto, foi como que uma surpresa, após as descobertas repetidas de tantos idiotas bípedes, constatar que não havia nenhuma ligação aparente entre essas duas coisas.

"Simplesmente não conhecemos nenhuma razão convincente que explique por que os cérebros humanos cresceram", diz Tattersall. Cérebros enormes são órgãos exigentes: eles constituem apenas 2% da massa do corpo, mas devoram 20% de sua energia.[42] Eles também são relativamente seletivos na escolha do combustível. Se você parasse de comer gordura, seu cérebro não reclamaria, porque a gordura não serve de nada para ele. O cérebro precisa de glicose, e em grande quantidade, ainda que isso implique privar os outros órgãos. Como observa Guy Brown: "O corpo corre o risco constante de ser exaurido por um cérebro guloso, mas não pode se dar ao luxo de permitir que ele fique faminto, já que isso levaria rapidamente à morte."[43] Um cérebro grande necessita de mais alimento, e mais alimento significa maior risco.

Tattersall acredita que o surgimento de um cérebro grande pode ter sido um mero acaso evolucionário. Assim como Stephen Jay Gould, ele acredita que, se voltássemos a executar a fita da vida — mesmo se a retrocedêssemos um trecho relativamente curto até a aurora dos hominídeos —, as chances são "bem remotas" de que os seres humanos modernos ou algo parecido estivessem aqui agora.

"Uma das ideias que os seres humanos têm mais dificuldade em aceitar", ele diz, "é que não somos a culminação de nada. Nossa presença aqui nada tem de inevitável. Faz parte da vaidade humana tendermos a pensar na evolução como um processo que, no fundo, foi programado para nos produzir. Os próprios antropólogos tendiam a pensar assim até a década de 1970." De fato, ainda em 1991, no popular livro *The stages of evolution* [Os estágios da evolução], C. Loring Brace aferrava-se obstinadamente ao conceito linear, reconhecendo apenas um beco sem saída evolucionário, os robustos australopitecinos.[44] Todo o resto representava uma progressão direta — cada espécie de hominídeo levando o bastão do desenvolvimento até certo ponto e entregando-o ao corredor mais jovem e vigoroso. Hoje, porém, parece certo que muitas daquelas formas primitivas seguiram trilhas laterais que não deram em nada.

Felizmente para nós, uma espécie seguiu a trilha certa: um grupo de usuários de ferramentas, aparentemente surgido do nada e se sobrepondo ao sombrio e muito contestado *Homo habilis*. Foi o *Homo erectus*, a espécie descoberta por Eugène Dubois em Java em 1891. Dependendo das fontes consultadas, ele existiu de cerca de 1,8 milhão de anos atrás até possivelmente uma época tão recente como uns 20 mil anos atrás.

De acordo com os autores de *Java man*, o *Homo erectus* é a linha divisória: tudo o que veio antes tinha uma natureza simiesca; tudo o que veio depois se assemelhou aos humanos.[45] O *Homo erectus* foi o primeiro a caçar, o primeiro a usar fogo, o primeiro a criar ferramentas complexas, o primeiro a deixar sinais de acampamentos, o primeiro a cuidar dos fracos e frágeis. Comparado com tudo o que existira antes, ele era extremamente humano na forma e no comportamento: membros longos e finos, muito forte (bem mais forte que os seres humanos atuais) e com a iniciativa e a inteligência necessárias para se espalhar com sucesso por vastas áreas. Para os demais hominídeos, o *Homo erectus* deve ter parecido assustadoramente poderoso, ligeiro e talentoso.

O *erectus* era "o velociraptor da época", de acordo com Alan Walker, da Universidade Estadual da Pensilvânia, um dos maiores especialistas do mundo nesse campo. Se você encarasse um deles nos olhos, ele poderia parecer superficialmente humano, contudo "vocês não se comunicariam. Você seria a presa dele". De acordo com Walker, ele tinha o corpo de um *Homo sapiens* adulto, mas o cérebro de um bebê.

Embora o *erectus* já fosse conhecido havia quase um século, tudo o que se sabia advinha apenas de uns fragmentos dispersos — nem sequer suficientes para se aproximar de um esqueleto completo. Sua importância — ou, pelo menos, possível importância — como uma espécie precursora dos seres humanos modernos só foi plenamente reconhecida após uma descoberta extraordinária na África, na década de 1980. O vale remoto do lago Turkana (antigo lago Rudolf), no Quênia, é hoje um dos locais mais produtivos para a descoberta de restos mortais humanos, mas por muito tempo ninguém pensou em examiná-lo. Foi só porque estava num voo que foi desviado para cima do vale que Richard Leakey percebeu que ele poderia ser mais promissor do que se imaginara. Uma equipe foi enviada para lá, mas de início nada encontrou. Até que, ao final de uma tarde, Kamoya Kimeu, o mais famoso caçador de fósseis de Leakey, deparou com um pequeno fragmento de testa de hominídeo num monte afastado do lago. Dificilmente um local daqueles renderia grande coisa, mas a equipe, conhecedora do faro de Kimeu, escavou-o mesmo assim, e, para seu assombro, encontrou um esqueleto de *Homo erectus* quase completo. Era de um menino com nove a doze anos que morreu 1,54 milhão de anos atrás.[46] O esqueleto tinha "uma estrutura corporal inteiramente moderna", segundo Tattersall, num grau sem precedente. O menino de Turkana era "sem dúvida um dos nossos".[47]

Outro achado de Kimeu no lago Turkana foi KNM-ER 1808, uma mulher de 1,7 milhão de anos atrás, que deu aos cientistas a primeira pista de que o *Homo erectus* era mais interessante e complexo do que se pensava anteriormente. Os ossos estavam deformados e cobertos por tumores grosseiros, em consequência de uma doença mortal chamada hipervitaminose A, que pode resultar da ingestão do fígado de um carnívoro. Isso nos informou, em primeiro lugar, que o *Homo erectus* comia carne. Ainda mais surpreendente foi que a quantidade de tumores mostrou que ela sobrevivera semanas, ou mesmo meses, com a doença. Alguém cuidara dela.[48] Foi o primeiro sinal de ternura na evolução dos hominídeos.

Descobriu-se também que os crânios do *Homo erectus* continham (ou, na visão de alguns, possivelmente continham) uma área de Broca, região no lobo frontal do cérebro associada à fala. Os chimpanzés não possuem essa característica. Alan Walker acha que o canal espinhal carecia do tamanho e da complexidade para permitir a fala e que o *Homo erectus* provavelmente se comunicava como os chimpanzés atuais. Outros, em especial Richard Leakey, estão convencidos de que ele conseguia falar.

Durante algum tempo, ao que parece, o *Homo erectus* foi a única espécie de hominídeo na Terra. Era aventureiro como ninguém e se espalhou pelo globo com uma rapidez que parece ter sido espantosa.[49] Os indícios fósseis, se tomados literalmente, sugerem que alguns membros da espécie atingiram Java mais ou menos na mesma época em que deixaram a África, ou ligeiramente antes. Isso levou alguns cientistas esperançosos a acreditar que talvez os seres humanos modernos não tenham surgido na África, e sim na Ásia — o que seria notável, para não dizer milagroso, já que nenhuma espécie precursora possível foi encontrada fora da África. Os hominídeos asiáticos teriam de ter surgido, ao que parece, espontaneamente. De qualquer modo, um início asiático meramente inverteria o problema de sua disseminação: continuaria sendo preciso explicar como as pessoas de Java chegaram tão rapidamente à África.

Existem várias outras explicações alternativas mais plausíveis para como o *Homo erectus* conseguiu surgir na Ásia tão pouco tempo após sua aparição inicial na África. Primeiro, há uma série de imprecisões na datação dos restos mortais de seres humanos primitivos. Se a idade real dos ossos africanos estiver na extremidade superior da faixa de estimativas, ou aquela de Java na extremidade inferior, ou ambas as coisas, sobra bastante tempo para os *erectus* africanos descobrirem o caminho até a Ásia. Também é totalmente possível que ossos de *erectus* mais antigos ainda venham a ser descobertos na África. Além disso, as datas de Java poderiam estar completamente erradas.

O certo é que, em algum momento bem além de 1 milhão de anos atrás, alguns seres novos, relativamente modernos e eretos, deixaram a África e ousadamente se espalharam por grande parte do globo. É possível que tenham agido rápido, ampliando seu alcance em até quarenta quilômetros por ano em média, enfrentando cadeias de montanhas, rios, desertos e outros obstáculos e adaptando-se às diferenças de clima e fontes alimentares. Um mistério particular é como transpuseram a margem ocidental do mar Vermelho, uma área hoje famosa pela aridez, mas ainda mais árida no passado. É um ironia curiosa que as mesmas condições que os impeliram a deixar a África teriam dificultado a viagem. No entanto, eles conseguiram contornar todas as barreiras e prosperar nas terras mais além.

E aqui, infelizmente, termina o consenso. O que aconteceu depois na história do desenvolvimento humano é objeto de um longo e rancoroso debate, como veremos no capítulo seguinte.

Mas vale a pena lembrar, antes de avançarmos, que todos esses tropeços evolucionários através de 5 milhões de anos, dos australopitecinos distantes e perplexos ao ser humano plenamente moderno, produziram uma criatura que ainda é 98,4% geneticamente indistinguível do chimpanzé moderno. Há mais diferença entre uma zebra e um cavalo, ou entre um golfinho e um boto, que entre você e as criaturas peludas que seus ancestrais remotos deixaram para trás quando partiram para conquistar o mundo.

29. O macaco incansável

Em algum momento cerca de 1,5 milhão de anos atrás, algum gênio esquecido do mundo hominídeo fez algo inesperado. Ele (ou muito possivelmente ela) pegou uma pedra e cuidadosamente a usou para moldar uma outra. O resultado foi uma machadinha simples, em forma de lágrima, mas foi a primeira peça de tecnologia avançada do mundo.

Aquilo era tão superior aos instrumentos existentes que logo outros estavam seguindo o exemplo do inventor e confeccionando suas próprias machadinhas. Com o tempo, sociedades inteiras pareciam quase não fazer outra coisa. "As machadinhas eram feitas aos milhares", diz Ian Tattersall. "Existem certos lugares na África onde você literalmente não consegue andar sem pisar nelas. É estranho, porque são objetos bem trabalhosos de fazer. Era como se eles as fizessem por puro prazer."[1]

De uma estante em sua ensolarada sala de trabalho, Tattersall apanhou um molde imenso, com cerca de meio metro de comprimento e vinte centímetros de largura na parte mais larga, e me entregou. Tinha a forma de uma ponta de lança, mas do tamanho de uma alpondra. Sendo um molde de fibra de vidro, pesava apenas algumas dezenas de gramas, porém a peça original, encontrada na Tanzânia, pesava onze quilos. "Era totalmente inútil como instrumento", afirma Tattersall. "Duas pessoas seriam necessárias para levantá-

-la do modo adequado, e mesmo assim teria sido extenuante tentar atingir algo com aquilo."

"Então, para que era usada?"

Tattersall deu de ombros sorridente, satisfeito com o mistério. "Não tenho a menor ideia. Deve ter tido alguma importância simbólica, mas só podemos supor."

Os machados ficaram conhecidos como instrumentos acheulianos, devido a Saint-Acheul, um subúrbio de Amiens, no Norte da França, onde os primeiros exemplos foram encontrados no século XIX, em contraste com os instrumentos mais antigos e simples conhecidos como Oldowan, originalmente encontradas no desfiladeiro Olduvai, na Tanzânia. Nos livros didáticos mais antigos, os instrumentos Oldowan costumam ser ilustrados como pedras rombudas, arredondadas e do tamanho da mão. Na verdade, os paleoantropólogos tendem a acreditar que as lascas dessas pedras maiores é que serviam de instrumentos de corte.

Agora vem o mistério. Quando os primeiros seres humanos modernos — aqueles que acabariam nos originando — começaram a sair da África, mais de 100 mil anos atrás, os instrumentos acheulianos eram a tecnologia favorita. Aqueles *Homo sapiens* primitivos adoravam seus instrumentos acheulianos. Eles os carregaram por longas distâncias. Às vezes, chegavam a levar consigo rochas informes para transformá-las depois em instrumentos. Eram, em suma, dedicados à tecnologia. Mas, embora os instrumentos acheulianos tenham sido encontrados em toda a África, Europa, e Ásia Ocidental e Central, raramente foram encontrados no Extremo Oriente. Isso é bem intrigante.

Na década de 1940, um paleontólogo de Harvard chamado Hallum Movius traçou algo conhecido como a linha de Movius, separando o lado com instrumentos acheulianos do lado destituído deles. A linha se estende em direção sudeste através da Europa e do Oriente Médio, até a vizinhança da atual Calcutá e de Bangladesh. Além da linha de Movius, através de todo o Sudeste asiático e pela China adentro, apenas os instrumentos Oldowan mais antigos e simples foram encontrados. Sabemos que o *Homo sapiens* foi bem além desse ponto. Portanto, por que eles levariam uma tecnologia de pedra, avançada e estimada, até a fronteira do Extremo Oriente para depois abandoná-la?

"Aquilo me preocupou por muito tempo", recorda Alan Thorne, da Universidade Nacional Australiana, em Camberra. "Toda a antropologia moderna erigiu-se em torno da ideia de que os seres humanos vieram da África em duas ondas: uma primeira onda de *Homo erectus*, que se tornou o Homem de Java, o Homem de Pequim e assemelhados, e uma onda posterior mais avançada de *Homo sapiens*, que desalojou o primeiro grupo. Todavia, para aceitar isso é preciso acreditar que o *Homo sapiens* avançou até certo ponto com sua tecnologia mais moderna e depois, por algum motivo, abandonou-a. Isso era no mínimo bem intrigante."

Ao que se revelou, muitas outras coisas intrigariam os paleontólogos, e uma das descobertas mais intrigantes viria da terra de Thorne: o interior da Austrália. Em 1968, um geólogo chamado Jim Bowler examinava um leito de lago seco havia muito tempo, chamado Mungo, em um canto árido e solitário do Oeste de Nova Gales do Sul, quando algo inesperado lhe chamou a atenção. Para fora de uma elevação de areia em forma de lua crescente projetavam-se alguns ossos humanos. Naquela época, acreditava-se que os seres humanos viviam na Austrália desde no máximo 8 mil anos atrás, mas Mungo secara havia 12 mil anos. Portanto, o que alguém estava fazendo num lugar tão inóspito?

A resposta, fornecida pela datação por carbono, foi que o possuidor dos ossos vivia ali quando o lago Mungo era um habitat bem mais agradável, com quase vinte quilômetros de comprimento, repleto de água e peixes, cercado de bosques aprazíveis de casuarinas. Para espanto de todos, descobriu-se que os ossos tinham 23 mil anos. Outros ossos encontrados por perto chegaram a atingir 60 mil anos. Uma constatação inesperada, que parecia praticamente impossível. Desde o advento dos hominídeos na Terra, a Austrália sempre foi uma ilha. Quaisquer seres humanos que chegassem lá deviam ter vindo por mar, em número suficiente para começar uma população procriadora, e atravessado cem quilômetros ou mais de oceano sem ter como saber que uma terra habitável os aguardava. Após desembarcar, a população de Mungo transpôs mais de 3 mil quilômetros rumo ao interior, a partir da costa norte da Austrália, o suposto ponto de entrada. Tudo isso sugere, de acordo com uma informação que consta nos *Proceedings of the National Academy of Sciences*, "que as pessoas podem ter chegado originalmente há bem mais que 60 mil anos".[2]

Como chegaram lá e por que foram para lá são perguntas sem resposta. Segundo a maioria dos textos de antropologia, não há indícios de que as pessoas sequer pudessem falar 60 mil anos atrás, menos ainda engajar-se no tipo de esforço cooperativo necessário para construir embarcações oceânicas e colonizar continentes-ilhas.

"Há muita coisa desconhecida sobre os movimentos de pessoas antes da história registrada", contou-me Alan Thorne quando o encontrei em Camberra. "Você sabia que, quando os antropólogos do século XIX chegaram pela primeira vez em Papua-Nova Guiné, encontraram pessoas nos planaltos do interior, em alguns dos terrenos mais inacessíveis da Terra, cultivando batatas-doces? As batatas-doces são nativas da América do Sul. Portanto, como foram parar em Papua-Nova Guiné? Não sabemos. Não temos a menor ideia. Mas o que é certo é que as pessoas vêm se deslocando com bastante certeza por mais tempo do que tradicionalmente se pensava, e quase sem dúvida compartilhando genes, além de informações."[3]

O problema, como sempre, é o registro fóssil. "Pouquíssimas partes do mundo são ainda que vagamente propícias à preservação a longo prazo de restos mortais humanos", diz Thorne, um homem de olhos penetrantes, com um grande cavanhaque e um jeito decidido mas amistoso. "Se não fossem algumas áreas produtivas como Hadar e Olduvai, no Leste da África, saberíamos assustadoramente pouco. E quando se olha para outros lugares, muitas vezes *sabemos* assustadoramente pouco. A Índia inteira forneceu um único fóssil humano antigo, de uns 300 mil anos atrás. Entre o Iraque e o Vietnã — uma distância de 5 mil quilômetros —, houve apenas dois: aquele da Índia e um homem de Neandertal no Uzbequistão." Ele sorriu. "É muito pouco para se trabalhar. Você se vê na situação de ter umas poucas áreas produtivas para fósseis humanos, como o Great Rift Valley na África e Mungo aqui na Austrália, e muito pouca coisa entre as duas. Não surpreende que os paleontólogos tenham dificuldade para ligar os pontos."

A teoria tradicional para explicar os movimentos humanos — e aquela ainda aceita pela maioria das pessoas da área — é que os seres humanos se dispersaram pela Eurásia em duas ondas. A primeira consistiu no *Homo erectus*, que deixou a África com uma rapidez espantosa — logo depois de surgir como espécie —, a partir de 2 milhões de anos atrás. Com o tempo, ao se fixarem em diferentes regiões, esses *erectus* antigos evoluíram ainda mais em tipos diferentes: o Homem de Java e o Homem de Pequim, na Ásia, e o *Homo heidelbergensis* e finalmente o *Homo neanderthalensis* na Europa.

Depois, pouco mais de 100 mil anos atrás, uma espécie de criatura mais inteligente e flexível — os ancestrais de todos nós atualmente vivos — emergiu nas planícies africanas e começou a se espalhar para fora em uma segunda onda. Aonde quer que fossem, segundo essa teoria, os novos *Homo sapiens* desalojaram seus predecessores mais estúpidos e menos aptos. Exatamente como fizeram isso sempre foi objeto de discussão. Nunca se encontrou sinal algum de massacre, de modo que a maioria dos especialistas acredita que os hominídeos mais novos simplesmente venceram a competição com os mais antigos, embora outros fatores também possam ter contribuído. "Talvez tenhamos transmitido a varíola a eles", especula Tattersall. "Não há como saber. A única certeza é que estamos aqui agora e eles não."

Os primeiros seres humanos modernos são surpreendentemente misteriosos. Por incrível que pareça, sabemos menos a nosso respeito do que sobre quase todas as outras linhagens de hominídeos. É bem estranho, observa Tattersall, "que o mais recente evento importante da evolução humana — a emergência de nossa própria espécie — seja talvez o mais obscuro de todos".[4] Não se consegue chegar a um consenso sobre a primeira aparição de seres humanos verdadeiramente modernos no registro fóssil. Muitos livros situam sua estreia em cerca de 120 mil anos atrás, na forma de restos mortais encontrados na foz do rio Klasies, na África do Sul, mas nem todos aceitam que fossem seres totalmente modernos. Tattersall e Schwartz sustentam que, "se algum deles ou todos eles representam a nossa espécie, é algo que ainda aguarda um esclarecimento definitivo".[5]

A primeira aparição incontestável do *Homo sapiens* é no Mediterrâneo oriental, em torno do atual Israel, onde eles começam a aparecer por volta de 100 mil anos atrás — mas mesmo ali são descritos (por Trinkaus e Shipman) como "estranhos, difíceis de classificar e pouco conhecidos".[6] O homem de Neandertal já estava bem estabelecido na região e possuía um tipo de kit de instrumentos, conhecido como musteriano, que os seres humanos modernos evidentemente acharam digno de ser adotado. Nenhum resto mortal do homem de Neandertal chegou a ser encontrado no Norte da África, mas seu kit de instrumentos aparece por toda a região.[7] Alguém deve ter levado para lá: os seres humanos modernos são os únicos candidatos. Sabe-se também que o homem de Neandertal e os seres humanos modernos coexistiram, de algum modo, por dezenas de milhares de anos no Oriente Médio. "Não sabemos se compartilharam o mesmo espaço ou se somente viveram lado a lado", diz Tattersall, mas os seres humanos modernos continuaram usando os instrumentos do homem de Neandertal — o que está longe de ser um sinal de superioridade esmagadora. Igualmente curioso é o fato de que no Oriente Médio encontram-se instrumentos acheulianos de bem mais de 1 milhão de anos, no entanto, eles mal existem na Europa até apenas 300 mil anos atrás. De novo, a razão pela qual as pessoas que dominavam a tecnologia não levaram consigo os instrumentos é um mistério.

Durante muito tempo, acreditou-se que os Cro-Magnon, como se tornaram conhecidos os seres humanos modernos da Europa, empurraram o homem de Neandertal para a frente, ao avançarem pelo continente, até confiná-lo nas margens ocidentais, onde ele teve de optar entre atirar-se ao mar ou se extinguir. Na verdade, sabe-se hoje que homens de Cro-Magnon estavam no extremo Oeste da Europa mais ou menos na mesma época em que também estavam vindo do Leste. "A Europa era um lugar bem vazio naquele tempo", diz Tattersall. "Eles podem não ter se encontrado com tanta frequência, a despeito de todas as suas idas e vindas." Uma curiosidade sobre a chegada dos homens de Cro-Magnon é que ela ocorreu num período conhecido na paleoclimatologia como o intervalo de Boutellier, quando a Europa estava passando de um período de brandura relativa para outro período prolongado de frio fustigante.[8] Se algo os atraiu à Europa, não foi o clima maravilhoso.

De qualquer modo, a ideia de que o homem sucumbiu em face da concorrência dos recém-chegados Cro-Magnon não corresponde toalmente aos indícios. Uma característica daqueles homens foi a resistência. Por dezenas de milhares de anos, eles viveram em condições que nenhum ser humano moderno, afora uns poucos cientistas e exploradores polares, chegou a experimentar. Durante os piores períodos das eras glaciais, eram comuns as nevascas com ventos fortes como furacões. As temperaturas rotineiramente caíam para 45 graus abaixo de zero. Ursos-polares passeavam por vales cobertos de neve no Sul da Inglaterra. Os homens de Neandertal naturalmente abandonavam as piores áreas, mas mesmo assim devem ter experimentado um clima no mínimo tão rigoroso quanto o atual inverno siberiano. É claro que eles sofriam — um homem de Neandertal que ultrapassasse os trinta anos podia se considerar sortudo —, porém, como espécie, foram magnificamente resistentes e praticamente indestrutíveis. Eles sobreviveram por pelo menos 100 mil anos, talvez o dobro, em uma área que se estendia de Gibraltar ao Uzbequistão, uma boa marca para qualquer espécie de ser vivo.[9]

Exatamente quem foram e o que foram continua sendo objeto de controvérsia e incerteza. Até meados do século XX, a visão antropológica corrente do homem de Neandertal era de um ser estúpido, recurvado, desajeitado e simiesco — o típico homem das cavernas. Foi apenas um acaso doloroso que levou os cientistas a rever essa visão. Em 1947, durante um trabalho de campo no Saara, um paleontólogo franco-argelino chamado Camille Arambourg protegeu-se do sol do meio-dia sob as asas de seu aeroplano. Enquanto descansava, o calor estourou um pneu do avião, que se inclinou subitamente, golpeando-lhe a parte de cima do corpo.[10] Mais tarde em Paris, ao tirar um raio X do pescoço, Camille observou que suas vértebras estavam alinhadas exatamente como as do recurvado e pesadão homem de Neandertal. Ou bem Camille era fisiologicamente primitivo, ou bem a postura do homem de Neandertal havia sido mal descrita. Na verdade, foi mal descrita. Suas vértebras não eram nada simiescas. Isso mudou radicalmente nossa visão do homem de Neandertal — mas só por algum tempo, ao que parece.

Costuma-se sustentar ainda que os homens de Neandertal careciam da inteligência ou da fibra para competir de igual para igual com os recém-chegados *Homo sapiens* ao continente, mais esguios e cerebralmente mais ágeis.[11] Eis um comentário típico de um livro recente:

> "Os seres humanos modernos neutralizaram essa vantagem [o físico bem mais robusto do homem de Neandertal] com melhores roupas, melhores fogueiras e melhor abrigo; nesse ínterim, os homens de Neandertal estavam condenados a um corpo superdimensionado que requeria mais alimento para sustentar".[12]

Em outras palavras, os mesmos fatores que permitiram sua sobrevivência por 100 mil anos subitamente se tornaram um obstáculo insuperável.

Acima de tudo, uma questão quase nunca abordada é que os homens de Neandertal tinham cérebros bem maiores que os das pessoas modernas — 1,8 litro para o homem de Neandertal *versus* 1,4 para os seres humanos modernos, de acordo com um cálculo.[13] É mais do que a diferença entre o *Homo sapiens* moderno e o extinto *Homo erectus*, uma espécie que mal consideramos humana. O argumento apresentado é que, embora nossos cérebros fossem menores, eram de algum modo mais eficientes. Acho que digo a verdade quando observo que em nenhum outro ponto da evolução humana esse argumento é empregado.

Você poderia perguntar: se o homem de Neandertal era tão robusto e adaptável e cerebralmente bem-dotado, por que não está mais entre nós? Uma resposta possível (mas muito contestada) é que talvez ainda esteja. Alan Thorne é um dos principais proponentes de uma teoria alternativa, conhecida como a hipótese multirregional, segundo a qual a evolução humana foi contínua. Assim como os australopitecinos evoluíram para o *Homo habilis* e o *Homo heidelbergensis* com o tempo se transformou no *Homo neanderthalensis*, o *Homo sapiens* moderno simplesmente emergiu de formas de *Homo* mais antigas. O *Homo erectus*, de acordo com esse ponto de vista, não constitui uma espécie separada, apenas uma fase transitória. Desse modo, os chineses modernos descendem de antepassados *Homo erectus* antigos da China, os europeus modernos, de *Homo erectus* europeus antigos, e assim por diante. "Exceto que, para mim, não existem *Homo erectus*", diz Thorne. "Acho que é um termo que perdeu a utilidade. Para mim, *Homo erectus* é tão só uma parte anterior de nós. Acredito que uma única espécie de seres humanos deixou a África, e essa espécie é o *Homo sapiens*."

Os oponentes da teoria multirregional alegam, em primeiro lugar, que ela requer uma quantidade improvável de evolução paralela de hominídeos através do Velho Mundo: na África, na China, na Europa, nas ilhas mais distantes da Indonésia, onde quer que eles tenham aparecido. Alguns também acreditam que o multirregionalismo encoraja uma visão racista da qual a antropologia levou muito tempo para se livrar. No início da década de 1960, um antropólogo famoso chamado Carleton Coon, da Universidade da Pensilvânia, sugeriu que algumas raças modernas têm origens diferenciadas, implicando que alguns seres humanos derivam de uma linhagem superior às dos outros. Isso soava desagradavelmente a crenças ultrapassadas de que algumas raças modernas, como os "bosquímanos" africanos (propriamente os San do Kalahari) e os aborígines australianos, seriam mais primitivas do que outras.

Quaisquer que fossem as intenções pessoais de Coon, a implicação para muitas pessoas foi de que algumas raças são intrinsecamente mais avançadas, e alguns seres humanos poderiam em essência constituir espécies diferentes. A visão, tão instintivamente ofensiva agora, foi bastante popularizada em muitos lugares respeitáveis até uma época muito recente. Tenho diante de mim um livro popular publicado pela Time-Life Publications, em 1961, intitulado *The epic of man* [A epopeia do homem], baseado em uma série de artigos da revista *Life*. Nele, encontramos comentários como: "O homem rodesiano [...] viveu até 25 mil anos atrás e pode ter sido um ancestral dos negros africanos. O tamanho de seu cérebro aproximava-se daquele do *Homo sapiens*".[14] Em outras palavras, os negros africanos descenderam recentemente de criaturas que eram apenas "próximas" do *Homo sapiens*.

Thorne rejeita enfaticamente (e acredito que com sinceridade) a ideia de que sua teoria tem qualquer conotação racista, e explica a uniformidade da evolução humana pelo grande número de deslocamentos entre culturas e regiões. "Não há motivo para pensar que as pessoas só avançaram em uma direção", ele diz. "Elas estavam se deslocando por toda parte, e onde se encontravam quase certamente compartilhavam material genético por entrecruzamento. Quem chegava não substituía as populações indígenas; *juntava--se* a elas. Eles se tornavam elas." Thorne compara a situação à época em que exploradores como Cook e Fernão de Magalhães toparam com povos remotos pela primeira vez. "Não foram encontros de espécies diferentes, e sim da mesma espécie com algumas diferenças físicas."

O que realmente se vê no registro fóssil, Thorne insiste, é uma transição uniforme e contínua. "Existe um crânio famoso de Petralona, na Grécia, datando de uns 300 mil anos atrás, que tem sido alvo de controvérsia entre os tradicionalistas, porque em alguns aspectos parece o *Homo erectus* mas em outros, o *Homo sapiens*. Bem, o que dizemos é que isso é justamente o que se deveria encontrar em espécies que estavam evoluindo, e não sendo desalojadas."

Algo que ajudaria a dirimir a questão seriam sinais de entrecruzamento, entretanto isso não é nada fácil de provar, ou refutar, com base nos fósseis. Em 1999, arqueólogos em Portugal encontraram o esqueleto de uma criança de uns quatro anos que morreu 24500 anos atrás. O esqueleto era moderno em geral, mas com certas características arcaicas, possivelmente do homem de Neandertal: ossos das pernas anormalmente firmes, dentes que carregam um padrão característico de "abocanhamento" e (embora nem todos concordem) uma reentrância na parte de trás do crânio, denominada fossa suprainíaca, característica exclusiva do homem de Neandertal. Erik Trinkaus, da Universidade de Washington, Saint Louis, a maior autoridade em homens de Neandertal, anunciou que a criança era um híbrido: prova de que os seres humanos modernos e os homens de Neandertal se entrecruzaram. Outros, porém, estranharam que a mescla entre aspectos modernos e do homem de

Neandertal não fosse maior. Nas palavras de um crítico: "Se você olha para uma mula, ela não tem a parte da frente parecendo um burro e a parte de trás parecendo um cavalo".[15]

Ian Tattersall declarou que aquela não passava de uma "criança moderna robusta". Ele admite que possa ter havido certa "promiscuidade" entre os homem de Neandertal e os modernos, mas não acredita que isso pudesse ter resultado em uma descendência reprodutivamente bem-sucedida.* "Não conheço nenhuma dupla de organismos de qualquer domínio da biologia que sejam tão diferentes e, ainda assim, da mesma espécie", ele diz.

Com o registro fóssil tão escasso, os cientistas têm recorrido cada vez mais aos estudos genéticos, sobretudo a parte conhecida como DNA mitocondrial. O DNA mitocondrial só foi descoberto em 1964, mas na década de 1980 algumas almas talentosas da Universidade da Califórnia, em Berkeley, perceberam dois aspectos que o tornavam particularmente conveniente como uma espécie de relógio molecular: ele só é transmitido pela linhagem feminina, de modo que não se mistura com o DNA paterno a cada nova geração, e suas mutações são cerca de vinte vezes mais rápidas que as do DNA nuclear normal, o que facilita a detecção e o acompanhamento de padrões genéticos através do tempo. Rastreando as taxas de mutação, eles conseguiram reconstituir o histórico genético e relacionamentos de grupos inteiros de pessoas.

Em 1987, a equipe de Berkeley, encabeçada pelo falecido Allan Wilson, realizou uma análise do DNA mitocondrial de 147 indivíduos e declarou que o surgimento de seres humanos anatomicamente modernos deu-se na África nos últimos 140 mil anos e que "todos os seres humanos atuais descendem daquela população".[16] Esse foi um duro golpe para os multirregionalistas. Mas então começou-se a examinar mais detidamente os dados.[17] Um dos pontos mais extraordinários — extraordinários demais para que se desse crédito — era que os "africanos" utilizados no estudo eram na verdade negros norte-

---

* Uma possibilidade é que os homens de Neandertal e os Cro-Magnon tivessem números diferentes de cromossomos, complicação que costuma surgir quando espécies próximas, mas não totalmente idênticas, se unem. No mundo equino, por exemplo, os cavalos possuem 64 cromossomos e os burros, 62. Se você acasalar os dois, obterá um rebento com um número reprodutivamente inútil de 63 cromossomos. Obterá, em suma, uma mula estéril.

-americanos, cujos genes obviamente estiveram sujeitos a uma mediação considerável nas últimas centenas de anos. Dúvidas também logo emergiram quanto à suposta rapidez das mutações.

Em 1992, o estudo caiu em descrédito. Contudo, as técnicas da análise genética continuaram sendo refinadas, e em 1997 cientistas da Universidade de Munique conseguiram extrair e analisar algum DNA do osso do braço do homem de Neandertal original, e desta vez os sinais foram positivos.[18] O estudo de Munique descobriu que o DNA do homem de Neandertal diferia de qualquer DNA encontrado na Terra hoje, indicando fortemente que não houve ligação genética entre aqueles homens e os seres humanos modernos. Isso sim *foi* um verdadeiro golpe no multirregionalismo.

Então, no final de 2000, a *Nature* e outras publicações abordaram um estudo sueco sobre o DNA mitocondrial de 53 pessoas, que concluiu que todos os seres humanos modernos emergiram da África nos últimos 100 mil anos e descendem de uma linhagem reprodutora de não mais de 10 mil indivíduos.[19] Logo depois, Eric Lander, diretor do Whitehead Institute/Massachusetts Institute of Technology Center for Genome Research, anunciou que os europeus modernos, e talvez pessoas de outros lugares, descendem de "não mais de algumas centenas de africanos que deixaram sua terra natal apenas 25 mil anos atrás".

Como observamos em outra parte do livro, os seres humanos modernos mostram uma variedade genética notadamente pequena — de acordo com um especialista, "existe mais diversidade em um grupo social de 55 chimpanzés do que em toda a população humana"[20] —, e essa descoberta explicaria por quê. Como descendemos recentemente de uma população fundadora pequena, não houve tempo suficiente ou pessoas suficientes para proporcionar uma fonte de grande variabilidade. Isso pareceu um golpe bem forte no multirregionalismo. "Depois disso", um acadêmico de Universidade Estadual da Pensilvânia contou ao *Washington Post*, "não haverá muita preocupação com a teoria multirregional, que conta com pouquíssimos indícios."

Mas tudo isso ignorou a capacidade mais ou menos infinita do antigo povo de Mungo, do Oeste de Nova Gales do Sul, de surpreender. No início de 2001, Thorne e seus colegas da Universidade Nacional Australiana relataram que haviam recuperado DNA dos espécimes de Mungo mais antigos — datados na ocasião em 62 mil anos — e que esse DNA se revelara "geneticamente distinto".[21]

O Homem de Mungo, de acordo com tais constatações, era anatomicamente moderno — tanto quanto você e eu —, mas possuía uma linhagem genética extinta. Seu DNA mitocondrial não é mais encontrado nos seres humanos vivos, como deveria acontecer se, à semelhança das outras pessoas modernas, ele descendesse daquelas que deixaram a África no passado recente.

"Isso virou tudo pelo avesso de novo", diz Thorne, com clara satisfação.

Na sequência, outras anomalias ainda mais curiosas começaram a aparecer. Rosalind Harding, uma geneticista populacional do Instituto de Antropologia Biológica de Oxford, ao estudar genes de betaglobina em seres humanos modernos, encontrou duas variantes que são comuns entre os asiáticos e os povos indígenas da Austrália, mas que mal existem na África. Ela está certa de que os genes variantes surgiram mais de 200 mil anos atrás não na África, e sim no Leste da Ásia — muito antes de o *Homo sapiens* alcançar essa região. A única explicação para isso é que entre os ancestrais daqueles que agora vivem na Ásia estavam hominídeos arcaicos: o Homem de Java e assemelhados. O interessante é que esse mesmo gene variante — o gene do Homem de Java, por assim dizer — aparece em populações modernas em Oxfordshire.

Confuso, fui à procura de Harding no instituto, que ocupa um velho casarão ladrilhado em Banbury Road, Oxford, mais ou menos na região onde Bill Clinton passou sua época de estudante. Harding é uma australiana pequena e animada, originária de Brisbane, com o dom raro de estar séria e sorridente ao mesmo tempo.

"Eu não sei", ela respondeu imediatamente, sorrindo, quando perguntei como pessoas em Oxfordshire abrigavam sequências de betaglobina que não deveriam estar ali. "Em geral", prosseguiu num tom mais sério, "o registro genético respalda a hipótese da origem africana. Mas aí você encontra esses grupos anômalos, a respeito dos quais a maioria dos geneticistas prefere não falar. Existe um *montão* de informações que estariam disponíveis para nós se conseguíssemos entendê-las, mas ainda não conseguimos. Nós mal começamos."[22] Ela não quis entrar em mais detalhes sobre as implicações da existência de genes de origem asiática em Oxfordshire, limitando-se a observar que a situação é complicada. "Tudo o que podemos dizer a esta altura é que a coisa está bem desordenada e realmente não sabemos por quê."

Na época de nosso encontro, no início de 2002, outro cientista de Oxford, Bryan Sykes, acabara de lançar um livro popular chamado *As sete filhas de*

Eva, no qual, valendo-se de estudos de DNA mitocondrial, alegou ser capaz de remontar quase todos os europeus vivos a uma população fundadora de apenas sete mulheres — as filhas de Eva do título — que viveram entre 10 mil e 45 mil anos atrás, na época conhecida na ciência como Paleolítico. A cada uma dessas mulheres Sykes deu um nome — Úrsula, Xênia, Jasmim, e assim por diante — e até uma história pessoal detalhada. ("Úrsula foi o segundo bebê de sua mãe. O primeiro, um menino, havia sido levado por um leopardo com apenas dois anos...")

Quando perguntei a Harding sobre o livro, ela abriu um sorriso amplo mas cauteloso, como se estivesse insegura quanto à resposta. "Bem, suponho que ele tenha algum mérito por ajudar a popularizar um tema difícil", ela disse, e fez uma pausa pensativa. "E existe a possibilidade *remota* de que ele esteja certo." Ela riu, depois prosseguiu mais seriamente: "Os dados de qualquer gene individual não conseguem informar algo tão definitivo. Se você seguir o DNA mitocondrial retroativamente, chegará a certo lugar — a uma Úrsula, ou Tara, ou seja quem for. Mas se pegar *outro* fragmento de DNA, um gene qualquer, e fizer *a mesma coisa*, chegará a um ponto totalmente diferente".

Aquilo, concluí, era meio como seguir uma estrada aleatoriamente para fora de Londres, descobrir que ela vai dar em John O'Groats e deduzir que todos em Londres devem ter vindo do Norte da Escócia. Eles *podem* ter vindo de lá, é claro, mas podem também ter vindo de centenas de outros lugares. Nesse sentido, de acordo com Harding, cada gene é uma estrada diferente, e mal começamos a mapear as rotas. "Nenhum gene individual jamais chegará a contar toda a história", ela disse.

Então não podemos confiar nos estudos genéticos?

"Bem, você pode confiar bastante nos estudos, em termos gerais. Só não pode confiar nas conclusões exageradas que as pessoas tiram deles."

Para Harding, a hipótese da origem africana está "provavelmente 95% certa", mas acrescenta: "Acho que os dois lados prestaram um desserviço à ciência ao insistir em que só uma das alternativas pode estar certa. As coisas provavelmente não se mostrarão tão óbvias como os dois lados gostariam que se acreditasse. Os dados começam a evidenciar que houve várias migrações e dispersões, em diferentes partes do mundo, em todas as direções, e quase sempre misturando o pool de genes. Isso nunca será fácil de destrinçar".

Bem naquela época, uma série de artigos questionava a confiabilidade das alegações referentes à recuperação de DNA muito antigo. Um texto acadêmico da *Nature* observou que um paleontólogo, quando um colega indagou se ele achava que um velho crânio estava polido ou não, lambera o topo do crânio e anunciara que estava. "No processo", observou o artigo da *Nature*, "grandes quantidades de DNA humano moderno teriam se transferido para o crânio", tornando-o inútil para estudo futuros.[23] Perguntei sobre aquilo a Harding. "Oh, quase certamente ele já devia estar contaminado", ela respondeu. "O simples manuseio de um osso o contaminará. Respirar sobre ele o contaminará. Quase toda água em nossos laboratórios o contaminará. Estamos todos nadando em DNA estranho. Para obter um espécime realmente puro, é preciso escavá-lo em condições de esterilização e realizar os testes no local da descoberta. Não contaminar um espécime é a coisa mais difícil do mundo."

"Então essas alegações devem ser tratadas com desconfiança?", perguntei.

Harding assentiu solenemente com a cabeça. "Com muita", respondeu.

Se você quer entender imediatamente por que sabemos tão pouco sobre as origens humanas, tenho um local para você ir. Fica um pouco além do cume dos montes Ngong azuis, no Quênia, em direção ao sudeste de Nairóbi. Saia da cidade pela estrada principal para Uganda. Chegará um momento de esplendor, quando começa um declive e tem-se um panorama, digno de um voador de asa-delta, da planície africana ilimitada e verde-pálida.

É o Great Rift Valley, que forma um arco através de 4800 quilômetros do Leste da África, marcando a ruptura tectônica que está fazendo a África se desprender da Ásia. Ali, a uns 65 quilômetros de distância de Nairóbi, ao longo do solo escaldante do vale, encontra-se um local antigo chamado Olorgesailie, que no passado ficava ao lado de um lago grande e agradável. Em 1919, muito depois do desaparecimento do lago, um geólogo chamado J. W. Gregory estava examinando a área em busca de minérios quando topou com um trecho de solo exposto coalhado de pedras escuras anômalas claramente moldadas por mãos humanas. Ele encontrara um dos grandes locais de confecção de ferramentas acheulianas sobre o qual Ian Tattersall me contara.

No outono de 2002, tornei-me um visitante inesperado desse local extraordinário. Eu estava no Quênia com um objetivo completamente diferente, visitando alguns projetos conduzidos pela organização de caridade CARE International, mas meus anfitriões, sabedores do meu interesse em seres humanos para este livro, haviam incluído no programa uma visita a Olorgesailie.[24]

Após a descoberta de Gregory, Olorgesailie permaneceu incólume por mais de duas décadas, até que a famosa equipe constituída pelo casal Louis e Mary Leakey começou uma escavação que ainda não chegou ao fim. O que os Leakey acharam foi um local que se estende por uns cinco hectares, onde ferramentas foram produzidas em números incalculáveis durante cerca de 1 milhão de anos, de mais ou menos 1,2 milhão de anos até 200 mil anos atrás. Atualmente, os canteiros de ferramentas estão protegidos das intempéries sob grandes telheiros de estanho e cercados com tela de arame para evitar que algum visitante caia na tentação de levar alguma peça, mas, afora essas providências, as ferramentas são deixadas onde seus criadores as atiraram e onde os Leakey as encontraram.

Jillani Ngalli, um jovem esperto do Museu Nacional do Quênia, enviado para ser meu guia, contou que o quartzo e as rochas obsidianas de que foram feitas as machadinhas nunca foram encontrados no solo do vale. "Eles tiveram de trazer as pedras dali", ele disse, assentindo com a cabeça ante um par de montanhas à brumosa meia distância, em direções opostas: Olorgesailie e Ol Esakut. Cada uma estava a dez quilômetros — uma boa distância para carregar uma braçada de pedras.

Por que a população antiga de Olorgesailie se deu àquele trabalho só pode ser objeto de adivinhação. Além de carregarem pedras pesadas por distâncias consideráveis até a beira do lago, o que talvez seja ainda mais notável, depois organizaram o local. As escavações dos Leakey revelaram que havia áreas onde os machados eram produzidos e outras para as quais machados cegos eram levados para ser amolados. Olorgesailie era, em suma, uma espécie de fábrica, permanecendo em atividade por 1 milhão de anos.

Várias réplicas mostraram que os machados eram objetos difíceis e trabalhosos de confeccionar: mesmo com prática, podiam-se levar horas para produzir um deles. No entanto, o curioso é que eles não eram bons para cortar, retalhar ou raspar ou qualquer das outras tarefas em que se presume seriam empregados. Assim, somos levados a concluir que, por 1 milhão de anos — um período bem superior ao da existência de nossa espécie, muito menos engajada em esforços cooperativos contínuos —, pessoas primitivas afluíram em números consideráveis àquele local específico para produzir números extravagantemente grandes de ferramentas que parecem ter sido curiosamente inúteis.

E quem eram essas pessoas? Não temos a menor ideia. Supomos que fossem *Homo erectus* por falta de outros candidatos conhecidos, o que significa que, no auge — no auge deles —, os trabalhadores de Olorgesailie teriam tido o cérebro de uma criança moderna. Mas não há indícios físicos em que basear uma conclusão. Não obstante mais de sessenta anos de buscas, nenhum osso humano foi encontrado em Olorgesailie ou nos arredores. Por mais tempo que eles passassem ali moldando rochas, parece que iam morrer em outro lugar.

"É tudo um mistério", disse Jillani Ngalli, com um sorriso radiante.

O povo de Olorgesailie saiu de cena há uns 200 mil anos, quando o lago secou e o Great Rift Valley começou a se tornar o local quente e desafiante que é hoje. Mas àquela altura seus dias como espécie já estavam contados. O mundo estava prestes a receber sua primeira espécie dominadora, o *Homo sapiens*. As coisas nunca mais seriam as mesmas.

30. Adeus

No início da década de 1680, mais ou menos na época da aposta casual de Edmund Halley e seus amigos Christopher Wren e Robert Hooke em um café londrino que resultaria nos *Principia* de Isaac Newton, da pesagem da Terra por Henry Cavendish e de muitos outros empreendimentos louváveis que nos ocuparam pelas quase quinhentas páginas anteriores, um marco bem menos desejável ocorria na ilha Maurício, bem longe no oceano Índico, uns 1300 quilômetros a leste da costa de Madagascar.

Ali, algum marinheiro esquecido ou seu animal de estimação estava perseguindo até a morte o último dos dodôs, a famosa ave não voadora cujas natureza estúpida, mas confiante, e falta de vigor nas pernas a tornaram um alvo irresistível de jovens marujos entediados nas paradas para descanso. Milhões de anos de isolamento pacífico deixaram o dodô despreparado para o comportamento inconstante e profundamente agressivo dos seres humanos.

Não sabemos precisamente as circunstâncias, ou mesmo o ano, da extinção do dodô, de modo que ignoramos o que veio primeiro: um mundo contendo um *Principia* ou um mundo sem dodôs. Mas sabemos que as duas coisas aconteceram mais ou menos na mesma época. É difícil encontrar uma conjunção de ocorrências que ilustre melhor a natureza divina e criminosa dos seres humanos — uma espécie de organismo capaz de deslindar os segredos mais profundos do firmamento, ao mesmo tempo que extermina, sem nenhum proveito, uma criatura que jamais nos prejudicou e que não era nem remotamente capaz de entender o que estávamos fazendo com ela. Conta-se que os dodôs eram tão espetacularmente privados de inteligência que, se você quisesse achar todos os dodôs de uma área, era só capturar um deles e fazer com que guinchasse. Imediatamente todos os outros apareciam para ver o que estava acontecendo.

As agressões ao pobre dodô não pararam por aí. Em 1755, uns setenta anos após a morte do último dodô, o diretor do Ashmolean Museum, em Oxford, cismou que o dodô empalhado da instituição estava ficando desagradavelmente bolorento e mandou que o atirassem em uma fogueira. Foi uma decisão surpreendente, já que, na época, aquele era o único dodô existente, empalhado ou não. Um funcionário que passava por lá, horrorizado, tentou salvar a ave, mas conseguiu resgatar apenas a cabeça e parte de uma asa.

Como resultado desse e de outros acessos de insensatez, não sabemos ao certo qual o aspecto de um dodô vivo. Possuímos bem menos informações do que se supõe: algumas descrições grosseiras de "viajantes não cientistas, três ou quatro pinturas a óleo e alguns fragmentos ósseos dispersos", nas palavras um tanto ressentidas do naturalista do século XIX H. E. Strickland.[1] Como observou melancolicamente Strickland, temos mais indícios físicos de alguns monstros marinhos e saurópodes pesadões antigos do que de uma ave que viveu nos tempos modernos e que, para sobreviver, só precisava da nossa ausência.

Portanto, eis o que se sabe do dodô: vivia na ilha Maurício, era rechonchudo mas não apetitoso, e foi o maior membro de todos os tempos da família dos pombos, embora não se saiba quantas vezes maior, já que seu peso nunca foi registrado com precisão. Extrapolações com base nos "fragmentos ósseos" de Strickland e nos vestígios modestos do Ashmolean Museum mostram que tinha uns oitenta centímetros de altura e mais ou menos o mesmo tamanho da ponta do bico até às nádegas. Incapaz de voar, fazia o ninho no chão, o que tornou seus ovos e filhotes presas tragicamente fáceis de porcos, cães e macacos levados à ilha por forasteiros. Provavelmente já estava extinto em 1683 e com certeza havia desaparecido em 1693. Além disso nada sabemos, exceto, é claro, que não voltaremos a ver algo semelhante. Nada sabemos de seus hábitos reprodutivos e de sua dieta, por onde perambulava, quais sons emitia quando tranquilo ou alarmado. Não possuímos um só ovo de dodô.

Do início ao fim, nosso contato com os animados dodôs durou apenas setenta anos. Trata-se de um período reduzidíssimo, porém não podemos deixar de mencionar que, àquela altura de nossa história, tínhamos milhares de anos de prática em eliminações irreversíveis. Ninguém sabe ao certo quão destrutivos são os seres humanos, mas o fato é que, nos últimos 50 mil anos, aonde quer que tenhamos ido, os animais tenderam a desaparecer, muitas vezes em números espantosos.

Na América, trinta gêneros de animais grandes — alguns bem grandões — desapareceram praticamente de um só golpe após a chegada ao continente dos seres humanos modernos, entre 10 mil e 20 mil anos atrás. No todo, as Américas do Norte e do Sul combinadas perderam cerca de três quartos de seus animais de porte depois que o homem caçador chegou com suas lanças de ponta de sílex e sua capacidade organizacional. A Europa e a Ásia, onde os animais tiveram mais tempo para desenvolver cautela em relação aos seres humanos, perderam entre um terço e metade de seus animais grandes. A Austrália, exatamente pelas razões opostas, perdeu não menos que 95%.[2]

Como as populações caçadoras primitivas eram relativamente pequenas e a população animal era de fato monumental — supõe-se que só na tundra do Norte da Sibéria jazem congeladas até 10 milhões de carcaças de mamute —, alguns especialistas acreditam que deve haver outras explicações, possivelmente envolvendo mudanças climáticas ou algum tipo de pandemia. Nas palavras de Ross MacPhee, do Museu de História Natural Americano: "Não há nenhum benefício substancial em caçar animais perigosos com mais frequência do que necessário — não adianta ter mais bifes de mamute do que se consegue comer".[3] Outros acreditam que tenha sido quase criminosamente fácil capturar e derrotar as presas. "Na Austrália e nas Américas", diz Tim Flannery, "os animais provavelmente não tinham esperteza para fugir."

Algumas das criaturas que se perderam eram singularmente espetaculares e dariam um pouco de trabalho se ainda existissem. Imagine preguiças rasteiras capazes de espiar por uma janela do segundo andar, tartarugas quase do tamanho de um Fiat pequeno, lagartos-monitores com seis metros de comprimento pegando sol nas margens das rodovias no deserto da Austrália Ocidental. Infelizmente eles desapareceram, e vivemos num planeta bem mais pobre. Nos dias de hoje, em todo o mundo, apenas quatro tipos de animais terrestres realmente volumosos (uma tonelada métrica pelo menos) sobrevivem: elefantes, rinocerontes, hipopótamos e girafas.[4] Nunca em dezenas de milhões de anos a vida na Terra foi tão diminuta e mansa.

A questão que emerge é se os desaparecimentos da Idade da Pedra e de épocas mais recentes fazem parte de um evento de extinção único — se, em suma, os seres humanos são inerentemente carrascos dos outros seres vivos. A triste possibilidade é que talvez sejamos. De acordo com o paleontólogo David Raup, da Universidade de Chicago, a taxa de extinção ao longo da história biológica da Terra tem sido de uma espécie perdida a cada quatro anos em média. Segundo Richard Leaby e Roger Lewin, em *The sixth extinction* [A sexta extinção], as extinções causadas pelos seres humanos podem ter atingido até 120 mil vezes esse nível.[5]

Em meados da década de 1990, o naturalista australiano Tim Flannery, hoje chefe do South Australian Museum, em Adelaide, impressionou-se com o pouco que aparentemente sabemos sobre muitas extinções, inclusive algumas relativamente recentes. "Para onde quer que se olhasse, parecia haver lacunas nos registros — peças faltando, como no caso do dodô, ou simplesmente não registradas", ele me contou quando o visitei em Melbourne há cerca de um ano.

Flannery recrutou seu amigo Peter Schouten, um artista e compatriota australiano, e juntos eles embarcaram em uma busca ligeiramente obsessiva, examinando as grandes coleções do mundo para descobrir o que se perdeu, o que restou e o que nunca se tornou conhecido. Eles passaram quatro anos examinando couros antigos, espécimes mofados, desenhos antigos e descrições escritas — tudo o que estivesse disponível. Schouten fez pinturas de tamanho natural de cada animal que conseguiram recriar, e Flannery escreveu o texto. O resultado foi um livro extraordinário chamado *A gap in nature* [Uma lacuna na natureza], que constitui o catálogo mais completo — e, é preciso dizer, mais comovente — de extinções de animais dos últimos trezentos anos.

Para alguns animais, as informações eram boas, mas ninguém atentara para elas durante muitos anos, ou nunca. A vaca-marinha de Steller, uma criatura parecida com a morsa e parente do dugongo, foi um dos últimos animais realmente grandes a se extinguir. Ela era de fato enorme — um adulto podia atingir uns nove metros de comprimento e pesar dez toneladas —, mas só a conhecemos porque, em 1741, uma expedição russa por acaso sofreu um naufrágio no único lugar onde ainda sobreviviam: as remotas e brumosas ilhas Commander, no mar de Bering.

Felizmente, a expedição tinha um naturalista, Georg Steller, que se fascinou com o animal. "Ele tomou notas detalhadíssimas", diz Flannery. "Chegou a medir o diâmetro dos bigodes dela. A única coisa que não descreveu foram os genitais do macho — embora, por algum motivo, se sentisse à vontade para descrever os da fêmea. Ele chegou a salvar um pedaço de pele, de modo que obtivemos uma boa ideia de sua textura. Nem sempre tivemos tanta sorte assim."

A única coisa que Steller não conseguiu foi salvar a própria vaca-marinha. Já à beira da extinção de tanto ser caçada, ela desapareceria para sempre 27 anos após ser descoberta por Steller. Muitos outros animais, porém, não puderam ser incluídos, pois quase nada se sabe sobre eles. O camundongo saltitante de Darling Downs, o cisne das ilhas Chatham, a saracura não voadora da ilha Ascensão, pelo menos cinco tipos de tartarugas grandes e muitos outros se perderam para sempre, com exceção de seus nomes.

Flannery e Schouten descobriram que muitas extinções não foram cruéis nem desumanas, apenas meio que majestosamente estúpidas. Em 1894, quando um farol foi construído numa rocha solitária chamada ilha Stephens, no estreito tempestuoso entre as ilhas do Norte e do Sul, na Nova Zelândia, o gato do faroleiro com frequência trazia para ele umas aves pequenas e estranhas que capturara. O faroleiro zelosamente enviou alguns espécimes ao museu em Wellington. Ali um curador ficou preocupado porque a ave era uma espécie rara de cambaxirra não voadora — o único exemplar de passeriforme não voador já encontrado. Ele partiu imediatamente para a ilha, mas quando chegou lá o gato havia matado todas as aves.[6] Doze espécimes de museu empalhadas da cambaxirra não voadora da ilha Stephens são tudo o que resta.

Pelo menos temos alguma coisa. Muitas vezes não resta nada. Vejamos o caso do gracioso periquito da Carolina. Verde-esmeralda, cabeça dourada, foi sem dúvida a ave mais impressionante e bonita que já viveu na América do Norte — os papagaios não costumam se aventurar nessas paragens tão ao norte — e em seu apogeu era bem numeroso, excedido apenas pelo pombo-passageiro. Mas o periquito da Carolina também era considerado uma praga pelos fazendeiros e era fácil de caçar, porque vivia em bandos e tinha o hábito peculiar de fugir ao som de uma arma de fogo (como seria de se esperar), mas retornar quase imediatamente para socorrer os companheiros abatidos.

Em seu clássico *American ornithology*, escrito no início do século XIX, Charles Willson Peale descreve uma ocasião em que atirou repetidas vezes com uma espingarda de caça em uma árvore onde eles estavam empoleirados.

> A cada descarga sucessiva, ainda que montes deles caíssem, a afeição dos sobreviventes parecia aumentar; pois, após algumas voltas ao redor do local, eles voltavam a pousar perto de mim, olhando para os companheiros abatidos com sintomas tão manifestos de compaixão e preocupação que me desarmaram totalmente.[7]

Na segunda década do século XX, essas aves haviam sido tão implacavelmente caçadas que apenas umas poucas sobreviviam em cativeiro. A última, chamada Inca, morreu no zoológico de Cincinnati em 1918 (menos de quatro anos após o último pombo-passageiro morrer no mesmo zoológico) e foi empalhada com reverência. Onde podemos encontrar o pobre Inca atualmente? Ninguém sabe. O zoológico o perdeu.[8]

O que é intrigante e, ao mesmo tempo, desconcertante na história acima é que, embora um apreciador de aves, Peale não hesitou em matar grande número delas por puro interesse. É realmente espantoso que, por tanto tempo, as pessoas com mais intenso interesse nos seres vivos eram as mais propensas a extingui-los.

Ninguém representou essa postura em maior escala (em todos os sentidos) do que Lionel Walter Rothschild, o segundo barão Rothschild. Descendente da grande família de banqueiros, Rothschild era um sujeito estranho e solitário. Viveu a vida inteira, de 1868 a 1937, na ala das crianças de sua casa em Tring, Buckinghamshire, usando a mobília de sua infância — inclusive dormindo em sua cama de criança, não obstante a certa altura chegasse a pesar 135 quilos.

Sua paixão era por história natural, e ele tornou-se um dedicado acumulador de objetos. Rothschild enviou hordas de homens treinados — até quatrocentos de uma só vez — a cada canto do globo para subir montanhas e abrir caminho por florestas em busca de espécimes novos — em particular coisas que voassem. Eles eram colocados em engradados ou caixas e enviados para a propriedade de Rothschild em Tring, onde ele e um batalhão de auxiliares exaustivamente registravam e analisavam tudo o que aparecesse pela frente, produzindo um fluxo constante de livros, artigos e monografias — num total de 1200. No todo, a fábrica de história natural de Rothschild processou bem mais de 2 milhões de espécimes e acrescentou 5 mil espécies de animais ao arquivo científico.

Digno de nota é que os esforços colecionadores de Rothschild não foram os mais amplos, nem os mais generosamente financiados do século XIX. Essa marca pertence quase com certeza a um colecionador britânico ligeiramente anterior, mas também riquíssimo, chamado Hugh Cuming, que, de tão preocupado em acumular objetos, mandou construir um grande navio oceânico e empregou uma tripulação em tempo integral para navegar pelo mundo, coletando tudo o que conseguissem encontrar: aves, plantas, animais de todos os tipos, e especialmente conchas.[9] Sua coleção incomparável de cracas ficou para Darwin e, serviu de base para seu estudo seminal.

No entanto, Rothschild foi com certeza o colecionador mais científico de sua época, embora também o mais lastimavelmente letal, pois na década de 1890 interessou-se pelo Havaí, talvez o ambiente mais tentadoramente vulnerável que a Terra já produziu. Milhões de anos de isolamento permitiram ao Havaí desenvolver 8800 espécies singulares de animais e plantas.[10] De particular interesse para Rothschild eram as aves coloridas e peculiares das ilhas, muitas vezes consistindo em populações bem pequenas que habitavam faixas extremamente específicas.

A tragédia de muitas aves havaianas foi que, além de singulares, desejáveis e raras — uma combinação perigosa na melhor das circunstâncias —, elas costumavam ser dolorosamente fáceis de capturar. O greater koa finch, um membro inofensivo da família Drepanididae, espreitava timidamente nas copas das acácias, mas se alguém imitasse seu canto, ele logo abandonava seu refúgio e descia voando num sinal de boas-vindas.[11] O último da espécie desapareceu em 1896, morto pelo exímio colecionador de Rothschild, Harry Palmer, cinco anos antes do desaparecimento de seu primo, o *lesser koa finch*, uma ave tão sublimemente rara que apenas uma foi vista em todos os tempos: aquela abatida para a coleção de Rothschild.[12] No todo, durante a década de coleta mais intensiva de Rothschild, pelo menos nove espécies de aves havaianas desapareceram, mas o número pode ter sido maior.

Rothschild não foi um caso isolado no empenho em capturar aves a qualquer preço. Outros chegaram a ser ainda mais implacáveis. Em 1907, quando um conhecido colecionador chamado Alanson Bryan percebeu que havia abatido os três últimos espécimes do *black mamo*, uma espécie de pássaro silvestre descoberta apenas na década anterior, observou que a notícia o enchia de "júbilo".

Aquela foi, em suma, uma época difícil de compreender, na qual quase todo animal era perseguido caso fosse ainda que ligeiramente considerado um invasor. Em 1890, o estado de Nova York pagou mais de cem prêmios por leões da montanha, embora fosse evidente que esses animais tão perseguidos estavam no limiar da extinção. Até a década de 1940, muitos estados norte-americanos continuaram pagando prêmios por quase todo tipo de animal predador. A Virgínia Ocidental oferecia uma bolsa de estudos universitária anual a quem trouxesse mais pragas mortas — e "pragas" era liberalmente interpretado como qualquer animal que não fosse de estimação nem criado em fazenda.

Talvez nada reflita de modo mais incisivo a estranheza da época do que o destino do adorável e pequeno pássaro canoro de Bachman. Nativo do Sul dos Estados Unidos, esse pássaro era famoso por seu canto comovente, mas sua população, que nunca foi grande, gradualmente diminuiu até que, na década de 1930, ela desapareceu, e por muitos anos nenhum espécime foi visto. Então, em 1939, por uma feliz coincidência, dois entusiastas por pássaros, em locais totalmente diferentes, toparam com sobreviventes solitários, com apenas dois dias de diferença. Ambos abateram os pássaros, e nunca mais ninguém viu um pássaro canoro de Bachman.

O impulso por exterminar não foi exclusividade dos americanos. Na Austrália, prêmios eram pagos pelo lobo-da-tasmânia, um animal semelhante a um cão com listras de "tigre" inconfundíveis nas costas, até pouco antes de o último morrer, desamparado e anônimo, num zoológico particular de Hobart em 1936. Se você for ao Museu Tasmaniano e pedir para ver o último representante dessa espécie — o único grande marsupial carnívoro a viver nos tempos modernos —, tudo que poderão mostrar são fotografias. O último lobo-da-tasmânia empalhado foi jogado fora com o lixo da semana.

Menciono tudo isto para realçar que, se você fosse designar um organismo para zelar pela vida em nosso cosmo solitário, monitorar aonde ela está indo e manter um registro de onde esteve, não escolheria os seres humanos para o serviço.

Mas existe um detalhe importante: nós fomos escolhidos, pelo destino ou pela Providência, ou como se quiser chamar. Ao que sabemos, somos os melhores que existem. Talvez sejamos os únicos que existem. É um pensamento inquietante que talvez sejamos a realização suprema do universo vivo e, ao mesmo tempo, seu pior pesadelo.

Devido a nossa enorme negligência em cuidar dos seres, enquanto estão vivos ou depois, não temos nenhuma ideia — realmente nenhuma — de quantos se extinguiram para sempre, ou poderão se extinguir em breve, ou nunca se extinguirão, e que papel desempenhamos em qualquer parte do processo. Em 1979, no livro *The sinking ark* [A arca naufragante], o escritor Norman Myers sugeriu que as atividades humanas estavam causando cerca de duas extinções por semana no planeta. No início da década de 1990, ele aumentou a cifra para umas seiscentas por semana.[13] (Trata-se de todos os tipos de extinção: de plantas, insetos etc., bem como de animais grandes.) Outros situam a cifra bem acima — mais de mil por semana. Um relatório das Nações Unidas de 1995, por outro lado, estimou o número total de extinções conhecidas nos últimos quatrocentos anos em pouco menos de quinhentas para os animais e pouco mais de 650 para as plantas — embora reconhecesse que se tratava "quase certamente de uma subestimação", em particular no tocante às espécies tropicais.[14] Alguns analistas acham que a maioria das cifras de extinção está excessivamente inflada.

O fato é que não sabemos. Não temos nenhuma ideia. Não sabemos quando começamos a fazer muitas das coisas que fizemos. Não sabemos o que estamos fazendo neste momento nem como nossas ações atuais afetarão o futuro. O que sabemos é que só existe um planeta onde fazê-lo, e apenas uma espécie de ser capaz de fazer uma diferença racional. Edward O. Wilson expressou isso com uma brevidade perfeita em *Diversidade da vida*: "Um planeta, uma experiência".[15]

Se este livro contém uma lição, é a de que nós somos tremendamente sortudos por estar aqui — e com "nós" quero dizer todos os seres vivos. Alcançar qualquer tipo de vida neste nosso universo parece uma realização de peso. Como seres humanos somos duplamente sortudos, é claro. Desfrutamos não só do privilégio da existência, mas também da capacidade singular de apreciá-la e até, de inúmeras maneiras, torná-la melhor. É um talento que mal começamos a perceber.

Chegamos a esta posição de proeminência em um período incrivelmente breve. Os seres humanos comportamentalmente modernos — ou seja, pessoas capazes de falar, produzir arte e organizar atividades complexas — existiram por apenas cerca de 0,0001% da história da Terra. Mas sobreviver mesmo durante esse tiquinho exigiu uma cadeia quase incessante de boa sorte.

Estamos realmente no início de tudo. O segredo, é claro, está em assegurar que nunca toparemos com o fim. E isso, é quase certo, exigirá muito mais que golpes de sorte.

Notas

1. COMO CONSTRUIR UM UNIVERSO [pp. 21-30]

1. Bodanis, $E = mc^2$, p. 111.
2. Guth, *The inflationary universe*, p. 254.
3. *New York Times*, "Cosmos sits for early portrait, gives up secrets", 12 de fevereiro de 2003, p. 1; *U.S. News and World Report*, "How old is the universe?", 18-25 de agosto de 1997, pp. 34-6.
4. Guth, op. cit., p. 86.
5. Lawrence M. Krauss, "Rediscovering creation", em Shore (org.), *Mysteries of life and the universe*, p. 50.
6. Overbye, *Lonely hearts of the cosmos*, p. 153.
7. *Scientific American*, "Echoes from the Big Bang", janeiro de 2001, pp. 38-43.
8. Guth, op. cit., p. 101.
9. Griblin, *In the beginning*, p. 18.
10. *New York Times*, "Before the Big Bang, there was... what?", 22 de maio de 2001, p. F1.
11. Alan Lightman, "First birth", em Shore (org.), *Mysteries of life and the universe*, p. 13.
12. Overbye, op. cit., p. 216.
13. Guth, op. cit., p. 89.
14. Overbye, op. cit., p. 242.
15. *New Scientist*, "The first split second", 31 de março de 2001, pp. 27-30.
16. *Scientific American*, "The first stars in the universe", dezembro de 2001, pp. 64-71; *New York Times*, "Listen closely: from tiny hum came Big Bang", 30 de abril de 2001, p. 1.
17. Citado por Guth, op. cit., p. 14.
18. *Discover*, "Why is there life", novembro de 2000, p. 66.
19. Rees, *Just six numbers*, p. 147.

20. *Financial Times*, "Riddle of the flat universe", 1-2 de julho de 2000; *Economist*, "The world is flat after all", 20 de maio de 2000, p. 97.
21. Weinberg, *Dreams of a final theory*, p. 34.
22. Hawking, *A brief history of time*, p. 47.
23. Hawking, op. cit., p. 13.
24. Rees, op. cit., p. 147.

2. BEM-VINDO AO SISTEMA SOLAR [pp. 31-40]

1. *New Yorker*, "Among planets", 9 de dezembro de 1996, p. 84.
2. Sagan, *Cosmos*, p. 217.
3. *Press-release* do Observatório Naval dos Estados Unidos, "20th anniversary of the discovery of Pluto's moon Charon", 22 de junho de 1998.
4. *Atlantic Monthly*, "When is a planet not a planet?", fevereiro de 1998, pp. 22-34.
5. Citado em "Doomsday asteroid", da série *Nova* do PBS, transmitido originalmente em 29 de abril de 1997.
6. *Press-release* do Observatório Naval dos Estados unidos, "20th anniversary of the discovery of Pluto's moon Charon", 22 de junho de 1998.
7. Artigo de Tombaugh, "The struggles to find the ninth planet", do site da NASA.
8. *Economist*, "X marks the spot", 16 de outubro de 1999, p. 83.
9. *Nature*, "Almost planet X", 24 de maio de 2001, p. 423.
10. *Economist*, "Pluto out in the cold", 6 de fevereiro de 1999, p. 85.
11. *Nature*, "Seeing double in the Kuiper belt", 12 de dezembro de 2002, p. 618.
12. *Nature*, "Almost planet X", 24 de maio de 2001, p. 423.
13. Transcrição de *NewsHour* do PBS, 20 de agosto de 2002.
14. *Natural History*, "Between the planets", outubro de 2001, p. 20.
15. *New Scientist*, "Many moons", 17 de março de 2001, p. 39; *Economist*, "A roadmap for planet-hunting", 8 de abril de 2000, p. 87.
16. Sagan e Druyan, *Comet*, p. 198.
17. *New Yorker*, "Medicine on Mars", 14 de fevereiro de 2000, p. 39.
18. Sagan e Druyan, op. cit., p. 195.
19. Ball, H_2O, p. 15.
20. Guth, *The inflationary universe*, p. 1; Hawking, *A brief history of time*, p. 39.
21. Dyson, *Disturbing the universe*, p. 251.
22. Sagan, op. cit., p. 52.

3. O UNIVERSO DO REVERENDO EVANS [pp. 41-51]

1. Ferris, *The whole shebang*, p. 37.
2. Robert Evans, entrevista ao autor, Hazelbrook, Austrália, 2 de setembro de 2001.
3. Sacks, *An anthropologist on Mars*, p. 189.
4. Thorne, *Black holes and time warps*, p. 164.
5. Ferris, op. cit., p. 125.
6. Overbye, *Lonely heart of the cosmos*, p. 18.

7. *Nature*, "Twinkle, twinkle, neutron Star", 7 de novembro de 2002, p. 31.
8. Thorne, op. cit., p. 171.
9. Thorne, op. cit., p. 174.
10. Thorne, op. cit., p. 174.
11. Thorne, op. cit., p. 175.
12. Overbye, op. cit., p. 18.
13. Harrison, *Darkness at night*, p. 3.
14. "From here to infinity", documentário da série *Horizon* da BBC, transcrição do programa transmitido originalmente em 28 de fevereiro de 1999.
15. John Thorstensen, entrevista ao autor, Hanover, New Hampshire, 5 de dezembro de 2001.
16. Nota de Evans, 3 de dezembro de 2002.
17. *Nature*, "Fred Hoyle (1915-2001)", 17 de setembro de 2001, p. 270.
18. Gribbin e Cherfas, *The first chimpanzee*, p. 190.
19. Rees, *Just six numbers*, p. 75.
20. Bodanis, $E = mc^2$, p. 187.
21. Asimov, *Atom*, p. 294.
22. Stevens, *The change in the weather*, p. 6.
23. Suplemento da *New Scientist*, "Firebirth", 7 de agosto de 1999, sem número de página.
24. Powell, *Night comes to the Cretaceous*, p. 38.
25. Drury, *Stepping stones*, p. 144.

4. A MEDIDA DAS COISAS [pp. 55-73]

1. Sagan e Druyan, *Comet*, p. 52.
2. Feynman, *Six easy pieces*, p. 90.
3. Gjertsen, *The classics of science*, p. 219.
4. Citado por Ferris em *Coming of age in the Milky Way*, p. 106.
5. Durant e Durant, *The age of Louis XIV*, p. 538.
6. Durant e Durant, op. cit., p. 546.
7. Cropper, *Great physicists*, p. 31.
8. Feynman, op. cit., p. 69.
9. Calder, *The comet is coming!*, p. 39.
10. Jardine, *Ingenious pursuits*, p. 36.
11. Wilford, *The mapmakers*, p. 98.
12. Asimov, *Exploring the Earth and the cosmos*, p. 86.
13. Ferris, op. cit., p. 134.
14. Jardine, op. cit., p. 141.
15. *Dictionary of national biography*, vol. 12, p. 1302.
16. *American Heritage*, "Mason and Dixon: their life and its legend", fevereiro de 1964, pp. 23-9.
17. Jungnickel e McCormmach, *Cavendish*, p. 449.
18. Calder, op. cit., p. 71.
19. Jungnickel e McCormmach, op. cit., p. 306.

20. Jungnickel e McCormmach, op. cit., p. 305.
21. Crowther, *Scientists of the Industrial Revolution*, pp. 214-5.
22. *Dictionary of national biography*, vol. 3, p. 1261.
23. *Economist*, "G whiz", 6 de maio de 2000, p. 82.

5. OS QUEBRADORES DE PEDRA [pp. 74-88]

1. *Dictionary of national biography*, vol. 10, pp. 354-6.
2. Dean, *James Hutton and the history of geology*, p. 18.
3. McPhee, *Basin and range*, p. 99.
4. Gould, *Time's arrow*, p. 66.
5. Oldroyd, *Thinking about the Earth*, pp. 96-7.
6. Schneer (org.), *Toward a history of geology*, p. 128.
7. Artigos da Geological Society: *A brief history of the Geological Society of London*.
8. Rudwick, *The great Devonian controversy*, p. 25.
9. Trinkaus e Shipman, *The Neandertals*, p. 28.
10. Cadbury, *Terrible lizard*, p. 39.
11. *Dictionary of national biography*, vol. 15, pp. 314-5.
12. Trinkaus e Shipman, op. cit., p. 26.
13. Annan, *The dons*, p. 27.
14. Trinkaus e Shipman, op. cit., p. 30.
15. Desmond e Moore, *Darwin*, p. 202.
16. Schneer (org.), op. cit., p. 139.
17. Clark, *The Huxleys*, p. 48.
18. Citado em Gould, *Dinosaur in a haystack*, p. 167.
19. Hallam, *Great geological controversies*, p. 135.
20. Gould, *Ever since Darwin*, p. 151.
21. Stanley, *Extinction*, p. 5.
22. Citado em Schneer (org.), p. 288.
23. Citado em Rudwick, op. cit., p. 194.
24. McPhee, *In suspect terrain*, p. 190.
25. Gjertsen, *The classic of science*, p. 305.
26. McPhee, *In suspect terrain*, p. 50.
27. Powell, *Night comes to the Cretaceous*, p. 200.
28. Fortey, *Trilobite!*, p. 238.
29. Cadbury, op. cit., p. 149.
30. Gould, *Eight little piggies*, p. 185.
31. Citado em Gould, *Time's arrow*, p. 114.
32. Rudwick, op. cit., p. 42.
33. Cadbury, op. cit., p. 192.
34. Hallam, op. cit., p. 105; Ferris, *Coming of age in the Milky Way*, pp. 246-7.
35. Gjertsen, op. cit., p. 335.
36. Cropper, *Great physicists*, p. 78.
37. Cropper, op. cit., p. 79.
38. *Dictionary of national biography*, suplemento de 1901-1911, p. 508.

6. CIÊNCIA VERMELHA NOS DENTES E GARRAS [pp. 89-105]

1. Colbert, *The great dinosaur hunters and their discoveries*, p. 4.
2. Kastner, *A species of eternity*, p. 123.
3. Kastner, op. cit., p. 124.
4. Trinkaus e Shipman, *The Neandertals*, p. 15.
5. Simpson, *Fossils and the history of life*, p. 7.
6. Harrington, *Dance of the continents*, p. 175.
7. Lewis, *The dating game*, pp. 17-8.
8. Barber, *The heyday of natural history*, p. 217.
9. Colbert, op. cit., p. 5.
10. Cadbury, *Terrible lizard*, p. 3.
11. Barber, op. cit., p. 127.
12. *New Zealand Geographic*, "Holy incisors! What a treasure!", abril-junho de 2000, p. 17.
13. Wilford, *The riddle of the dinosaur*, p. 31.
14. Wilford, op. cit., p. 34.
15. Fortey, *Life*, p. 214.
16. Cadbury, op. cit., p. 133.
17. Cadbury, op. cit., p. 200.
18. Wilford, op. cit., p. 5.
19. Bakker, *The dinosaur heresies*, p. 22.
20. Colbert, op. cit., p. 33.
21. *Nature*, "Owen's parthian shot", 12 de julho de 2001, p. 123.
22. Cadbury, op. cit., p. 321.
23. Clark, *The Huxleys*, p. 45.
24. Cadbury, op. cit., p. 291.
25. Cadbury, op. cit., pp. 261-2.
26. Colbert, op. cit., p. 30.
27. Thackray e Press, *The Natural History Museum*, p. 24.
28. Thackray e Press, op. cit., p. 98.
29. Wilford, op. cit., p. 97.
30. Wilford, op. cit., pp. 99-100.
31. Colbert, op. cit., p. 73.
32. Colbert, op. cit., p. 93.
33. Wilford, op. cit., p. 90.
34. Psihoyos e Knoebber, *Hunting dinosaurs*, p. 16.
35. Cadbury, op. cit., p. 325.
36. *Newsletter of the Geological Society of New Zealand*, "Gideon Mantell — the New Zealand connection", abril de 1992; *New Zealand Geographic*, "Holy incisors! What a treasure!", abril-junho de 2000, p. 17.
37. Colbert, op. cit., p. 151.
38. Lewis, op. cit., p. 37.
39. Hallam, *Great geological controversies*, p. 173.

7. QUESTÕES ELEMENTAIS [pp. 106-21]

1. Ball, H_2O, p. 125.
2. Durant e Durant, *The age of Louis XIV*, p. 516.
3. Strathern, *Mendeleyev's dream*, p. 193.
4. Davies, *The fifth miracle*, p. 14.
5. White, *Rivals*, p. 63.
6. Brock, *The Norton history of chemistry*, p. 92.
7. Gould, *Bully for brontosaurus*, p. 366.
8. Brock, op. cit., pp. 95-6.
9. Strathern, op. cit., p. 239.
10. Brock, op. cit., p. 124.
11. Cropper, *Great physicists*, p. 139.
12. Hamblyn, *The invention of clouds*, p. 76.
13. Silver, *The ascent of science*, p. 201.
14. *Dictionary of national biography*, vol. 19, p. 686.
15. Asimov, *The history of physics*, p. 501.
16. Ball, op. cit., p. 139.
17. Brock, op. cit., p. 312.
18. Brock, op. cit., p. 111.
19. Carey (org.), *The Faber book of science*, p. 155.
20. Ball, op. cit., p. 139.
21. Krebs, *The history and use of our Earth's chemical elements*, p. 23.
22. De um artigo na *Nature*, "Mind over matter?", de Gautum R. Desiraju, 26 de setembro de 2002.
23. Heiserman, *Exploring chemical elements and their compounds*, p. 33.
24. Bodanis, $E = mc^2$, p. 75.
25. Lewis, *The dating game*, p. 55.
26. Strathern, op. cit., p. 294.
27. Anúncio na revista *Time*, 3 de janeiro de 1927, p. 24.
28. Biddle, *A field guide to the invisible*, p. 133.
29. *Science*, "We are made of starstuff", 4 de maio de 2001, p. 863.

8. O UNIVERSO DE EINSTEIN [pp. 125-42]

1. Cropper, *Great physicists*, p. 106.
2. Cropper, op. cit., p. 109.
3. Snow, *The physicists*, p. 7.
4. Ebbing, *General chemistry*, p. 755.
5. Kevles, *The physicists*, p. 33.
6. Kevles, op. cit., pp. 27-8.
7. Thorne, *Black holes and time warps*, p. 65.
8. Cropper, op. cit., p. 208.
9. *Nature*, "Physics from the inside", 12 de julho de 2001, p. 121.

10. Snow, op. cit., p. 101.
11. Bodanis, $E = mc^2$, p. 6.
12. Boorse et al., *The atomic scientists*, p. 142.
13. Ferris, *Coming of age in the Milky Way*, p. 193.
14. Snow, op. cit., p. 101.
15. Thorne, op. cit., p. 172.
16. Bodanis, op. cit., p. 77.
17. *Nature*, "In the eye of the beholder", 21 de março de 2002, p. 264.
18. Boorse et al., op. cit., p. 53.
19. Bodanis, op. cit., p. 204.
20. Guth, *The inflationary universe*, p. 36.
21. Snow, op. cit., p. 21.
22. Bodanis, op. cit., p. 215.
23. Citado em Hawking, *A brief history of time*, p. 91; Aczel, *God's equation*, p. 146.
24. Guth, op. cit., p. 37.
25. Brockman e Matson, *How things are*, p. 263.
26. Bodanis, op. cit., p. 83.
27. Overbye, *Lonely hearts of the cosmos*, p. 55.
28. Kaku, "The theory of the universe?", em Shore (org.), *Mysteries of life and the universe*, p. 161.
29. Cropper, op. cit., p. 423.
30. Christianson, *Edwin Hubble*, p. 33.
31. Ferris, op. cit., p. 258.
32. Ferguson, *Measuring the universe*, pp. 166-7.
33. Ferguson, op. cit., p. 166.
34. Moore, *Fireside astronomy*, p. 63.
35. Overbye, op. cit., p. 45; *Natural History*, "Delusions of centrality", dezembro de 2002-janeiro de 2003, pp. 28-32.
36. Hawking, *The universe in a nutshell*, pp. 71-2.
37. Overbye, op. cit., p. 13.
38. Overbye, op. cit., p. 28.

9. O ÁTOMO PODEROSO [pp. 143-58]

1. Feynman, *Six easy pieces*, p. 4.
2. Gribbin, *Almost everyone's guide to science*, p. 250.
3. Davies, *The fifth miracle*, p. 127.
4. Rees, *Just six numbers*, p. 96.
5. Feynman, op. cit., pp. 4-5.
6. Boorstin, *The discoverers*, p. 679.
7. Gjertsen, *The classic of science*, p. 260.
8. Holmyard, *Makers of chemistry*, p. 222.
9. *Dictionary of national biography*, vol. 5, p. 433.
10. Von Baeyer, *Taming the atom*, p. 17.

11. Weinberg, *The discovery of subatomic particles*, p. 3.
12. Weinberg, op. cit., p. 104.
13. Citado em Cropper, *Great physicists*, p. 259.
14. Cropper, op. cit., p. 317.
15. Wilson, *Rutherford*, p. 174.
16. Wilson, op. cit., p. 208.
17. Wilson, op. cit., p. 208.
18. Citado em Cropper, op. cit., p. 328.
19. Snow, *Variety of men*, p. 47.
20. Cropper, op. cit., p. 94.
21. Asimov, *The history of physics*, p. 551.
22. Guth, *The inflationary universe*, p. 90.
23. Atkins, *The periodic kingdom*, p. 106.
24. Gribbin, op. cit., p. 15.
25. Cropper, op. cit., p. 245.
26. Ferris, *Coming of age in the Milky Way*, p. 288.
27. Feynman, op. cit., p. 117.
28. Boorse et al., *The atomic scientists*, p. 338.
29. Cropper, op. cit., p. 269.
30. Ferris, op. cit., p. 288.
31. David H. Freedman, "Quantum liaisons", em Shore (org.), *Mysteries of life and the universe*, p. 137.
32. Overbye, *Lonely hearts of the cosmos*, p. 109.
33. Von Baeyer, op. cit., p. 43.
34. Ebbing, *General chemistry*, p. 295.
35. Trefil, *101 things you don't know about science and no one else does either*, p. 62.
36. Feynman, op. cit., p. 33.
37. Alan Lightman, "First birth", em Shore (org.), op. cit., p. 13.
38. Lawrence Joseph, "Is science common sense?", em Shore (org.), op. cit., pp. 42-3.
39. *Christian Science Monitor*, "Spooky action at a distance", 4 de outubro de 2001.
40. Hawking, *A brief history of time*, p. 61.
41. David H. Freedman, "Quantum liaisons" em Shore (org.), op. cit., p. 141.
42. Ferris, *The whole shebang*, p. 297.
43. Asimov, *Atom*, p. 258.
44. Snow, *The physicists*, p. 89.

10. A AMEAÇA DO CHUMBO [pp. 159-69]

1. McGrayne, *Prometheans in the lab*, p. 88.
2. McGrayne, op. cit., p. 92.
3. McGrayne, op. cit., p. 92.
4. McGrayne, op. cit., p. 96.
5. Biddle, *A field guide to the invisible*, p. 62.
6. *Science*, "The ascent of atmospheric sciences", 13 de outubro de 2000, p. 299.

7. *Nature*, 27 de setembro de 2001, p. 364.
8. Willard Libby, "Radiocarbon dating", do discurso do Nobel, 12 de dezembro de 1960.
9. Gribbin e Gribbin, *Ice age*, p. 58.
10. Flannery, *The eternal frontier*, p. 174.
11. Flannery, *The future eaters*, p. 151.
12. Flannery, *The eternal frontier*, pp. 174-5.
13. *Science*, "Can genes solve the syphilis mystery?", 11 de maio de 2001, p. 109.
14. Lewis, *The dating game*, p. 204.
15. Powell, *Mysteries of Terra Firma*, p. 58.
16. McGrayne, op. cit., p. 173.
17. McGrayne, op. cit., p. 94.
18. *Nation*, "The secret history of lead", 20 de março de 2000.
19. Powell, op. cit., p. 60.
20. *Nation*, op. cit., 20 de março de 2000.
21. McGrayne, op. cit., p. 169.
22. *Nation*, 20 de março de 2000.
23. Green, *Water, ice and stone*, p. 258.
24. McGrayne, op. cit., p. 191.
25. McGrayne, op. cit., p. 191.
26. Biddle, op. cit., pp. 110-1.
27. Biddle, op. cit., p. 63.
28. Os livros são *Mysteries of Terra Firma* e *The dating game*; ambos transformaram seu nome em "Claire".
29. *Nature*, "The rocky road to dating the Earth", 4 de janeiro de 2001, p. 20.

11. FÍSICA DAS PARTÍCULAS [pp. 170-81]

1. Cropper, *Great physicists*, p. 325.
2. Citado em Cropper, op. cit., p. 403.
3. *Discover*, "Gluons", julho de 2000, p. 68.
4. Guth, *The inflationary universe*, p. 121.
5. *Economist*, "Heavy stuff", 13 de junho de 1998, p. 82; *National Geographic*, "Unveiling the universe", outubro de 1999, p. 36.
6. Trefil, *101 things you don't know about science and no one else does either*, p. 48.
7. *Economist*, "Cause for conCern", 28 de outubro de 2000, p. 75.
8. Carta de Jeff Guinn.
9. *Science*, "U.S. researchers go for scientific gold mine", 15 de junho de 2001, p. 1979.
10. *Science*, 8 de fevereiro de 2002, p. 942.
11. Guth, op. cit., p. 120; Feynman, *Six easy pieces*, p. 39.
12. *Nature*, 27 de setembro de 2001, p. 354.
13. Sagan, *Cosmos*, p. 221.
14. Weinberg, *The discovery of subatomic particles*, p. 163.
15. Weinberg, op. cit., p. 165.
16. Von Baeyer, *Taming the atom*, p. 17.

17. *Economist*, "New realities?", 7 de outubro de 2000, p. 95; *Nature*, "The mass question", 28 de fevereiro de 2002, pp. 969-70.
18. *Scientific American*, "Uncovering supersymmetry", julho de 2002, p. 74.
19. Citado em *Creation of the universe*, vídeo do PBS de 1985. Citado também, com números ligeiramente diferentes, em Ferris, *Coming of age in the Milky Way*, pp. 298-9.
20. Documento do site do Cern, "The mass mystery", sem data.
21. Feynman, op. cit., p. 39.
22. *Science News*, 22 de setembro de 2001, p. 185.
23. Weinberg, *Dreams of a final theory*, p. 168.
24. Kaku, *Hyperspace*, p. 158.
25. *Scientific American*, "The universe's unseen dimensions", agosto de 2000, pp. 62-9; *Science News*, "When branes collide", 22 de setembro de 2001, pp. 184-5.
26. *New York Times*, "Before the Big Bang, there was... what?", 22 de maio de 2001, p. F1.
27. *Nature*, 27 de setembro de 2001, p. 354.
28. Site do *New York Times*, "Are they a) geniuses or b) jokers?; French physicists' cosmic theory creates a Big Bang of its own", 9 de novembro de 2002; *Economist*, "Publish and perish", 16 de novembro de 2002, p. 75.
29. Weinberg, op. cit., p. 184.
30. Weinberg, op. cit., p. 187.
31. *U.S. News and World Report*, "How old is the universe?", 25 de agosto de 1997, p. 34.
32. Trefil, op. cit., p. 91.
33. Overbye, *Lonely hearts of the cosmos*, p. 268.
34. *New York Times*, "Cosmos sits for early portrait, gives up secrets", 12 de fevereiro de 2003, p. 1.
35. *Economist*, "Queerer than we can suppose", 5 de janeiro de 2002, p. 58.
36. *National Geographic*, "Unveiling the universe", outubro de 1999, p. 25.
37. Goldsmith, *The astronomers*, p. 82.
38. *Economist*, "Dark for dark business", 5 de janeiro de 2002, p. 51.
39. Série *Nova* do PBS, "Runaway universe". Transcrição do programa transmitido originalmente em 21 de novembro de 2000.
40. *Economist*, "Dark for dark business", 5 de janeiro de 2002, p. 51.

12. A TERRA IRREQUIETA [pp. 182-94]

1. Hapgood, *Earth's shifting crust*, p. 29.
2. Simpson, *Fossil and the history of life*, p. 98.
3. Gould, *Ever since Darwin*, p. 163.
4. *Encyclopaedia Britannica*, vol. 6, p. 418.
5. Lewis, *The dating game*, p. 182.
6. Hapgood, op. cit., p. 31.
7. Powell, *Mysteries of Terra Firma*, p. 147.
8. McPhee, *Basin anda range*, p. 175.
9. McPhee, op. cit., p. 187.
10. Harrington, *Dance of the continents*, p. 208.

11. Powell, op. cit., pp. 131-2.
12. Powell, op. cit., p. 141.
13. McPhee, op. cit., p. 198.
14. Simpson, op. cit., p. 113.
15. McPhee, *Assembling California*, pp. 202-8.
16. Vogel, *Naked Earth*, p. 19.
17. Margulis e Sagan, *Microcosmos*, p. 44.
18. Trefil, *Meditations at 10,000 feet*, p. 181.
19. *Science*, "Inconstant ancient seas and life's path", 8 de novembro de 2002, p. 1165.
20. McPhee, *Rising from the plains*, p. 158.
21. Simpson, op. cit., p. 115.
22. *Scientific American*, "Sculpting the Earth from inside out", março de 2001.
23. Kunzig, *The restless sea*, p. 51.
24. Powell, *Night comes to the Cretaceous*, p. 7.

13. BANG! [pp. 197-214]

1. Raymond R. Anderson, Geological Society of America: GSA special paper 302, "The Manson impact structure: a late Cretaceous meteor crater in the Iowa subsurface", primavera de 1996.
2. *Des Moines Register*, 30 de junho de 1979.
3. Anna Schlapkohl, entrevista ao autor, Manson, Iowa, 18 de junho de 2001.
4. Lewis, *Rain of iron and ice*, p. 38.
5. Powell, *Night comes to the Cretaceous*, p. 37.
6. "New asteroid danger", documentário da série *Horizon* da BBC, p. 4, transcrição do programa transmitido originalmente em 18 de março de 1999.
7. *Science News*, "A rocky bicentennial", 28 de julho de 2001, pp. 61-3.
8. Ferris, *Seeing in the dark*, p. 150.
9. *Science News*, "A rocky bicentennial", 28 de julho de 2001, pp. 61-3.
10. Ferris, op. cit., p. 147.
11. "New asteroid danger", documentário da série *Horizon* da BBC, p. 5, transcrição do programa transmitido originalmente em 18 de março de 1999.
12. *New Yorker*, "Is this the end?", 27 de janeiro de 1997, pp. 44-52.
13. Vernon, *Beneath our feet*, p. 191.
14. Frank Asaro, entrevista telefônica ao autor, 10 de março de 2002.
15. Powell, *Mysteries of Terra Firma*, p. 184.
16. Peebles, *Asteroids: a history*, p. 170.
17. Lewis, *Rain of iron and ice*, p. 107.
18. Citado por Officer e Page, *Tales of the Earth*, p. 142.
19. *Boston Globe*, "Dinosaur extinction theory backed", 16 de dezembro de 1985.
20. Peebles, op. cit., p. 175.
21. Publicação do Departamento de Recursos Naturais de Iowa, *Iowa geology 1999*: nº 24.
22. Ray Anderson e Brian Witzke, entrevista ao autor, Iowa City, 15 de junho de 2001.

23. *Boston Globe*, op. cit., 16 de dezembro de 1985.
24. Peebles, op. cit., pp. 177-8; *Washington Post*, "Incoming", 19 de abril de 1998.
25. Gould, *Dinosaur in a haystack*, p. 162.
26. Citado por Peebles, op. cit., p. 196.
27. Peebles, op. cit., p. 202.
28. Peebles, op. cit., p. 204.
29. Ray Anderson, Departamento de Recursos Naturais de Iowa: *Iowa geology 1999*, "Iowa Manson impact structure".
30. Lewis, op. cit., p. 209.
31. *Arizona Republic*, "Impact theory gains new supporters", 3 de março de 2001.
32. Lewis, op. cit., p. 215.
33. Revista do *New York Times*, "The asteroids are coming! The asteroids are coming!", 28 de julho de 1996, pp. 17-9.
34. Ferris, op. cit., p. 168.

14. O FOGO EMBAIXO [pp. 215-31]

1. Mike Voorhies, entrevista ao autor, Ashfall Fossil Beds State Park, Nebraska, 13 de junho de 2001.
2. *National Geographic*, "Ancient Ashfall creates Pompeii of prehistoric animals", janeiro de 1981, p. 66.
3. Feynman, *Six easy pieces*, p. 60.
4. Williams e Montaigne, *Surviving galeras*, p. 78.
5. Ozima, *The Earth*, p. 49.
6. Officer e Page, *Tales of the Earth*, p. 33.
7. Officer e Page, op. cit., p. 52.
8. McGuire, *A guide to the end of the world*, p. 21.
9. McGuire, op. cit., p. 130.
10. Trefil, *101 things you don't know about science and no one else does either*, p. 158.
11. Vogel, *Naked Earth*, p. 37.
12. *Valley News*, "Drilling the ocean floor for Earth's deep secrets", 21 de agosto de 1995.
13. Schopf, *Cradle of life*, p. 73.
14. McPhee, *In suspect terrain*, pp. 16-8.
15. *Scientific American*, "Sculpting the Earth from inside out", março de 2001, pp. 40-7; *New Scientist*, suplemento "Journey to the centre of the Earth", 14 de outubro de 2000, p. 1.
16. *Earth*, "Mystery in the High Sierra", junho de 1996, p. 16.
17. Vogel, op. cit., p. 31.
18. *Science*, "Much about motion in the mantle", 1º de fevereiro de 2002, p. 982.
19. Tudge, *The time before history*, p. 43.
20. Vogel, op. cit., p. 53.
21. Trefil, op. cit., p. 146.
22. *Nature*, "The Earth's mantle", 2 de agosto de 2001, pp. 501-6.
23. Drury, *Stepping stones*, p. 50.
24. *New Scientist*, "Dynamo support", 10 de março de 2001, p. 27.

25. Idem, ibidem.
26. Trefil, op. cit., p. 150.
27. Vogel, op. cit., p. 139.
28. Fisher et al., *Volcanoes*, p. 24.
29. Thompson, *Volcano cowboys*, p. 118.
30. Williams e Montaigne, op. cit., p. 7.
31. Fisher et al., op. cit., p. 12.
32. Williams e Montaigne, op. cit., p. 151.
33. Thompson, op. cit., p. 123.
34. Fisher et al., op. cit., p. 16.

15. BELEZA PERIGOSA [pp. 232-43]

1. Smith, *The weather*, p. 112.
2. "Crater of death", documentário da série *Horizon* da BBC, transmitido originalmente em 6 de maio de 2001.
3. Lewis, *Rain of iron and ice*, p. 152.
4. McGuire, *A guide to the end of the world*, p. 104.
5. McGuire, op. cit., p. 107.
6. Paul Doss, entrevista ao autor, Parque Nacional de Yellowstone, Wyoming, 16 de junho de 2001.
7. Smith e Siegel, *Windows into the Earth*, pp. 5-6.
8. Sykes, *The seven daughters of Eve*, p. 12.
9. Ashcroft, *Life at the extremes*, p. 275.
10. Transcrição de *NewsHour* do PBC, 20 de agosto de 2002.

16. O PLANETA SOLITÁRIO [pp. 247-61]

1. *New York Times Book Review*, "Where Leviathan lives", 20 de abril de 1997, p. 9.
2. Ashcroft, *Life at the extremes*, p. 51.
3. *New Scientist*, "Into the abyss", 31 de março de 2001.
4. *New Yorker*, "The pictures", 15 de fevereiro de 2000, p. 47.
5. Ashcroft, op. cit., p. 68.
6. Ashcroft, op. cit., p. 69.
7. Haldane, *What is life?*, p. 188.
8. Ashcroft, op. cit., p. 59.
9. Norton, *Stars beneath the sea*, p. 111.
10. Haldane, op. cit., p. 202.
11. Norton, op. cit., p. 105.
12. Citado em Norton, op. cit., p. 121.
13. Gould, *The lying stones of Marrakech*, p. 305.
14. Norton, op. cit., p. 124.
15. Norton, op. cit., p. 133.
16. Haldane, op. cit., p. 192.

17. Haldane, op. cit., p. 202.
18. Ashcroft, op. cit., p. 78.
19. Haldane, op. cit., p. 197.
20. Ashcroft, op. cit., p. 79.
21. Attenborough, *The living planet*, p. 39.
22. Smith, *The weather*, p. 40.
23. Ferris, *The whole shebang*, p. 81.
24. Grinspoon, *Venus revealed*, p. 9.
25. *National Geographic*, "The planets", janeiro de 1985, p. 40.
26. McSween, *Stardust to planets*, p. 200.
27. Ward e Brownlee, *Rare Earth*, p. 33.
28. Atkins, *The periodic kingdom*, p. 28.
29. Bodanis, *The secret house*, p. 13.
30. Krebs, *The history and use of our Earths's chemical elements*, p. 148.
31. Davies, *Thwe fifth miracle*, p. 126.
32. Snyder, *The extraordinary chemistry of ordinary things*, p. 24.
33. Parker, *Inscrutable Earth*, p. 100.
34. Snyder, op. cit., p. 42.
35. Parker, op. cit., p. 103.
36. Feynman, *Six easy pieces*, p. xix.

17. TROPOSFERA ADENTRO [pp. 262-75]

1. Stevens, *The change in the weather*, p. 7.
2. Stevens, op. cit., p. 56; *Nature*, "1902 and all that", 3 de janeiro de 2002, p. 15.
3. Smith, *The weather*, p. 52.
4. Ashcroft, *Life at the extremes*, p. 7.
5. Smith, op. cit., p. 25.
6. Allen, *Atmosphere*, p. 58.
7. Allen, op. cit., p. 57.
8. Dickinson, *The other side of Everest*, p. 86.
9. Ashcroft, op. cit., p. 8.
10. Attenborough, *The living planet*, p. 18.
11. Citado por Hamilton-Paterson, *The great deep*, p. 177.
12. Smith, op. cit., p. 50.
13. Junger, *The perfect storm*, p. 102.
14. Stevens, op. cit., p. 55.
15. Biddle, *A field guide to the invisible*, p. 161.
16. Bodanis, $E = mc^2$, p. 68.
17. Ball, H_2O, p. 51.
18. *Science*, "The ascent of atmospheric sciences", 13 de outubro de 2000, p. 300.
19. Trefil, *The unexpected vista*, p. 24.
20. Drury, *The stepping stones*, p. 25.
21. Trefil, *The unexpected vista*, p. 107.

22. *Dictionary of national biography*, vol. 10, pp. 51-2.
23. Trefil, *Meditations at sunset*, p. 62.
24. Hamblyn, *The invention of clouds*, p. 252.
25. Trefil, *Meditations at sunset*, p. 66.
26. Ball, op. cit., p. 57.
27. Dennis, *The bird in the waterfall*, p. 8.
28. Gribbin e Gribbin, *Being human*, p. 123.
29. *New Scientist*, "Vanished", 7 de agosto de 1999.
30. Trefil, *Meditations at 10,000 feet*, p. 122.
31. Stevens, op. cit., p. 111.
32. *National Geographic*, "New eyes on the oceans", outubro de 2000, p. 101.
33. Stevens, op. cit., p. 7.
34. *Science*, "The ascent of atmospheric sciences", 13 de outubro de 2000, p. 303.

18. NAS PROFUNDEZAS DO MAR [pp. 276-92]

1. Margulis e Sagan, *Microcosmos*, p. 100.
2. Schopf, *Cradle of life*, p. 107.
3. Green, *Water, ice and stone*, p. 29; Gribbin, *In the beginning*, p. 174.
4. Trefil, *Meditations at 10,000 feet*, p. 121.
5. Gribbin, op. cit., p. 174.
6. Kunzig, *The restless sea*, p. 8.
7. Dennis, *The bird in the waterfall*, p. 152.
8. *Economist*, 13 de maio de 2000, p. 4.
9. Dennis, op. cit., p. 248.
10. Margulis e Sagan, op. cit., p. 184.
11. Green, op. cit., p. 25.
12. Ward e Brownlee, *Rare Earth*, p. 360.
13. Dennis, op. cit., p. 226.
14. Ball, H_2O, p. 21.
15. Dennis, op. cit., p. 6; *Scientific American*, "On thin ice", dezembro de 2002, pp. 100-5.
16. Smith, *The weather*, p. 62.
17. Schultz, *Ice age lost*, p. 75.
18. Weinberg, *A fish caught in time*, p. 34.
19. Hamilton-Paterson, *The great deep*, p. 178.
20. Norton, *Stars beneath the sea*, p. 57.
21. Ballard, *The eternal darkness*, pp. 14-5.
22. Weinberg, op. cit., p. 158; Ballard, op. cit., p. 17.
23. Weinberg, op. cit., p. 159.
24. Broad, *The universe below*, p. 54.
25. Citado na revista *Underwater*, "The deepest spot on Earth", inverno de 1999.
26. Broad, op. cit., p. 56.
27. *National Geographic*, "New eyes on the oceans", outubro de 2000, p. 93.
28. Kunzig, op. cit., p. 47.

29. Attenborough, *The living planet*, p. 30.
30. *National Geographic*, "Deep sea vents", outubro de 2000, p. 123.
31. Dennis, op. cit., p. 248.
32. Vogel, *Naked Earth*, p. 182.
33. Engel, *The sea*, p. 183.
34. Kunzig, op. cit., pp. 294-305.
35. Sagan, *Cosmos*, p. 271.
36. *Good Weekend*, "Armed and dangerous", 15 de julho de 2000, p. 35.
37. *Time*, "Call of the sea", 5 de outubro de 1998, p. 60.
38. Kunzig, op. cit., pp. 104-5.
39. Pesquisa da *Economist*, "The sea", 23 de maio de 1998, p. 4.
40. Flannery, *The future eaters*, p. 104.
41. *Audubon*, maio-junho de 1998, p. 54.
42. *Time*, "The fish crisis", 11 de agosto de 1997, p. 66.
43. *Economist*, "Pollock overboard", 6 de janeiro de 1996, p. 22.
44. Pesquisa da *Economist*, "The sea", 23 de maio de 1998, p. 12.
45. *Outside*, dezembro de 1997, p. 62.
46. *National Geographic*, outubro de 1993, p. 18.
47. Pesquisa da *Economist*, "The sea", 23 de maio de 1998, p. 8.
48. Kurlansky, *Cod*, p. 186.
49. *Nature*, "How many more fish in the sea?", 17 de outubro de 2002, p. 662.
50. Kurlansky, op. cit., p. 138.
51. Revista do *New York Times*, "A tale of two fisheries", 27 de agosto de 2000, p. 40.
52. Transcrição do documentário "Antarctica: the ice melts" da série *Horizon* da BBC, p. 16.

19. A ORIGEM DA VIDA [pp. 293-307]

1. *Earth*, "Life's crucible", fevereiro de 1998, p. 34.
2. Ball, H_2O, p. 209.
3. *Discover*, "The power of proteins", janeiro de 2002, p. 38.
4. Crick, *Life itself*, p. 51.
5. Sulston e Ferry, *The common thread*, p. 14.
6. Margulis e Sagan, *Microcosmos*, p. 63.
7. Davies, *The fifth miracle*, p. 71.
8. Dawkins, *The blind watchmaker*, p. 45.
9. Dawkins, op. cit., p. 115.
10. Citado em Nuland, *How we live*, p. 121.
11. Schopf, *Cradle of life*, p. 107.
12. Dawkins, op. cit., p. 112.
13. Wallace et al., *Biology*, p. 428.
14. Margulis e Sagan, op. cit., p. 71.
15. *New York Times*, "Life on Mars? So what?", 11 de agosto de 1996.
16. Gould, *Eight little piggies*, p. 328.
17. *Sydney Morning Herald*, "Aerial blast rocks towns", 29 de setembro de 1969; "Farmer finds 'meteor soot'", 30 de setembro de 1969.

18. Davies, op. cit., pp. 209-10.
19. *Nature*, "Life's sweet beginnings?", 20-27 de dezembro de 2001, p. 857; *Earth*, "Life's crucible", fevereiro de 1998, p. 37.
20. Gribbin, *In the beginning*, p. 78.
21. Ridley, *Genome*, p. 21.
22. Victoria Bennett, entrevista ao autor, Universidade Nacional Australiana, Camberra, 21 de agosto de 2001.
23. Ferris, *Seeing in the dark*, p. 200.
24. Margulis e Sagan, op. cit., p. 78.
25. Observação fornecida pelo dr. Laurence Smaje.
26. Wilson, *The diversity of life*, p. 186.
27. Fortey, *Life*, p. 66.
28. Schopf, op. cit., p. 212.
29. Fortey, op. cit., p. 89.
30. Margulis e Sagan, op. cit., p. 128.
31. Brown, *The energy of life*, p. 101.
32. Ward e Brownlee, *Rare Earth*, p. 10.
33. Drury, *Stepping stones*, p. 68.
34. Sagan, *Cosmos*, p. 227.

20. MUNDO PEQUENO [pp. 308-26]

1. Biddle, *A field guide to the invisible*, p. 16.
2. Aschcroft, *Life at the estremes*, p. 248; Sagan e Margulis, *Garden of microbial delights*, p. 4.
3. Biddle, op. cit., p. 57.
4. *National Geographic*, "Bacteria", agosto de 1993, p. 51.
5. Margulis e Sagan, *Microcosmos*, p. 67.
6. *New York Times*, "From birth, our body houses a microbe zoo", 15 de outubro de 1996, p. C-3.
7. Sagan e Margulis, op. cit., p. 11.
8. *Outside*, julho de 1999, p. 88.
9. Margulis e Sagan, op. cit., p. 75.
10. De Duve, *A guided tour of the living cell*, vol. 2, p. 320.
11. Margulis e Sagan, op.cit., p. 16.
12. Davies, *The fifth miracle*, p. 145.
13. *National Geographic*, "Bacteria", agosto de 1993, p. 39.
14. *Economist*, "Human Genome Survey", 1º de julho de 2000, p. 9.
15. Davies, op. cit., p. 146.
16. *New York Times*, "Bugs shape landscape, make gold", 15 de outubro de 1996, p. C-1.
17. *Discover*, "To hell and back", julho de 1999, p. 82.
18. *Scientific American*, "Microbes deep inside the Earth", outubro de 1996, p. 71.
19. *Economist*, "Earth's hidden life", 21 de dezembro de 1996, p. 112.
20. *Nature*, "A case of bacterial immortality?", 19 de outubro de 2000, p. 844.
21. *Economist*, "Earth's hidden life", 21 de dezembro de 1996, p. 111.

22. *New Scientist*, "Sleeping beauty", 21 de outubro de 2000, p. 12.
23. BBC News online, "Row over ancient bacteria", 7 de junho de 2001.
24. Sagan e Margulis, op. cit., p. 22.
25. Sagan e Margulis, op. cit., p. 23.
26. Sagan e Margulis, op. cit., p. 24.
27. *New York Times*, "Microbial life's steadfast champion", 15 de outubro de 1996, p. C-3.
28. *Science*, "Microbiologists explore life's rich, hidden kingdoms", 21 de março de 1997, p. 1740.
29. *New York Times*, "Microbial life's steadfast champion", 15 de outubro de 1996, p. C-7.
30. Ashcroft, op. cit., pp. 274-5.
31. *Proceedings of the National Academy of Sciences*, "Default taxonomy; Ernst Mayr's view of the microbial world", 15 de setembro de 1998.
32. *Proceedings of the National Academy of Sciences*, "Two empires or three?", 18 de agosto de 1998.
33. Schopf, *Cradle of life*, p. 106.
34. *New York Times*, "Microbial life's steadfast champion", 15 de outubro de 1996, p. C-7.
35. *Nature*, "Wolbachia: a tale of sex and survival", 11 de maio de 2001, p. 109.
36. *National Geographic*, "Bacteria", agosto de 1993, p. 39.
37. *Outside*, julho de 1999, p. 88.
38. Diamond, *Guns, germs and steel*, p. 208.
39. Gawande, *Complications*, p. 234.
40. *New Yorker*, "No profit, no cure", 5 de novembro de 2001, p. 46.
41. *Economist*, "Disease fights back", 20 de maio de 1995, p. 15.
42. *Boston Globe*, "Microbe is feared to be winning battle against antibiotics", 30 de maio de 1997, p. A-7.
43. *New Yorker*, "No profit, no cure", 5 de novembro de 2001, p. 46.
44. *Economist*, "Bugged by disease", 21 de março de 1998, p. 93.
45. *Forbes*, "Do germs cause cancer?", 15 de novembro de 1999, p. 195.
46. *Science*, "Do chronic diseases have an infectious root?", 14 de setembro de 2001, pp. 1974-6.
47. Citado em Oldstone, *Viruses, plagues and history*, p. 8.
48. Biddle, op. cit., pp. 153-4.
49. Oldstone, op. cit., p. 1.
50. Kolata, *Flu*, p. 292.
51. *American Heritage*, "The great swine flu epidemic of 1918", junho de 1976, p. 82.
52. Idem, ibidem.
53. *National Geographic*, "The disease detectives", janeiro de 1991, p. 132.
54. Oldstone, op. cit., p. 126.
55. Oldstone, op. cit., p. 128.

21. A VIDA CONTINUA [pp. 327-41]

1. Schopf, *Cradle of life*, p. 72.
2. Lewis, *The dating game*, p. 24.

3. Trefil, *101 things you don't know about science and no one else does either*, p. 280.
4. Leakey e Lewin, *The sixth extinction*, p. 45.
5. Idem, ibidem.
6. Richard Fortey, entrevista ao autor, Museu de História Natural de Londres, 19 de fevereiro de 2001.
7. Fortey, *Trilobite!*, p. 24.
8. Fortey, op. cit., p. 121.
9. "From farmer-laborer to famous leader: Charles D. Walcott (1850-1927)", *GSA Today*, janeiro de 1996.
10. Gould, *Wonderful life*, pp. 242-3.
11. Fortey, op. cit., p. 53.
12. Gould, op. cit., p. 56.
13. Gould, op. cit., p. 71.
14. Leakey e Lewin, op. cit., p. 27.
15. Gould, op. cit., p. 208.
16. Gould, *Eight little piggies*, p. 225.
17. *National Geographic*, "Explosion of life", outubro de 1993, p. 126.
18. Fortey, op. cit., p. 123.
19. *U.S. News and World Report*, "How do genes switch on?", 18-25 de agosto de 1997, p. 74.
20. Gould, *Wonderful life*, p. 25.
21. Gould, *Wonderful life*, p. 14.
22. Corfield, *Architects of eternity*, p. 287.
23. Idem, ibidem.
24. Fortey, *Life*, p. 85.
25. Fortey, *Life*, p. 88.
26. Fortey, *Trilobite!*, p. 125.
27. Resenha de Dawkins, *Sunday Telegraph*, 25 de fevereiro de 1990.
28. *New York Times Book Review*, "Survival of the luckiest", 22 de outubro de 1989.
29. Resenha de *Full house* em *Evolution*, junho de 1997.
30. *New York Times Book Review*, "Rock of ages", 10 de maio de 1998, p. 15.
31. Fortey, *Trilobite!*, p. 138.
32. Fortey, *Trilobite!*, p. 132.
33. Fortey, *Life*, p. 111.
34. Fortey, "Shock lobsters", *London Review of Books*, 1º de outubro de 1998.
35. Fortey, *Trilobite!*, p. 137.

22. ADEUS A TUDO AQUILO [pp. 342-56]

1. Attenborough, *The living planet*, p. 48.
2. Marshall, *Mosses and lichens*, p. 22.
3. Attenborough, *The private life of plants*, p. 214.
4. Attenborough, *The living planet*, p. 42.
5. Adaptado de Schopf, *Cradle of life*, p. 13.
6. McPhee, *Basin and range*, p. 126.

7. Officer e Page, *Tales of the Earth*, p. 123.
8. Officer e Page, op. cit., p. 118.
9. Conniff, *Spineless wonders*, p. 84.
10. Fortey, *Life*, p. 201.
11. "The missing link", documentário da série *Horizon* da BBC, transmitido originalmente em 1º de fevereiro de 2001.
12. Tudge, *The variety of life*, p. 411.
13. Tudge, op. cit., p. 9.
14. Citado por Gould, *Eight little piggies*, p. 46.
15. Leakey e Lewin, *The sixth extinction*, p. 38.
16. Ian Tattersall, entrevista ao autor, no Museu de História Natural Americano, Nova York, 6 de maio de 2002.
17. Stanley, *Extinction*, p. 95; Steven, *The change in the weather*, p. 12.
18. *Harper's*, "Planet of weeds", outubro de 1998, p. 58.
19. Stevens, op. cit., p. 12.
20. Fortey, op. cit., p. 235.
21. Gould, *Hen's teeth and horse's toes*, p. 340.
22. Powell, *Night comes to the Cretaceous*, p. 143.
23. Flannery, *The eternal frontier*, p. 100.
24. *Earth*, "The mystery of selective extinctions", outubro de 1996, p. 12.
25. *New Scientist*, "Meltdown", 7 de agosto de 1999.
26. Powell, op. cit., p. 19.
27. Flannery, op. cit., p. 17.
28. Flannery, op. cit., p. 43.
29. Gould, *Eight little piggies*, p. 304.
30. Fortey, op. cit., p. 292.
31. Flannery, op. cit., p. 39.
32. Stanley, op. cit., p. 92.
33. Novacek, *Time traveler*, p. 112.
34. Dawkins, *The blind watchmaker*, p. 102.
35. Flannery, op. cit., p. 138.
36. Colbert, *The great dinosaur hunters and their discoveries*, p. 164.
37. Powell, op. cit., pp. 168-9.
38. "Crater of death", documentário da série *Horizon* da BBC, transmitido originalmente em 6 de maio de 2001.
39. Gould, *Eight little piggies*, p. 229.

23. A RIQUEZA DO SER [pp. 357-77]

1. Thackray e Press, *The Natural History Museum*, p. 90.
2. Thackray e Press, op. cit., p. 74.
3. Conard, *How to know the mosses and liverworts*, p. 5.
4. Len Ellis, entrevista ao autor, Museu de História Natural de Londres, 18 de abril de 2002.
5. Barber, *The heyday of natural history: 1820-1870*, p. 17.

6. Gould, *Leonardo's mountain of clams and the Diet of Worms*, p. 79.
7. Citado por Gjertsen, *The classics science*, p. 237; site da Universidade da Califórnia/UCMP Berkeley.
8. Kastner, *A species of eternity*, p. 31.
9. Gjertsen, op. cit., p. 223.
10. Durant e Durant, *The age of Louis XIV*, p. 519.
11. Thomas, *Man and the natural world*, p. 65.
12. Schwartz, *Sudden origins*, p. 59.
13. Idem, ibidem.
14. Thomas, pp. 82-5.
15. Wilson, *The diversity of life*, p. 157.
16. Elliott, *The potting-shed papers*, p. 18.
17. *Audubon*, "Earth's catalogue", janeiro-fevereiro de 2002; Wilson, op. cit., p. 132.
18. *Economist*, "A golden age of discovery", 23 de dezembro de 1996, p. 56.
19. Wilson, op. cit., p. 133.
20. *U.S. News and World Report*, 18 de agosto de 1997, p. 78.
21. *New Scientist*, "Monkey puzzle", 6 de outubro de 2001, p. 54.
22. *Wall Street Journal*, "Taxonomists unite to catalog every species, big and small", 22 de janeiro de 2001.
23. Koen Maes, entrevista ao autor, Museu Nacional do Quênia, Nairóbi, 2 de outubro de 2002.
24. *Nature*, "Challenges for taxonomy", 2 de maio de 2002, p. 17.
25. *The Times*, "The list of life on Earth", 30 de julho de 2001.
26. Bodanis, *The secret house*, p. 16.
27. *New Scientist*, "Bugs bite back", 17 de fevereiro de 2001, p. 48.
28. Bodanis, op. cit., p. 15.
29. *National Geographic*, "Bacteria", agosto de 1993, p. 39.
30. Wilson, op. cit., p. 144.
31. Tudge, *The variety of life*, p. 8.
32. Wilson, op. cit., p. 197.
33. Idem, ibidem.
34. *Economist*, "Biotech's secret garden", 30 de maio de 1998, p. 75.
35. Fortey, *Life*, p. 75.
36. Ridley, *The red queen*, p. 54.
37. Attenborough, *The private life of plants*, p. 177.
38. *National Geographic*, "Fungi", agosto de 2000, p. 60; Leakey e Lewin, *The sixth extinction*, p. 117.
39. Flannery e Schouten, *A gap in nature*, p. 2.
40. *New York Times*, "A stone-age horse still roams a Tibetan plateau", 12 de novembro de 1995.
41. *Economist*, "A world to explore", 23 de dezembro de 1995, p. 95.
42. Gould, *Eight little piggies*, pp. 32-4.
43. Gould, *The flamingo's smile*, pp. 159-60.

24. CÉLULAS [pp. 378-87]

1. *New Scientist*, 2 de dezembro de 2000, p. 37.
2. Brown, *The energy of life*, p. 83.
3. Brown, op. cit., p. 229.
4. Alberts et al., *Essential cell biology*, p. 489.
5. De Duve, *A guided tour of the living cell*, vol. 1, p. 21.
6. Bodanis, *The secret family*, p. 106.
7. De Duve, op. cit., vol. 1, p. 68.
8. Bodanis, op. cit., p. 81.
9. Nuland, *How we live*, p. 100.
10. Jardine, *Ingenious pursuits*, p. 93.
11. Thomas, *Man and natural world*, p. 167.
12. Schwartz, *Sudden origins*, p. 167.
13. Carey (org.), *The Faber book of science*, p. 28.
14. Nuland, op. cit., p. 101.
15. Trefil, *101 things you don't know about science and no one else does either*, p. 133; Brown, p. 78.
16. Brown, op. cit., p. 87.
17. Nuland, op. cit., p. 103.
18. Brown, op. cit., p. 80.
19. De Duve, op. cit., vol. 2, p. 293.
20. Nuland, op. cit., p. 157.
21. Alberts et al., p. 110.
22. *Nature*, "Darwin's motors", 2 de maio de 2002, p. 25.
23. Ridley, *Genome*, p. 237.
24. Dennett, *Darwin's dangerous idea*, p. 21.

25. A IDEIA SINGULAR DE DARWIN [pp. 388-402]

1. Citado em Boorstin, *Cleopatra's nose*, p. 176.
2. Citado em Boorstin, *The discoverers*, p. 467.
3. Desmond e Moore, *Darwin*, p. 27.
4. Hamblyn, *The invention of clouds*, p. 199.
5. Desmond e Moore, op. cit., p. 197.
6. Moorehead, *Darwin and the* Beagle, p. 191.
7. Gould, *Ever since Darwin*, p. 21.
8. *Sunday Telegraph*, "The origin of Darwin's genius", 8 de dezembro de 2002.
9. Desmond e Moore, op. cit., p. 209.
10. *Dictionary of national biography*, vol. 5, p. 526.
11. Citado em Ferris, *Coming of age in the Milky Way*, p. 239.
12. Barber, *The heyday of natural history*, p. 214.
13. *Dictionary of national biography*, vol. 5, p. 528.
14. Desmond e Moore, op. cit., pp. 454-5.

15. Desmond e Moore, op. cit., p. 469.
16. Citado em Gribbin e Cherfas, *The first chimpanzee*, p. 150.
17. Gould, *The flamingo's smile*, p. 336.
18. Cadbury, *The terrible lizard*, p. 305.
19. Citado em Desmond e Moore, op. cit., p. xvi.
20. Citado por Gould, *Wonderful life*, p. 57.
21. Gould, *Ever since Darwin*, p. 126.
22. Citado por McPhee, *In suspect terrain*, p. 190.
23. Schwartz, *Sudden origins*, pp. 81-2.
24. Citado em Keller, *The century of the gene*, p. 97.
25. Darwin, *On the origin of species* (edição em fac-símile), p. 217.
26. Schwartz, op. cit., p. 89.
27. Lewontin, *It ain't necessarily so*, p. 91.
28. Ridley, *Genome*, p. 44.
29. Trinkaus e Shipman, *The Neandertals*, p. 79.
30. Clark, *The survival of Charles Darwin*, p. 142.
31. Conniff, *Spineless wonders*, p. 147.
32. Desmond e Moore, op. cit., p. 575.
33. Clark, op. cit., p. 148.
34. Tattersall e Schwartz, *Extinct humans*, p. 45.
35. Schwartz, op. cit., p. 187.`

26. A MATÉRIA DA VIDA [pp. 403-21]

1. Sulston e Ferry, *The common thread*, p. 198.
2. Woolfson, *Life without genes*, p. 12.
3. De Duve, *A guided tour of the living cell*, vol. 2, p. 314.
4. Dennett, *Darwin's dangerous idea*, p. 151.
5. Gribbin e Gribbin, *Being human*, p. 8.
6. Lewontin, *It ain't necessarily so*, p. 142.
7. Ridley, *Genome*, p. 48.
8. Wallace et al., *Biology*, p. 211.
9. De Duve, op. cit., vol. 2, p. 295.
10. Clark, *The survival of Charles Darwin*, p. 259.
11. Keller, *The century of the gene*, p. 2.
12. Wallace et al., op. cit., p. 211.
13. Maddox, *Rosalind Franklin*, p. 327.
14. White, *Rivals*, p. 251.
15. Judson, *The eighth day of creation*, p. 46.
16. Watson, *The double helix*, p. 28.
17. Jardine, *Ingenious pursuits*, p. 356.
18. Watson, op. cit., p. 26.
19. Jardine, op. cit., p. 354.
20. White, op. cit., p. 257; Maddox, op. cit., p. 185.

21. Site do PBS, "A science odyssey", sem data.
22. Citado em Maddox, op. cit., p. 317.
23. De Duve, op. cit., vol. 2, p. 290.
24. Ridley, op. cit., p. 50.
25. Maddox, op. cit., p. 144.
26. Crick, *What mad pursuit*, pp. 73-4.
27. Keller, op. cit., p. 25.
28. *National Geographic*, "Secrets of the gene", outubro de 1995, p. 55.
29. Pollack, *Signs of life*, pp. 22-3.
30. *Discover*, "Bad genes, good drugs", abril de 2002, p. 54.
31. Ridley, op. cit., p. 127.
32. *National Geographic*, "The new science of identity", maio de 1992, p. 118.
33. Woolfson, op. cit., p. 18.
34. Nuland, op. cit., p. 158.
35. "Hopeful monsters", documentário da série *Horizon* da BBC, transmitido originalmente em 1998.
36. *Nature*, "Sorry, dogs — man's got a new best friend", 19-26 de dezembro de 2002, p. 734.
37. *Los Angeles Times* (reproduzido em *Valley News*), 9 de dezembro de 2002.
38. "Hopeful monsters", documentário da série *Horizon* da BBC, transmitido originalmente em 1998.
39. Gribbin e Cherfas, *The first chimpanzee*, p. 53.
40. Schopf, *Cradle of life*, p. 240.
41. Lewontin, op. cit., p. 215.
42. *Wall Street Journal*, "What distinguishes us from the chimps? Actualy, not much", 12 de abril de 2002, p. 1.
43. *Scientific American*, "Move over, human genome", abril de 2002, pp. 44-5.
44. *The Bulletin*, "The human enigma code", 21 de agosto de 2001, p. 32.
45. *Scientific American*, "Move over, human genome", abril de 2002, pp. 44-5.
46. *Nature*, "From E. coli to elephants", 2 de maio de 2002, p. 22.

27. TEMPO GELADO [pp. 425-39]

1. Williams e Montaigne, *Surviving galeras*, p. 198.
2. Officer e Page, *Tales of the Earth*, pp. 3-6.
3. Hallam, *Great geological controversies*, p. 89.
4. Hallam, op. cit., p. 90.
5. Idem, ibidem.
6. Hallam, op. cit., pp. 92-3.
7. Ferris, *The whole shebang*, p. 173.
8. McPhee, *In suspect terrain*, p. 182.
9. Hallam, op. cit., p. 98.
10. Hallam, op. cit., p. 99.
11. Gould, *Time's arrow*, p. 115.
12. McPhee, op. cit., p. 197.

13. Idem, ibidem.
14. Gribbin e Gribbin, *Ice age*, p. 51.
15. Chorlton, *Ice ages*, p. 101.
16. Schultz, *Ice age lost*, p. 72.
17. McPhee, op. cit., p. 205.
18. Gribbin e Gribbin, op. cit., p. 60.
19. Schultz, op. cit., p. 5.
20. Gribbin e Gribbin, *Fire on Earth*, p. 147.
21. Flannery, *The eternal frontier*, p. 148.
22. McPhee, op. cit., p. 4.
23. Stevens, *The change in the weather*, p. 10.
24. McGuire, *A guide to the end of the world*, p. 69.
25. *Valley News* (do *Washington Post*), "The snowball theory", 19 de junho de 2000, p. C-1.
26. Transcrição do documentário "Snowball Earth" da série *Horizon* da BBC, transmitido originalmente em 22 de fevereiro de 2001, p. 7.
27. Stevens, op. cit., p. 34.
28. *New Yorker*, "Ice memory", 7 de janeiro de 2002, p. 36.
29. Schultz, op. cit., p. 72
30. Drury, *Stepping stones*, p. 268.
31. Thomas H. Rich, Patricia Vickers-Rich e Roland Gangloff, "Polar dinosaurs", manuscrito inédito.
32. Schultz, op. cit., p. 159.
33. Ball, H_2O, p. 75.
34. Flannery, op. cit., p. 267.

28. O BÍPEDE MISTERIOSO [pp. 440-58]

1. *National Geographic*, maio de 1997, p. 87.
2. Tattersall e Schwartz, *Extinct humans*, p. 149.
3. Trinkaus e Shipman, *The Neandertals*, p. 173.
4. Trinkaus e Shipman, op. cit., pp. 3-6.
5. Trinkaus e Shipman, op. cit., p. 59.
6. Gould, *Eight little piggies*, pp. 126-7.
7. Walker e Shipman, *The wisdom of the bones*, p. 47.
8. Trinkaus e Shipman, op. cit., p. 144.
9. Trinkaus e Shipman, op. cit., p. 154.
10. Walker e Shipman, op. cit., p. 42.
11. Walker e Shipman, op. cit., p. 74.
12. Trinkaus e Shipman, op. cit., p. 233.
13. Lewin, *Bones of contention*, p. 82.
14. Walker e Shipman, op. cit., p. 93.
15. Swisher et al., *Java Man*, p. 75.
16. Swisher et al., op. cit., p. 77.
17. Swisher et al., op. cit., p. 211.

18. Trinkaus e Shipman, op. cit., pp. 267-8.
19. *Washington Post*, "Skull raises doubts about our ancestry", 22 de março de 2001.
20. Ian Tattersall, entrevista ao autor, Museu de História Natural Americano, Nova York, 6 de maio de 2002.
21. Walker e Shipman, op. cit., p. 66.
22. Walker e Shipman, op. cit., p. 194.
23. Tattersall e Schwartz, op. cit., p. 111.
24. Citado por Gribbin e Cherfas, *The first chimpanzee*, p. 60.
25. Swisher et al., op. cit., p. 17.
26. Tattersall, *The human odyssey*, p. 60.
27. "In search of human origins", série *Nova* do PBS, transmitido originalmente em agosto de 1999.
28. Walker e Shipman, op. cit., p. 147.
29. Tattersall, *The monkey in the mirror*, p. 88.
30. Tattersall e Schwartz, op. cit., p. 91.
31. *National Geographic*, "Face-to-face with Lucy's family", março de 1996, p. 114.
32. *New Scientist*, 24 de março de 2001, p. 5.
33. *Nature*, "Return to the planet of the apes", 12 de julho de 2001, p. 131.
34. *Scientific American*, "An ancestor to call our own", janeiro de 2003, pp. 54-63.
35. *Nature*, "Face to face with our past", 19-26 de dezembro de 2002, p. 735.
36. Stevens, *The change in the weather*, p. 3; Drury, *Stepping stones*, pp. 335-6.
37. Gribbin e Gribbin, *Being human*, p. 135.
38. "In search of human origins", série *Nova* do PBS, transmitido originalmente em agosto de 1999.
39. Drury, op. cit., p. 338.
40. Gould, *Ever since Darwin*, pp. 181-3.
41. Ridley, *Genome*, p. 33.
42. Drury, op. cit., p. 345.
43. Brown, *The energy of life*, p. 216.
44. Gould, *Leonardo's mountain of clams and the Diet of Worms*, p. 204.
45. Swisher et al., op. cit., p. 131.
46. *National Geographic*, maio de 1997, p. 90.
47. Tattersall, *The monkey in the mirror*, p. 132.
48. Walker e Shipman, op. cit., p. 165.
49. *Scientific American*, "Food for thought", dezembro de 2002, pp. 108-15.

29. O MACACO INCANSÁVEL [pp. 459-74]

1. Ian Tattersall, entrevista ao autor, Museu de História Natural Americano, Nova York, 6 de maio de 2002.
2. *Proceedings of the National Academy of Sciences*, 16 de janeiro de 2001.
3. Alan Thorne, entrevista ao autor, Camberra, 20 de agosto de 2001.
4. Tattersall, *The human odyssey*, p. 150.
5. Tattersall e Schwartz, *Extinct humans*, p. 226.
6. Trinkaus e Shipman, *The Neandertals*, p. 412.

7. Tattersall e Schwartz, op. cit., p. 209.
8. Fagan, *The great journey*, p. 105.
9. Tattersall e Schwartz, op. cit., p. 204.
10. Trinkaus e Shipman, op. cit., p. 300.
11. *Nature*, "Those elusive Neanderthals", 25 de outubro de 2001, p. 791.
12. Stevens, *The change in the weather*, p. 30.
13. Flannery, *The future eaters*, p. 301.
14. Canby, *The epic of man*.
15. *Science*, "What — or who — did in the Neandertals?", 14 de setembro de 2001, p. 1981.
16. Swisher et al., *Java man*, p. 189.
17. *Scientific American*, "Is out of Africa going out the door?", agosto de 1999.
18. *Proceedings of the National Academy of Sciences*, "Ancient DNA and the origin of modern humans", 16 de janeiro de 2001.
19. *Nature*, "A start for population genomics", 7 de dezembro de 2000, p. 65; *Natural History*, "What's new in prehistory", maio de 2000, pp. 90-1.
20. *Science*, "A glimpse of humans' first journey out of Africa", 12 de maio de 2000, p. 950.
21. *Proceedings of the National Academy of Sciences*, "Mitochondrial DNA sequences in ancient Australians: implications for modern human origins", 16 de janeiro de 2001.
22. Rosalind Harding, entrevista ao autor, Institute of Biological Anthropology, 28 de fevereiro de 2002.
23. *Nature*, 27 de setembro de 2001, p. 359.
24. Só para constar: o nome também costuma ser escrito como "Olorgasailie", inclusive em alguns materiais oficiais quenianos. Foi essa grafia que empreguei em um livreto escrito para a CARE sobre a visita. Graças a Ian Tattersall, agora sei que a grafia correta é com um *e* no meio.

30. ADEUS [pp. 475-84]

1. Citado em Gould, *Leonardo's mountain of clams and the Diet of Worms*, p. 238.
2. Flannery e Schouten, *A gap in nature*, p. xv.
3. *New Scientist*, "Mammoth mystery", 5 de maio de 2001, p. 34.
4. Flannery, *The eternal frontier*, p. 195.
5. Leakey e Lewin, *The sixth extinction*, p. 241.
6. Flannery, *The future eaters*, pp. 62-3.
7. Citado em Matthiessen, *Wildlife in America*, pp. 114-5.
8. Flannery e Schouten, op. cit., p. 125.
9. Desmond e Moore, *Darwin*, p. 342.
10. *National Geographic*, "On the brink: Hawaii's vanishing species", setembro de 1995, pp. 2-37.
11. Flannery e Schouten, op. cit., p. 84.
12. Flannery e Schouten, op. cit., p. 76.
13. Easterbrook, *A moment on the Earth*, p. 558.
14. *Valley News*, citando o *Washington Post*, "Report finds growing biodiversity threat", 27 de novembro de 1995.
15. Wilson, *The diversity of life*, p. 182.

Bibliografia

ACZEL, Amir D. *God´s equation: Einstein, relativity, and the expanding universe*. Londres: Piatkus Book, 2002.
ALBERTS, Bruce et al. *Essential cell biology: an introduction to the molecular biology of the cell*. Nova York e Londres: Garland Publishing, 1998.
ALLEN, Oliver E. *Atmosphere*. Alexandria: Time-Life Books, 1983.
ALVAREZ, Walter. *T. Rex and the crater of doom*. Princeton: Princeton University Press, 1997.
ANNAN, Noel. *The dons: mentors, eccentrics and geniuses*. Londres: HarperCollins, 2000.
ASHCROFT, Frances. *Life at the extremes: the science of survival*. Londres: HarperCollins, 2000.
ASIMOV, Isaac. *The history of physics*. Nova York: Walker & Co., 1966.
_____. *Exploring the Earth and the cosmos: the growth and future of human knowledge*. Londres: Penguin Books, 1984.
_____. *Atom: journey across the subatomic cosmos*. Nova York: Truman Talley/Dutton, 1991.
ATKINS, P. W. *The second law*. Nova York: *Scientific American*, 1984.
_____. *Molecules*. Nova York: *Scientific American*, 1987.
_____. *The periodic kingdom*. Nova York: Basic Books, 1995.
ATTENBOROUGH, David. *Life on Earth: a natural history*. Boston: Little, Brown & Co., 1979.
_____. *The living planet: a portrait of the Earth*. Boston: Little, Brown & Co., 1984.
_____. *The private life of plants: a natural history of plant behavior*. Princeton: Princeton University Press, 1995.
BAEYER, Hans Christian von. *Taming the atom: the emergence of the visible microworld*. Nova York: Random House, 1992.
BAKKER, Robert T. *The dinosaur heresies: new theories unlocking the mystery of the dinosaurs and their extinction*. Nova York: William Morrow, 1986.

BALL, Philip. *H₂O: a biography of water.* Londres: Phoenix/Orion, 1999.

BALLARD, Robert D. *The eternal darkness: a personal history of deep-sea exploration.* Princeton, N.J.: Princeton University Press, 2000.

BARBER, Lynn. *The heyday of natural history: 1820-1870.* Garden City: Doubleday, 1980.

BARRY, Roger G. & CHORLEY, Richard J. *Atmosphere, weather and climate.* 7ª ed. Londres: Routledge, 1998.

BIDDLE, Wayne. *A field guide to the invisible.* Nova York: Henry Holt, 1998.

BODANIS, David. *The body book.* Londres: Little, Brown, 1984.

_____. *The secret house: twenty-four hours in the strange and unexpected world in which we spend our nights and days.* Nova York: Simon & Schuster, 1984.

_____. *The secret family: twenty-four hours inside the mysterious world of our minds and bodies.* Nova York: Simon & Schuster, 1997.

_____. *E = mc²: A biography of the world's most famous equation.* Londres: Macmillan, 2000.

BOLLES, Edmund Blair. *The ice finders: how a poet, a professor and a politician discovered the Ice Age.* Washington, D.C.: Counterpoint/Perseus, 1999.

BOORSE, Henry A.; MOTZ, Lloyd; WEAVER, Jefferson H. *The atomic scientists: a biographical history.* Nova York: John Wiley & Sons, 1989.

BOORSTIN, Daniel J. *The discoverers.* Londres: Penguin Books, 1986.

_____. *Cleopatra's nose: essays on the unexpected.* Nova York: Random House, 1994.

BRACEGIRDLE, Brian. *A history of microtechnique: the evolution of the microtome and the development of tissue preparation.* Londres: Heinemann, 1978.

BREEN, Michael. *The Koreans: who they are, what they want, where their future lies.* Nova York: St. Martin's Press, 1998.

BROAD, William J. *The universe below: discovering the secrets of the deep sea.* Nova York: Simon & Schuster, 1997.

BROCK, William H. *The Norton history of chemistry.* Nova York: W. W. Norton, 1993.

BROCKMAN, John & MATSON, Katinka (orgs.). *How things are: a science tool-kit for the mind.* Nova York: William Morrow, 1995.

BROOKES, Martin. *Fly: the unsung hero of twentieth-century science.* Londres: Phoenix, 2002.

BROWN, Guy. *The energy of life.* Londres: Flamingo/HarperCollins, 2000.

BROWNE, Janet. *Charles Darwin: a biography.* Vol 1. Nova York: Alfred A. Knopf, 1995.

BURENHULT, Göran (org.). *The first Americans: human origins and history to 10,000 B.C.* San Francisco: HarperCollins, 1993.

CADBURY, Deborah. *Terrible lizard: the first dinosaur hunters and the birth of a new science.* Nova York: Henry Holt, 2000.

CALDER, Nigel. *Einstein's universe.* Nova York: Wings Books/Random House, 1979.

_____. *The comet is coming! The feverish legacy of Mr. Halley.* Nova York: Viking Press, 1981.

CANBY, Courtlandt (org.). *The epic of man.* Nova York: Time/Life, 1961.

CAREY, John (org.). *The Faber book of science.* Londres: Faber, 1995.

CHORLTON, Windsor. *Ice ages.* Nova York: Time-Life Books, 1983.

CHRISTIANSON, Gale E. *In the presence of the creator: Isaac Newton and his times.* Nova York: Free Press/Macmillan, 1984.

_____. *Edwin Hubble: mariner of the nebulae.* Bristol: Institute of Physics Publishings, 1995.

CLARK, Ronald W. *The Huxleys.* Nova York: McGraw-Hill, 1968.

_____. *The survival of Charles Darwin: a biography of a man and an idea.* Nova York: Random House, 1984.

_____. *Einstein: the life and times.* Nova York: World Publishing, 1971.

COE, Michael; SNOW, Dean; BENSON, Elizabeth. *Atlas of ancient America.* Nova York: Equinox/Facts of File, 1986.

COLBERT, Edwin H. *The great dinosaur hunters and their discoveries.* Nova York: Dover Publications, 1984.

COLE, K. C. *First you build a cloud: and other reflections on physics as a way of life.* San Diego: Harvest/Harcourt Brace, 1999.

CONARD, Henry S. *How to know the mosses and liverworts.* Dubuque: William C. Brown, 1956.

CONNIFF, Richard. *Spineless wonders: strange tales from the invertebrate world.* Nova York: Henry Holt, 1996.

CORFIELD, Richard. *Architects of eternity: the new science of fossils.* Londres: Headline, 2001.

COVENEY, Peter & HIGHFIELD, Roger. *The arrow of time: the quest to solve science's greatest mystery.* Londres: Flamingo, 1991.

COWLES, Virginia. *The Rothschilds: a family of fortune.* Nova York: Alfred A. Knopf, 1973.

CRICK, Francis. *Life itself: its origin and nature.* Nova York: Simon & Schuster, 1981.

_____. *What mad pursuit: a personal view of scientific discovery.* Nova York: Basic Books, 1988.

CROPPER, William H. *Great physicists: the life and times of leading physicists from Galileo to Hawking.* Nova York: Oxford University Press, 2001.

CROWTHER, J. G. *Scientists of the Industrial Revolution.* Londres: Cresset Press, 1962.

DARWIN, Charles. *On the origin of species by means of natural selection, or the preservation of favoured races in the struggle for life* (ed. em fac-símile). Nova York: Random House/Gramercy Books, 1979.

DAVIES, Paul. *The fifth miracle: the search for the origin of life.* Londres: Penguin Books, 1999.

DAWKINS, Richard. *The blind watchmaker.* Londres: Penguin Books, 1988 [*O relojoeiro cego.* São Paulo: Companhia das Letras, 2001].

_____. *River out of Eden: a darwinian view of life.* Londres: Phoenix, 1996.

_____. *Climbing mount improbable.* Nova York: W. W. Norton, 1996.

DEAN, Dennis R. *James Hutton and the history of geology.* Ithaca: Cornell University Press, 1992 [*A escalada do monte improvável.* São Paulo: Companhia das Letras, 1998].

DE DUVE, Christian. *A guided tour of the living cell.* 2 vols. Nova York: Scientific American/Rockefeller University Press, 1984.

DENNETT, Daniel C. *Darwin's dangerous idea: evolution and the meanings of life.* Londres: Penguin Books, 1996.

DENNIS, Jerry. *The bird in the waterfall: a natural history of oceans, rivers and lakes.* Nova York: HarperCollins, 1996.

DESMOND, Adrian & MOORE, James. *Darwin.* Londres: Penguin Books, 1992.

DEWAR, Elaine. *Bones: discovering the first Americans.* Toronto: Random House Canada, 2001.

DIAMOND, Jared. *Guns, germs and steel: the fates of human societies.* Nova York: Norton, 1997.

DICKINSON, Matt. *The other side of Everest: climbing the north face through the killer storm.* Nova York: Times Books, 1997.

DRURY, Stephen. *Stepping stones: the making of our home world.* Oxford: Oxford University Press, 1999.

DURANT, Will & DURANT, Ariel. *The age of Louis XIV.* Nova York: Simon & Schuster, 1963.

DYSON, Freeman. *Disturbing the universe.* Nova York: Harper & Row, 1979.

EASTERBROOK, Gregg. *A moment on the Earth: the coming age of environmental optimism.* Londres: Penguin Books, 1995.

EBBING, Darrell D. *General chemistry.* Boston: Houghton Mifflin, 1996.

ELLIOTT, Charles. *The potting-shed papers: on gardens, gardeners and garden history.* Guilford: Lyons Press, 2001.

ENGEL, Leonard. *The sea.* Nova York: Time-Life Books, 1969.

ERICKSON, Jon. *Plate tectonics: unraveling the mysteries of the Earth.* Nova York: Facts on File, 1992.

FAGAN, Brian M. *The great journey: the peopling of ancient America.* Londres: Thames & Hudson, 1987.

FELL, Barry. *America B. C.: ancient settlers in the New World.* Nova York: Quadrangle/New York Times, 1977.

_____. *Bronze Age America.* Boston: Little, Brown, 1982.

FERGUSON, Kitty. *Measuring the universe: the historical quest to quantify space.* Londres: Headline, 1999.

FERRIS, Timothy. *The mind's sky: human intelligence in a cosmic context.* Nova York: Bantam Books, 1992.

_____. *The whole shebang: a state of the universe(s) report.* Nova York: Simon & Schuster, 1997.

_____. *Coming of age in the Milky Way.* Nova York: William Morrow, 1998.

_____. *Seeing in the dark: how backyard stargazers are probing deep space and guarding Earth from interplanetary peril.* Nova York: Simon & Schuster, 2002.

FEYNMAN, Richard P. *Six easy pieces.* Londres: Penguin Books, 1998.

FISHER, Richard V., HEIKEN, Grant; HULEN, Jeffrey B. *Volcanoes: crucibles of change.* Princeton: Princeton University Press, 1997.

FLANNERY, Timothy. *The future eaters: an ecological history of the Australasian lands and people.* Sydney: Reed New Holland, 1997.

_____. *The eternal frontier: an ecological history of North America and its peoples.* Londres: William Heinemann, 2001.

FLANNERY, Timothy & SCHOUTER, Peter. *A gap in nature: discovering the world's extinct animals.* Melbourne: Text Publishing, 2001.

FORTEY, Richard. *Life: an unauthorised biography.* Londres: Flamingo/HarperCollins, 1998 [*Vida: uma biografia não autorizada.* Rio de Janeiro: Record, 2000].

_____. *Trilobite! Eyewitness to evolution.* Londres: HarperCollins, 2000.

FRAYN, Michael. *Copenhagen.* Nova York: Anchor Books, 2000.

GAMOW, George & STANNARD, Russel. *The new world of Mr. Tompkins.* Cambridge: Cambridge University Press, 2001.

GAWANDE, Atul. *Complications: a surgeon's notes on an imperfect science.* Nova York: Metropolitan Books/Henry Holt, 2002.

GIANCOLA, Douglas C. *Physics: principles with applications.* Upper Saddle River: Prentice Hall, 1998.
GJERTSEN, Derek. *The classics of science: a study of twelve enduring scientific works.* Nova York: Lilian Barber Press, 1984.
GODFREY, Laurie R. (org.). *Scientists confront creationism.* Nova York: W. W. Norton, 1983.
GOLDSMITH, Donald. *The astronomers.* Nova York: St. Martin's Press, 1991.
"Gordon, Mrs". *The life and correspondence of William Buckland, D. D., F. R. S.* Londres: John Murray, 1894.
GOULD, Stephen Jay. *Ever since Darwin: reflections in natural history.* Nova York: W. W. Norton, 1977.
_____. *The panda's thumb: more reflections in natural history.* Nova York: W. W. Norton, 1980.
_____. *Hen's teeth and horse's toes.* Nova York: W. W. Norton, 1983.
_____. *The flamingo's smile: reflections in natural history.* Nova York: W. W. Norton, 1985.
_____. *Time's arrow, time's cycle: myth and metaphor in the discovery of geological time.* Cambridge: Harvard University Press, 1987 [*Seta do tempo, ciclo do tempo.* São Paulo: Companhia das Letras, 1991].
_____. *Wonderful life: the Burgess shale and the nature of history.* Nova York: W. W. Norton, 1989 [*Vida maravilhosa*, São Paulo: Companhia das Letras, 1990].
_____. *Bully for Brontosaurus: reflections in natural history.* Londres: Hutchinson Radius, 1991 [*Viva o brontossauro.* São Paulo: Companhia das Letras, 1992].
_____ (org.) *The book of life.* Nova York: W. W. Norton, 1993.
_____. *Eight little piggies: reflections in natural history.* Londres: Penguin Books, 1994 [*Dedo mindinho e seus vizinhos.* São Paulo: Companhia das Letras, 1993].
_____. *Dinosaur in a haystack: reflections in natural history.* Nova York: Harmony Books, 1995 [*Dinossauro no palheiro*, São Paulo: Companhia das Letras, 1997].
_____. *Leonardo's mountain of clams and the Diet of worms: essays on natural history.* Nova York: Harmony Books, 1998 [*A montanha de moluscos de Leonardo da Vinci.* São Paulo: Companhia das Letras, 2003].
_____. *The lying stones of Marrakech: penultimate reflections in natural history.* Nova York: Harmony Books, 2000.
GREEN, Bill. *Water, ice and stone: science and memory on the Antarctic lakes.* Nova York: Harmony Books, 1995.
GRIBBIN, John. *In the beginning: the birth of the living universe.* Londres: Penguin Books, 1994.
_____. *Almost everyone's guide to science: the universe, life and everything.* Londres: Phoenix, 1998.
GRIBBIN, John & CHERFAS, Jeremy. *The first chimpanzee: in search of human origins.* Londres: Penguin Books, 2001.
GRIBBIN, John & GRIBBIN, Mary. *Being human: putting people in an evolutionary perspective.* Londres: Phoenix/Orion, 1993.
_____. *Fire on Earth: doomsday, dinosaurs and humankind.* Nova York: St. Martin's Press, 1996.
_____. *Ice age.* Londres: Allen Lane, 2001.
GRINSPOON, David Harry. *Venus revealed: a new look below the clouds of our mysterious twin planet.* Reading: Helix/Addison-Wesley, 1997.

GUTH, Alan. *The inflationary universe: the quest for a new theory of cosmic origins.* Reading: Helix/Addison-Wesley, 1997.

HALDANE, J. B. S. *Adventures of a biologist.* Nova York: Harper & Brothers, 1937.

———. *What is life?* Nova York: Boni & Gaer, 1947.

HALLAM, A. *Great geological controversies.* 2ª ed. Oxford: Oxford University Press, 1989.

HAMBLYN, Richard. *The invention of clouds: how an amateur meteorologist forged the language of the skies.* Londres: Picador, 2001.

HAMILTON-PATERSON, James. *the great deep: The sea and its thresholds.* Nova York: Random House, 1992.

HAPGOOD, Charles H. *Earth's shifting crust: a key to some basic problems of Earth science.* Nova York: Pantheon Books, 1958.

HARRINGTON, John W. *Dance of the continents: adventures with rocks and time.* Los Angeles: J. P. Tarcher, 1983.

HARRISON, Edward. *Darkness at night: a riddle of the universe.* Cambridge: Harvard University Press, 1987.

HARTMANN, William K. *The history of Earth: an illustrated chronicle of an evolving planet.* Nova York: Workman Publishing, 1991.

HAWKING, Stephen. *A brief history of time: from the Big Bang to black holes.* Londres: Bantam Books, 1988 [*Uma breve história do tempo.* Rio de Janeiro: Rocco, 2002].

———. *The universe in a nutshell.* Londres: Bantam Press, 2001 [*O universo numa casca de noz.* São Paulo: Arx, 2002].

HAZEN, Robert M. & TREFIL, James. *Science matters: achieving scientific literacy.* Nova York: Doubleday, 1991.

HEISERMAN, David L. *Exploring chemical elements and their compounds.* Blue Ridge Summit: TAB Books/McGraw-Hill, 1992.

HITCHCOCK, A. S. *Manual of the grasses of the United States.* 2ª ed. Nova York: Dover Publications, 1971.

HOLMES, Hannah. *The secret life of dust.* Nova York: John Wiley & Sons, 2001.

HOLMYARD, E. J. *Makers of chemistry.* Oxford: Clarendon Press, 1931.

HORWITZ, Tony. *Blue latitudes: boldly going where captain Cook has gone before.* Nova York: Henry Holt, 2002.

HOUGH, Richard. *Captain James Cook.* Nova York: W. W. Norton, 1994.

JARDINE, Lisa. *Ingenious pursuits: building the scientific revolution.* Nova York: Nan A. Talese/Doubleday, 1999.

JOHANSON, Donald & EDGAR, Blake. *From Lucy to language.* Nova York: Simon & Schuster, 1996.

JOLLY, Alison. *Lucy's legacy: sex and intelligence in human evolution.* Cambridge: Harvard University Press, 1999.

JONES, Steve. *Almost like a whale: the origin of species updated.* Londres: Doubleday, 1999.

JUDSON, Horace Freeland. *The eighth day of creation: makers of the revolution in biology.* Londres: Penguin Books, 1995.

JUNGER, Sebastian. *The perfect storm: a true story of men against the sea.* Nova York: HarperCollins, 1997.

JUNGNICKEL, Christa & MCCORMMACH, Russel. *Cavendish: the experimental life.* Bucknell: Bucknell Press, 1999.

KAKU, Michio. *Hyperspace: a scientific odyssey through parallel universes, time warps, and the tenth dimension*. Nova York: Oxford University Press, 1994.
KASTNER, Joseph. *A species of eternity*. Nova York: Alfred A. Knopf, 1977.
KELLER, Evelyn Fox. *The century of the gene*. Cambridge: Harvard University Press, 2000.
KEMP, Peter. *The Oxford companion to ships and the sea*. Londres: Oxford University Press, 1979.
KEVLES, Daniel J. *The physicists: the history of a scientific community in modern America*. Nova York: Alfred A. Knopf, 1978.
KITCHER, Philip. *Abusing science: the case against creationism*. Cambridge: MIT Press, 1982.
KOLATA, Gina. *Flu: the story of the great influenza pandemic of 1918 and the search for the virus that caused it*. Londres: Pan Books, 2001.
KREBS, Robert E. *The history and use of our Earth's chemical elements*. Westport: Greenwood Press, 1998.
KUNZIG, Robert. *The restless sea: exploring the world beneath the waves*. Nova York: W. W. Norton, 1999.
KURLANSKY, Mark. *Cod: a biography of the fish that changed the world*. Londres: Vintage, 1999.
LEAKEY, Richard. *The origin of humankind*. Nova York: Basic Books/HarperCollins, 1994.
LEAKEY, Richard & LEWIN, Roger. *Origins*. Nova York: E. P. Dutton, 1977.
_____. *The sixth extinction*. Nova York: Doubleday, 1995.
LEICESTER, Henry M. *The historical background of chemistry*. Nova York: Dover Publications, 1971.
LEMMON, Kenneth. *The golden age of plant hunters*. Londres: Phoenix House, 1968.
LEWIS, Cherry. *The dating game: one man's search for the age of the Earth*. Cambridge: Cambridge University Press, 2000.
LEWIS, John S. *Rain of iron and ice: the very real threat of comet and asteroid bombardment*. Reading: Addison-Wesley, 1996.
LEWIN, Roger. *Bones of contention: controversies in the search for human origins*. 2ª ed. Chicago: University of Chicago Press, 1997.
LEWONTIN, Richard. *It ain't necessarily so: the dream of the human genome and other illusions*. Londres: Granta Books, 2001.
LITTLE, Charles E. *The dying of the trees: the pandemic in America's forests*. Nova York: Viking, 1995.
LYNCH, John. *The weather*. Toronto: Firefly Books, 2002.
MADDOX, Brenda. *Rosalind Franklin: the dark lady of DNA*. Nova York: HarperCollins, 2002.
MARGULIS, Lynn & SAGAN, Dorion. *Microcosmos: four billion years of evolution from our microbial ancestors*. Nova York: Summit Books, 1986.
MARSHALL, Nina L. *Mosses and lichens*. Nova York: Doubleday, Page, 1908.
MATTHIESSEN, Peter. *Wildlife in America*. Londres: Penguin Books, 1995.
MCGHEE Jr., George R., *The late Devonian mass extinction: the Frasnian/Famennian crisis*. Nova York: Columbia University Press, 1996.
MCGRAYNE, Sharon Bertsch. *Prometheans in the lab: chemistry and the making of the modern world*. Nova York: McGraw-Hill, 2001.
MCGUIRE, Bill. *A guide to the end of the world: everything you never wanted to know*. Oxford: Oxford University Press, 2002.
MCKIBBEN, Bill. *The end of nature*. Nova York: Random House, 1989.
MCPHEE, John. *Basin and range*. Nova York: Farrar, Straus & Giroux, 1980.

McPHEE, John. *In suspect terrain*. Nova York: Noonday Press/Farrar, Straus & Giroux, 1983.

_____. *Rising from the plains*. Nova York: Farrar, Straus & Giroux, 1986.

_____. *Assembling California*. Nova York: Farrar, Straus & Giroux, 1993.

McSWEEN Jr., Harry Y., *Stardust to planets: a geological tour of the solar system*. Nova York: St. Martin's Press, 1993.

MOORE, Patrick. *Fireside astronomy: an anecdotal tour through the history and lore of astronomy*. Chichester: John Wiley & Sons, 1992.

MOOREHEAD, Alan. *Darwin and the* Beagle. Nova York: Harper and Row, 1969.

MOROWITZ, Harold J. *The thermodynamics of pizza*. New Brunswick: Rutgers University Press, 1991.

MUSGRAVE, Toby; GARDNER, Chris; MUSGRAVE, Will. *The plant hunters: two hundred years of adventure and discovery around the world*. Londres: Ward Lock, 1999.

NORTON, Trevor. *Stars beneath the sea: the extraordinary lives of the pioneers of diving*. Londres: Arrow Books, 2000.

NOVACEK, Michael. *Time traveler: in search of dinosaurs and other fossils from Montana to Mongolia*. Nova York: Farrar, Straus & Giroux, 2001.

NULAND, Sherwin B. *How we live: the wisdom of the body*. Londres: Vintage, 1998.

OFFICER, Charles & PAGE, Jake. *Tales of the Earth: paroxysms and perturbations of the blue planet*. Nova York: Oxford University Press, 1993.

OLDROYD, David R. *Thinking about the Earth: a history of ideas in geology*. Cambridge: Harvard University Press, 1996.

OLDSTONE, Michael B. A. *Viruses, plagues and history*. Nova York: Oxford University Press, 1998.

OVERBYE, Dennis. *Lonely hearts of the cosmos: the scientific quest for the secret of the universe*. Nova York: HarperCollins, 1991.

OZIMA, Minoru. *The Earth: its birth and growth*. Cambridge: Cambridge University Press, 1981.

PARKER, Ronald B. *Inscrutable Earth: explorations in the science of Earth*. Nova York: Charles Scribner's Sons, 1984.

PEARSON, John. *Serpents and stags: the story of the house of Cavendish and the dukes of Devonshire*. Nova York: Holt, Rinehart & Winston, 1983.

PEEBLES, Curtis. *Asteroids: a history*. Washington: Smithsonian Institution Press, 2000.

PLUMMER, Charles C. & McGEARY, David. *Physical geology*. Dubuque: William C. Brown, 1996.

POLLACK, Robert. *Signs of life: the language and meanings of DNA*. Boston: Houghton Mifflin, 1994.

POWELL, James Lawrence. *Night comes to the Cretaceous: dinosaur extinction and the transformation of modern geology*. Nova York: W. H. Freeman, 1998.

_____. *Mysteries of Terra Firma: the age and evolution of the Earth*. Nova York: Free Press/Simon & Schuster, 2001.

PSIHOYOS, Louie, com John KNOEBBER. *Hunting dinosaurs*. Nova York: Random House, 1994.

PUTNAM, William Lowell. *The worst weather on Earth*. Gorham: Mount Washington Observatory/American Alpine Club, 1991.

QUAMMEN, David. *The song of the dodo*. Londres: Hutchinson, 1996.

_____. *The boilerplate rhino: nature in the eye of the beholder*. Nova York: Touchstone/Simon & Schuster, 2000.

_____. *Monster of God*. Nova York: W. W. Norton, 2003.

REES, Martin. *Just six numbers: the deep forces that shape the universe*. Londres: Phoenix/Orion, 2000.

RIDLEY, Matt. *The red queen: sex and the evolution of human nature*. Londres: Penguin, 1994.

_____. *Genome: the autobiography of a species*. Londres: Fourth Estate, 1999.

RITCHIE, David. *Superquake! Why earthquakes occur and when the big one will hit southern California*. Nova York: Crown Publishers, 1988.

ROSE, Steven. *Lifelines: biology, freedom, determinism*. Londres: Penguin Books, 1997.

RUDWICK, Martin J. S. *The great Devonian controversy: the shaping of scientific knowledge among gentlemanly specialists*. Chicago: University of Chicago Press, 1985.

SACKS, Oliver. *An anthropologist on Mars: seven paradoxical tales*. Nova York: Alfred A. Knopf, 1995 [*Um antropólogo em Marte*. São Paulo: Companhia das Letras, 1995].

_____. *Oaxaca journal*. Washington: National Geographic, 2002.

SAGAN, Carl. *Cosmos*. Nova York: Ballantine Books, 1980 [*Cosmos*. Rio de Janeiro: Francisco Alves, 1992].

SAGAN, Carl & DRUYAN, Ann. *Comet*. Nova York: Random House, 1985.

SAGAN, Dorion & MARGULIS, Lynn. *Garden of microbial delights: a practical guide to the subvisible world*. Boston: Harcourt Brace Jovanovich, 1988.

SAYRE, Anne. *Rosalind Franklin and DNA*. Nova York: W. W. Norton, 1975.

SCHNEER, Cecil J. (org.) *Toward a history of geology*. Cambridge: MIT Press, 1969.

SCHOPF, J. William. *Cradle of life: the discovery of Earth's earliest fossils*. Princeton: Princeton University Press, 1999.

SCHULTZ, Gwen. *Ice age lost*. Garden City: Anchor Press/Doubleday, 1974.

SCHWARTZ, Jeffrey H. *Sudden origins: fossils, genes and the emergence of species*. Nova York: John Wiley & Sons, 1999.

SEMONIN, Paul. *American monster: how the nation's first prehistoric creature became a symbol of national identity*. Nova York: New York University Press, 2000.

SHORE, William H. (org.). *Mysteries of life and the universe*. San Diego: Harvest/Harcourt Brace, 1992.

SILVER, Brian. *The ascent of science*. Nova York: Solomon/Oxford University Press, 1998.

SIMPSON, George Gaylord. *Fossils and the history of life*. Nova York: Scientific American, 1983.

SMITH, Anthony. *The weather: the truth about the health of our planet*. Londres: Hutchinson, 2000.

SMITH, Robert B. & SIEGEL, Lee J. *Windows into the Earth: the geologic story of Yellowstone and Grand Teton National Parks*. Nova York: Oxford University Press, 2000.

SNOW, C. P. *Variety of men*. Nova York: Charles Scribner's Sons, 1966.

_____. *The physicists*. Londres: House of Stratus, 1979.

SNYDER, Carl H. *The extraordinary chemistry of ordinary things*. Nova York: John Wiley & Sons, 1995.

STALCUP, Brenda (org.). *Endangered species: opposing viewpoints*. San Diego: Greenhaven Press, 1996.

STANLEY, Steven M. *Extinction*. Nova York: Scientific American, 1987.

STARK, Peter. *Last breath: cautionary tales from the limits of human endurance*. Nova York: Ballantine Books, 2001.

STEPHEN, Sir Leslie & LEE, Sir Sidney (orgs.). *Dictionary of national biography.* Oxford: Oxford University Press, 1973.

STEVENS, William K. *The change in the weather: people, weather, and the science of climate.* Nova York: Delacorte Press, 1999.

STEWART, Ian. *Nature's numbers: discovering order and pattern in the universe.* Londres: Phoenix, 1995.

STRATHERN, Paul. *Mendeleyev's dream: the quest for the elements.* Londres: Penguin Books, 2001.

SULLIVAN, Walter. *Landprints.* Nova York: Times Books, 1984.

SULSTON, John & FERRY, Georgina. *The common thread: a story of science, politics, ethics and the human genome.* Londres: Bantam Press, 2002.

SWISHER III, Carl C.; CURTIS, Garniss H.; LEWIN, Roger. *Java man: how two geologist's dramatic discoveries changed our understanding of the evolutionary path to modern humans.* Nova York: Scribner, New York, 2000.

SYKES, Bryan. *The seven daughters of Eve.* Londres: Bantam Press, 2001 [*As sete filhas de Eva*. Rio de Janeiro: Record, 2003].

TATTERSALL, Ian. *The human odyssey: four million years of human evolution.* Nova York: Prentice Hall, 1993.

_____. *The monkey in the mirror: essays on the science of what makes us human.* Nova York: Harcourt, 2002.

TATTERSALL, Ian & SCHWARTZ, Jeffrey. *Extinct humans.* Boulder: Westview/Perseus, 2001.

THACKRAY, John & PRESS, Bob. *The Natural History Museum: nature's treasurehouse.* Londres: Natural History Museum, 2001.

THOMAS, Gordon & WITTS, Max Morgan. *The San Francisco earthquake.* Nova York: Stein and Day, 1971.

THOMAS, Keith. *Man and the natural world: changing attitudes in England, 1500-1800.* Nova York: Oxford University Press, 1983 [*O homem e o mundo natural.* São Paulo: Companhia das Letras, 1988].

THOMPSON, Dick. *Volcano cowboys: the rocky evolution of a dangerous science.* Nova York: St. Martin's Press, 2000.

THORNE, Kip S. *Black holes and time warps: Einstein's outrageous legacy.* Nova York: W. W. Norton, 1994.

TORTORA, Gerard J. & GRABOWSKI, Sandra Reynolds. *Principles of anatomy and physiology.* Menlo Park: Addison-Wesley, 1996.

TREFIL, James. *The unexpected vista: a physicist's view of nature.* Nova York: Charles Scribner's Sons, 1983.

_____. *Meditations at sunset: a scientist looks at the sky.* Nova York: Charles Scribner's Sons, 1987.

_____. *Meditations at 10,000 feet: a scientist in the mountains.* Nova York: Charles Scribner's Sons, 1987.

_____. *101 things you don't know about science and no one else does either.* Boston: Mariner/Houghton Mifflin, 1996.

TRINKAUS, Erik & SHIPMAN, Pat. *The Neandertals: changing the image of mankind.* Londres: Pimlico, 1994.

TUDGE, Colin. *The time before history: five million years of human impact.* Nova York: Touchstone/Simon & Schuster, 1996.

_____. *The variety of life: a survey and a celebration of all the creatures that have ever lived.* Oxford: Oxford University Press, 2002.

VERNON, Ron. *Beneath our feet: the rocks of planet Earth.* Cambridge: Cambridge University Press, 2000.

VOGEL, Shawna. *Naked Earth: the new geophysics.* Nova York: Dutton, 1995.

WALKER, Alan & SHIPMAN, Pat. *The wisdom of the bones: in search of human origins.* Nova York: Alfred A. Knopf, 1996.

WALLACE, Robert A.; KING, Jack L.; SANDERS, Gerald P. *Biology: the science of life.* 2ª ed. Glenview: Scott, Foresman & Company, 1986.

WARD, Peter D. & BROWNLEE, Donald. *Rare Earth: why complex life is uncommon in the universe.* Nova York: Copernicus, 1999.

WATSON, James D. *The double helix: a personal account of the discovery of the structure of DNA.* Londres: Penguin Books, 1999.

WEINBERG, Samantha. *A fish caught in time: the search for the coelacanth.* Londres: Fourth Estate, 1999.

WEINBERG, Steven. *The discovery of subatomic particles.* Nova York: *Scientific American*, 1983.

_____. *Dreams of a final theory.* Nova York: Pantheon Books, 1992.

WHITAKER, Richard (org.). *Weather.* Sydney: Nature Company/Time-Life Books, 1996.

WHITE, Michael. *Isaac Newton: the last sorcerer.* Reading: Helix Books/Addison-Wesley, 1997.

_____. *Rivals: conflict as the fuel of science.* Londres: Vintage, 2001.

WILFORD, John Noble. *The mapmakers.* Nova York: Alfred A. Knopf, 1981.

_____. *The riddle of the dinosaur.* Nova York: Alfred A. Knopf, 1985.

WILLIAMS, E. T. & NICHOLLS, C. S. (orgs.). *Dictionary of national biography, 1961-1970.* Oxford: Oxford University Press, 1981.

WILLIAMS, Stanley & MONTAIGNE, Fen. *Surviving galeras.* Boston: Houghton Mifflin, 2001.

WILSON, David. *Rutherford: simple genius.* Cambridge: MIT Press, 1983.

WILSON, Edward O. *The diversity of life.* Cambridge: Belknap Press/Harvard University Press, 1992 [*Diversidade da vida*. São Paulo: Companhia das Letras, 1994].

WINCHESTER, Simon. *The map that changed the world: the tale of William Smith and the birth of a science.* Londres: Viking, 2001 [*O mapa que mudou o mundo*. Rio de Janeiro: Record, 2004].

WOOLFSON, Adrian. *Life without genes: the history and future of genomes.* Londres: Flamingo, 2000.

Agradecimentos

Sentado aqui, no início de 2003, tenho diante de mim várias páginas de manuscrito ostentando notas majestosamente encorajadoras e diplomáticas de Ian Tattersall, do Museu de História Natural Americano, observando, entre outras coisas, que Périgueux não é uma região vinícola, que é inventivo mas um tanto heterodoxo grafar em itálico as divisões taxonômicas acima do nível de gênero e espécie, que insisti em grafar errado Olorgesailie (lugar que apenas recentemente visitei), e assim por diante, nesse mesmo espírito, ao longo de dois capítulos de texto cobrindo sua área de especialização: os seres humanos primitivos.

Deus sabe quantas outras anotações embaraçosas ainda me aguardam nessas páginas, mas é graças ao dr. Tattersall e a todos aqueles que estou prestes a mencionar que não existem muitas centenas mais. Todo agradecimento é pouco aos que me ajudaram na preparação deste livro. Sou especialmente grato às seguintes pessoas, que foram sistematicamente generosas e gentis e mostraram as mais heroicas reservas de paciência ao responder a uma pergunta simples e incessantemente repetida: "Me desculpe, mas você poderia explicar isso de novo?".

Na Inglaterra: David Caplin, da Imperial College, Londres; Richard Fortey, Len Ellis e Kathy Way, do Museu de História Natural; Martin Raff, da University College de Londres; Rosalind Harding, do Instituto de Antropologia Biológica de Oxford; dr. Laurence Smaje, ex-membro do Wellcome Institute; e Keith Blackmore, de *The Times*.

Nos Estados Unidos: Ian Tattersall, do Museu de História Natural Americano, em Nova York; John Thorstensen, Mary K. Hudson e David Blanchflower, da Dartmouth College, em Hanover, New Hampshire; dr. William Abdu e dr. Bryan Marsh, do Dartmouth-Hitchcock Medical Center, em Lebanon, New Hampshire; Ray Anderson e Brian Witzke, do Departamento de Recursos Naturais de Iowa, em Iowa City; Mike Voorhies, da Universidade de Nebraska e do Ashfall Fossil Beds State Park, perto de Orchard, Nebraska; Chuck Offenburger, da Universidade Buena Vista, Storm Lake, Iowa; Ken Rancourt, diretor de pesquisa do Observatório de Mount Washington, Gorham, New Hampshire; Paul Doss, geólogo do Parque Nacional de Yellowstone, e sua esposa, Heidi, também do Parque Nacional; Frank Asaro, da Universidade da Califórnia, em Berkeley; Oliver Payne e Lynn Addison, da National Geographic Society; James O. Farlow, da Universidade Indiana-Purdue; Roger L. Larson, professor de geofísica marinha da Universidade de Rhode Island; Jeff Guinn, do jornal *Star-Telegram*, de Fort Worth; Jerry Kasten, de Dallas, Texas; e o pessoal da Iowa Historical Society, em Des Moines.

Na Austrália: o reverendo Robert Evans, de Hazelbrook, Nova Gales do Sul; dra. Jill Cainey, do Australian Bureau of Meteorology; Alan Thorne e Victoria Bennett, da Universidade Nacional Australiana, em Camberra; Louise Burke e John Hawley, de Canberra; Anne Milne, do *Sydney Morning Herald*; Ian Nowak, ex-membro da Geological Society of Western Australia; Thomas H. Rich, do Museu Victoria; Tim Flannery, diretor do South Australian Museum, em Adelaide; Natalie Papworth e Alan MacFadyen do Royal Tasmanian Botanical Gardens, em Hobart; e a equipe prestativa da Biblioteca Estadual de Nova Gales do Sul, em Sydney.

E em outras partes: Sue Superville, gerente do centro de informações do Museu da Nova Zelândia, em Wellington, e dra. Emma Mbua, dr. Koen Maes e Jillani Ngalla, do Museu Nacional do Quênia, em Nairóbi.

Sou também profundamente grato, pelas variadas contribuições, a Patrick Janson-Smith, Gerald Howard, Marianne Velmans, Alison Tulett, Gillian Somerscales, Larry Finlay, Steve Rubin, Jed Mattes, Carol Heaton, Charles Elliott, David Bryson, Felicity Bryson, Dan McLean, Nick Southern, Gerald Engelbretsen, Patrick Gallagher, Larry Ashmead e ao pessoal da inigualável e sempre prestimosa Biblioteca Howe, em Hanover, New Hampshire.

Acima de tudo, e como sempre, meus agradecimentos mais profundos à minha querida, paciente e incomparável esposa, Cynthia.

Índice remissivo

abreviaturas químicas, 114
ácaros, 345, 371, 372
ácido hidrociânico, 107
Agassiz, Louis, 427, 428, 429, 430
Ager, Derek V., 195
água: fórmula química da, 277; pressão da, 247, 248; propriedades da, 276, 277; sais, 278
Aharanov, Yakir, 157
AIDS, 318, 320, 322, 325, 416
Alfa Centauro, 38, 48
algas: azul-esverdeadas, 303; calcárias, 274; classificação, 313; liquens, 342
All Species Foundation, 371
alquimia, 58, 105, 119
altitude, 233, 263, 264
alumínio, 112, 258, 358
Alvares, Luis, 203
Alvarez, Walter, 194, 203, 204
Alvin, submersível, 284, 285, 286
amebas, 313, 314, 315
aminoácidos, 293, 294, 295, 296, 298, 309
amonites, 353

anapsidas, 348
ancestrais, 403, 404
Anderson, Ray, 207, 208, 209, 213
anfíbios, 348, 353
Anning, Mary, 94
Antártida: ecossistema, 292; gelo, 279, 438; livre de gelo, 438
antibióticos, 306, 309, 320, 321
"aperto, o", 249
aquecimento global, 351, 437
Arambourg, Camille, 465
Ardipithecus ramidus kadabba, 452
armadilhas de Deccan, 206, 234
Armstrong, Richard, 225
Arqueano, período, 84, 302
arqueobactérias, 315
arqueópterix, 49, 98, 396
arsênico, 259
árvores, 347
Asaro, Frank, 204
Ashcroft, Frances, 243, 248, 265, 316
Ashfall Fossil Beds, 215
Asimov, Isaac, 151

Askesian Society, 110, 270
asteroides, 36, 200, 201, 202, 213
Atlântico: fundo do, 188
atmosfera, 262, 263, 264
átomos: células e, 295; comportamento atômico, 152; durabilidade dos, 143, 144, 145; estrutura dos, 149, 150, 152; forma dos, 149; ideia de, 146; imagem, 151, 155; moléculas e, 143; núcleo dos, 150, 152, 155; número atômico, 115; peso atômico, 115, 146; prova da existência dos, 147; tamanhos dos, 146; vida e, 11, 12
ATP (trifosfato de adenosina), 386
Attenborough, David, 287, 343
Audubon, John James, 222
Austrália: ocupação humana, 461; vida marinha, 289
australopitecinos, 446, 449, 450, 451, 453, 455, 458, 466
Australopithecus, 443, 446
Avery, Oswald, 408, 413
aves, 98, 354, 476, 477, 478, 479, 480, 481
Avogrado, Lorenzo, 113
Avogrado, número de, 113

Baade, Walter, 43
bacalhau, 32, 291
Bachman, pássaro canoro de, 482
bactérias: cianobactérias, 303, 304, 305, 309, 316, 434; descoberta, 382; em água quente, 242, 311; mutações, 310; no corpo humano, 309; primeira forma de vida na Terra, 303; reprodução, 309; sobrevivência, 311, 312; tipos de, 372
bacteriófagos, 322, 406
balão, subidas em, 263
Baldwin, Ralph B., 205
baleias, 249, 287, 347, 365, 452; baleia azul, 287
Ball, Philip, 116, 279
Banks, Sir Joseph, 70, 358, 361, 365
Barringer, Daniel M., 199
Barton, Otis, 280

Bastin, Edson, 311
batiscafo, 248, 283
batisfera, 281, 282
Beagle, viagem, 82, 358, 389, 390, 391, 392, 395, 400
Becher, Johann, 106
Becquerel, Henri, 118, 148
Beebe, Charles William, 280
belemnite, 100
Bennett, Victoria, 300, 303, 305, 311
Bergstralh, Jay, 243
Berners-Lee, Tim, 172*n*
Berzelius, J. J., 114
Besso, Michele, 131
betaglobina, genes de, 470
Betelgeuse, 49
Biddle, Wayne, 169
big-bang, 21, 22, 23, 24, 25, 26, 27, 30, 49, 50, 141, 177, 180
black mamo, 482
Black, Davidson, 444
Blackett, Patrick, 189
Bodanis, David, 131*n*, 133
Bohr, Niels, 152
bolor do lodo, 316
Boltzmann, Ludwig, 147
bomba atômica, 153, 158
Bonnichsen, Bill, 217
Bort, Léon-Philippe Teisserenc de, 263
Bose, S. N., 175
bósons, 171, 175
Bouguer, Pierre, 55, 56, 63, 64, 65
Boutellier, intervalo de, 464
Bowler, Jim, 461
Boyle, Robert, 106
Brace, C. Loring, 455
Brand, Hennig, 106
Briggs, Derek, 333, 338
briófitas, 359
British Museum, 100, 280
Broad, William J., 284
Broca, área de, 456
Brock, Thomas e Louise, 242

Broglie, príncipe Louis-Victor de, 153
Broom, Robert, 444
Brown, Guy, 383, 454
Brown, Harrison, 165
Brown, Robert, 111, 361, 383
Brunhes, Bernard, 189
Bryan, Alanson, 482
Bryce, David, 374
Buckland, William, 78, 79, 80, 81, 85, 95, 104
Buffon, conde de, 86, 90, 91, 364
Bullard, E. C., 227
Burgess Ridge, fósseis de, 331
Byron, lorde, 425, 426

Cabot, John, 291
Cadbury, Deborah, 100
calcário, 198, 203, 210, 274, 330, 346, 426, 443
cálcio, 12, 112, 187, 281, 297, 346
Cambriano: explosão cambriana, 329, 331, 332, 335, 336, 339, 340, 396; período, 82
câncer, 59, 160, 225, 386, 413
Carbonífero, 345, 346, 347
carbono-14, 150, 162, 163, 164
carneiros, 259
Carr, Geoffrey, 179
Cassini, Giovanni e Jacques, 63
Caster, K. E., 182
catastrofismo, 81, 206
cavalos, 17, 39, 99, 215, 351, 468
Cavendish, Henry, 70, 74, 108, 145, 475
cefeida, 139
Celsius, Anders, 270
células: ação, 386, 387; composição, 378, 379, 384; descoberta das, 381, 382; divisão, 378; eucariotas, 306; humanas, 379, 380; lêvedo, 379; membrana, 384; mitocôndrias, 306, 380, 385, 386; morte das, 386; núcleo, 383; tipos, 379, 380; vida das, 380
cérebro, tamanho do, 449, 452, 453, 454, 465
CERN (Centro Europeu de Pesquisa Nuclear), 151, 172
CFCs (clorofluorcarbonos), 161, 162, 169

Chadwick, James, 43, 148, 149, 153
Challenger, HMS, 280
Chambers, Robert, 393, 400
chaminés de kimberlito, 223
chaminés no mar profundo, 285, 286
Chapman, Robert, 32
Chappe, Jean, 66
Chargaff, Erwin, 409
Charpentier, Jean de, 427, 428, 429
Chicxulub, cratera de, 209, 210
chimpanzés, 441, 449, 457, 469
Christiansen, Bob, 232, 233, 237, 239
Christy, James, 31
chumbo, 159, 160, 167, 168, 169, 260
cianobactérias, 303, 304, 305, 309, 316, 434
cíclotron, 170
Clark, William, 93
classificação: código universal, 367; de estrelas, 139; de organismos, 313, 314, 315, 317; sistema de Lineu, 363, 364, 365
clima, 425, 426, 434, 435, 436, 437, 438, 464
cloro, 107, 108, 260
cloroplastos, 306
cobalto, 258, 259, 311
cobras, 353
cobre, 259
Código Stricklandian, 366
Columbia, ônibus espacial, 264
coluna vertebral, 334
cometas: de períodos curtos, 34; de períodos longos, 34; entrando na atmosfera da Terra, 211, 212; Halley, 34, 56, 299; Shoemaker-Levy, 209, 210, 213
Conard, Henry S., 359
constante cosmológica, 136, 181
convecção, 112, 185, 190, 225, 226, 227, 267
Conway Morris, Simon, 333, 338
Cook, James, 67
Coon, Carleton, 466
Cope, Edward Drinker, 101, 102, 103, 104
corais, 280, 289, 353, 367, 390
Coriolis, efeito de, 269
Coriolis, Gustave-Gaspard de, 269

corrente do Golfo, 272, 437
correntes de ar, 266
Cox, David, 416
Cox, Peter, 275
cracas, 377, 392, 481
Crampton, Henry Edward, 376
Cretáceo, 83, 95, 203, 350, 355, 356, 438
Crick, Francis, 149, 299, 409
Criogeniano, 434
crisântemo, 368
crise de salinidade de Messina, 272
cristais, 296
cristalografia, 409, 410, 411
crocodilos, 95, 353, 354
Croll, James, 429
Cro-Magnon, homem de, 162, 441, 442, 464, 468
cromossomos, 404, 407, 408, 414, 418, 468
Cropper, William H., 126, 128, 137, 150
Crouch, Henry, 133
Crowther, J. G., 71
crustáceos, 248, 330, 331, 345, 367
Cuming, Hugh, 481
Curie, Marie e Pierre, 118, 120, 121, 258
Cuvier, Georges, 91, 92, 93, 95, 97, 100, 427

Dalton, John, 112, 145
Daly, Reginald, 51, 186
Dart, Raymond, 443, 449
Darwin, Charles: *Descent of man, The*, 401; doenças, 392; e a viagem no *Beagle*, 358, 389, 390; e Richard Owen, 98; estátua, 101; infância, 389; nascimento, 388, 403; *origem das espécies, A*, 330, 388, 391, 392, 393, 394, 395, 396, 401; reação ao seu trabalho, 395, 396, 399, 400; sobre a evolução, 330, 390, 391; sobre a idade da Terra, 86; sobre cracas, 392, 481; túmulo de, 402
Darwin, Erasmus, 390
datação por radiocarbono, 162, 163
Davies, Paul, 176, 259, 295
Davy, Humphry, 108, 112, 145, 258
Dawkins, Richard, 296, 337

Deane, Charles, 249
DeMoivre, Abraham, 59
Denver, elevação de, 193
deriva continental, 186, 190, 194
Descartes, René, 127
detector de partículas, 149, 170
Devoniano: extinção no, 350, 352; período, 82, 345, 347
diamantes, 223
diapsidas, 348, 349
diatomáceas, 353
Dicke, Robert, 23, 26
Dickinson, Matt, 264
Dickson, Tony, 192
dimetrodonte, 348
dinossauros: descobertas, 89, 93, 94, 95, 103, 104; em museus, 355; era dos, 329, 344, 349, 355, 356; extinção dos, 203, 205, 206, 208, 212, 354; modelos em tamanho real, 96; número de espécies, 103, 355
dióxido de carbono, 51, 162, 274, 275, 281, 293, 346, 437
Dixon, Jeremiah, 66
DNA: contaminação, 472; descoberta da estrutura do, 409, 410, 411, 413; efeitos da radiação no, 311; experimentos, 408; formato, 414; "impressões digitais" do, 416*n*; mitocondrial, 468, 469, 470, 471; proteínas e, 295, 406; replicação, 387, 414, 415; riscos, 384
dodô, 98, 475, 476, 478
doenças, 318, 319, 320, 321, 322, 323, 324, 325; doença do sono, 323
Doppler, desvio de, 137
Doss, Paul, 236, 237, 238, 239, 240, 242
Drake, Frank, 39
Draper, John William, 400
Drury, Stephen, 307, 438
Dryas Recente, 436, 437
Dubois, Eugène, 440, 441, 442, 443, 455
Duve, Christian de, 297, 310, 380, 405
Dyson, Freeman, 245

Ebola, 322, 325
Eddington, sir Arthur, 134
Ediacaran, fósseis do monte, 334, 335, 336, 340, 343, 349
efeito estufa, 51
efeito fotoelétrico, 130
Einstein, Albert: carreira de, 130, 141, 157; morte de, 194; prefácio para o livro de Charles Hapgood, 182, 194; prêmio Nobel, 130, 153; reputação, 133, 141; sobre a constante cosmológica, 136, 181; sobre a teoria quântica, 129, 155, 156; sobre massa e energia, 118, 131; sobre o movimento browniano, 130, 147; teoria da relatividade, 29, 130, 131, 132, 133, 134, 135, 137, 141, 147, 181; trabalhos, 130
elementos químicos, 256, 257, 258, 259, 260, 261
eletromagnetismo, 26, 87, 127, 175
elétrons: carga negativa, 149; como onda ou partícula, 153; descoberta dos, 149; formação dos, 26; número nos átomos, 150; órbitas dos, 153, 155; princípio da incerteza, 154; trabalho de Mendeleev, 120
Elliott, Charles, 368
Ellis, Len, 359, 361
Elwin, Whitwell, 388
Emerald Pool, 242
Endeavour, viagem do, 361
entropia, 126
enxofre, 12, 51, 114, 221, 265, 297, 311, 313, 352
era glacial: causas, 433; ciclos, 431, 432; correntes oceânicas, 433, 436, 437, 438; Criogeniano, 434, 435; teoria de Agassiz sobre, 427, 428, 429, 430; termo, 427; trabalho de Croll, 429; trabalho de Milankovitch, 430, 431; trabalho de Schimper, 427
erosão, 76, 184, 199
Erwin, Terry, 370
escala Richter, 219, 220, 436
espaço: curvatura do, 29; distância entre as estrelas, 38

espaçonaves, 35, 264
espaço-tempo, 135
esponja, 387
estratosfera, 161, 226, 262, 263
estrelas: classificação, 139; de nêutrons, 44, 45; visíveis, 45
estromatólitos, 302, 303, 305
estrôncio, 112, 287
éter luminífero, 127
Ethyl Corporation, 160, 168
eucariotas, 306, 314
euriapsidas, 348
Evans, Robert, 41, 47
evaporação, 272
evolução, 251, 391, 455
explosões hidrotermais, 240
explosões solares, 351
extinção, 91, 349, 350, 352, 353, 354, 355, 356, 476, 477, 478, 479, 480, 481, 482

Fahrenheit, Daniel Gabriel, 270
fala, 457
Falconer, Hugh, 99
falha de San Andreas, 220
Farallon, ilhas, 287
fasciite necrotizante, 320
febre de Lassa, 325
Fermi, Enrico, 171
férmions, 175
ferramentas, 459, 460, 463, 472, 473
Ferris, Timothy, 16, 66, 151, 202
ferro, 259, 297, 304
Feynman, Richard: sobre a física das partículas, 173; sobre as órbitas planetárias, 57; sobre o interior da Terra, 218; sobre os átomos, 143, 152, 155; sobre raciocínio, 261
filos, 367
Fisher, Osmond, 225
fitoplâncton, 292
FitzRoy, Robert, 389, 400
Flannery, Tim: na costa australiana, 289; sobre a era glacial, 439; sobre datação por radio-

carbono, 163; sobre extinção, 477, 478, 479; sobre o impacto do meteoro KT, 353
floresta de nuvem, 373
florestas úmidas tropicais, 373
focas, 292
Focke, Wilhelm Olbers, 399
foraminíferos, 274, 275, 353
Forbes, Edward, 280
forças nucleares forte e fraca, 26, 157
Fortey, Richard: sobre as primeiras formas de vida, 305, 335, 336, 339, 340; sobre bactérias, 374; sobre disputas geológicas, 84, 337, 338; sobre especialistas, 358, 359, 377; sobre extinção, 350; sobre modelos de dinossauros, 96; sobre trilobites, 328, 329
fósforo, 31, 107, 260, 297
fossa Mariana, 248, 283, 285
fósseis: anomalias, 183; Ashfall Fossil Beds, 215, 216; datação de rochas, 92; dinossauros, 89, 93, 94, 95, 102, 103, 104, 355; e o trabalho de Anning, 94; e o trabalho de Mantell, 94, 95, 99; formação, 328; indícios, 88; localizações, 75, 183; mamute, 90; registros, 328, 355, 462, 463, 467; teoria das extinções, 91, 92
fótons, 23, 26, 155, 156, 175
fotossíntese, 285, 303, 306, 313, 434
Fowler, W. A., 50
Franklin, Benjamin, 71, 75
Franklin, Rosalind, 409, 413
Fraser, John, 362
Fuhlrott, Johann Karl, 441
fungos, 313, 314, 315, 316, 317, 336, 342, 368, 369, 372, 374

gado, 259
Galápagos, ilhas, 234, 281, 285, 391
galáxias, 138, 140
Galeras, erupção do, 229
Gamow, George, 23, 24
Gehrels, Tom, 213
Geiger, Hans, 149

gêiseres, 232, 233, 235, 237, 238, 240
Gell-Mann, Murray, 174
gelo, 274, 279
genes, 310, 315, 322, 404, 408, 414, 416, 417, 418, 419, 420, 462, 469, 470, 471
genética, 251, 413
genoma, 317, 404, 414, 416, 419, 420
Gentil, Guillaume Le, 66
geologia: datação de rochas, 164, 165; eras e épocas, 82, 83, 84
Geological Society, 77, 79, 95, 100, 428
Gibbs, J. Willard, 126, 127, 131
gigantes vermelhas, 140
Gilbert, G. K., 199
glaciação, 427, 428, 433, 436
glóbulos brancos, 304, 319
glóbulos vermelhos, 265, 380, 404, 415
Glossopteris, 193
glúons, 175
Godfray, G. K., 371
Goethe, Johann Wolfgang von, 271
Goksøyr, Jostein, 372
Gold, Thomas, 311
Goldsmith, Donald, 179
Gondwana, 192, 193
Gould, John, 391
Gould, Stephen Jay: sobre a história humana, 356, 454; sobre Burgess Shale, 331, 332, 333, 336, 337, 338; sobre Crampton, 376; sobre impacto de meteoros, 209; sobre Lyell, 85; sobre o surgimento da vida, 298
Graham Bell, Alexander, 128
Grant, Robert, 99
Grant, Ulysses S., 128
gravidade: constante gravitacional, 64, 72; força, 28; formação, 26; medida, 72; trabalho de Einstein, 133, 136; trabalho de Newton, 59, 60, 63, 64
Great Rift Valley, 462, 472, 474
Greer, Frank, 311
Gregory, Bruce, 139
Gregory, J. W., 472

Gribbin, John, 277
Gripe Espanhola (1918), 323, 325
Groenlândia, lençol de gelo da, 274, 279, 436
Groves, Colin, 369
Gutenberg, Beno, 219
Guth, Alan, 24, 26
Guyot, Arnold, 187

Habeler, Peter, 264
Hadley, células de, 269
Hadley, George, 269
hádrons, 174
Haeckel, Ernst, 313, 366
Haldane, J. B. S., 29, 249, 250, 251, 252
Haldane, John Scott, 250
halibutes, 290
Hallam, Arthur, 427
Halley, cometa de, 34, 56, 57, 299
Halley, Edmond: aposta sobre as órbitas planetárias, 57, 58, 59, 475; carreira, 56; produção dos *Principia*, 61; sobre a idade da Terra, 85, 105; sobre atmosfera, 268; sobre o trânsito de Vênus, 65; visita a Newton, 57, 59
Halloy, J. J. d'Omalius d', 83
Hapgood, Charles, 182, 194
Harding, Rosalind, 470
Harrington, Robert, 31
Hartsoecker, Nicolaus, 382
Haughton, Samuel, 105
Havaí, aves do, 481
Hawking, Stephen, 135, 141, 156
Hebgen Lake, terremoto de, 239, 240
Heisenberg, Werner, 154
Helin, Eleanor, 200
hélio, 22, 28, 30, 116, 140, 149, 150, 212
Hell Creek, formação, 93, 356
Helmholtz, Hermann von, 87
Hemfiliana, extinção, 351
Herschel, William, 69, 200
Hess, Harry, 187, 188, 194, 283
Hessler, Robert, 288

hidrogênio: água, 260, 277; combustão, 259; convertido em hélio, 28; elemento mais comum, 116; formação, 22, 30; na composição de seres vivos, 297; trabalho de Lavoisier, 109; trabalho de Rozier, 71
hidrosfera, 279
Higgs, bósons de, 171, 175
Higgs, Peter, 175
Hildebrand, Peter, 209
hipertermófilos, 243
HIV, 318, 320, 322
Hogg, John, 314
Holmes, Arthur, 164, 185
Holmyard, E. J., 146
Holoceno, 437
Homem de Java, 442, 443, 444, 461, 462, 470
Homem de Pequim, 445, 461, 462
hominídeos: australopitecinos, 449, 450, 451, 452, 453; bipedalismo, 451, 452; classificações, 445; descobertas em Turkana, 452, 456; fósseis de Sumatra, 440, 441; multirregionalismo, 466; tamanho do cérebro, 452; termo, 441; tipos de, 453; vestígios de, 446, 447
Homo erectus: características, 455; classificações, 446, 447, 465, 467; datas, 433, 446, 455, 457, 462; descoberta de Dubois, 442, 443, 455; descobertas em Turkana, 456; dieta, 456; fala, 457; Povo de Solo, 445; tamanho do cérebro, 465, 474; território, 447, 456, 457, 461, 462; uso de ferramentas, 455; vestígios, 447, 456
Homo habilis, 446, 447, 448, 454, 455, 466
Homo sapiens: classificações, 447, 465, 467; espécime-tipo, 103; ferramentas, 460; surgimento, 463; tamanho do cérebro, 465; território, 465, 474
Hooke, Robert, 57, 61, 381, 475
Hooker, Joseph, 394
Hopkins, William, 428
hormônios, 387
Howard, Luke, 270
Howell, F. Clark, 445

Hoyle, Fred, 49, 295, 299
Hubble, Edwin, 137, 140, 177
Humboldt, Alexander von, 358, 428
Hunt, George, 361
Hunter, John, 97
Hutton, Charles, 69
Hutton, James, 74, 184, 427
Huxley, Aldous, 251
Huxley, T. H.: encontro com Wilberforce, 400; saltacionista, 396; sobre a carreira de Owen, 98, 100, 101, 396; sobre catastrofismo, 81; sobre o trabalho de Darwin, 391, 396; sobre ossos de Neandertal, 442; sobre *Vestiges*, 392
Hyde, Jack, 228

ictiossauro, 85, 94
iguanodonte, 95, 96, 97, 104
insetos, 347, 350, 369, 370
instrumentos Acheulianos, 460, 464
ionosfera, 212, 262
irídio, 204, 206
Isaacs, John, 288
isótopos, 150, 165, 212, 300, 346, 438
Izett, Glenn, 208

Jardine, Lisa, 410
Jarvik, Erik, 347
Jefferson, Thomas, 39, 90
Jeffreys, Harold, 190
Jenkin, Fleeming, 397
Johanson, Donald, 448, 449
Johnston, David, 229
Joly, John, 105, 120
Joseph, Lawrence, 155

Kaku, Michio, 136, 176
Kelly, Kevin, 371
Kelvin, William Thomson, lorde, 86, 87, 104, 119, 298, 395
Kenyanthropus platyops, 452
Keynes, John Maynard, 58
Kimeu, Kamoya, 456

Kinsey, Alfred C., 376
koa finch, 481
Koenigswald, Ralph von, 445
Kola, península de, 223
Kolbert, Elizabeth, 437
Köppen, Wladimir, 432
Krakatoa, erupção do, 234
Krebs, Robert E., 116
KT: impacto, 212, 352, 353, 354, 356; limite, 203
Kuiper, cinturão de, 34
Kuiper, Gerard, 34, 201
Kunzig, Robert, 277, 285
Kurlansky, Mark, 291

La Condamine, Charles Marie de, 55, 56, 63, 64, 65
Laboratório Cavendish, 147, 148, 153, 170, 410
Laboratório Lamont Doherty, 203
Laboratório Lawrence Berkeley, 204
Laetoli, pegadas em, 450, 451
lagartos, 95, 98, 354, 477
lagostas, 291, 366
Lakes, Arthur, 102
Lalande, Joseph, 68
Lander, Eric, 419, 469
Lascaux, cavernas de, 162
Laubenfels, M. W. de, 205
Lavoisier, Antoine-Laurent, 108, 109
Lavoisier, madame, 109, 112
Lawrence, Ernest, 170
Leakey, Louis, 454
Leakey, Mary, 450, 473
Leakey, Richard, 328, 456, 457
Leavitt, Henrietta Swan, 139, 140
Lederman, Leon, 175
Leeuwenhoek, Antoni van, 381, 382, 383
Lehmann, Inge, 218
lei do quadrado inverso, 59, 61, 381
Leibniz, Gottfried von, 60
Lemaître, Georges, 23, 141
leões da montanha, 482

Leonard, F. C., 34
léptons, 175, 176
Lever, sir Ashton, 79
Levy, David, 200
Lewin, Roger, 328
Lewis, John S., 213
Lewis, Meriwether, 92
Lewontin, Richard, 405
Libby, Willard, 162
libélulas, 347
Lightman, Alan, 155
Lincoln, Abraham, 388, 403
Linde, Andrei, 25
Lineu (Carolus Linnaeus), 363, 364, 365, 366
liquens, 342, 343, 359, 369
Lisboa, terremoto de, 220
lítio, 22, 30, 150
litosfera, 225
lixo radioativo, 286
lobo-da-tasmânia, 482
Lorentz, transformações de, 134
Lowell, Percival, 32, 33, 137
Lua: crateras da, 199, 202; formação da, 51, 186; influência sobre a Terra, 256, 257; tamanho, 256; viagem à, 37, 283
Lucy, australopitecino, 449, 450, 451, 452, 453
lula gigante, 287
luz, velocidade da, 35, 39, 48, 128, 131, 132, 134, 141, 156, 173, 211
Lyell, Charles: amizade com Darwin, 394, 396; carreira, 79, 80, 203, 206, 361; épocas geológicas, 83; influências, 80, 81, 85; palestras, 78; *principles of geology, The*, 80, 81, 82; sobre o a era glacial, 428; sobre o trabalho de Hutton, 77, 80
Lyon, John, 362

Mach, Ernst, 147
MACHO (Massive Compact Halo Object), 180
MacPhee, Ross, 477
Maddox, Brenda, 413
Maes, Koen, 370, 373
magnésio, 112

magnetosfera, 48, 351
Malthus, Thomas, 390
mamíferos, 354
mamutes, 477
Manning, Aubrey, 274
Manson, cratera de: e a questão da extinção, 208, 213, 352; estudos de Shoemaker, 207; tamanho, 197, 198, 210, 344
Mantell, Gideon, 94, 95, 97, 99, 104
Marat, Jean-Paul, 109
Marcy, Geoffrey, 19
Maric, Mileva, 131
Marsh, Bryan, 320
Marsh, Othniel Charles, 101
Marshall, Barry, 321
Marte: distância do Sol, 256; missão tripulada a, 37; teoria dos canais, 32, 33
Maskelyne, Nevil, 65
Mason, Charles, 65
Mason, James, 335
massa, 175
mastodontes, 92
matriz, 154
Matthew, Patrick, 395
Matthews, Drummond, 189
Maunder, John, 372
Maxwell, James Clerk, 71
Mayer, August, 442
Mayr, Ernst, 316, 445
McGrayne, Sharon Bertsch, 160, 166, 168
McGuire, Bill, 221, 233
McLaren, Dewey J., 205
McPhee, John: sobre a era glacial, 432, 434; sobre eras geológicas, 84, 344; sobre placas tectônicas, 190, 192
Medawar, Peter, 251, 322
megadinastias, 348
megalossauro, 95
megatério, 375
meia-vida, 119, 163, 174
Meinertzhagen, Richard, 358
Mendel, Gregor, 251, 398, 399, 401, 402

Mendeleev, Dmitri Ivanovich, 114, 115, 116, 118, 120
Mendes, J. C., 182
meningite, 320
mergulho, 248, 249, 250, 281
mesosfera, 262, 263
metano, 51, 293, 351
meteoritos, 51, 166
meteorologia: ciclo do carbono de longo prazo, 274, 275; oceanos e atmosfera, 272, 273, 274; primórdios da, 269; termo, 270; trabalho de Howard, 270
Michel, Helen, 205
Michell, John, 69, 72
Michelson, Albert, 127, 138, 141
micróbios: em água quente, 242, 243; papel dos, 309
microscópicos, 21, 50, 371, 374, 381
Midgley, Thomas Jr., 159, 161, 162, 165, 169
Miescher, Johann Friedrich, 405, 406
Milankovitch, Milutin, 430, 431, 432, 437
milípedes, 347, 373
Miller, Stanley, 293, 296
minhocas, 369
Mioceno, 83, 84, 215
Mirsky, Alfred, 409
mitocôndrias, 306, 380, 385, 386
mixomicetos, 313
Modelo Padrão, 174, 175
Moho, descontinuidade de, 222
Mohole, 222
Mohorovičić, Andrija, 218
moléculas, 143, 152, 295, 385
Monod, Jacques, 421
Moody, Plinus, 93
Morgan, Thomas Hunt, 407
Morley, Edward, 127
Morley, Lawrence, 189
morsa, 13, 478
mosca-das-frutas (drosófila), 318, 407, 417
movimento browniano, 111, 130, 147, 361
movimento, leis do, 60, 75, 136
Movius, Hallum, 460

Movius, linha de, 460
Mullis, Kary B., 243
multirregionalismo, 466, 469
Mungo, povo de, 469
Murchison, meteorito de, 298
Murchison, Roderick, 78, 82, 298, 299, 428
Murray, John, 358
Museu de História Natural: coleções do, 49, 357, 358, 359, 360, 361, 362, 363, 364, 365, 366, 368, 369, 370; criação do, 100, 101; dinossauro exposto no, 355; répteis marinhos antigos, 94; visita do autor ao, 328, 358, 359, 377
Museu Hunteriano: 95, 99, 104, 441
Museu Peabody, 93
musgos, 79, 359, 360, 361
musteriano, *kit* de instrumentos, 463
mutações, 310, 408, 468
Myers, Norman, 483

Nagaoka, Hantaro, 151
Nägeli, Karl-Wilhelm von, 399
NASA, 178, 213, 233, 243, 331, 352
nautiloides, 353
Neandertal, 401, 405, 441, 462, 463, 464, 465, 467, 468
nebulosa de Câncer, 49
nebulosas, 12, 46, 140, 142
Negrín, Juan, 253
netunistas, 75, 81
Netuno: luas de, 36; órbita de, 34, 35
neutrinos, 171, 172, 173, 175
nêutrons: descoberta, 149, 153; formação, 26; no núcleo atômico, 150; partículas, 175; teorias de Zwicky, 44
New Horizons, espaçonave, 35
Newlands, John, 115
Newton, Isaac: alquimia, 58, 105; epitáfio, 53; éter, 127; lei do quadrado inverso, 61, 381; leis do movimento, 60, 61; personalidade, 57; *Principia Mathematica*, 59, 60, 61, 64, 145; sobre a gravidade, 60, 63, 64; sobre o peso da Terra, 73; trabalho, 57, 58; túmulo de, 402; visita de Halley, 59

Ngalli, Jillani, 473, 474
nitrogênio: formação, 30; intoxicação por, 253; na atmosfera da Terra, 51, 261; na composição de seres vivos, 297
nível do mar, 75, 143, 263, 264, 265, 279, 331
Norton, Trevor, 251
Norwood, Richard, 62
Nova Zelândia: lula gigante, 287; pesca, 289
núcleo de uma célula, 383
Nuland, Sherwin B., 384, 417
números muito grandes, 25*n*, 113
Nuttall, Thomas, 93, 362
nuvens, 270, 279

Observatório Lowell, 33, 136, 137
Observatório McDonald, 201
Observatório Monte Wilson, 43, 138, 141, 178
Observatório Palomar, 43
ocapi, 375
oceano: chaminés no mar profundo, 285, 286, 435; composição química, 192; fundo do, 187, 283, 284, 285; influência no clima, 272, 273, 274, 275; margens, 279; salinidade, 286, 437; vida no, 289
oceanografia, 248, 280, 286
Officer, Charles, 206
Oldham, R. D., 218
Oldowan, instrumentos, 460
Olorgesailie, 472, 473, 474
Oort, nuvem de, 34, 37
Öpik, Ernst, 37, 205
Oppenheimer, Robert, 45
orange roughy, 289, 290
Ordoviciano: extinção, 349, 352; período, 82
organelas, 306
Orgel, Leslie, 299
Orrorin tugenensis, 452
Ostro, Steven, 202
Overbye, Dennis, 24, 87, 136, 154
Owen, Richard, 97, 99, 101, 400
óxido nítrico, 379
óxido nitroso, 110

oxigênio: água, 260; bactérias e, 303, 304; combustão, 259, 261; descoberta, 107; elemento mais abundante na Terra, 258; em grandes altitudes, 264, 265; formação, 30; na composição de seres vivos, 297; níveis de, 306, 345, 346, 352; para células, 385; respiração, 247, 261, 264, 345; suprimento de, 309; trabalho de Lavoisier, 109
Oyster Club, 75
ozônio, 161, 162, 169, 263

Palácio de Cristal, 97
Paley, William, 396
Palmer, Harry, 481
Pangeia, 183, 192, 345
panspermia, 299
Papua-Nova Guiné, 462
Parkinson, James, 78, 95
partículas, 149, 170, 171, 172, 173, 174, 175, 176, 266
Pasteur, Louis, 308, 383
Patterson, Clair, 159, 165, 169
Pauli, Wolfgang, 147, 155
Pauling, Linus, 409, 411, 412
Pauw, Corneille de, 90
Peabody, George, 102
Peale, Charles Willson, 480
Pearce, Chaning, 100
Peebles, Curtis, 209
peixes, 290, 291, 345
Pelizzari, Umberto, 248
Pelletier, P. J., 146
penicilina, 321
Penzias, Arno, 23, 24, 142
peridotito, 223
periquito da Carolina, 479
Perlmutter, Saul, 47
Permiano: extinção, 329, 350, 352; período, 83
Perutz, Max, 295
pesca, 290, 291
Petralona, crânio de, 467
Piazzi, Giuseppi, 200

Picard, Jean, 63
Piccard, Auguste e Jacques, 282
Pickering, William H., 71, 140
Pillmore, C. L., 208
pinguins, 292
Planck, Max, 125, 126, 127, 129, 130, 284
plânctons, 346, 353
plantas, 345, 368
Playfair, John, 74
plesiossauro, 94
Plutão: como planeta, 40; descoberta de, 32, 33; distância da Terra, 34, 35, 36; lua de, 31, 32; órbita de, 34
Plutinos, 34
plutonistas, 75, 81
Polaris, 139
pontes de terra, 184, 185
Pope, Alexander, 53
Popper, Karl, 177
potássio, 112, 165, 259, 432
Povo de Solo, 445
Powell, James Lawrence, 352
Pré-cambriano, 83, 84, 336, 344, 396
Prêmio Nobel: Crick, 299, 413; Einstein, 130, 153; Fowler, 50; Medawar, 322; Michelson, 128; Morgan, 407; Pauling, 409; Rutherford, 148; Urey, 293; Watson, 413; Weinberg, 29
pressão do ar, 265, 266, 267
Priestley, Joseph, 108
Prince William Sound, terremoto em, 436
Princípio da Exclusão, 155
Princípio da Incerteza, 154
Princípio de Avogadro, 113, 114, 115
Projeto Genoma Humano, 414, 418
proteínas, 294, 295, 384, 406, 420
proteoma, 420
protistas, 307
prótons, 21, 26, 116, 150, 152, 157, 170, 174, 175, 310
protozoários, 307, 314, 372, 382
Próxima Centauro, 36, 38
pterodáctilos, 94

quarks, 171, 172, 174, 175, 176
quimiossíntese, 285

raças humanas, 466, 467
radiação: doença causada pela, 120; efeito em bactérias, 311; radiação cósmica de fundo, 23, 24, 142; trabalho de Einstein, 132
radioatividade, 118, 119, 121, 125, 148, 311
raios cósmicos, 44, 48, 163, 180, 227, 262
Raup, David, 349, 478
Ray, John, 364
Reader, John, 448
redes de pesca, 290
Rees, Martin, 27, 144, 179
refrigeradores, 161
répteis, 81, 94, 98, 348, 350, 353, 366
retrovírus, 416
Richter, Charles, 219
Rickover, Charles, 283, 284
Ridley, Matt, 300, 454
RNA, 406, 420
Roentgen, Matt, 148
Rothschild, Lionel Walter, barão de, 480
rotíferos bdeloídeos, 374
Royal Society: e a carreira de Owen, 99, 100; e o artigo de Mantell, 95; e o trabalho de Dalton, 146; e o trabalho de Leeuwenhoek, 381, 382; e o trabalho de Mason, 65; expedição *Challenger*, 280; prestígio, 78; publicações, 61; simpósio, 190
Rozier, Lionel Walter, 71
Rudwick, Martin J. S., 82, 85
Rumford, Benjamin Thompson, conde de, 111, 112, 119, 225, 273
Runcorn, S. K., 189
Russell, Bertrand, 134
Rutherford, Ernest: carreira, 147, 148; personalidade, 147, 148; sobre a idade da Terra, 105, 118, 119; sobre as reservas de calor, 184; trabalho sobre átomos, 149, 150, 152, 153, 164

Sacks, Oliver, 42
Sagan, Carl, 31, 40, 173, 307, 348
Sahelanthropus tchadensis, 452
sais, 278, 286
saltacionistas, 396
salto quântico, 153
San Francisco, terremoto de, 220
Sandage, Allan, 178
Sandler, Howard, 288
Scheele, Karl, 107
Schiehallion, montanha, 68, 69
Schimper, Karl, 427, 428, 429
Schlapkohl, Anna, 199
Schouten, Peter, 478
Schrödinger, Erwin, 107, 153, 154, 156
Schultz, Gwen, 432
Schwalbe, Gustav, 443
Schwann, Gustav, 383
Schwartz, Jeffrey, 397, 448, 451, 457, 463
Sedgwick, Jeffrey, 82, 396
selênio, 259, 261
Shark Bay, estromatólitos em, 305, 306
Sheehan, Peter, 356
Shelley, Mary, 108
Shoemaker, Eugene: cometa, 209; cratera de Manson, 207; Cratera do Meteoro, 199, 200, 209; morte de, 210
Shoemaker-Levy, cometa, 209, 213
SHRIMP (Sensitive Hight Resolution Ion Micro Probe), 301
Siegel, Lee J., 240
sífilis, 103, 164
Siluriano, 82, 83
Simpson, George Gaylord, 192
Sinanthropus pekinensis, 445
sinapsidas, 348
singularidades, 21, 25
Síntese Moderna, 251, 402
sistema solar: surgimento, 50; tamanho, 35, 36, 37
Slipher, Vesto, 136, 137, 140
Smith, A. J. E., 359
Smith, Anthony, 266
Smith, Robert B., 239, 240

Smith, William, 92
Snow, C. P., 130, 131, 133, 148, 157
Snowball Earth, 434
SNP (polimorfismo de nucleotídeo único), 415
Sociedade Lineana, 365, 394, 402
Soddy, Frederick, 118, 184
sódio, 112, 259, 260, 445
Sol: distância de Plutão, 36; explosões solares, 351; formação do, 50; hélio, 116; massa do, 69
Sollas, William, 441
Spencer, Herbert, 391
spin, 155
Sprigg, Reginald, 334, 335, 340, 341, 343
Saint Helens, monte: erupção do, 228, 229, 230, 231, 234, 425
Stanley, Steven M., 354
Steller, Georg, 479
Stewart, William, 321
Strickland, H. E., 476
Suess, Eduard, 184
Sullivan, John, 90
Sulston, John, 404
supernovas, 41, 42, 43, 44, 45, 46, 47, 49, 50
superplumas, 233
Surowiecki, James, 321
Swift, Jonathan, 362
Sykes, Bryan, 470

tabela periódica, 115, 116, 258
takahe, 375
Tambora, erupção do, 425
táquions, 171, 173
Tattersall, Ian: sobre as pegadas em Laetoli, 451; sobre esqueleto português, 467, 468; sobre extinção, 349; sobre ferramentas manufaturadas, 459, 472; sobre *Homo sapiens*, 463; sobre Lucy, 451; sobre o tamanho de cérebros, 454; sobre registros fósseis, 446, 447, 448
Taung, criança de, 443, 444, 449
taxonomia, 333, 360, 364, 365, 367, 371
Taylor, Frank Bursley, 183

Telescópio Espacial Hubble, 37, 142, 178
tempestades de raios, 266
tentilhões: Galápagos, 391; Koa, 481
teoria da inflação, 26
teoria da relatividade: entendimento da, 134; gravidade, 157; limite do universo, 29; relatividade geral, 133, 134, 135, 141, 181; relatividade restrita, 130, 131, 132, 133
teoria das supercordas, 175
teoria quântica, 129, 154, 155, 156
terapsidas, 348, 349
termodinâmica, 87, 126
Termodinâmica, Segunda Lei da, 87n
termoalina, circulação, 273
termômetros, 270
termosfera, 262, 263, 264
Terra: atmosfera da, 211, 305; camadas da, 224n; campo magnético da, 189, 227; clima da, 212, 425, 426, 430, 434, 435, 436, 437, 438, 464; condições de vida humana na, 254, 256; crosta, 224, 225; distância do Sol, 68, 255; formação da, 51; formato da, 61, 63; história da, 343, 344; idade da, 57, 73, 85, 86, 105, 120, 158, 165, 169, 185, 237; influência da Lua na, 256, 257; interior da, 14, 76, 218, 222, 224, 226, 228, 311; manto, 226; massa da, 69; núcleo da, 227; órbita da, 201; peso da, 73; revolução da, 269; surgimento da vida na, 298, 299, 301; tamanho da, 62; temperatura no núcleo, 227
terremotos, 69, 75, 192, 212, 218, 219, 220, 221, 222, 226, 228, 237, 238, 240
Tetons, 240
tetrápodes, 347, 348
Thomson, J. J., 127, 149, 153
Thomson, William, ver Kelvin, lorde
Thomson, Wyville, 265
Thorne, Alan, 460, 462, 466
Thorne, Kip S., 44, 128
Thorstensen, John, 48
tiranossauro rex, 356, 438
Toba, 235

Tombaugh, Clyde, 33
Tóquio, terremoto em, 221
Torsvik, Vigdis, 372
Trefil, James: sobre células, 383; sobre nuvens, 271; sobre os átomos, 155, 172; sobre placas tectônicas, 192
triangulação, 55n, 63, 65
Triássico, 83, 193, 350
Trieste, batiscafo, 283, 284
trilobites, 185, 328, 329, 340
Trinil, alota craniana de, 442
Trinkaus, Erik, 467
troposfera, 226, 262, 263
Tryon, Edward P., 27
Tsurutani, Bruce, 352
tubarões, 290, 345
turbulência, 267
Turkana, esqueletos em, 452, 456
Turner, J. M. W., 425

uniformitarianismo, 81
Universidade de Princeton, 23, 187
universo: expansão do, 26, 27, 141, 181; idade do, 178; limite do, 28, 29, 30; matéria, 180; número de, 27; origem, 21, 22, 24, 25, 26, 141; tamanho, 29, 30, 179
Unzen, monte: erupção do, 229
urânio, 116, 118, 119, 132, 165, 166, 287, 301, 302, 311
Urey, Harold, 205, 293, 296
Ussher, James, 85

Valéry, Paul, 132
Van Allen, cinturões de, 227
Vaucouleurs, Gérard de, 178
vento, velocidades do, 268
Vênus: distância do Sol, 255, 256; trânsitos, 65, 66, 67
Via Láctea, 39, 66, 139, 140, 247
Vine, Allyn C., 284
Vine, Fred, 189
vírus, 318, 320, 322, 324, 325, 406, 416
Vogel, Shawna, 226, 228
Voorhies, Mike, 215, 216, 234

Voyager, expedições, 35
Vries, Hugo de, 402
vulcões: erupção do Galeras, 229; erupção do Krakatoa, 234; erupção do monte Saint Helens, 228, 229, 230; erupção do monte Unzen, 229; erupção do Tambora, 425; erupção do Toba, 235; Yellowstone, 232, 233, 234, 235, 236, 237, 238, 239, 240, 242

Walcott, Charles Doolittle, 330, 331, 332, 339
Walker, Alan, 447, 450, 455, 457
Wallace, Alfred Russell, 393, 394
Walsh, Don, 283
Watson, James, 409, 410, 411, 413
Wegener, Alfred, 183, 184, 193, 432
Weinberg, Samantha, 280
Weinberg, Steven, 29, 147, 174, 177
Weitz, Charles, 415
Whewell, William, 83
White Cliffs (Dover), 274
White, Nathaniel, 63
Whittaker, R. H., 314, 315
Whittington, Harry, 333

Wickramasinghe, Chandra, 299
Wilberforce, Samuel, 400
Wilkins, Maurice, 409, 410, 411, 413
Wilkinson Microwave Anistropy Probe, 179
Williams, Stanley, 229
Wilson, Allan, 468
Wilson, C. T. R., 149, 170
Wilson, Edward O., 339, 367, 368, 373, 483
Wilson, Robert, 23, 24, 142
WIMPs, 180
Winchester, Simon, 92
Wistar, Caspar, 89, 92, 93, 103, 362
Witzke, Brian, 207, 208, 210, 211, 213, 214
Woese, Carl, 315
Woit, Peter, 177
Wren, Sir Christopher, 57, 475

Yellowstone, Parque Nacional de, 217, 232, 236, 240

zinco, 259, 261
zirconita, 302
Zwicky, Fritz, 43, 49, 180

1ª EDIÇÃO [2005] 24 reimpressões

ESTA OBRA FOI COMPOSTA PELO ESTÚDIO ACQUA EM MINION E IMPRESSA
EM OFSETE PELA GEOGRÁFICA SOBRE PAPEL PÓLEN DA SUZANO S.A.
PARA A EDITORA SCHWARCZ EM JUNHO DE 2024

A marca FSC® é a garantia de que a madeira utilizada na fabricação do papel deste livro provém de florestas que foram gerenciadas de maneira ambientalmente correta, socialmente justa e economicamente viável, além de outras fontes de origem controlada.